Elektromagnete

Eberhard Kallenbach · Rüdiger Eick ·
Tom Ströhla · Karsten Feindt ·
Matthias Kallenbach · Oliver Radler

Elektromagnete

Grundlagen, Berechnung, Entwurf und Anwendung

5. Auflage

Springer Vieweg

Eberhard Kallenbach
Ilmenau, Deutschland

Rüdiger Eick
ZF TRW
Koblenz, Deutschland

Tom Ströhla
Fakultät für Maschinenbau, FB Mechatronik
TU Ilmenau
Ilmenau, Deutschland

Karsten Feindt
INA-Drives & Mechatronics GmbH & Co. KG
Suhl, Deutschland

Matthias Kallenbach
Kern Technik GmbH & Co. KG
Schleusingen, Deutschland

Oliver Radler
Fakultät für Maschinenbau, FB Mechatronik
TU Ilmenau
Ilmenau, Deutschland

ISBN 978-3-658-14787-7 ISBN 978-3-658-14788-4 (eBook)
https://doi.org/10.1007/978-3-658-14788-4

Die Deutsche Nationalbibliothek verzeichnet diese Publikation in der Deutschen Nationalbibliografie; detaillierte bibliografische Daten sind im Internet über http://dnb.d-nb.de abrufbar.

Springer Vieweg

Lektorat: Thomas Zipsner

Gedruckt auf säurefreiem und chlorfrei gebleichtem Papier.

Springer Vieweg ist Teil von Springer Nature
Die eingetragene Gesellschaft ist Springer Fachmedien Wiesbaden GmbH
Die Anschrift der Gesellschaft ist: Abraham-Lincoln-Str. 46, 65189 Wiesbaden, Germany

Vorwort zur 5. Auflage

Mit der neuen Auflage möchten wir der konstanten Nachfrage nach unserem Fachbuch gerecht werden, die alte Ausgabe nach den Wünschen des Verlages und den Anfragen und Anregungen unserer Leser überarbeitet jetzt erneut zur Verfügung stellen. Dabei sind wir unserem Grundanliegen nach einem technisch-methodischen Lehrbuch treu geblieben.

Ein Spezialgebiet der Elektrotechnik ist die Magnettechnik in ähnlicher Form wie die Antriebstechnik im Rahmen der Mechanik – die Gemeinsamkeit ist die Anwendung der technischen Generierung magnetischer Felder in Verbindung mit der erneuten Wandlung in mechanische Zielgrößen der Aktorik, beispielsweise in Ver- oder Entriegelungen, Positioniersystemen oder elektrisch schaltbaren Haftsystemen. Erfolgt die Bewegungsgenerierung elektro – magneto – mechanisch, sind diese Wandlungsprozesse jeweils näher zu betrachten. Die dabei entstehenden Verluste in Form der Wärmeentwicklung dürfen nicht vernachlässigt werden und sind zunehmend eine Zielgröße in der Produktspezifikation. Fahrzeug-Bremsregelsysteme sind ohne elektromagnetisch betätigte Ventile ebenso undenkbar wie nach dem gleichen technischen Prinzip arbeitende Stellaktoren in modernsten Werkzeugmaschinen. Kombinationen von Elektro- und Permanentmagneten lassen schaltbare Systeme zu, die quasi leistungslos in Positionen verharren können. Die hier angesprochene Gruppe der permanent magnetisierten Werkstoffe basiert im Werkstoffinneren auf dem gleichen physikalischen Prinzip – der gezielten Ausrichtung, hier eben dauerhaft, der magnetischen Momente aus der Summation gerichteter Bahn- und Spinmomente. Für dieses spannende Gebiet der Energiewandlung soll in der überarbeiteten Auflage unseres Buches ELEKTROMAGNETE der Bogen von physikalischen Grundlagen und technischer Anwendung unter Berücksichtigung magnetspezifischer, technologischer und konstruktiver Anforderungen gespannt werden: aus der Sicht der Elektrotechnik die Berechnung der Feldgrößen basierend auf den Maxwell'schen Gleichungen und aus Sicht der Konstruktion den Berechnungsbezug in der geometrische Struktur. Dies ist im Rahmen der technischen Produktentwicklung die Basis für die Auslegung der Spulensysteme der quasistatischen oder dynamischen Magnetfeldgenerierung oder des Antriebes oder der Hafteinrichtung, also der weiteren Produktentwicklung als konstruktiv-technische Umsetzung. Diesen Zusammenhang aus Werkstoffeigenschaften inklusive der Hysterese als Verluste und der konstruktiven Auslegung des technischen Systems, fertigungsgerecht – montagegerecht – lebensdauergerecht – servicegerecht, haben wir an Beispielen gezeigt und mittels Bildern verdeutlicht. Ergänzungen, die unsere Leser sehen und wünschen, bitten wir uns mitzuteilen, um diese einarbeiten zu können – Danke.

Prof. Kallenbach, em. Professor für Antriebstechnik an der TU Ilmenau, ist leider nicht mehr unter uns. Für die seit Anfang des letzten Jahrhunderts in technischen Anwendungen befindlichen Elektromagneten hat Herr Prof. Kallenbach mit seiner Habilitation 1978 die berechnungstechnischen Grundlagen entscheidend weiterentwickelt und in den folgenden Jahrzehnten mit seinem Fachgebiet im Wissenschaftsbereich der Aktorik Akzente für die technische Dimensionierung gesetzt. Aber auch die Berechnung der magnetischen Feldverteilung für eine grobdimensionierte technische Anordnung basiert auf dem Gleichungssystem nach Kallenbach. Dies erlaubt schließlich die Vorausberechnung der exakten Magnetflussführung und somit der detailgenauen notwendigen Querschnitte im Konstrukt, gemäß des Konstruktionsprinzips Funktionswerkstoff an Funktionsstelle. Prof. Kallenbach ist im Oktober 2016 gestorben – wir widmen unserem hochverehrten Lehrer die Neuauflage unseres Buches.

Ilmenau, im Juni 2017

Eberhard Kallenbach (†)
Karsten Feindt
Rüdiger Eick
Matthias Kallenbach
Tom Ströhla
Oliver Radler

Der geistige Vater dieses Buches Prof. Kallenbach bei der Verleihung des Steinbeis-Preises für sein Lebenswerk 2008 (Copyright Steinbeis)

Vorwort zur 1. Auflage

Das Buch behandelt Elektromagnete, die als elektro-magneto-mechanische Energiewandler zur Erzeugung von Bewegungen in modernen Industriebereichen in immer größerem Umfang in sehr unterschiedlichen Anwendungsformen eingesetzt werden.

Es liegt in den Antriebseigenschaften der Elektromagnete begründet, dass sie als bewegungserzeugende Elemente in Direktantrieben unmittelbar an das Wirkelement angepasst werden müssen. Aus diesem Grund hat mit dem Anwachsen der Einsatzfälle auch die Zahl der Spezialmagnete ständig zugenommen. Die höchste Form der Anpassung ist die Integration des Elektromagneten mit dem zu betätigenden Wirkelement. So entstehen sogenannte funktionenintegrierte Konstruktionen (z. B. Magnetventile, Magnetkupplungen, Relais), mit denen sich vereinfachte Bauformen und verbesserte Funktionseigenschaften wie beispielsweise Lebensdauer und Dynamik erreichen lassen.

Der zunehmende Einsatz von Spezialmagneten bzw. von komplexen Funktionsgruppen mit integriertem Magnetantrieb führt auch dazu, dass die Entwicklung und der Einsatz der Magnetantriebe einem breiten Kreis von Entwicklern und Anwendern obliegt.

Der so vorhandene Bedarf an einem Buch, das sowohl die wichtigsten theoretischen Grundlagen, Berechnungs- und Entwicklungsmethoden als auch anwendungstechnische Gesichtspunkte enthält, war Anlass dieses Buch zu schreiben. Nach einer angemessenen Darstellung der theoretischen Grundlagen der elektro-magneto-mechanischen Energiewandlung werden die wichtigsten Berechnungsmethoden für die Feldgrößen und Integralparameter des magnetischen Feldes behandelt, die Berechnung der Magnetkräfte hergeleitet und die Erwärmung des Aktors aus anwendungstechnischer Sicht beschrieben.

Daran schließt sich eine Betrachtung des dynamischen Verhaltens der Elektromagnete an, wobei sowohl der Einfluss der Belastung als auch der der Leistungselektronik auf das dynamische Verhalten des Stellgliedes untersucht wird. Außerdem werden Grundkonstruktionen, technologische Besonderheiten und Gesichtspunkte zum optimalen Einsatz weich- und hartmagnetischer Werkstoffe behandelt.

Wesentlicher Bestandteil des Buches ist die optimale Dimensionierung nach statischen und dynamischen Gesichtspunkten und der konstruktive Entwurf von elektromagnetischen Antrieben. Dabei werden analytische Näherungsmethoden und rechnergestützte Methoden gleichermaßen vorgestellt.

Die Betrachtung des Bauelementes »Elektromagnet« wird schließlich durch Hinweise zum Einsatz elektro-magneto-mechanischer Antriebselemente in kompletten Antrieben, z. B. in geschlossenen Regelkreisen, ergänzt.

Die Autoren haben sich bemüht, die physikalischen und mathematischen Grundlagen in einer möglichst einfachen Form darzustellen, so dass zum Verständnis des Textes kein Spezialwissen aus der Elektrotechnik oder dem Maschinenbau vorausgesetzt werden muss. Das Buch kann als Lehrbuch an Universitäten und Hochschulen in den Studiengängen Elektrotechnik, Maschinenbau und Feinwerktechnik, Automatisierungstechnik und Fahrzeugbau eingesetzt werden. Es ist jedoch auch für den in der Industrie tätigen Ingenieur als Arbeitsbuch gut geeignet.

Obwohl der Elektromagnet das älteste elektromagnetische Antriebselement ist – er wurde bereits 1825 von STURGEON in seinem Grundaufbau vorgestellt – ist seine wissenschaftliche Behandlung im Vergleich zu Gleich- und Wechselstrommotoren lange Zeit wenig beachtet worden.

Nach dem Buch »Die Elektromagnete« von JASSE im Jahre 1930 ist erstmals von KALLENBACH mit dem Buch »Der Gleichstrommagnet« 1969 eine zusammenfassende Darstellung über dieses Antriebselement im deutschen Sprachraum vorgelegt worden, die im Ausbildungsprozess und in der industriellen Praxis sehr positiv aufgenommen wurde. Das nun vorliegende Buch erweitert den Betrachtungsgegenstand, indem es sich nicht nur auf neutrale Gleichstrommagnete beschränkt, sondern auch Wechselstrommagnete und polarisierte Elektromagnete mit einbezieht, die aufgrund der Fortschritte auf dem Gebiet der Dauermagnetwerkstoffe zunehmend eingesetzt werden. Die Betrachtung elektromagnetischer Antriebsprinzipien führt folgerichtig zu Schrittmotoren, die ausgehend von deren Bewegungsprinzip und konstruktiven Aufbau mit ihren dynamischen Eigenschaften und der notwendigen Ansteuerung beschrieben werden. Das Buch berücksichtigt die umfangreichen neuen Erkenntnisse und Erfahrungen, die von der Arbeitsgruppe »Elektromagnete« an der Technischen Universität Ilmenau sowohl in der Lehre als auch in der Forschung in den letzten 25 Jahren gesammelt wurden.

Die Autoren möchten sich an dieser Stelle bei allen bedanken, die zum Gelingen des Buches beigetragen haben, der Unterstützung unserer Familien gebührt insbesondere unser Dank. Unser Dank gilt den Mitarbeitern des Instituts für Mikrosystemtechnik, Mechatronik und Mechanik der TU Ilmenau für die fruchtbaren Diskussionen und wertvollen Anregungen. Frau Volk, Herrn Dipl.-Ing. Eccarius und Herrn M. Kallenbach danken wir für die Hilfe bei der Erstellung der Druckvorlage, die kritische Durchsicht des Manuskriptes übernahmen Herr Dr. Hermann, Herr Dr. Räumschüssel und Herr Dipl.-Ing. Glet - danke. Außerdem bedanken wir uns bei Herrn Dr. Schlembach und dem B. G. Teubner Verlag, Stuttgart, für die Unterstützung und gelegentliche Ermunterung bei der Erarbeitung des Manuskripts.

Eberhard Kallenbach
Rüdiger Eick
Peer Quendt
April 1994

Inhaltsverzeichnis

Kapitel 1

Einleitung

1.1 Allgemeines

Elektromagnete werden als **Antriebselemente** nach wie vor in vielen Bereichen der Technik in wachsendem Umfang eingesetzt. Zu ihnen gehören Gleichstrommagnete, Wechselstrommagnete und polarisierte Elektromagnete, aber auch elektromagnetische Baugruppen nach dem Reluktanzprinzip, die integrale Bestandteile komplexerer Funktionsgruppen sind. Als Ventilmagnete für Pneumatik und Hydraulik, Betätigungsmagnete in Relais, Kupplungen, Bremsen, werden sie in großen Stückzahlen angewendet. Von Magnetherstellern werden teilweise mehrere Millionen Stück von einer Type produziert. Bemerkenswert sind sowohl der schon seit Jahrzehnten anhaltende durchschnittliche Zuwachs des Produktionsumfanges von mehr als 10 % jährlich, als auch die ständig anwachsenden technischen Anforderungen, insbesondere hinsichtlich statischer und dynamischer Eigenschaften, Miniaturisierung, Schnellwirkung und Zuverlässigkeit, aber auch der sich verstärkende Preisdruck, so dass technologische Bedingungen einer effektiveren Produktion im Entwurfsprozess stärker berücksichtigt werden müssen.

Es besteht deshalb ein großes Interesse sowohl von Herstellern als auch von Anwendern der Elektromagnete, die **funktionellen Eigenschaften aus antriebstechnischer Sicht** genau zu beurteilen und zu beschreiben sowie ihre Vor- und Nachteile im Vergleich zu alternativen Antrieben (z. B. Piezoantrieben, magnetostriktiven Antrieben oder elektrodynamischen Linearmotoren) zu kennen.

Elektromagnete dienen vorrangig der Erzeugung von **begrenzten, linearen oder rotatorischen wechselsinnigen Bewegungen** mit Rast, wobei die beiden Raststellungen den stabilen Zuständen entsprechen, die sich nach dem Ein- bzw. Ausschalten der Erregerspule einstellen. Für Elektromagnete ist es auf Grund des ihrer Wirkungsweise zugrunde liegenden Energiewandlungsprinzips (Reluktanzprinzip - Kraftwirkung in Richtung der Verkleinerung des Luftspalts) charakteristisch, dass mit Hilfe der magnetischen Feldkräfte eine Ankerbewegung in nur **einer** Bewegungsrichtung (aktive

Bewegungsrichtung) hervorgerufen wird, während die Rückstellung des Ankers (passive Bewegungsrichtung) durch äußere Kräfte, z. B. Federkräfte, erfolgen muss. Üblicherweise arbeiten Elektromagnete in Zweistellungsantrieben in offener Steuerkette. Der Bewegungsvorgang wird deshalb allein durch die elektrischen, magnetischen und mechanischen Ausgleichsvorgänge bestimmt, die beim Übergang von dem einen in den anderen stabilen Zustand auftreten.

Durch **geometrische Integration** und Kombination der funktionellen Eigenschaften mehrerer Elektromagnete entstehen elektromagnetische Antriebselemente, die eine wesentlich erweiterte Antriebsfunktion besitzen. Das sind z. B. aktive Bewegungen in zwei Bewegungsrichtungen (Umkehrhubmagnete), vergrößerte bzw. unbegrenzte Bewegungsbereiche (Mehrstellungsmagnete, Schrittmotoren), Erzeugung von Bewegungen mit einem Bewegungsfreiheitsgrad $F > 1$ (Mehrkoordinatenhybridschrittmotoren). Elektromagnetische Schrittmotoren erlauben häufig zusammen mit leistungsfähigen Ansteuerschaltungen für viele antriebstechnische Probleme sehr günstige technische Lösungen (z. B. Positioniersysteme ohne Lagemesssystem).

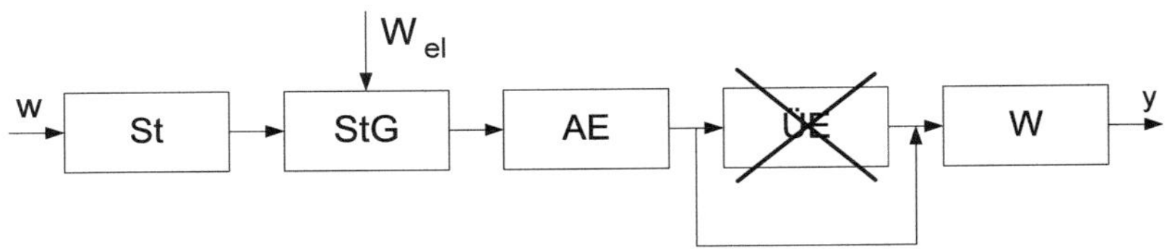

Bild 1.1: Blockschaltbild von Direktantrieben in offener Steuerkette; StG Leistungsstellglied, AE Antriebselement, ÜE Übertragungselement, W Wirkelement, St Steuereinrichtung, W_{el} elektrische Energie, w Führungsgröße, y Ausgangsgröße

Es liegt in den Betriebseigenschaften der Elektromagnete begründet, dass sie als **direkt wirkende Antriebselemente** (zwischen dem Elektromagnet und dem Wirkelement ist kein mechanisches Übertragungselement angeordnet) im Sinne einer optimalen Systemlösung an den vorliegenden Anwendungsfall angepasst werden müssen (Bild 1.1, Tabelle 1.1).

Tabelle 1.1: Vor- und Nachteile von Direktantrieben

Vorteile:	**Nachteile:**
einfacher mechanischer Aufbau	Anpassung des Antriebselements an das Wirkelement konstruktiv und funktionell notwendig
kein Übertragungselement	problemspezifische Auslegung
hohe Genauigkeit	keine Reduzierung der Last- und Störgrößen
hohes Beschleunigungsvermögen bei kleinen Hüben	höherer Steuerungsaufwand
gute Integrationsmöglichkeit	

Deshalb sind die Mehrzahl der heute produzierten Elektromagnete **Spezialmagnete**.

Häufig sind Elektromagnete als höchste Form der Anpassung an einen vorgegebenen Belastungsfall auch unmittelbar mit dem zu betätigenden Wirkelement integriert, wodurch Lösungen entstehen (z. B. Magnetventile, Relais, Magnetkupplungen), in denen die Elektromagnete nur ein Teilsystem eines komplexeren Funktionselementes darstellen, mit denen sich jedoch verbesserte Funktionseigenschaften (kleineres Bauvolumen, kürzere Schaltzeiten, höhere Lebensdauer) und z. T. beträchtliche Kostensenkungen erreichen lassen.

Seit langem ist bekannt, dass mit Hilfe von »intelligenten« **Ansteuerschaltungen** das statische und dynamische Betriebsverhalten von Elektromagneten sehr stark beeinflusst werden kann, wodurch Möglichkeiten der flexiblen Anpassung an vorgegebene Antriebsaufgaben entstehen, von denen zunehmend Gebrauch gemacht wird.

Mit Ansteuerschaltungen aus diskreten elektronischen Bauelementen waren die steuerungstechnischen Möglichkeiten anfangs noch sehr begrenzt, vergleicht man sie mit den Mitteln, die mit modernen informationsverarbeitenden und leistungssteuernden integrierten Schaltkreisen heute zur Verfügung stehen. Korrektur der nichtlinearen Magnetkraftkennlinien, Kompensation der Reibung, Realisierung einer schnellen Positionierbewegung auch bei relativ großen Stellkräften durch optimale Steuerung des dynamischen Verhaltens sind mögliche **Funktionsverbesserungen**, die sich durch Integration von Mechanik, Elektromagnetik, Leistungs- und Mikroelektronik im Sinne einer **mechatronischen** Lösung erreichen lassen, wobei das Verbesserungspotenzial z. Zt. bei weitem noch nicht ausgeschöpft ist.

Gerade der zunehmende Einsatz von Spezialmagneten und die Integration der Magnetantriebe in komplexere Funktionseinheiten sowie die wachsende Bedeutung der Schnittstelle zum informationsverarbeitenden System hat dazu geführt, dass Entwicklung und Einsatz von Elektromagneten und elektromagnetischen Antrieben nicht nur einer relativ kleinen Gruppe von Magnetherstellern vorbehalten bleiben kann, sondern sie muss von einem breiten Kreis von Entwicklern, Herstellern und Anwendern gemeinsam realisiert werden.

1.2 Historische Entwicklung der Elektromagnete

Die erste nachweisbare Beschreibung der ablenkenden Wirkung des elektrischen Stroms auf eine Magnetnadel publiziert **1802** der italienische Jurist, Ökonom, Philosoph und Physiker Gian Domenico Romagnosi (1761-1835). Seine Veröffentlichung wird jedoch nicht weiter beachtet. [1.47][1.48]

So gilt der dänische Apothekersohn, Physiker und Chemiker Hans Christian Ørsted (1777-1851) als Entdecker des Zusammenhangs zwischen Elektrizität und Magnetismus. In einer Vorlesung über Elektrizität im Jahr **1820** wird eine neben einem stromdurchflossenen Kabel befindliche Kompassnadel abgelenkt. Das «Nadelgalvanoskop» der ersten Generation» entsteht. [1.30] [1.49]

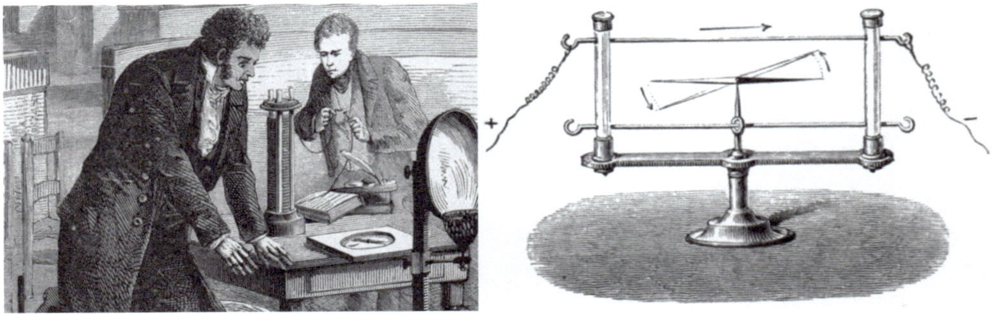

Bild 1.2: Illustration des Versuchsaufbaus von Ørsted [1.15], S. 713, und Nachbau des Experiments [1.52]

Unmittelbar nach Ørsteds Entdeckung erfindet der deutsche Physiker und Chemiker Johann Salomo Christoph Schweigger (1779-1857) den elektromagnetischen Multiplikator (Schweigger-Multiplikator), ein galvanisches Strommessgerät mit Drahtwicklung, auch Galvanometer genannt. Durch die mehrmalige Umwicklung mit einem stromdurchflossenen Draht erfährt die Magnetnadel eine stärkere Ablenkung.

Parallel dazu registriert der französische Astronom, Physiker und Politiker Dominique François Jean Arago (1786-1853) ebenfalls 1820, dass Stahlnadeln durch einen stromdurchflossenen Leiter magnetisiert werden. 1824 realisiert er in einem Experiment, dass eine drehbare Magnetnadel in Bewegung gesetzt wird, wenn eine Kupferscheibe unter ihr rotiert. Er nennt dies Rotationsmagnetismus und weist so erstmals einen Wirbelstrom experimentell nach. [1.51]

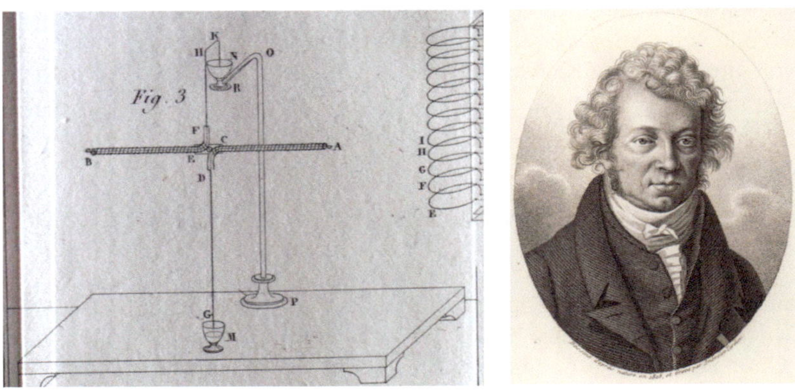

Bild 1.3: Illustration des Versuchsaufbaus von Ampere [1.3], Tafel 2; Ampere im Jahr 1825 [1.50]

Bei der Wiederholung von Ørsteds Versuchen entdeckt der französische Physiker und Mathematiker André-Marie Ampère (1775-1836) im September 1820, dass ein stromdurchflossener, rohrartig aufgewickelter Draht wie ein Stabmagnet wirkt. Er nennt diese Wicklung «Selenoid». Weiterhin findet Ampère, dass die Wirkung des Selenoids verstärkt wird, wenn er auf einem Stab aus magnetisch weichem Eisen gewickelt ist. [1.2] [1.3]

Als Erfinder des Elektromagneten des ältesten elektromagnetischen Antriebselements wird der gelernte Schuhmacher und englische Physiker William Sturgeon (1783-1850) angesehen. Aus dem Jahr **1825** stammt seine Veröffentlichung, in der er den Eisenstab von Ampère in die Form eines Hufeisens bringt. Mit diesem geschlossenen Eisenkreis erreicht er wesentlich höhere Kräfte. Weil isolierter Draht noch nicht erfunden ist, besteht Sturgeons Magnet aus einer einzelnen Spule, deren 18 Windungen nackten Kupferdrahtes auf einem lackierten und isolierten Eisenkern in Hufeisenform gewickelt sind. Dieser Magnet mit einem 7 Unzen schweren Kern ist in der Lage, eine Last von 9 Pfund zu halten, d. h. sein 20-faches Gewicht. [1.53] [1.42]

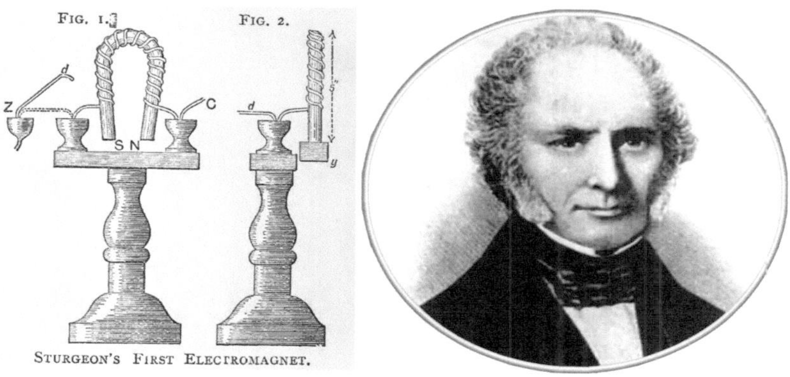

Bild 1.4: Hufeisenmagnet von Sturgeon [1.42], S. 18; Portrait [1.53]

Der US-amerikanische Physiker, gelernter Uhrmacher und Silberschmied Joseph Henry (1797-1878) experimentiert ab **1831** mit Elektromagneten. Er verbessert sie, indem er einen 10 Meter (35ft) langen, durch Seidenfäden isolierten Kupferdraht in etwa 400 engen Windungen benutzt. Sein Albany-Magnet weist etwa 3400 N Haltekraft bei 10 kg Eigenmasse auf. Der später aufgebaute Yale-Magnet besitzt etwa 10 kN Haltekraft bei 26 kg Eigenmasse. Auf Grund der begrenzten Spannung und des Innenwiderstands damaliger Batterien arbeitet Henry gezielt mit Parallel- und Reihenschaltung von Spulenteilen. Weiterhin stellt er Dimensionierungsregeln für Eisenkreise und Spulen von Elektromagneten auf. Henry beschreibt die Möglichkeit der Fernwirkung magnetischer Kräfte mit Hilfe des elektrischen Stroms. Dies wird später durch Morse für telegrafische Zwecke angewandt. [1.18]

Noch im selben Jahr baut Henry einen polarisierten Umkehrhubmagneten mit einer Schaltfrequenz von 75/min (1,25 Hz) mit permanentmagnetischem Halten und automatischer Stromrichtungsumkehr durch An- und Abschalten zweier galvanischer Zellen, wodurch anziehende und abstoßende Kräfte entstehen. Damit erfindet Henry auch praktisch alle Komponenten späterer Gleichstrommotoren: permanentmagnetische Erregung, elektromagnetischer Anker und den Kommutator. Seine Idee eines durch hin-

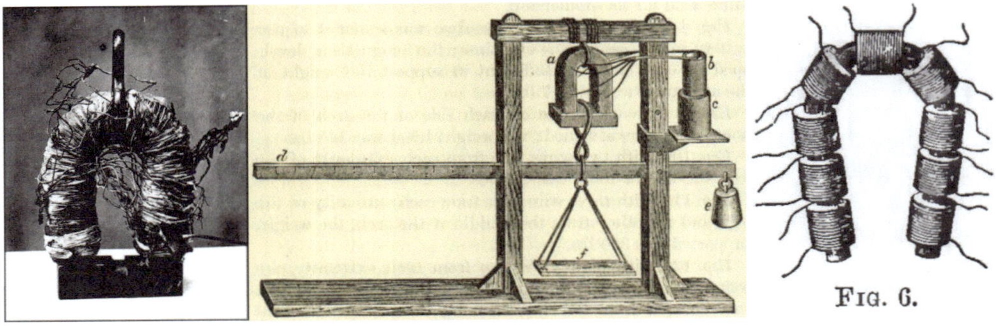

Bild 1.5: Elektromagnet von Henry [1.40] aus [1.39]), Vorrichtung zur Kraftmessung [1.17], S. 404, und Prinzipbild [1.42], S. 36)

und herkippende Elektromagnetanker bewegten Rüttelmotors ist später den rotierenden Maschinen technisch unterlegen.

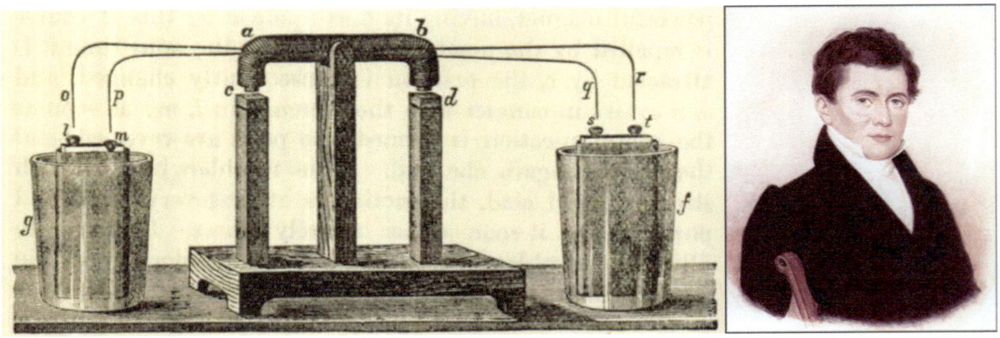

Bild 1.6: Henrys polarisierter Umkehrhubmagnet [1.18], S. 342, und Portrait [1.36] aus [1.39]

1833 erfindet der schottische Physiker und gelernte Pfarrer William Ritchie (1790-1837) unabhängig von Henry einen ähnlichen Apparat, welcher zwischen 1838 und 1848 durch Daniel Davis und Charles Grafton Page in seiner praktischen Umsetzung insbesondere durch Kupfer-Polwender stark verbessert wird. [1.42]

Ebenfalls 1833 stellen Carl Friedrich Gauss und Wilhelm Weber einen elektromagnetischen Telegrafen vor, dessen Anzeigeeinheit das Spiegelgalvanometer ist. 1835 erfindet der US-Amerikaner, gelernte Buchhändler und Maler Samuel Finley Breese Morse (1791-1872) den Schreibtelegraphen und patentiert ihn 1837. Bei der Herstellung der Elektromagneten unterstützt ihn Prof. Gale. Parallel erschafft Charles Wheatstone zusammen mit dem britischen Ingenieur Sir William F. Cooke einen vergleichbaren Apparat.

Der britischer Physiker und Betreiber der väterlichen Brauerei James Prescott Joule (1818-1889) stellt systematische Untersuchungen mit Magnetkreisen an. **1840** formuliert er die Querschnittsbedingung, die Proportionalität der Magnetkraft zum Quadrat von Strom und Windungszahl sowie den Sättigungseffekt von Eisen. [1.42]

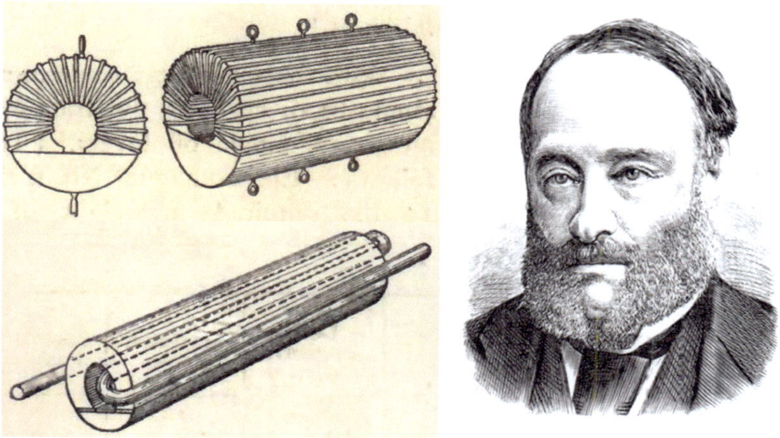

Bild 1.7: Experimentalmagnete von Joule [1.42], S. 41 u. 45, und Portrait [1.54]

Weitere Elektromagnete werden in den Folgejahren von Faraday, Plücker (1847), Becquerel (1848), Thomson (1883) aufgebaut. Feilitzsch und Holtz fertigen 1880 den ersten geblechten Magneten. Bis ca. 1887 wurde versucht, den größten Elektromagneten zu bauen. Bis dahin gab es keine gemeinsame Sprache zwischen den Theoretikern, deren Beschreibungen zudem noch unzureichend waren, und den empirisch arbeitenden Praktikern. [1.42]

Der schottischer Physiker James Clerk Maxwell (1831-1879) veröffentlichte **1865** die nach ihm benannten Maxwellschen Gleichungen. Sie stellen den Zusammenhang der bis dahin bekannten Gesetzmäßigkeiten Durchflutungsgesetz, Gaußsches Gesetz und Induktionsgesetz mit den Kräftebeziehungen der Lorentzkraft und der Reluktanzkraft sowie die Materialbeziehungen her. Die heute üblich Schreibweise führten später Heaviside bzw. Gibbs und Hertz ein.

Die theoretischen Arbeiten von Henry Augustus Rowland (1848-1901), Robert Holford Macdowall Bosanquet (1841-1912), Gisbert Johann Eduard Kapp (1852-1922) und John Hopkinson (1849-1898) zur magnetisch-elektrischen Analogie, magnetischen Netzwerken und Streufeldern in den Jahren **1885-1886** bilden die Grundlage für die Berechnung magnetischer Felder. Der Bedarf resultierte aus der Entwicklung der Erregerkreise für Dynamomaschinen.

Die Beeinflussung der Kraft-Weg-Kennlinien durch die konstruktive Gestaltung des Ankers- bzw. Ankergegenstückes wurde bereits vom deutschen Physiker Julius Dub (1817-1873) in experimentellen Studien 1861 gezeigt. Dub erkannte ebenfalls die Bedeutung von Polplatten für die Tragkraft von Elektromagneten [1.9]. Die Lehrbücher von Underhill [1.43] und Jasse [1.21] belegen, dass der Einfluss von lokalen Sättigungen auf die Magnetkraft schon frühzeitig bekannt war. Der V-förmige Ankerkonus zur

Vergrößerung des Hubs findet sich in einer Veröffentlichung von Goldsborough aus dem Jahr **1900** [1.16]. Erich Jasse stellt systematische Untersuchungen dazu vor [1.21]. Einen großen Schritt für Anpassung der Magnetkraft-Kennlinien an industrielle Anwendungen gelingt Wilhelm Binder **1940** mit Tauchstufen im Magnetkern [1.4]. Diese Tauchstufen werden in den 1960er Jahren von Eberhard Kallenbach systematisch untersucht. [1.22]

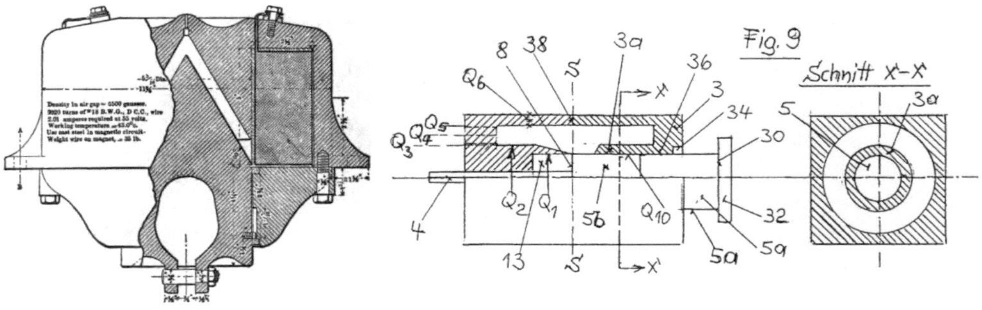

Bild 1.8: Kennlinienbeeinflusste Magnete: links Magnet von Goldsborough mit V-förmigem Ankerkonus [1.16]; rechts Magnet von Binder mit Tauchstufe im Magnetkern [1.4]

Wechselstrommagnete werden schon 1901 bei Mansfield [1.28] erwähnt, ebenso wie Wirbelstromverluste und der Effekt einer Kupferscheibe als Kurzschlussring. In seinem 2. Buch von 1918 beschreibt Underhill den Effekt von Kurzschlusswicklungen auf Gleichstrommagnete. [1.44]

Mit der Ausbildung der modernen Elektronik nach der Entwicklung des Halbleitertransistors beginnt ab **1950** die Beeinflussung der Grundfunktionen von Elektromagneten durch elektronische Ansteuer- und Bedämpfungsschaltungen. Ziele sind die Reduzierung der Anzugs- und Abfallzeiten bzw. der Abschaltspannungsspitze, weiterhin die Volumenreduzierung durch Sparschaltungen, die Stromregelung bzw. Positionsregelung. Dies wird ergänzt durch informationstechnische Zusatzfunktionen, z. B. Kennlinienkorrektur, Reibungs- und Hysteresekompensation, Identifikation, Adaption, Notlaufeigenschaften (Raab [1.32], Roschke [1.34]). Tendenziell nimmt der Informationsfluss an Intensität zu. Es entstehen intelligente elektromagnetische Antriebssysteme, in denen die Verlagerung von Teilfunktionen in den Mikrorechner die Flexibilität und Kompatibilität erhöht sowie Volumenreduzierungen und höhere Kompaktheit ermöglicht.

Einen sehr großen Einfluss auf die Berechnung von Elektromagneten hat die Entwicklung der Computertechnik in den **1950er** und **1960er** Jahren. Insbesondere die (computergestützte) numerische Feldberechnung führt zu unzähligen Entwicklungen auf der ganzen Welt. Winslow überträgt 1964 die Finite-Elemente-Methode auf magnetische Felder [1.55]. In Deutschland wendet Reichert die Methode 1967 erstmals bei der Implementierung einer Simulations-Software an [1.33]. Andere Diskretisierungsansätze wie Finite-Differenzen-Methode (z. B. Binns, 1963 oder Erdelyi, 1970) oder Integralverfahren (z. B. Wexler, 1969) sowie Lösungen für zwei- oder dreidimensionale Feldgebiete, aber auch statische oder transiente Simulationen führen zu zahlreichen Lösungen und Veröffentlichungen.

Kallenbach publiziert **1969** die statische Optimierung von nichtlinearen Gleichstrommagneten mit Energiebetrachtungen, die Ermittlung der Hauptabmessungen bei gegebener Magnetarbeit sowie Ähnlichkeitsgesetze [1.22]. Neben der numerischen Feldberechnung wurden durch die Rechenleistung der Computertechnik auch die Methoden und Werkzeuge der Netzwerk-Analogien weiterentwickelt. Eng verbunden damit ist auch die Entwicklung von rechnergestützten Entwurfsverfahren (Nikitenko [1.29], Eick [1.11], Schäfer-Jotter [1.37], Ullrich [1.45], Birli [1.5], Ströhla [1.41], Feindt [1.12] und viele andere)

Seit **2000** werden magnetische Mikroaktoren mit Technologien der Mikrosystemtechnik, z. B. Gatzen [1.6], Büttgenbach [1.38]) hergestellt.

1.3 Definitionen

Elektromagnete lassen sich nach unterschiedlichen Gesichtspunkten charakterisieren. Während den Anwender insbesondere die antriebstechnisch relevanten Eigenschaften interessieren, muss der Entwickler die physikalischen Grundlagen der funktionellen Eigenschaften kennen und modellieren können, damit er während des Entwurfsprozesses weitgehend optimale Lösungen schaffen kann.

Antriebstechnischer Aspekt:

Elektromagnete sind Antriebselemente für begrenzte rotatorische und lineare Bewegungen kleiner Leistung. Als Betätigungsmagnete besitzen sie in der Regel zwei stabile Positionen (Anfangslage des Ankers S_1, $x = 0$, $\delta = \delta_N$, Endlage des Ankers S_2, $x = x_N$, $\delta = 0$) und nur eine aktive Wirkungsrichtung von S_1 nach S_2. Das ist die Bewegungsrichtung infolge magnetischer Feldkräfte in Richtung des minimalen magnetischen Widerstandes des magnetischen Kreises (Reluktanzprinzip).

Die Rückstellbewegung (passive Wirkungsrichtung von S_2 nach S_1) muss durch äußere Kräfte (Federkräfte, Gewichtskräfte, Magnetkräfte eines zweiten Elektromagneten) erfolgen. Typische Bewegungsabläufe sind wechselsinnige Bewegungen mit unterschiedlichem Rastverhalten (siehe Bild 1.9).

Während Betätigungsmagnete (Hubmagnete, Zugmagnete) in der Regel zwei Raststellungen aufweisen, besitzen Stanz- und Druckmagnete nur eine Raststellung. Die Anker von Schwingmagneten bewegen sich zwischen den Endlagen ohne Raststellung hin und her.

Sonderformen von Elektromagneten mit mehr als zwei Raststellungen sind z. B.: Doppelhubmagnete mit drei Raststellungen und elektromagnetische Schrittmotoren (siehe Kapitel 7).

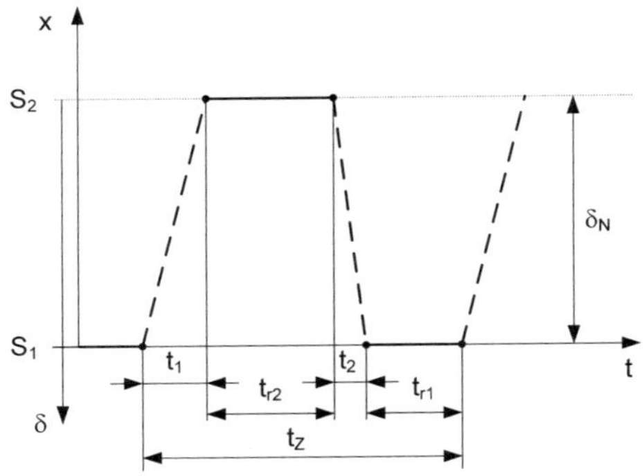

Bild 1.9: Wechselsinnige Bewegung mit doppelter Rast; t_1 Anzugszeit, t_2 Abfallzeit, t_{r1} Rastzeit in Anfangslage, t_{r2} Rastzeit in Endlage, t_z Zykluszeit

Physikalischer Aspekt:

Elektromagnete sind elektro-magneto-mechanische Energiewandler, welche elektrische Energie über die Zwischenform der magnetischen Energie in mechanische Bewegungsenergie umwandeln. Voraussetzung für die Wirkungsweise ist die Abhängigkeit des Energiezustandes des steuerbaren Magnetfeldes von mindestens einer Bewegungskoordinate.

Informationstechnischer Aspekt:

Elektromagnete sind Übertragungselemente mit in der Regel zwei stabilen Positionen des Magnetankers, die in offener Steuerkette mit Hilfe elektrischer Eingangssignale mechanische Ausgangssignale erzeugen.

Im Allgemeinen sind diese Eingangssignale Sprungfunktionen der Erregerspannung oder des Erregerstromes. Der zeitliche Verlauf der mechanischen Ausgangssignale wird in erster Linie durch das Übertragungsverhalten des Elektromagneten und die Belastung bestimmt. In zunehmendem Maße werden heute Elektromagnete auch als Antriebselemente in Antriebsregelkreisen eingesetzt (z. B. Proportionalmagnete).

Aus systemtechnischer Sicht sind Elektromagnete Elemente in übergeordneten Antriebssystemen, die als Ganzheit betrachtet werden müssen.

1.4 Grundaufbau von Elektromagneten und elektromagnetischen Antriebselementen

Im Laufe der über 170-jährigen Entwicklung von Elektromagneten und elektromagnetischen Antriebselementen sind sehr viele verschiedene konstruktive Ausführungen von Elektromagneten entstanden, die sich auf wenige Grundformen zurückführen lassen.

Eisenkreis, Erregerspule und Arbeitsluftspalt sind die funktionsrelevanten Elemente jedes Elektromagneten. Der magnetische Kreis besteht aus dem Anker als dem beweglichen Teil, dem Eisenrückschluss (Stator, Joch), der mit der Erregerspule gestellfest verbunden ist, sowie dem Arbeitsluftspalt (siehe Bild 1.10), in dem die Magnetkraft erzeugt wird. Je nach der konstruktiven Gestaltung dieser Funktionselemente können Elektromagnete mit unterschiedlichen Magnetkraft-Hub-Kennlinien entworfen werden, die den technischen Forderungen der antriebstechnischen Aufgabenstellung mehr oder weniger nahe kommen.

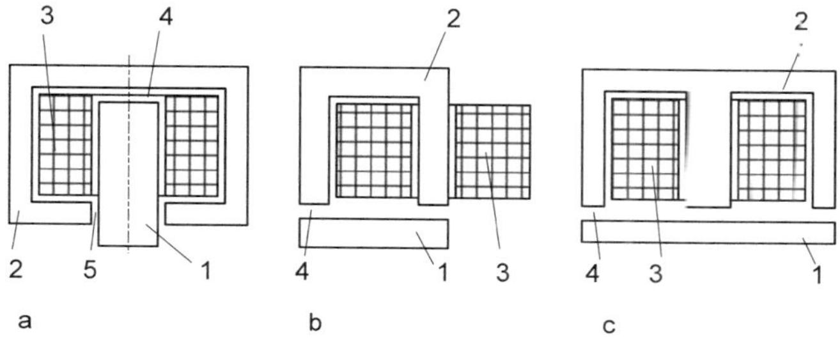

Bild 1.10: Grundformen von Elektromagneten: a) Topfmagnet, b) U-Magnet, c) E-Magnet, 1 Anker, 2 Stator, 3 Erregerspule, 4 Arbeitsluftspalt, 5 parasitärer Luftspalt

Während für Elektromagnete als Funktionselemente vor allem die in Bild 1.10 dargestellten drei Magnetgrundformen charakteristisch sind, können durch Modifikation (Bild 1.11) und Integration von mehreren Elektromagneten zu elektromagnetischen Schrittmotoren (Bild 1.12) oder durch Integration mit dem Wirkelement (z. B. Magnetventile, Bild 9.11) sehr unterschiedliche Magnetkreise entstehen. Wesentlichen Einfluss auf den Verlauf der für den Antriebsvorgang bedeutsamen Magnetkraft-Hub-Kennlinie besitzt die Gestalt des Arbeitsluftspaltes.

1.5 Entwurfsprozess für elektromagnetische Antriebe

Die ständig wachsenden technischen Anforderungen an die Elektromagnete als Elemente elektromagnetischer Antriebe und die Notwendigkeit der weitgehenden Anpassung der Antriebselemente an die Antriebsfunktion erfordert die Ableitung von **Entwurfsmethoden** und **Entwurfswerkzeugen**, die dem Hersteller und Anwender ein schnelles Reagieren auf Markterfordernisse ermöglichen. Elektromagnete können nur entworfen werden, wenn das Antriebssystem im Zusammenhang mit dem Belastungsfall (Wirkelement) und dem Leistungsstellglied sowie der Steuereinrichtung als Ganzheit aufgefasst wird [1.23] [1.46].

Die Vielzahl an Einflussgrößen und technischen Forderungen erlaubt keinen direkten Syntheseprozess, sondern erfordert einen schrittweisen Entwurf (Kapitel 8). Der Erfolg des Entwurfsprozesses hängt sehr wesentlich von den verfügbaren mathematischen

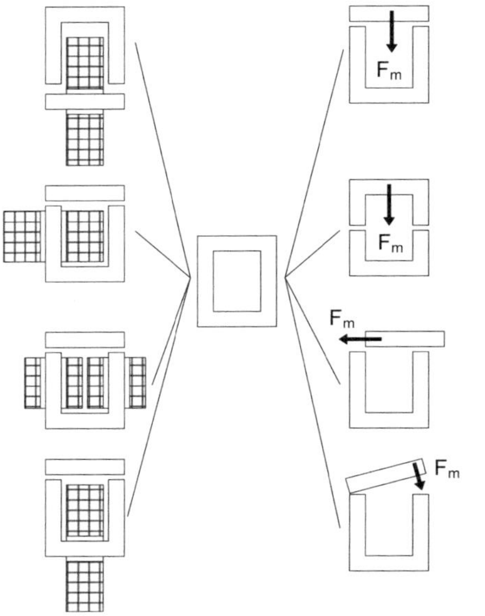

Bild 1.11: Modifikation von Magnetgrundformen am Beispiel des U-Magneten

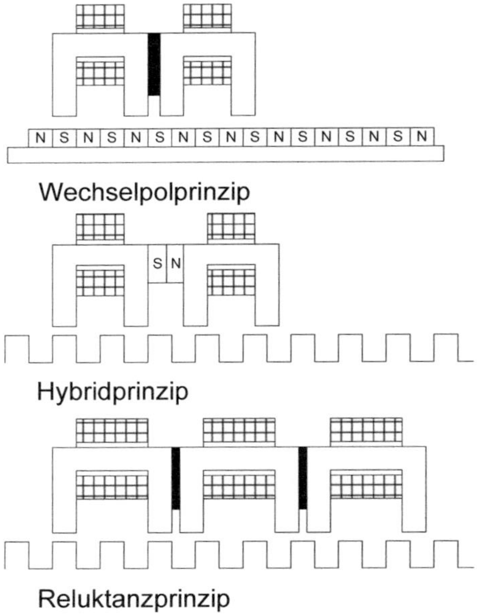

Bild 1.12: Grundprinzipien elektromagnetischer Schrittantriebe

und physikalischen Modellen und Rechenprogrammen ab. Oft treten große Unsicherheiten in der frühen Entwurfsphase bei der Bestimmung des Antriebsprinzips und der geometrischen Grundstruktur auf. Mit numerischen Feldberechnungsmethoden können vorgegebene Elektromagnete heute bereits mit für ingenieurtechnische Zwecke genügender Genauigkeit berechnet werden.

Es ist ein wesentliches Anliegen dieses Buches neben der Beschreibung der physikalischen Vorgänge, den Entwickler moderner Elektromagnete und elektromagnetischer Antriebe mit mathematischen Modellen zu unterstützen.

1.6 Quellen

[1.1] Aldefeld, B.: Felddiffusion in Elektromagneten. Feinwerktechnik und Meßtechnik, 90(1982)5, S. 222-226

[1.2] Ampere, A.-M.: Mémoire [...] sur les effets des courants électriques, Annales de chimie et de physique, 1820, vol. 15, p. 59-75, p. 170-218.

[1.3] Ampère, A.-M.: Recueil d'observations électro-dynamiques, 1822.

[1.4] Binder, W.: Elektromagnet in Topfform mit einem Ankergegenstueck, welches einen Hohlraum aufweist. Patentschrift DE 847465 C, 1940

[1.5] Birli, O., Kallenbach, E.: Entwurf magnetischer Antriebssysteme mit dem Programmsystem SESAM 2000. GMM-Workshop Methoden und Werkzeuge zum Entwurf vom Mikrosystemen, Berlin 2. u. 3. Dezember 1999, Tagungsband S. 292-300

[1.6] Budde, T.; Föhse, M.; Majjer, B.; Lüthe, H.; Bräuer, G.: Gatzen, H.H.: Fertigung magnetischer Schichten. Kolloquium Mikroproduktion, Februar 2003, Tagungsband S. 85..94 Schriftenreihe des Institutes für Werkzeugmaschinen und Fertigungstechnik der TU Braunschweig, Essen: Vulkan-Verlag 2003, ISBN 3-8027-8670-X

[1.7] Bul, B. K.: Grundlagen der Theorie und Berechnung magnetischer Kreise (russ.). Moskau: Verlag Energie, 1964

[1.8] Doppelbauer, M.: Die Erfindung des Elektromotors 1800-1854 und 1856-1893. https://www.eti.kit.edu/1376.php bzw. https://www.eti.kit.edu/1390.php. Abruf 27.1.2016

[1.9] Dub, J.: Der Elektromagnetismus. Verlag von Julius Springer, 1861

[1.10] Duffing, P.: Der Sperrmagnet. ETZ-A 11, 1953

[1.11] Eick, R.: Rechnerunterstützte Konstruktion von Gleichstrommagneten. Ilmenau: TH Dissertation, 1988

[1.12] Feindt, K.: Untersuchungen zum Entwurf von Elektromagneten unter Berücksichtigung dynamischer Kenngrößen. Dissertation TU Ilmenau 2002, Ilmenau

[1.13] Fetzer, J.: Die Lösung statischer und quasistationärer elektromagnetischer Feldprobleme mit Hilfe der Kopplung der Methode der finiten Elemente und der Randelementmethode. Fortschr.-Ber. VDI Reihe 21 Nr. 192, Düsseldorf: VDI Verlag 1996

[1.14] Fetzer, J.; Haas, M.; Kurz, S.: Numerische Berechnung elektromagnetischer Felder. Renningen-Malmsheim: expert-Verlag 2002

[1.15] Figuier, L.: Les merveilles de la science, ou Description populaire des inventions modernes, 1867.

[1.16] Goldsborough, W.E.: Electrical Wolrd, Vol. XXXVI, 28. Juli 1900

[1.17] Henry, J.: On the application of the principle of the galvanic multiplier to electro-magnetic apparatus, and also to the development of great magnetic power in soft iron, with a small galvanic element. In: Silliman's American Journal of Science 19 (January 1831), S. 400?408.

[1.18] Henry, J.: On a reciprocating motion produced by magnetic attraction and repulsion. American Journal of Science and Arts 20, 1831, S. 340?343

[1.19] Henry, J.; Ten Eyck, Ph.: An Account of a Large Electro-Magnet, Made for the Laboratory of Yale College. American Journal of Science, 1831, vol. 20, pp. 201-203.

[1.20] Hochfelder, D.: Joseph Henry: Inventor of the Telegraph? http://siarchives.si.edu/history/jhp/joseph20.htm, Abruf 13.11.2013

[1.21] Jasse, E.: Die Elektromagnete. Berlin: Springer-Verlag, 1930

[1.22] Kallenbach, E.: Der Gleichstrommagnet: Leipzig: Akademische Verlagsgesellschaft Geest & Portig, 1969

[1.23] Kallenbach, E.; Birli, O.; Saffert, E.; Schäffel, C.: Zur Gestaltung integrierter mechatronischer Produkte. VDI-Bericht Nr.: 1753 - Mechatronik im Maschinen- und Fahrzeugbau, VDI-Verlag, Düsseldorf, 2003

[1.24] Kallenbach, M.; Beyer, F.; Baumbach, J.; Keilig, R.; Kallenbach, E.: Grenzen der Schnellwirkung von Antriebssystemen mit stark nichtlinearen Magnetaktoren. VDI-Bericht Nr. 1753, VDI-Verlag, Düsseldorf, 2003, S. 541-554

[1.25] King, W.J.: The development of electrical technology in the 19th century. Contributions from the Museum of History and Technology, Smithsonian Institution, Paper 28, S. 233-406, 1962

[1.26] Müller, W.: Numerical solution of 2- or 3-dimensional nonlinear field problems by means of computer program PROFI. In: Archiv für Elektrotechnik, 65(1982), S. 299-307

[1.27] Kurz, S.: Die numerische Behandlung elektromechanischer Systeme mit Hilfe der Kopplung der Methode der finiten Elemente und der Randelementmethode. Fortschr.-Ber. VDI Reihe 21 Nr. 252, Düsseldorf: VDI Verlag 1998

[1.28] Mansfield, A.N.: Electromagnets; Their Design and Construction. D. Van Nostrand, 1901

[1.29] Nikitenko, A.G.: Automatisierte Projektierung elektrischer Apparate (russ.). Moskau: Verlag Hochschule, 1983

[1.30] Ørsted, H.Chr.: Experimenta circa effectum conflictus electrici in acum magneticam, Eigenverlag 1820

[1.31] Quendt, P.: Berechnung und Optimierung von Gleichstrommagneten mit einer adaptiven Finite-Elemente-Methode. Ilmenau: TH Dissertation, 1991

[1.32] Raab, M.: Aktoren in modernen Kraftfahrzeugen - Forschungsschwerpunkte und Entwicklungstendenzen. Essen: 11 Tagung Elektronik in Kraftfahrzeugen, 6/1991

[1.33] Reichert, K.: Über ein numerisches Verfahren zur Berechnung von Magnetfeldern und Wirbelströmen in elektrischen Maschinen. Stuttgart: TU Habilitation, 1967

[1.34] Roschke, T.: Entwurf geregelter elektromagnetischer Antriebe für Luftschütze. Fortschr.-Ber. VDI-Reihe 21 Nr. 293, Düsseldorf VDI-Verlag 2000

[1.35] Rosenbaum, S. u. a.: Verbesserung der dynamischen Parameter von Magnetventilen durch Optimierung des Energiemanagements des heterogenen Gesamtsystems. VDI-Bericht 1971, 2007, S. 85-102

[1.36] Rubens, J.: From miniature, ca. 1829, attributed to Julius Rubens. Ames. Smithsonian neg. no. 69,029.

[1.37] Schäfer-Jotter, M.: Beitrag zur Optimierung elektrotechnischer Geräte mit Hilfe der numerischen Feldberechnung. Darmstadt: TH Dissertation, 1991

[1.38] Seidemann, V.; Kohlmeier, T.; Büttgenbach, S.; Gatzen, H. H.: Fertigung von Erregerspulen. Kolloquium Mikroproduktion, Februar 2003,Tagungsband S. 95 . . . 104, Schriftenreihe des Institutes für Werkzeugmaschinen und Fertigungstechnik der TU Braunschweig, Essen: Vulkan-Verlag 2003, ISBN 3-8027-8670-X

[1.39] Sherman, R.: Joseph Henry's Contributions to the Electromagnet and the Electric Motor. http://siarchives.si.edu/oldsite/siarchives-old/history/jhp/joseph21.htm (Abruf 1.3.2016)

[1.40] Smithonian Institut: Image copied from old photograph, N.M.A.H. Cat. No. 181,451c. Smithsonian neg. no. 39,040.

[1.41] Ströhla, T.: Ein Beitrag zur Simulation und zum Entwurf von elektromagnetischen Systemen mit Hilfe der Netzwerkmethode. Dissertation TU Ilmenau 2002, Ilmenau Wissenschaftsverlag, ISBN 3-936404-00-3

[1.42] Thompson, S.P.: The electromagnet and electromagnetic mechanism, 1891

[1.43] Underhill, Ch.R.: The electromagnet - Primary Source Edition. D. van Nostrand Company, New York, 1903

[1.44] Underhill, Ch.R.: Solenoids, electromagnets and electromagnetic windings. D. van Nostrand Company, New York, 1914

[1.45] Ullrich, M. R.: Optimierung elektromagnetischer Stellglieder an Beispielen von Nadeldruckköpfen für Impact Mosaikdrucker. Darmstadt: TH Dissertation, 1992

[1.46] VDI 2206 Entwicklungsmethodik für mechatronische Systeme. Beuth-Verlag, Berlin, 2004

[1.47] von Wurzbach, Constantin: Romagnosi, Giandomenico. In: Biographisches Lexikon des Kaiserthums Oesterreich. 26. Theil. Kaiserlich-königliche Hof- und Staatsdruckerei, Wien 1874, S. 313-315

[1.48] Wikipedia: Gian Domenico Romagnosi. https://de.wikipedia.org/wiki/Gian_Domenico_Romagnosi (Abruf 1.2.2016)

[1.49] Wikipedia: Hans Christian Ørsted. https://de.wikipedia.org/wiki/Hans_Christian_%C3%98rsted (Abruf 1.2.2016)

[1.50] Wikipedia: André-Marie Ampère. https://de.wikipedia.org/wiki/Andr%C3%A9-Marie_Amp%C3%A8re (Abruf 1.2.2016)

[1.51] Wikipedia: Dominique François Jean Arago. https://de.wikipedia.org/wiki/Fran%C3%A7ois_Arago (Abruf 1.2.2016)

[1.52] Wikipedia: Oersted's law. https://en.wikipedia.org/wiki/Oersted's_law (Abruf 23.3.2014)

[1.53] Wikipedia: William Stugeon. https://de.wikipedia.org/wiki/William_Sturgeon (Abruf 1.2.2016)

[1.54] Wikipedia: James Prescott Joule. https://simple.wikipedia.org/wiki/James_Prescott_Joule (Abruf 1.3.2016)

[1.55] Winslow, A.M.: Improved Iteration Method for Hagnetostatic Calculation. UCRL-12132-T, Lawrence. Radiation Laboratory (Livermore, California), 1964.

[1.56] Zöppig, V.; Feindt, K.; Ströhla, T.; Kallenbach, E.: Mechatronic drive concept for pneumatic minivalves. 5th International Fluid Power Conferenz Aachen 2006, S. 341-352

Kapitel 2

Grundgesetze des magnetischen Feldes

2.1 Das stationäre Magnetfeld

2.1.1 Grundgesetze und Grundgrößen

In der Umgebung eines stromdurchflossenen Leiters können experimentell Kraftwirkungen auf eine Magnetnadel oder Eisenspäne festgestellt werden, die dazu führen, dass sich die Magnetnadel oder die Eisenspäne in einer bestimmten Weise ausrichten. Diese Kraftwirkungen werden von dem magnetischen Feld des stromdurchflossenen Leiters verursacht. Wenn bei einer Bewegung der Magnetnadel um den Leiter die Orientierung der Nadel aufgezeichnet wird, erhält man eine bildliche Darstellung des magnetischen Feldes. Im Fall eines unendlich langen geraden stromdurchflossenen Leiters ergeben sich als Feldbild konzentrische Kreise (Bild 2.1).

Das magnetische Feld wird mit der magnetischen Feldstärke[1] $\boldsymbol{H}$ und der magnetischen Flussdichte[2] $\boldsymbol{B}$ beschrieben. Nach dem Durchflutungsgesetz gilt für das Linienintegral der magnetischen Feldstärke bei einem Umlauf um den Leiter:

$$\oint_l \boldsymbol{H}\,\mathrm{d}\boldsymbol{l} = I. \tag{2.1}$$

---

[1] Die magnetische Feldstärke wird in A/m gemessen.

[2] Die magnetische Flussdichte wird in $\mathrm{Vs/m^2}$ bzw. Tesla (T) gemessen. Es gilt $1\,\mathrm{T} = 1\,\mathrm{Vs/m^2}$. Eine weitere, heute nicht mehr benutzte Einheit ist das Gauß (G). Es gilt $1\,\mathrm{G} = 10^{-4}\,\mathrm{T}$.

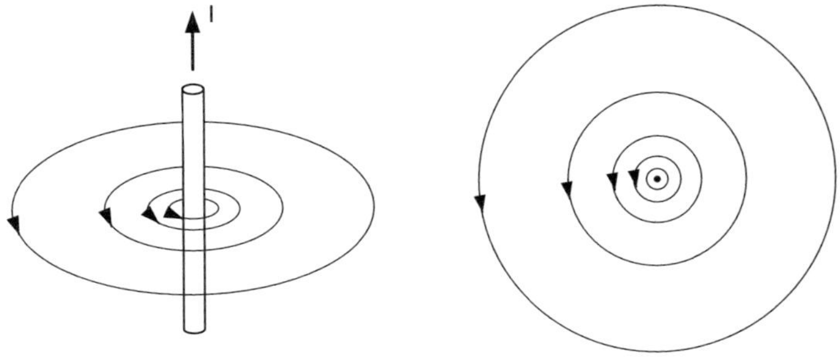

Bild 2.1: Feldbild eines unendlich langen geraden stromdurchflossenen Leiters; die Richtung der Feldlinien bildet mit der Stromrichtung eine Rechtsschraube.

Werden von dem Integrationsweg mehrere Ströme umfasst, so ist das Linienintegral der magnetischen Feldstärke gleich der vorzeichenbehafteten Summe der Ströme.

$$\oint_l \boldsymbol{H}\,\mathrm{d}\boldsymbol{l} = \sum I = \Theta. \tag{2.2}$$

Da die Summe der Ströme die von dem Umlaufweg berandete Fläche durchflutet (durchströmt), wird diese Stromsumme auch als Durchflutung[3] Θ bezeichnet. Für den im Bild 2.2a dargestellten Integrationsweg gilt:

$$\Theta = I_2 + I_3 - I_4. \tag{2.3}$$

In dem in Bild 2.2b gezeigten Fall einer Spule mit w Windungen ist die Durchflutung gleich dem Produkt aus Strom und Windungszahl:

$$\Theta = w\,I. \tag{2.4}$$

Dabei ist es für das magnetische Feld gleichgültig, ob zum Beispiel eine Spule mit 1000 Windungen mit einer Stromstärke von 1 A oder eine Spule mit 10 Windungen mit einer Stromstärke von 100 A betrieben wird.

Wenn man den Integrationsweg bei der Berechnung des Umlaufintegrals (2.1) in einzelne Abschnitte aufteilt, erhält man für jeden dieser Abschnitte ein einzelnes Linienintegral.

[3]Die Durchflutung wird mit dem griechischen Buchstaben Θ gekennzeichnet und in Ampere (A) gemessen. Im Sprachgebrauch wird als Einheit der Durchflutung häufig auch Amperewindungen (Aw) verwendet.

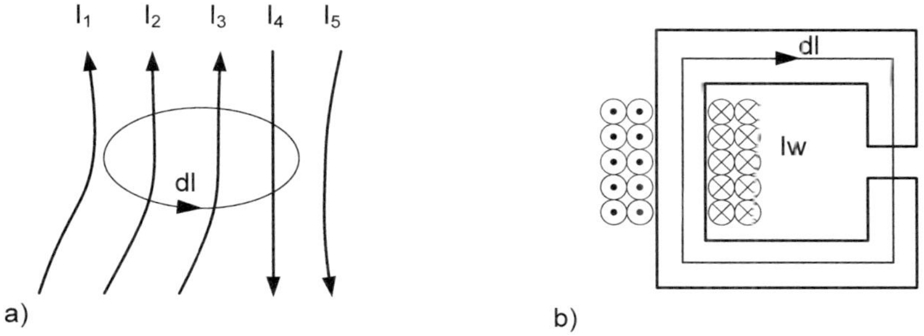

Bild 2.2: Durchflutung als geschlossenes Linienintegral der magnetischen Feldstärke a) stromdurchflossene Leiter, b) einfacher Magnetkreis

Diese Linienintegrale der magnetischen Feldstärke bestimmen in Analogie zur elektrischen Spannung eine magnetische Spannung V. Für die magnetische Spannung $V_{1,2}$ zwischen zwei Punkten P_1 und P_2 gilt somit:

$$V_{1,2} = \int_{P_1}^{P_2} \boldsymbol{H}\, \mathrm{d}\boldsymbol{l}. \tag{2.5}$$

Neben der magnetischen Feldstärke $\boldsymbol{H}$ ist die magnetische Flussdichte $\boldsymbol{B}$, die auch als magnetische Induktion bezeichnet wird, eine weitere Größe zur Beschreibung des magnetischen Feldes. Für den Zusammenhang zwischen der magnetischen Flussdichte und der magnetischen Feldstärke gilt:

$$\boldsymbol{B} = \mu \boldsymbol{H}. \tag{2.6}$$

Der Proportionalitätsfaktor μ zwischen der magnetischen Flussdichte $\boldsymbol{B}$ und der magnetischen Feldstärke $\boldsymbol{H}$ wird als Permeabilität bezeichnet. Die Permeabilität kennzeichnet den Einfluss verschiedener Materialien auf das magnetische Feld. Im allgemeinen Fall wird der Zusammenhang zwischen $\boldsymbol{B}$ und $\boldsymbol{H}$ durch eine Vektorfunktion mit einer richtungs-, orts- und feldstärkeabhängigen Permabilität (Tensorgröße) beschrieben [2.31]. Die Richtungsabhängigkeit tritt bei anisotropen Stoffen, die Ortsabhängigkeit bei inhomogenen Stoffen und die Feldstärkeabhängigkeit bei nichtlinearen Stoffen auf.

Mit der relativen Permeabilität μ_r kann die absolute Permeabilität als ein Vielfaches der Induktionskonstanten μ_0 dargestellt werden.

$$\mu = \mu_0 \mu_r. \tag{2.7}$$

Die Induktionskonstante μ_0 ist gleich der Permeabilität des Vakuums. Sie beträgt:

$$\mu_0 = 4\pi \cdot 10^{-7} \frac{\mathrm{Vs}}{\mathrm{Am}} = 1.256 \cdot 10^{-6} \frac{\mathrm{Vs}}{\mathrm{Am}}. \tag{2.8}$$

Die relative Permeabilität μ_r ist ein stoffspezifischer dimensionsloser Faktor (Abschnitt 2.4).

Die Differenz zwischen der magnetischen Flussdichte und dem Wert $\mu_0 \boldsymbol{H}$ wird als magnetische Polarisation $\boldsymbol{J}_m$ bezeichnet.

$$\boldsymbol{J}_m = \boldsymbol{B} - \mu_0 \boldsymbol{H}. \tag{2.9}$$

Die magnetische Polarisation kennzeichnet somit den Beitrag, den das magnetische Material zur magnetischen Flussdichte liefert.

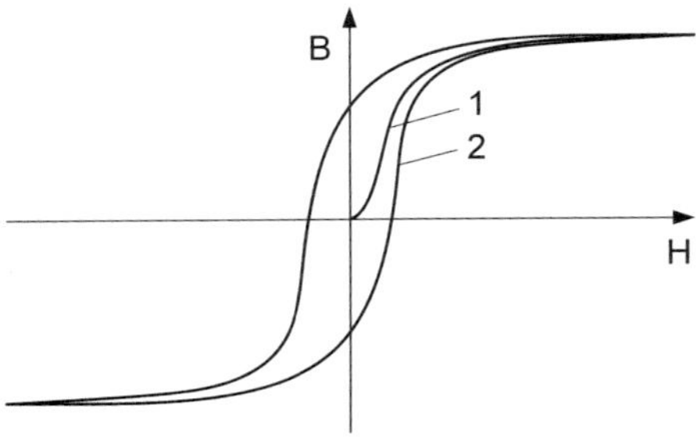

Bild 2.3: B-H-Kennlinie eines Eisenmaterials, 1 - Neukurve, 2 - Hystereseschleife

Die Größe

$$\boldsymbol{M} = \frac{\boldsymbol{B}}{\mu_0} - \boldsymbol{H} \tag{2.10}$$

wird als Magnetisierung bezeichnet. Neben der Permeabilität μ wird auch die magnetische Suszeptibilität

$$\chi = \mu_r - 1 \tag{2.11}$$

zur Kennzeichnung von Materialien im magnetischen Feld verwendet. Ist die Permeabilität eines Stoffes von der magnetischen Feldstärke unabhängig, spricht man von einem linearen Verhalten des Stoffes im Magnetfeld. Die in technischen Magnetkreisen eingesetzten Eisenmaterialien zeigen im Gegensatz dazu ein nichtlineares Verhalten. Der Zusammenhang zwischen der magnetischen Feldstärke und der Flussdichte ist bei diesen Materialien nichtlinear und nicht eindeutig (Bild 2.3). Die Materialien zeigen ein Hystereseverhalten (Abschnitt 2.4.4).

Eine weitere für die Beschreibung von Magnetfeldern wichtige Größe ist der magnetische Fluss[4] Φ. Er lässt sich aus der magnetischen Flussdichte innerhalb einer Fläche $\boldsymbol{A}$ mit der Gleichung

$$\Phi = \int_A \boldsymbol{B} \, \mathrm{d}\boldsymbol{A} \tag{2.12}$$

bestimmen.

Für den magnetischen Fluss gilt, dass der gesamte in ein Volumenteil hineinströmende Fluss gleich dem aus diesem Volumen herausströmenden Fluss ist. Die Feldlinien der

[4]Der magnetische Fluss wird in Vs oder Weber (Wb) gemessen. Es gilt: $1\,\mathrm{Wb} = 1\,\mathrm{Vs}$.

magnetischen Flussdichte sind entweder stets in sich geschlossen oder verlaufen vom Unendlichen zum Unendlichen. Mathematisch lässt sich diese Aussage in dem Satz von der Quellenfreiheit des magnetischen Flusses beschreiben [2.6], [2.22]:

$$\oint_A \boldsymbol{B}\,\mathrm{d}\boldsymbol{A} = 0. \tag{2.13}$$

2.1.2 Magnetische Feldstärke und Flussdichte in magnetisch inhomogenen Feldgebieten

Wenn sich in dem betrachteten Feldgebiet Bereiche mit unterschiedlicher Permeabilität befinden, so wird dieses Gebiet als magnetisch inhomogen bezeichnet.

Die Permeabilität kann sich an Grenzflächen zwischen verschiedenen Stoffen innerhalb ferromagnetischer Materialien infolge unterschiedlicher Aussteuerungen und durch Materialinhomogenitäten ändern.

Da das Feld der magnetischen Flussdichte ein quellenfreies Feld ist, ist eine Änderung der Permeabilität mit einer Änderung der magnetischen Feldstärke verbunden. Dies führt dazu, dass Grenzflächen zwischen Materialien mit verschiedenen Permeabilitäten Quellen oder Senken von Feldlinien sind (Bild 2.4a).

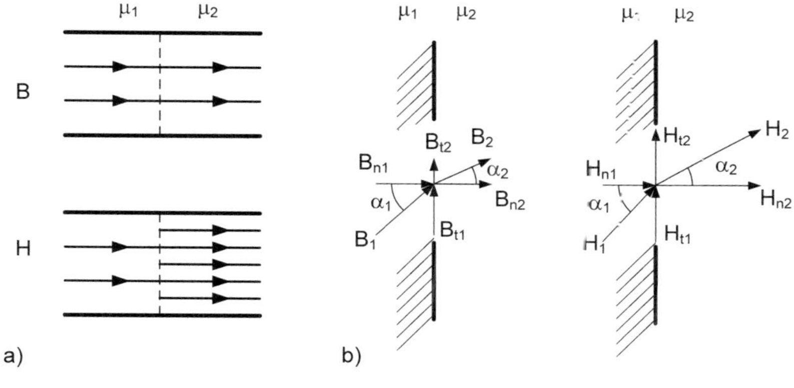

Bild 2.4: Verhalten der magnetischen Flussdichte und der magnetischen Feldstärke an der Grenzfläche zwischen Materialien mit verschiedenen Permeabilitäten ($\mu_1 = 2\mu_2$); a) Feldverlauf senkrecht zur Grenzfläche; b) Normal- und Tangentialkomponenten von B und H bei beliebigem Verlauf zur Grenzfläche

Verläuft die Grenzfläche nicht senkrecht zu den Feldlinien, so entsteht an der Grenzfläche ein Feldlinienknick. An einer Grenzfläche sind die Normalkomponenten der magnetischen Flussdichte und die Tangentialkomponenten der magnetischen Feldstärke stetig:

$$B_{n1} = B_{n2}, \tag{2.14}$$
$$H_{t1} = H_{t2}. \tag{2.15}$$

Weiterhin gilt für die Tangentialkomponenten der magnetischen Flussdichte

$$\frac{B_{t1}}{B_{t2}} = \frac{\mu_1}{\mu_2} \tag{2.16}$$

und für die Normalkomponenten der magnetischen Feldstärke

$$\frac{H_{n1}}{H_{n2}} = \frac{\mu_2}{\mu_1}. \tag{2.17}$$

Für den Ein- bzw. Austrittswinkel der Feldlinien gegenüber der Flächennormalen an einer Grenzfläche kann mit (2.14)-(2.17) die Gleichung

$$\frac{\tan \alpha_1}{\tan \alpha_2} = \frac{\mu_1}{\mu_2} \tag{2.18}$$

abgeleitet werden. Bei dem Übergang von einem nicht bis zur Sättigung ausgesteuerten ferromagnetischen Material ($\mu_r \gg 1$) zu Luft ($\mu_r \approx 1$) ist der Unterschied der Permeabilitäten so groß, dass die Feldlinien nahezu senkrecht aus dem ferromagnetischen Material austreten.

2.1.3 Grundlagen zur Berechnung einfacher magnetischer Kreise

Sind ferromagnetische Körper in einem magnetischen Feld so angeordnet, dass auf Grund der hohen Permeabilität des ferromagnetischen Materials die Feldlinien der magnetischen Flussdichte hauptsächlich innerhalb dieser ferromagnetischen Körper verlaufen, spricht man in Analogie zum elektrischen Stromkreis vom magnetischen Kreis.

Eine bei der Berechnung magnetischer Kreise nützliche Größe ist der magnetische Widerstand R_m. Der magnetische Widerstand eines Abschnittes des Magnetkreises ist gleich dem Quotienten aus der magnetischen Spannung über diesem Abschnitt und dem magnetischen Fluss, der durch diesen Abschnitt fließt:

$$R_m = \frac{V}{\Phi}. \tag{2.19}$$

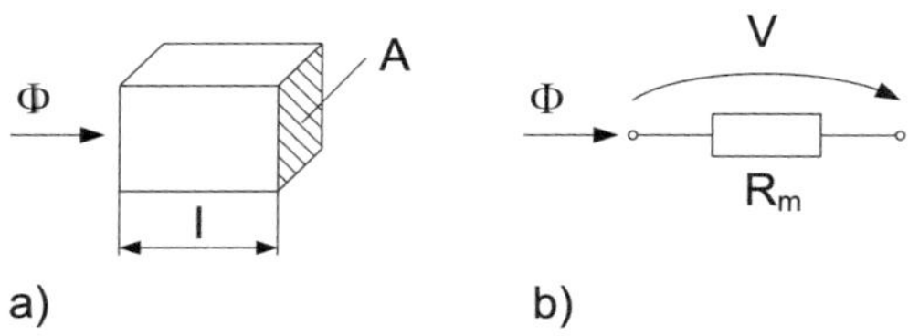

Bild 2.5: Magnetischer Widerstand: a) geometrische Größen für die Dimensionierung, b) Schaltbild

Der Kehrwert des magnetischen Widerstands wird als magnetischer Leitwert G_m bezeichnet:

$$G_m = \frac{1}{R_m}. \tag{2.20}$$

Der magnetische Widerstand und der magnetische Leitwert sind in der Mehrzahl der technisch interessanten Fälle nichtlinear. In einem homogenen magnetischen Feld (B und μ konstant) bestimmt sich der magnetische Widerstand eines Magnetkreisabschnittes (Bild 2.5) mit der Länge l, der Querschnittsfläche A und der Permeabilität μ mit der Dimensionierungsgleichung:

$$R_m = \frac{l}{\mu A}. \tag{2.21}$$

Eine weitere wichtige Größe für die Berechnung magnetischer Kreise ist der Streufaktor. Die Einführung eines Streufaktors resultiert aus der Tatsache, dass sich in einem technischen Magnetkreis der magnetische Gesamtfluss Φ in einen Nutzfluss Φ_δ im Luftspalt und einen Streufluss Φ_σ außerhalb des Luftspaltes aufteilt:

$$\Phi = \Phi_\delta + \Phi_\sigma. \tag{2.22}$$

Das Verhältnis des Streuflusses zum Gesamtfluss wird als Streufaktor bezeichnet:

$$\sigma = \frac{\Phi_\sigma}{\Phi}. \tag{2.23}$$

Der Fall, dass der gesamte magnetische Fluss als Nutzfluss durch den Arbeitsluftspalt verläuft, ist nur theoretisch möglich. In einem technischen Magnetkreis ist der mit (2.23) definierte Streufaktor stets größer Null. Eine allgemeine Aussage über die Größe des Streufaktors eines Magnetkreises ist nicht möglich. Er hängt von der Geometrie des Magnetkreises, den Luftspaltgrößen, der Erregung und vom verwendeten Magnetmaterial ab. Methoden, mit denen sich der Streufaktor berechnen lässt, werden in den Kapiteln 3.4 und 4 beschrieben.

Unter der Annahme, dass das Magnetfeld bereichsweise homogen ist, kann folgendes Verfahren zur Berechnung eines einfachen magnetischen Kreises (Bild 2.6) angewendet werden.

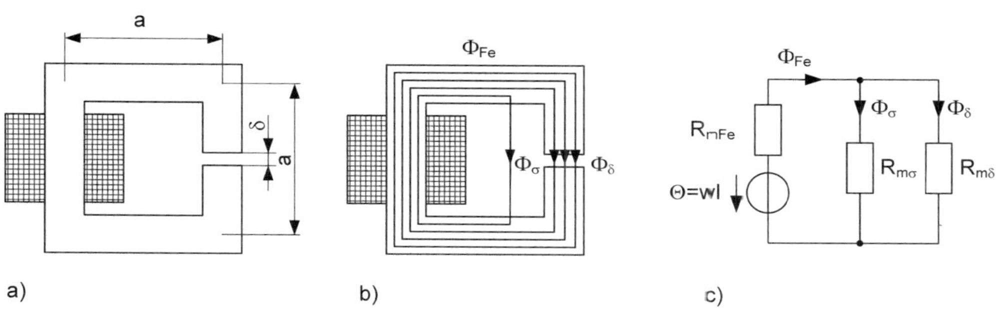

Bild 2.6: Berechnung eines einfachen Magnetkreises a) Geometrie b) idealiserter Feldverlauf c) magnetisches Ersatzschaltbild

Der magnetische Kreis wird in Bereiche mit konstantem Querschnitt und homogenem magnetischen Material aufgeteilt. Für den magnetischen Gesamtfluss im Eisenkreis gilt:

$$\Phi_{Fe} = \Phi_\delta + \Phi_\sigma. \tag{2.24}$$

Wenn die Streuung vernachlässigt werden kann, gilt für den magnetischen Fluss im Eisen und im Luftspalt:

$$\Phi_{Fe} = \Phi_\delta. \tag{2.25}$$

Bei gleicher Querschnittsfläche A ist die Flussdichte im Eisen und im Luftspalt konstant.

$$B_{Fe} = B_\delta. \tag{2.26}$$

Durch die Anwendung des Durchflutungsgesetzes lässt sich eine Gleichung zur Bestimmung der magnetischen Feldstärke ableiten.

$$\Theta = H_{Fe} l_{Fe} + H_\delta \delta. \tag{2.27}$$

Die mittlere Eisenweglänge

$$l_{Fe} = 4a - \delta \tag{2.28}$$

ist dabei die mittlere Länge, die der magnetische Fluss im Eisen zurücklegt. Somit gilt

$$\Theta = H_{Fe} l_{Fe} + \frac{B_\delta}{\mu_0}\delta. \tag{2.29}$$

Wenn der Zusammenhang $B = f_1(H)$ bzw. $H = f_2(B)$ zwischen der Flussdichte und der magnetischen Feldstärke im Eisenkreismaterial bekannt ist, kann die Flussdichte im Magnetkreis unmittelbar mit der Gleichung

$$\Theta = f_2(B)(4a - \delta) + \frac{B}{\mu_0}\delta \tag{2.30}$$

bestimmt werden. Zur graphischen Lösung (Bild 2.7) ermittelt man den Schnittpunkt P zwischen der aus (2.29) und (2.26) ermittelten Geradengleichung

$$B_{Fe} = f(H_{Fe}) = \frac{\mu_0(\Theta - H_{Fe} l_{Fe})}{\delta} \tag{2.31}$$

und der Magnetisierungskurve $B = f_1(H)$.

Bei Berücksichtigung der Hysterese der Magnetisierungskurve und einer Aussteuerung des Magnetkreises bis zur Grenzkurve des Magnetmaterials ergeben sich zwei mögliche Arbeitspunkte P_1 und P_2. Welcher der beiden Arbeitspunkte sich einstellt, hängt von dem vorherigen Magnetisierungszustand ab. Erfolgt nur eine teilweise Aussteuerung auf einer inneren Hystereseschleife, dann liegen die möglichen Arbeitspunkte auf den Schnittpunkten der inneren Hystereseschleife mit der Arbeitsgeraden (2.31) (siehe Abschnitt 2.4.4).

Werden mit diesem einfachen Verfahren Magnetkreise aus weichmagnetischem Material (Abschnitt 2.4) berechnet, so sind die Fehler infolge der angenommenen Näherungen (homogene Magnetkreisabschnitte, Streuung) im Allgemeinen größer als der Fehler infolge der Vernachlässigung der Hysterese, so dass in diesen Fällen eine Berücksichtigung der Hysterese nicht erforderlich ist.

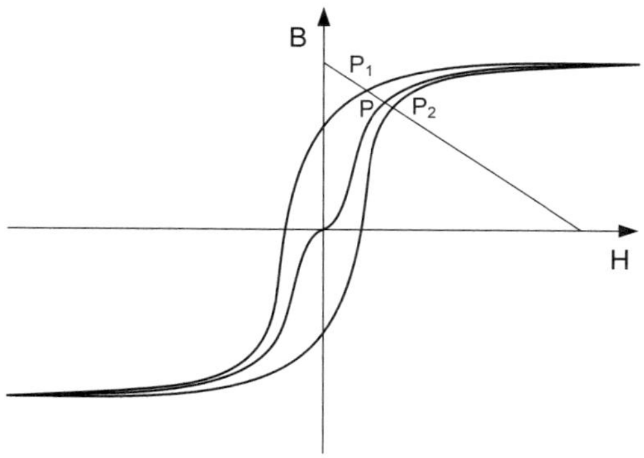

Bild 2.7: Graphische Ermittlung des Arbeitspunktes

2.1.4 Integralparameter des magnetischen Feldes

Die Größen magnetischer Fluss Φ, verketteter magnetischer Fluss Ψ, magnetischer Widerstand R_m, magnetischer Leitwert G_m und Induktivität L werden als Integralparameter des magnetischen Feldes bezeichnet, da sie im weitesten Sinne durch Integration aus den magnetischen Feldgrößen bestimmt werden.

Für den magnetischen Fluss gilt nach (2.12):

$$\Phi = \int_A \boldsymbol{B}\,\mathrm{d}\boldsymbol{A}. \tag{2.32}$$

Wenn die Fläche A, die von einer Leiterschleife begrenzte Fläche darstellt, so nennt man diesen Fluss den mit der Windung verketteten Fluss oder Windungsfluss. Der verkettete Fluss einer Spule mit w Windungen ist die Summe aller dieser Windungsflüsse:

$$\Psi = \sum_w \int_A \boldsymbol{B}\,\mathrm{d}\boldsymbol{A}. \tag{2.33}$$

Bei Vernachlässigung der Streuflüsse durch die Spule sind die einzelnen Windungsflüsse gleich, so dass für den verketteten Fluss der Spule gilt:

$$\Psi = w\Phi = w\int_A \boldsymbol{B}\,\mathrm{d}\boldsymbol{A}. \tag{2.34}$$

In linearen Magnetkreisen ist der verkettete Fluss dem durch die Spule fließenden Strom proportional:

$$\Psi = L\,I. \tag{2.35}$$

Der Proportionalitätsfaktor zwischen dem verketteten Fluss Ψ und dem Strom I wird als Induktivität[5] L (statische Induktivität, Gleichstrominduktivität) bezeichnet. Wird

[5]Die Induktivität wird in Vs/A oder Henry (H) gemessen. Es gilt $1\,\mathrm{H} = 1\,\mathrm{Vs/A}$.

mit (2.35) auch in nichtlinearen Magnetkreisen eine Induktivität definiert, ist zu beachten, dass in diesem Fall die Induktivität nicht konstant ist, sondern vom Strom abhängt. Es ist daher bei einer nichtlinearen Beziehung zwischen Ψ und I zweckmäßig eine weitere Induktivitätsgröße, die differenzielle Induktivität

$$L_d = \frac{\mathrm{d}\Psi}{\mathrm{d}I} \tag{2.36}$$

einzuführen. Die differenzielle Induktivität in einem Arbeitspunkt P_1 ist gleich dem Anstieg der Tangente an die Ψ-I-Kennlinie (Bild 2.8). Im Unterschied dazu ist die Induktivität gleich dem Anstieg der Sekante, die durch den Koordinatenursprung und den Arbeitspunkt P_1 verläuft.

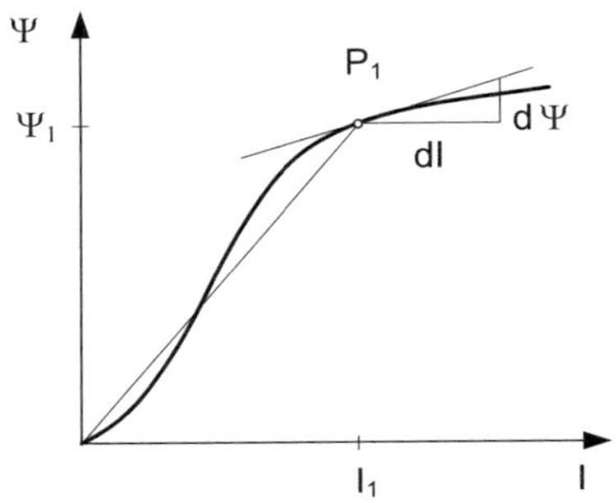

Bild 2.8: Induktivität $L = \Psi_1/I_1$ und differenzielle Induktivität $L_d = \mathrm{d}\Psi/\mathrm{d}I$

Unter Beachtung von (2.19) und (2.35) gilt für die Induktivität in einem linearen Magnetkreis:

$$L = \frac{\Psi}{I} = w^2 \frac{\Phi}{\Theta} = \frac{w^2}{R_m} = w^2\, G_m, \tag{2.37}$$

wobei R_m den magnetischen Gesamtwiderstand des linearen magnetischen Kreises darstellt. Zur Erläuterung des Einflusses der Windungszahl werden zwei Magnete A und B betrachtet, die den gleichen Magnetkreis (gleiche Abmessungen, gleiches Material) besitzen und sich nur durch die Wicklung unterscheiden. Die Magnete werden mit Spannungseinprägung betrieben und besitzen folgende technische Daten:

Magnet A: Nennspannung $U_N = 22\,V$, Nennstrom $I_N = 1\,A$, Windungszahl $w = 1000$.

Magnet B: Nennspannung $U_N = 220V$, Nennstrom $I_N = 0{,}1A$, Windungszahl $w = 10000$.

Beide Magnete besitzen die gleiche Nenndurchflutung und die gleiche Magnetkraft-Hub-Kennlinie. Nach (2.37) besitzt der Magnet B die 100-fache Induktivität des Magneten A. Wenn beide Magnete mit ihrer jeweiligen Nennspannung betrieben werden, hat dieser Induktivitätsunterschied keinen Einfluss auf das dynamische Verhalten. Die die Geschwindigkeit des Ausgleichsvorgangs beim Ein- bzw. Ausschalten eines linearen Elektromagneten bestimmende Zeitkonstante $\tau = L/R$ ist bei gleichbleibender Wickelfensterfläche A_w und unverändertem Kupferfüllfaktor[6] k_{Cu} **unabhängig** von der

[6] Der Kupferfüllfaktor ist von der Drahtstärke und der Wickeltechnologie abhängig. Bei sehr dünnen Drähten, die nicht mehr geordnet gewickelt werden, sinkt der Kupferfüllfaktor ab (siehe Kap. 8).

Windungszahl w der Spule, da für den ohmschen Widerstand der Magnetspule (ϱ spezifischer elektrischer Widerstand; l_m mittlere Windungslänge)

$$R = w^2 \frac{\varrho\, l_m}{k_{Cu}\, A_w} \tag{2.38}$$

gilt und mit (2.37) für die Zeitkonstante folgt:

$$\tau = \frac{L}{R} = \frac{G_m\, k_{Cu}\, A_w}{\varrho\, l_m}. \tag{2.39}$$

Zur Erläuterung der Unterschiede zwischen der Induktivität und der differenziellen Induktivität wird der im Bild 2.9 gezeigte Topfmagnet betrachtet.

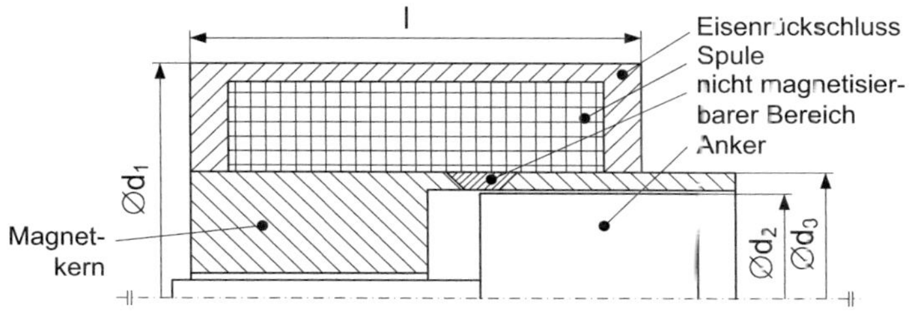

Bild 2.9: Topfmagnet ($l = 50\,\text{mm}$, $\varnothing d_1 = 45\,\text{mm}$, $\varnothing d_2 = 18\,\text{mm}$, $\varnothing d_3 = 22{,}5\,\text{mm}$)

Im Bild 2.10 sind für diesen Magneten das Ψ-I-Kennlinienfeld und das Magnetkraft-Hub-Kennlinienfeld dargestellt.

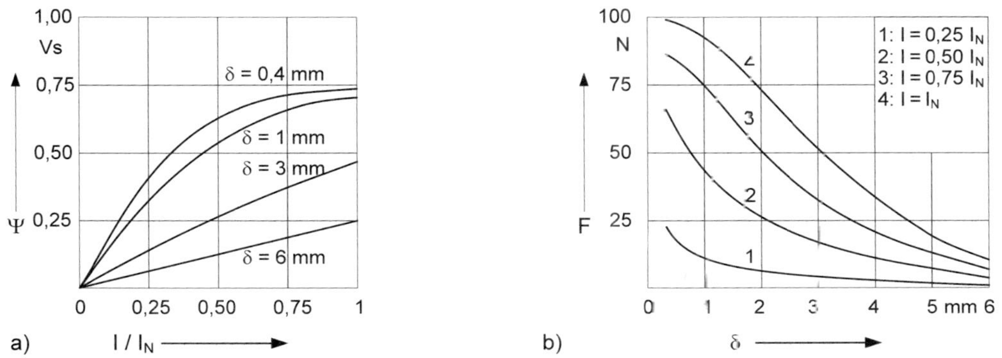

Bild 2.10: Kennlinienfelder für den Topfmagneten nach Bild 2.9 ($w = 1600$, $I_N = 0{,}7\,A$)

Diese beiden Kennlinienfelder sind mit der Gleichung (Abschnitt 3.4.2)

$$F_m = \frac{\partial}{\partial \delta} \int_0^i \psi(\delta, i)\, \mathrm{d}i \tag{2.40}$$

verknüpft. Diese Beziehung ermöglicht bei bekanntem Ψ-I-Kennlinienfeld die Berechnung des Magnetkraft-Hub-Kennlinienfeldes. Aus dem Ψ-I-Kennlinienfeld (Bild 2.10a) ist zu erkennen, dass das Eisenmaterial des betrachteten Magneten bei kleinen Luftspalten ($\delta = 0{,}4\,\text{mm}$) bis in die Sättigung ausgesteuert wird. Die entsprechende Ψ-I-Kennlinie steigt bei großen Strömen nur noch schwach an. Diese Kennlinie ist nichtlinear. Im Unterschied dazu verläuft die Ψ-I-Kennlinie bei einem großen Luftspalt ($\delta = 6\,\text{mm}$) infolge der Scherung der nichtlinearen Kennlinie des Eisenmaterials mit der Kennlinie des Luftspalts fast geradlinig. Je größer der Luftspalt, um so mehr wird die Ψ-I-Kennlinie linearisiert. Aus dem Ψ-I-Kennlinienfeld kann mit (2.35) für jeden Arbeitspunkt die Induktivität L des Magneten berechnet werden.

Der in Bild 2.11a dargestellte Induktivitätsverlauf zeigt folgende charakteristische Eigenschaften:

- **Stromabhängigkeit** der Induktivität:
  Die Induktivität sinkt bei kleinen Luftspalten mit steigendem Strom. Mit zunehmenden Luftspalten wird die Abhängigkeit vom Strom durch die Scherung vermindert, so dass bei großen Luftspalten die Induktivität nahezu unabhängig vom Strom ist.
- **Luftspaltabhängigkeit** der Induktivität:
  Mit kleiner werdendem Luftspalt nimmt die Induktivität zu. Diese Zunahme ist bei großen Strömen geringer als bei kleinen Strömen.

Einen anderen Verlauf zeigt die differenzielle Induktivität (Bild 2.11b). Dieses Kennlinienfeld bestimmt sich aus dem Anstieg der Kurven im Ψ-I-Kennlinienfeld. Während bei kleinen Strömen die differenzielle Induktivität mit kleiner werdendem Luftspalt ansteigt, sinkt sie bei großen Strömen nach Erreichen eines Maximums mit kleiner werdendem Luftspalt.

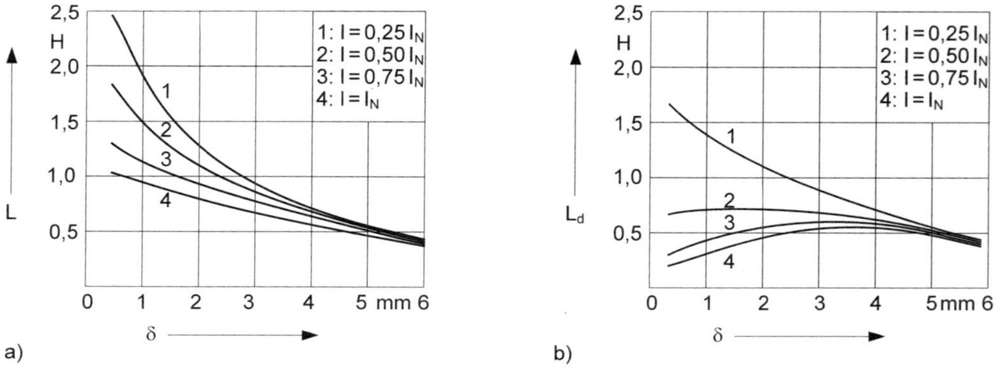

Bild 2.11: Kennlinienfelder der Induktivität (a) und der differenziellen Induktivität (b) für den Topfmagneten nach Bild 2.9

Die Unterschiede zwischen der Induktivität und der differenziellen Induktivität sind bei der Beurteilung des dynamischen Verhaltens zu beachten. Wird ein Elektromagnet um einen kleinen Betrag um einen Arbeitspunkt P_1 ausgesteuert, so verläuft der Ausgleichsvorgang nicht mit der Zeitkonstante τ_1, sondern mit der durch die differenzielle Induktivität bestimmten Zeitkonstante τ_2:

$$\tau_1 = \frac{L}{R}, \qquad \tau_2 = \frac{L_d}{R} \ . \tag{2.41}$$

Im Allgemeinen ist es jedoch günstiger, das Ψ-I-Kennlinienfeld als Ausgangspunkt zur Berechnung des dynamischen Verhaltens an Stelle des Induktivitätsverlaufs zu verwenden.

2.2 Grundgesetze des quasistationären elektromagnetischen Feldes

2.2.1 Das Induktionsgesetz

Experimentell kann man feststellen, dass jeder sich ändernde magnetische Fluss Φ von einem elektrischen Feld $\boldsymbol{E}$ umwirbelt wird. Wenn eine Leiterschleife den sich ändernden magnetischen Fluss umfasst, wird in dieser Leiterschleife eine elektrische Spannung induziert. Diese Erscheinung wird als elektromagnetische Induktion bezeichnet. Die Größe der in der Leiterschleife l induzierten Spannung kann mit dem Induktionsgesetz bestimmt werden. Es lautet in seiner allgemeinen Form:

$$u_i = \oint_l \boldsymbol{E} \, \mathrm{d}\boldsymbol{l} = -\frac{\mathrm{d}\Phi}{\mathrm{d}t} \ . \tag{2.42}$$

Das Induktionsgesetz ist unabhängig von der Ursache der Änderung des magnetischen Flusses. Spezielle Formen des Induktionsgesetzes ergeben sich aus der Betrachtung verschiedener Ursachen der Induktionsänderung. Wenn sich eine Leiterschleife mit der Berandung l im Magnetfeld mit der Geschwindigkeit v bewegt (Bewegungsinduktion), so gilt für die induzierte Spannung:

$$u_i = \oint_l (\boldsymbol{v} \times \boldsymbol{B}) \, \mathrm{d}\boldsymbol{l} \ . \tag{2.43}$$

Ändert sich die magnetische Flussdichte innerhalb der Leiterschleife zeitlich (Ruheinduktion), so gilt für die induzierte Spannung:

$$u_i = -\int \frac{\partial \boldsymbol{B}}{\partial t} \, \mathrm{d}\boldsymbol{A} \ . \tag{2.44}$$

Wenn beide Vorgänge gleichzeitig ablaufen, so bestimmt sich die induzierte Spannung gemäß

$$u_i = -\int \frac{\partial \boldsymbol{B}}{\partial t}\,\mathrm{d}\boldsymbol{A} + \oint_l (\boldsymbol{v} \times \boldsymbol{B})\,\mathrm{d}\boldsymbol{l}\,. \tag{2.45}$$

Eine Magnetspule kann als eine Kombination von zahlreichen einzelnen Leiterschleifen betrachtet werden. Für die Größe der induzierten Spannung ist dann nicht mehr der sich ändernde magnetische Fluss einer Leiterschleife, sondern der mit der Spule verkettete magnetische Fluss maßgebend.

$$u_i = \frac{\mathrm{d}\psi}{\mathrm{d}t}\,. \tag{2.46}$$

Nach dem Ort der Ursache für eine in einer Spule induzierte Spannung können zwei Anordungen unterschieden werden:

1. Die in der Spule induzierte Spannung entsteht durch eine Änderung des Magnetfeldes, das durch eine andere Spule oder einen Dauermagneten erzeugt wird (Fremd-, Gegeninduktion).

2. Die in der Spule induzierte Spannung entsteht durch eine Änderung des Magnetfeldes, das durch die Spule selbst erzeugt wird (Selbstinduktion).

Nachfolgend sollen zwei für die Technik der Elektromagnete typische Fälle beschrieben werden.

a) Induktionswirkung in einer Magnetspule beim Einschalten des Magneten

Zur Untersuchung der Induktionswirkung in einer Magnetspule beim Einschalten eines Magneten wird der im Bild 2.12 gezeigte Magnetkreis (einfacher Topfmagnet) betrachtet.

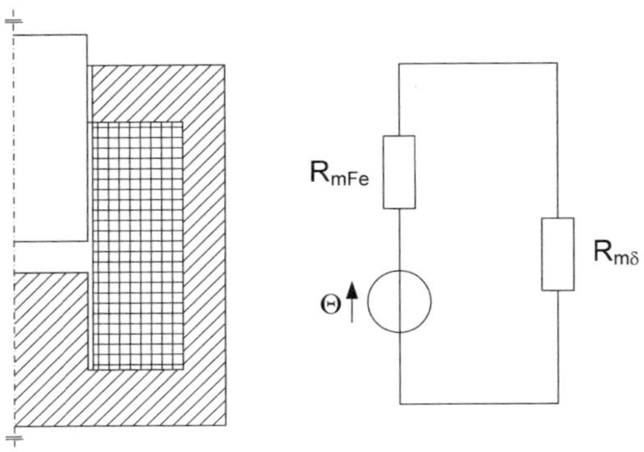

Bild 2.12: Magnetkreis und vereinfachtes magnetisches Ersatzschaltbild

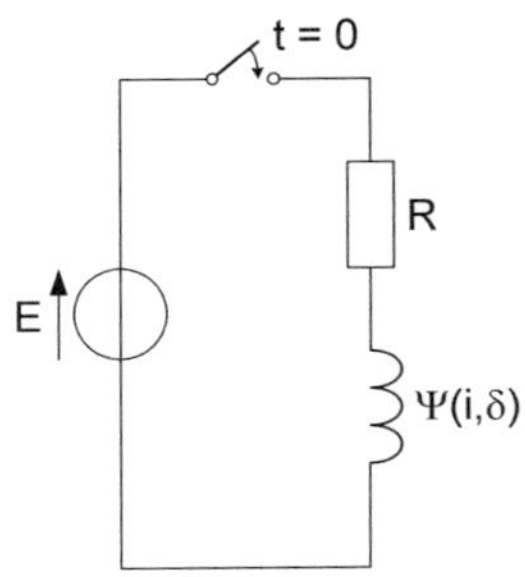

Bild 2.13: Elektrisches Ersatzschaltbild

Wenn alle magnetischen Widerstände des Magnetkreises bis auf den magnetischen Widerstand des Arbeitsluftspaltes $R_{m\delta}$ zu einem magnetischen Widerstand R_{mFe} zusammengefasst werden, erhält man ein vereinfachtes magnetisches Ersatzschaltbild. Somit gilt für den magnetischen Fluss:

$$\Phi = \frac{\Theta}{R_{mFe} + R_{m\delta}} \tag{2.47}$$

und für den mit der Spule verketteten Fluss:

$$\Psi = w\,\Phi = \frac{w^2}{R_{mFe} + R_{m\delta}} I. \tag{2.48}$$

Im elektrischen Ersatzschaltbild kann ein Elektromagnet durch eine Reihenschaltung eines ohmschen Widerstandes (Wicklungswiderstand) und einer im allgemeinen Fall nichtlinearen Induktivität dargestellt werden.

Zum Zeitpunkt $t = 0$ werde der Schalter geschlossen (Bild 2.13). Somit gilt die Maschengleichung:

$$i\,R + \frac{\mathrm{d}\psi}{\mathrm{d}t} = E. \tag{2.49}$$

Mit (2.36) folgt:

$$i\,R + L_d \frac{\mathrm{d}i}{\mathrm{d}t} = E. \tag{2.50}$$

Aus dieser Gleichung wird deutlich, dass nicht die Induktivität, sondern die differenzielle Induktivität der maßgebliche Parameter für den Einschaltvorgang ist. Analoges gilt auch für den Ausschaltvorgang. Im nichtlinearen Fall kann die Lösung von (2.49) nur mit Hilfe einer geeigneten Approximation der Ψ-I-Kennlinie [2.14], [2.21] oder mit numerischen Lösungsverfahren gefunden werden. Wenn die Induktivität vom Strom unabhängig ist (linearer Magnetkreis), kann (2.50) in der Form:

$$i\,R + L\frac{\mathrm{d}i}{\mathrm{d}t} = E \tag{2.51}$$

geschrieben werden. Induktivität und differenzielle Induktivität sind in diesem Fall gleich. Für $i(t)$ gilt dann:

$$i(t) = \frac{E}{R}\left(1 - e^{-\frac{t}{\tau}}\right) \tag{2.52}$$

mit der Zeitkonstante

$$\tau = \frac{L}{R}. \tag{2.53}$$

b) Induktionswirkung in einer Magnetspule durch Bewegung des Magnetankers

Bei der Bewegung des Ankers von einem Luftspalt δ_1 zu einem Luftspalt δ_2 tritt eine Änderung des verketteten Flusses

$$\Delta\Psi = \Psi_2 - \Psi_1 = w^2\,I\left(\frac{1}{R_{mFe2} + R_{m\delta 2}} - \frac{1}{R_{mFe1} + R_{m\delta 1}}\right) \tag{2.54}$$

auf. Nach dem Induktionsgesetz führt diese Änderung des verketteten Flusses zu einer Induktionswirkung. Bei eingeprägter Spannung an den Klemmen des Magneten führt die durch die Bewegung des Ankers induzierte Spannung zu einem Absinken des Stromes durch die Magnetspule und zu einer Verringerung der Magnetkraft während der Bewegung.

2.2.2 Wirbelströme und Feldverdrängung

Nach dem Induktionsgesetz werden in einem zeitlich veränderlichen Magnetfeld elektrische Spannungen induziert. Befinden sich elektrisch leitfähige Stoffe in dem zeitveränderlichen Feld, so kommt es infolge der induzierten Spannungen zu einem Stromfluss in diesen Stoffen. Diese Ströme werden, da sie bei einer bildlichen Darstellung den sich zeitlich ändernden magnetischen Fluss umwirbeln, als Wirbelströme bezeichnet. Die Wirbelströme erzeugen selbst ein Magnetfeld, welches auf das ursprüngliche zeitveränderliche Magnetfeld zurückwirkt. Das durch die Wirbelströme entstehende Feld wirkt dabei dem ursprünglichen Feld entgegen (Lenzsche Regel). Bei schnellen zeitlichen Änderungen führt die Rückwirkung des durch die Wirbelströme verursachten Magnetfeldes auf das ursprüngliche Magnetfeld zu einer Verdrängung des ursprünglichen Magnetfeldes. Diese Erscheinung ist als Feldverdrängung bekannt. In analoger Weise wird die innerhalb eines stromführenden Leiters durch die Wirbelströme verursachte ungleichmäßige Verteilung des Stromes über den Leiterquerschnitt als Stromverdrängung bezeichnet.

Während die Stromverdrängung in Spulen von Elektromagneten außer bei extrem schnellen Magnetsystemen vernachlässigt werden kann, besitzen die Wirbelströme in den Eisenteilen einen großen Einfluss auf die dynamischen Eigenschaften. Für schnellwirkende Magnetsysteme ist es daher erforderlich durch konstruktive Maßnahmen und geeignete Materialauswahl die Wirbelströme zu unterdrücken. Andererseits ist durch das Ausnutzen der Wirbelströme eine gezielte Dämpfung von Magnetsystemen möglich. Bei Wechselstrommagneten werden die Wirbelströme im Kurzschlussring zur Erzeugung eines Gleichanteils der Magnetkraft genutzt.

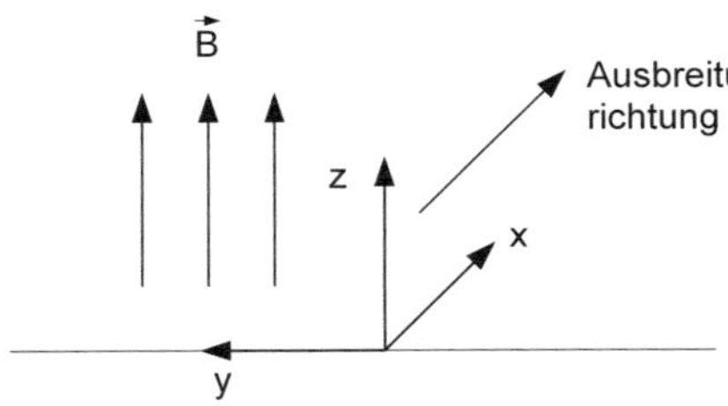

Bild 2.14: Koordinatensystem für den Halbraum $x \geq 0$

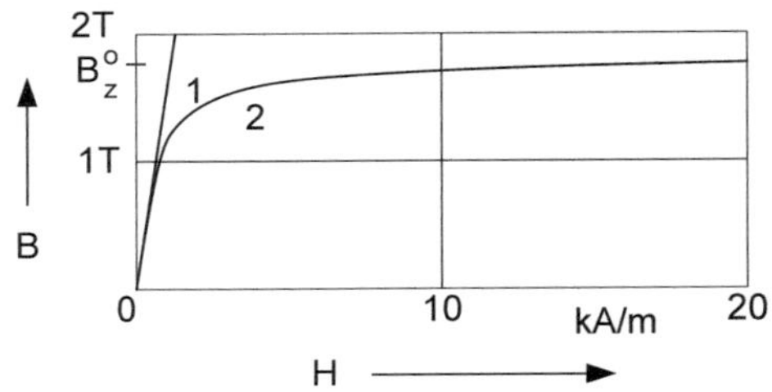

Bild 2.15: B-H-Kennlinien für die Berechnung des Eindringens eines Magnetfeldes in den Halbraum

Die Berechnung des Wirbelstromeinflusses kann nur für wenige, sehr einfache Magnetkreisformen näherungsweise in analytischer Form durchgeführt werden. Eine genauere Berechnung ist mit Hilfe numerischer Feldberechnungsverfahren möglich.

Zu einer mathematisch gut überschaubaren Lösung führt die Betrachtung des Feldaufbaus in einem ferromagnetischen Halbraum (Bild 2.14) (ALDEFELD [2.1]).

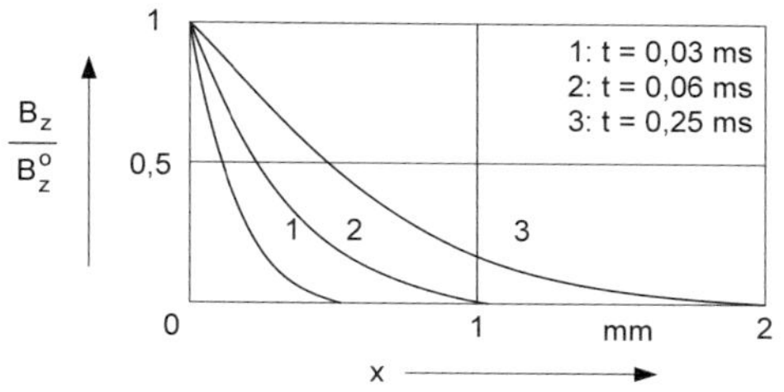

Bild 2.16: Eindringen des Magnetfeldes in den Halbraum bei einer konstanten Permeabilität

Die magnetische Flussdichte soll für diese Betrachtung nur eine Komponente parallel zur z-Achse besitzen. Die Ausbreitung des Feldes erfolgt in Richtung der x-Achse. Ausgehend von dem System der Maxwellschen Gleichungen (Abschnitt 2.3) kann für die Flussdichte unter der Voraussetzung einer konstanten Permeabilität μ die Gleichung

$$\frac{\partial^2 B_z}{\partial x^2} = \varkappa\mu \frac{\partial B_z}{\partial t} \tag{2.55}$$

zur Beschreibung des Eindringens des Magnetfeldes in den Halbraum angegeben werden. Diese Gleichung entspricht in ihrer Form der eindimensionalen Diffusionsgleichung. Zum Zeitpunkt $t = 0$ ändere sich an der Oberfläche des Halbraumes ($x = 0$) ein Magnetfeld sprunghaft von Null auf den Wert B_z^0. Bei Annahme einer konstanten Permeabilität ist (2.55) für den Halbraum analytisch lösbar. Für eine konstante Permeabilität $\mu_r = 1000$ (Bild 2.15 Kurve 1) und einer spezifischen elektrischen Leitfähigkeit $\varkappa = 7 \cdot 10^5\,\mathrm{S/m}$ ist im Bild 2.16 der Eindringvorgang des magnetischen Feldes dargestellt. Dieser Fall entspricht dem Eindringen des Magnetfeldes in ein ferromagnetisches Material bei schwacher Aussteuerung (nur im linearen Bereich). Bei Berücksichtigung der nichtlinearen B-H-Kennlinie (Bild 2.15 Kurve 2) und Aussteuerung des ferromagnetischen Materials bis in die Sättigung ergibt sich ein anderer Verlauf (Bild 2.17).

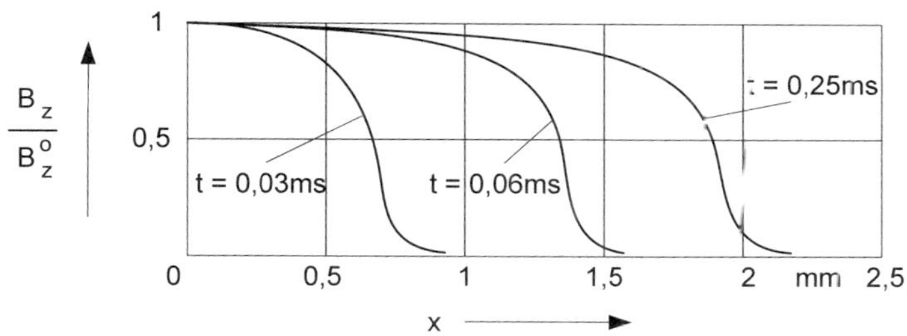

Bild 2.17: Eindringen des Magnetfeldes bei Berücksichtigung der nichtlinearen B-H-Kennlinie [2.1]

Das magnetische Feld dringt mit zunehmender Aussteuerung auf Grund der geringer werdenden Permeabilität wesentlich schneller in das Material ein. Neben dem Grad der Aussteuerung des Magnetmaterials besitzt die Größe der spezifischen elektrischen Leitfähigkeit einen Einfluss auf die Geschwindigkeit des Eindringvorganges. Das Quadrat der Eindringgeschwindigkeit v

$$v^2 \sim \frac{1}{\varkappa\mu} \tag{2.56}$$

ist umgekehrt proportional zur elektrischen Leitfähigkeit und der Permeabilität [2.22].

Eine kleinere spezifische elektrische Leitfähigkeit und eine kleinere Permeabilität führen zu einem schnelleren Eindringen des Magnetfeldes in das Eisenmaterial. Bei der Reduzierung der Permeabilität zum Erhöhen der Eindringgeschwindigkeit ist jedoch zu beachten, dass eine Permeabilitätsverringerung zu einer Verkleinerung der Hubarbeit des Magneten führt. Diese Verkleinerung kann bei der Betrachtung des Magneten als Antrieb in einem Feder-Masse-System die Dynamikverbesserung infolge einer höheren Eindringgeschwindigkeit wieder kompensieren.

2.3 Das System der Maxwellschen Gleichungen

Alle makroskopischen elektromagnetischen Erscheinungen können durch das System der Maxwellschen Gleichungen [2.22], [2.31] beschrieben werden. Das System der Maxwellschen Gleichungen besteht aus den vier Grundgleichungen (Durchflutungsgesetz, Induktionsgesetz, Satz von der Quellenfreiheit des magnetischen Flusses, Gaußscher Satz), die nachfolgend in Differenzialform angegeben sind:

$$\operatorname{rot} \boldsymbol{H} = \boldsymbol{J}_{\varkappa} + \frac{\partial \boldsymbol{D}}{\partial t}, \tag{2.57}$$

$$\operatorname{rot} \boldsymbol{E} = -\frac{\partial \boldsymbol{B}}{\partial t}, \tag{2.58}$$

$$\operatorname{div} \boldsymbol{B} = 0, \tag{2.59}$$

$$\operatorname{div} \boldsymbol{D} = \varrho \tag{2.60}$$

und den 3 Materialgleichungen:

$$\boldsymbol{D} = \varepsilon \boldsymbol{E}, \qquad \boldsymbol{B} = \mu \boldsymbol{H}, \qquad \boldsymbol{G} = \varkappa \boldsymbol{E}. \tag{2.61}$$

Je nach der Zeitabhängigkeit können statische, stationäre, quasistationäre und rasch veränderliche elektromagnetische Felder unterschieden werden. Im statischen und stationären Fall sind magnetische und elektrische Felder voneinander entkoppelt, so dass in diesen Fällen das magnetische Feld allein betrachtet werden kann.

Für statische Magnetfelder (keine Zeitabhängigkeit, keine Ströme im Feldgebiet) reduzieren sich die 4 Grundgleichungen auf:

$$\operatorname{rot} \boldsymbol{H} = 0, \tag{2.62}$$

$$\operatorname{div} \boldsymbol{B} = 0. \tag{2.63}$$

Statische Magnetfelder treten z. B. bei ruhenden Permanentmagnetsystemen ohne zusätzliche elektrische Erregung auf. Magnetfelder, bei denen keine Zeitabhängigkeit vorliegt, aber elektrische Ströme im betrachteten Feldgebiet fließen, werden als stationäre Magnetfelder bezeichnet (z. B. neutraler Gleichstrommagnet mit konstanter Erregung und ruhendem Anker). Für diese Felder gilt:

$$\operatorname{rot} \boldsymbol{H} = \boldsymbol{J}_{\varkappa}, \tag{2.64}$$

$$\operatorname{div} \boldsymbol{B} = 0. \tag{2.65}$$

Wenn sich bei einem Magneten die Erregung zeitlich verändert oder sich der Anker im Magnetfeld bewegt, dann liegt ein zeitveränderliches elektromagnetisches Feld vor. In diesem Fall kann das Magnetfeld nicht mehr getrennt vom elektrischen Feld betrachtet werden kann. Bei jedem zeitveränderlichen Feld sind die Maxwellschen Gleichungen zunächst in der vollständigen Form anzuwenden. Der Beitrag der Verschiebungsflussdichte zur Ausbildung des magnetischen Feldes kann jedoch bei den in Elektromagneten auftretenden Magnetfeldern vernachlässigt werden. Derartige Felder werden als quasistationäre elektromagnetische Felder bezeichnet. Bei diesen Feldern reduziert sich (2.57) auf:

$$\operatorname{rot} \boldsymbol{H} = \boldsymbol{J}_{\varkappa}. \tag{2.66}$$

Alle anderen Gleichungen gelten analog.

2.4 Eigenschaften magnetischer Werkstoffe

2.4.1 Einteilung magnetischer Werkstoffe

Magnetische Werkstoffe können nach der Größe ihrer Stoffkennwerte μ_r und χ und dem molekularen Aufbau in dia-, para-, antiferro-, ferro- und ferrimagnetische Materialien eingeteilt werden. Weiterhin ist nach der Größe der Koerzitivfeldstärke eine Einteilung in weich- und hartmagnetische Werkstoffe möglich.

Zunächst wird die Einteilung nach den Stoffkennwerte μ_r und χ betrachtet. Danach können die Werkstoffe nach ihren magnetischen Eigenschaften wie folgt unterschieden werden.

$\mu_r < 1$	$\chi < 0$	- diamagnetische Stoffe
$\mu_r > 1$	$\chi > 0$	- para- und antiferromagnetische Stoffe
$\mu_r \gg 1$		- ferro- und ferrimagnetische Stoffe

Für dia- und paramagnetische Stoffe sind die Werte der magnetischen Suszeptibilität sehr klein (z. B. Bi: $-153 \cdot 10^{-9}$, Pd: $783 \cdot 10^{-6}$), so dass diese Stoffe im technischen Sinn als nichtmagnetisch gelten. Praktische Anwendung findet nur der Magnetismus ferro- und ferrimagnetischer Stoffe.

Die Grundlage für die Einteilung der Stoffe nach ihren magnetischen Eigenschaften bildet eine Betrachtung mit Hilfe des Atommodells von N. BOHR. Die sich um den Atomkern auf elliptischen Bahnen in unterschiedlichen Energieniveaus bewegenden, negativ geladenen Elektronen weisen zusätzlich noch einen mechanischen Eigendrehimpuls auf. Sie besitzen aufgrund der Verknüpfung von elektrischem Strom und magnetischem Feld ein magnetisches Bahnmoment und ein Spinmoment. Das magnetische Moment eines Atoms setzt sich aus dem des Atomkerns und denen der Elektronen zusammen. Das magnetische Moment des Atomkerns ist gegenüber den magnetischen Momenten der Elektronen so klein, dass es für die Betrachtung magnetischer Werkstoffe vernachlässigt werden kann.

Wenn sich alle Bahn- und Spinmomente eines Atoms gegenseitig kompensieren, ist das magnetische Moment des Atoms Null. Das tritt bei allen Elementen mit abgeschlossenen, vollbesetzten Schalen auf. Solche Elemente werden als diamagnetisch bezeichnet. Werden diese einem äußeren inhomogenen Magnetfeld ausgesetzt, führen die Elektronen eine Kreiselbewegung um die Feldrichtung aus. Die Summe der dadurch in allen Elektronen des Atoms induzierten magnetischen Momente, das diamagnetische Moment, ist der äußeren Feldrichtung entgegengesetzt. Da das Atommoment vorher Null war, wird das Atom aus dem äußeren Feld hinaus gedrängt.

Ist das magnetische Moment eines Atoms ungleich Null, überlagert sich bei einer äußeren magnetischen Feldstärke das Kreiselmoment mit der Drehung des Atommomentes in Feldrichtung. Diese Drehung ist sowohl eine Funktion der Feldstärke, als auch der Temperatur und bewirkt ein Hineinziehen des Atoms in das magnetische Feld. Diese Elemente werden als paramagnetisch bezeichnet.

Bei einigen metallischen Übergangselementen kommt es infolge des Gitteraufbaus zu Wechselwirkungen der Atommomente benachbarter Atome, so dass sich auch ohne äußeres Feld die Atommomente parallel stellen (spontane Magnetisierung). Solche Bereiche sind, durch die Kopplung bedingt, bis zur Sättigung magnetisiert. Die magnetischen Eigenschaften der Materie sind nach dieser Theorie von vier Voraussetzungen geprägt:

1. Vorliegen einer Kristallstruktur (Fe: kubisch-raumzentriert; Ni: kubisch-flächenzentriert; Co: hexagonales Gitter),
2. nicht vollbesetzte äußere Elektronenschalen (Energieniveaus),
3. positive Austauschwechselenergie (zwischenatomare Bindungsenergie) und
4. Temperaturniveau, bei dem es nicht mehr zu Strukturänderungen 1. Ordnung kommt (metastabiles System) – die Grenztemperatur, bis zu der dies gilt, ist stoffabhängig und wird als Curie-Temperatur bezeichnet.

Diese Voraussetzungen treffen nur bei den ferromagnetischen Elementen Fe, Co und Ni zu. Stoffgemische (Legierungen), die auf diesen Elementen basieren, müssen jedoch diese Vorausetzungen nicht mehr erfüllen, so dass diese nicht zwangsläufig magnetisierbar sind (z. B. austenitische Stähle).

Neben den ferromagnetischen Stoffen, bei denen die Atommomente parallel zueinander ausgerichtet sind, können zusätzlich noch ferrimagnetische und antiferromagnetische Stoffe unterschieden werden. Bei den ferrimagnetischen Stoffen (z. B Bariumferrit) sind die einzelnen Atommomente gegensinnig ausgerichtet, so dass sich diese teilweise kompensieren. Bei antiferromagnetischen Stoffen tritt eine vollständige Kompensation auf. Diese antiferromagnetischen Materialien besitzen für die Magnettechnik keine Bedeutung.

Für eine Einteilung ferro- und ferrimagnetischer Materialien in hart- und weichmagnetische Werkstoffe ist die Koerzitivfeldstärke H_c maßgebend (Bild 2.18).

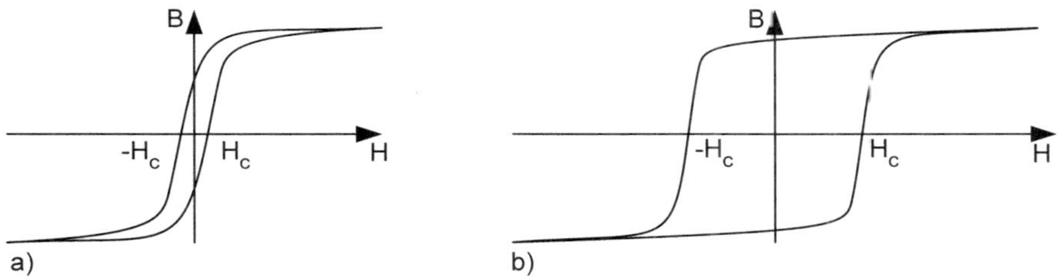

Bild 2.18: Qualitativer Verlauf der Hystereseschleifen von weich- (a) und hartmagnetischen (b) Materialien

Bei weichmagnetischen Werkstoffen sind die Koerzitivfeldstärken kleiner als 500 A/m. Hartmagnetische Werkstoffe besitzen hohe Koerzitivfeldstärken (>10 kA/m). Materialien mit einer Koerzitivfeldstärke zwischen 0,5 und 10 kA/m werden auch als magnetisch halbhart bezeichnet.

2.4.2 Die Gefügestruktur

Aufgrund der Wechselwirkungen zwischen den magnetischen Momenten im Gitteraufbau ferromagnetischer Werkstoffe kommt es bezirksweise ($10^6 \dots 10^8$ Atome) zu einer Parallelstellung dieser Momente (Bild 2.20). Die sich so summierenden Atommomente nehmen, um einen Zustand geringster magnetostatischer Energie zu erlangen, dabei eine Richtung parallel zu einer bestimmten Gitterrichtung ein. Diese Ausrichtung erfolgt spontan ohne Vorhandensein eines äußeren Feldes. Obgleich die nach P. WEISS benannten Bezirke bis zur Sättigung magnetisiert sind, ist die Orientierung der magnetischen Momente der einzelnen Atomverbände statistisch über die gesamte Probe verteilt, so dass das Material nach außen als nichtmagnetisiert erscheint.

Zwischen benachbarten, spontan magnetisierten Bereichen existiert kein abrupter Richtungswechsel der Orientierung des magnetischen Momentes. Es bildet sich eine Ummagnetisierungszone (Grenzschicht) aus, in der sich die Magnetisierungsrichtung stetig in die des Nachbarbezirkes »dreht« (Bild 2.20). Diese Zone wird als BLOCH-Wand bezeichnet.

Mittels einer kolloidalen Lösung von Magnetit (Fe_2O_3)-Pulver in Wasser kann man auf einer frisch polierten Oberfläche magnetisierbaren Materials (Erzeugen einer Oberflächenanisotropie) diese Blochwände und damit die Weißschen Bezirke sichtbar machen.

Die in der Mehrzahl verwendeten magnetisierbaren Werkstoffe sind Metalllegierungen, die aus einer Schmelze der Legierungsbestandteile hergestellt werden. Bei Abkühlung aus dem schmelzflüssigen Zustand bilden sich ausgehend von Keimen Kristallite, deren Wachstumsrichtung der des Temperaturgradienten entspricht. Die Vielzahl solcher Kristallisationskeime und die gute Wärmeleitfähigkeit der Metalle verursacht die gegenseitige Behinderung der Kristallite in ihrem Wachstum, so dass die äußere regelmäßige Kristallgestalt der entstehenden Kristallite fehlt. Die Grenze, an der solche Kristallite zusammenwachsen, wird als Korngrenze bezeichnet. Die Kristallbildung kann durch die zeitliche Steuerung des Abkühlvorganges mit der Geschwindigkeit des Kristallisationsprozesses beeinflusst werden, so dass größere Gebiete mit einem einheitlichen Raumgitter entstehen.

Die Weiterbearbeitung erfolgt meist durch Walzen oder Ziehen. Hierbei wird mittels Druck, der die Elastizitätsgrenze des Materials übersteigt, eine plastische Deformation des Gussbarrens erreicht. Dabei kommt es zur Verschiebung der Gitterstruktur entlang von Gleitebenen bis zum Zerreißen, d. h. die Bindungsenergie wird in diesem Bereich überschritten. Diese Prozesse sind besonders beim Kaltwalzen verbunden mit der Zunahme der Härte und des elektrischen Widerstandes [2.10]. Gleichzeitig tritt eine Verbreiterung der Hysteresekurve des Materials auf. Ein nachfolgendes Zwischenglühen führt zum Verschmelzen der entstehenden kleineren Gebiete einheitlicher Gitterstruktur (Rekristallisation), so dass die durch das Walzen begründete Eigenschaftsänderung teilweise rückgängig gemacht wird.

Je nach den Legierungsbestandteilen des Walzgutes führt die technologische Bearbeitungsfolge beim Walzen zu unterschiedlichen magnetischen Eigenschaften der Bleche und Stangen. Starkes Kaltwalzen (98 % bis 99 %), anschließende Rekristallisation und nochmaliges Kaltwalzen (40 % bis 60 %) hat beispielsweise bei flächenzentrierten Eisen-Nickel-Legierungen eine einachsige magnetische Anisotropie, die als Walzanisotropie bezeichnet wird, zur Folge. Deren leichte Richtung liegt senkrecht zur Walzrichtung. In Walzrichtung ist dagegen die Magnetisierungskurve sehr flach und über große Feldstärkebereiche nahezu konstant (Isopermschleifen).

Bei Eisen-Silizium-Legierungen, z. B. für Dynamo- und Transformatorenblech, wird durch die bestimmte Folge der Walz- und Glühbehandlung eine Textur erzeugt (Bild 2.19b), für die die Walzrichtung die Richtung leichtester Magnetisierbarkeit ist [2.13], [2.19]. Sie schließt mit der Richtung schwerster Magnetisierbarkeit einen Winkel von $60° \ldots 90°$ ein. Diese Anisotropie ist auch bei warmgewalzten Blechen vorhanden, aber geringer.

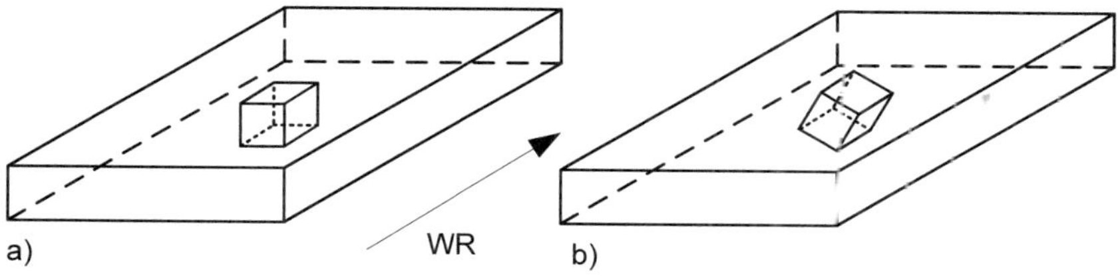

Bild 2.19: Texturblech mit Walzrichtung (WR); a) Würfeltextur (100) [001]; b) GOSS-Textur (110) [100]

2.4.3 Magnetische Anisotropien, Magnetostriktion

Allgemein wird unter Anisotropie die Richtungsabhängigkeit bestimmter Werkstoffeigenschaften verstanden. Anisotropien sind charakteristisch für kristalline Werkstoffe. Eine ausführliche Beschreibung der auftretenden magnetischen Anisotropien wird in [2.10] angegeben. Zum Überblick werden nachfolgend die wichtigsten magnetischen Anisotropien kurz charakterisiert:

Austauschanisotropie – vektorielle Anisotropie der Austauschenergie bei Austauschkopplung zwischen einem ferro- und einem antiferromagnetischen Gitter

Kristallanisotropie – Anisotropie infolge der durch die kristallographische Orientierung bestimmten unterschiedlichen Magnetisierungsarbeit in verschiedenen Richtungen des Kristalls während des Magnetisierungsprozesses

Diffusionsanisotropie – einachsige magnetische Anisotropie infolge des Ordnungsprozesses in Legierungsgittern, bei dem die freie Energie bezogen auf die Magnetisierungsrichtung im Verlauf der Platzwechselvorgänge minimal wird

Verformungsanisotropie – Anisotropie infolge geänderter Nachbarschaftsverhältnisse im Kristallgitter bei dessen plastischer Verformung

Oberflächenanisotropie – Anisotropie infolge asymmetrischer Nachbarschaftsverhältnisse an der Oberfläche des Kristallgitters

Formanisotropie – Anisotropie infolge der Richtungsabhängigkeit des Entmagnetisierungsfaktors

Einen gesonderten Platz bei den Anisotropieerscheinungen nimmt die Änderung der geometrischen Abmessungen eines ferro- oder ferrimagnetischen Körpers unter dem Einfluss eines magnetischen Feldes – die **Magnetostriktion** – ein. Dieser Effekt wird durch die Drehung der Weißschen Bezirke in die von dem äußeren magnetischen Feld bestimmte Magnetisierungsrichtung verursacht. Da bei magnetostriktiven Werkstoffen die Elementarzellen des Gitters verzerrt sind (unterschiedliche Gitterkonstanten in verschiedenen Richtungen), kommt es bei Ausrichtung der Weißschen Bezirke zu einer Längenänderung, während das Volumen des magnetostriktiven Bauelementes nahezu konstant bleibt.

Zur Charakterisierung der Längenänderung wird die Sättigungsmagnetostriktion

$$\lambda_s = \frac{\Delta l}{l_0} \tag{2.67}$$

verwendet, die die relative Längenänderung eines Stabes mit der Ausgangslänge l_0 angibt. Für magnetostriktive Legierungen aus Eisen, Nickel und Kobalt liegt λ_s im Bereich $1 \ldots 3 \cdot 10^{-5}$. Mit den magnetostriktiven Seltenerdmetall-Eisen-Legierungen (Terfenol-D) sind wesentlich größere Längenänderungen bis zu $\lambda_s = 2 \cdot 10^{-3}$ möglich, so dass diese Materialien zunehmend auch in Aktoren für kleinste Wege ($< 0{,}2\,\mathrm{mm}$) eingesetzt werden [2.19], [2.2].

2.4.4 Die Magnetisierungskurve

Die Magnetisierungskurve kann für dia- und paramagnetische Materialien durch eine Gerade, die im B-H-Kennlinienfeld durch den Koordinatenursprung verläuft, dargestellt werden.

Im Unterschied zu dia- und paramagnetischen Materialien besitzen ferro- und ferrimagnetische Materialien nichtlineare und nicht eindeutige Magnetisierungskennlinien. Der Magnetisierungszustand eines ferro- bzw. ferrimagnetischen Materials hängt nicht ausschließlich vom Augenblickswert der Feldstärke, sondern ebenso von der vorherigen Aussteuerung ab.

Für eine vollständige Beschreibung des Verhaltens eines ferro- bzw. ferrimagnetischen Stoffes wäre die Angabe von Magnetisierungskurven für jede mögliche Aussteuerung erforderlich. Innerhalb der meisten technischen Anwendungen reicht jedoch die Angabe einiger charakteristischer Magnetisierungskurven (Neukurve, Kommutierungskurve, Grenzkurve) aus.

Die **Neukurve** ist die Magnetisierungskurve, die aufgezeichnet wird, wenn der entmagnetisierte Werkstoff einem stetig anwachsenden magnetischen Feld ausgesetzt wird. Im ersten Teil dieser Kurve kommt es zunächst zu reversiblen Blochwandverschiebungen, die einen geringen Anstieg der Flussdichte bewirken (Phase 1 im Bild 2.20). Irreversible Blochwandverschiebungen und irreversible Drehprozesse der magnetischen Momente der Weißschen Bezirke führen im zweiten Bereich zu einer sehr steilen Zunahme der Flussdichte. Um den Werkstoff in Feldrichtung weiter aussteuern zu können, müssen im Werkstoff reversible Drehprozesse stattfinden, die den dritten Bereich der Neukurve ausmachen.

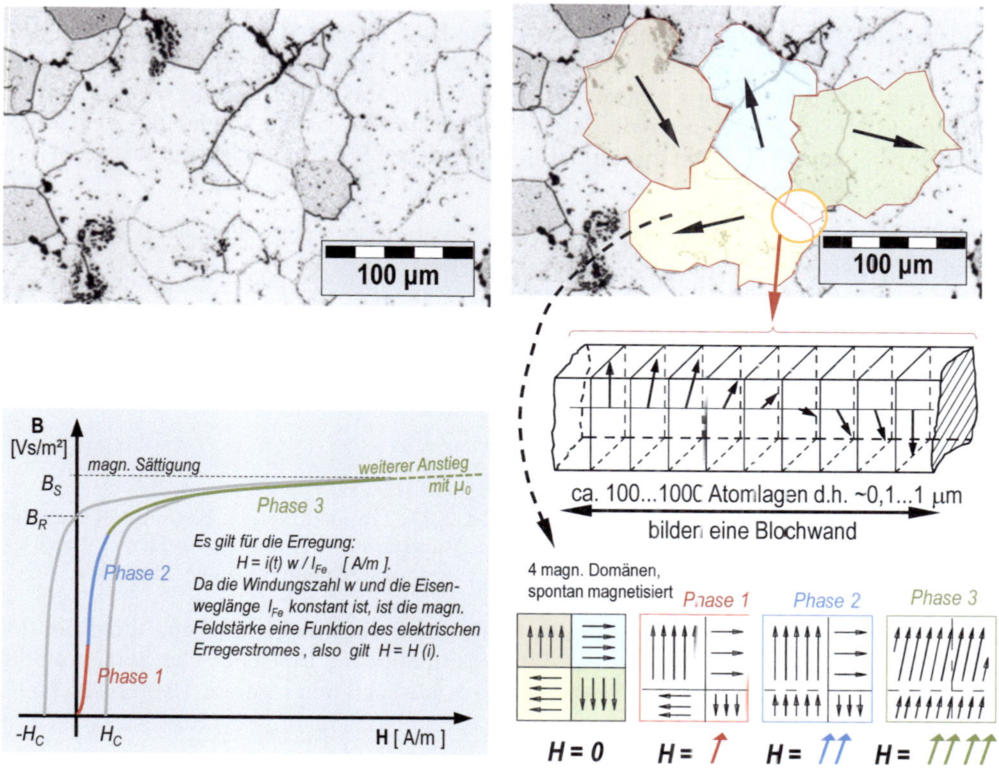

Bild 2.20: Verschiebung der Weißschen Bezirke beim Aufmagnetisieren eines ferromagnetischen Materials

Solche Drehprozesse erfordern eine höhere Energiezufuhr als die Wandverschiebungen und bewirken einen geringeren Flussdichtezuwachs. Sind diese Prozesse abgeschlossen, ist der Werkstoff »gesättigt«, d. h. die magnetischen Momente sind vollständig in Feldrichtung ausgerichtet. Die in diesem Zustand auftretende Flussdichte wird als **Sättigungsflussdichte** B_s bezeichnet. Eine weitere Felderhöhung führt zu einem linearen Anstieg der B-H-Kennlinie mit der differenziellen Permeabilität, die sich dem Grenzwert μ_0 annähert:

$$\lim_{H\to\infty} \mu_d = \frac{\mathrm{d}B}{\mathrm{d}H} = \mu_0. \tag{2.68}$$

Die Permeabilität eines ferromagnetischen Werkstoffes ist in den für Elektromagnete interessanten Bereichen noch größer als μ_0. Sie verringert sich mit weiter zunehmender Feldstärke. In analoger Weise kann auch eine Sättigungspolarisation J_{ms} definiert werden. Die J_m-H-Kennlinie verläuft im Sättigungsbereich waagerecht. Bei Verminderung der Feldstärke verringert sich der Flussdichtewert wegen der irreversiblen Prozesse entlang der Neukurve nicht, sondern bleibt oberhalb dieser und hat für $H = 0$ einen positiven, remanenten Wert B_r. Die **Remanenzinduktion** B_r beschreibt werkstoffspezifisch den Restmagnetismus bei abgeschaltetem äußeren Feld. Eine negative

Feldstärke reduziert die Flussdichte weiter. Die Feldstärke, bei der die Flussdichte Null wird, bezeichnet man als **Koerzitivfeldstärke** H_c. Durch eine weitere negative Aussteuerung wird schließlich die negative Sättigung erreicht. Ausgehend vom negativen Sättigungsbereich erhält man die komplette Hystereseschleife, indem die Feldstärke zunächst bis zum Nullpunkt und anschließend weiter bis zum Erreichen der positiven Sättigung vergrößert wird.

Die Hystereseschleife, die bei symmetrischer Aussteuerung des Materials bis zur Sättigung aufgezeichnet wird, heißt **Grenzkurve** (Bild 2.21).

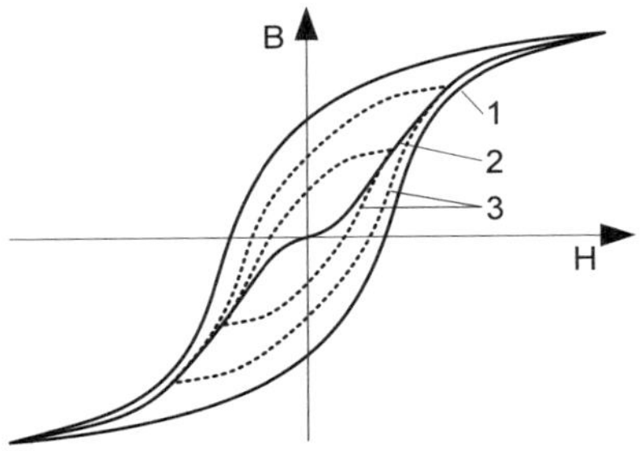

Bild 2.21: Grenzkurve (1), Kommutierungskurve (2) und innere symmetrische Hystereseschleifen (3) eines ferromagnetischen Materials

Magnetisierungszustände außerhalb der Grenzkurve sind nicht möglich. Wird bei der Aussteuerung des ferromagnetischen Materials bereits vor Erreichen der Sättigung die Aussteuerung in ihrer Richtung verändert, so wird nur eine innere Hystereseschleife durchlaufen.

Die Verbindung der Umkehrpunkte der inneren Hystereseschleifen bei symmetrischer Aussteuerung heißt **Kommutierungskurve**. Diese eindeutige Kennlinie wird zur Beschreibung der Materialeigenschaften bei der Berechnung weichmagnetischer Magnetkreise verwendet.

Infolge der Nichtlinearität der Magnetisierungskurven ferromagnetischer Materialien ist deren Permeabilität nicht konstant, sondern von der magnetischen Feldstärke abhängig. Bei der Angabe von Permeabilitätswerten sind diese im Allgemeinen auf die Kommutierungskurve bezogen.

Die Permeabilität bei der Feldstärke $H = 0$ wird als Anfangspermeabilität μ_a bezeichnet. Eine weitere wichtige Permeabilitätsgröße ist die maximale Permeabilität μ_{max}. Sie tritt an dem Feldstärkewert auf, an dem die Nullpunktgerade die B-H-Kennlinie tangiert (Bild 2.22).

2.4.5 Beeinflussung der magnetischen Eigenschaften weichmagnetischer Werkstoffe

Temperatureinfluss

Die spontane Ausrichtung der magnetischen Momente erfolgt gegen die Temperaturbewegung. Sie ist temperaturabhängig. Bei Erhöhung der Temperatur verändern sich die

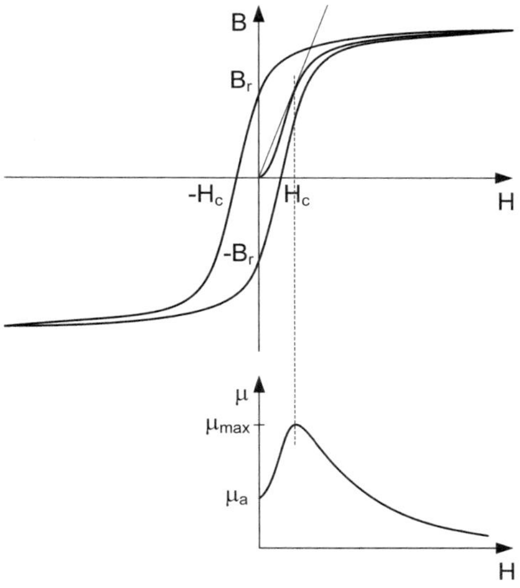

Bild 2.22: B-H-Kennlinie eines ferromagnetischen Materials und aus der Neukurve abgeleitet der Verlauf der Permeabilität, welche sich asymptotisch μ_0 annähert

Elektronenbahnen. Es kommt zunehmend zu Überlappungen und stärker werdenden Richtungsschwankungen der magnetischen Atommomente. Schließlich wird die Austauschwechselwirkung gänzlich überwunden und der ferromagnetische Zustand geht in den paramagnetischen Zustand über. Diese kritische Temperatur wird als **Curie-Temperatur** T_C bezeichnet. Das Bild 2.23 zeigt den Verlauf der Sättigungspolarisation für Nickel, Eisen und Kobalt in Abhängigkeit von der Temperatur [2.13].

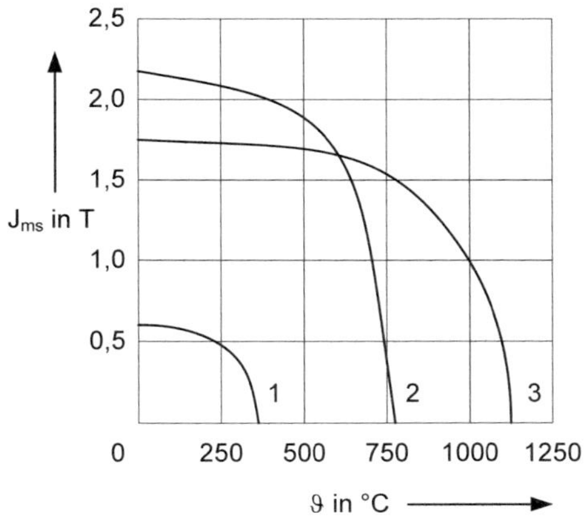

Bild 2.23: Sättigungspolarisation von Nickel (1), Eisen (2) und Kobalt (3) in Abhängigkeit von der Temperatur

In Tabelle 2.1 sind die Curie-Temperaturen für einige ferromagnetische Elemente und Verbindungen zum Vergleich aufgeführt.

Beim Unterschreiten der Curie-Temperatur kommt es zur spontanen Magnetisierung. Der ferromagnetische Zustand stellt sich wieder ein. In der technischen Anwendung auftretende Betriebs- oder Einsatztemperaturen der elektromagnetischen Stellglieder liegen weit unter der Curie-Temperatur. Bei Ferriten ist wegen der niedrigen Curie-Temperatur und der ausgeprägten Temperaturabhängigkeit die vom Hersteller angegebene maximale Dauergebrauchstemperatur zu beachten.

Tabelle 2.1: Curie-Temperaturen ausgewählter Werkstoffe

Werkstoff	Fe	Co (kubisch)	Ni	Fe_3C	Ferrite	Relaiseisen
T_C [°C]	770	1121	358	213	120 – 500	940 – 980

Legierungsbestandteile

Die in der Magnettechnik verwendeten Materialien müssen neben typischen Anforderungen des Einsatzgebietes, z. B. Festigkeit, Härte, Korrosionsbeständigkeit usw., spezielle magnetische Eigenschaften aufweisen, die u. a. durch Legierungsbestandteile beeinflusst werden (Bild 2.24).

Als allgemeines Ziel für weichmagnetische Werkstoffe kann gelten, eine möglichst hohe Flussdichte bei kleiner Erregung zu erreichen. Das erfordert einen Werkstoff mit homogenem Gefüge, der eine dem Reineisen sehr nahe kommende Sättigung hat. Weiterhin ist in Wechselstrommagneten und in schnellschaltenden Gleichstrommagneten ein hoher spezifischer elektrischer Widerstand wünschenwert, um die Wirbelstromverluste gering zu halten.

a) Relaiswerkstoffe

Unter Relaiswerkstoffen versteht man technisch reines Eisen, das durch eine geringe Koerzitivfeldstärke und eine hohe Sättigungsinduktion charakterisiert ist. Diese Relaiswerkstoffe werden in unterschiedlicher Reinheit hergestellt und nach ihrer Koerzitivfeldstärke klassifiziert. Entsprechend DIN 17405 sind in Tabelle 2.2 für einige gebräuchliche Weicheisensorten mit Relaisqualität die magnetischen Eigenschaften aufgeführt. Schädliche Einflüsse auf die magnetischen Eigenschaften haben die im Material enthaltenen Fremdeinschlüsse P, S, Si, Mn und besonders C, deren prozentualer Gehalt die magnetische Qualität des Werkstoffs bestimmt.

In Tabelle 2.3 ist der Zusammenhang von Reinheitsgrad und magnetischen Eigenschaften dargestellt [2.19].

b) Stahl

Für die Mehrheit magnetischer Kreise werden zur Flussführung und als Anker Stähle verwendet. Diese Stähle sollten zum Erreichen guter magnetischer Eigenschaften einen niedrigen Kohlenstoffgehalt besitzen. Im Bild 2.25 sind die Kommutierungskurven ausgewählter Stähle dargestellt.

Neben einer hohen Sättigungsflussdichte, die direkt die Baugröße des elektromagnetischen Wandlers beeinflusst, und den vom Einsatzfall abhängenden mechanischen Beanspruchungen sind gute Bearbeitungseigenschaften für die kostengünstige Produktion

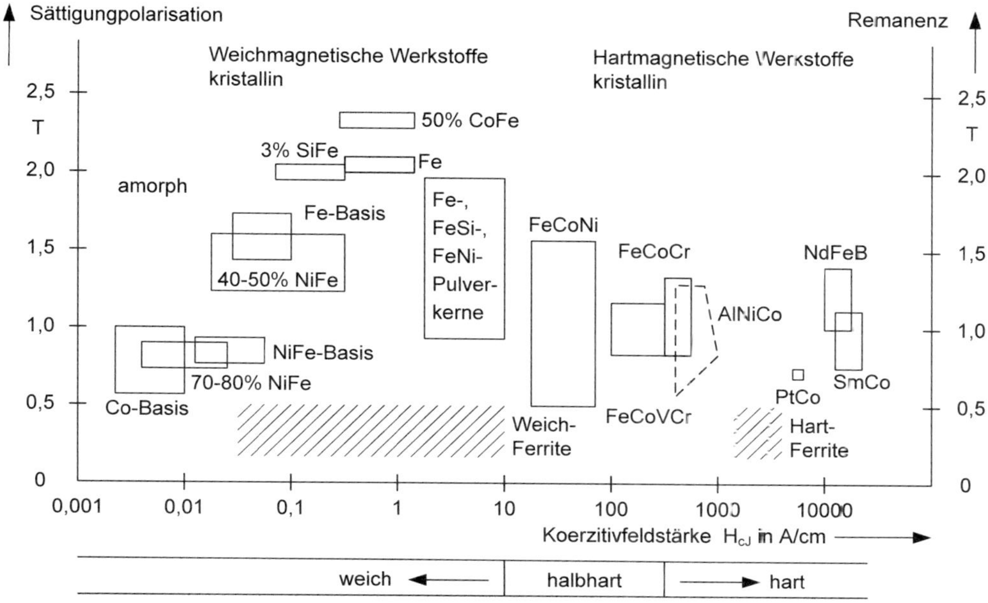

Bild 2.24: Magnetwerkstoffe [2.2]

Tabelle 2.2: Weichmagnetische Werkstoffe für Gleichstromrelais

Bezeichnung nach DIN 17405	Werkstoff-nummer	H_c [A/m]	Mindestflussdichte B [T] bei einer Feldstärke H [A/m] von 200	300	500	1000	4000
R Fe 160	1.1011	< 160		1,15	1,30		1,60
R Fe 120	1.1012	< 120		1,15	1,30	1,45	1,60
R Fe 100	1.1013	40 – 100	1,00	1,20	1,30	1,45	1,60
R Fe 80	1.1014	40 – 80	1,10	1,20	1,30	1,45	1,60
R Fe 60	1.1015	< 60	1,15	1,25	1,35	1,45	1,60
R Fe 40	1.1016	< 40	1,15	1,25	1,35	1,45	1,65
R Fe 20	1.1017	< 20	1,15	1,25	1,35	1,45	1,65
R Fe 12	1.1018	< 12	1,15	1,25	1,35	1,45	1,65

Tabelle 2.3: Einfluss von Fremdeinschlüssen auf die Permeabilität von Eisen mit verschiedenem Reinheitsgrad

Reinheitsgrad	C [%]	Mn [%]	S [%]	P [%]	O [%]	N [%]	μ_{rmax} [10^3]
I	0,012	0,0300	0,018	0,004	0,030	0,0018	7
II	0,005	0,0028	0,006	0,004	0,030	0,0003	30
III	0,005	0,0028	0,003	0,004	0,003	0,0002	227

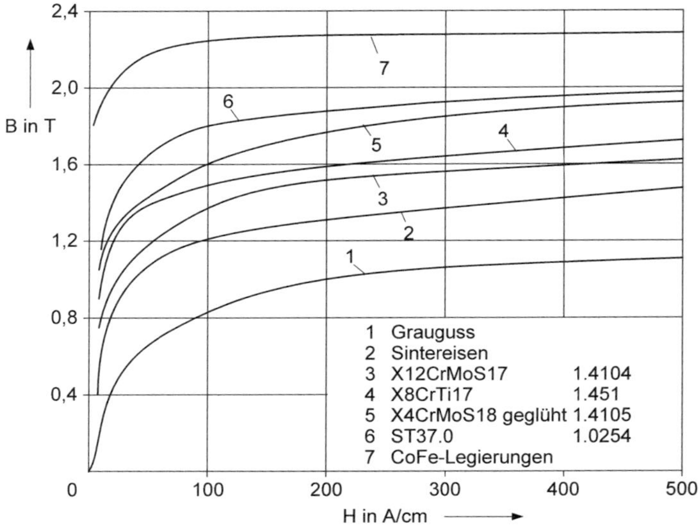

Bild 2.25: B-H-Kennlinien (Kommutierungskurven) verschiedener Stähle

gefordert. Der die spanende Bearbeitung begünstigende Schwefelanteil setzt jedoch die Permeabilität und die Sättigungsmagnetisierung herab. Chrom- und Nickelanteile steigern zwar die Festigkeitseigenschaften und führen durch die Ausbildung einer Passivschicht auf der Werkstoffoberfläche zu Korrosionsbeständigkeit, vergrößern aber auch die Koerzitivfeldstärke und die Hystereseverluste.

Durch einen Silizium-Anteil wird der spezifische elektrische Widerstand vergrößert, die Sättigungsflussdichte jedoch herabgesetzt. Üngünstig ist die mit steigendem Silizium-Anteil zunehmende Werkstoffversprödung und die damit verbundene Herabsetzung der Verformbarkeit.

Ein oft wichtiges Einsatzkriterium, das die Materialauswahl weiter einschränkt, ist die Korrosionsbeständigkeit. Sehr gute magnetische Leiter (weichmagnetisch-ferritisch und hartmagnetisch-NdFeB) sind korrosionsanfällig. Bei nichtkorrodierenden Stählen sind martensitische, ferritische, austenitische und zweiphasig eingestellte (Duplex-) Güten zu unterscheiden. Bei diesen Stahlsorten ist der C-Anteil unter 1,2 %; der Korrosionswiderstand infolge der Ausbildung der schützenden und selbstheilenden Chromoxidschicht wächst mit dem Cr-Gehalt (min. 10,5 gew.%). Werden die austenitischen Qualitäten für nichtmagnetisierbare Magnetkreisbestandteile genutzt (z. B. Ankerführung), finden die ferritischen Stahlgüten dort Anwendung, wo neben guter Magnetisierbarkeit ein hohes Maß an Medienbeständigkeit gefordert wird (z. B. 1.4005 mit 13 % Cr erreicht eine Sättigungspolarisation $J_S = 1{,}71\,\mathrm{T}$ oder 1.4113 mit 17 % Cr erreicht immer noch eine Sättigungspolarisation $J_S = 1{,}5\,\mathrm{T}$).

Mechanische Beeinflussung

Im Bearbeitungsprozess der Einzelteile von Magnetkreisen werden durch lokale mechanische Spannungen, die durch Bohren [2.27], [2.4], Schleifen [2.20], Läppen [2.20], Lasertrennen [2.5], Schneiden und Stanzen [2.9] entstehen, Gitterstörungen hervorgerufen, die die magnetischen Eigenschaften der weichmagnetischen Werkstoffe stark verändern können. So bearbeitete Teile können gegenüber dem Ausgangszustand eine größere Koerzitivfeldstärke (Verbreiterung der Hystereseschleife) aufweisen. In analoger Weise trifft das für das Härten zu (Bild 2.26b). Besonders stark ist teilweise das Absinken der Anfangspermeabilität und der Maximalpermeabilität bei hochwertigen magnetischen Werkstoffen durch die mechanische Bearbeitung (Bild 2.27). Außerdem kann bei den meisten Werkstoffen die Sättigungsinduktion bis zu 10 % absinken.

Durch entsprechende thermische Behandlung – sog. Entspannungsglühen – wird dies weitgehend ausgeglichen. Das geschieht in der Regel bei Temperaturen über 700 °C ($\vartheta > T_C$!) unter Schutzgas (nach DIN 17405 wird empfohlen $\vartheta = 820\,°C \pm 10\,K$, für ferritische korrosionsfeste Stähle erwärmt man bis 950 °C). Der Werkstoff sollte bei dieser Temperatur thermisch stabilisiert sein (Verharrungszeit ca. 1 h). Zur Erlangung bester magnetischer Eigenschaften muss die Abkühlgeschwindigkeit kleiner als die volumenbezogene Platzwechselgeschwindigkeit sein. Bewährt hat sich eine geregelte Temperaturreduktion um ca. 50 K/h bis 550 °C mit anschließender freier Ofenabkühlung. Relaisqualitäten sind nur nach thermischer Entspannung erreichbar.

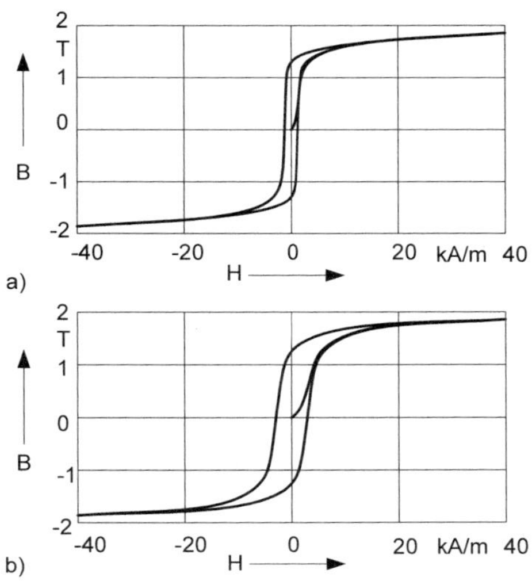

Bild 2.26: Veränderung der B-H-Kennlinie von 100Cr6 durch Härten, a) Ausgangswerkstoff, b) gehärtet

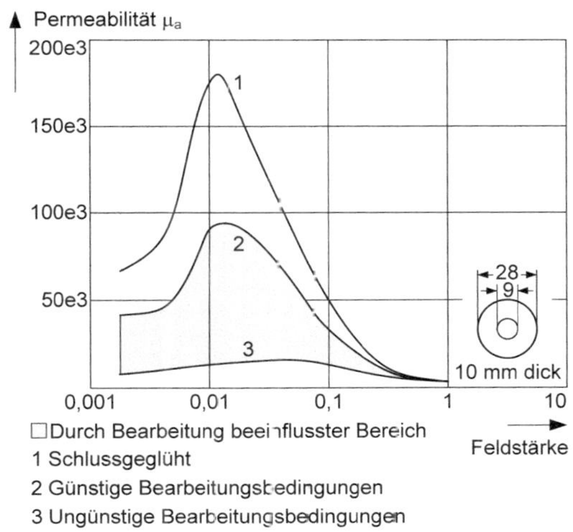

Bild 2.27: Veränderung der Permeabilität vom VACOPERM durch Bohren von Löchern (nach [2.27])

2.4.6 Magnetisch halbharte Werkstoffe

Neben den weich- und hartmagnetischen Werkstoffen ist in den letzten Jahrzehnten auch eine Gruppe halbharter magnetischer Werkstoffe entwickelt worden. Es sind Co-Fe-Ni-Legierungen, die eine rechteckförmige Hystereseschleife besitzen und deren Koerzitivfeldstärke sich mit einer Wärmebehandlung im Bereich von 600 ... 800 °C gezielt einstellen lässt [2.2]. Diese Werkstoffe wurden für den Einsatz in Magnetkreisen von bistabilen Haftrelais und für Haft-Reed-Kontakte entwickelt.

2.4.7 Eigenschaften hartmagnetischer Werkstoffe

Hartmagnetische Werkstoffe besitzen eine große Koerzitivfeldstärke ($H_c > 10\,\text{kA/m}$) und eine ausgeprägte Hysterese. Nach dem Aufmagnetisieren erzeugen sie ein Magnetfeld, das ohne zusätzlichen Energieaufwand aufrechterhalten wird. Die hartmagnetischen Werkstoffe werden daher auch als Dauer- oder Permanentmagnete bezeichnet. Wenn sich der Dauermagnet nach seiner Magnetisierung in einem ideal geschlossenen Magnetkreis mit einem verschwindenden magnetischen Widerstand befindet, so liegt der Arbeitspunkt bei der Remanenzflussdichte B_r. Real tritt jedoch im Dauermagneten stets ein magnetisches Feld auf, das, da in einem Dauermagneten die Flussdichte und die Feldstärke einander entgegengesetzt gerichtet sind, entmagnetisierend wirkt. Ohne ein äußeres magnetisches Feld liegt der Arbeitspunkt somit stets im 2. oder 4. Quadranten der Hystereseschleife.

Da der Kurvenverlauf in diesen beiden Quadranten analog ist, braucht bei positiver Festlegung der Flussdichte nur der im 2. Quadranten liegende Teil der Hysteresekurve betrachtet werden. Dieser Teil wird als Entmagnetisierungskurve bezeichnet (Bild 2.28).

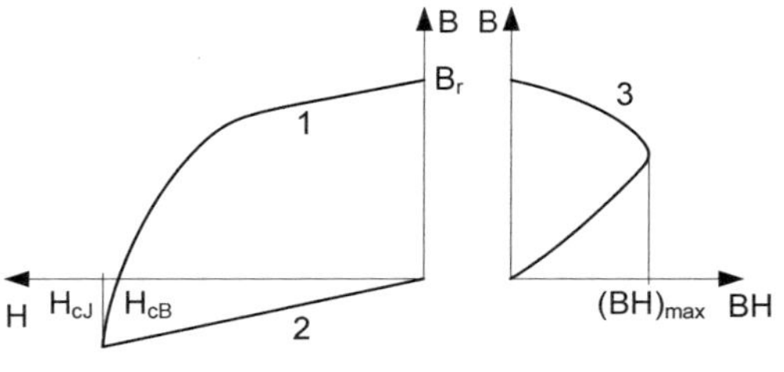

Bild 2.28: Entmagnetisierungskurve (1), Verlauf des Produktes BH (3) eines Dauermagneten und Kurve $B = \mu_0 H$ (2)

Bei hartmagnetischen Werkstoffen ist die Angabe von zwei Koerzitivfeldstärken, der Koerzitivfeldstärke der magnetischen Flussdichte $H_{cB}{=}H(B{=}0)$ und der Koerzitivfeldstärke der magnetischen Polarisation $H_{cJ}{=}H(J{=}0)$, gebräuchlich. Im B-H-Diagramm ergibt sich die Koerzitivfeldstärke H_{cJ} durch den Schnittpunkt der B-H-Kennlinie des Dauermagneten mit der Kennlinie $B{=}\mu_0 H$. Das Produkt von Flussdichte und Feldstärke auf der Entmagnetisierungskurve ergibt ein Maß für die Energiedichte des Dauermagneten. Der Maximalwert $(BH)_{max}$ ist neben der Remanenzflussdichte B_r und den Koerzitivfeldstärken H_{cB} und H_{cJ} ein wichtiger Kennwert für hartmagnetische Werkstoffe.

In den letzten Jahrzehnten konnte das Energieprodukt $(BH)_{max}$ kontinuierlich gesteigert werden (Bild 2.29). Nach dem Magnetisierungverhalten können isotrope und anisotrope Dauermagnetwerkstoffe unterschieden werden. Isotrope Dauermagnetwerkstoffe lassen sich in alle Richtungen gleichmäßig magnetisieren, während anisotrope Dauermagnetwerkstoffe Vorzugsrichtungen für eine Magnetisierung besitzen. Anisotrope Dauermagnetwerkstoffe sollten, um gute magnetische Eigenschaften zu erreichen, nur in der Vorzugsrichtung magnetisiert werden. Das Aufmagnetisieren eines Dauermagneten erfolgt in einem starken Magnetfeld, das durch Magnetspulen oder andere Dauermagnete erzeugt wird. Um ein vollständiges Aufmagnetisieren zu erreichen, sollte die magnetische Feldstärke des Aufmagnetisierungsfeldes größer als $3\,H_{cJ}$ sein [DIN 50470, 50471].

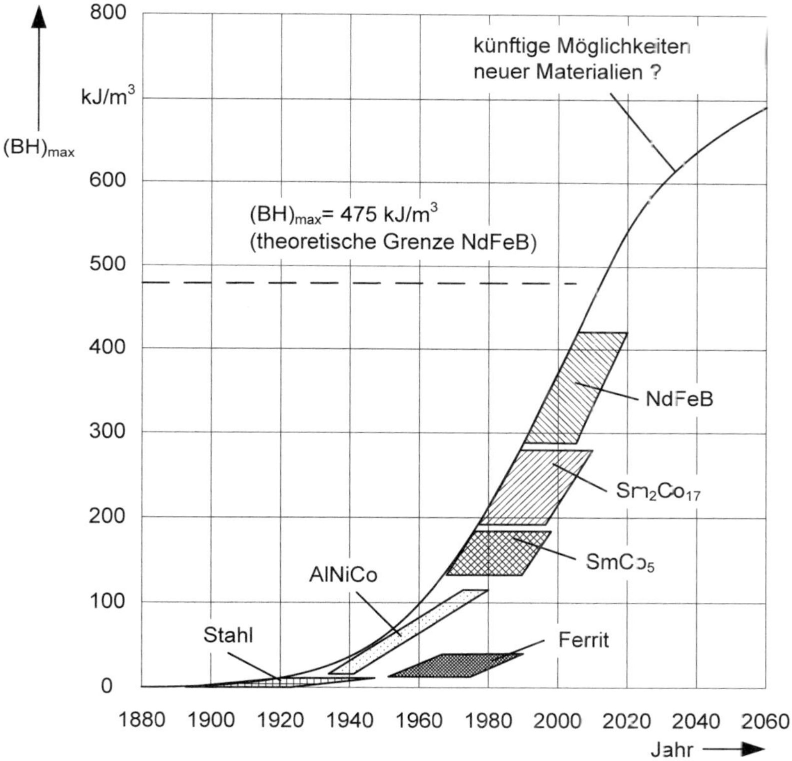

Bild 2.29: Entwicklungspotenzial des Produktes $(BH)_{\max}$ von Dauermagnetwerkstoffen [2.29]

Beim Einsatz von Dauermagnetwerkstoffen ist zu beachten, dass sich die magnetischen Eigenschaften zeit- und temperaturabhängig ändern können. Dabei ist zwischen reversiblen und irreversiblen Änderungen zu unterscheiden. Reversible Änderungen des Magnetisierungszustandes können infolge von Temperaturänderungen (jedoch nur unterhalb T_C) auftreten. Je nach verwendetem Dauermagnetmaterial verursacht eine Temperaturerhöhung um 1 K eine Verringerung der Remanenzflussdichte um 0,01 ... 0,25 %. Temperaturänderungen wirken sich auch auf die Koerzitivfeldstärke aus. Bei AlNiCo- und keramischen Magneten ist der Temperaturkoeffizient für die Koerzitivfeldstärke positiv, d. h. mit sinkender Temperatur verschiebt sich die Koerzitvfeldstärke in Richtung Koordinatenursprung, die Stabilität gegen Ummagnetisierung sinkt also.

Für die irreversiblen Änderungen des Magnetisierungszustandes gibt es haupsächlich zwei Ursachen. Zunächst treten irrevesible Magnetisierungsverluste infolge spontaner Ummagnetisierung einzelner Weißscher Bezirke auf. Weiterhin können irreversible Magnetisierungsverluste durch die infolge der Temperaturabhängigkeit der Koerzitivfeldstärke verursachte Arbeitspunktverschiebung entstehen [2.11]. Der Temperaturkoeffizient der Koerzitivfeldstärke H_{cJ} liegt je nach Dauermagnetwerkstoff zwischen -0,6 bis +0,5 %/K. Verschiebt sich bei einem Dauermagneten der Arbeitspunkt in den steiler abfallenden Bereich der Entmagnetisierungskennlinie, werden einzelne Weißsche Bezirke ummagnetisiert. Bei Rückgang der Temperatur in den Ausgangspunkt verbleiben sie in dem ummagnetisierten Zustand. Zur Vermeidung der irreversiblen Verluste finden folgende zwei Maßnahmen Anwendung.

Zum einen können die Magnete künstlich vorgealtert werden. Dazu werden diese Magnete mit einem magnetischen Wechselfeld, dessen Amplitude abnimmt, ausgesteuert. Durch dieses Wechselfeld werden nur schwach magnetisierte Bereiche des Magneten mehrfach ummagnetisiert und die Struktur des Magneten stabilisiert.

Andererseits ist bei der Arbeitspunktfestlegung im Dauermagnetkreis zu beachten, dass sich der Arbeitspunkt stets oberhalb des steil abfallenden Bereichs der Magnetisierungskurve befindet. Dadurch werden ebenfalls die irreversiblen Verluste verringert.

Gegenwärtig existieren zahlreiche Werkstoffe für Dauermagnete. Neben einer Vielzahl von Spezialwerkstoffen besitzen folgende Dauermagnetwerkstoffe eine größere technische Bedeutung [2.19], [2.11], [2.24], [2.8], [2.26].

Dauermagnete aus AlNi- und AlNiCo-Legierungen

Diese Dauermagnete werden durch Gießen einer die Legierungsbestandteile enthaltenen Schmelze oder Sintern eines Pulvergemisches der Legierungsbestandteile hergestellt. Nach dem Gießen bzw. Sintern erfolgt ein Wärmebehandlungsprozess, um die für die Ausbildung der Dauermagneteigenschaften notwendige Gefügestruktur zu erreichen. Anschließend werden die Magnete aufmagnetisiert. AlNi- bzw. AlNiCo-Dauermagnetlegierungen besitzen folgende Legierungsbestandteile (in Masseprozent):

Al	Ni	Co	Cu	Nb	Ti	Fe
5-14	13-28	0-40	1-6	0-3	0-9	Rest

Mit der Legierungszusammensetzung lassen sich die magnetischen Eigenschaften verändern. So führt ein vergrößerter Co-Anteil zu einer höheren Remanenzflussdichte, während ein größerer Ti-Anteil zu einer erhöhten Koerzitivfeldstärke führt. Die Magnete sind hart und spröde. Eine Bearbeitung ist nur durch Schleifen möglich.

Oxidkeramische Dauermagnete (Hartferrite)

Zu den oxidkeramischen Dauermagnetwerkstoffen zählen die Barium- und Strontiumferrite. Diese Werkstoffe werden durch Sintern von Metalloxiden (Fe_2O_3) und Barium- ($BaCO_3$) bzw. Strontiumcarbonat ($SrCO_3$) hergestellt. Da sie keine teueren Metallbestandteile enthalten, können diese Magnete wirtschaftlich hergestellt werden. Im Vergleich zu den AlNiCo-Dauermagneten besitzen die oxidkeramischen Werkstoffe eine höhere Koerzitivfeldstärke und einen sehr großen spezifischen elektrischen Widerstand, aber eine niedrigere Sättigungsflussdichte. Diese Magnete sind als keramische Werkstoffe ebenfalls hart und spröde.

Seltenerdmetall-Dauermagnetwerkstoffe

Zu den Seltenerdmetall-Dauermagnetwerkstoffen zählen die SmCo-Dauermagnete und die NdFeB-Dauermagnete. Sie werden durch Sintern hergestellt und besitzen folgende Legierungsbestandteile (in Masseprozent):

SmCo-Dauermagnete:

Sm	Co	Fe	Cu	Zr
24-27	48-52	12-18	4-12	2-3

NdFeB-Dauermagnete:

Nd	B	Fe
30-34	1-1,5	Rest

Die magnetischen Kennwerte dieser Materialien liegen wesentlich über denen der oxidkeramischen und AlNiCo-Dauermagnete. Die Seltenerdmetall-Dauermagnete besitzen eine nahezu lineare Entmagnetisierungskennlinie und sind sehr widerstandsfähig gegen entmagnetisierende Felder. SmCo- bzw. NdFeB-Dauermagnete sind sehr spröde. Insbesondere bei SmCo-Magneten muss eine äußere mechanische Belastung vermieden werden.

In der Tabelle 2.4 und im Bild 2.30 sind die wichtigsten Kennwerte gebräuchlicher Dauermagnetwerkstoffe zusammengestellt. Das Bild 2.31 zeigt die Entmagnetisierungskennlinien ausgewählter Dauermagnetwerkstoffe.

Tabelle 2.4: Magnetische Eigenschaften von Dauermagnetwerkstoffen

Werkstoff	B_r in T	$T_k(B_r)$ in %/K	H_{cB} in kA/m	$T_k(H_cJ)$ in %/K	$(BH)_{max}$ in kJ/m³
AlNiCo (isotrop)	0,5...0,9	–0,02	10...100	+0,1	3...20
AlNiCo (anisotrop)	0,8...1,3	–0,02	50...,150	+0,1	30...70
Hartferrite (isotrop)	0,2...0,25	–0,2	120...140	+0,3	7...9
Hartferrite (anisotrop)	0,36...0,41	–0,2	170...270	+0,3	25...32
SmCo (anisotrop)	0,8...1,12	–0,03...–0,07	650...820	–0.15...–0,25	160...260
NdFeB (anisotrop)	1,0...1,47	–0,08...–0,12	790...1100	–0.5...–0,77	200...415

2.4.8 Kunststoffgebundene Dauermagnete

Kunststoffgebundene Dauermagnete sind Teilchenverbundwerkstoffe, in denen Dauermagnetpulverteilchen in Kunststoffbinder (Polyamid, Polyphenylsulfid, Duroplast,

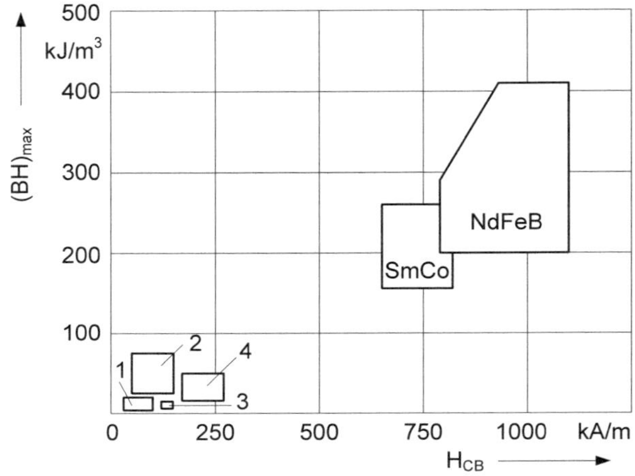

Bild 2.30: Produkt $(BH)_{max}$ und Koerzitivfeldstärke H_{cB} von Dauermagnetwerkstoffen; 1 AlNiCo isotrop, 2 AlNiCo anisotrop, 3 Hartferrite isotrop, 4 Hartferrite anisotrop [2.3][2.16][2.17][2.29]

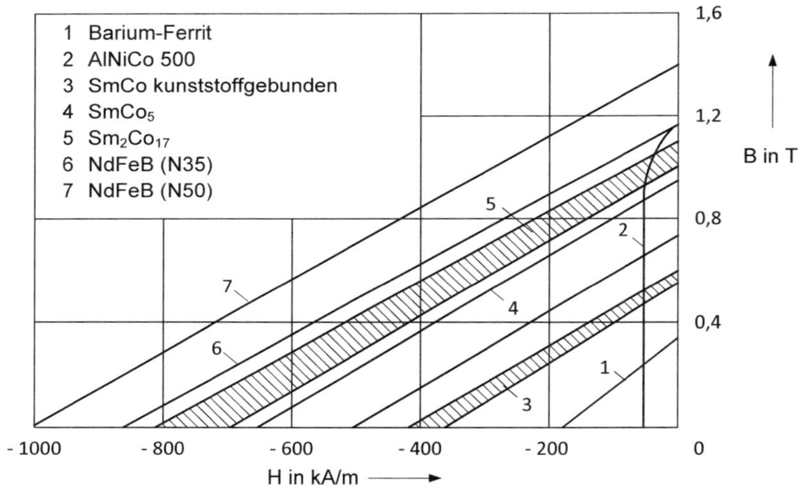

Bild 2.31: Entmagnetisierungskennlinien von Dauermagnetwerkstoffen

Epoxydharz) eingebettet sind. Als Magnetpulver sind Hartferrite, SmCo- und NdFeB-Magnete gut geeignet.

Sie lassen sich mit den Herstellungsmethoden der Kunststoffindustrie (Spritzguss, Extrusion, Pressen, Kalandrieren) sehr günstig herstellen, woraus sich besondere Vorteile bezüglich Formgebung, Maßhaltigkeit (0,1 bis 0,01 mm), Variationsbreite und Preis ergeben. Diese haben dazu geführt, dass die Marktanteile der kunststoffgebundenen

Tabelle 2.5: Magnetische Eigenschaften kunststoffgebundener Dauermagnete [2.28]

Werkstoff	B_r [mT]	H_{cB} [kA/m]	max. Energiedichte $(BH)_{max}$ [kJ/m^3]
Hartferrit	63 – 280	50 – 190	0,8 – 15,5
NdFeB	420 – 700	280 – 450	28 – 90

Dauermagnete, besonders im Bereich der Massenfertigung von Magnetaktoren, ständig wachsen.

Durch das Vermischen der Dauermagnetpulverteilchen mit dem Kunststoffbinder sind die magnetischen Kennwerte stets niedriger als die magnetischen Kennwerte des Ausgangsmaterials. Je nach Materialzusammensetzung und Fertigungsverfahren können isotrope und anisotrope Dauermagnete mit sehr unterschiedlichen mechanischen und magnetischen Eigenschaften hergestellt werden.

Ein weitere Vorteil der kunststoffgebundenen Dauermagnete besteht darin, dass magnetische Anisotropien mit vorausberechneter Verteilung in das Innere der Dauermagnete eingebracht werden können. Dadurch lassen sich verbesserte funktionelle Eigenschaften der Magnetaktoren erreichen [2.26].

2.5 Quellen

[2.1] Aldefeld, B.: Felddiffusion in Elektromagneten. Feinwerktechnik und Messtechnik, 90(1982) 5, S. 222-226

[2.2] Boll, R.: Weichmagnetische Werkstoffe. Vacuumschmelze GmbH, 4. Auflage 1990

[2.3] BVI Magnet GmbH. www.bvi-magnete.de, Materialdaten, 2008

[2.4] Byrne, G.: Das Zerspanen von weichmagnetischen Werkstoffen. Dissertation, Techn. Universität Berlin 1989

[2.5] Dickmann, K.: Lasertrennen von Elektroblechen. Laser-Magazin 1989, H. 1, S. 28-33

[2.6] Georg, O.: Elektromagnetische Felder und Netzwerke. Springer Verlag Berlin Heidelberg New York 1999

[2.7] Jendritza, D. J.: Technischer Einsatz Neuer Aktoren. Expert-Verlag 2002

[2.8] Jurisch, F.: Entwicklungen auf dem Permanentmagnetsektor. GMM-IMM-Fachtagung , 15.-16. Mai 2001, Tagungsband, S. 95-99

[2.9] Kleine, R.; Kleine, H.: Elektrobänder und ihre Eigenschaften in Magnetkernen. elektrie 50(1996), 1-3, S. 43-53

[2.10] Kneller, E.: Ferromagnetismus. Heidelberg:Springer Verlag, 1962

[2.11] Koch, J.; Ruschmeyer, K.: Permanentmagnete I. Hamburg: Firmenschrift Philips Components, 1991

[2.12] Kraus, J. D.; Fleisch, D. A.: Electromagnetics with Applications. Fifth Edition, McGraw-Hill Companies 1999, ISBN 0-07-116429-4

[2.13] Kuklinski, P. u. a.: Werkstoffe für die Elektrotechnik und Elektronik. Verlag für Grundstoffindustrie, Leipzig, 1985

[2.14] Küpfmüller, K.: Einführung in die theoretische Elektrotechnik. Heidelberg: Springer Verlag 1990

[2.15] Langman, R.: The effect of stress on the magnetization of mild steel of moderate field strenghts. IEEE Trans. on Magnetics, MAG(1985) 4, S. 1314-1320

[2.16] Magnetfabrik Schramberg. www.magnete.de, Materialdaten, 2008

[2.17] Magnetworld AG. www.magnet-world.de, Materialdaten, 2008

[2.18] Mellors, N. J.; Lord, D. G.; Zhao, X.: Observations of Dynamic Magnetic Structures from Terfenol-D Surfaces. Actuators 2002, 10.-12. 6. Bremen Proc., S. 551-553

[2.19] Michalovsky, L. u. a.: Magnettechnik-Grundlagen und Anwendungen. Fachbuchverlag Leipzig GmbH 1993

[2.20] Özhan, F.: Feinbearbeitung weichmagnetischer Werkstoffe. Produktionstechnik- Berlin, Forschungsberichte für die Praxis, Bd. 36. Herausgeber: Spur. G.; München: Carl Hanser Verlag 1985

[2.21] Philippow, E.: Nichtlineare Elektrotechnik. Akademische Verlagsgesellschaft Geest & Portig, Leipzig, 1971

[2.22] Philippow, E.: Grundlagen der Elektrotechnik. Berlin: Verlag Technik, 1988

[2.23] Quandt, E.; Claeyssen, F.: Magnetostrictive Materials and Actuators (Review). Actuator 2000, 19-21. 6. Bremen Proc., S. 100-105

[2.24] Reinboth, H.: Technologie und Anwendung magnetischer Werkstoffe. 3. Aufl. Berlin: Verlag Technik 1970

[2.25] Schaumburg; H.: Werkstoffe. Stuttgart: Teubner Verlag, 1992

[2.26] Schliesch, T.: Kunststoffgebundene Dauermagnete für Antrieb und Sensorik in Kleinmotoren. GMM-IMM-Fachtagung, 15.-16. Mai 2001, S. 101-107

[2.27] Spur, G.; Byrne, G.: The machinability of soft magnetic materials. Proc. 15th NAMRC Conf. (1987), S. 523- 530

[2.28] THYSSEN Magnet- und Komponententechnik. http://www.tmk-magnetworld.de/weich_magnet.htm

[2.29] Vacuumschmelze GmbH & Co. KG: DM-Vacodym/Vacomax Ausgabe 2007, DM_PD002_de.pdf, S. 5

[2.30] Wengerter, R.: Amorphe und nanokristalline Legierungen. Technische Akademie Wuppertal e. V. Seminarunterlagen 3. u. 4. 5., 1995

[2.31] Wunsch, G.: Feldtheorie Bd. 1. Verlag Technik, Berlin, 1973

Kapitel 3

Magnetkraft und Energie

3.1 Allgemeines

Elektromagnete werden abgesehen von wenigen Anwendungsfällen, z. B. Haftmagnete oder Proportionalmagnete, vorwiegend als direkt wirkende Antriebselemente in offenen Steuerketten eingesetzt. Die für die Antriebsbewegung erforderliche mechanische Arbeit entsteht während des Bewegungsvorganges durch Energiewandlung aus elektrischer Energie über die magnetische Energie als Zwischenform, wobei Verlustenergie in Form von Wärmeenergie hervorgerufen wird (Bild 3.1).

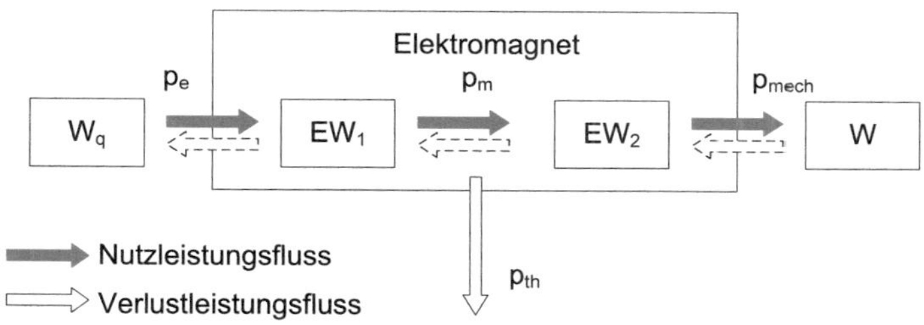

Bild 3.1: Der Elektromagnet als elektro-magneto-mechanischer Wandler (W_q elektrische Energiequelle, EW_1 elektromagnetischer Energiewandler, EW_2 magnetomechanischer Energiewandler, W Wirkelement, p_e elektrische Leistung, p_m magnetische Leistung, p_{mech} mechanische Leistung, p_{th} thermische Leistung)

Elektromagnete sind elektro-magneto-mechanische Energiewandler, die je nach dem konstruktiven Aufbau und der Erregungsart (Gleichstrom-, Wechselstrom- und Impulserregung) unterschiedliche Antriebseigenschaften besitzen.

Für das Verständnis der Wirkungsweise und die Bewertung ihrer Eigenschaften kann die nähere Betrachtung der Elektromagnete als mehrstufige Energiewandler wichtige Zusammenhänge sichtbar werden lassen.

Den Anwender interessieren dabei sowohl die stabilen Gleichgewichtszustände im ein- und ausgeschalteten Zustand der Erregerspule (stationäre Betriebszustände) als auch die Ausgleichsvorgänge (dynamische Betriebszustände), die infolge der vorhandenen Energiespeicher (Induktivität, Rückstellfeder, zu bewegende Massen) auftreten.

3.2 Der Gleichstrommagnet als stationärer Energiewandler

3.2.1 Stationäre Betriebszustände

Im stationären Betriebszustand werden die Erregerspulen der Gleichstrommagnete von konstanten Strömen durchflossen. Das ist dann der Fall, wenn nach dem Ein- oder Ausschalten die Ausgleichsvorgänge abgeschlossen sind, so dass keine bewegungsbedingten Spannungen in den Erregerspulen induziert werden bzw. der Erregerstrom eingeprägt wird. In solchen Fällen sind die energetischen Strukturen (Bild 3.1) weitgehend entkoppelt; sie können getrennt betrachtet werden. Nachfolgend sollen die energetischen Zustände und Energiewandlungsvorgänge im Elektromagneten an Hand vereinfachter Strukturen (Grundstrukturen) beschrieben werden.

So werden z. B. die magnetischen Felder mit Hilfe der Integralparameter des magnetischen Feldes auf magnetische Netzwerke zurückgeführt. Dadurch können Ersatzschaltbilder abgeleitet werden, die nicht nur die mathematische Behandlung vereinfachen, sondern auch die Übersichtlichkeit erhöhen.

3.2.2 Die elektrische Grundstruktur

Das einfachste Ersatzschaltbild der elektrischen Grundstruktur von Elektromagneten (siehe Bild 3.2) besteht aus einer Quelle der elektrischen Energie (Spannungsquelle oder Stromquelle) und einem verlustbehafteten energiespeichernden Element, in dem Energie in Form von magnetischer Feldenergie gespeichert und teilweise in mechanische Energie umgewandelt wird und dessen Energiezustand sowohl vom Erregerstrom i als auch von der Lage des Magnetankers δ abhängt.

Das induktive energiespeichernde Element $\Psi(\delta, i)$ ist im allgemeinen Fall eine stromdurchflossene Spule mit einem nichtlinearen Magnetkreis, der aus einem gestellfesten Teil zur Flussführung und einem beweglichen Teil, dem Magnetanker, besteht.

Entsprechend Bild 3.2a lautet der Maschensatz unter Verwendung des Induktionsgesetzes $u_L = \mathrm{d}\psi/\mathrm{d}t$:

$$U_0 = i\,(R_i + R_M) + \frac{\mathrm{d}\psi}{\mathrm{d}t}. \tag{3.1}$$

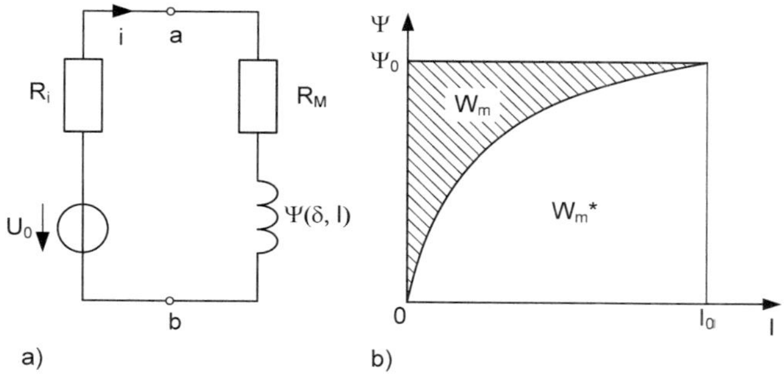

Bild 3.2: Elektrische Grundstruktur, a) Schaltbild mit Ersatzspannungsquelle, b) Ψ-I-Kennlinie eines nichtlinearen Magnetkreises, δ = konst

Multipliziert man diese Gleichung mit $i\,\mathrm{d}t$, gilt:

$$U_0 i\,\mathrm{d}t = i^2(R_i + R_M)\,\mathrm{d}t + i\,\mathrm{d}\psi. \tag{3.2}$$

Die Integration nach der Zeit ergibt die Energiebilanz des Systems

$$\int_0^{t_0} U_0 i\,\mathrm{d}t = \int_0^{t_0} i^2(R_i + R_M)\,\mathrm{d}t + \int_0^{\Psi_0} i\,\mathrm{d}\psi \tag{3.3}$$

bzw.

$$W_{el} = W_v + W_m. \tag{3.4}$$

Die von einer Gleichspannungsquelle abgegebene Energie W_{el} wird bei zunächst festgehaltenem Anker im ohmschen Widerstand R in Verlustenergie W_v und in der stromdurchflossenen Spule in **magnetische Feldenergie** W_m

$$W_m = \int_0^{\Psi_0} i\,\mathrm{d}\psi \tag{3.5}$$

umgewandelt, die gespeichert wird. Die Speicherung der magnetischen Energie findet nur statt, so lange sich der Erregerstrom ändert und die Selbstinduktionsspannung $u_L \neq 0$ ist. Die magnetische Energie ist bei der stationären Betrachtung und bei Vernachlässigung der magnetischen Hysterese unabhängig vom Aufmagnetisierungsprozess, d. h. unabhängig vom zeitlichen Verlauf des Stroms i, sondern hängt nur vom Endzustand $I_0 = U_0/(R_i + R_m)$ ab. In Bild 3.2b entspricht W_m der schraffierten Fläche.

In nichtlinearen magnetischen Kreisen setzt sich die Energie $\Psi_0 I_0$ stets aus zwei ungleichen Teilmengen zusammen:

$$\Psi_0 I_0 = W_m + W_m^* \qquad \text{mit} \qquad W_m \neq W_m^*. \tag{3.6}$$

Die Teilmenge der Energie, die die magnetische Feldenergie W_m zur Gesamtenergie $\Psi_0 I_0$ ergänzt, heißt **magnetische Co-Energie** W_m^*.

$$W_m^* = \int_0^{I_0} \psi(\delta, i)\, \mathrm{d}i. \tag{3.7}$$

Sie hat keine direkte physikalische Bedeutung, erlaubt jedoch eine Abschätzung der Energie, die bei der Ankerbewegung in mechanische Energie umgewandelt werden kann.

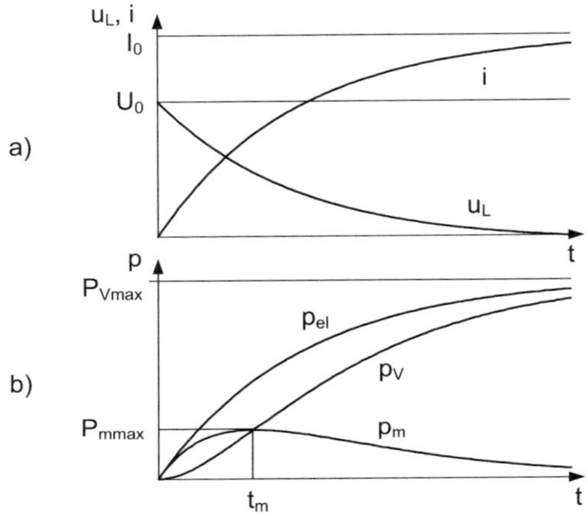

Bild 3.3: Zeitlicher Verlauf der Spannung u_L, des Stromes i und der in magnetische Feldenergie umgesetzten Leistung p_m

Da die Gegeninduktionsspannung u_L beim Einschaltvorgang zeitlich begrenzt ist (Bild 3.3), ergibt sich ein ausgeprägtes Maximum für den Teil der magnetischen Leistung $p_m = iu_L$, der zum Aufbau des magnetischen Feldes dient. Demgegenüber hängt der Teil der elektrischen Energie, der in Wärmeenergie umgewandelt wird, eindeutig von der Dauer t_0 des Stromflusses i ab. Mit $t_0 \to \infty$ geht nach (3.3) auch $W_v \to \infty$.

3.2.3 Die magnetische Grundstruktur des neutralen Magnetkreises

Der Magnetkreis eines Gleichstrommagneten ist neutral, wenn im stromlosen Zustand $I = 0$ der magnetische Fluss $\Phi = 0$ ist. Die Remanenzinduktion ist vernachlässigbar.

Im Ersatzschaltbild der magnetischen Grundstruktur von neutralen Gleichstrommagneten in Bild 3.4a wird die Spulenwicklung durch eine ideale magnetische Spannungsquelle Θ abgebildet. Den Eisenkreis beschreibt ein meist nichtlinearer magnetischer Widerstand $R_{mFe}(\Phi)$, die Luft der konstante magnetische Widerstand des Streufeldes $R_{m\sigma}$ und der magnetische Widerstand $R_{m\delta}$ des Arbeitsluftspaltes, der von der Stellung

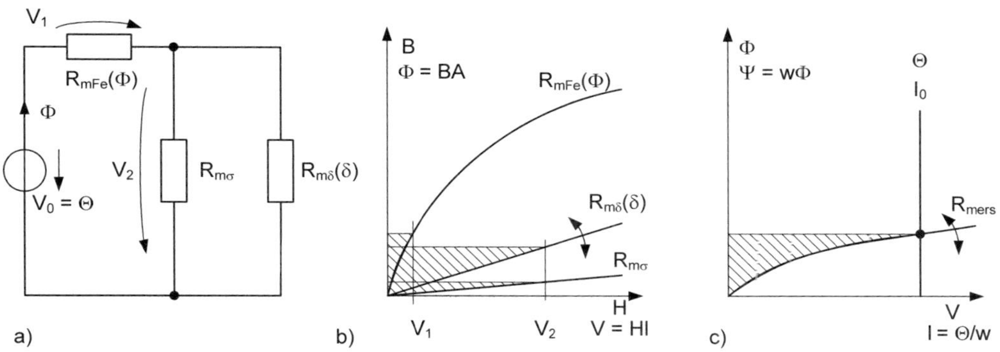

Bild 3.4: Magnetischer Kreis: a) Ersatzschaltbild; b) B-H- bzw. Φ-V-Kennlinien passiver magnetischer Elemente; c) Φ-Θ- bzw. Ψ-I-Kennlinie der magnetischen Quelle und des magnetischen Widerstands

des beweglichen Organs (Anker) abhängt. Im Arbeitsluftspalt findet die Umwandlung der magnetischen Energie in mechanische Energie statt.

Die Quelle ist ein ideales aktives Element mit der konstanten magnetischen Urspannung $\Theta = wI$ nach dem Durchflutungsgesetz. Sie besitzt somit eine Φ-V-Kennlinie, die parallel zur Flussachse verläuft (3.4c).

Die magnetischen Widerstände verkörpern im Gegensatz zu elektrischen Widerständen nicht die Verluste, sondern die magnetischen Energie, die in ihren jeweiligen Feldgebieten gespeichert ist. Dies verdeutlicht folgende Umformung von (3.5):

$$W_{mag} = \int_0^{\Psi_0} i \,\mathrm{d}\psi = \int_0^{\Psi_0} \frac{\Theta}{w} \,\mathrm{d}(w\phi) = \int_0^{\Phi_0} \Theta \,\mathrm{d}\phi = \sum_i \int_0^{\Phi_{Ci}} V_i \,\mathrm{d}\phi. \tag{3.8}$$

Die magnetische Energie des Magneten lässt sich also auch aus den Φ-V-Kennlinien der magnetischen Widerstände ermitteln (Bild 3.4b).

Die Φ-V-Kennlinien von Eisenwiderstände folgen mit $V = \int H \,\mathrm{d}l$ und $\Phi = \int B \,\mathrm{d}A$ aus den B-H-Kennlinie der jeweiligen Werkstoffe. Auf Grund der B-H-Kennlinien ferromagnetischer Stoffe sind die Φ-V-Kennlinien nichtlinear. Für Luft, Gase bzw. Flüssigkeiten ist der magnetische Widerstand R_m wegen $B = \mu_0 H$ linear, d. h eine Gerade mit dem Anstieg $1/R_m$. Während der Streuwiderstand $R_{m\sigma}$ konstant ist, ändert sich der Widerstand $R_{m\delta}$ des Arbeitsluftspalts mit der Position des Ankers. Größere Luftspaltlängen δ ergeben größere Widerstände und somit flachere Kennlinien.

Aus der Addition der Φ-V-Kennlinien der einzelnen Widerstände ergibt sich der Gesamtwiderstand $R_{mers} = R_{mFe} + R_{m\sigma} || R_{m\delta}$. Bei der Parallelschaltung muss wegen der gleichen magnetischen Spannung über den Parallelwiderständen entlang der Flussachse addiert werden. Der resultierende Widerstand liegt in Reihe zu R_{mFe}. Deshalb muss entlang der Spannungsachse addiert werden.

Der Schnittpunkt der Φ-V-Kennlinie des Gesamtwiderstandes mit der Kennlinie der Durchflutung ergibt den Arbeitspunkt, der sich bei einer bestimmten Arbeitsluftspaltlänge einstellt (Bild 3.4c). Die Φ-V-Kennlinien lassen sich über die Windungszahl w in Ψ-I-Kennlinien umrechnen. Dazu genügt es, die Achsen zu transformieren.

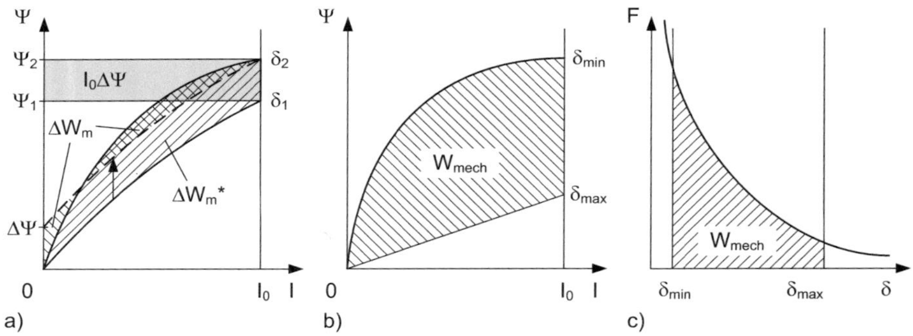

Bild 3.5: Darstellung der bei einer Ankerverschiebung frei werdenden mechanischen Energie; a) Änderung der magnetischen Energie und der Co-Energie, b) mechanische Energie im Ψ-I-Kennlinienfeld, c) mechanische Energie in F-δ-Kennlinienfeld

Wird der Anker von δ_1 nach δ_2 verschoben, bleibt der stationäre Strom I_0 erhalten, da er nur von den elektrischen Bedingungen abhängt. Es ändert sich die Ψ-I-Kennlinie (Bild 3.5a). Die Änderung der magnetischen Co-Energie entspricht der Fläche zwischen beiden Ψ-I-Kennlinien. Die Änderung der magnetischen Energie kann man grafisch darstellen, indem man die Ψ-I-Kennlinie für δ_1 um den Betrag $\Delta\Psi = \Psi_2 - \Psi_1$ nach oben verschiebt. Dann lassen sich die Flächen der magnetischen Energien voneinander abziehen.

Addiert man die Flächen der Änderung der magnetischen Energie und der Änderung der Co-Energie, so erhält man die Fläche $I_0\Delta\Psi$, da die obere Begrenzung nur durch Verschiebung um $\Delta\Psi$ entstanden ist. Das gleiche Ergebnis erhält man, wenn man von (3.6) die Änderung bildet

$$I_0\Delta\Psi = \Delta W_m + \Delta W_m^* \qquad \text{bzw.} \qquad I_0\mathrm{d}\Psi = \mathrm{d}W_m + \mathrm{d}W_m^* \,. \tag{3.9}$$

In der Energiebilanz (3.2) tritt neben der Änderung der elektrischen Energie und der Verlustenergie der Term $i\,\mathrm{d}\Psi$ auf. Die Änderung der magnetischen Energie und die verrichtete mechanische Arbeit muss in ihm enthalten sein:

$$I_0\Delta\Psi = \Delta W_m + W_{mech} \qquad \text{bzw.} \qquad I_0\mathrm{d}\Psi = \mathrm{d}W_m + \mathrm{d}W_{mech} \,. \tag{3.10}$$

Der Vergleich mit (3.9) ergibt, dass die Änderung der mechanischen Energie mit der der magnetischen Co-Energie übereinstimmt. Die Magnetarbeit lässt sich also aus dem Ψ-I-Kennlinienfeld bestimmen (Bild 3.5b)

$$W_{mech} = \Delta W_m^* = \int\limits_0^{I_0} \left(\Psi(\delta_{min}, I) - \Psi(\delta_{max}, I)\right) \mathrm{d}I. \tag{3.11}$$

Wird der magnetische Kreis nur im linearen Bereich ausgesteuert, gilt:

$$W_{mech} = \frac{I_0(\Psi_{min} - \Psi_{max})}{2}. \tag{3.12}$$

Da die Magnetarbeit auch über

$$W_{mech} = \int_{\delta_{min}}^{\delta_{max}} F \, \mathrm{d}\delta. \tag{3.13}$$

definiert ist, müssen die Inhalte der schraffierten Flächen in den Diagrammen 3.5b und c übereinstimmen. Diese Übereinstimmung wird in Abschnitt 3.4.2 zur Berechnung der Magnetkraft genutzt.

Die Möglichkeiten und **Grenzen der Energieumwandlung** im magneto-mechanischen Wandler erkennt man aus dem Idealfall der Energieumwandlung. Dieser Idealfall würde erreicht, wenn die gesamte Energie $I_0\Psi_0$ umgewandelt werden könnte, d. h. wenn bei maximalem Arbeitsluftspalt der magnetische Widerstand des Arbeitsluftspaltes unendlich würde und keine Streuung auftritt. Dann würde der verkettete Fluss Ψ unabhängig vom Erregerstrom gleich Null. Außerdem muss bei minimalem Arbeitsluftspalt eine rechteckförmige Ψ-I-Kennlinie vorliegen, d. h. es würden magnetische Werkstoffe mit rechteckförmigen B-H-Kennlinien benötigt. Bewegt sich in einer Anordnung mit derartigen Eigenschaften der Anker von $\delta = \infty$ bis $\delta = 0$ so wird sich die gesamte Energie, die die Quelle abgibt, in mechanische Energie umwandeln. In Wirklichkeit ist dieser Fall nicht zu realisieren. Der magnetische Widerstand des magnetischen Kreises hat stets einen endlichen Wert. Außerdem ist eine ideale rechteckförmige Ψ-I-Kennlinie bei angezogenem Anker, bedingt durch die realen B-H-Kennlinien und durch in technischen Kreisen auch bei angezogenem Anker vorliegende »parasitäre Luftspalte«, nicht zu realisieren. Eine optimale Energieumwandlung wird erreicht, indem die schraffierte Fläche in 3.5b möglichst groß wird, wenn der Anker seinen Nennhub durchläuft. Daraus ergibt sich gleichzeitig die Forderung nach einer möglichst kleinen magnetischen Feldenergie, die in angezogenem Zustand im magnetischen System gespeichert ist. Der normale nichtlineare Verlauf der Ψ-I-Kennlinie ist für die vorliegende Art der magneto-mechanischen Energieumwandlung günstig.

3.2.4 Die magnetische Grundstruktur polarisierter Elektromagnete

In polarisierten Elektromagneten sind zusätzlich zur Spulenerregung permanentmagnetische Quellen vorhanden, d. h. es werden auch magnetische Flüsse und Kräfte erzeugt, wenn der Erregerstrom $i = 0$ ist. Das Zusammenwirken der durch die permanentmagnetischen Quellen erzeugten remanenten Magnetflüsse mit den Spulenflüssen bewirkt Veränderungen sowohl der stationären als auch der dynamischen Eigenschaften der polarisierten Elektromagnete (z. B. leistungsloses Halten des Magnetankers, Verringerung der Abmessungen bei gleicher Magnetarbeit, Verkürzung der Schaltzeiten).

Aus Sicht der Energiewandlung können die permanentmagnetischen Teile der magnetischen Kreise polarisierter Elektromagnete als magnetische Energiespeicher aufgefasst werden, in denen ein Teil der zur Aufmagnetisierung erforderlichen Feldenergie gespeichert ist. Mit der Erregung der Spule des polarisierten Elektromagneten findet eine elektromagnetische Wechselwirkung statt, die von der Größe des Arbeitsluftspaltes, der Konstruktion des Elektromagneten und der Entmagnetisierungskennlinie des Dauermagnetmaterials abhängt.

In Bild 3.6 stellt die Fläche $0-1-B_s-0$ die während des Aufmagnetisierungsprozesses in einer Ringkernprobe aus Dauermagnetmaterial gespeicherte Energie dar.

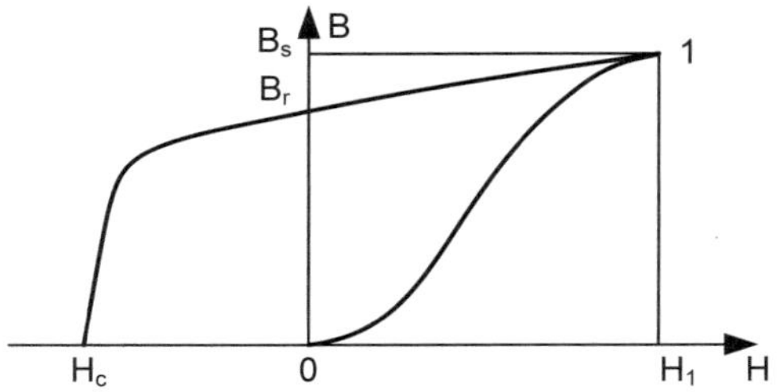

Bild 3.6: Gespeicherte magnetische Energie in einem Dauermagnetring (materialspezifische Kennlinie

Nach dem Abschalten des Erregerstromes bleibt im Magnetkreis die Energie gespeichert, die der Fläche $0-B_r-H_c-0$ entspricht. Infolge der Energiespeicherung erzeugt der Dauermagnet ein magnetisches Feld. Er kann deshalb aus der Sicht der Netzwerktheorie als magnetische Spannungsquelle aufgefasst werden. Wenn die Abmessungen der permanentmagnetischen Teile des magnetischen Kreises bekannt sind, lässt sich aus der materialspezifischen Entmagnetisierungskennlinie die kreisspezifische Φ-V-Kennlinie der magnetischen Ersatzspannungsquelle ermitteln, indem man näherungsweise $\Phi = BA$ und $V_d = H_c l_d$ setzt (mehr zur Bestimmung der Ersatzspannungsquelle und Berechnung von Netzwerken mit Permanentmagneten in Abschnitt 4.4).

Von besonderem Interesse für die Eigenschaften der polarisierten Elektromagnete ist, dass bei Veränderung des Arbeitsluftspaltes ein Teil der magnetischen Feldenergie des Dauermagneten in mechanische Energie (Magnetanker wird angezogen) umgewandelt wird.

Die Berechnung der Magnetkraft polarisierter Elektromagnete mit polarisiertem Reihenkreis (Dauermagnet und Spulenerregung sind in Reihe geschaltet) kann analog zum neutralen Elektromagneten mit Hilfe des in Bild 3.7 dargestellten Ersatzschaltbildes erfolgen.

Mit dem Maschensatz für magnetische Kreise erhält man für den magnetischen Fluss:

$$\Phi = \frac{V_D + \Theta}{R_{mD} + R_{mers}} \qquad \text{mit} \qquad R_{mers} = R_{mFe} + \frac{R_{m\delta}\, R_{m\sigma}}{R_{m\delta} + R_{m\sigma}}. \tag{3.14}$$

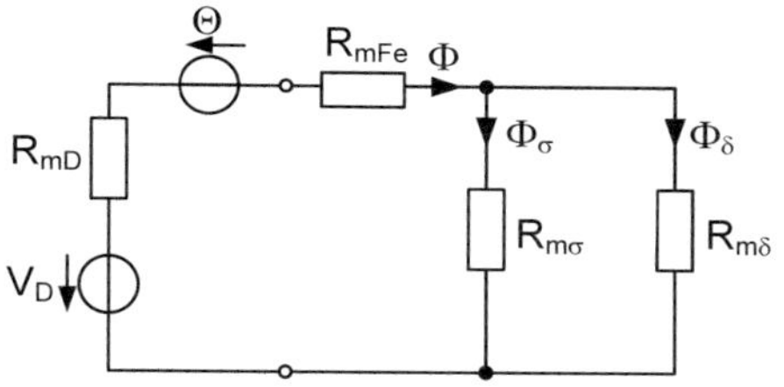

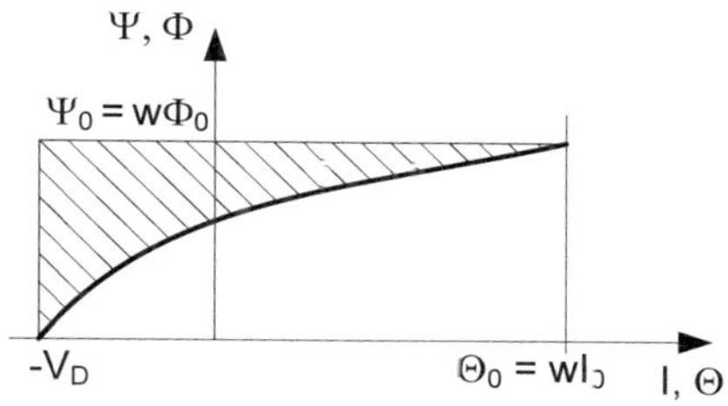

Bild 3.7: Ersatzschaltbild und Ψ-I-Kennlinienfeld eines einfachen polarisierten Reihenkreises

Wenn die Durchflutung der Spule die magnetische Spannung des Dauermagneten kompensiert ($\Theta = -V_D$), ist der magnetische Fluss und damit das magnetische Feld Null. Die magnetische Energie ergibt sich folglich aus

$$W_m = \int_0^{\Phi} \Theta(\phi, \delta)\, \mathrm{d}\phi, \tag{3.15}$$

die Co-Energie aus

$$W_m^* = \int_{-V_D}^{\Theta} \Phi(\Theta, \delta)\, \mathrm{d}\Theta. \tag{3.16}$$

Im Fall linearer magnetischer Widerstände kann man nach Einsetzen von (3.14) die Integration ausführen und erhält

$$W_m^* = \int_{-V_D}^{\Theta} \frac{V_D + \Theta}{R_{mD} + R_{mers}}\, \mathrm{d}\Theta = \frac{(V_D + \Theta)^2}{2(R_{mD} + R_{mers})}. \tag{3.17}$$

Aus der Co-Energie folgt nach (3.58) die Magnetkraft

$$F_m = -\frac{\mathrm{d}W_m^*}{\mathrm{d}\delta} = \frac{(V_D + \Theta)^2}{2(R_{mD} + R_{mers})^2} \frac{\mathrm{d}R_{mers}}{\mathrm{d}\delta}. \tag{3.18}$$

Aus (3.18) lassen sich folgende für den Magnetanwender interessante Eigenschaften für polarisierte Elektromagnete ableiten:

- Bei gleicher Erregerverlustleistung $P_v = i^2 R_M$ lassen sich in polarisierten Elektromagneten größere Magnetkräfte erzeugen.
- Selbst bei ausgeschaltetem Erregerstrom ($\Theta = 0$) tritt eine Magnetkraft auf. Diese statische Magnetkraft kann zum leistungslosen Halten des Magnetankers dienen.
- Durch Entmagnetisierung des Dauermagneten ($\Theta = -V_D$) kann die Haltekraft kompensiert werden.

Im Zusammenhang mit vorgegebenen Schaltzyklen lassen sich durch Nutzung der genannten Eigenschaften zum Teil beträchtliche Volumenreduzierungen der polarisierten Antriebsmagnete im Vergleich zu neutralen Elektromagneten erreichen.

3.2.5 Energetische Kennziffern zur Bewertung der stationären Energiewandlung

Aus den beiden stationären Energiezuständen von Elektromagneten für $\delta = \delta_{min}$ und $\delta = \delta_{max}$ lassen sich Gütekriterien ableiten, die sowohl für eine Bewertung während des Entwicklungsprozesses als auch für den Vergleich von Wettbewerbserzeugnissen geeignet sind.

Magnetischer Wirkungsgrad

Der magnetische Wirkungsgrad ist definiert als der Quotient, der im stationären Fall bei der Ankerbewegung von $\delta = \delta_{max}$ bis $\delta = \delta_{min}$ frei werdenden mechanischen Energie zur im Idealfall umgewandelten Energie.

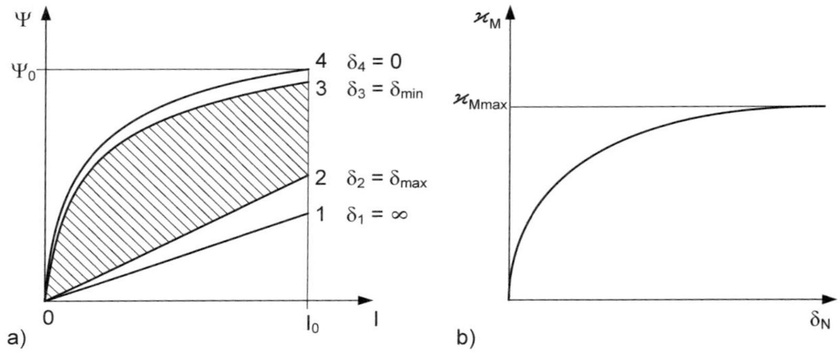

Bild 3.8: Darstellung des magnetischen Wirkungsgrades; a) Energieverhältnisse im Ψ-I-Kennlinienfeld; b) Abhängigkeit des magnetischen Wirkungsgrades von der Arbeitsluftspaltlänge $\delta_N = \delta_{max} - \delta_{min}$

Entsprechend Bild 3.8 gilt

$$\varkappa_M = \frac{W_{mech}}{\Psi_0 I_0} = \frac{\text{Fläche } 0 - 2 - 3 - 0}{\Psi_0 I_0}. \tag{3.19}$$

$\varkappa_M$ hängt von der Anfangslage des Ankers δ_{max}, vom Nennhub δ_N, den parasitären Luftspalten, dem Restluftspalt bei angezogenem Anker δ_{min}, d. h. von der konstruktiven Gestaltung und dem ausgewählten magnetischen Material ab. Außerdem ist $\varkappa_M$ eine Funktion der Aussteuerung des magnetischen Kreises.

Es ist im Interesse eines hohen $\varkappa_M$, ein weichmagnetisches Material mit möglichst großer Krümmung der B-H-Kennlinie zu wählen.

Die Verringerung der im Idealfall umwandelbaren mechanischen Energie lässt sich auf folgende vier Flächenanteile in Bild 3.8a zurückführen:

- Fläche $0 - I_0 - 1 - 0$ entspricht der Co-Energie des Streufeldes, wenn der Anker entfernt wurde ($\delta = \infty$).

- Fläche $0 - 1 - 2 - 0$ entspricht dem Anteil der magnetischen Co-Energie, der entsteht, weil der Arbeitsluftspalt begrenzt ist. Dieser Anteil kann bei Kurzhubmagneten sehr groß werden.
- Fläche $0 - 3 - 4 - 0$ entspricht der Co-Energie, die infolge funktionsbedingter Restluftspalte (Antiklebscheibe zur Reduzierung der Resthaltekraft) bzw. konstruktiv bedingter parasitärer Luftspalte nicht umgesetzt werden kann.
- Fläche $0 - 4 - \Psi_0 - 0$ entspricht der magnetischen Feldenergie des geschlossenen Magnetkreises.

Aus diesen Überlegungen lassen sich folgende Aussagen ableiten:

- Elektromagnete mit linearem Ψ-I-Kennlinienfeld haben stets einen $\varkappa_M < 0{,}5$.
- $\varkappa_M$ erlaubt eine Bewertung der konstruktiven Gestaltung der Elektromagnete.

Mechanischer Ausnutzungsgrad

Aus dem Bereich der Rotationsmotoren ist seit langem bekannt, dass die Anpassung der Drehmomentenkennlinie an die Belastungskennlinie für die Qualität des Antriebes sehr entscheidend ist. Eine ähnliche Bedeutung hat bei Elektromagnetantrieben die Anpassung der Magnetkraft-Hub-Kennlinie an die statische Belastungskennlinie. Dazu kann der mechanische Ausnutzungsgrad k dienen.

In Bild 3.9 sind zwei statische Magnetkraft-Hub-Kennlinien eines Magneten und zwei charakteristische, statische Belastungskennlinien dargestellt. Dabei stellt die Fläche, die unter der statischen Magnetkraft-Hub-Kennlinie liegt, die bei der Ankerverschiebung von δ_{max} nach δ_{min} frei werdende mechanische Energie W_{mech} dar, während die schraffierte Fläche die statische Nutzenergie W_N charakterisiert:

$$W_{mech} = \int_{\delta_{min}}^{\delta_{max}} F_m(\delta)\,\mathrm{d}\delta, \tag{3.20}$$

$$W_N = \int_{\delta_{min}}^{\delta_{max}} F_{geg}(\delta)\,\mathrm{d}\delta. \tag{3.21}$$

Die beste statische Ausnutzung der mechanischen Energie würde sich ergeben, wenn die Magnetkraftkennlinie und die Belastungskennlinie zusammenfallen würden. Dieser Fall ist jedoch aus antriebstechnischer Sicht nicht anzustreben, da sich dann der Anker in jeder Ankerstellung im Gleichgewicht befinden würde und somit keine Bewegung ausführen könnte. Man wird aus diesem Grunde die Belastungskennlinie stets unter die statische Magnetkraftkennlinie legen. Außerdem wird in der Regel der Verlauf der Magnetkraftkennlinie vom Verlauf der Belastungskennlinie abweichen, so dass für ein

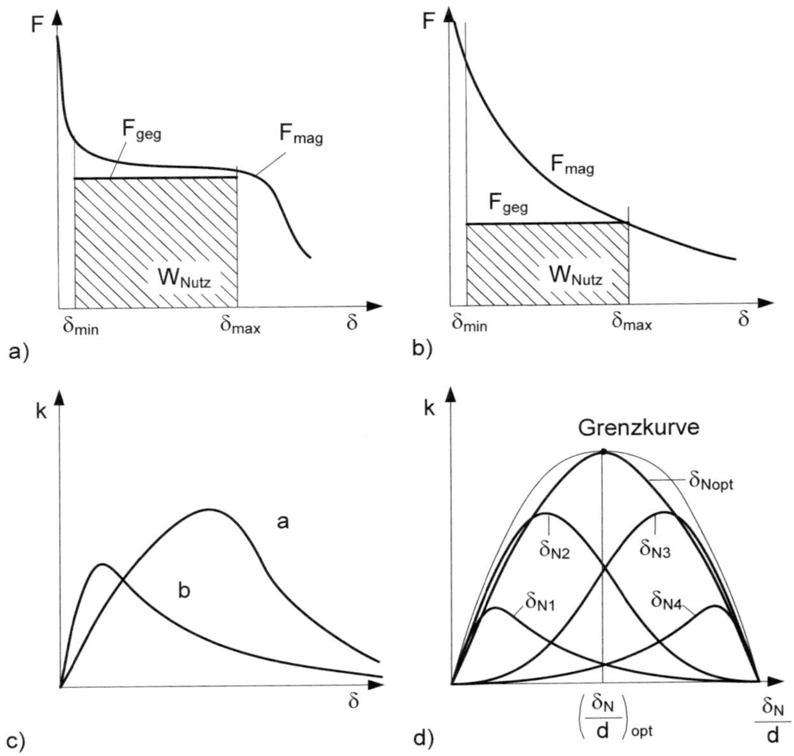

Bild 3.9: Zur Definition des mechanischen Ausnutzungsgrades: a) Gewichtsbelastung mit Kennlinienbeeinflussung; b) Gewichtsbelastung ohne Kennlinienbeeinflussung; c) k in Abhängigkeit von δ für die beiden in a) und b) dargestellten Belastungsfälle; d) Anpassung von k mit Kennlinienbeeinflussung bei konstanter Magnetarbeit (Bild 3.23) infolge Gewichtsbelastung aber unterschiedlichen Nennhüben $\delta_{Ni} < \delta_{Ni+1}$

einwandfreies Arbeiten des Magneten eine größere mechanische Energie als die statische Nutzenergie benötigt wird.

Ein Kriterium für die Ausnutzung der frei werdenden mechanischen Energie liefert der mechanische Ausnutzungsgrad k:

$$k = \frac{W_N}{W_{mech}}, \qquad k \leq 1. \tag{3.22}$$

$k = k(\delta)$ besitzt je nach dem Verlauf der Magnetkraft-Hub-Kennlinie und der Belastungskennlinie ausgeprägte Maxima (3.9c) und kann mit Hilfe der Kennlinienbeeinflussung an den Belastungsfall in weiten Grenzen angepasst werden (3.9d).

Für eine optimale Ausnutzung eines Magneten und eine optimalen Dimensionierung ist es deshalb notwendig, die Magnetkraft-Hub-Kennlinie an die Belastungskennlinie anzupassen. Das kann durch Wahl einer geeigneten Magnetgrundform bzw. durch konstruktive oder elektronische Kennlinienbeeinflussung erfolgen (Abschnitte 3.5.2).

3.2.6 Der Gesamtwirkungsgrad von Elektromagneten

Für den Gesamtwirkungsgrad η, der die im ohmschen Widerstand des Kreises erzeugte Wärmeleistung berücksichtigt, gilt:

$$\eta = \frac{W_N}{W_m + W_{mech} + W_\nu}, \tag{3.23}$$

$$\eta = \frac{\int\limits_{\delta_{max}}^{\delta_{min}} F_{geg}(\delta)\,\mathrm{d}\delta}{\int\limits_0^{\Psi_0} i\,\mathrm{d}\psi + \int\limits_{\delta_{max}}^{\delta_{min}} F_m(\delta)\,\mathrm{d}\delta + \int\limits_0^{t_0} i^2 R\,\mathrm{d}t}. \tag{3.24}$$

Die magnetische Feldenergie und die mechanische Energie haben einen endlichen Betrag, den sie erreichen, sobald der elektrische Ausgleichsvorgang abgeschlossen ist. Demgegenüber hängt der Wert der Wärmeenergie von der Zeit ab, in der der Magnet eingeschaltet ist und strebt gegen unendlich, sobald die Einschaltzeit ebenfalls gegen unendlich geht. Dann wird der Gesamtwirkungsgrad des Elektromagneten Null, da die vom Magneten aufgenommene Energie, wenn sich der Anker nicht bewegt und der Einschaltvorgang abgeschlossen ist, vollständig in Verlustenergie umgewandelt wird. Diese Verlustenergie, die in Form von Wärmeenergie auftritt, darf nicht zu einer Erwärmung des Magneten führen, die über der zulässigen Grenzerwärmung liegt. Diese Bedingung führt dazu, dass die maximale Kraft, die ein Magnet erzeugt, in der Regel nicht durch die Grenzwerte der magnetischen Feldgrößen bestimmt wird, sondern durch die Verlustleistung, die den Magneten bis zu seiner Grenztemperatur erwärmt. Dieser Nachteil kann verringert werden, wenn der Anker mechanisch oder durch einen Permanentmagneten in der angezogenen Stellung gehalten wird (Impulsmagnet). Dann kann die elektrische Energiequelle sofort abgeschaltet werden, wenn der Anker angezogen hat.

3.3 Elektromagnete als dynamische Energiewandler

3.3.1 Die dynamische Energiewandlung

Unter der dynamischen Energiewandlung sollen die Ausgleichsvorgänge verstanden werden, die beim Übergang von einem stationären Zustand in einen anderen stationären Zustand auftreten. Das bedeutet, die zwischen den elektrischen magnetischen und mechanischen Grundstrukturen auftretenden Wechselwirkungen sind zu berücksichtigen und erfordern ein Modell für das Gesamtsystem. Auf Grund der großen thermischen

Zeitkonstanten im Vergleich zu den Zeitkonstanten im elektrischen, magnetischen und mechanischen Bereich kann die Wirkung der thermischen Ausgleichsvorgänge auf die dynamische Energiewandlung im Allgemeinen vernachlässigt werden. An Stelle der Luftspaltlänge δ wird die Lage des Ankers durch x charakterisiert, wobei als lineare Transformationsbeziehung gilt:

$$x = \delta_N - \delta. \tag{3.25}$$

3.3.2 Der neutrale Elektromagnet

In Bild 3.10 ist ein Ersatzschaltbild dargestellt, das die Kopplung der vier energetischen Teilbereiche in Form der drei Energiewandler EW_1, EW_2, EW_3 sichtbar werden lässt.

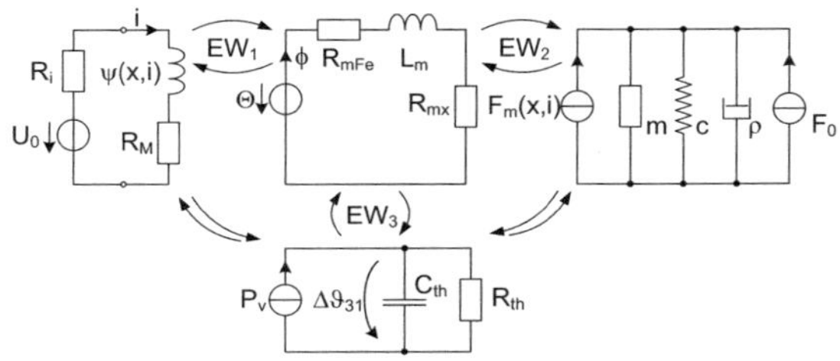

Bild 3.10: Gleichstrommagnet als dynamischer Wandler

Für die einzelnen Teilbereiche lassen sich folgende vereinfachte Gleichungen aufschreiben:

$$U_0 = i(R_i + R_M) + \frac{\mathrm{d}\psi(x,i)}{\mathrm{d}t}, \tag{3.26}$$

$$F_m = m\ddot{x} + \varrho\dot{x} + cx + F_0, \tag{3.27}$$

$$\Theta = \phi(R_{mFe} + R_{mx}) + L_m\frac{\mathrm{d}\phi}{\mathrm{d}t}, \tag{3.28}$$

$$P_v = C_{th}\frac{\mathrm{d}\Delta\vartheta_{31}}{\mathrm{d}t} + \frac{\Delta\vartheta_{31}}{R_{th}}. \tag{3.29}$$

Da im Allgemeinen die thermische Zeitkonstante wesentlich größer ist als die elektromechanische Zeitkonstante, genügen zur Beschreibung der dynamischen Energiewandlung die verkoppelten Differenzialgleichungen des elektromagnetischen und des mechanischen Grundkreises. Zweckmäßigerweise geschrieben erhält man für (3.26) und (3.27) mit (3.54) und mit $R = R_i + R_M$

$$U_0 = iR + \underline{\frac{\partial\psi(x,i)}{\partial x}\frac{\mathrm{d}x}{\mathrm{d}t}} + \frac{\partial\psi(x,i)}{\partial i}\frac{\mathrm{d}i}{\mathrm{d}t}, \tag{3.30}$$

$$\underline{\frac{\partial}{\partial x}\int\limits_0^i \psi(x,i)\,\mathrm{d}i} = m\ddot{x} + \varrho\dot{x} + cx + F_0. \tag{3.31}$$

Die unterstrichenen Glieder in (3.30), (3.31) beschreiben die Verkopplung der energetischen Teilbereiche. $\partial\psi(x,i)/\partial x \cdot \mathrm{d}x/\mathrm{d}t$ ist die Spannung, die durch die Ankerbewegung erzeugt wird. Der Ausdruck für die Magnetkraft in (3.31) zeigt die Abhängigkeit der Magnetkraft vom Erregerstrom. Das dynamische Verhalten von Elektromagneten, insbesondere die Wirkung der durch L_m repräsentierten Wirbelströme, wird ausführlich in Kapitel 5 behandelt. In diesem Abschnitt sollen nur die für die Energiewandlung relevanten Zusammenhänge an Hand des Einschaltvorganges näher untersucht werden.

Der **Einschaltvorgang** umfasst alle Übergangsprozesse, die nach dem Einschalten des Elektromagneten im elektrischen, magnetischen und mechanischen Grundkreis auftreten. Bedingt durch die Ankerbewegung wird der Erregerstrom langsamer ansteigen als bei festgehaltenem Anker (Bild 3.11a Kurve b). Damit verringert sich auch die Magnetkraft und die mechanische Energie, die für den Anzugsvorgang zur Verfügung steht (Bild 3.11 b, c). Bei $R_i = 0$ kann dieser Einfluss sehr erheblich sein, weshalb in modernen Elektromagnetantrieben zunehmend der Betriebsfall **eingeprägter Strom** als Grenzfall realisiert wird. Aus energetischen Gründen kann der Betriebsfall eingeprägter Strom nie exakt realisiert werden. Man kann sich mit modernen Ansteuerschaltungen (siehe Abschnitt 5.2.5) allerdings diesem Betriebsfall so weit annähern, dass ein konstanter Erregerstrom angenommen werden kann. Für den Betriebsfall eingeprägter Strom gelten die für den stationären Betrieb abgeleiteten Kennziffern ($\varkappa_M$, k).

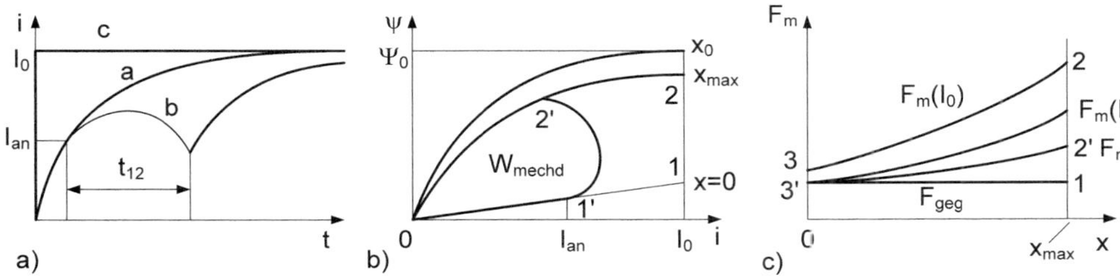

Bild 3.11: Zur Definition der dynamischen Magnetarbeit: a) Einschaltströme bei eingeprägtem Strom (Kurve c); eingeprägter Spannung, Anker fest (Kurve a); eingeprägter Spannung mit Ankerbewegung (Kurve b); b) dynamische Magnetarbeit im Ψ-I-Kennlinienfeld; c) dynamische Magnetarbeit im Magnetkraft-Hub-Kennlinienfeld

3.3.3 Energetische Kennziffern zur Bewertung der dynamischen Energiewandlung

Je nach Anwendungsfall werden bezüglich der dynamischen Eigenschaften sehr unterschiedliche Anforderungen an den Ein- und Ausschaltvorgang gestellt.

Die Realisierung dieser Anforderungen führt in der Regel insbesondere bei eingeprägter Spannung zu einer Verringerung des magnetischen Wirkungsgrades und des Gesamtwirkungsgrades im Vergleich zu den stationären Betriebszuständen und zwar um so mehr, je schneller der Ausgleichsvorgang vor sich geht.

Aus dieser Tatsache darf jedoch nicht die Schlussfolgerung gezogen werden, dass der energetische Wirkungsgrad für einen Magneten, der nach dynamischen Gesichtspunkten projektiert wird, völlig uninteressant ist. Es wird während des Entwurfsprozesses vielmehr der Magnet zu suchen sein, der bei Einhaltung der geforderten dynamischen Kenngrößen der mechanischen Übergangscharakteristik einen maximalen dynamischen Gesamtwirkungsgrad $\eta_{ges\,dyn}$ und damit z. B. geringstes Volumen, bezogen auf den Anwendungsfall, besitzt.

Wie aus Bild 3.11b ersichtlich, verringert sich im dynamischen Betriebsfall die vom Elektromagneten abgegebene mechanische Arbeit W_{mechd} (Fläche $0 - 1' - 2' - 0$) in Abhängigkeit von der Belastung und den Eigenschaften des Eingangskreises im Vergleich zur statischen Magnetarbeit W_{mech} (Fläche $0 - 1 - 2 - 0$). Anstelle der statischen Magnetarbeit steht deshalb die u. U. wesentlich geringere dynamische Magnetarbeit W_{mechd} für die Durchführung des dynamischen Bewegungsvorganges zur Verfügung.

$$W_{mechd} = \int\limits_{x_{min}}^{x_{max}} F_{md}(x)\,\mathrm{d}x. \tag{3.32}$$

Des weiteren erhält man für den dynamischen magnetischen Wirkungsgrad

$$\varkappa_{Md} = \frac{W_{mechd}}{\Psi_0 I_0}. \tag{3.33}$$

Eine quantitative Aussage über die durch die Selbstinduktionsspannung hervorgerufene Rückwirkung gestattet der **dynamische Ausnutzungsgrad** k_{d1}. Er ergibt sich aus dem Verhältnis der dynamischen Magnetarbeit W_{mechd} zur statischen Magnetarbeit W_{mech} (3.34).

$$k_{d1} = \frac{W_{mechd}}{W_{mech}} = \frac{\int_{x_{min}}^{x_{max}} F_{md}(x)\,\mathrm{d}x}{\int_{x_{min}}^{x_{max}} F_m(x, i = I_0)\,\mathrm{d}x}. \tag{3.34}$$

Wenn weiterhin berücksichtigt wird, dass der Magnet günstige dynamische Eigenschaften hat, der bei einer vorgegebenen Belastung bezogen auf das Volumen V und die mittlere Verlustleistung $\overline{P}$ während des Anzugsvorganges die höchste dynamische Magnetarbeit erzeugt, so erhält man die **normierte dynamische Magnetarbeit**:

$$k_{d2} = \frac{\int_{x_{min}}^{x_{max}} F_{md}(x)\,\mathrm{d}x}{V\,\overline{P}}. \tag{3.35}$$

Häufig führt bei Stellmagneten der Energieüberschuss am Ende der Ankerbewegung zu unerwünschten Erscheinungen (z. B. Prellungen, Verschleiß), so dass eine Reduzierung des Energieüberschusses wünschenswert ist.

Zur Beurteilung dieses Energieüberschusses erweist sich die Formulierung eines **dynamischen mechanischen Wirkungsgrades** als zweckmäßig:

$$k_{d3} = \frac{\int\limits_{x_{min}}^{x_{max}} F_{geg}(x)\,\mathrm{d}x}{\int\limits_{x_{min}}^{x_{max}} F_{md}(x)\,\mathrm{d}x} = \frac{W_{mechd} - W_{ü}}{W_{mechd}}. \tag{3.36}$$

$W_{ü}$ ist dabei die überschüssige mechanische Energie. Für sie gilt unter der Annahme, dass sie vollständig in Stoßarbeit umgewandelt wird

$$W_{ü} = \frac{1}{2} m \dot{x}_e^2. \tag{3.37}$$

Dabei bedeuten m die Masse der bewegten Teile und $\dot{x}_e$ die Endgeschwindigkeit des Ankers. k_{d3} nimmt dann einen optimalen Wert an, wenn gilt:

$$\int\limits_{x_{min}}^{x_{max}} F_{geg}(x)\,\mathrm{d}x = \int\limits_{x_{min}}^{x_{max}} [m\ddot{x}(x) + \varrho\dot{x}(x) + F_{geg}(x)]\,\mathrm{d}x. \tag{3.38}$$

Der Vorteil der dynamischen energetischen Kennziffern besteht in der möglichen absoluten Bewertung; ihr Nachteil besteht darin, dass die Kennziffern zu wenig Bezug zu den Kenngrößen der mechanischen Übergangscharakteristik besitzen und damit wenig anwenderfreundlich sind.

3.4 Magnetkraftberechnung

3.4.1 Kraftwirkung im magnetischen Feld

Für die Anwendung von Elektromagneten ist nicht nur die Größe der Hubarbeit, sondern auch der Verlauf der Magnetkraft längs des Hubes von Bedeutung. Je nach der konstruktiven Gestaltung eines Magneten kann die Magnetkraft-Hub-Kennlinie sehr unterschiedlich verlaufen. In erster Linie hängt sie von der Magnetgrundform, der Gestalt und der Lage des Arbeitsluftspalts, des Ankers und des Ankergegenstücks ab.

Wenn zwei Magnete betrachtet werden, die sich nur durch die Gestaltung des Anker-Ankergegenstück-Systems unterscheiden, so verrichten diese Magnete trotz unterschiedlicher Magnetkraft-Hub-Kennlinien bei gleicher Erregung die gleiche mechanische Arbeit (Hubarbeit). Allgemein gilt, dass die Magnetarbeit derselben Magnete mit unterschiedlichen Magnetkraft-Hub-Kennlinien bei gleicher Erregung und großem Arbeitsluftspalt nahezu konstant ist [3.5]. Die auftretenden Unterschiede sind so gering, dass sie für alle technischen Anwendungen vernachlässigt werden können. Die Flächen unter den Magnetkraft-Hub-Kennlinien dieser Magnete sind gleich.

$$W_{mech} = \int_0^\infty F(\delta)\,\mathrm{d}\delta = \text{konst.} \tag{3.39}$$

Die maximale Hubarbeit wird dann verrichtet, wenn sich der Anker zwischen den beiden Stellungen »vollständig abgefallen« ($\delta \to \infty$) und »vollständig angezogen« ($\delta = 0$) bewegt. Bei technischen Anwendungen, bei denen der Nennhub δ_N klein ist bzw. durch konstruktive Maßnahmen (Antiklebscheibe, Ankeranschlag o. ä.) begrenzt wird, kann nur ein Teil der maximal möglichen Hubarbeit genutzt werden.

Der minimale Luftspalt wird bei Gleichstrommagneten durch die Dicke der Antiklebscheibe bestimmt. Diese Scheibe verhindert ein Haften des Ankers an dem Ankergegenstück nach dem Abschalten der Erregerspule, da durch die Scherung der Φ-V-Kennlinie des Magnetkreises mit der des Luftspalts der Remanenzfluss klein bleibt. Wenn der Anker auf Grund einer äußeren Hubbegrenzung die Ankergegenstückfläche nicht erreicht, ist keine Antiklebscheibe notwendig.

Der technisch sinnvolle maximale Luftspalt wird durch die Kraft-Weg-Kennlinie der Last (Gegenkraftkennlinie, Belastungskennlinie) zuzüglich eines mitunter erforderlichen Leerhubes bestimmt. Ein unnötig großer Hub führt zu einer Verlängerung der Schaltzeiten.

Im Allgemeinen wird gefordert, dass die Magnetkraft in gesamten Hubbereich größer als die Belastungskennlinie ist. Dabei sind Reibungskräfte und bei beliebiger Einbaulage des Magneten auch Gewichtskräfte des Ankers zu berücksichtigen. Ist die Magnetkraft zu groß, so wird der Anker sehr stark beschleunigt und schlägt mit einer großen Geschwindigkeit auf das Ankergegenstück auf. Dies führt zu erhöhtem Verschleiß und zu Geräuschen. Auch aus wirtschaftlichen Gründen (Verwendung eines zu großen und meist teueren Magneten) sollte die Magnetkraft nur so groß sein, dass der Anker in der geforderten Zeit anzieht.

Um günstige Betriebseigenschaften eines Magneten zu erzielen, ist eine Anpassung der Magnetkraft-Hub-Kennlinie an die Belastung notwendig. Ein Maß für die Anpassung ist der mechanische Ausnutzungsgrad k (3.22). Bei dem Entwurf von Elektromagneten ist daher eine Vorausberechnung der Magnetkraft-Hub-Kennlinie wünschenswert.

Die Grundlage für die Berechnung von Kräften im magnetischen Feld bildet die aus den Maxwellschen Gleichungen ableitbare Gleichung für die Volumenkraftdichte f_v in einem Material mit der Dichte ϱ^* [3.21], [3.22]:

$$\boldsymbol{f_v} = \boldsymbol{j} \times \boldsymbol{B} - \int_0^H \boldsymbol{H}\,\mathrm{grad}\,\mu\,\mathrm{d}H - \boldsymbol{H}\,\mathrm{div}\boldsymbol{M} + \int_0^H \mathrm{grad}\left(\boldsymbol{H}\varrho^* \frac{\mathrm{d}\mu}{\mathrm{d}\varrho^*}\right)\mathrm{d}H\,. \tag{3.40}$$

Bei schnellen zeitlichen Änderungen, bei denen elektrisches und magnetisches Feld nicht getrennt voneinander betrachtet werden können, ist (3.40) noch um weitere Terme zu ergänzen [3.1]. Der erste Term von (3.40)

$$\boldsymbol{f_{v1}} = \boldsymbol{j} \times \boldsymbol{B} \tag{3.41}$$

beschreibt die Kraft auf einen stromdurchflossenen Leiter (elektrodynamische Kraftwirkung). Unter Berücksichtigung, dass die Stromdichte auch in der Form

$$\boldsymbol{j} = \varrho \boldsymbol{v} \tag{3.42}$$

(ϱ Raumladungsdichte; $\boldsymbol{v}$ Geschwindigkeit der Ladungsträger) dargestellt werden kann und für die Gesamtladung in einem Volumen

$$Q = \int\limits_V \varrho \,\mathrm{d}V \tag{3.43}$$

gilt, kann die Kraft auf eine mit der Geschwindigkeit v bewegte Ladung Q im magnetischen Feld mit

$$\boldsymbol{F} = Q(\boldsymbol{v} \times \boldsymbol{B}) \tag{3.44}$$

bestimmt werden. Diese Kraft wird auch als Lorentzkraft bezeichnet. Infolge der Lorentzkraft treten in jeder stromdurchflossenen Spule eines realen Magnetkreises Kraftwirkungen auf, die zu mechanischen Spannungen innerhalb der Wicklung führen. Technische Anwendung findet die durch den ersten Term von (3.40) beschriebene Kraftwirkung bei elektrodynamischen Antrieben (Tauchspulantriebe, elektrodynamische Drehmagnete u. a.).

Für die Kraftwirkung, die in der Mehrzahl der gegenwärtig existierenden Elektromagnete technisch genutzt wird, ist der zweite Term von (3.40) maßgebend. Dieser Term

$$\boldsymbol{f_{v2}} = -\int\limits_0^H \boldsymbol{H} \,\mathrm{grad}\, \mu \,\mathrm{d}H \tag{3.45}$$

beschreibt die Kraftwirkung infolge einer räumlichen Permeabilitätsänderung. Ist die Permeabilität von der Feldstärke unabhängig, so vereinfacht sich (3.45) zu

$$\boldsymbol{f_{v2}} = -\frac{1}{2}\boldsymbol{H}^2 \,\mathrm{grad}\, \mu. \tag{3.46}$$

Die Anwendung dieser Gleichung auf den in der Technik häufig interessierenden Fall einer Grenzfläche zwischen einem Material mit der Permeabilität μ_1 ($\mu_1 = \mu_0\mu_{r1}$; $\mu_{r1} \gg 1$) und Luft ($\mu_2 = \mu_0$) führt zu [3.22]:

$$\boldsymbol{f_A} = \frac{1}{2\mu_0}\left[B_n^2\left(1 - \frac{1}{\mu_{r1}}\right) + B_t^2(\mu_{r1} - 1)\right]\boldsymbol{n} \approx \frac{1}{2\mu_0}[B_n^2 + \mu_{r1}B_t^2]\,\boldsymbol{n}. \tag{3.47}$$

Im Unterschied zu den bisher angegebenen Volumenkraftdichten handelt es sich in (3.47) um eine Flächenkraftdichte. $\boldsymbol{n}$ ist der Normalenvektor dieser Grenzfläche.

Die Kraft wirkt senkrecht zur Grenzfläche in die Richtung des Stoffes mit der kleineren Permeabilität. Wenn die magnetische Flussdichte nur eine Komponente B_n senkrecht zur Grenzfläche besitzt, gilt für die an dieser Grenzfläche auftretende Kraft:

$$\boldsymbol{F} = \frac{B^2\,A}{2\,\mu_0}\,\boldsymbol{n} = \frac{\Phi^2}{2\,\mu_0\,A}\,\boldsymbol{n}. \tag{3.48}$$

Diese Gleichung ist als »Maxwellsche Zugkraftformel« bekannt. Sie kann zur Berechnung der Magnetkraft angewendet werden, wenn das Magnetfeld über der Grenzfläche A homogen ist und senkrecht zu dieser Fläche verläuft.

Aus (3.45) bis (3.48) folgt, dass an jeder Grenzfläche zwischen Materialien mit unterschiedlichen Permeabilitäten im Magnetfeld Kräfte wirken. Technisch genutzt werden bei Elektromagneten nur die Kraftwirkungen auf den Magnetanker. Aber auch zwischen anderen Bestandteilen des magnetischen Eisenkreises, die durch einen parasitären Luftspalt voneinander getrennt sind, treten Kraftwirkungen auf. Diese führen zu inneren mechanischen Spannungen und sind bei der Konstruktion zu berücksichtigen.

Bei polarisierten Magneten, bei denen der Anker oder Teile des Ankers aus permanentmagnetischem Material bestehen, sind weitere Kraftwirkungen zu beachten. Bei diesen Magneten ist der 3. Term von (3.40)

$$\boldsymbol{f_{v3}} = -\boldsymbol{H}\,\mathrm{div}\boldsymbol{M} \tag{3.49}$$

an der Magnetkraft beteiligt.

Der vierte Term von (3.40)

$$\boldsymbol{f_{v4}} = \int\limits_0^H \mathrm{grad}\left(\boldsymbol{H}\,\varrho^*\,\frac{\mathrm{d}\mu}{\mathrm{d}\varrho^*}\right)\,\mathrm{d}H \tag{3.50}$$

beschreibt die Kraft, die bei einer Abhängigkeit der Permeabilität von der Dichte ϱ^* des Stoffes auftritt. Technische Anwendung findet die durch diesen Term beschriebene Kraftwirkung in magnetostriktiven Antrieben.

Bei der Einteilung elektrischer Antriebe nach ihrem zu Grunde liegenden Kraftwirkungsprinzip ist zu beachten, dass zahlreiche Antriebe auf mehreren Kraftwirkungsprinzipien beruhen.

Die Gesamtkraft auf ein Bauteil eines elektromagnetischen Antriebes bestimmt sich durch Integration der Kraftdichte über das Bauteilvolumen

$$\boldsymbol{F_m} = \int\limits_V \boldsymbol{f_v}\,\mathrm{d}V. \tag{3.51}$$

Bei Kenntnis der Kraftdichte bietet sich mit (3.51) die Möglichkeit nicht nur die Gesamtkraft auf ein Bauteil, sondern auch die Verteilung der Kraft über einzelne Teilbereiche zu bestimmen. Dazu wird nur über das interessierende Teilvolumen integriert.

3.4.2 Berechnung der Magnetkraft aus dem Ψ-I-Kennlinienfeld

Für die Berechnung der Magnetkraft mit Hilfe der Kraftdichte (3.40) ist die genaue Kenntnis der magnetischen Feldgrößen notwendig. Stehen diese nicht zur Verfügung, so kann mit Hilfe des Ψ-I-Kennlinienfeldes oder des Induktivitätsverlaufs die Magnetkraft aus der Energiebilanz des Magneten bestimmt werden.

Im Abschnitt 3.2.3 wurde die Übereinstimmung der Änderung der magnetischen Co-Energie und der Änderung der mechanischen Energie (Hubarbeit) bei einer Verschiebung des Ankers für den stationären Fall hergeleitet. Nach (3.9) und (3.10) gilt für differenzielle Änderungen des Luftspalts δ

$$\mathrm{d}W_{mech} = \mathrm{d}W_m^* \; . \tag{3.52}$$

Weiterhin gilt wegen (3.13) für die Änderung der mechnischen Energie mit den Richtungsfestlegungen im Bild 3.12 ($x = x_{max} - \delta$):

$$\mathrm{d}W_{mech} = F_m \, \mathrm{d}x = -F_m \, \mathrm{d}\delta \; . \tag{3.53}$$

Damit folgt für die Kraft des Magneten

$$F_m = \frac{\mathrm{d}W_m^*}{\mathrm{d}x} = \frac{\mathrm{d}}{\mathrm{d}x} \int_0^{I_0} \psi(x,i) \, \mathrm{d}i \tag{3.54}$$

bzw.

$$F_m = -\frac{\mathrm{d}W_m^*}{\mathrm{d}\delta} = -\frac{\mathrm{d}}{\mathrm{d}\delta} \int_0^{I_0} \psi(\delta,i) \, \mathrm{d}i \; . \tag{3.55}$$

Die auf den Magnetanker wirkende Kraft ist der Änderung der magnetischen Co-Energie bei einer »virtuellen Verschiebung« des Anker um einen differenziell kleinen Weg dx proportional. Die Kraft wirkt dabei in die Richtung, die zu einer Vergrößerung der magnetische Co-Energie bzw. zu einer Verkleinerung der magnetischen Energie führt. Bei dem in Bild 3.12 dargestellten Elektromagneten und der gezeigten Richtungsfestlegung wirkt die Magnetkraft in positive x-Richtung. Bei der Bewegung des Ankers infolge der Magnetkraft verringert sich die Größe des Arbeitsluftspalts δ. Der verkettete magnetische Fluss und die magnetische Co-Energie steigen an.

Da der stätionäre Strom I_0 konstant ist, gilt ebenfalls

$$F_m = \frac{\partial}{\partial x} \int_0^{I_0} \psi(x,i) \, \mathrm{d}i = -\frac{\partial}{\partial \delta} \int_0^{I_0} \psi(\delta,i) \, \mathrm{d}i \; . \tag{3.56}$$

Beim Übergang von der Co-Energie zur magnetischen Energie mittels (3.6) muss beachtet werden, dass die obere Integrationsgrenze Ψ_0 vom Luftspalt δ abhängt

$$F_m = -\frac{\mathrm{d}}{\mathrm{d}\delta}\left(\Psi_0 I_0 - \int_0^{\Psi_0} i(\delta,\psi)\,\mathrm{d}\psi\right)\,, \tag{3.57}$$

$$F_m = -I_0\frac{\mathrm{d}\Psi_0}{\mathrm{d}\delta} + \frac{\partial}{\partial\delta}\int_0^{\Psi_0} i(\delta,\psi)\,\mathrm{d}\psi + \frac{\partial}{\partial\Psi_0}\int_0^{\Psi_0} i(\delta,\psi)\,\mathrm{d}\psi\frac{\mathrm{d}\Psi_0}{\mathrm{d}\delta}\,. \tag{3.58}$$

Im dritten Summanden heben sich Differenziation und Integration unter Beachtung der Grenzen auf

$$F_m = -I_0\frac{\mathrm{d}\Psi_0}{\mathrm{d}\delta} + \frac{\partial}{\partial\delta}\int_0^{\Psi_0} i(\delta,\psi)\,\mathrm{d}\psi + I_0\,\frac{\mathrm{d}\Psi_0}{\mathrm{d}\delta}\,. \tag{3.59}$$

Damit ergibt sich die Berechnung der stationären Magnetkraft aus der magnetischen Energie

$$F_m = -\frac{\partial}{\partial x}\int_0^{\Psi_0} i(\psi,x)\,\mathrm{d}\psi = \frac{\partial}{\partial\delta}\int_0^{\Psi_0} i(\delta,\psi)\,\mathrm{d}\psi\,. \tag{3.60}$$

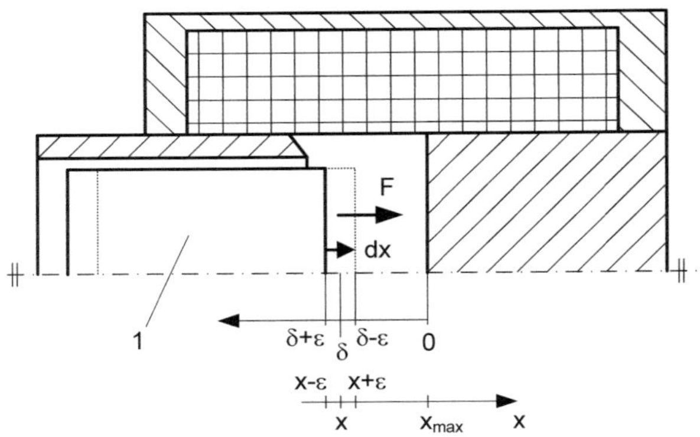

Bild 3.12: Berechnung der Magnetkraft nach (3.61) für den Luftspalt δ durch die Verschiebung des Ankers 1 um $\pm\varepsilon$.

Für die numerische Auswertung ist es sinnvoll, den Differentialquozienten durch einen symmetrischen Differenzenquozienten zu ersetzen

$$F_m = \frac{W_m^*(\delta+\varepsilon) - W_m^*(\delta-\varepsilon)}{2\varepsilon}\,. \tag{3.61}$$

Für lineare Magnetkreise kann aus (3.54) unter Beachtung von (2.37) die Gleichung

$$F_m = \frac{I^2}{2}\frac{\mathrm{d}L(x)}{\mathrm{d}x} = \frac{\Theta^2}{2}\frac{\mathrm{d}G_m(x)}{\mathrm{d}x} \tag{3.62}$$

abgeleitet werden, die eine Berechnung der Magnetkraft unmittelbar aus der Induktivitätsänderung bzw. der Änderung des magnetischen Gesamtleitwertes gestattet. Die Magnetkraft wirkt stets in die Richtung, die zu einer Vergrößerung der Induktivität bzw. des magnetischen Leitwertes führt.

Geht man von einem homogenen Luftspalt aus, für den gilt $G_m = \mu_0 A/\delta$, so lässt sich die Differenziation in (3.62) ausführen

$$F_m = \frac{\Theta^2}{2}\frac{\mathrm{d}G_m(x)}{\mathrm{d}x} = -\frac{\Theta^2}{2}\frac{\mathrm{d}G_m(\delta)}{\mathrm{d}\delta} = \frac{\Theta^2}{2}\frac{\mu_0 A}{\delta^2} \ . \tag{3.63}$$

Einige Umformungen ergeben die Maxwellsche Zugkraftformel

$$F_m = \frac{\Theta^2\mu_0^2A^2}{2\mu_0 A\delta^2} = \frac{\Theta^2 G_m^2}{2\mu_0 A} = \frac{\Phi^2}{2\mu_0 A} = \frac{B^2 A}{2\mu_0} \ . \tag{3.64}$$

3.4.3 Energie- und Kraftberechnung mit magnetischen Netzwerken

Wie in Abschnitt 3.2.3 beschrieben, kann man die magnetische Energie neben dem Ψ-I-Kennlinienfeld auch aus den Φ-Θ-Kennlinien der magnetischen Widerstände berechnen. Dies gilt ebenso für die magnetische Co-Energie

$$W_m^* = \sum_{i=1}^{N}\int_0^{V_i}\Phi_i\,\mathrm{d}V \ , \tag{3.65}$$

wobei N die Anzahl der magnetischen Widerstände des Ersatznetzwerks ist und V_i die magnetische Spannung im stationären Zustand darstellt.

Im folgenden sollen die linearen und die nichtlinearen (Eisen-)Widerstände getrennt betrachtet werden.

$$W_m^* = \sum_{\lambda=1}^{N_{lin}}\int_0^{V_\lambda}\Phi_\lambda\,\mathrm{d}V + \sum_{\mu=1}^{N_{nili}}\int_0^{V_\mu}\Phi_\mu\,\mathrm{d}V \qquad \text{mit} \qquad N = N_{lin} + N_{nili} \ . \tag{3.66}$$

Die Integrale der linearen Widerstände lassen sich durch das Hopkinsonsche Gesetz $V = R_m\Phi$ auflösen. Bei den nichtlinearen Widerständen muss man von homogener Feldverteilung ausgehen, wenn man das Feld zu einem einzigen Widerstand mit einheitlicher (nichtlinearer) Permeabilität zusammenfassen will. Dazu überführt man die integralen Größen V_μ und Φ_μ in die Feldgrößen H_μ bzw. B_μ bezogen auf die konkrete Geometrie l_μ, A_μ:

$$W_m^* = \sum_{\lambda=1}^{N_{lin}}\frac{V_\lambda^2}{2R_{m\lambda}} + \sum_{\mu=1}^{N_{nili}}A_\mu l_\mu\int_0^{H_\mu}B_\mu\,\mathrm{d}H \ . \tag{3.67}$$

Das in der Formel verbliebene Integral lässt sich ebenfalls eliminieren. Dazu integriert man die B-H-Kennlinie des Eisenwerkstoffs, wobei die obere Grenze durch die magnetische Spannung über dem Widerstand bestimmt wird.

$$w_m^*(H_\mu) = \int_0^{H_\mu} B \, \mathrm{d}H \, . \tag{3.68}$$

Aus physikalischer Sicht ist $w_m^*(H)$ die Co-Energiedichtefunktion. Diese Integration ist für jeden Zustand dieses Materials und auch für andere Eisenwiderstände des gleichen Materials stets dieselbe. Sie kann also vor Beginn der Rechnung einmalig durchgeführt werden und als Funktion w_m^* in Abhängigkeit der oberen Grenze H abgelegt werden.

Die **Berechnung der Co-Energie** hat nun die Form:

$$W_m^* = \sum_{\lambda=1}^{N_{lin}} \frac{1}{2} V_\lambda \Phi_\lambda + \sum_{\mu=1}^{N_{nili}} A_\mu l_\mu w_m^* \left(\frac{V_\mu}{l_\mu} \right) \, . \tag{3.69}$$

Die entstandene Formel zur Berechnung der Co-Energie besitzt gegenüber (3.7) deutliche rechentechnische Vorteile. Es ist keine Integration mehr auszuführen. Eine einzige Netzwerkberechnung für den stationären Zustand ist ausreichend. Die Co-Energie des Systems als Summe der Co-Energien der einzelnen Widerstände hängt jetzt nur noch von deren Zweigspannungen bzw. Flüssen ab.

Die Kraftberechnung nach (3.61) birgt wegen des Differenzenquozienten numerisch einige Schwierigkeiten. Die Konvergenzfehler der nichtlinearen Netzwerklösung (insbesondere bei Berücksichtigung der magnetischen Hysterese) verstärken sich und die weniger fehlerbehafteten Werte der linearen Elemente heben sich gegenseitig auf. Es ist also das Ziel, den Differenzenquozienten aufzulösen. Dazu geht man noch einmal von (3.67) und (3.55) aus:

$$F_m = -\frac{\mathrm{d}}{\mathrm{d}\delta} \left(\sum_{\lambda=1}^{N_{lin}} \frac{V_\lambda^2}{2R_{m\lambda}} + \sum_{\mu=1}^{N_{nili}} A_\mu l_\mu \int_0^{H_\mu} B_\mu \, \mathrm{d}H \right) . \tag{3.70}$$

Der Differenzialoperator kann mit dem Summenoperator vertauscht werden. Bei der Umformung der nichtlinearen Summanden wird von konstanten Längen l_μ und Querschnittflächen A_μ ausgegangen[1].

$$F_m = \sum_{\lambda=1}^{N_{lin}} \frac{1}{2} \left(\frac{V_\lambda^2}{R_{m\lambda}^2} \frac{\mathrm{d}R_{m\lambda}}{\mathrm{d}\delta} - \frac{2V_\lambda}{R_{m\lambda}} \frac{\mathrm{d}V_\lambda}{\mathrm{d}\delta} \right) - \sum_{\mu=1}^{N_{nili}} A_\mu l_\mu \frac{\mathrm{d}w_m^*(H_\mu)}{\mathrm{d}H_\mu} \frac{\mathrm{d}H_\mu}{\mathrm{d}\delta} \, . \tag{3.71}$$

[1] Die Längen und Querschnittsflächen der Eisenelemente sind bei realen Magneten eigentlich stets konstant. Für die Modellierung von Inhomogenitäten, z. B. Kennlinienbeeinflussungen an bestimmten Anker-Ankergegenstück Kombinationen, können aber variable Flächen oder Längen angenommen werden. In diesem Fall erscheinen auf Grund der Multiplikationsregel bei Ableitungen zwei weitere Summanden, welche nicht weiter zusammengefasst werden können. In diesem Fall bringt die Herleitung keine weiteren Vorteile.

Im linken Summanden, der Summe der linearen Widerstände, wird das Hopkinsonsche Gesetz $V = R_m\Phi$ angewandt. Auf der rechten Seite wird die Co-Energiedichtefunktion nach ihrer oberen Grenze abgeleitet. Dadurch entsteht das Argument des Integrals an der Stelle der oberen Grenze, also B_μ. Mit $V = Hl$ und $\Phi = BA$ ergibt sich

$$F_m = \sum_{\lambda=1}^{N_{lin}} \frac{1}{2}\Phi_\lambda^2 \frac{\mathrm{d}R_{m\lambda}}{\mathrm{d}\delta} - \sum_{\lambda=1}^{N_{lin}} \Phi_\lambda \frac{\mathrm{d}V_\lambda}{\mathrm{d}\delta} - \sum_{\mu=1}^{N_{nili}} \Phi_\mu \frac{\mathrm{d}V_\mu}{\mathrm{d}\delta} . \tag{3.72}$$

Die zweite und dritte Summe lassen sich zu einer Summe zusammenfassen.

$$\sum_{\lambda=1}^{N_{lin}} \Phi_\lambda \frac{\mathrm{d}V_\lambda}{\mathrm{d}\delta} + \sum_{\mu=1}^{N_{nili}} \Phi_\mu \frac{\mathrm{d}V_\mu}{\mathrm{d}\delta} = \sum_{i=1}^{N} \Phi_i \frac{\mathrm{d}V_i}{\mathrm{d}\delta} = \sum_{i=1}^{Z} \Phi_i \frac{\mathrm{d}V_i}{\mathrm{d}\delta} . \tag{3.73}$$

In der letzten Summe wurden noch die Zweige der magnetischen Quellen hinzugefügt (Z – Anzahl der Zweige im magnetischen Netzwerk). Dies ist möglich, weil bei ihnen die Ableitung der Spannung nach dem Luftspalt Null ist.

Nach dem Satz von Tellegen sind ein beliebiger Vektor von Zweigspannungen $\boldsymbol{U_1}$, die den Maschensatz erfüllen, und ein beliebiger Vektor von elektrischen Zweigströmen $\boldsymbol{I_2}$, welche die Knotengleichungen eines Netzwerks mit der gleichen Topologie erfüllen, zueinander orthogonal, d. h., ihr Skalarprodukt ist Null: $\boldsymbol{U_1} \cdot \boldsymbol{I_2} = 0$. Im betrachteten Fall entspricht der Vektor der Spannungen $\boldsymbol{U_1}$ den Ableitungen der magnetischen Spannungen nach dem Luftspalt und der Vektor der Ströme $\boldsymbol{I_2}$ den magnetischen Flüssen.

Der Vektor der Ableitungen der magnetischen Spannungen nach dem Luftspalt erfüllt den Maschensatz, weil

$$\mathbf{M}(\boldsymbol{V} - \boldsymbol{V_0}) = 0 \qquad \Longrightarrow \qquad \frac{\mathrm{d}}{\mathrm{d}\delta}\left(\mathbf{M}(\boldsymbol{V} - \boldsymbol{V_0})\right) = \mathbf{M}\,\frac{\mathrm{d}\boldsymbol{V}}{\mathrm{d}\delta} = 0 . \tag{3.74}$$

Hier ist $\boldsymbol{V}$ der Vektor aller magnetischer Zweispannungen, $\boldsymbol{V_0}$ der Vektor der Zweigquellspannungen und $\mathbf{M}$ die Maschen-Zweig-Inzidenzmatrix.

Die Voraussetzungen des Theorems von Tellegen sind bei der Summe in (3.73) erfüllt. Damit verschwindet die Summe in (3.73) und die **Kraftberechnung** vereinfacht sich zu

$$F_m = -\frac{1}{2} \sum_{\lambda=1}^{N_{lin}} \Phi_\lambda^2 \frac{\mathrm{d}R_{m\lambda}}{\mathrm{d}\delta} . \tag{3.75}$$

Dieses Ergebnis besagt, dass man zur Kraftberechnung nur das magnetische Netzwerk für den konkreten Luftspalt lösen und die Ableitungen der linearen Widerstände nach dem Luftspalt bilden muss. In der Realität kann die Ableitung durch einen Differenzenquozienten genähert werden. Dabei werden keine Einschränkungen zur Nichtlinearität des Eisenwerkstoffes getroffen.

3.4.4 Magnetkraft und Maxwellschen Spannungen

Die auf einen Körper im Magnetfeld wirkende Kraft kann neben dem Volumenintegral über die Kraftdichte auch als Hüllenintegral des Maxwellschen Spannungstensors $\boldsymbol{T}$ dargestellt werden [3.11], [3.16], [3.17], [3.21], [3.22]:

$$\boldsymbol{F} = \int_V \boldsymbol{f}\,\mathrm{d}V = \int_V \operatorname{div}\boldsymbol{T}\,\mathrm{d}A = \oint_A \boldsymbol{T}\,\mathrm{d}A\,. \tag{3.76}$$

Für die Komponenten des Maxwellschen Spannungstensors im linearen Magnetfeld gilt:

$$\boldsymbol{T} = \begin{vmatrix} \mu\left(H_x^2 - \frac{1}{2}\boldsymbol{H}^2\right) & \mu H_x H_y & \mu H_x H_z \\ \mu H_y H_x & \mu\left(H_y^2 - \frac{1}{2}\boldsymbol{H}^2\right) & \mu H_y H_z \\ \mu H_z H_x & \mu H_z H_y & \mu\left(H_z^2 - \frac{1}{2}\boldsymbol{H}^2\right) \end{vmatrix}\,. \tag{3.77}$$

Für das elektrische Feld ist (3.77) noch um weitere analog aufgebaute Terme zu ergänzen. Dies ist jedoch für die hier betrachteten Elektromagnete nicht erforderlich.

Ausgehend von (3.76) kann die auf den Anker eines Elektromagneten wirkende gesamte Magnetkraft bestimmt werden. Dazu wird um den Anker eine Hüllfläche gelegt, die den Anker vollständig umschließt. Wenn diese Hüllfläche in nichtmagnetischem Material ($\mu_r = 1$) verläuft, so gilt für die Magnetkraft:

$$\boldsymbol{F} = \frac{1}{\mu_0}\oint_A \left(\boldsymbol{B}(\boldsymbol{B}\boldsymbol{n}) - \frac{1}{2}\boldsymbol{B}^2\boldsymbol{n}\right)\mathrm{d}A. \tag{3.78}$$

Hierbei ist $\boldsymbol{n}$ der nach außen weisende Normalenvektor der Hüllfläche. Obwohl die in (3.77) angegeben Komponenten des magnetischen Spannungstensors nur für lineare Magnetfelder gelten, kann mit diesen auch die Magnetkraft auf einen Anker aus ferromagnetischem Material berechnet werden. Für die Anwendung ist es nur erforderlich, dass die Hüllfläche in einem linearen Material verläuft. Wenn eine gute Näherungslösung für das magnetische Feld zur Verfügung steht, ist die Wahl der Hüllfläche in dem den Magnetanker umgebenden Luftraum (Arbeitsluftspalt, Radialluftspalt u. a.) unkritisch. Für die Rechenpraxis ist es jedoch vorteilhaft, die Hüllfläche in die Mitte des den Anker umgebenden Luftraumes zu legen. Untersuchungen in [3.2] haben gezeigt, dass bei der Wahl der Hüllfläche in der Luftspaltmitte die geringsten Berechnungsfehler auftreten. Das Bild 3.13 veranschaulicht dieses Verfahren bei der Berechnung der Kraft auf den Anker eines Topfmagneten.

Mit (3.78) kann nur die Gesamtkraft auf den Magnetanker bestimmt werden. Mitunter ist aber neben der Gesamtkraft auch die Verteilung der Kraft auf einzelne Grenzflächen interessant. Wenn dazu die Aufteilung des Integrals (3.78) auf einzelne Hüllflächenabschnitte verwendet wird, ist dies auch bei einem geringem Abstand der Hüllfläche von der Ankeroberfläche nur eine Näherung für die Kraftverteilung.

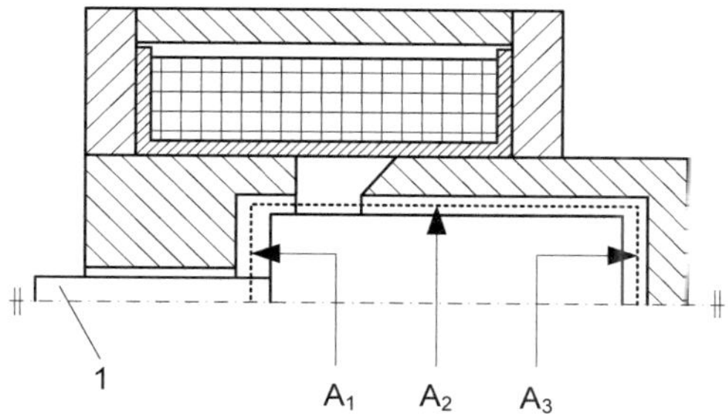

Bild 3.13: Wahl der Hüllfläche zur Berechnung der Magnetkraft mit der Methode der Maxwellschen Spannungen; Die Hüllfläche (gestrichelt) setzt sich aus den drei Teilflächen A_1 (Kreisfläche), A_2 (Zylindermantelfläche) und A_3 (Kreisfläche) zusammen und verläuft im nichtmagnetischen Material (nichtmagnetischer Stahl des Stößels (1) bzw. Luft).

Zur genaueren Berechnung der Kraft auf eine einzelne Grenzfläche wird über diese eine unendlich dünne Hüllfläche gelegt und die Maxwellschen Spannungen auf beiden Seiten der Grenzfläche berechnet. Die Grenzflächenkraft ergibt sich aus der Differenz der entsprechenden Maxwellschen Spannungen.

$$\boldsymbol{F} = \oint_A (\boldsymbol{T}_1 - \boldsymbol{T}_2)\,\mathrm{d}A\,. \tag{3.79}$$

Die Methode der Maxwellschen Spannungen wird neben der Methode der virtuellen Verschiebung häufig zur Kraftberechnung mit numerischen Feldberechnungsverfahren genutzt. Für deren Anwendung bei Elektromagneten ist zu beachten, dass in dem für die Magnetkraftberechnung wichtigen Bereich (Anker-Ankergegenstück) einschließlich der auftretenden kleinen Luftspalte eine ausreichend feine Diskretisierung verwendet wird. Dies erfordert in diesem Bereich bei einem FEM-Verfahren eine höhere Anzahl von entsprechend kleineren finiten Elementen bzw. bei einem FDM-Verfahren einen geringeren Abstand zwischen den einzelnen Gitterlinien. Hierbei erweisen sich adaptive FEM-Verfahren als vorteilhaft.

3.5 Magnetkraftkennlinien

3.5.1 Magnetkraft-Hub- und Magnetkraft-Strom-Kennlinien

Das stationäre mechanische Verhalten von Elektromagneten wird durch die Magnetkraft-Hub- und die Magnetkraft-Strom-Kennlinien beschrieben.

Wird bei der Messung der Magnetkraft-Hub-Kennlinie der Magnetanker durch äußere Kräfte bei erregtem Magneten entgegen seiner Anzugsrichtung, d. h. von Hubendlage (kleinster Luftspalt) zur Hubanfangslage (größter Luftspalt) verschoben und die Magnetkraft-Hub-Kennlinie (Rückstellkraft-Hub-Kennlinie) gemessen, so liegt diese Kennlinie über der in der Bewegungsrichtung von großen zu kleinen Luftspalten gemessenen Magnetkraft-Hub-Kennlinie (Bild 3.14). Die Magnetkraft-Hub-Kennlinie zeigt eine Hysterese (Krafthysterese).

Für diese Krafthysterese H_F gibt es zwei Ursachen: die Hysterese der Magnetisierungskurve des ferromagnetischen Eisenmaterials und die mechanische Reibung. Die Rückstellkraft F_{mR} ist dabei um den doppelten Betrag der im Magneten auftretenden Reibungskräfte F_R und um den Kraftanteil infolge der magnetischen Hysterese F_H größer als die Magnetkraft F_m, so dass gilt:

$$F_{mR} = F_m + 2F_R + F_H = F_m + H_F. \tag{3.80}$$

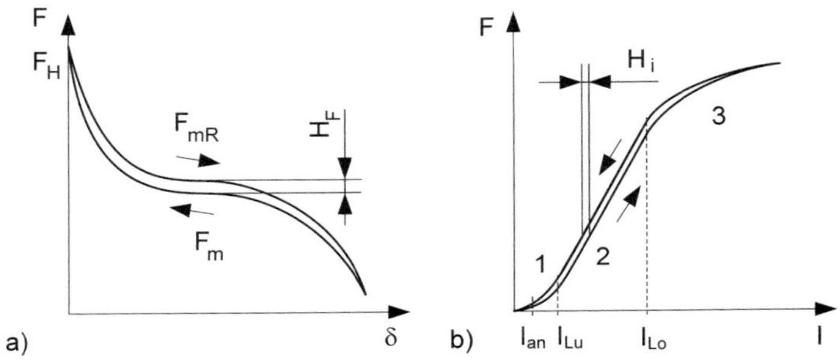

Bild 3.14: Kenngrößen der Magnetkraft-Hub-Kennlinie (a) und der Magnetkraft-Strom-Kennlinie (b); a) F_H Haltekraft, H_F Krafthysterese, b) H_i Stromhysterese, I_{an} Anzugsstrom, I_{Lu} , I_{Lo} unterer und oberer Linearitätsstrom, 1: Anfangsbereich, 2: Linearitätsbereich, 3: Sättigungsbereich

Für Anwendungen, bei denen Elektromagnete als Positionierantrieb (z. B. Proportionalmagnet in offener Steuerkette) eingesetzt werden, wirkt sich die Krafthysterese störend auf die erreichbare Positioniergenauigkeit aus. In diesen Fällen ist durch die Materialauswahl (Verwendung von Materialien mit kleiner Hysterese, spezielle thermische Behandlung) und konstruktive Maßnahmen (reibungsarme Ankerführung, Minimierung der Radialkräfte) eine möglichst kleine Krafthysterese zu realisieren [3.9], [3.12].

In der Praxis ist zu beachten, dass durch das verwendete Messverfahren (statisch, quasistatisch) und die Welligkeit des Erregerstroms die Messergebnisse beeinflusst werden. So führt die Messung mit völlig geglättetem Gleichstrom zu einer größeren Krafthysterese als die Messung mit nicht geglättetem Gleichstrom. Neben den Magnetkraft-Hub-Kennlinien zeigen auch die Magnetkraft-Strom-Kennlinien und die Ψ-I-Kennlinien von Elektromagneten ein Hystereseverhalten.

Entsprechend dem Verlauf der Magnetkraft-Strom-Kennlinie können drei charakteristische Bereiche (Bild 3.14b) unterschieden werden:

- **Anfangsbereich**: $I_{an} \leq i \leq I_{Lu}$; Der Strom liegt zwischen dem Anzugsstrom[2] I_{an} und dem unteren Linearitätsstrom I_{Lu}. Der Magnetkreis wird nur schwach ausgesteuert, so dass der magnetische Widerstand des Eisenkreises vernachlässigbar ist. Die Magnetkraft ist dem Quadrat des Erregerstromes proportional:

$$F_m \sim i^2 \,. \tag{3.81}$$

- **Linearitätsbereich**: $I_{Lu} \leq i \leq I_{Lo}$; Der Strom liegt zwischen dem unteren und oberen Linearitätsstrom. Die Magnetkraft ist dem Strom proportional:

$$F_m \sim i \,. \tag{3.82}$$

  Der Linearitätsbereich ist bei Proportionalmagneten besonders ausgeprägt.

- **Sättigungsbereich**: $i > I_{Lo}$; Einzelne Teile des Magnetkreise sind gesättigt. Ein weiterer Anstieg des Stromes führt nur noch zu einem geringen Anstieg der Magnetkraft. Der steigende Leistungsumsatz resultiert in einem Verlustleistungs- bzw. Temperaturanstieg.

3.5.2 Beeinflussung der Magnetkraft-Hub-Kennlinie

Der Verlauf der Magnetkraft-Hub-Kennlinie kann durch die konstruktive Gestaltung des Magnetkreises beeinflusst werden. Dabei hängt die Magnetkraft-Hub-Kennlinie in erster Linie von der Gestaltung des Arbeitsluftspalts und der den Arbeitsluftspalt umgebenden ferromagnetischen Körpern (Anker, Ankergegenstück) ab. Alle Maßnahmen, die zu einer zielgerichteten Veränderung der Magnetkraft-Hub-Kennlinie durch die Modifikation der Geometrie von Arbeitsluftspalt, Anker und Ankergegenstück führen, werden als geometrische Kennlinienbeeinflussung (KLB) bezeichnet.

Damit ist eine Anpassung der Magnetkraft-Hub-Kennlinie an den gewünschten Anwendungsfall (Gegenkraft-Kennlinie) möglich. Im Vergleich zu Elektromagneten ohne Kennlinienbeinflussung ist mit kennlinienbeinflussten Elektromagneten eine wesentlich bessere Ausnutzung der zur Verfügung gestellten mechanischen Arbeit besonders bei großen Hüben möglich (Bild 3.9).

Neben einer Verbesserung des statischen Verhaltens sind mit der Kennlinienbeeinflussung auch Veränderungen des dynamischen Verhaltens möglich. Diese Veränderungen im dynamischen Verhalten betreffen die Veränderung der mechanischen Bewegungsverhaltens infolge einer geänderten Magnetkraft-Hub-Kennlinie. Weiterhin ist eine Veränderung der Magnetkraft-Hub-Kennlinie stets mit einer Veränderung des Ψ-I-Kennlinienfeldes verbunden. Dies bewirkt eine Veränderung des elektrischen Ausgleichsvorgangs beim Ein- bzw. Ausschalten des Magneten.

[2] Da eine messbare Kraft für den Anzugsstrom im Vergleich zum Nennstrom I_N sehr klein ist ($I_{an} = 0{,}01 \ldots 0{,}05\, I_N$), kann der Anfangsbereich meist vernachlässigt werden. Bei hochwertigen Proportionalmagneten ist er zu beachten.

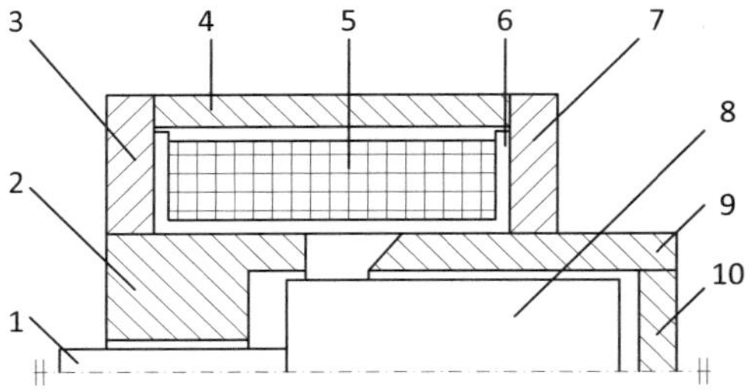

Bild 3.15: Aufbau eines Topfmagneten:
1 Führungsstange,
2 Ankergegenstück (Polkern),
3 vorderer Deckel,
4 Gehäuse,
5 Spule, 6 Spulenkörper,
7 hinterer Deckel, 8 Anker,
9 Flussleitstück, 10 Hubbegrenzung

Die Mehrzahl der heute angewendeten Elektromagnete sind von ihrer Grundbauform Topfmagnete. Nachfolgend wird am Beispiel eines Topfmagneten, dessen prinzipieller Aufbau im Bild 3.15 dargestellt ist, die Wirkungsweise der Kennlinienbeeinflussung untersucht.

Für die Größe der Magnetkraft ist nach (3.54) die Änderung der magnetischen Co-Energie längs des Ankerhubs maßgebend. Bei einem Gleichstrommagneten ohne Kennlinienbeeinflussung (d. h. mit einem flachen Anker und Ankergegenstück) wird diese Energieänderung im wesentlichen durch die Änderung des magnetischen Widerstandes des Luftspalts zwischen Anker und Ankergegenstück bestimmt. Der magnetische Widerstand der Eisenteile kann vernachlässigt werden. Die Magnetkraft ist in diesem Fall umgekehrt proportional zu dem Quadrat der Luftspaltlänge δ:

$$F_m \sim \frac{1}{\delta^2}. \tag{3.83}$$

Erst bei sehr kleinen Luftspalten wird der magnetische Widerstand der Eisenteile wirksam und begrenzt den Kraftanstieg bei sich verringernden Luftspaltlängen.

Mit Hilfe eines Ankergegenstückes, das für den magnetischen Fluss einen Nebenschluss über einen radialen Luftspalt ausbildet, kann ein anderer Verlauf der Energieänderung und damit der Magnetkraft-Hub-Kennlinie erreicht werden. Die Größe der Energieänderung wird nun nicht mehr allein von der Größe des Arbeitsluftspalts δ, sondern auch von der Größe des Radialluftspalts δ_r, den geometrischen Abmessungen des Ankergegenstücks und der nichtlinearen Magnetisierungskennlinie beeinflusst.

Durch die Kennlinienbeeinflussung kann vorrangig die Magnetkraft bei größeren Luftspalten erhöht werden. Gleichzeitig wird aber auch die Magnetkraft bei kleinen Luftspalten im Vergleich zu einem nicht kennlinienbeeinflussten Magneten verringert. Im Bild 3.16 ist der qualitative Verlauf der magnetischen Energieänderung im Ψ-I-Kennlinienfeld und der prinzipielle Kraftverlauf für drei unterschiedliche Ankergegenstücke dargestellt. Bei den gezeigten Ψ-I-Kennlinienfeldern ist der Hub (Änderung der Luftspaltlänge) zwischen benachbarten Kennlinien stets gleich. Während bei einem nicht kennlinienbeinflussten Magneten (Bild 3.16a) die größte Energieänderung und damit auch die größte Magnetkraft stets bei kleinen Luftspalten auftritt, kann diese bei kennlinienbeeinflussten Magneten (Bild 3.16b, c) in den Bereich größerer Luftspalte verschoben werden.

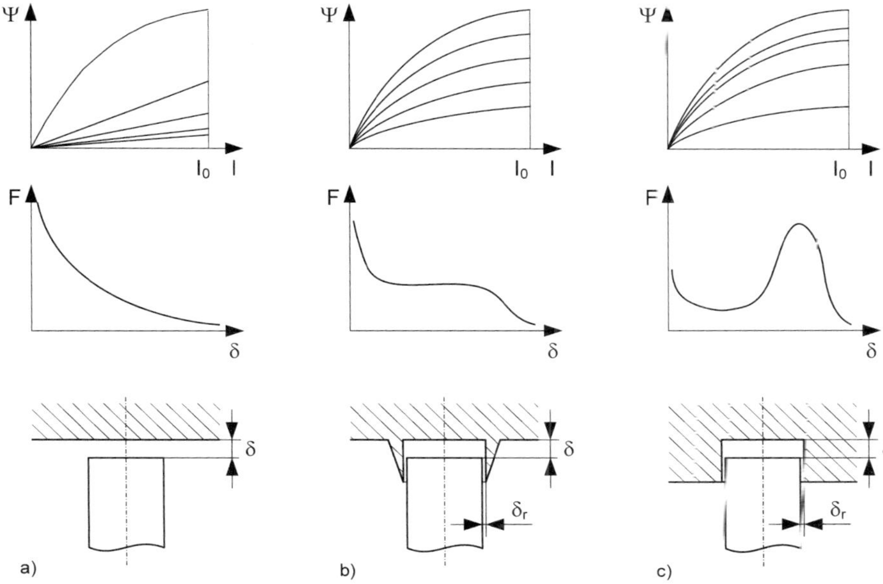

Bild 3.16: Qualitativer Verlauf der Magnetkraft-Hub-Kennlinie und der Energieänderung im Ψ-I-Kennlinienfeld bei unterschiedlichen Ankergegenstücken

Das Ψ-I-Kennlinienfeld ist bei einem nicht kennlinienbeeinflussten Magneten nur bei angezogenem Anker und bei sehr kleinen Luftspalten nichtlinear. Im Unterschied dazu besitzen Magnete mit einer Kennlinienbeeinflussung auch bei großen Luftspalten ein nichtlineares Ψ-I-Kennlinienfeld.

Die im Bild 3.16a und c dargestellten Fälle können als Grenzfälle der Kennlinienbeeinflussung betrachtet werden. Zwischen diesen beiden Grenzfällen sind je nach Ausführung des Anker-Ankergegenstück-Systems nahezu beliebige Kennlinienverläufe möglich.

3.5.3 Charakteristische Anker-Ankergegenstück-Systeme

Für die Gestaltung des Anker-Ankergegenstücksystems sind zahlreiche Varianten bekannt. Im Bild 3.17 sind einige der häufig angewendeten Ausführungen zusammengestellt. Die Ausführungen a bis c besitzen als konstruktives Merkmal einen Konus mit einem maximalen Durchmesser, der innerhalb des Ankerdurchmessers liegt (Innenkonus). Für den Verlauf der Magnetkraft-Hub-Kennlinie ist es dabei gleichwertig, ob der Anker eine konische Eindrehung und das Ankergegenstück einen konischen Zapfen besitzt oder die umgekehrte Anordnung vorliegt. Bei der Ausführung d besitzt der Anker einen zylindrischen Zapfen der bei dem Anzug des Magneten in eine entsprechende Ausdrehung des Ankergegenstückes eintaucht. Von Vorteil bei den häufig angewendeten Ausführungen e und f ist, dass die einfache zylindrische Form des Ankers

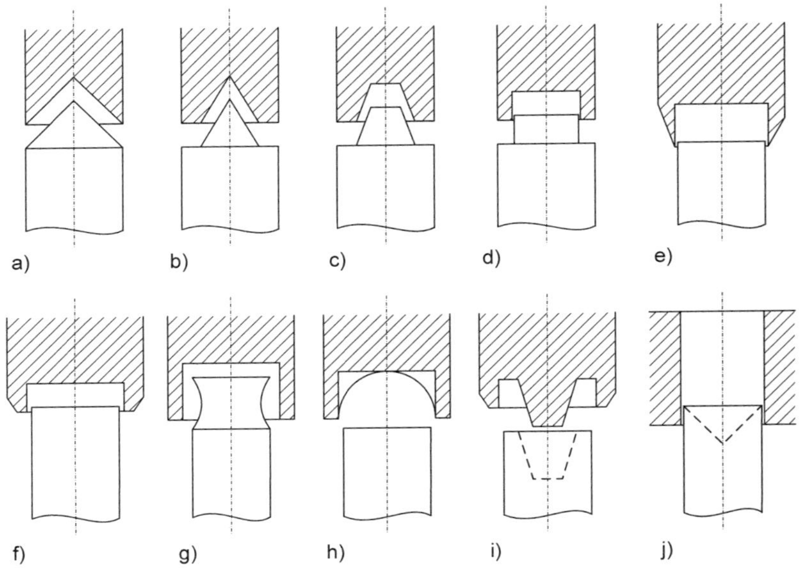

Bild 3.17: Häufig angewendete Ausführungen des Anker-Ankergegenstück-Systems von Topfmagneten

fertigungstechnisch günstig herzustellen ist. Das Ankergegenstück besitzt einen größeren Durchmesser als der Magnetanker sowie eine Eindrehung für den Magnetanker. Zum Erreichen der gewünschten Magnetkraft-Hub-Kennlinie kann an der Außenseite des Ankergegenstücks ein Außenkonus angebracht werden.

Die Ausführungen g bis j sind Spezialformen für die Gestaltung des Anker-Ankergegenstück-Systems. Bei Variante j kann der Anker nur durch Anbringen eines Anschlags eine definierte Endlage einnehmen.

Durch die Variation der einzelnen Ausführungen und deren Kombination (z. B. Ausführung i) kann die Magnetkraft-Hub-Kennlinie in einem weiten Bereich variiert werden. In vielen Fällen gibt es für die Realisierung einer gewünschten Magnetkraft-Hub-Kennlinie mehrere mögliche Ausführungen des Anker-Ankergegenstück-Systems. Die Auswahl wird in diesen Fällen durch die Fertigungstechnik bestimmt.

3.5.4 Untersuchungen an Topfmagneten mit Kennlinienbeeinflussung

Für die Untersuchung der geometrischen Kennlinienbeeinflussung [3.5] wurden zwei Gleichstromtopfmagnete verwendet, deren Aufbau Bild 3.18 zeigt. Die Abmessungen und technischen Daten sind in Tabelle 3.1 angegeben.

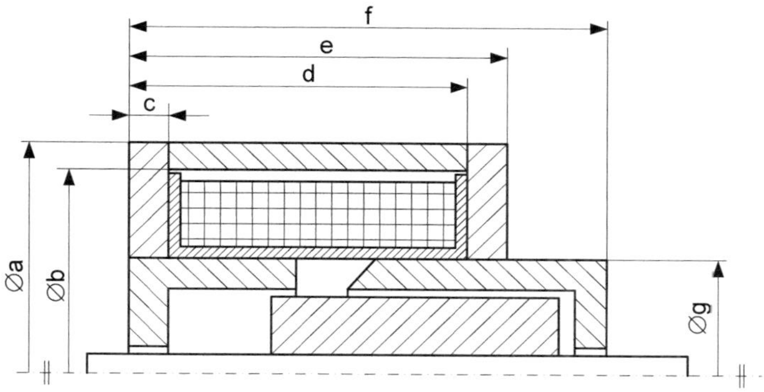

Bild 3.18: Aufbau der untersuchten Topfmagnete

Tabelle 3.1: Abmessungen (in mm) und technische Daten der untersuchten Topfmagnete

	a	b	c	d	e	f	g	δ_{max}	Θ
Magnet 1	95	87	12,5	97,5	110	123	53	10	1290 A
Magnet 2	130	115	12,5	132,5	145	188	77	40	4400 A

Bei den nachfolgend angegebenen Magnetkraft-Hub-Kennlinien wurde das Anker-Ankergegenstücksystem schrittweise verändert und die Kennlinien bei konstanter Erregung (Betriebsfall: eingeprägter Strom) aufgezeichnet. Auf Grund der Konstruktion des Magnetkreises treten dabei Anordnungen auf, bei denen der Magnetanker nicht mehr die Hubendlage erreicht.

Für die Messung arbeitet der Magnet quasistatisch gegen eine Kraftmesseinrichtung, d. h. die Geschwindigkeit mit der sich der Anker über den zu messenden Hub bewegt, ist so gering, dass Induktionsvorgänge im Magneten infolge der Ankerbewegung vernachlässigt werden können. Eine sehr schnelle Bewegung des Ankers führt infolge dieser Induktionswirkung zu einer geringeren Magnetkraft.

Die dargestellten Messkurven beinhalten jeweils nur die Magnetkraft-Hub-Kennlinien bei der Verschiebung des Ankers von großen zu kleinen Luftspalten.

Magnetkraft-Hub-Kennlinien bei hohlzylindrischem Ankergegenstück

Das hohlzylindrische Ankergegenstück stellt einen Grenzfall der Kennlinienbeeinflussung dar. Im Bild 3.19 sind für den Fall gleicher Eisenquerschnittsflächen des Ankers und des Teils des Ankergegenstücks, in das der Anker eintaucht, die Magnetkraft-Hub-Kennlinien bei Variation der Höhe H dargestellt. Entsprechend der beim Eintritt des Ankers in das Ankergegenstück auftretenden starken Flussänderung zeigen die Magnetkraft-Hub-Kennlinien ausgeprägte Maxima, die bei einem Luftspalt $\delta = 0,95 \ldots 0,99\,H$ liegen.

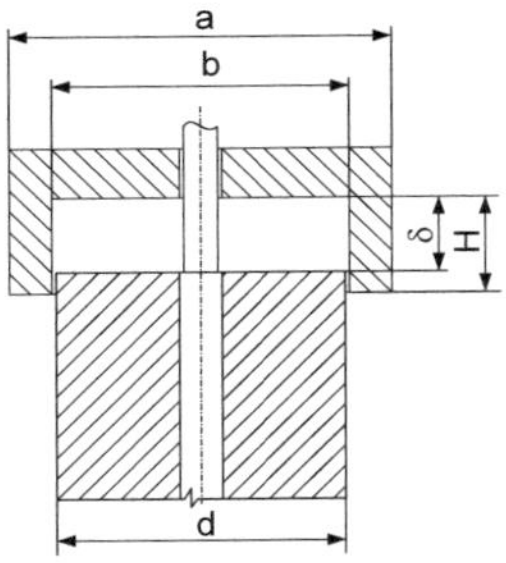

Kurve	H [mm]
K0	0
K1	25
K2	19,8
K3	14,1
K4	10
K5	5
K6	3,6

a = 53 mm
b = 43,3 mm
d = 43 mm

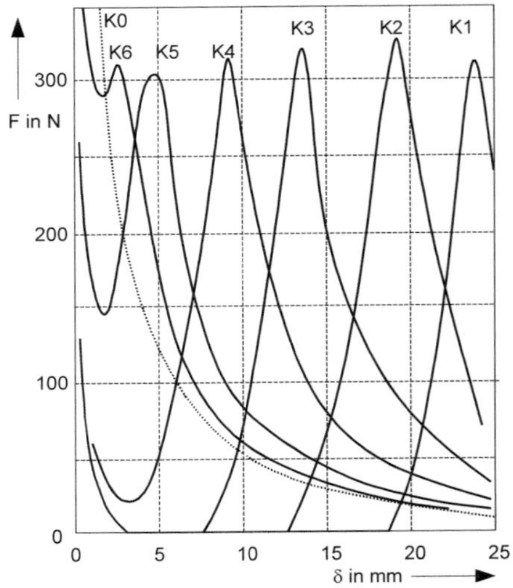

Bild 3.19: Magnetkraft-Hub-Kennlinien des Magneten 1 bei Variation der Höhe H des Ankergegenstücks

Bei kleiner werdendem Luftspalt verringert sich die Magnetkraft, da ein zunehmender Teil des magnetischen Flusses radial vom Anker zum Ankergegenstück verläuft und bei nahezu senkrechtem Austritt aus der Ankeroberfläche keinen Kraftanteil in die Anzugsrichtung hervorruft. Durch diesen radial aus dem Anker austretenden Magnetfluss werden auf den Anker Kräfte senkrecht zur Anzugsrichtung verursacht. Bei einer ideal rotationssymmetrischen Anordnung kompensieren sich diese Kräfte. Bei realen Elektromagneten, bei denen Anker und Ankergegenstück durch Fertigungstoleranzen mitunter geringfügig exzentrisch zueinander angeordnet sind, findet keine vollständige Kompensation der radialen Kraftanteile statt. Auf den Magnetanker wirkt eine Radialkraft, die als Belastung auf die Ankerführung wirkt und die Reibung erhöht. Nach dem Abfall der Magnetkraft beim weiteren Eintauchen des Ankers in das Ankergegenstück erfolgt bei sehr kleinen Luftspalten ein erneutes Ansteigen der Magnetkraft (Kurven K6 bis K4 im Bild 3.19 und Kurven K1 bis K5 im Bild 3.20). Dieser Kraftanstieg wird durch eine Vergrößerung des aus der Ankerstirnfläche austretenden Anteils am Gesamtfluss bewirkt. Der radiale Flussanteil kann durch die Sättigung von Bereichen des Ankergegenstücks nicht mehr erhöht werden und der magnetische Widerstand zwischen der Ankerstirnfläche und dem Ankergegenstück verringert sich bei kleiner werdenden Luftspalten. Wird bei gleichbleibender Höhe die Querschnittsfläche des Ankergegenstücks verringert, nimmt die Höhe der Maxima ab, da infolge der geringeren Querschnittsfläche die Sättigung des Eisenmaterials bereits bei kleineren Werten des magnetischen Flusses erreicht wird (Bilder 3.20 und 3.21).

Mit kleiner werdendem Eisenquerschnitt schmiegen sich die Magnetkraft-Hub-Kennlinien an die Kennlinie (K0) für das flache Ankergegenstück an. Obwohl die Möglich-

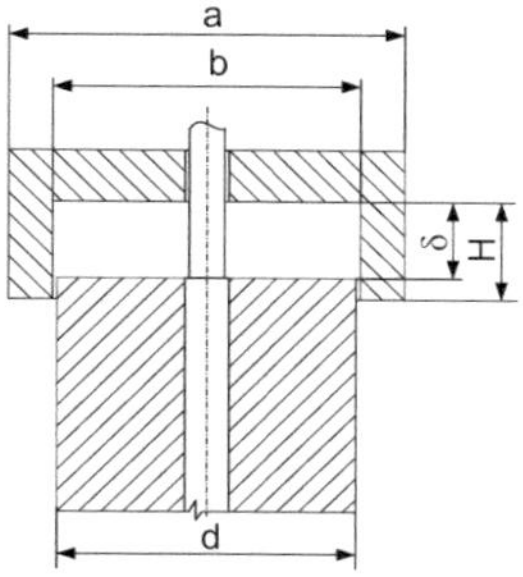

Kurve	a [mm]
K0	a = b
K1	76,2
K2	73
K3	70
K4	67
K5	64

H = 20 mm
b = 62,5 mm
d = 62 mm

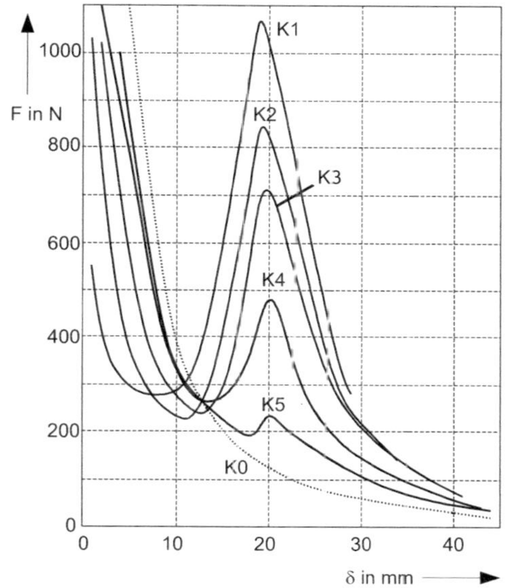

Bild 3.20: Magnetkraft-Hub-Kennlinien des Magneten 2 bei Variation des Außendurchmessers a des hohlzylindrischen Ankergegenstücks

keiten zur Kennlinienbeeinflussung mit einem hohlzylindrischen Ankergegenstück groß sind, wird diese Ankergegenstückform wegen des starken Abfalls der Magnetkraft nach dem Kraftmaximum nur wenig angewendet. Wenn dieser starke Abfall der Magnetkraft nicht erwünscht ist, werden Kennlinienbeeinflussungen mit einem abgestuften hohlzylindrischen oder konischen Ankergegenstück verwendet.

Magnetkraft-Hub-Kennlinien bei konischem Ankergegenstück

Für zahlreiche Anwendungen wird eine im Arbeitsbereich möglichst konstante Magnetkraft gefordert. Diese kann mit einem konischen Ankergegenstück erreicht werden (Bild 3.22). Diese konische Ankergegenstückform bietet eine sehr große Variationsmöglichkeit für die Kennlinienbeeinflussung.

Im Bild 3.23 sind die Magnetkraft-Hub-Kennlinien bei Verwendung eines Außenkonus mit zwei Steigungen dargestellt. Die gestrichelt eingezeichneten Kennlinien sind die Messkurven, während die ausgezogenen Kennlinien die im günstigsten Fall erreichbaren Magnetkraft-Hub-Kennlinien mit einer konstanten Magnetkraft darstellen. Mit geringer werdender Höhe des Ankergegenstücks schmiegen sich auch hier die Kennlinien immer mehr an die Magnetkraft-Hub-Kennlinie des unbeeinflussten Magneten (K0) an. Es wird deutlich, dass sich durch die Kennlinienbeeinflussung im Vergleich zum flachen Ankergegenstück nur eine Verlagerung der Magnetarbeit zu größeren Luftspalten erreichen lässt.

Während die Mehrzahl der eingesetzten Elektromagnete Magnetkraft-Hub-Kennlinien mit einer bei abnehmendem Luftspalt steigenden oder konstanten Magnetkraft (Pro-

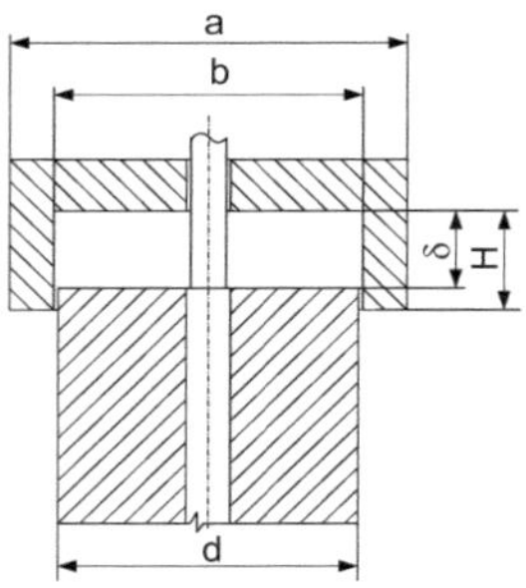

Kurve	b [mm]
K0	b = a
K1	43,4
K2	43,8
K3	44,8
K4	46,6
K5	50,3

a = 53 mm
H = 10 mm
d = 43 mm

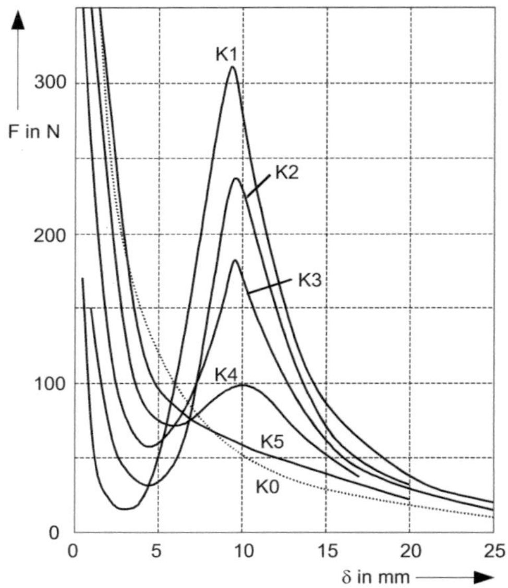

Bild 3.21: Magnetkraft-Hub-Kennlinien des Magneten 1 bei Variation des Innendurchmessers b des hohlzylindrischen Ankergegenstücks

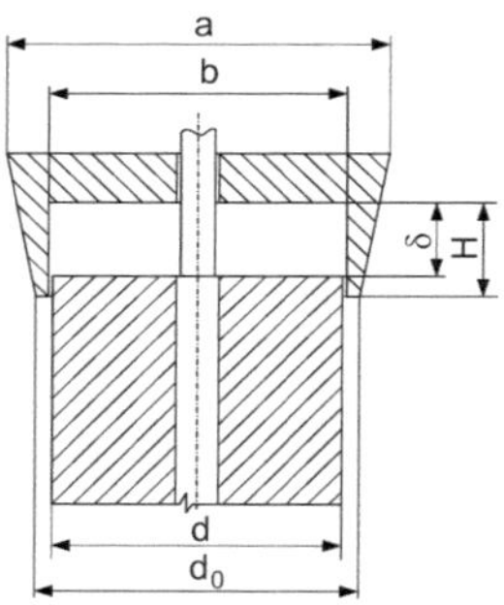

Kurve	d_0 [mm]
K1	76,2
K2	71
K3	67,1
K4	65
K5	63

a = 76,2 mm
b = 62,5 mm
H = 40 mm
d = 62 mm

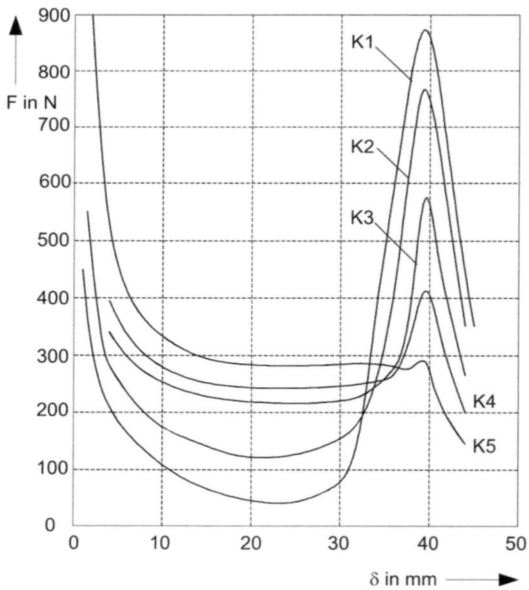

Bild 3.22: Magnetkraft-Hub-Kennlinien des Magneten 2 bei Variation des Außenkonus am Ankergegenstück

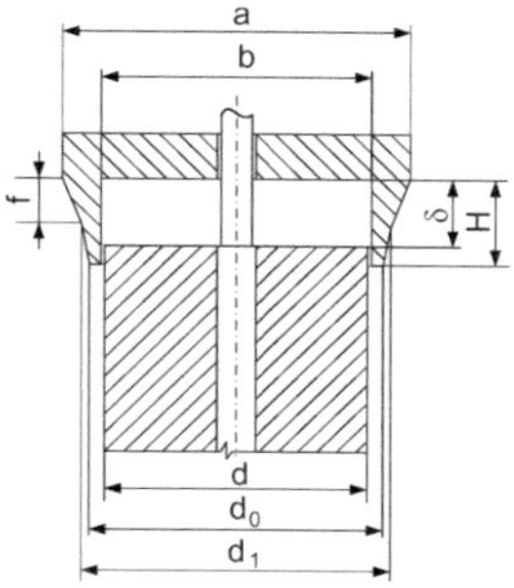

Kurve	f [mm]	H [mm]
K0	0	0
K1	5	19,4
K2	3,9	11,5
K3	2,5	8
K4	2	4

a = 53 mm
b = 43,3 mm
d = 43 mm
d_1 = 48 mm
d_0 = 43,6 mm

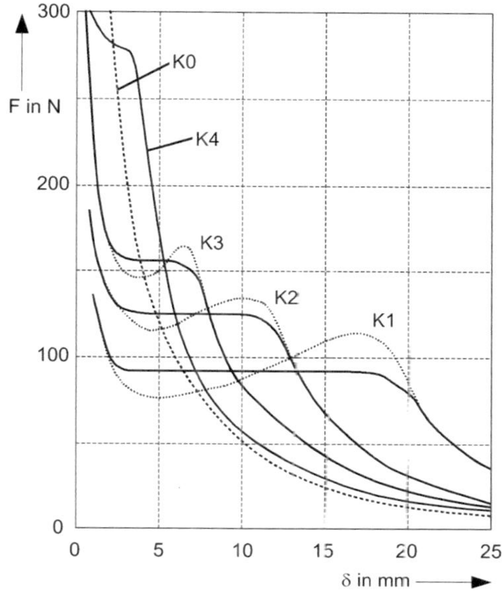

Bild 3.23: Magnetkraft-Hub-Kennlinien des Magneten 1 bei Variation des konischen Ankergegenstücks

portionalmagnete) besitzen, werden für spezielle Anwendungen auch fallende Magnetkraft-Hub-Kennlinien benötigt. Das Bild 3.24 zeigt eine Variante bei der durch eine veränderte Gestaltung des Ankergegenstücks Magnetkraft-Hub-Kennlinien mit einer linear fallenden Magnetkraft erreicht werden. Derartige Kennlinien sind jedoch mit Kurzhubmagneten nicht erreichbar.

3.5.5 Analyse und Synthese der Kennlinienbeeinflussung

Ein Ziel bei dem Entwurf von Elektromagneten besteht darin, die Magnetkraft-Hub-Kennlinie möglichst gut an den gewünschten Anwendungsfall anzupassen. Dies erfordert, nachdem die Hauptabmessungen des Magneten bestimmt wurden, die Auswahl eines Anker-Ankergegenstücksystems und deren Detailierung.

In diesem Prozess treten zwei typische Aufgabenstellungen auf:

- Berechnung der Magnetkraft-Hub-Kennlinie bei vorgegebenen Abmessungen des Anker-Ankergegenstücksystems (Analyse)
- Berechnung der Abmessungen des Anker-Ankergegenstücksystems bei gegebener Magnetkraft-Hub-Kennlinie (Synthese)

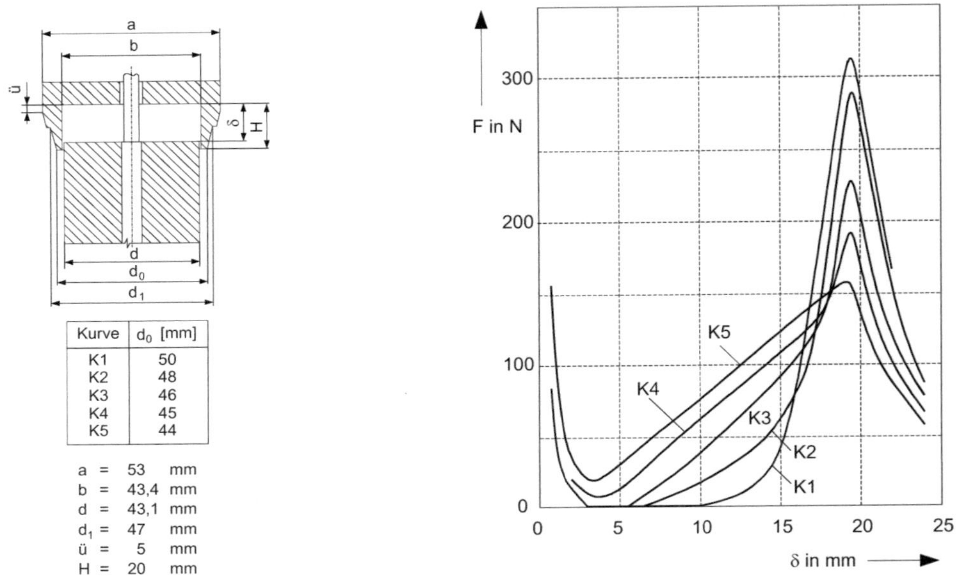

Bild 3.24: Magnetkraft-Hub-Kennlinien des Magneten 1 mit einer bei abnehmendem Hub linear fallenden Magnetkraft, test

Zunächst wird die erste Aufgabenstellung, die Analyse des Anker-Ankergegenstücksystems betrachtet. Für einfache Anker-Ankergegenstückgeometrien ist mit den klassischen Berechnungsverfahren (Ähnlichkeitsbetrachtung, konforme Abbildung u. a.) eine Berechnung mit einer für viele Anwendungen ausreichenden Genauigkeit möglich.

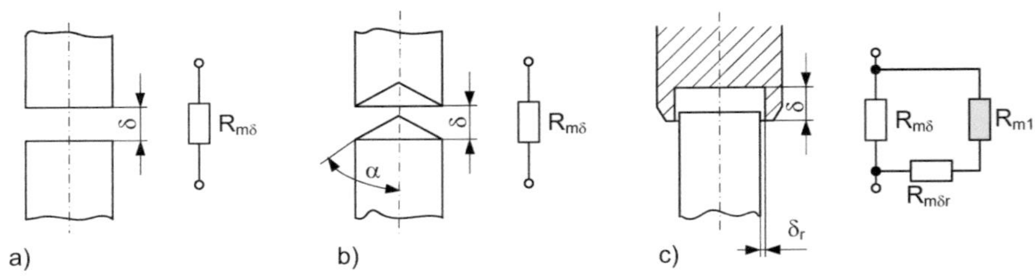

Bild 3.25: Magnetische Ersatzschaltbilder für verschiedene Anker-Ankergegenstücksysteme

Bei der Kennlinienbeeinflussung in Bild 3.25c wirken die magnetischen Widerstände des Radialluftspalts $R_{m\delta r}$ und des Ankergegenstücks R_{m1} parallel zum Luftspaltwiderstand $R_{m\delta}$ (magnetischer Shunt).

Der einfachste Fall ist die in Bild 3.25a dargestellte Anordnung von zwei zylindrischen Polflächen mit gleichem Durchmesser. Für den magnetischen Widerstand zwischen den

Stirnflächen dieser Pole gilt:

$$R_{m\delta} = \frac{4\delta}{\mu_0\, \pi\, d^2}. \tag{3.84}$$

Dabei wurde ein homogener Feldverlauf, wie im Bild 3.26a dargestellt, angenommen. Mit Hilfe von Ähnlichkeitsbetrachtungen [3.5] kann der magnetische Widerstand dieser Anordnung auch bei Berücksichtigung der Inhomogenitäten im äußeren Bereich (Bild 3.26b) angegeben werden.

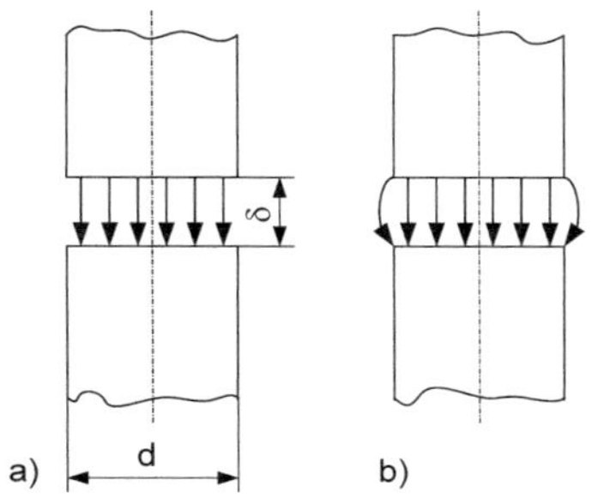

Bild 3.26: Idealisierter (a) und angenäherter (b) Feldverlauf zwischen zwei zylindrischen Polen

Bei kleinen Luftspalten gilt:

$$R_{m\delta} = \frac{1}{\mu_0 d \left(\frac{\pi d}{4\delta} + 0{,}58\right)}. \tag{3.85}$$

In analoger Weise kann der magnetische Widerstand zwischen den Stirnflächen zweier kegelförmiger Zylinder (Bild 3.25b) bestimmt werden [3.3]:

$$R_{m\delta} = \frac{1}{\mu_0 d \left(\frac{\pi d}{4\delta \sin^2\alpha} - \frac{0{,}157}{\sin^2\alpha} + 0{,}75\right)}. \tag{3.86}$$

Bereits bei relativ einfachen Geometrien führt die Berechnung des Anker-Ankergegenstücksystems zu aufwändigen und umständlich anwendbaren Formeln. Dabei wurde jedoch bisher nur die magnetische Leitfähigkeit des Luftspalts betrachtet. Bei komplizierten Geometrien (Bild 3.25c), bei denen die Nichtlinearität des Eisenmaterials gezielt zur Beeinflussung der Magnetkraft-Hub-Kennlinie ausgenutzt wird, kann mit diesen Methoden nur unter großen Vereinfachungen eine Berechnung durchgeführt werden. Da bei der Gestaltung des Anker-Ankergegenstücks bereits kleine maßliche Veränderungen im Bereich von 0,1 mm zu einer merklichen Veränderung der Magnetkraft-Hub-Kennlinie führen, ist eine genaue Berechnung erforderlich, die mit Hilfe eines magnetischen Ersatzschaltbildes oder der Netzwerkmethode im Allgemeinen nicht möglich ist.

Geeignet für eine genaue Berechnung sind die numerischen Feldberechnungsverfahren. Als Beispiel ist im Bild 3.27 der Feldverlauf im Bereich des Anker-Ankergegenstücks eines Proportionaltopfmagneten dargestellt. Bild 3.28 zeigt die dazu gehörende Magnetkraft-Hub-Kennlinie.

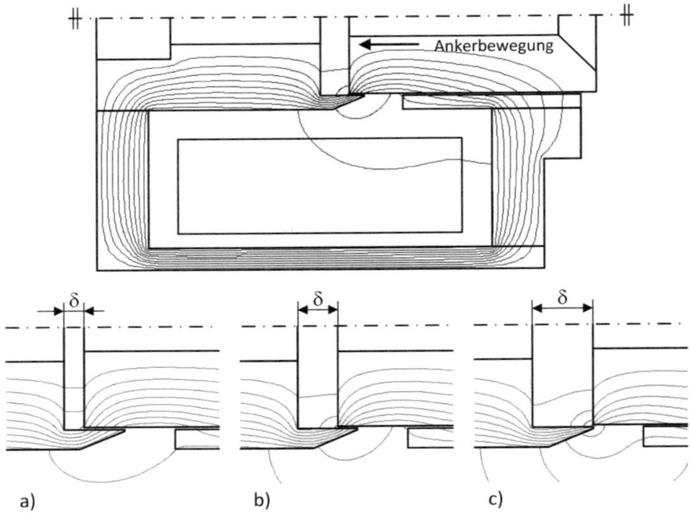

Bild 3.27: Feldbild eines Proportionaltopfmagneten und Feldverlauf am Anker-Ankergegenstück bei verschiedenen Luftspalten (s. a. Bild 3.28)

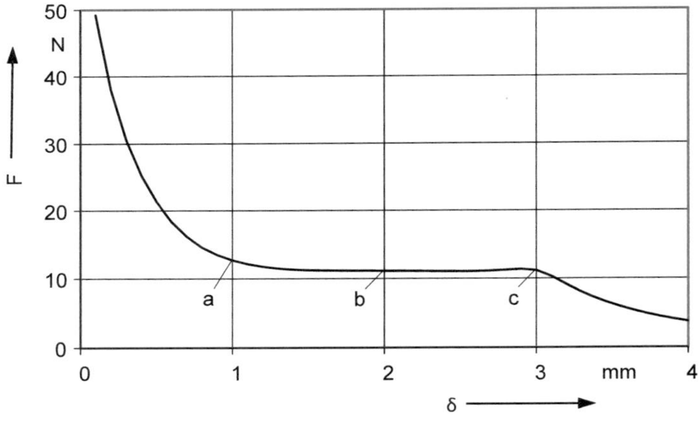

Bild 3.28: Magnetkraft-Hub-Kennlinie für den Magneten nach Bild 3.27

Zur Berechnung einer Magnetkraft-Hub-Kennlinie ist dabei das magnetische Feld und die Magnetkraft für verschiedene Ankerpositionen zu berechnen.

Die bei der Verschiebung des Ankers erforderliche neue Diskretsierung des Feldgebietes kann von numerischen Feldberechnungsprogrammen (FEM bzw. FDM) selbständig durchgeführt werden.

Eine andere Möglichkeit besteht darin, die Stirnflächen des Ankers schichtweise fein zu diskretisieren. Die Verschiebung des Ankers wird in diesem Fall durch eine Veränderung der Materialzuordnung für die finiten Elemente erreicht. An der vorderen Ankerstirnfläche wird eine »Luftschicht« zu Eisen, während an der hinteren Ankerstirnfläche eine »Eisenschicht« zu Luft wird.

Während mit den heute zur Verfügung stehenden numerischen Berechnungsverfahren die Analyseaufgabe mit vertretbarem Rechenaufwand gelöst werden kann, ist eine unmittelbare Berechnung der Abmessungen des Anker-Ankergegenstücks bei vorgegebener Magnetkraft-Hub-Kennlinie im Allgemeinen nicht möglich. Nur für wenige, sehr spezielle Anker-Ankergegenstückformen sind Berechnungsverfahren für eine direkte Synthese bekannt [3.5].

Zur Bestimmung der Abmessungen des Anker-Ankergegenstücks werden daher folgende Verfahren angewendet.

Im einfachsten Fall wird die Kennlinienbeeinflussung experimentell mit Hilfe eines Musters durch schrittweise Veränderung des Ankers bzw. des Ankergegenstückes und Messung der jeweiligen Magnetkraft-Hub-Kennlinie bestimmt. Zweckmäßigerweise wird dazu ein Magnetmuster mit einer im Ausgangsteil zu großen Kennlinienbeeinflussung verwendet. Der Anker bzw. das Ankergegenstück wird nun durch sukzessives Abtragen (Drehen, Fräsen o. ä.) soweit verkleinert, bis die gewünschte Magnetkraft-Hub-Kennlinie erreicht ist. Dieser Optimierungszyklus ist im Allgemeinen mehrmals zu durchlaufen und erfordert viel Erfahrung.

Eine andere Möglichkeit besteht darin, mittels eines numerischen Feldberechnungsverfahrens im Vorfeld des Musterbaus zahlreiche Varianten zu berechnen und somit die Anzahl der notwendigen Versuche zu reduzieren.

Die Entscheidung welche Variante in den einzelnen Schritten berechnet wird, und welche Veränderungen durchgeführt werden, trifft der Konstrukteur auf der Grundlage seiner Erfahrungen und seiner Intuition selbst. Diese Aufgabe kann aber auch an den Rechner übertragen werden. Dazu wird dem zur Berechnung verwendeten Feldberechnungsverfahren ein Optimierungszyklus überlagert. Als Optimierungsverfahren wird häufig die Evolutionsstrategie angewendet. Beispiele für die erfolgreiche Realisierung dieser Möglichkeit sind bereits bekannt [3.14], [3.18], [3.19].

Gegenwärtig ist jedoch der numerische Aufwand für ein derartige automatische rechnergestützte Optimierung noch groß.

3.6 Wechselstrommagnete

Für zahlreiche Anwendungen ist es wünschenswert, Elektromagnete direkt an ein Wechselstromnetz anzuschließen. Für diese Fälle werden Wechselstrommagnete verwendet. Diese Magnete besitzen einen vom Prinzip her ähnlichen konstruktiven Aufbau wie die bisher beschriebenen Gleichstrommagnete. Durch den sich ständig ändernden magnetischen Fluss zeigen Wechselstrommagnete andere technische Eigenschaften, die bei der Konstruktion und Anwendung zu berücksichtigen sind.

Zusätzlich zu den bei Gleichstrommagneten gebräuchlichen Unterscheidungskriterien können Wechselstrommagnete je nach der Art des verwendeten Wechselstromnetzes in Ein- und Dreiphasenwechselstrommagnete eingeteilt werden.

Der magnetische Wechselfluss in einem Wechselstrommagneten führt in den elektrisch leitfähigen Materialien zur Entstehung von Wirbelströmen und zu einem ständigen Ummagnetisieren des Eisenmaterials. Neben den ohmschen Verlusten infolge des ohmschen Widerstands der Erregerspule treten in Wechselstrommagneten deshalb auch im stationären Zustand Wirbelstrom- und Ummagnetisierungsverluste auf. Zur Unterdrückung der Wirbelströme wird der Magnetkreis in vielen Fällen in lamellierter Form aus dünnen Blechen bzw. geschlitzten Materialien aufgebaut. Als Werkstoffe finden für den Magnetkreis Materialien mit einem höherem spezifischen elektrischen Widerstand (z. B. siliziumlegierte Stähle) Anwendung.

Wenn an die Spule eines Magneten eine Wechselspannung

$$u = \hat{U} \sin(\omega t + \varphi_u) \tag{3.87}$$

angelegt wird, so ergibt sich in dem Magneten ein zeitlich in der Größe und der Richtung schwankender Strom (Bild 3.29), der ein entsprechendes magnetisches Feld hervorruft. Unter der Berücksichtigung des elektrischen Ersatzschaltbildes für einen Magneten gilt für den Strom in einem linearen Magnetkreis:

$$i = i(t) = \hat{I} \sin(\omega t + \varphi_i) \tag{3.88}$$

mit der Stromamplitude

$$\hat{I} = \frac{\hat{U}}{\sqrt{R^2 + \omega^2 L^2(\delta)}} \tag{3.89}$$

und dem Phasenwinkel zwischen Strom und Spannung

$$\varphi = \varphi_u - \varphi_i = \arctan \frac{\omega L(\delta)}{R}. \tag{3.90}$$

Im Allgemeinen ist in (3.88) der ohmsche Widerstand der Erregerspule gegenüber dem induktiven Blindwiderstand vernachlässigbar[3]:

$$R \ll \omega L(\delta). \tag{3.91}$$

Das Bild 3.30 zeigt für diesen Fall das Ψ-I-Kennlinienfeld eines Wechselstrommagneten bei eingeprägter Spannung [3.15].

Die Fläche 0-1-2-0 ist ein Maß für die bei der Ankerbewegung verrichtete mechanische Arbeit.

[3]Diese Näherung ist bei kleinen Luftspalten stets erfüllt. Nur bei sehr großen Luftspalten gilt je nach Auslegung $R = 1{,}5 \ldots 3\,\omega L(\delta)$.

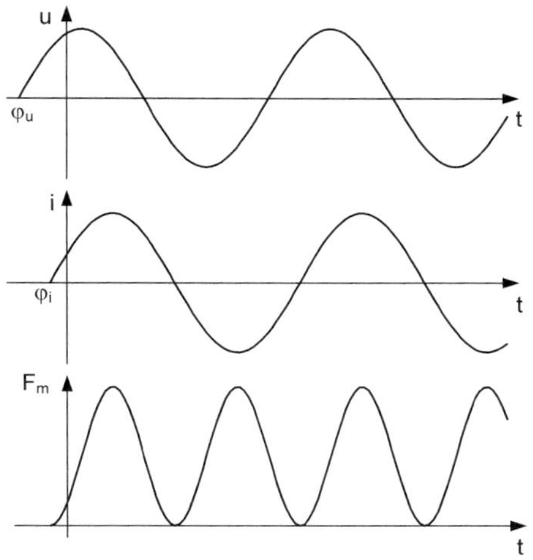

Bild 3.29: Zeitverlauf der Spannung, des Stroms und der Magnetkraft eines linearen Einphasenwechselstrommagneten ohne Kurzschlussring

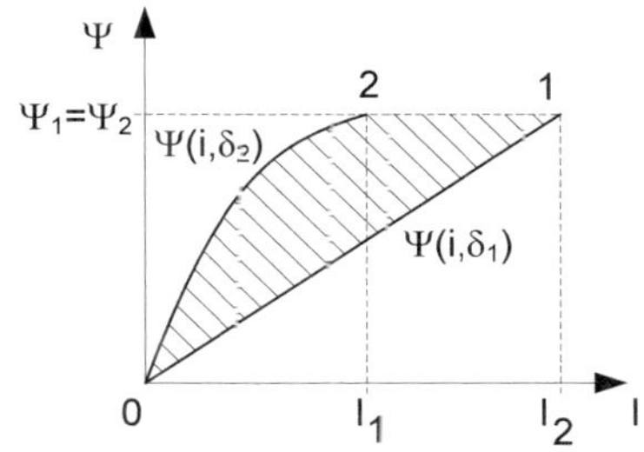

Bild 3.30: Ψ-I-Kennlinienfeld eines Wechselstrommagneten ($\delta_2 < \delta_1$)

Im Unterschied zu Gleichstrommagneten verringert sich bei Wechselstrommagneten mit kleiner werdendem Luftspalt infolge der dabei ansteigenden Induktivität die Stromaufnahme. Der mit der Erregerwicklung verkettete Fluss bleibt jedoch bei der Ankerbewegung nahezu konstant. Die Strom- und die Leistungsaufnahme eines Wechselstrommagneten sind bei angezogenem Anker wesentlich geringer als bei abgefallenem Anker. Je nach Auslegung beträgt die Leistungsaufnahme beim Einschalten (Einschaltleistung) das 2- bis 10-fache der Leistung im angezogenen Zustand (Halteleistung). Bei diesen großen Leistungsunterschieden ist es aus wirtschaftlichen Gründen i. allg. nicht vertretbar Wechselstrommagnete thermisch nach der Einschaltleistung zu dimensionieren. Die Dimensionierung des Magneten erfolgt unter Berücksichtigung der sich aus dem 1- bis 1,5-fachen der Halteleistung (Richtwert) ergebenden Erwärmung. Aus diesem Grund ist bei Verwendung von Wechselstrommagneten zu beachten, dass der Magnet nach dem Schaltvorgang stets seine Hubendlage erreichen kann. Ist dies nicht möglich, so muss zwischen dem Anker und dem den Hub begrenzenden Anschlag ein federndes Zwischenglied eingesetzt werden, welches es dem Magnetanker gestattet die Hubendlage zu erreichen [3.23]. Anderenfalls kann es zu einer unzulässigen Erwärmung des Magneten kommen.

Für den magnetischen Fluss im Luftspalt eines Wechselstrommagneten mit einer Erregerspule gilt:

$$\phi(t) = \frac{i(t)\,w}{R_{mFe} + R_{m\delta}}. \tag{3.92}$$

Bei Berücksichtigung von (3.48) kann der zeitliche Verlauf der Magnetkraft in einem linearen Wechselstrommagneten mit der Gleichung

$$F_m = \frac{1}{2\mu_0}\frac{\phi^2(t)}{A} = \frac{1}{2}i^2(t)\frac{\mathrm{d}L}{\mathrm{d}\delta} \tag{3.93}$$

beschrieben werden. Mit der Induktivität

$$L = \frac{w^2}{R_{mFe} + R_{m\delta}} = \frac{w^2}{R_{mFe} + \frac{\delta}{\mu_0 A}} \tag{3.94}$$

und der Ableitung nach dem Luftspalt

$$\frac{\mathrm{d}L}{\mathrm{d}\delta} = \frac{w^2}{\mu_0 A(R_{mFe} + R_{m\delta})^2} \tag{3.95}$$

kann (3.93) auch in der Form

$$F_m = \frac{1}{2}i^2(t)\frac{\mathrm{d}L}{\mathrm{d}\delta} = \frac{1}{2}\hat{I}^2\sin^2(\omega t + \varphi)\frac{\mathrm{d}L}{\mathrm{d}\delta}, \tag{3.96}$$

$$F_m = \frac{1}{4}\hat{I}^2[1 - \cos(2(\omega t + \varphi))]\frac{\mathrm{d}L}{\mathrm{d}\delta} \tag{3.97}$$

dargestellt werden.

Die Magnetkraft alterniert mit der doppelten Frequenz des Stromes und wirkt sowohl bei positivem und negativem Strom in die gleiche Richtung (Bild 3.29). Wenn der Strom Null ist, ist auch die Magnetkraft Null. Nur bei mechanisch sehr trägen Systemen wird der Anker bei dem Nullpunkt der Magnetkraft nicht abfallen. Anderenfalls kommt es ohne konstruktive Maßnahmen infolge der auf den Magnetanker wirkenden Gegenkraft zu einer Bewegung des Magnetankers um einen kleinen Betrag, der sich als Brummen bzw. Rattern des Magneten störend bemerkbar macht. Zur Unterdrückung dieser Erscheinung wird in Einphasenwechselstrommagneten ein Ring aus elektrisch gut leitendem Material (Kurzschlussring) verwendet, der einen Gleichanteil der Magnetkraft erzeugt (3.101). Bei Dreiphasenwechselstrommagneten wird eine konstante Magnetkraft durch die Überlagerung von drei phasenverschobenen magnetischen Wechselflüssen erreicht.

Einphasenwechselstrommagnete

Von Einphasenwechselstrommagneten sind zahlreiche konstruktive Lösungen bekannt. Eine verbreitete Anwendung finden insbesondere die im Bild 3.31 dargestellten Bauformen.

Diese Magnete besitzen zur Erzeugung eines Gleichanteils der Magnetkraft einen Kurzschlussring. Zur Erläuterung der Wirkungsweise des Kurzschlussringes ist im Bild 3.32 der prinzipielle Verlauf des magnetischen Flusses am Polkern dargestellt. Der magnetische Fluss ϕ_g teilt sich in einen Fluss ϕ_i innerhalb und einen Fluss ϕ_a außerhalb

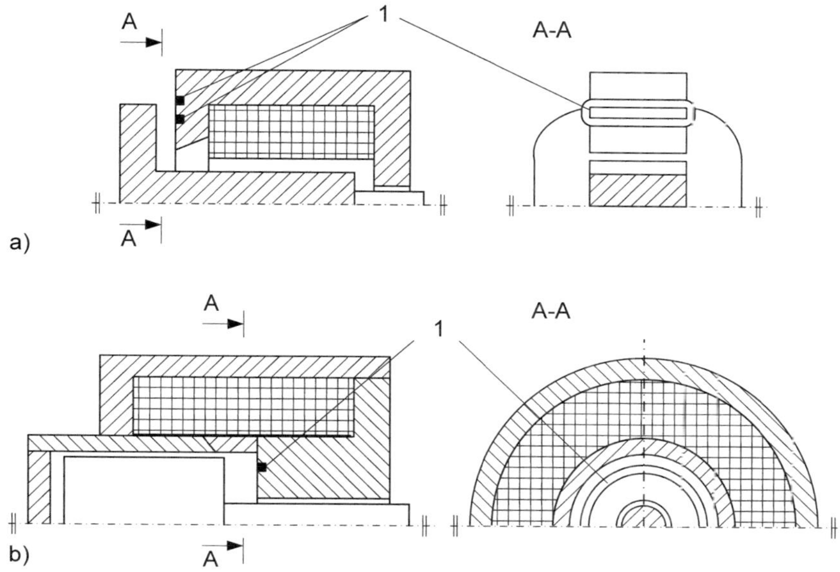

Bild 3.31: Aufbau von Einphasenwechselstrommagneten mit Kurzschlussring 1; a) Einphasenwechselstrommagnet mit T-Anker, b) druckdichter Einphasenwechselstromtopfmagnet; zur Unterdrückung von Wirbelströmen sind Bestandteile des Magnetkreises aus lamellierten Blechen aufgebaut.

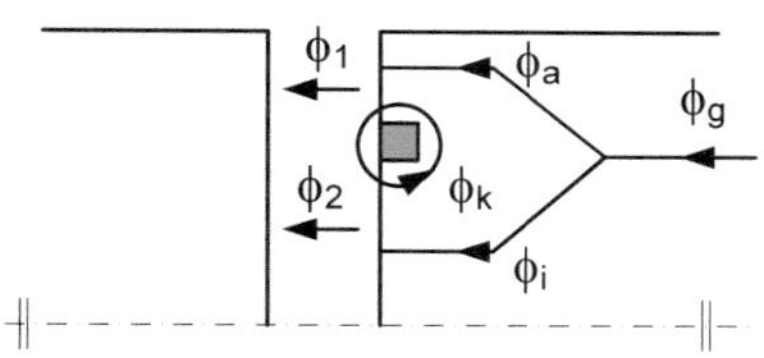

Bild 3.32: Prinzipieller Flussverlauf am Polkern eines Einphasenwechselstromtopfmagneten mit Kurzschlussring

des Kurzschlussringes auf. Da sich der von dem Kurzschlussring umfasste magnetische Fluss ϕ_i zeitlich ändert, wird in dem Kurzschlussring eine Spannung induziert, die einen Strom im Kurzschlussring zur Folge hat. Dieser elektrische Strom erzeugt einen magnetischen Fluss ϕ_K, der im Bezug zum Fluss ϕ_g um ca. 90° nacheilt.

Durch Überlagerung der einzelnen magnetischen Flüsse $\phi_a + \phi_K$ und $\phi_i - \phi_K$ entstehen zwei zueinander phasenverschobene Flüsse [3.15]

$$\phi_1 = \hat{\Phi}_1 \cos(\omega t + \varphi_1), \qquad \phi_2 = \hat{\Phi}_2 \cos(\omega t + \varphi_2), \tag{3.98}$$

die entsprechend (3.93) zu zwei phasenverschobenen Kräften führen (Bild 3.33). Mit den Teilflächen A_1 (außerhalb des Kurzschlussringes) und A_2 (innerhalb des Kurzschlussringes) ergibt sich für die Gesamtkraft

$$F_m = F_1 + F_2 = \frac{1}{2\mu_0} \left[\frac{\hat{\Phi}_1^2}{A_1} \cos^2(\omega t + \varphi_1) + \frac{\hat{\Phi}_2^2}{A_2} \cos^2(\omega t + \varphi_2) \right], \tag{3.99}$$

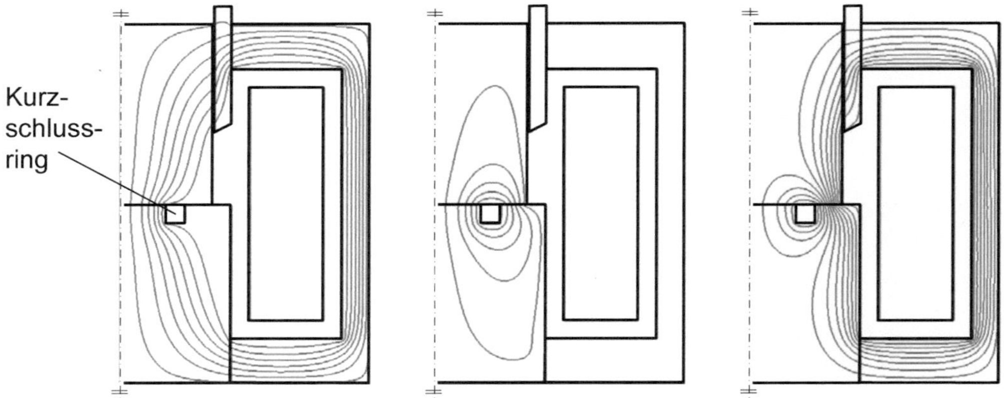

Bild 3.33: Feldbild eines Wechselstrommagneten mit Kurzschlussring zu verschiedenen Zeiten (links 3,8 ms; Mitte 4,5 ms; rechts 5,2 ms)

$$F_m = \frac{1}{4\mu_0}\left[\frac{\hat{\Phi}_1^2}{A_1} + \frac{\hat{\Phi}_1^2}{A_1}\cos(2(\omega t + \varphi_1)) + \frac{\hat{\Phi}_2^2}{A_2} + \frac{\hat{\Phi}_2^2}{A_2}\cos(2(\omega t + \varphi_2))\right]. \tag{3.100}$$

Die Magnetkraft setzt sich aus einem Gleichanteil

$$F_{gl} = \frac{1}{4\mu_0}\left[\frac{\hat{\Phi}_1^2}{A_1} + \frac{\hat{\Phi}_2^2}{A_2}\right] \tag{3.101}$$

und einem Schwankungsglied

$$F_s = \frac{1}{4\mu_0}\left[\frac{\hat{\Phi}_1^2}{A_1}\cos(2(\omega t + \varphi_1)) + \frac{\hat{\Phi}_2^2}{A_2}\cos(2(\omega t + \varphi_2))\right] \tag{3.102}$$

zusammen (Bild 3.34). Für die Anwendung ist eine vollständige Unterdrückung des Schwankungsgliedes der Magnetkraft bei einem möglichst hohen Gleichanteil anzustreben. Dieser Fall lässt sich jedoch bei realen Magneten nicht erreichen. Weiterhin sind bei der Konstruktion die im Kurzschlussring auftretenden ohmschen Verluste

$$P_K = \frac{1}{R_K}\left(\frac{\mathrm{d}\phi_2}{\mathrm{d}t}\right)^2 \tag{3.103}$$

infolge seines ohmschen Widerstandes R_K zu beachten. Eine exakte Berechnung des Kurzschlussringes ist bei bis in den nichtlinearen Teil der B-H-Kennlinie ausgesteuerten Wechselstrommagneten i. allg. nur mit numerischen Feldberechnungsverfahren möglich (Bild 3.33). Näherungsbeziehungen sind u. a. in [3.4], [3.13] und [3.15] enthalten.

Die Wirkung des Kurzschlussringes ist auf kleine Luftspalte begrenzt (δ<0,3 ... 0,6 mm). Bei größeren Luftspalten ist die minimale Magnetkraft Null. Die Magnetkraft besitzt

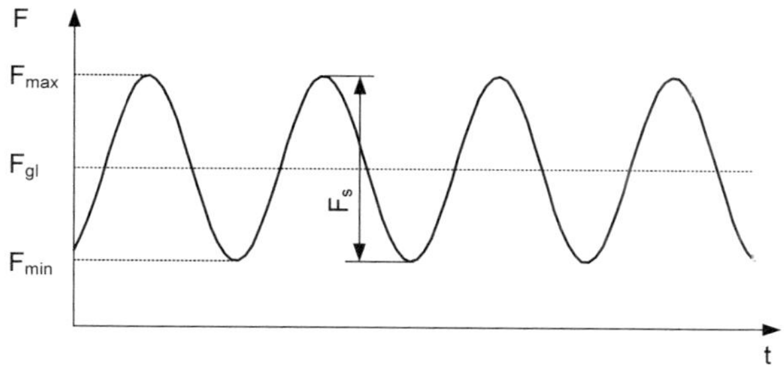

Bild 3.34: Zeitlicher Verlauf der Magnetkraft eines linearen Einphasenwechselstrommagneten mit Kurzschlussring bei kleinen Luftspalten

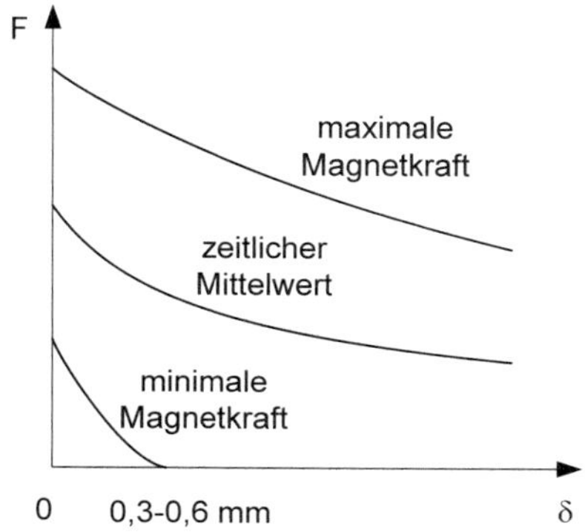

Bild 3.35: Mittlere (zeitlicher Mittelwert), minimale und maximale Magnetkraft eines Einphasenwechselstrommagneten in Abhängigkeit vom Hub

in diesem Bereich nur einen Schwankungsanteil. Im Bild 3.35 sind der zeitliche Mittelwert der Magnetkraft F_{gl} (3.101), die durch den Kurzschlussring erzeugte Minimalkraft F_{min} und die maximale Magnetkraft F_{max} in Abhängigkeit vom Hub dargestellt.

Der Eisenkreis von Wechselstrommagneten kann auch für Gleichstrommagnete verwendet werden. Damit ergibt sich die Möglichkeit, durch Kombination des Wechselstromeisenkreises mit einer Gleich- oder einer Wechselstromspule ein und denselben Magneten bei Gleich- und Wechselstrom einzusetzen. Diese Magnete unterscheiden sich folglich nur durch die Erregerspule. Diese Möglichkeit ist jedoch auf Wechselstrommagnete kleiner Leistung begrenzt.

Dreiphasenwechselstrommagnete

Dreiphasenwechselstrommagnete werden direkt aus dem Dreiphasenwechselstromnetz gespeist, so dass in den einzelnen Schenkeln des Magnetkreises drei zueinander phasenverschobene magnetische Flüsse entstehen. Das Bild 3.36 zeigt den prinzipiellen Aufbau eines Dreiphasenwechselstrommagneten.

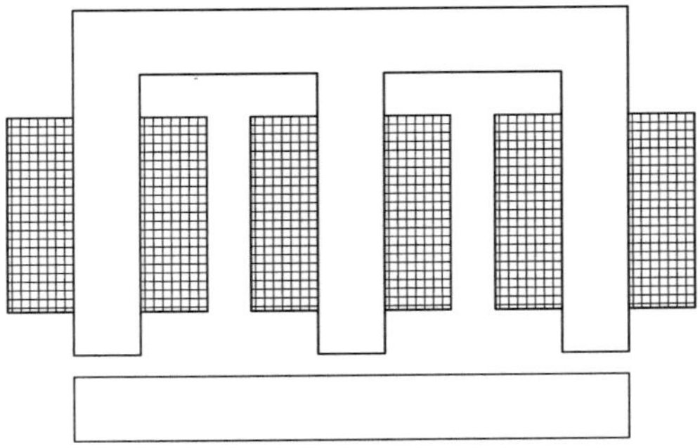

Bild 3.36: Prinzipieller Aufbau eines Dreiphasenwechselstrommagneten

Bei einem symmetrischen Dreiphasennetz gilt für die magnetischen Flüsse:

$$\phi_1 = \hat{\Phi}\sin(\omega t), \qquad \phi_2 = \hat{\Phi}\sin(\omega t + \frac{2}{3}\pi), \qquad \phi_3 = \hat{\Phi}\sin(\omega t + \frac{4}{3}\pi). \tag{3.104}$$

Wenn der magnetische Widerstand des Eisenmaterials vernachlässigt und eine gleichmäßige Aufteilung der magnetischen Flüsse angenommen werden kann, gilt für die Magnetkraft, die der Fluss ϕ_1 erzeugt

$$F_{m1} = \frac{\hat{\Phi}^2}{2\mu_0 A}\sin^2\omega t = \frac{\hat{\Phi}^2}{4\mu_0 A}(1 - \cos 2\omega t). \tag{3.105}$$

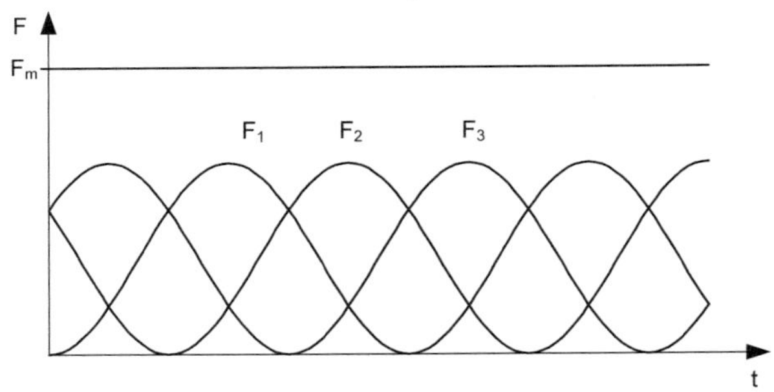

Bild 3.37: Zeitlicher Verlauf der Magnetkraft eines Dreiphasenwechselstrommagneten

A ist die Polfläche eines Schenkels des Magneten. Analoges gilt für die durch ϕ_2 und ϕ_3 erzeugten Kräfte. Durch Überlagerung der phasenverschobenen magnetischen Flüsse wird die Schwankung der Magnetkraft kompensiert. Im Idealfall kann eine konstante Magnetkraft

$$F_m = F_{m1} + F_{m2} + F_{m3} = \frac{\phi_1^2 + \phi_2^2 + \phi_3^2}{2\mu_0 A}, \tag{3.106}$$

$$F_m = \frac{\hat{\Phi}^2}{4\mu_0 A}\left[3 - \cos(2\omega t) - \cos(2\omega t + \frac{4}{3}\pi) - \cos(2\omega t + \frac{8}{3}\pi)\right] = \frac{3\hat{\Phi}^2}{4\mu_0 A} \qquad (3.107)$$

erzeugt werden (Bild 3.37). Diese konstante Magnetkraft nach (3.107) ist 1,5-mal so groß wie die Amplitude der zeitveränderlichen Magnetkraft nach (3.105), die durch einen einzelnen Fluss erzeugt wird [3.20].

$$F_m = \frac{3}{2}\hat{F}_{m1} \,. \qquad (3.108)$$

Dieser Effekt wirkt im Unterschied zu Einphasenwechselstrommagneten auch bei größeren Luftspalten.

3.7 Quellen

[3.1] Cassing, C. u. a.: Elektromagnetische Wandler und Sensoren. Böblingen: expert Verlag, 1989

[3.2] Ehricht, K. u. a.: Untersuchungen zur Berechnung von Kräften bei Feldapproximation durch das Finite-Differenzen-Verfahren. In: Wissenschaftliche Zeitschrift der TH Ilmenau, 28(1982), S. 103-110

[3.3] Gordon, A. u. a.: Elektromagnete (russ.). Moskau: Energie Verlag, 1960

[3.4] Herrmann, R.: Untersuchungen zur Dynamik von wechselstromerregten elektro-magneto-mechanischen Antrieben. TH Ilmenau, Diss., 1983

[3.5] Kallenbach, E.: Der Gleichstrommagnet. Leipzig: Akademische Verlagsgesellschaft Geest & Portig, 1969

[3.6] Kallenbach, E.: Untersuchungen zur systematischen Projektierung optimaler gleichstromerregter elektro-magneto-mechanischer Antriebselemente mit translatorischer Ankerbewegung. Ilmenau: TH Habilitation, 1979

[3.7] Kallenbach, E.; Denk, L.: Bewertung des dynamischen Verhaltens von Gleichstrommagneten. In: Elektrie 31(1977)12

[3.8] Kasper, M.: Die Optimierung elektromagnetischer Felder mit Hilfe der Finite-Elemente-Methode und deren Anwendung auf ein Wirbelstromproblem. Düsseldorf: VDI-Verlag, 1990, (VDI-Fortschritt-Bericht 21/70)

[3.9] Kleinert, D.: Der Hysterese an den Kragen. In: Fluid (1982)4, S. 45-51

[3.10] Linnemann, G.: Elementare Synthese elektrischer und magnetischer Energiewandler. Leizig: Akademische Verlagsgesellschaft Geest & Portig, 1967

[3.11] Lowther, D.; Silvester, P.: Computer Aided Design in Magnetics. New York: Springer Verlag, 1986

[3.12] Lu, Y.: Statisches und dynamisches Verhalten von Proportionalmagneten. In: Ölhydraulik und Pneumatik 25(1981)5, S.403-407

[3.13] Meyer, H.: Über die Wirkungsweise der Kurzschlußringe in Einphasenwechselstrommagneten. Berlin: TU Dissertation, 1960

[3.14] Müller, W.: Numerische Feldberechnung als Instrument zur Entwicklung von Magnetsystemen. In: Warlimont, H.: Magnetwerkstoffe und Systeme. Informationsgesellschaft Verlag, 1990

[3.15] Philippow, E. (Hrsg.): Taschenbuch Elektrotechnik Bd. 5. Berlin: Verlag Technik, 1980

[3.16] Pohl, A.; Götz, D.: Numerische Berechnung magnetischer Feldkräfte. In: Elektrie 38(1984)7, S. 258-261

[3.17] Reichert, T. u. a.: Numerische Feldberechnungsverfahren, Aufgaben, Probleme, interaktive Systeme. In: Wissenschaftliche Tagungen der TU Karl-Marx-Stadt (Chemnitz) 1/1989

[3.18] Russenschuck, S.: Mathematische Optimierung permanenterregter Synchronmaschinen mit Hilfe der numerischen Feldberechnung. Düsseldorf: VDI-Verlag, 1991 (VDI-Fortschritt-Bericht 21/80)

[3.19] Schäfer-Jotter, M.: Beitrag zur Optimierung elektrotechnischer Geräte mit Hilfe der numerischen Feldberechnung. Darmstadt: TH Dissertation, 1989

[3.20] Schunichin, A.: Elektrische Apparate. (russ.). Moskau: Energie Verlag, 1975

[3.21] Simonyi, K.: Theoretische Elektrotechnik. Berlin: Deutscher Verlag der Wissenschaften, 1971

[3.22] Wunsch, G.: Feldtheorie Bd.2. Berlin: Verlag Technik, 1975

[3.23] Firmenschrift Binder-Magnete. Villingen-Schwennigen, 1983

Kapitel 4

Berechnung des magnetischen Feldes von Elektromagneten

4.1 Überblick über die Berechnungsverfahren

Die Grundlage für die Berechnung des magnetischen Feldes bilden die Maxwellschen Gleichungen. Die analytische Lösung dieser Gleichungen ist für die Mehrheit der für die Technik bedeutsamen Magnetfeldprobleme mit komplizierten Geometrien und nichtlinearen Materialeigenschaften nicht möglich. Aus diesem Grund wurden zahlreiche Verfahren entwickelt, die dem Ingenieur die Berechnung von magnetischen Feldern gestatten. In diesem Kapitel werden die wichtigsten Verfahren und die bei ihrer Anwendung zur Berechnung von Elektromagneten auftretenden Probleme erläutert.

Die **Netzwerkmethode** zur Berechnung magnetischer Kreise [4.11] beruht auf der physikalischen Analogie zwischen magnetischem und elektrischem Feld (Tabelle 4.1). Bei diesem Verfahren wird der Magnetkreis durch ein Netzwerk (magnetisches Ersatzschaltbild), bestehend aus magnetischen Widerständen und Urspannungen, modelliert. Zur Bestimmung der magnetischen Flüsse in den Zweigen des Netzwerkes wird mit den Verfahren der Netzwerkanalyse ein Gleichungssystem aufgestellt und gelöst.

Der entscheidende Nachteil dieser Methode besteht darin, dass zur Aufstellung des magnetischen Ersatzschaltbildes der prinzipielle Feldverlauf bekannt sein muss. Mit diesem Verfahren treten bei der Berechnung von Elektromagneten Schwierigkeiten bei der Bestimmung der Streuwiderstände und der Modellierung der Kennlinienbeeinflussung auf.

Durch die Anwendung von Ähnlichkeitsbetrachtungen und der Methode der vereinfachten Flusswege wurden in der Literatur [4.13] für häufig angewendete Magnetkreisformen entsprechend detaillierte Berechnungsvorschriften angegeben, die jedoch den entscheidenden Nachteil der Methode nicht beseitigen konnten. In der Vergangenheit wurde die

Tabelle 4.1: Analogien zwischen den Grundgrößen im elektrischen und magnetischen Feld

	elektrisches Feld	magnetisches Feld
Flussgröße	elektrischer Strom I	magnetischer Fluss Φ
Dichte der Flussgröße	elektrische Stromdichte $\boldsymbol{J}$	magnetische Flussdichte $\boldsymbol{B}$
Integralparameter	$I = \int_A \boldsymbol{J}\,\mathrm{d}\boldsymbol{A}$	$\Phi = \int_A \boldsymbol{B}\,\mathrm{d}\boldsymbol{A}$
Spannungsgröße	elektrische Spannung U EMK E	magnetische Spannung V MMK Θ
Widerstandsgröße	elektrischer Widerstand R $R = \frac{U}{I}$	magnetischer Widerstand R_m $R_m = \frac{V}{\Phi}$

Netzwerkmethode zur Berechnung von Gleichstrommagneten häufig eingesetzt. Durch die Entwicklung der Computertechnik und der damit möglichen breiten Anwendung der numerischen Feldberechnungsverfahren wird die Netzwerkmethode heute nur selten für Detailuntersuchungen an Elektromagneten verwendet. Für die Grobdimensionierung ist die Anwendung weiterhin sinnvoll. Mit einem geringen Aufwand lassen sich mit der Netzwerkmethode für diesen Fall ausreichende Genauigkeiten erreichen.

Die **Finite-Elemente-Methode** (FEM) ist das gegenwärtig am weitesten entwickelte und eingesetzte Berechnungsverfahren zur numerischen Lösung von Feldproblemen. Bei der FEM wird das Feldgebiet in kleine Teilgebiete, die »finiten Elemente«, eingeteilt. Innerhalb dieser Elemente wird für die gesuchte Feldgröße ein einfacher Näherungsansatz gewählt. Mit Hilfe der feldbeschreibenden Gleichungen lässt sich nach der Variationsmethode oder der Methode der gewichteten Residuen ein Gleichungssystem zur Berechnung der Vektorpotenzialwerte ableiten [4.35], [4.37], [4.41]. Der wesentliche Vorzug der FEM gegenüber anderen Berechnungsverfahren ist die sehr flexible Diskretisierung eines gegebenen Feldgebietes mit unregelmäßigen Netzen. Bei der Berechnung von Elektromagneten ermöglicht die Anwendung eines unregelmäßigen Netzes eine Approximation der Geometrie mit einem wesentlich geringeren Freiheitsgrad als bei der Verwendung eines regelmäßigen Netzes. Weitere Vorteile sind die einfache Approximation von natürlichen Randbedingungen und die Symmetrie des Gleichungssystems bei der Berechnung stationärer Magnetfelder.

Bei der **Finite-Differenzen-Methode** (FDM) wird das zu berechnende Feldgebiet mit einem meist regelmäßigen Netz überzogen. Durch die Überführung der feldbeschreibenden Differenzialgleichung in eine Differenzengleichung kann ein Gleichungssystem zur Bestimmung der Vektorpotenzialwerte in den Knoten des Netzes aufgestellt werden. FDM ist auch mit unregelmäßigen Netzen möglich [4.15]. Dabei geht jedoch der Vorteil der einfachen Vorschrift zur Konstruktion des Gleichungssystems verloren. Das mit Umlaufintegralmethode (UIM) bezeichnete Verfahren zur Berechnung magnetischer Felder nach REICHERT [4.31] wird in der Literatur [4.21] mitunter auch zu den FEM gezählt. Diese Methode beruht auf der Anwendung des Durchflutungsgesetzes für jeden inneren Knotenpunkt eines zur Diskretisierung verwendeten Netzes. In seiner ursprünglichen Form gehört dieses Verfahren jedoch zu den FDM. Aus der Literatur sind Arbeiten [4.21], [4.27] bekannt, in denen die Grundidee dieses Verfahrens direkt auf ein Finite-Elemente-Netz aus unregelmäßigen Dreieckselementen mit einem linearen Ansatz angewendet wird. Dabei zeigt sich, dass durch die direkte Anwendung des Durchflutungsgesetzes für die Berechnung ebener stationärer Magnetfelder die gleiche Koeffizientenmatrix wie bei der FEM mit der Methode der gewichteten Residuen bestimmt wird.

Die **Integralgleichungsmethoden** (IGM) beruhen auf der direkten Integration der feldbeschreibenden Gleichung [4.4]. Zu den IGM gehört die **Boundary-Element-Methode** (BEM). Bei diesem Verfahren werden nur die Grenzflächen des interessierenden Feldgebietes diskretisiert, d. h. in Rand- bzw. Grenzelemente eingeteilt. Bei dieser Diskretisierung wird die Dimension des Feldgebietes um eins reduziert. Für 3D-Gebiete sind die Randelemente Flächen. Innerhalb dieser Elemente wird ähnlich wie bei der FEM ein einfacher Näherungsansatz für die gesuchte Feldgröße und deren Ableitung gewählt. Aus den mit Hilfe des Greenschen Satzes gewonnenen Integralgleichungen lässt sich ein Gleichungssystem zur Bestimmung der Feldgröße und deren Ableitung auf den Grenzflächen aufstellen. Gegenüber den vorher genannten Methoden (FEM, FDM) besitzen die IGM/BEM Vorteile bei der Berechnung offener Feldgebiete, während die für Elektromagnete wichtige Berechnung nichtlinearer Felder sowie die Berücksichtigung vieler Grenzflächen mit den IGM/BEM schwieriger ist.

Um die Vorteile beider Methoden zu nutzen, ist eine Kopplung einer IGM/BEM mit einer FEM oder FDM sinnvoll [4.5], [4.9], [4.10], [4.19], [4.23], [4.26]. Damit können auch sehr komplexe Geometrien unter Berücksichtigung von starken Sättigungen und Wirbelströmen effektiv berechnet werden. Für Elektromagnete ergibt sich mit derartig gekoppelten Feldberechnungsmethoden die Möglichkeit, den Luftraum zwischen dem Magnetanker und dem Gehäuse mit einer IGM/BEM und die Eisen- und Spulengebiete mit einer FEM oder FDM zu berechnen. Grundsätzlicher Nachteil der FEM besteht einerseits darin, dass der Aktor einschließlich des umgebenden Luftraumes vernetzt werden muss. Das führt in der Regel zu sehr aufwändigen Netzen und großen Gleichungssystemen. Andererseits ändert sich das Netz bei bewegtem Anker und führt zu numerische Ungenauigkeiten. Diese Nachteile der FEM können durch eine direkte Kopplung mit der BEM vermieden werden. Das umgebende Gebiet wird dann vollständig mit der BEM beschrieben, indem die Randelemente auf den Oberflächen des Finite-Elemente-Netzes angeordnet werden. Die Vorteile der sehr flexiblen Geometrie- und Materialmodellierung der FEM können somit mit den Vorteilen der Behandlung offener Feldprobleme mit der BEM kombiniert werden.

Für die Anwendung existieren bereits sehr leistungsfähige, vor allem auf der Grundlage der FEM und FDM realisierte Programmsysteme, die eine zwei- und teilweise auch dreidimensionale Berechnung stationärer und quasistationärer magnetischer Felder ermöglichen.

Die Weiterentwicklung der Verfahren vollzieht sich durch den Einsatz verbesserter Gleichungslöser, die Verbesserung adaptiver Methoden, die Berücksichtigung von Hysterese und Anisotropien sowie die Einbeziehung der Bewegungsberechnung von Bauteilen im Magnetfeld.

4.2 Magnetkreisberechnung mit Netzwerkmethoden

Die Beschreibung des magnetischen Kreises durch ein magnetisches Ersatzschaltbild ermöglicht die Reduzierung der zunächst komplizierten Berechnung eines im Allgemeinen inhomogenen räumlichen Magnetfeldes auf eine einfachere und weniger aufwändige Berechnung eines Netzwerkes aus konzentrierten Elementen (magnetische Widerstände und Urspannungen). Da die zur Beschreibung des magnetischen und elektrischen Feldes dienenden Grundgrößen und Gesetze einen analogen Aufbau (s. Tabelle 4.1) besitzen, können die zur Berechnung elektrischer Netzwerke bekannten Berechnungsverfahren [4.25] auch zur Berechnung von magnetischen Kreisen angewendet werden.

Für den Knotensatz des elektrischen Feldes (1. Kirchhoffscher Satz)

$$\oint_A \boldsymbol{j}\,\mathrm{d}\boldsymbol{A} = 0; \qquad \sum_{\uparrow} I_\mu = \sum_{\downarrow} I_\nu \tag{4.1}$$

gilt eine völlig analoge Gesetzmäßigkeit

$$\oint_A \boldsymbol{B}\,\mathrm{d}\boldsymbol{A} = 0; \qquad \sum_{\uparrow} \Phi_\mu = \sum_{\downarrow} \Phi_\nu \tag{4.2}$$

auch im magnetischen Feld. Die Summen der zu einem Knoten hinfließenden magnetischen Flüsse und der von diesem Knoten wegfließenden magnetischen Flüsse sind gleich.

Beim Maschensatz (2. Kirchhoffscher Satz) ist ein Unterschied zu beachten [4.36]. Im elektrischen Feld gilt stets

$$\oint_l \boldsymbol{E}\,\mathrm{d}\boldsymbol{l} = 0; \qquad \sum_{\mu} U_\mu = \sum_{\nu} EMK_\nu. \tag{4.3}$$

Die Summe der Spannungsabfälle an den passiven elektrischen Elementen (z. B. Widerstände) ist gleich der Summe der EMKs[1] der aktiven elektrischen Elemente (z. B. Spannungsquellen) in dieser Masche. Im Unterschied zu (4.3) gilt im magnetischen Feld nach dem Durchflutungsgesetz

$$\oint_l \boldsymbol{H}\,\mathrm{d}\boldsymbol{l} = \Theta; \qquad \Theta = \sum_{\mu} V_\mu. \tag{4.4}$$

[1] EMK: elektromotorische Kraft eines aktiven elektrischen Elementes

Die Durchflutung ist gleich der Summe der magnetischen Spannungsabfälle an den passiven magnetischen Elementen (magnetische Widerstände). Die Gleichungen (4.2) und (4.4) bilden die Grundlage für die Berechnung magnetischer Kreise mit der Netzwerkmethode.

Zur Modellbildung (Aufstellung des magnetischen Ersatzschaltbildes) werden die einzelnen Abschnitte des Magnetkreises in Bereiche einfacher geometrischer Form zerlegt, die konstante magnetische Eigenschaften (gleiche Permeabilität bzw. Magnetisierungskennlinie) sowie einen prinzipiell bekannten, meist homogenen Feldverlauf aufweisen. Mit Hilfe von Bemessungsgleichungen (2.21), (Anhang 1) kann für diese Bereiche der magnetische Widerstand bzw. Leitwert bestimmt werden. Während in geometrisch einfachen Eisenteilen mit $\mu_r \gg 1$ Aussagen über den Flussverlauf problemlos möglich sind, bereitet die Modellierung des Flussverlaufs im Luftspalt zwischen ferromagnetischen Körpern Schwierigkeiten. Mit der Modellvorstellung vereinfachter Flusswege [4.17] wird in diesen Fällen der Luftraum in einfache geometrische Körper zerlegt, für die eine Angabe des magnetischen Widerstandes möglich ist. Nachfolgend soll die Berechnung des stationären Magnetfeldes mit der Netzwerkmethode am Beipiel eines Topfmagneten erläutert werden. Bei dem in Bild 4.1 dargestellten magnetischen Ersatzschaltbild wird der vom Streufluss durchsetzte Spulenraum durch die magnetischen Widerstände R_{m4} und R_{m10} dargestellt. Die magnetischen Widerstände R_{m9}, R_{m14} und R_{m18} dienen zur Beschreibung des Übergangs von dem Flussleitstück in den Magnetanker. Der Arbeitsluftspalt wird durch die magnetischen Widerstände R_{m5} und R_{m6} modelliert. Alle anderen Widerstände beschreiben einzelne aus ferromagnetischem Material bestehende Magnetkreisabschnitte. Die magnetischen Widerstände können aus den Abmessungen des Magnetkreises und den Materialkennlinien bestimmt werden. Dabei ist zu beachten, dass die magnetischen Widerstände, die zur Modellierung von Eisenteilen verwendet werden, infolge der Nichtlinearität der B-H-Kennlinie nicht konstant, sondern von dem durch sie fließenden magnetischen Fluss abhängig sind. Durch Zusammenfassen einzelner in Reihe oder parallel geschalteter magnetischer Widerstände kann das magnetische Ersatzschaltbild vereinfacht werden. Mit Hilfe der Maschenstromanalyse lässt sich ein einfaches Gleichungssystem zur Berechnung der magnetischen Flüsse in den Maschen des Ersatzschaltbildes aufstellen.

Mit der in Bild 4.1c verwendeten Maschenfestlegung ergibt sich folgendes Gleichungssystem:

$$\begin{aligned} (R_{m19}+R_{m4})\Phi_1 - R_{m4}\Phi_2 &= \Theta_1 \,, \\ -R_{m4}\Phi_1 + (R_{m4}+R_{m7}+R_{m10}+R_{m9}+R_{m20})\Phi_2 - R_{m10}\Phi_3 - R_{m9}\Phi_4 &= \Theta_2 \,, \\ -R_{m10}\Phi_2 + (R_{m10}+R_{m12}+R_{m22})\Phi_3 - R_{m12}\Phi_4 &= \Theta_3 \,, \\ -R_{m9}\Phi_2 - R_{m12}\Phi_3 + (R_{m9}+R_{m12}+R_{m21})\Phi_4 &= 0 \,. \end{aligned} \tag{4.5}$$

Durch die Lösung dieses im Allgemeinen nichtlinearen Gleichungssystems können die magnetischen Flüsse in den Zweigen des magnetischen Ersatzschaltbildes bestimmt werden. Nachfolgend lassen sich abgeleitete Größen (Flussdichte in ausgewählten Magnetkreisabschnitten, Magnetkraft, Induktivität) berechnen.

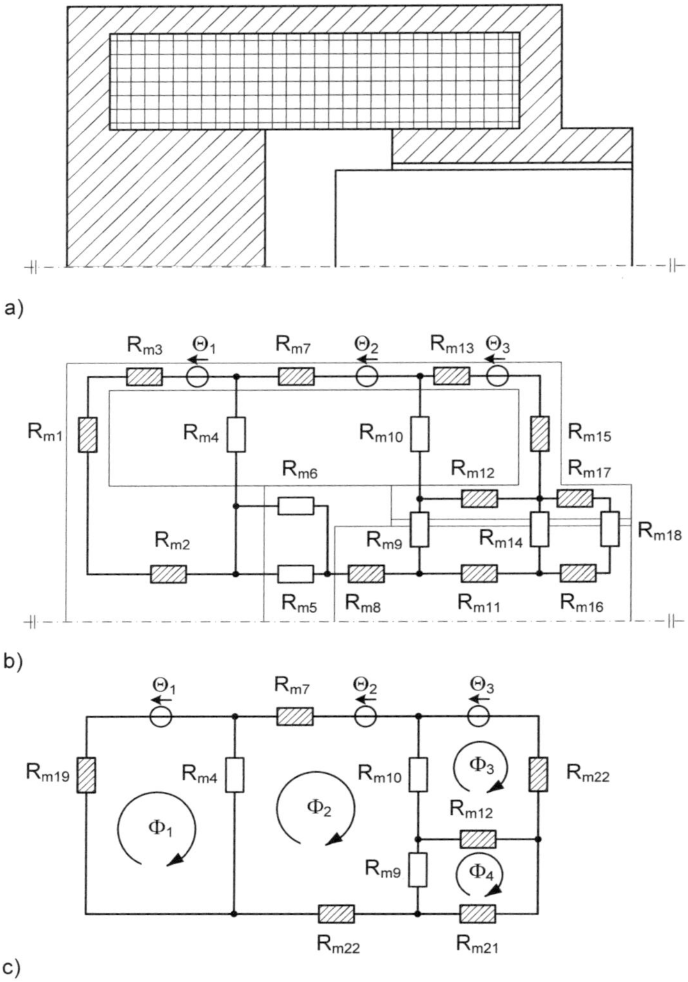

Bild 4.1: Berechnung eines Topfmagneten mit der Netzwerkmethode, a) Geometrie des Magnetkreises, b) magnetisches Ersatzschaltbild, c) vereinfachtes magnetisches Ersatzschaltbild

Die für dieses Beispiel (Bild 4.1) verwendeten magnetischen Widerstände können auf folgende Grundgeometrien zurückgeführt werden.

Magnetischer Widerstand zwischen den Stirnflächen eines Zylinders / Hohlzylinders

Der magnetische Fluss verläuft in axialer Richtung von einer Stirnfläche des Zylinders zur anderen (Bild 4.2a). Für den magnetischen Widerstand des Zylinders gilt bei konstanter Permeabilität:

$$R_m = \frac{4\,l}{\mu\,\pi\,d^2}. \tag{4.6}$$

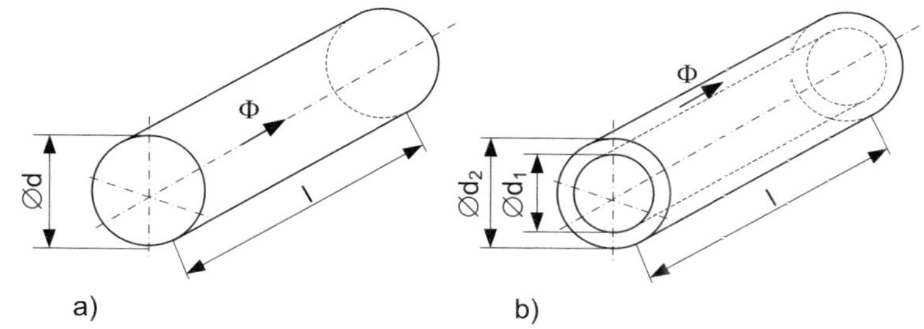

Bild 4.2: Berechnung des magnetischen Widerstands eines Zylinders (a) und Hohlzylinders (b) bei axialem Flussverlauf

Im Fall einer nichtlinearen Magnetisierungskennlinie ist der magnetische Widerstand von der magnetischen Feldstärke abhängig. Es gilt:

$$R_m(H) = \frac{4\,l}{\mu(H)\,\pi\,d^2} = \frac{4\,l\,H}{\pi\,d^2\,B(H)}. \tag{4.7}$$

Für den magnetischen Widerstand des Hohlzylinders (Bild 4.2b) gilt analog zu (4.6):

$$R_m = \frac{4\,l}{\mu\,\pi\,(d_2^2 - d_1^2)}. \tag{4.8}$$

Magnetischer Widerstand zwischen den Mantelflächen eines Hohlzylinders

Zur Berechnung des magnetischen Widerstandes zwischen den Mantelflächen eines Hohlzylinders wird ein radialer Schnitt (Bild 4.3) betrachtet. Der magnetische Fluss verläuft in radialer Richtung von der inneren Mantelfläche zur äußeren.

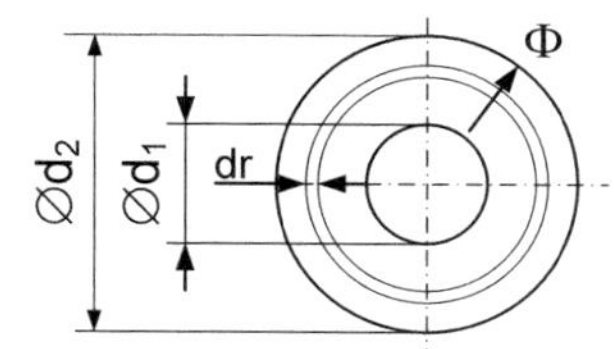

Bild 4.3: Berechnung des magnetischen Widerstands eines Hohlzylinders bei radialem Flussverlauf

Für den magnetischen Widerstand einer Röhre mit der Länge l und der Wandstärke dr gilt:

$$\mathrm{d}R_m = \frac{\mathrm{d}r}{2\,\pi\,\mu\,l\,r}. \tag{4.9}$$

Nach Integration ergibt sich für den magnetischen Gesamtwiderstand

$$R_m = \frac{1}{2\,\pi\,\mu\,l}\ln\frac{d_2}{d_1}. \tag{4.10}$$

Magnetischer Widerstand des Luftspalts zwischen zwei Zylindern

Zur Bestimmung des magnetischen Widerstandes wird vereinfachend angenommen, dass sich der gesamte magnetische Fluss zwischen den beiden Zylindern in einen Fluss Φ_1, der durch die Stirnfläche des kleineren Zylinders verläuft und einen Fluss Φ_2, der aus einem Teil der Mantelfläche mit der Länge $0{,}5(d_1 - d_2)$ austritt, aufteilt. Der magnetische Fluss, der in die Mantelfläche des größeren Zylinders eintritt, wird bei diesem einfachen Modell vernachlässigt.

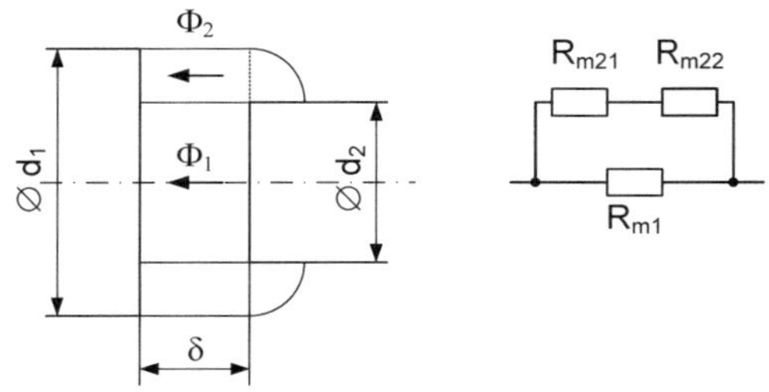

Bild 4.4: Berechnung des magnetischen Widerstands im Luftraum zwischen zwei Zylindern

Mit dem im Bild 4.4 dargestellten Ersatzschaltbild gilt für den magnetischen Gesamtwiderstand:

$$\frac{1}{R_m} = \frac{1}{R_{m1}} + \frac{1}{R_{m21} + R_{m22}}. \tag{4.11}$$

Die einzelnen Teilwiderstände können nun wie folgt bestimmt werden. R_{m1} stellt den zylindrischen Teil des Luftraumes dar, der vom Fluss Φ_1 durchströmt wird. Er bestimmt sich analog zu (4.6), so dass gilt:

$$R_{m1} = \frac{4\delta}{\mu_0 \, \pi \, d_2^2}. \tag{4.12}$$

Durch die magnetischen Widerstände R_{m21} und R_{m22} wird der Teil des Luftraumes, durch den der magnetische Fluss Φ_2 verläuft, modelliert. Der magnetische Widerstand R_{m21} beschreibt einen hohlzylindrischen Bereich. In Analogie zu (4.8) gilt dann:

$$R_{m21} = \frac{4\,\delta}{\mu_0 \, \pi \, (d_1^2 - d_2^2)}. \tag{4.13}$$

R_{m22} kann durch Integration über den magnetischen Leitwert eines Hohlkugelsegments mit der Wandstärke dr bestimmt werden, so dass gilt:

$$R_{m22} = \frac{1}{2\,\mu_0 \, (d_1 - d_2)}. \tag{4.14}$$

Damit sind alle Teilwiderstände ermittelt, so dass gemäß (4.11) der magnetische Widerstand für den Luftraum bestimmt werden kann.

Zur Bestimmung des magnetischen Widerstands im Luftraum gibt es noch weitere Möglichkeiten. Um eine höhere Genauigkeit zu erreichen, kann die Anordnung gemäß Bild 4.4 auch mit mehr als 2 Teilflüssen modelliert werden. Ein weiterer Weg zur Bestimmung des magnetischen Widerstandes im Luftraum ist mit der Methode der Ähnlichkeit möglich. Diese Methode beruht auf der experimentellen Bestimmung der magnetischen Widerstände charakteristischer Polanordnungen. Die dabei gewonnenen Ergebnisse lassen sich auf geometrisch ähnliche Anordnungen übertragen [4.13], [4.17]. Für häufig angewendete Geometrien sind in der Anlage 1 die Berechnungsgleichungen angegeben.

Allen diesen Vorschriften haftet jedoch der Nachteil an, dass die Genauigkeit von der Wahl des verwendeten magnetischen Ersatzschaltbildes und der Bestimmung der einzelnen magnetischen Ersatzwiderstände beeinflusst wird. Insbesondere bei Elektromagneten mit Kennlinienbeeinflussung ist mit diesem Verfahren nur eine näherungsweise Berechnung möglich, so dass heute vorrangig die numerischen Feldberechnungsverfahren eingesetzt werden.

Die Netzwerkmethode einschließlich der Verfahren zur Bestimmung der magnetischen Widerstände ist für den Entwurf von Elektromagneten weiterhin bedeutungsvoll, da sie bei bekanntem Modell für den Magnetkreis eine sehr schnelle Berechnung zahlreicher Varianten zur Ermittlung der optimalen Hauptabmessungen ermöglicht [4.8], [4.14], [4.38]. Anwendung findet die Netzwerkmethode auch zur schnellen Simulation des dynamischen Verhaltens von Elektromagneten [4.12], [4.38].

4.3 Magnetkreisberechnung mit Hilfe der Finite-Elemente-Methode

4.3.1 Grundgleichungen

Die Finite-Elemente-Methode ist ein Verfahren zur numerischen Lösung von Randwertaufgaben, d. h. zur Lösung von Differenzialgleichungen unter gegebenen Randbedingungen. Neben elektromagnetischen Feldproblemen lassen sich mit diesem Verfahren auch andere in der Technik auftretende Feldprobleme behandeln (Wärmeleitung, Diffusion, mechanische Spannungen, Strömungsprobleme).

Da viele Probleme bereits mit einer zweidimensionalen (2D) Berechnung gelöst werden können, wird zur einfacheren Darstellung der FEM nachfolgend nur die Berechnung ebener und rotationssymmetrischer Magnetfelder betrachtet. Die numerische 3D-Magnetfeldberechnung von Elektromagneten wurde u. a. in [4.33] und [4.39] beschrieben.

Eine Voraussetzung für die Anwendung dieser Methode ist die Kenntnis einer das Feldproblem beschreibenden Gleichung. Für die elektromagnetischen Felder bilden die

Maxwellschen Gleichungen die Berechnungsgrundlage. Für stationäre Magnetfelder gilt nach (2.64) und (2.65)

$$\begin{aligned} \operatorname{rot} \boldsymbol{H} &= \boldsymbol{J}, \qquad (4.15)\\ \operatorname{div} \boldsymbol{B} &= 0. \qquad (4.16) \end{aligned}$$

Zur Lösung der Feldgleichung ist es vorteilhaft, das magnetische Vektorpotenzial $\boldsymbol{A}$ einzuführen. Für dieses Vektorpotenzial gilt:

$$\boldsymbol{B} = \operatorname{rot} \boldsymbol{A}, \qquad \operatorname{div} \boldsymbol{A} = 0. \qquad (4.17)$$

Unter Verwendung von (4.15) erhält man als feldbeschreibende Gleichung

$$\operatorname{rot} \frac{1}{\mu} \operatorname{rot} \boldsymbol{A} = \boldsymbol{J}. \qquad (4.18)$$

Im ebenen Fall (Berechnung in der x-y-Ebene des kartesischen Koordinatensystems) besitzen die Stromdichte und das Vektorpotenzial nur eine Komponente in z-Richtung.

$$\boldsymbol{J} = J\, \boldsymbol{e_z}, \qquad \boldsymbol{A} = A\, \boldsymbol{e_z}. \qquad (4.19)$$

Somit folgt aus (4.18):

$$\frac{\partial}{\partial x}\left(\frac{1}{\mu}\frac{\partial A}{\partial x}\right) + \frac{\partial}{\partial y}\left(\frac{1}{\mu}\frac{\partial A}{\partial y}\right) = J. \qquad (4.20)$$

Bei der FEM wird das interessierende Feldgebiet in kleine Bereiche, »die finiten Elemente«, zerlegt. Bei zweidimensionalen Anordnungen werden dazu Dreiecks- oder Viereckselemente verwendet. Im dreidimensionalen Fall finden Tetraeder oder Quader Anwendung. Krummlinige Bereiche können mit Hilfe von isoparametrischen Elementen modelliert werden. Innerhalb dieser Elemente wird für das Vektorpotenzial eine einfache Ansatzfunktion gewählt. Aus der Vielzahl möglicher Ansatzfunktionen finden bei der Magnetfeldberechnung vorrangig lineare oder quadratische Ansätze Anwendung. In einem Dreieckselement mit der Nummer e gilt bei einem linearem Ansatz in kartesischen Koordinaten

$$A = a^e + b^e\, x + c^e\, y. \qquad (4.21)$$

Bei Anwendung dieses Ansatzes auf die Eckpunkte i, j und k des Dreieckselements e (Bild 4.5) erhält man folgendes Gleichungssystem.

$$\begin{aligned} A_i^e &= a^e + b^e x_i + c^e y_i,\\ A_j^e &= a^e + b^e x_j + c^e y_j, \qquad (4.22)\\ A_k^e &= a^e + b^e x_k + c^e y_k. \end{aligned}$$

A_i^e, A_j^e und A_k^e sind die Vektorpotenzialwerte in den Dreieckspunkten (Knotenpunkten). Die Auflösung dieses Gleichungssystems nach den Koeffizienten a^e, b^e und c^e ergibt:

$$\begin{aligned} a^e &= \frac{1}{2S^e}(A_i^e(x_j^e y_k^e - x_k^e y_j^e) + A_j^e(x_k^e y_i^e - x_i^e y_k^e) + A_k^e(x_i^e y_j^e - x_j^e y_i^e)), \\ b^e &= \frac{1}{2S^e}(A_i^e(y_j^e - y_k^e) + A_j^e(y_k^e - y_i^e) + A_k^e(y_i^e - y_j^e)), \\ c^e &= \frac{1}{2S^e}(A_i^e(x_k^e - x_j^e) + A_j^e(x_i^e - x_k^e) + A_k^e(x_j^e - x_i^e)) \end{aligned} \tag{4.23}$$

mit der Dreiecksfläche

$$S^e = \frac{1}{2}(x_j^e y_k^e + x_i^e y_j^e + x_k^e y_i^e - x_j^e y_i^e - x_k^e y_j^e - x_i^e y_k^e)\,. \tag{4.24}$$

Werden die Koeffizienten (4.23) in (4.21) eingesetzt, so kann (4.21) auch in der Form

$$A = \sum_l N_l^e A_l^e \qquad (l = i, j, k) \tag{4.25}$$

dargestellt werden. Die Funktionen N_l^e werden als Formfunktionen bezeichnet, da sie nur von der Geometrie des Elements abhängen.

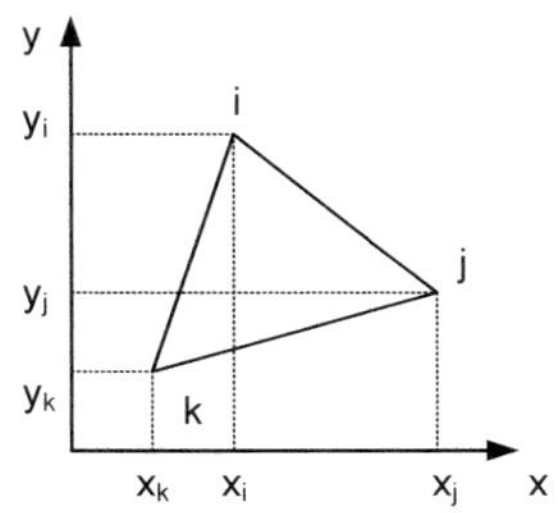

Bild 4.5: Dreickselement

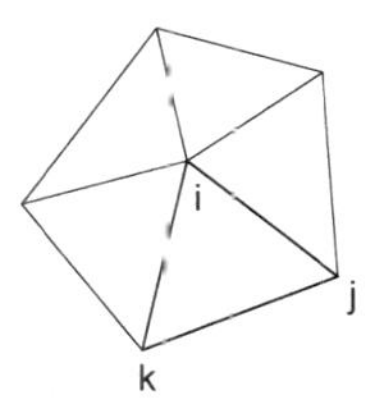

Bild 4.6: Elemente am Knoten i

Nach der Methode der gewichteten Residuen (Galerkin-Verfahren) oder dem Variationsprinzip lässt sich ein Gleichungssystem zur Bestimmung der Werte des Vektorpotenzials in den Knotenpunkten des zur Diskretisierung verwendeten Netzes aufstellen [4.27], [4.40], [4.41].

Bei dem Variationsprinzip wird die Lösung der feldbeschreibenden Differenzialgleichung auf die Lösung einer entsprechenden Variationsaufgabe zurückgeführt. Die Variationsaufgabe besteht darin, dass für ein der zu lösenden Differenzialgleichung entsprechendes Funktional I ein Extremwert (Minimum) gesucht wird. Die Bedingung für den Extremwert lautet

$$\delta I = 0\,. \tag{4.26}$$

Für das Magnetfeld ist ein entsprechendes Funktional

$$I = \int_S \left(\int_0^B H \, \mathrm{d}B - JA \right) \mathrm{d}S - \oint_R As \, \mathrm{d}r \tag{4.27}$$

bekannt. Da dieses Funktional der gesamten im Magnetfeld enthaltenen Energie entspricht, wird es auch als Energie-Funktional bezeichnet. Das Randintegral in (4.27) stellt den Anteil dar, den der Rand R des betrachteten Gebietes S liefert. Er wird zunächst als konstant angenommen und verschwindet bei der Minimierung des Funktionals.

Durch Anwendung der Bedingung (4.26) für jeden Knotenpunkt des Netzes kann ein Gleichungssystem für den unbekannten Vektor $\boldsymbol{A}$ der Vektorpotenzialwerte bestimmt werden.

$$\frac{\partial I}{\partial A_n} = 0 \quad \rightarrow \quad \mathbf{K}\boldsymbol{A} - \boldsymbol{F} = 0 \, . \tag{4.28}$$

In Analogie zur Anwendung der FEM zur Berechnung mechanischer Aufgabenstellungen wird die Koeffizientenmatrix $\mathbf{K}$ auch als Steifigkeitsmatrix und der Vektor $\boldsymbol{F}$ als Lastvektor bezeichnet.

Die Methode der gewichteten Residuen beruht auf folgender Grundidee. Wird in eine Differenzialgleichung

$$\boldsymbol{Du} = 0 \tag{4.29}$$

($\boldsymbol{D}$: allgemeiner Differenzialoperator) eine Ansatzfunktion mit n unbekannten Koeffizienten als Näherungslösung $\boldsymbol{u}^*$ eingesetzt, so ist diese im Allgemeinen nicht erfüllt. Es entsteht ein Rest R (Residuum).

$$\boldsymbol{Du}^* = R \neq 0 \, . \tag{4.30}$$

Damit die Ansatzfunktion als Näherungslösung akzeptiert werden kann, muss dieser Rest in dem betrachteten Lösungsgebiet möglichst klein sein. Dazu wird verlangt, dass das mit Gewichtsfunktionen g_r gewichtete Integral des Restes über dem betrachteten Gebiet G verschwindet.

$$\int_G (\boldsymbol{Du}^*) \, g_r \, \mathrm{d}G = 0 \qquad (r = 1, 2, \ldots n). \tag{4.31}$$

Diese Forderung kann zur Bestimmung der noch unbekannten n Koeffizienten der Ansatzfunktion genutzt werden.

Diese Methode wird nun für die Aufstellung des Gleichungssystems bei der FEM benutzt. Bei einer Einteilung des Gebietes G in m finite Elemente e_p kann das Integral in (4.31) auch als Summe der Teilintegrale über den einzelnen finiten Elementen dargestellt werden. Mit der Differenzialgleichung (4.30) gilt:

$$\sum_{p=1}^{m} \iint_{e_p} \left[\frac{\partial}{\partial x} \left(\frac{1}{\mu} \frac{\partial A}{\partial x} \right) + \frac{\partial}{\partial y} \left(\frac{1}{\mu} \frac{\partial A}{\partial y} \right) - J \right] g_r \, \mathrm{d}x\mathrm{d}y = 0 \qquad (r = 1, 2, \ldots n). \tag{4.32}$$

Als Gewichtsfunktionen werden bei dem **Galerkin**-Verfahren die bereits bekannten Formfunktionen N_r verwendet.

$$\sum_{p=1}^{m} \iint_{e_p} \left[\frac{\partial}{\partial x} \left(\frac{1}{\mu} \frac{\partial A}{\partial x} \right) + \frac{\partial}{\partial y} \left(\frac{1}{\mu} \frac{\partial A}{\partial y} \right) - J \right] N_r \, \mathrm{d}x\mathrm{d}y = 0 \qquad (r = 1, 2, \ldots n). \tag{4.33}$$

Durch partielle Integration ergibt sich nach dem Einsetzen des Ansatzes (4.25) in (4.33), bei Beschränkung auf Randbedingungen 1. und 2. Art:

$$\sum_{p=1}^{m} \iint_{e_p} \left[\frac{1}{\mu} \left(\sum_{l=i,j,k} \left(\frac{\partial N_r}{\partial x} \frac{\partial N_l A_l}{\partial x} + \frac{\partial N_r}{\partial y} \frac{\partial N_l A_l}{\partial y} \right) \right) - J N_r \right] \mathrm{d}x\mathrm{d}y = 0 \quad (r = 1, 2, \ldots n). \tag{4.34}$$

Die zu bestimmenden unbekannten Koeffizienten der Ansatzfunktion sind die gesuchten Vektorpotenzialwerte in der Knotenpunkten des FE-Netzes. (4.34) liefert bei vorgegebenem r nur für die Elemente p einen Beitrag, die den Knotenpunkt r besitzen. Der Index l kennzeichnet die Knotenpunkte (Eckpunkte) des Elements p.

Nach Integration über die Dreiecksfläche ergibt sich für den Anteil, den ein Dreieckselement p mit den Eckpunkten i, j und k (Bild 4.6) zu der Bestimmungsgleichung für das Vektorpotenzial des Knotenpunktes i liefert,

$$\begin{aligned} &\frac{1}{4\mu_p S_p} \left[(x_k - x_j)^2 + (y_j - y_k)^2 \right] A_i + \frac{1}{4\mu_p S_p} \left[(x_k - x_j)(x_i - x_k) + (y_j - y_k)(y_k - y_i) \right] A_j \\ &\quad + \frac{1}{4\mu_p S_p} \left[(x_j - x_k)(x_j - x_i) + (y_j - y_k)(y_i - y_j) \right] A_k - \frac{S_p}{3} J = 0. \end{aligned} \tag{4.35}$$

Werden nun die Gleichungen für alle an dem Knoten r anliegenden Elemente aufgestellt und addiert, erhält man die Bestimmungsgleichung für den Knoten r. Analog wird dieses Verfahren für jeden inneren Knotenpunkt des Finite-Elemente-Netzes durchgeführt. Randknotenpunkte sind gesondert zu betrachten [4.3], [4.24]. Man erhält ein Gleichungssystem für die Vektorpotenzialwerte in den Knotenpunkten. Dieses Gleichungssystem ist schwach besetzt und nichtlinear. Aus den durch die Lösung dieses Gleichungssystems erhaltenen Werten für das Vektorpotenzial lassen sich abgeleitete Größen, die für den Konstrukteur interessant sind, berechnen.

Berechnung rotationssymmetrischer Magnetfelder

Zur Berechnung des Magnetfeldes von Gleichstrommagneten (z. B. Topfmagnete) mit einem rotationssymmetrischen Aufbau ist eine 2-dimensionale Berechnung in der r-z-Ebene des Zylinderkoordinatensystems ausreichend (rotationssymmetrischer Fall).

Im rotationssymmetrischen Fall besitzen die Stromdichte und das Vektorpotenzial nur eine Komponente in φ-Richtung. Somit gilt:

$$\boldsymbol{J} = J\,\boldsymbol{e}_\varphi, \qquad \boldsymbol{A} = A\,\boldsymbol{e}_\varphi, \tag{4.36}$$

$$\frac{\partial}{\partial r}\left(\frac{1}{r\mu}\frac{\partial rA}{\partial r}\right) + \frac{\partial}{\partial z}\left(\frac{1}{\mu}\frac{\partial A}{\partial z}\right) = J\;. \tag{4.37}$$

Bei rotationssymmetrischen Magnetfeldern wird statt des Vektorpotenzials oft das modifizierte Vektorpotenzial

$$A^* = A\,r \tag{4.38}$$

verwendet. Der Vorteil dieses modifizierten Vektorpotenzials besteht in der Vereinfachung der Systemgleichungen.

Berechnung zeitveränderlicher Magnetfelder

Zur Berechnung zeitveränderlicher Magnetfelder [4.21] ist die zur Berechnung stationärer Magnetfelder verwendete Gleichung (4.18) noch um weitere Terme zu ergänzen. Unter Berücksichtigung der um einen Term für die Bewegungsinduktion ergänzten zweiten Maxwellschen Gleichung

$$\operatorname{rot}\boldsymbol{E} = \operatorname{rot}\frac{\boldsymbol{j}}{\varkappa} = -\frac{\partial \boldsymbol{B}}{\partial t} + \operatorname{rot}(\boldsymbol{v}\times\boldsymbol{B})\;. \tag{4.39}$$

kann eine feldbeschreibende Differenzialgleichung für zeitveränderliche Magnetfelder abgeleitet werden.

$$\operatorname{rot}\frac{1}{\mu}\operatorname{rot}\boldsymbol{A} = \boldsymbol{j_e} + \varkappa(\boldsymbol{v}\times\operatorname{rot}\boldsymbol{A}) - \varkappa\frac{\partial \boldsymbol{A}}{\partial t}\;. \tag{4.40}$$

Der erste Term der rechten Seite von (4.40) beschreibt den in der Erregerspule eingeprägten Strom, der zweite Term beinhaltet die durch Bewegungsinduktion hervorgerufenen Ströme und der dritte Term umfasst die Wirbelströme in elektrisch leitfähigen Materialien. Wenn der Magnet nicht mit eingeprägtem Strom, sondern mit eingeprägter Spannung betrieben wird, muss die eingeprägte Stromdichte in (4.40) durch die Spannung an den Klemmen der Magnetspule beschrieben werden.

Tritt keine Ankerbewegung auf, so kann der die Bewegungsinduktion beschreibende Term vernachlässigt werden.

$$\operatorname{rot}\frac{1}{\mu}\operatorname{rot}\boldsymbol{A} = \boldsymbol{j_e} - \varkappa\frac{\partial \boldsymbol{A}}{\partial t}\;. \tag{4.41}$$

Für die numerische Berechnung der Zeitableitung gibt es vorrangig zwei Möglichkeiten.

Unter der Voraussetzung, dass sich alle elektrischen Größen zeitlich nur sinusförmig ändern, kann bei konstanter Permeabilität die Lösung von (4.41) mit Hilfe der komplexen Rechnung bestimmt werden. Es gilt dann mit komplexen Größen

$$\mathrm{rot}\,\frac{1}{\mu}\mathrm{rot}\,\underline{\boldsymbol{A}} = \underline{\boldsymbol{j}_e} - j\omega\varkappa\underline{\boldsymbol{A}}\,. \tag{4.42}$$

Diese Möglichkeit, die zu einer erheblichen Reduzierung des Rechenaufwandes führt, erlaubt die Berechnung von sinusförmig ausgesteuerten linearen Magnetkreisen (z. B. Wechselstrommagnet mit abgefallenem Anker). Kann die Nichtlinearität nicht vernachlässigt werden (Wechselstrommagnet bei angezogenem Anker) führt dieses Verfahren zu Berechnungsfehlern. Eine Berechnung des Ein- bzw. Ausschaltverhaltens von Elektromagneten ist mit diesem Verfahren nicht möglich.

Ein anderes Lösungsverfahren besteht darin, die Zeit zu diskretisieren. Die Berechnung erfolgt für einzelne Zeitschritte. Dazu wird der Differenzialquotient durch einen Differenzenquotienten ersetzt. Für das Vektorpotenzial eines Knotenpunktes j gilt dann:

$$\frac{\partial A_j}{\partial t} \approx \frac{1}{\Delta t}(A_{j,t+\Delta t} - A_{j,t})\,. \tag{4.43}$$

Die bei der numerischen Integration von Differenzialgleichungen angewendeten Verfahren (z. B. Runge-Kutta-Verfahren) können auch hier analog eingesetzt werden. Da die expliziten Verfahren nur für sehr kleine Zeitschrittweiten numerisch stabil sind, empfiehlt sich die Verwendung von impliziten Integrationsverfahren. Der numerische Aufwand für das Zeitschrittverfahren ist jedoch sehr hoch, da in jedem Zeitschritt ein großes nichtlineares Gleichungssystem gelöst werden muss.

Allgemein kann der Arbeitsablauf bei der Anwendung der FEM zu Lösung eines Magnetfeldproblems in drei aufeinanderfolgende Schritte (Bild 4.7) eingeteilt werden.

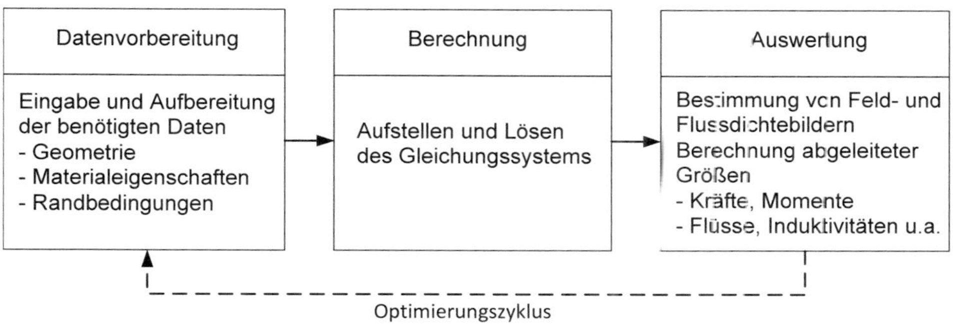

Bild 4.7: Arbeitsablauf bei der numerischen Feldberechnung

Der erste Schritt (Datenvorbereitung, preprocessing) umfasst alle zur Vorbereitung und Datenbereitstellung erforderlichen Tätigkeiten. Dazu gehören die Diskretisierung des Feldgebietes (Einteilung in die finiten Elemente), die Approximation der Materialeigenschaften und die Festlegung der Randbedingungen.

Im zweiten Schritt (Berechnung, processing) wird das Gleichungssystem aufgestellt und gelöst.

Im dritten Schritt (Auswertung, postprocessing) erfolgt die Auswertung der Feldberechnung. Dazu gehört die Berechnung abgeleiteter Größen (Magnetkräfte, magnetische Flüsse u. a. m.).

Während der zweite Schritt hauptsächlich durch das genutzte Rechenprogramm durchgeführt wird, ist die Effizienz dieser Methode durch eine sachgerechte Datenvorbereitung und Auswertung beeinflussbar, so dass nachfolgend diese Schritte detaillierter betrachtet werden.

Zur Bestimmung einer für den Anwendungsfall (z. B. Erreichen einer vorgegebenen Kraft-Hub-Kennline) optimalen Geometrie für einen Elektromagneten, muss der beschriebene Grundablauf der numerischen Feldberechnung innerhalb eines Optimierungszyklusses mehrfach durchlaufen werden. Dies ist mit einem hohen Rechenaufwand verbunden, so dass die Grundabmessungen mit einem schnelleren Verfahren wie der Netzwerkmethode ermittelt werden.

4.3.2 Datenvorbereitung

Diskretisierung des Feldgebietes

Zur Berechnung des magnetischen Feldes mit einer FEM ist eine Diskretisierung des Feldgebietes erforderlich. Zu diesem Zweck wird das zu untersuchende Gebiet mit einem Netz von finiten Elementen überzogen. An dieses Netz werden folgende Forderungen gestellt:

1. Das zu untersuchende Gebiet muss vollständig und eindeutig mit Elementen bedeckt werden.
2. Die Materialgrenzen dürfen nicht von Elementflächen überdeckt werden. Sie müssen mit Elementkanten zusammenfallen.
3. In den Gebieten, in denen eine starke Änderung des Feldes auftritt, soll dass Netz zum Erreichen einer hohen Genauigkeit ausreichend fein sein.
4. Die Elemente sollen möglichst günstige geometrische Eigenschaften besitzen, d. h. sehr spitzwinklige Elemente sollen vermieden werden.

Während die ersten beiden Forderungen stets erfüllt sein müssen, sind die weiteren in hohem Maß problemspezifisch. Aus diesem Grund ist auch die Literatur zur Generierung von Netzen für die FEM sehr umfangreich. Eine Zusammenstellung und Klassifikation der bekannten Verfahren wurde von HO-LE [4.16] erarbeitet.

Die Forderung 3 lässt sich nur mit einer großen Erfahrung des Bearbeiters oder mit einem adaptiven Berechnungsverfahren, bei dem sich das Netz in Abhängigkeit von dem Fehler des berechneten Feldes selbständig an das Feldproblem anpasst, erfüllen.

Für die Netzgenerierung stehen heute zahlreiche effektiv arbeitende Verfahren zur Verfügung, die eine weitgehend automatische Vernetzung ermöglichen.

Um den Aufwand bei der numerischen Feldberechnung gering zu halten, ist man bestrebt, das interessierende Feldproblem zu vereinfachen. Zuerst ist zu klären, ob sich das im Allgemeinen dreidimensionale Feldproblem auf ein zweidimensionales zurückführen lässt. Für Elektromagnete ist dies in vielen Fällen möglich.

Topfmagnete, als die am häufigsten angewendete Magnetbauform besitzen einen nahezu rotationssymmetrischen Aufbau. Besitzt ein Topfmagnet einen nicht völlig rotationssymmetrischen Aufbau, kann man mittels einer Modellierung das dreidimensionale Magnetfeld auf ein zweidimensionales zurückführen. Die für den magnetischen Fluss wirksamen Eisenquerschnitte sind im rotationssymmetrischen Modell und im nichtrotationssymmetrischen Original gleich. Diese Methode wird nachfolgend an zwei Beispielen erläutert.

Anker mit Bohrungen

Der Anker (Bild 4.8) besitzt zwei durchgehende Bohrungen mit dem Durchmesser d_b und eine Bohrung mit dem Durchmesser d_f zur Aufnahme einer Führungsstange. Die Modellierung erfolgt durch eine abgestufte Bohrung in der Mitte des Ankers. Der Eisenquerschnitt des Ankers bleibt gleich. Somit gilt für den Bohrungsdurchmesser in dem Teil des Ankers, in den die Führungsstange hineinragt:

$$d_1 = \sqrt{d_f^2 + 2d_b^2}. \tag{4.44}$$

In dem übrigen Teil des Ankers gilt für den Bohrungsdurchmesser:

$$d_2 = \sqrt{2}d_b. \tag{4.45}$$

Eisenrückschluss mit quadratischem Querschnitt

Die Modellierung erfolgt durch einen Hohlzylinder (Bild 4.9b). Der Innendurchmesser bleibt unverändert. Für den Außendurchmesser des Modells gilt:

$$d_a = 2\sqrt{\frac{l^2}{\pi} - d_b^2}\,. \tag{4.46}$$

In analoger Weise lassen sich mit dieser Methode auch kompliziertere Bauformen mit Schlitzen und Aussparungen modellieren. Bei allen diesen Modellierungen ist darauf zu achten, dass der prinzipielle Feldverlauf nicht verändert wird.

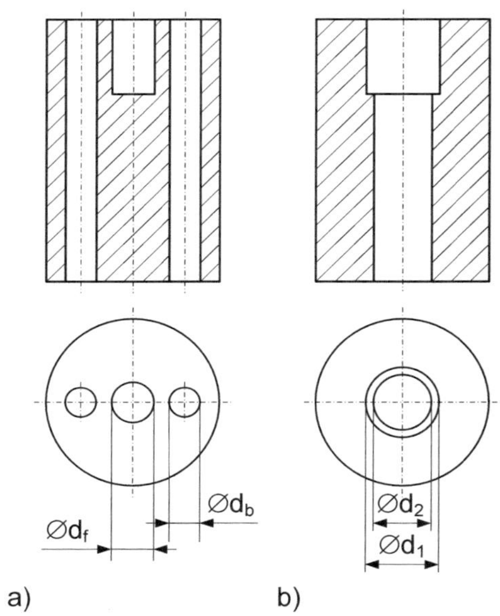

Bild 4.8: Modellierung eines Ankers mit Bohrungen; a) Original, b) Modell

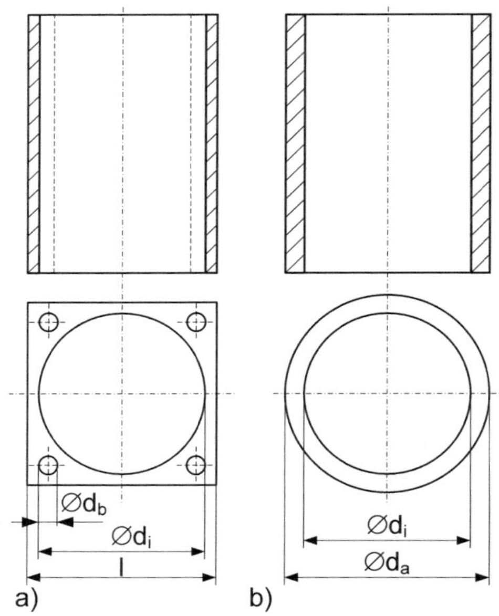

Bild 4.9: Modellierung eines quadratischen Eisenrückschlusses; a) Original, b) Modell

Approximation der Materialeigenschaften

Bei der Berechnung magnetischer Felder mit einer FEM müssen den zur Diskretisierung verwendeten finiten Elementen die entprechenden physikalischen Eigenschaften (Permeabilität bzw. Magnetisierungskennlinie, Stromdichte, elektrische Leitfähigkeit) der einzelnen Bereiche des betrachteten Feldgebietes zugeordnet werden. Zur Erläuterung wird die Festlegung der Materialeigenschaften am Beispiel eines Flachankermagneten (Bild 4.10) betrachtet.

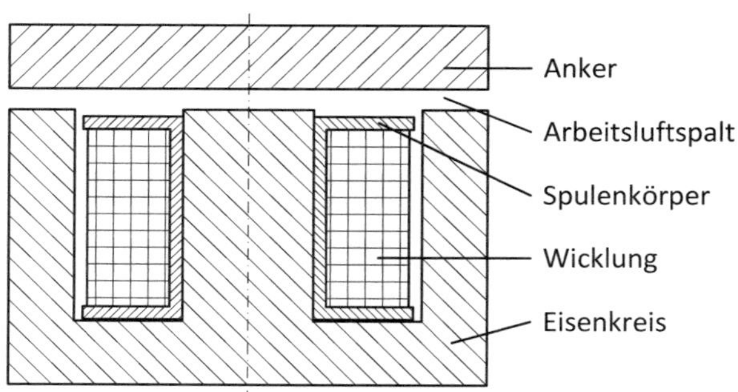

Bild 4.10: Flachankermagnet

Gebiete, die mit Luft ausgefüllt sind, werden mit der Permeablität μ_0 beschrieben. Ebenfalls mit μ_0 belegt werden die Gebiete (Spulenkörper), die weder mit elektrisch leitenden noch mit magnetisierbaren Stoffen ausgefüllt sind.

Spulengebiete, die vom elektrischen Strom durchflossen sind, erhalten die Permeabilität[2] μ_0 und eine Stromdichte J zugeordnet. Mit der Wickelfensterfläche A_w, der Windungszahl w und der Stromstärke I gilt für die Stromdichte in dem Spulengebiet

$$J = \frac{I\,w}{A_w}\,. \tag{4.47}$$

Für Bereiche (Eisenkreis, Anker), die aus ferromagnetischem Material bestehen, ist die Angabe einer Magnetisierungskurve erforderlich. Für viele Anwendungen können die Hysterese und mögliche Anisotropien der Eisenmaterialien vernachlässigt werden, so dass sich die Materialeigenschaften durch eine eindeutige B-H-Kennlinie beschreiben lassen. Dazu wird die Neukurve oder die Kommutierungskurve verwendet.

Aus rechentechnischen Gründen ist es in Finite-Elemente-Programmen günstiger, nicht die Kennlinie $B = B(H)$, sondern eine der Kennlinien $\nu = \nu(B^2)$, $H = H(B)$ oder $\mu = \mu(H^2)$ zu verwenden [4.24]. Dabei ist die Reluktivität ν der Kehrwert der Permeabilität μ.

Für die Approximation der Kennlinie eignen sich u. a. kubische und rationale Splinefunktionen [4.7], [4.28]. Bei der Approximation mit rationalen Splinefunktionen wird die zu approximierende Kurve innerhalb eines Intervalls k zwischen zwei Stützstellen B_k und B_{k+1} durch die Funktion

$$H = f_k(B) = a_k u + b_k t + c_k \frac{u^3}{pt+1} + d_k \frac{t^3}{pu+1} \tag{4.48}$$

mit

$$t = \frac{B - B_k}{B_{k+1} - B_k}\quad , \qquad u = 1 - t \tag{4.49}$$

dargestellt. a_k, b_k, c_k und d_k sind die Koeffizienten der Splinefunktion im Intervall k. Der Glättungsparameter p ermöglicht eine Dämpfung des bei der Approximation von gemessenen B-H-Kennlinien mit Splinefunktionen mitunter auftretenden Überschwingens der Approximationsfunktion.

Für größere Feldstärkewerte als die der letzten Stützstelle kann die B-H-Kennlinie durch eine Gerade mit dem Anstieg μ_0 beschrieben werden.

[2]Die Permeabilitätsunterschiede von dia- und paramagnetischen Stoffen können für die Magnetkreisberechnung i. a. vernachlässigt werden.

Festlegung der Randbedingungen

Um mit der FEM magnetische Felder berechnen zu können, sind neben der Beschreibung der Materialeigenschaften Angaben über den Feldverlauf an den Rändern des interessierenden Feldgebietes notwendig. Diese Angaben werden mittels Randbedingungen festgelegt. Aus mathematischer Sicht können dabei 3 Typen von Randbedingungen unterschieden werden:

Randbedingungen 1. Art (Dirichletsche Randbedingung)

Das Vektorpotenzial auf dem Rand R ist vorgegeben.

$$A|_R = f_1 \, . \tag{4.50}$$

Ist die vorgegebene Funktion f_1 auf dem Rand Null, so wird diese Randbedingung als homogene Randbedingung 1. Art bezeichnet. Anderenfalls liegt eine inhomogene Randbedingung 1. Art vor.

Randbedingung 2. Art (Neumannsche Randbedingung)

Die Normalenableitung des Vektorpotenzials bezüglich des Randes ist vorgegeben.

$$\left.\frac{\partial A}{\partial n}\right|_R = f_2 \, . \tag{4.51}$$

Ist diese Normalenableitung Null, so heißt diese Randbedingung in analoger Weise homogene Randbedingung 2. Art. Diese Randbedingung wird auch als natürliche Randbedingung bezeichnet.

Randbedingung 3. Art

Diese Randbedingung kann als eine Kombination der ersten beiden Randbedingungen betrachtet werden. In diesem Fall ist das Vektorpotenzial und die Normalenableitung vorgegeben. Es gilt in diesem Fall mit einer beliebigen Funktion $f(A)$

$$\left.\left(\frac{\partial A}{\partial n} + f(A)\right)\right|_R = f_3 \, . \tag{4.52}$$

Für die Magnetfeldberechnung von Elektromagneten kann man sich auf homogene und inhomogene Randbedingungen 1. Art sowie homogene Randbedingungen 2. Art beschränken.

Die einzelnen Randbedingungen besitzen unterschiedliche physikalische Bedeutung, die bei der Berechnung zu beachten sind. Bei homogenen Randbedingungen 1. Art verläuft das Magnetfeld parallel zum Rand. Der Rand stellt eine Feldlinie dar. Ist der Raum außerhalb des betrachteten Gebietes feldfrei, so ist das Vektorpotenzial auf dem Rand

Null. Ebenfalls gilt dies im rotationssymmetrischen Fall für die z-Achse. Bei der inhomogenen Randbedingung 1. Art müssen die Vektorpotenzialwerte auf dem Rand bekannt sein. Anwendung findet diese Randbedingung bei der Berechnung von Ausschnitten aus einer vorherigen Berechnung. Bei der homogenen Randbedingung 2. Art stehen die Feldlinien senkrecht auf dem Rand. Sie kann verwendet werden, um Symmetrien in dem betrachteten Gebiet zu nutzen und damit den Rechenaufwand zu verringern.

Für die Berechnung von Magnetsystemen mit einer geometrischen und elektrischen Periodizität (z. B. Drehmagnete, Schrittmotoren) ist zusätzlich die Anwendung einer periodischen Randbedingungen zur Reduzierung des Rechenaufwandes sinnvoll. Diese Randbedingung ist keine Randbedingung im mathematischen Sinn. Bei ihr gilt für die Vektorpotenziale auf den Grenzen 1 und 2: $A_1 = A_2$ (Ganzperiodizität) bzw. $A_1 = -A_2$ (Halbperiodizität) [4.3], [4.7], [4.24].

Anhand des Bildes 4.11 soll die Wahl der Randbedingungen erläutert werden. Der U-Magnet im Bild 4.11a ist symmetrisch aufgebaut. Für die Feldberechnung ist es ausreichend, nur eine Hälfte des Magneten zu betrachten.

Während auf den Rändern 1 bis 3 die Randbedingung $A = 0$ (Bereiche außerhalb sind feldfrei) gewählt wird, ist bei der Wahl der Randbedingung für die Symmetrielinie zu beachten, dass die Feldlinien in diesem Fall senkrecht auf dem Rand stehen. Der Rand 4 erhält somit eine homogene Randbedingung 2. Art.

Der in Bild 4.11d dargestellte Topfmagnet besitzt einen rotationssymmetrischen Aufbau. Bei der Wahl der Randbedingung für den Rand 8 ist zu beachten, dass das Vektorpotenzial auf der z-Achse (Rotationsachse) Null ist. Wenn der außerhalb liegende Bereich wieder als feldfrei angenommen wird, erhalten alle Ränder die Randbedingung $A = 0$.

Bei den in Bild 4.11 gezeigten FE-Netzen wurde außerhalb der Eisenteile noch ein Luftraum bis zu dem als feldfrei angenommenen Bereich berücksichtigt. Die Größe dieses Bereiches ist problemspezifisch. Bei abgeschlossenen Magnetkeisen kann dieser Luftraum entfallen. Eine elegante Lösung für dieses Problem ist die Verwendung von »infiniten Elementen« mit denen der Verlauf des Magnetfeldes in einem unendlichen Raum berücksichtigt wird [4.37].

4.3.3 Datenauswertung

Darstellung des Feldbildes

Feldbilder besitzen eine große Bedeutung für die Auswertung der Feldberechnung. Aus dem Verlauf der Feldlinien können hauptsächlich qualitative Aussagen über den Feldverlauf gewonnen werden. Feldlinien sind Linien, die von dem Flussdichtevektor an jeder Stelle des Feldes tangiert werden. Senkrecht zu ihnen existieren keine Flussdichtekomponenten.

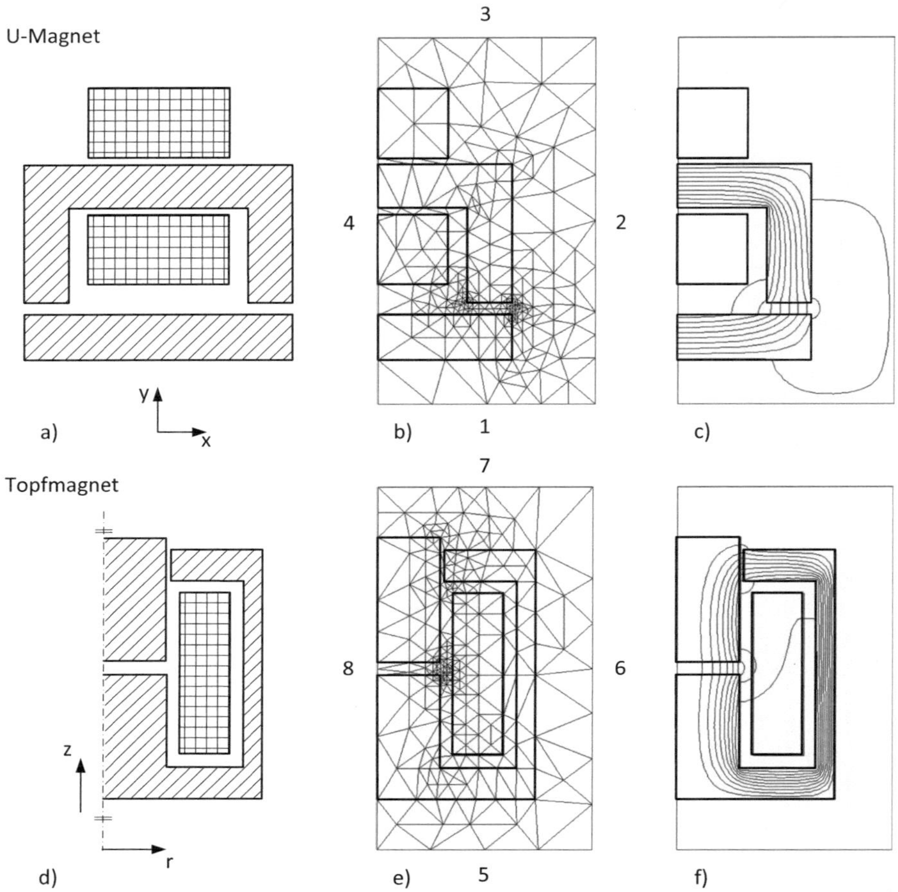

Bild 4.11: Wahl der Randbedingungen für die Berechnung typischer Magnetkreise; U-Magnet: a) Geometrie, b) FE-Netz mit Randbedingungen, c) Feldbild; Topfmagnet: d) Geometrie, e) FE-Netz mit Randbedingungen, f) Feldbild

Für die Feldlinien gilt:

- ebene Magnetfelder $\quad A = \text{konst},$
- rotationssymmetrische Magnetfelder $\quad A\,r = A^* = \text{konst}\;.$

Beim Zeichnen des Feldbildes ist es sinnvoll, die Feldlinien so zu wählen, dass zwischen zwei Feldlinien der gleiche magnetische Fluss verläuft. Dies ist der Fall, wenn die Differenz des Vektorpotenzials (ebene Magnetfelder) bzw. des modifizierten Vektorpotenzials (rotationssymmetrische Magnetfelder) zwischen jeweils zwei benachbarten Feldlinien gleich ist. Im ebenen Magnetfeld ist die Dichte der Feldlinien dem Betrag der Flussdichte $\boldsymbol{B}$ proportional. Im rotationssymmetrischen Magnetfeld dagegen ist die Dichte der Feldlinien proportional dem Produkt $r\boldsymbol{B}$.

Flussdichte und magnetische Feldstärke

Aus der Kenntnis der Flussdichte im Magnetkreis können vorrangig quantitative Aussagen über die Aussteuerung des Magnetmaterials und über etwaige Sättigungsbereiche im Magnetkreis gewonnen werden. Diese Informationen erlauben Rückschlüsse auf die Dimensionierung der Eisenquerschnitte und der Magnetspule. Im ebenen Fall ist die Flussdichte bei einem linearen Ansatz für das Vektorpotenzial im Element konstant. In einem Element (Bild 4.5) mit den Eckpunkten i, j, k und der Fläche S gilt für die Flussdichtekomponenten (ebenes Magnetfeld)

$$B_x = \frac{1}{2S}[A_i(x_k - x_j) + A_j(x_i - x_k) + A_k(x_j - x_i)], \tag{4.53}$$

$$B_y = \frac{1}{2S}[A_i(y_k - y_j) + A_j(y_i - y_k) + A_k(y_j - y_i)] . \tag{4.54}$$

Im rotationssymmetrischen Fall ist die Flussdichte bei einem linearen Ansatz für das modifizierte Vektorpotenzial innerhalb eines Elements von der r-Koordinate abhängig. Für die Komponenten der Flussdichte in einem Punkt P mit der r-Koordinate r_1, der in einem Element mit den Eckpunkten i, j, k und der Fläche S liegt, gilt

$$B_r = \frac{1}{2Sr_1}[A_i^*(r_k - r_j) + A_j^*(r_i - r_k) + A_k^*(r_j - r_i)], \tag{4.55}$$

$$B_z = \frac{1}{2Sr_1}[A_i^*(z_k - z_j) + A_j^*(z_i - z_k) + A_k^*(z_j - z_i)] . \tag{4.56}$$

Aus der Flussdichte kann die magnetische Feldstärke bestimmt werden.

In einem Element mit der Permeabilität μ gilt bei isotropen Magnetmaterialien:

$$\boldsymbol{H} = \frac{\boldsymbol{B}}{\mu} . \tag{4.57}$$

Magnetischer Fluss

Für den magnetischen Fluss, der die von dem Weg l begrenzte Fläche S (Bild 4.12) durchsetzt, gilt unter Berücksichtigung des Stokesschen Integralsatzes:

$$\Phi = \int_S \boldsymbol{B}\,\mathrm{d}\boldsymbol{S} = \int_S \mathrm{rot}\boldsymbol{A}\,\mathrm{d}\boldsymbol{S} = \oint_l \boldsymbol{A}\,\mathrm{d}\boldsymbol{l} . \tag{4.58}$$

Im ebenen Fall bestimmt sich der magnetische Fluss zwischen zwei Punkten $P(x_1, y_1)$ und $P(x_2, y_2)$ mit folgender Gleichung:

$$\Phi = l_z[A(x_1, y_1) - A(x_2, y_2)] . \tag{4.59}$$

l_z ist die Größe der Anordnung in z-Richtung.

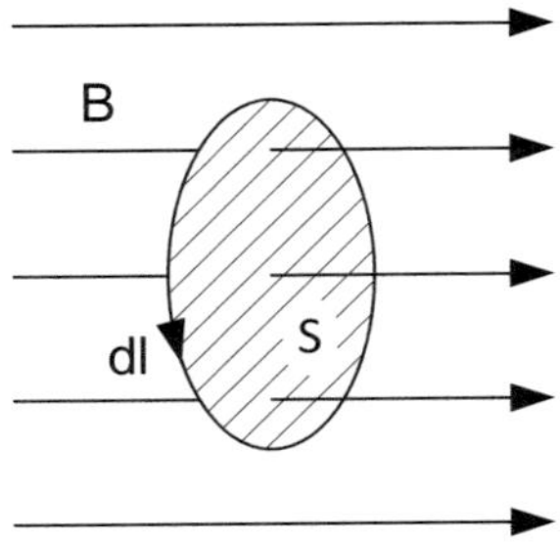

Bild 4.12: Berechnung des magnetischen Flusses

Analog gilt im rotationssymmetrischen Fall für den magnetischen Fluss zwischen zwei Punkten $P(r_1, z_1)$ und $P(r_2, z_2)$

$$\Phi = 2\pi[A^*(r_1, z_1) - A^*(r_2, z_2)] \; . \tag{4.60}$$

Verketteter Fluss und Induktivität

Zur Berechnung des verketteten Flusses ist (4.58) auf die gesamte von einem geschlossenen Leiterzug umfasste Fläche anzuwenden. Man erhält für den verketteten Fluss einer Spule mit w Windungen unter der Annahme, dass die Windungen gleichmäßig im Wickelraum mit der Fläche S_w verteilt sind:

- ebener Fall:

$$\Psi = \frac{l_z w}{S_w} \int\limits_{S_w} \boldsymbol{A} \, \mathrm{d}\boldsymbol{S} \; , \tag{4.61}$$

- rotationssymmetrischer Fall:

$$\Psi = \frac{2\pi w}{S_w} \int\limits_{S_w} r \boldsymbol{A} \, \mathrm{d}\boldsymbol{S} \; . \tag{4.62}$$

Für Dreieckselemente mit einem linearen Ansatz gilt somit:

- ebener Fall:

$$\Psi = \frac{w}{3} S_w l_z \sum_k (S_k(A_{k1} + A_{k2} + A_{k3})) \; , \tag{4.63}$$

- rotationssymmetrischer Fall:

$$\Psi = \frac{2\pi}{3} w S_w l_z \sum_k (S_k(A^*_{k1} + A^*_{k2} + A^*_{k3})) \; . \tag{4.64}$$

Dabei wird über alle Elemente k der Spule summiert. Die Induktivität einer Spule kann nun mit (2.35) berechnet werden.

Magnetische Energie

Für die magnetische Energiedichte in einem Volumenelement $\mathrm{d}V$ gilt:

$$\frac{W_m}{V} = W_{mv} = \int_0^B \boldsymbol{H}\,\mathrm{d}\boldsymbol{B}\,. \tag{4.65}$$

Für Materialien mit einer linearen B-H-Kennlinie folgt somit

$$W_{mv} = \frac{B^2}{2\mu}\,. \tag{4.66}$$

Wenn die Materialien eine nichtlineare B-H-Kennlinie besitzen, ist entsprechend (4.65) über die Kennlinie zu integrieren. Aus der magnetischen Energiedichte kann die magnetische Energie mit der Gleichung

$$W_m = \int_V W_{mv}\,\mathrm{d}V \tag{4.67}$$

bestimmt werden. Zur Integration über das Volumen wird die Energiedichte im Schwerpunkt des Dreieckselements bestimmt. Für den rotationssymmetrischen Fall wird diese innerhalb eines Elements als konstant angenommen. Es gilt dann:

- ebener Fall:

$$W_m = \sum_i W_{mvi} S_i\,, \tag{4.68}$$

- rotationssymmetrischer Fall:

$$W_m = 2\pi \sum_i r_{si} W_{mvi} S_i\,. \tag{4.69}$$

Dabei wird über alle Elemente i des Netzes summiert.

4.3.4 Adaptive FEM

Weiterentwicklungen der klassischen FEM, bei denen die verwendete Diskretisierung während der Berechnung unverändert bleibt, sind die adaptiven FEM. Die Diskretisierung passt sich bei diesen Verfahren während der Berechnung an das zu lösende Feldproblem an.

Die Entwicklung adaptiver Finite-Elemente-Methoden resultiert aus dem Widerspruch zwischen der hohen Flexibilität, den die Finite-Elemente-Methode bezüglich der Wahl der Ansatzfunktion und des Netzes bei der Lösung von Feldproblemen bietet, und der im Allgemeinen fehlenden Kenntnis, diese Auswahlmöglichkeiten für die zu berechnende Aufgabe optimal zu bestimmen. Das heißt, dass entweder eine vorgegebene Genauigkeit mit minimalem Aufwand oder dass die maximal mögliche Genauigkeit bei vorgegebenem Aufwand erreicht wird.

Ideal ist dabei ein Verfahren, das vom Nutzer nur die Modellierung des Systems unabhängig von einer Netzeinteilung fordert und dann selbständig ein Netz erzeugt, mit dem bei geringstmöglichem Rechenaufwand die größtmögliche Genauigkeit erreicht wird [4.29].

Nach der Art der Adaption lassen sich 3 Grundversionen adaptiver FEM unterscheiden:

- **h-Version**: Veränderung der Elementabmessung h durch eine Verfeinerung bzw. Vergröberung des Netzes [4.1], [4.22], [4.29], [4.42],
- **p-Version**: Veränderung des Grades p der Ansatzfunktion [4.2], [4.22],
- **r-Version**: Veränderung der Lage der Knoten des Netzes [4.18], [4.30].

Der Freiheitsgrad wird bei der h- und der p-Version verändert. Bei der r-Version bleibt er konstant. Neben den Grundversionen sind auch Kombinationen, wie die hp-Version möglich. Anwendung in Programmen zur FEM-Magnetfeldberechnung findet überwiegend die h-Version. Im Bild 4.13 ist die Veränderung des Netzes bei den 3 Grundversionen dargestellt.

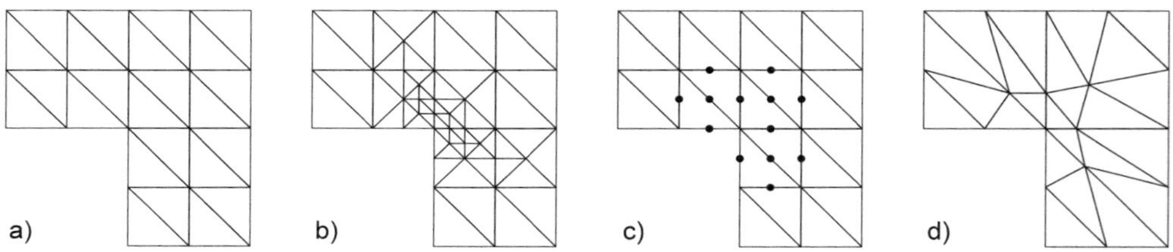

Bild 4.13: Veränderung des Netzes bei den Grundversionen adaptiver FEM; a) Ausgangsnetz, b) h-Version, c) p-Version, d) r-Version

Um bei einer adaptiven FEM eine Anpassung des Netzes an die zu berechnende Aufgabe zu erreichen, ist es erforderlich, nach einer Startrechnung (a posteriori) mit einem möglicherweise sehr groben Netz eine Fehlerabschätzung durchzuführen. Eine Fehlerabschätzung vor einer Rechnung (a priori) kann in der Regel nicht durchgeführt werden.

Für magnetische Felder finden zur Fehlerabschätzung besonders zwei Verfahren Anwendung. Beim ersten Verfahren wird der Fehler, den die numerische Lösung bei der Erfüllung der Grenzbedingung für die Tangentialkomponenten der magnetischen Feldstärke besitzt, zur Steuerung der Netzadaption verwendet [4.7], [4.32]. Beim zweiten Verfahren wird mittels einer geeigneten Mittelungsvorschrift der Fehler der magnetischen Energie bzw. der Energiedichte der numerischen Lösung abgeschätzt [4.28], [4.34].

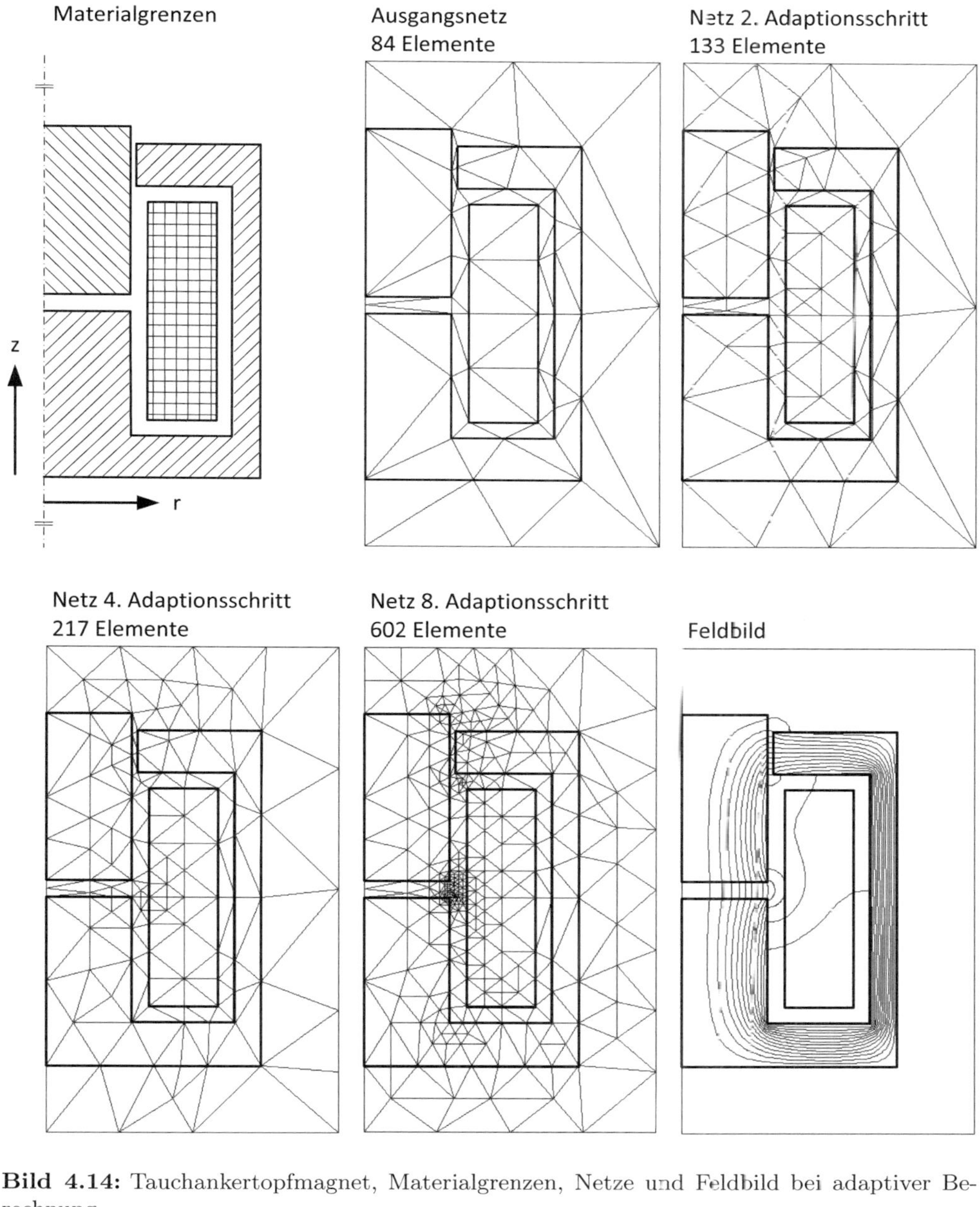

Bild 4.14: Tauchankertopfmagnet, Materialgrenzen, Netze und Feldbild bei adaptiver Berechnung

Das Bild 4.14 zeigt die Berechnung eines Tauchankertopfmagneten mit einer adaptiven FEM (h-Version).

Der Vergleich der Genauigkeiten und der Rechenzeiten von adaptiven FEM-Programmen mit nicht adaptiven FEM-Programmen zeigt, dass die gleiche Genauigkeit bei Verwendung einer adaptiven FEM mit einem wesentlich geringeren Freiheitsgrad erreicht werden kann. Dies entspricht bei der h-Version einem Netz mit weniger Elementen. Für den Nutzer adaptiver FEM bedeutet dies in der Regel kürzere Rechenzeiten. In vielen heute verfügbaren FEM-Programmen werden adaptive Methoden angewendet.

4.4 Polarisierte Magnetkreise

Die Berechnung von polarisierten Magnetkreisen kann prinzipiell mit den bereits in den Abschnitten 4.2 und 4.3 erläuterten Verfahren durchgeführt werden. In diesem Abschnitt werden die dafür notwendigen Erweiterungen erläutert.

Berechnung mit der Netzwerkmethode

Das Bild 4.15a zeigt einen einfachen Dauermagnetkreis, der im Unterschied zu dem Magnetkreis nach Bild 2.6 statt der Spule einen Dauermagneten mit der Länge l_d enthält. Die Erregung des magnetischen Kreises erfolgt nicht durch eine Spule, sondern durch einen Dauermagneten.

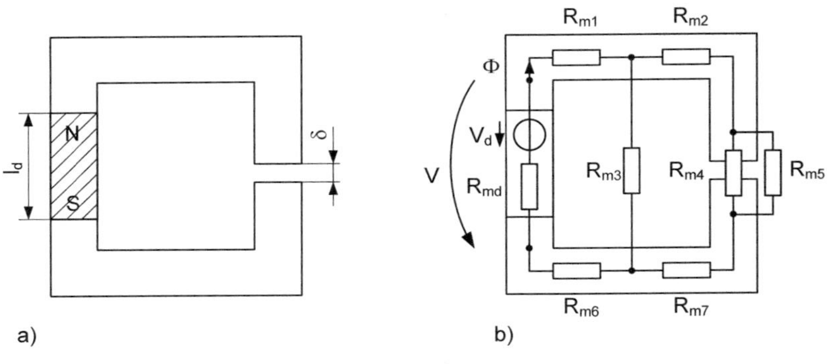

Bild 4.15: Berechnung einfacher Dauermagnetkreise; a) Geometrie, b) Netzwerkmodell

Zur Berechnung des Magnetkreises ist im Bild 4.15b das magnetische Ersatzschaltbild dargestellt. Der Arbeitspunkt kann mit Hilfe der Zweipoltheorie bestimmt werden. Dazu wird der Magnetkreis als eine Zusammenschaltung von einem aktiven und einem passiven Zweipol betrachtet (Bild 4.16). Der Dauermagnet (aktiver Zweipol) wird durch eine Reihenschaltung einer magnetischen Spannungsquelle mit der Größe $H_c l_d$ und eines magnetischen Widerstands R_{md} dargestellt. Bei einer linearen Entmagnetisierungskennlinie (Bild 4.17a) gilt für den magnetischen Widerstand des Dauermagneten:

$$R_{md} = \frac{H_c\, l_d}{B_r\, A} \,. \tag{4.70}$$

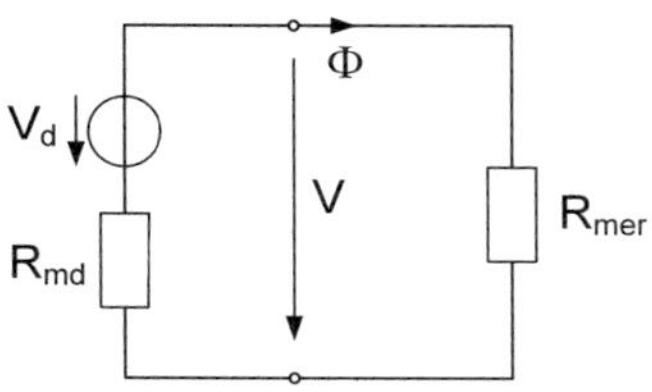

Bild 4.16: Magnetisches Ersatzschaltbild

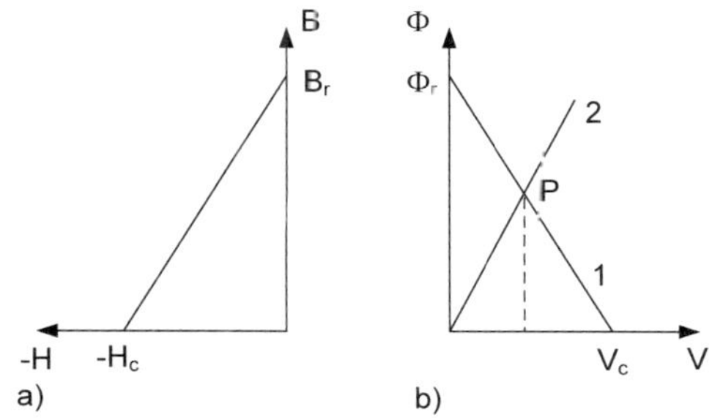

Bild 4.17: Entmagnetisierungskennlinie des Dauermagneten (a) und Bestimmung des Arbeitspunktes im Φ-V-Diagramm (b)

Alle anderen Bestandteile des Magnetkreises (Eisenteile und Luftspalt) werden zu einem passiven Zweipol mit dem magnetischen Ersatzwiderstand zusammengefasst[3]:

$$R_{mer} = R_{m1} + R_{m6} + R_{m3}||(R_{m2} + R_{m7} + R_{m4}||R_{m5}). \tag{4.71}$$

Für die im Bild 4.17b dargestellten Φ-V-Kennlinien der Zweipole gilt:

aktiver Zweipol: (Kennlinie 1)

$$\Phi = \Phi(V) = -\frac{V - H_c l_d}{R_{md}} = \frac{H_c l_d - V}{R_{md}} , \tag{4.72}$$

passiver Zweipol: (Kennlinie 2)

$$\Phi = \Phi(V) = \frac{V}{R_{mer}} . \tag{4.73}$$

Der sich einstellende Arbeitspunkt ergibt sich im Φ-V-Diagramm als Schnittpunkt beider Kennlinien. Für eine überschlägige Berechnung können die magnetischen Spannungen in den Eisengebieten vernachlässigt werden. Somit gilt für die magnetischen Feldstärken im Dauermagneten und im Luftspalt:

$$H_d\, l_d = H_\delta\, \delta . \tag{4.74}$$

Werden beide Seiten dieser Gleichung mit dem magnetischen Fluss Φ multipliziert, ergibt sich unter Berücksichtigung von (2.12) folgender für die Auslegung von Dauermagnetkreisen wichtiger Zusammenhang:

$$B_d H_d l_d A_d = \frac{B_\delta^2}{\mu_0} A_\delta \delta . \tag{4.75}$$

[3] Das Symbol || bedeutet in (4.71) die Parallelschaltung der entsprechenden Widerstände.

Um eine bestimmte Flussdichte im Luftspalt bei gegebenen Luftspaltabmessungen zu erreichen, kann das Volumen des Dauermagneten ($l_d A_d$) um so kleiner sein, desto größer das Produkt $B_d H_d$ ist. Es ist daher in der Mehrzahl der technisch interessanten Fälle sinnvoll, **den Arbeitspunkt so zu wählen, dass das Produkt BH maximal wird**. Ausnahmefälle von dieser Regel, wie z. B. bei hohen Anforderungen an die Arbeitspunktstabilität zur Vermeidung irreversibler Verluste sind im Abschnitt 2.4 und in [4.20] beschrieben.

Berechnung mit der FEM

Zur Berechnung von polarisierten Magneten mit einer FEM wird (4.18) um einen Term (Ersatzstromdichte J_m) für das durch den Dauermagneten hervorgerufene Magnetfeld ergänzt [4.27].

$$\text{rot}\,\frac{1}{\mu}\,\text{rot}\boldsymbol{A} = \boldsymbol{J}_{\varkappa} + \boldsymbol{J_m}\,. \tag{4.76}$$

$\boldsymbol{J}_{\varkappa}$ ist die Stromdichte in der Spule. Mit der magnetischen Polaristion $\boldsymbol{J_m}$ gilt

$$\text{rot}\,\frac{1}{\mu}\,\text{rot}\,\boldsymbol{A} = \boldsymbol{J}_{\varkappa} + \text{rot}\,\frac{1}{\mu}\,\boldsymbol{J_m}\,. \tag{4.77}$$

Bild 4.18 zeigt die Berechnung eines polarisierten Haftmagneten [4.20]. Ist die Spule nicht erregt, wird das Werkstück durch das vom Dauermagneten erzeugte Magnetfeld gehalten. Zum Lösen des Werkstücks wird durch die Spule eine Gegenerregung erzeugt, die den magnetischen Fluss über dem Werkstück kompensiert. Der magnetische Nebenschluss verhindert, dass der Arbeitspunkt des Dauermagneten bei erregter Spule unter den Knick der Entmagnetisierungskennlinie absinkt.

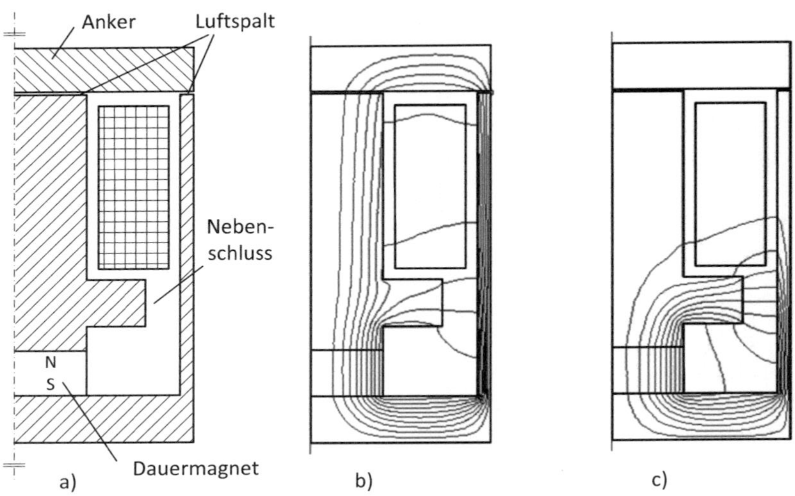

Bild 4.18: Polarisierter Haftmagnet; a) Geometrie, b) Feldbild bei nichterregter Spule; das Werkstück wird gehalten, c) Feldbild bei erregeter Spule; das Werkstück fällt ab

4.5 Quellen

[4.1] Babuska, J., Rheinboldt, W.: Error estimates for adaptive finite element computations. In: SIAM J. on Num. Analysis, 15(1978)4, S.736-754

[4.2] Bellmann, J.: Hierarchische FEM und adaptive Methoden für Scheiben und Plattenprobleme. TU München, Diss., 1987

[4.3] Binner, A.: Numerische Berechnung stationärer und quasistationärer elektromagnetischer Felder in elektrotechnischen Erzeugnissen. TU Dresden, Diss., 1989

[4.4] Brauer, H.; Leschke, E.: Numerische Berechnung zweidimensionaler elektromagnetischer Felder mit Randintegralmethode. In: Wiss. Tagungen der TU Chemnitz, 1/1989, S. 152-162

[4.5] Christina, S.; Napoli, A.: Combination of finite and boundary elements for magnetic field analysis. In: IEEE Trans. on Mag., 19(1983)6, S. 2337-2341

[4.6] Dotterweich, M.: Fortschritte in der numerischen Berechnung 3-dimensionaler transienter Magnetfelder. In: Tagungsband Simulations- und Entwurfswerkzeuge VDI / VDE-IT Ilmenau 2001

[4.7] Egli, R.: Über die Entwicklung eines interaktiven Systems zur numerischen Feldberechnung für Arbeitsplatzcomputer. ETH Zürich, Diss., 1987

[4.8] Eick, R.: Rechnergestützte Konstruktion von Gleichstrommagneten. TH Ilmenau, Diss., 1988

[4.9] Fetzer, J.; Abele, S.; Lehner, G.: Die Kopplung der Randelementemethode mit der Methode der finiten Elemente zur Losung dreidimensionaler elektromagnetischer Feldprobleme auf unendlichem Grundgebiet. Archiv für Elektrotechnik; 76(5), S. 361-368, 1993

[4.10] Fetzer, J.; Kurz, S.: Analysis of an actuator with eddy currents and iron saturation between FEM and BEM-FEM coupling approach. IEEE Transaction and Magnetics, S. 270-273, 1999

[4.11] Fischer, S. u. a. : Anwendung der Netzwerkmethode auf dem Gebiet elektrischer Maschinen. In: Elektrie, 41(1987) 10, S. 395-398

[4.12] Gimkiewicz, K.: Kombination von Proportionalventil- und 2-Wege-Einbauventiltechnik für Mehrfunktionalregelungen. RWTH Aachen, Diss., 1992

[4.13] Gordon, A.; Slivinskaja,A.: Gleichstrommagnete. (russ.) Moskau: Energie Verlag, 1960

[4.14] Hickmann, W.: Ein Beitrag zur rechnergestützten Auslegung und Optimierung von Gleichstrommagnetsystemen. TH Darmstadt, Diss., 1984

[4.15] Heinrich, B.: Finite-Difference-Methods on Irregular Networks. Berlin: Akademieverlag, 1987

[4.16] Ho-Le, K.: Finite element mesh generation methods: a rewiew and classification. In: Computer aided design, 20(1988)1, S. 27-38)

[4.17] Kallenbach, E.: Der Gleichstrommagnet. Leipzig: Verlag Geest & Portig, 1969

[4.18] Kasper, M.: Die Optimierung elektromagnetischer Felder mit Hilfe der Finiten Elemente Methode und deren Anwendung auf ein Wirbelstromproblem. Düsseldorf: VDI-Verlag, 1990

[4.19] Klimpke, B. A Hybrid Magnetic Field Solver Using a Combined Finite Element/Boundary Element Field Solver. UK Magnetics Society Conference Ädvanced Electromagnetic Modelling Industrial Application"Feb 19, 2003, Staffort

[4.20] Koch, J; Ruschmeyer, K.: Permanentmagnete Bd. 1 und 2. Hamburg: Firmenschrift Philips Components, 1991

[4.21] Koch, W.: Zur Ermittlung des dynamischen Verhaltens von Elektromagneten durch numerische Feldberechnung. TH Ilmenau, Diss., 1984

[4.22] Kost, A.: Numerische Methoden in der Berechnung elektromagnetischer Felder. Berlin: Springer Verlag, 1994

[4.23] Kurz, S.; Fetzer, J., Lehner,G.: An impoved algorithm for the BEM-FEM-coupling method using domain decomposition. IEEE Transaction on Magnetics, 32 (3) ; 1737-1740, 1995

[4.24] Lowther, D.; Silvester, P.: Computer-Aided Design in Magnetics. New York: Springer Verlag, 1986

[4.25] Lunze, K.: Einführung in die Elektrotechnik. Berlin: Verlag Technik, 1991

[4.26] Lüdtke, U.: Zur numerischen Berechnung dreidimensionaler elektromagnetischer Felder, TH Ilmenau, Diss., 1990

[4.27] May, H. u. a. : Numerische Magnetfeldberechnung durch Diskretisierungsverfahren. In: Archiv für Elektrotechnik, 69(1986), S. 307-320

[4.28] Quendt, P.: Berechnung und Optimierung von Gleichstrommagneten mit einer adaptiven Finite-Elemente-Methode. TH Ilmenau, Diss., 1991

[4.29] Rank, E.: A-posteriori-Fehlerabschätzungen und adaptive Netzverfeinerung für Finite-Elemente- und Randintegral-Methoden. TU München, Diss., 1985

[4.30] Rheinhardt, M.: Eine Methode zur geometrischen Optimierung von Finite-Elemente-Netzen. In: Wiss. Tagungen der TU Chemnitz, (1989)1, S. 139-151

[4.31] Reichert, K.: Über ein numerisches Verfahren zur Berechnung von Wirbelströmen in elektrischen Maschinen. TU Stuttgart, Habilitationsschrift, 1968

[4.32] Reichert, K. u. a. : Numerische Feldberechnungsverfahren, Aufgaben, Probleme, interaktive Systeme. In: Wiss. Tagungen der TU Chemnitz, (1989)1, S. 48-60

[4.33] Scheinert, G.; Haueisen, J.: Dreidimensionale Magnetfeldberechnung an einem Proportionalmagneten. In: IWK der TU Ilmenau (1992), S. 15-20

[4.34] Schmöllebeck, F.; Haas, H.: Automatische Vernetzung und adaptive Verfeinerung dreidimensionalen Finite-Elemente-Netzen. In: Wiss. Tagungen der TU Chemnitz, (1990) 2, S. 18-22

[4.35] Schwarz, H.: Methode der finiten Elemente. Stuttgart: Teubner Verlag, 1991

[4.36] Seidel, H.; Wagner, E.: Allgemeine Elektrotechnik. München: Hanser Verlag, 2000

[4.37] Silvester, P.; Ferrari, R.: Finite Elements for electrical engineers. Cambridge: University Press, 1990

[4.38] Ströhla, T.; Kallenbach, E.; Feindt, K.; Birli, O.: Entwurf magnetischer Aktoren für mechatronische Systeme mit SESAM, VDI-Mechatronik Tagung 2003 Innovative Produktentwicklung, 7-8 Mai 2003, Fulda

[4.39] Weeber, K. u. a.: Berechnung 2-dimensionaler und 3-dimensionaler elektromagnetischer Felder mit finiter Elemente Software. Firmenschrift Mac Neal-Schwendler Corporation Milwaukee, 1992

[4.40] Yeh-Sun, H.: Berechnung, Verbesserung und Weiterentwicklung von Proportionalmagneten als elektromechanischer Signalumformer für Proportionalventile. RWTH Aachen, Diss., 1986

[4.41] Zhou, P.: Numerical Analysis of Electromagnetic Fields. Berlin: Springer Verlag, 1993

[4.42] Zienkiewicz, O.; Zhu, J.: A simple error estimator and adaptive procedure for practical engineering analysis. In: Int. J. numer. methods eng., 24 (1987), S. 337-358

Kapitel 5

Das dynamische Verhalten von Elektromagneten

5.1 Allgemeines

Die Erzeugung von Bewegungen umfasst sowohl die Realisierung bestimmter Bewegungsformen (räumliche Aufeinanderfolge von Lagen) als auch mehr oder weniger definierter Bewegungsverläufe (zeitliche Aufeinanderfolge von Lagen) [5.14].

Für Elektromagnete sind die begrenzte translatorische Bewegungsform (z. B. Hubmagnete) und die begrenzte rotatorische Bewegungsform (z. B. Drehmagnete, Klappankermagnete) typisch.

Häufig angewandte Bewegungsverläufe von Elektromagneten sind wechselsinnige Bewegungen mit steuerbaren Rasten in beiden Endlagen (Bild 1.9), mit Rast in der Hubanfangslage (z. B. Druckmagnete), mit Rast in der Hubendlage und ohne Rast (Schwingmagnete, Proportionalmagnete).

In zunehmendem Maße werden höhere Anforderungen an den Bewegungsverlauf gestellt (z. B. kürzere Schaltzeiten, höhere Schalthäufigkeiten, definierte Ankerendgeschwindigkeiten, Frequenzgänge), so dass es häufig notwendig ist, bereits im Entwurfsprozess von Elektromagneten dynamische Kenngrößen zu berücksichtigen. Das dynamische Verhalten muss zu analysieren, zu berechnen bzw. zu simulieren und gegebenenfalls zu beeinflussen sein. Grenzen des dynamischen Verhaltens müssen sichtbar gemacht werden [5.5], [5.12], [5.13], [5.16], [5.17], [5.18], [5.25].

Nachfolgend sollen unter dem dynamischen Verhalten von Elektromagneten die Ausgleichsvorgänge (elektrische, magnetische, mechanische) verstanden werden, die infolge der physikalischen Gesetzmäßigkeiten der elektro-magneto-mechanischen Energiewandlung bei Zustandsänderungen (z. B. Ein- und Ausschalten) auftreten.

Tabelle 5.1: Anforderungen an das dynamische Verhalten von Gleichstrommagneten

Nr.	Forderungen	Anwendungen, Bemerkungen
1	$t_1 < t_{1max}$ $t_2 < t_{2max}$	Kupplungen, Relais, Schalter; in Sonderfällen werden extrem kurze Anzugs- bzw. Rücklaufzeiten gefordert (z. B. Sperrmagnete)
2	$t_1 > t_{1max}$ $t_2 > t_{2max}$	Verzögerungsrelais, Betätigungsmagnete mit verzögerter Anzugs- und Abfallzeit
3	$t_1 + t_2 < T_{max}$ $f = 1/T_{max}$	Druckmagnete mit vorgegebener Druckfrequenz, Ventilmagnete mit Impulsbreitenmodulation
4	$\dot{x}_e \leq \dot{x}_{emax}$	Relais, Betätigungsmagnete, Sitzventile; mechanische Energie am Ende des Anzugsvorganges ist im Interesse geringer Prellschwingungen bzw. niedrigen Verschleißes zu begrenzen, $\dot{x}_e$ Ankerendgeschwindigkeit
5	$\dot{x}_e - \varepsilon \leq \dot{x}_e \leq \dot{x}_e + \varepsilon$, steuerbar, $\varepsilon < \dot{x}_e$	Druckmagnete, Stanzmagnete; kinetische Energie ist funktionsrelevant und ist gegebenenfalls in Abhängigkeit von den speziellen Bedingungen zu steuern (z. B. in Abhängigkeit von der Zeichengröße beim Drucken)
6	$\overline{\dot{x}} > \dot{x}_e$	Elektromagnete mit großem Ankerhub und hoher Schalthäufigkeit $\overline{\dot{x}}$ Mittelwert der Ankergeschwindigkeit
7	hohe Frequenz kurze Anregelzeit	Proportionalmagnete, Hydraulikmagnete

Tabelle 5.1 zeigt, dass die Anforderungen an das dynamische Verhalten[1] je nach Anwendung sehr unterschiedlich sein können. Da Elektromagnete in der Regel als Direktantriebselemente eingesetzt werden, sind sie sorgfältig an den vorgesehenen Belastungsfall anzupassen, d. h. unter Beachtung dynamischer Kennwerte zu entwerfen.

Auf Grund des unterschiedlichen zeitlichen Verlaufs der Erregerspannungen unterscheiden sich die dynamischen Eigenschaften von Gleichstrommagneten und Wechselstrommagneten grundsätzlich voneinander; sie werden deshalb getrennt behandelt.

[1] Als Kriterien werden folgende Größen verwendet: t_1 Anzugszeit, t_2 Abfallzeit, T Zykluszeit, f Ansteuerfrequenz und $\dot{x}_e$ Ankerendgeschwindigkeit.

5.2 Das dynamische Verhalten von Gleichstrommagneten

5.2.1 Theoretische Grundlagen

Unter dem dynamischen Verhalten von Gleichstrommagneten sollen nachfolgend die Ausgleichsvorgänge verstanden werden, die im Gleichstrommagneten beim Ein- bzw. Ausschalten von Gleichspannungen bzw. Gleichströmen auftreten.

Die zeitliche Abhängigkeit der wichtigsten, das dynamische Verhalten charakterisierenden Größen für den Betriebsfall eingeprägte Spannung ist in Bild 5.1 dargestellt.

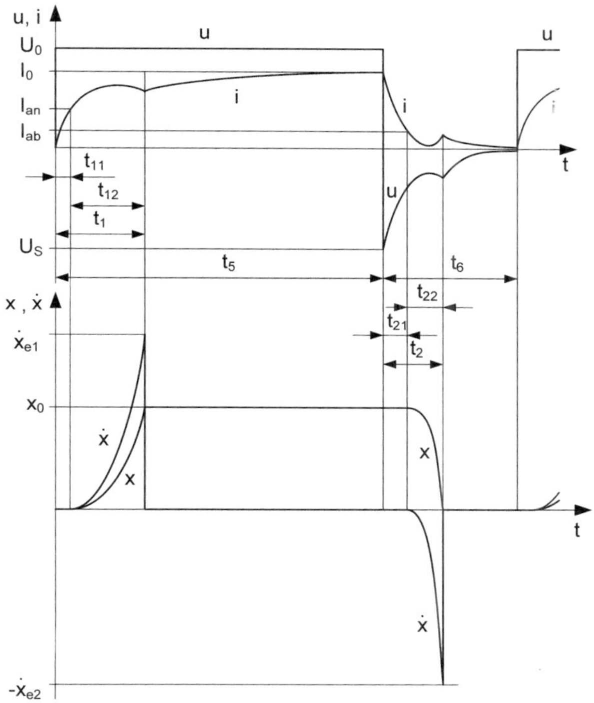

Bild 5.1: Das dynamische Verhalten von Gleichstrommagneten während eines Schaltzyklus. $-U_s$ Abschaltspannungsspitze, $\dot{x}_e$ Ankerendgeschwindigkeit, I_{an} Anzugsstrom, I_{ab} Abfallstrom, t_{11} Anzugsverzug, t_{12} Hubzeit, t_1 Anzugszeit, t_{21} Abfallverzug, t_{22} Rücklaufzeit, t_2 Abfallzeit, t_5 Einschaltzeit, t_6 stromlose Pause

Zwecks Vereinfachung der mathematischen Beziehungen für die Zeitintervalle t_1, t_2 ist es zur Beschreibung des dynamischen Verhaltens allgemein üblich, ein anderes Koordinatensystem als für die Magnetkraft-Hub-Kennlinie zu wählen. Sein Nullpunkt liegt in der Anfangslage des Magnetankers $\delta_N = \delta_{max}$ und die positive Zählrichtung fällt mit der Richtung der Magnetkraft zusammen. Es gilt die Transformationsbeziehung

$$x = \delta_N - \delta.$$

Das dynamische Verhalten von Gleichstrommagneten mit linearer Ankerbewegung, deren Anker den mechanischen Freiheitsgrad x besitzt, kann man nach Abschnitt 3.3.2 durch folgendes Differenzialgleichungssystem beschreiben:

$$U_0 = iR + \frac{\mathrm{d}\psi(x,i)}{\mathrm{d}t}, \tag{5.1}$$

$$F_m(x,i) = m\ddot{x} + \varrho\dot{x} + f(x) + F_0, \tag{5.2}$$

$$F_m(x,i) = \frac{\partial}{\partial x}\int\limits_0^i \psi(x,i)\,\mathrm{d}i, \tag{5.3}$$

$$R = R_i + R_M.$$

Dieses Differenzialgleichungssystem kann vereinfacht werden, wenn $\psi(x,i)$ als Produkt zweier Funktionen geschrieben werden kann

$$\psi(x,i) = \varphi_1(i)\varphi_2(x). \tag{5.4}$$

Dabei können zwei Fälle unterschieden werden:

1. Ψ-I-Kennlinienfeld ist im betrachteten Bereich linear,
2. Ψ-I-Kennlinienfeld ist nichtlinear.

Infolge der Scherung des geöffneten magnetischen Kreises kann man bei der Berechnung des Einschaltvorganges von Elektromagneten ohne Kennlinienbeeinflussung in den meisten Fällen näherungsweise von linearen Ψ-I-Kennlinien ausgehen.

Dann gilt $\varphi_1(i) = i, \varphi_2(x) = L(x)$ und man erhält aus (5.4)

$$\psi(x,i) = i\,L(x). \tag{5.5}$$

In zunehmendem Maße treten jedoch mit der Entwicklung von Elektromagneten mit Kennlinienbeeinflussung (ferromagnetischem Shunt) und dem Einsatz stark übererregter Elektromagnete mit Schnellwirkung nichtlineare Ψ-I-Kennlinien auf, die gegebenenfalls bereichsweise linearisiert werden können.

Setzt man (5.4) in (5.1) und (5.2) ein, erhält man:

$$U = iR + \varphi_1(i)\frac{\mathrm{d}\varphi_2(x)}{\mathrm{d}x}\frac{\mathrm{d}x}{\mathrm{d}t} + \varphi_2(x)\frac{\mathrm{d}\varphi_1(i)}{\mathrm{d}i}\frac{\mathrm{d}i}{\mathrm{d}t}, \tag{5.6}$$

$$\frac{\mathrm{d}}{\mathrm{d}x}\varphi_2(x)\int\limits_0^i \varphi_1(i)\,\mathrm{d}i = m\ddot{x} + \varrho\dot{x} + f(x) + F_0. \tag{5.7}$$

Entsprechend lautet das Differenzialgleichungssystem bei Verwendung von (5.5)

$$U = iR + L(x)\frac{\mathrm{d}i}{\mathrm{d}t} + i\frac{\mathrm{d}L(x)}{\mathrm{d}x}\frac{\mathrm{d}x}{\mathrm{d}t}, \tag{5.8}$$

$$\frac{i^2}{2}\frac{\mathrm{d}L(x)}{\mathrm{d}x} = m\ddot{x} + \varrho\dot{x} + f(x) + F_0. \tag{5.9}$$

Möchte man den Sättigungseinfluss auf die dynamischen Eigenschaften erfassen, ist es allerdings günstiger, (5.1) und (5.2) weiter umzuwandeln, indem man anstelle des Ψ-I-Kennlinienfeldes vom synthesefreundlichen Φ-Θ-Kennlinienfeld ausgeht. Mit $U' = U/w$ und $R' = R/w^2$ erhält man:

$$U' = \theta R' + \frac{\mathrm{d}\phi(x,\theta)}{\mathrm{d}t}, \tag{5.10}$$

$$\frac{\partial}{\partial x}\int\limits_0^\theta \phi(\theta,x)\,\mathrm{d}\theta = m\ddot{x} + \varrho\dot{x} + f(x) + F_0. \tag{5.11}$$

Bei der Integration der Dynamikgleichungen sind die Anfangsbedingungen und ihre unterschiedliche Verkopplung während t_1 und t_2 zu beachten.

Während des **Anzugsverzuges** t_{11} wird das magnetische Feld aufgebaut und es findet nur eine **elektromagnetische Energiewandlung** statt. Zur Berechnung der Ausgleichsvorgänge während t_{11} genügt allein die Spannungsgleichung (5.1).

Es gelten im allgemeinen folgende Anfangsbedingungen:

$$t = 0, \qquad x = 0, \qquad \dot{x} = 0, \qquad i = 0, \qquad F_m = 0.$$

Während des Anzugsverzuges t_{11} sind folgende Bedingungen erfüllt:

$$0 \le t \le t_{11}, \qquad x = 0, \qquad \dot{x} = 0, \qquad \ddot{x} = 0, \qquad \psi(x,i) = \psi(0,i), \qquad F_m \le F_{geg}.$$

Die **Hubzeit** t_{12} ist das Zeitintervall, in dem der Elektromagnet seinen eigentlichen Arbeitsprozess ausführt. Es findet eine **elektro-magneto-mechanische Energiewandlung** statt. Das erfordert die Berücksichtigung der beiden miteinander gekoppelten Dynamikgleichungen (5.1), (5.2). Es gelten folgende Anfangsbedingungen:

$$t = t_{11}, \qquad i = I_{an}, \qquad F_m = F_m(0, I_{an}).$$

Während der Hubzeit t_{12} sind folgende Bedingungen erfüllt:

$$t_{11} < t \leq t_{11} + t_{12}, \qquad x > 0, \qquad \overline{\dot{x}} > 0, \qquad \overline{\ddot{x}} > 0.$$

Dabei bedeuten $\overline{\dot{x}}$ Mittelwert der Ankergeschwindigkeit und $\overline{\ddot{x}}$ Mittelwert der Ankerbeschleunigung.

Der **Abfallverzug** t_{21} entsteht, weil das magnetische Feld nach dem Abschalten der Erregerspannungsquelle eine bestimmte Zeit zum Abbau benötigt, womit auch die zeitliche Abnahme der Magnetkraft verbunden ist.

Es gelten die Anfangsbedingungen

$$t = 0, \qquad x = x_N, \qquad \dot{x} = 0, \qquad F_m > F_{geg}(x_N), \qquad i = I_0.$$

Während des Zeitintervalls t_{21} gilt:

$$0 < t \leq t_{21}, \quad x = x_N, \quad \dot{x} = 0, \quad \ddot{x} = 0, \quad F_m \geq F_{geg}(x = x_N), \quad I_0 > i \geq I_{ab}.$$

Zur Berechnung der Ausgleichsvorgänge während des Abfallverzuges genügt die Spannungsgleichung (5.1).

Die **Rücklaufzeit** t_{22} ist die Zeit, die der Magnetanker unter der Wirkung der mechanischen Rückstellkräfte und eventuell noch vorhandener Magnetkräfte benötigt, um aus dem angezogenen Zustand in den abgefallenen Zustand überzugehen.

Je nachdem, ob die Magnetkräfte vernachlässigbar klein sind während der Rücklaufzeit, das ist insbesondere bei Gleichstrommagneten ohne Kennlinienbeeinflussung der Fall, oder ob die Magnetkräfte einen endlichen Wert besitzen, das kann besonders bei Elektromagneten mit Kennlinienbeeinflussung und Freilaufdiode als Bedämpfungselement auftreten, genügt die Verwendung von (5.2) oder man muss das gesamte Differenzialgleichungssystem (5.1) und (5.2) berücksichtigen.

Anfangsbedingungen:

$$t = t_{21}, \qquad x = x_N, \qquad \dot{x} = 0, \qquad i = I_{ab}, \qquad F_m = F_{geg}.$$

Bedingungen während der Rücklaufzeit:

$$t_{21} < t < t_{21} + t_{22}, \qquad F_m < F_{geg}, \qquad x < x_N, \qquad \overline{\dot{x}} < 0, \qquad \overline{\ddot{x}} < 0.$$

In den Tabellen 5.2 und 5.3 sind die für die einzelnen Zeitintervalle geltenden Ersatzschaltbilder, Energieumwandlungsprozesse und Grundgleichungen zusammengestellt.

Tabelle 5.2: Anzugsvorgang von Gleichstrommagneten

Nr.	Zeitintervall	Ersatzschaltbild/Energiewandlung	Arbeitspunktverlauf/Bemerkungen
1	**Anzugsverzug** t_{11} Anfangsbedingungen: $t = 0$ $x = 0$ $\dot{x} = 0$ $F_m < F_{geg}$ $i = 0$ $u(t) = iR + \frac{\partial \psi}{\partial i}\frac{\mathrm{d}i}{\mathrm{d}t}$ $R = R_i + R_M$	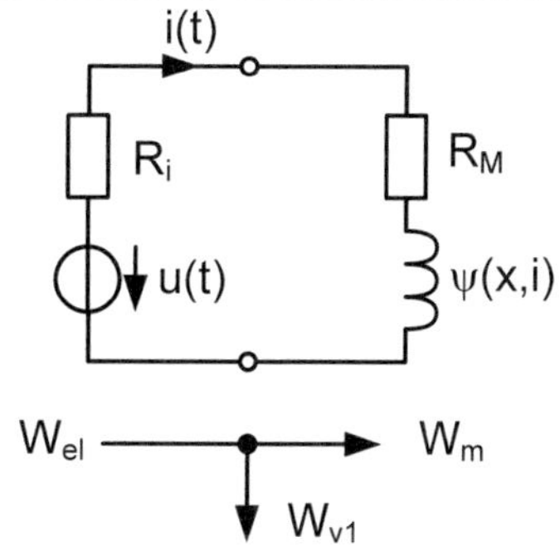	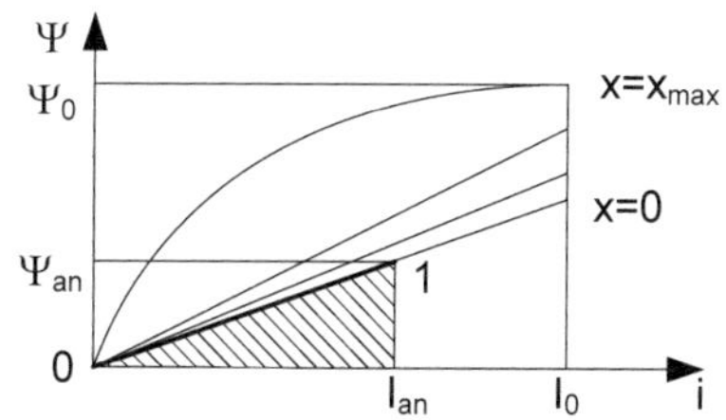 W_{el} elektrische Energie W_m magnetische Energie W_{v1} elektrische Verlustenergie
2	**Hubzeit** t_{12} Anfangsbedingungen: $t = 0$ $x = 0$ $\dot{x} = 0$ $F_m = F_{geg}$ $i = I_{an}$ $u(t) = iR + \frac{\partial \psi}{\partial i}\frac{\mathrm{d}i}{\mathrm{d}t} + \frac{\partial \psi}{\partial x}\frac{\mathrm{d}x}{\mathrm{d}t}$ $F_m = m\ddot{x} + \varrho\dot{x} + f(x)$	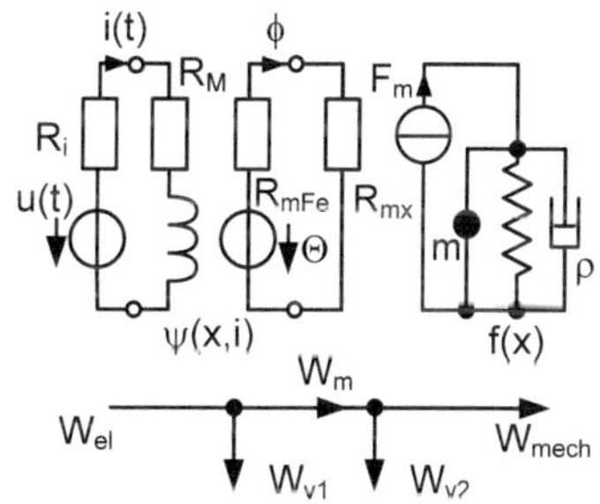	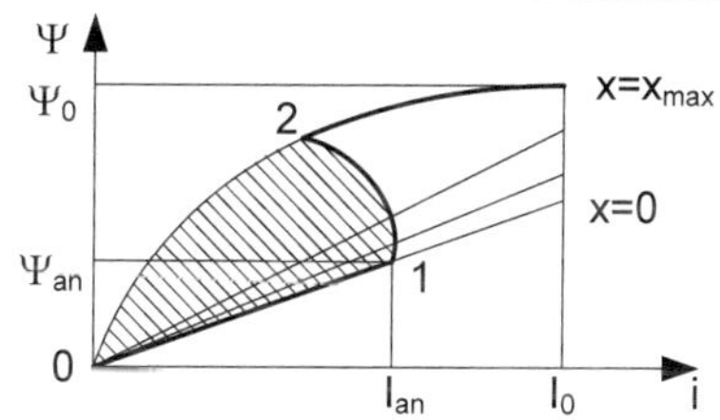 W_{v1} elektrische Verlustenergie W_{v2} mechanische Verlustenergie W_{mech} mechanische Energie

Tabelle 5.3: Rücklaufvorgang von Gleichstrommagneten

Nr.	Zeitintervall	Ersatzschaltbild/Energiewandlung	Arbeitspunktverlauf/Bemerkungen
3	**Abfallverzug** t_{21} Anfangsbedingungen: $t = 0$ $x = x_{max}$ $\dot{x} = 0$ $F_m \geq F_{geg}$ $i = I_0$ $0 = i(R_D + R_M) + \frac{\partial\psi}{\partial i}\frac{\mathrm{d}i}{\mathrm{d}t}$	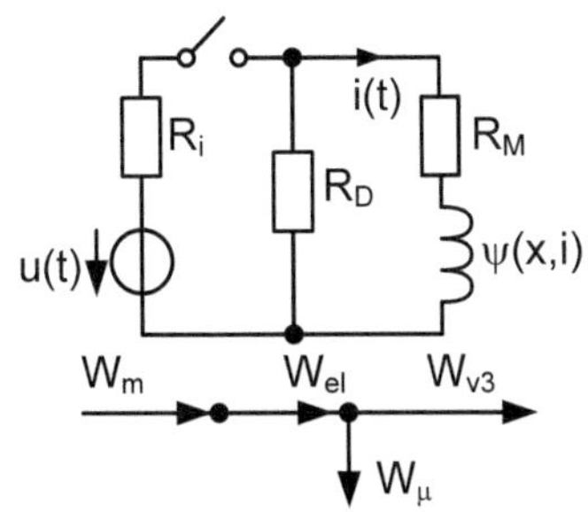	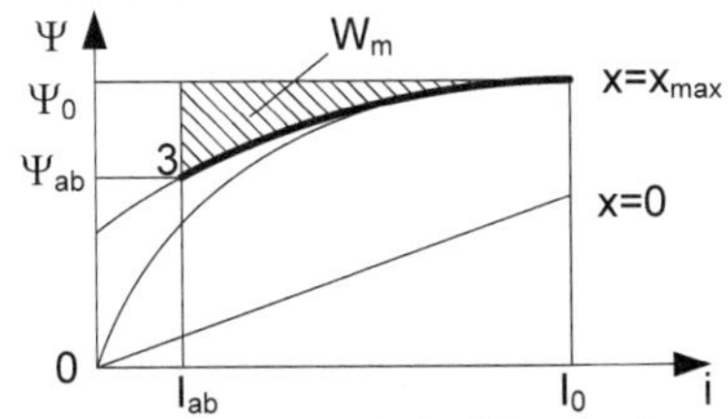 W_μ Verlustenergie im Eisenkreis W_{v3} Verlustenergie in R_M und R_D R_D Dämpfungswiderstand
4	**Rücklaufzeit** t_{22} Anfangsbedingungen: $t = 0$ $x = x_{max}$ $\dot{x} = 0$ $F_m < F_{geg}$ $i = I_{ab}$ $0 = i(R_D + R_M) + \frac{\partial\psi}{\partial i}\frac{\mathrm{d}i}{\mathrm{d}t} + \frac{\partial\psi}{\partial x}\frac{\mathrm{d}x}{\mathrm{d}t}$ $F_m = m\ddot{x} + \varrho\dot{x} + f(x)$	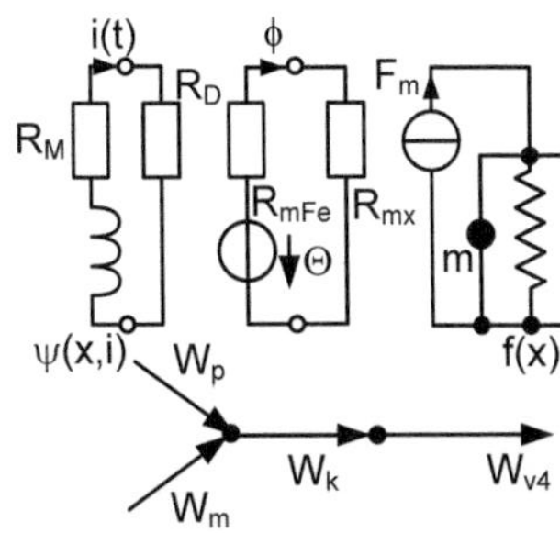	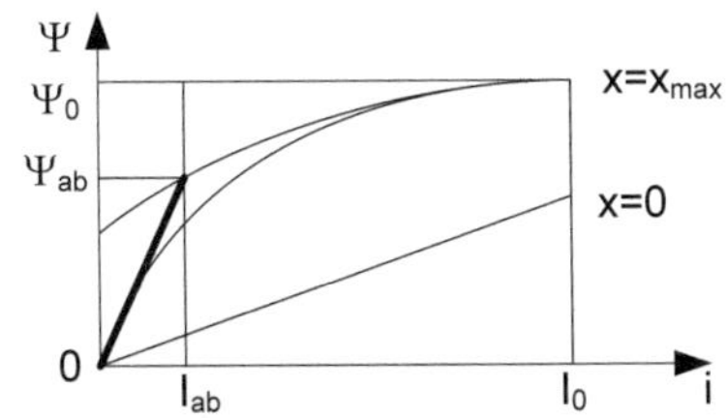 W_p potentielle Energie W_k kinetische Energie W_{v4} mech. + elektr. Verlustenergie

5.2.2 Näherungsmethoden zur Berechnung des dynamischen Verhaltens von Gleichstrommagneten

Während beim heutigen Stand der Rechnerhard- und -software die Dynamik vorgegebener Gleichstrommagnete bereits mit dem PC genau berechnet werden kann, ist eine rechnergestützte Synthese auf der Grundlage von Analysen vorgegebener Elektromagnete mittels numerischer Feldberechnungsmethoden (Abschnitt 4.3) und deren gezielte Parametervariation häufig nicht der richtige Weg, um zu einem globalen Optimum zu gelangen.

Es können einerseits sehr viele Analyseschritte notwendig sein, andererseits kann der Entwickler, wenn er den Gesamtbereich der möglichen technischen Lösungen nicht übersieht, zu einem partiellen Optimum gelangen, das stark vom globalen Optimum abweicht.

Es ist deshalb nach wie vor zweckmäßig, bereits in einer sehr frühen Entwurfsphase mit Hilfe von Näherungsbeziehungen, in denen neben konstruktiven und technologischen Parametern auch dynamische Kenngrößen des Elektromagneten enthalten sind, Hauptabmessungen festzulegen, so dass auf diese Weise eine Grobdimensionierung unter Beachtung der dynamischen Forderungen erfolgen kann.

Im Interesse der Ableitung synthesefreundlicher mathematischer Beziehungen ist es bei der Ermittlung der konstruktiven Parameter auch bei Vorgabe dynamischer Kennwerte vorteilhaft, nicht vom Ψ-I-Kennlinienfeld, sondern vom Φ-Θ-Kennlinienfeld und den entsprechenden Dynamikgleichungen (5.10) und (5.11) auszugehen.

Näherungsbeziehungen für den Anzugsverzug

Zur Berechnung der elektromagnetischen Ausgleichsvorgänge während t_{11} genügt die Spannungsgleichung (5.1). Für die Berechnung des Stromanstieges während des Anzugsverzuges t_{11} muss der Zusammenhang zwischen dem verketteten Fluss ψ des Elektromagneten bei abgefallenem Anker $x = 0$ in Abhängigkeit vom Erregerstrom i bekannt sein:

$$\psi = \psi(0, i).$$

Folgende Fälle sind dabei interessant:

Linearer Fall: $\psi = L(0)\, i$

Damit erhält man für (5.1)

$$U_0 = iR + L\frac{\mathrm{d}i}{\mathrm{d}t}. \tag{5.12}$$

Die Integration von (5.12) unter Berücksichtigung der angegebenen Anfangsbedingungen ergibt

$$i = I_0\left(1 - e^{-\frac{t}{\tau}}\right) \tag{5.13}$$

mit $\tau = L/R$ und $I_0 = U_0/R$. Indem man in (5.13) für $i = I_{an}$ setzt und nach t auflöst, ergibt sich für den Anzugsverzug:

$$t_{11} = \frac{L}{R} \ln \frac{1}{1 - \frac{I_{an}}{I_0}}. \tag{5.14}$$

Ein Nachteil von (5.14) besteht darin, dass eine Berechnung von t_{11} nur möglich ist, wenn die Spulendaten bekannt sind. Im allgemeinen ist t_{11} von den Spulendaten und der Erregerspannung unabhängig, wenn $R_i \ll R_M$ und $R \approx R_M$, weil sowohl L/R und I_{an}/I_0 davon unabhängig sind.

Setzt man für $L = w^2 G_{m\delta}$ und $R = \varrho\, l_m w^2 / A_w k_{Cu}$ sowie $I_{an}/I_0 = \Theta_{an}/\Theta_0$ in (5.14) ein, gilt

$$t_{11} = \frac{G_{m\delta} A_w k_{Cu}}{\varrho l_m} \ln \frac{1}{1 - \frac{\Theta_{an}}{\Theta_0}}. \tag{5.15}$$

Löst man außerdem die Beziehung für die Magnetkraft linearer Elektromagnete

$$F_m = \frac{\theta^2}{2} \left. \frac{\mathrm{d}G_{m\delta}}{\mathrm{d}x} \right|_{x=0} \tag{5.16}$$

nach θ auf und setzt $F_m = F_{geg}$ und $\theta = \Theta_{an}$, so erhält man

$$\Theta_{an} = \sqrt{\frac{2F_{geg}}{\left. \frac{\mathrm{d}G_{m\delta}}{\mathrm{d}x} \right|_{x=0}}}. \tag{5.17}$$

Setzt man (5.17) in (5.15) ein, erhält man schließlich für den Anzugsverzug

$$t_{11} = \frac{G_{m\delta} A_w k_{Cu}}{\varrho l_m} \ln \frac{1}{1 - \frac{1}{\Theta_0} \sqrt{\frac{2F_{geg}}{\left. \frac{\mathrm{d}G_{m\delta}}{\mathrm{d}x} \right|_{x=0}}}}. \tag{5.18}$$

(5.18) ist eine synthesefreundliche Beziehung, weil in ihr neben der Gegenkraft F_{geg} die wichtigsten konstruktiven Beziehungen des Magnetkreises enthalten sind. Im Interesse eines kleinen Anzugsverzuges sollten F_{geg} bzw. I_{an} nicht zu groß gewählt werden, denn wenn F_{geg} gegen F_m bzw. I_{an} gegen I_0 gehen, wird der Anzugsverzug ∞ (Bild 5.2).

Nichtlinearer Fall

Fall a: L = L(i)

Ist der Zusammenhang zwischen ψ und i nichtlinear, das ist auch bei abgefallenem Magnetanker bei allen Gleichstrommagneten mit Kennlinienbeeinflussung der Fall, so

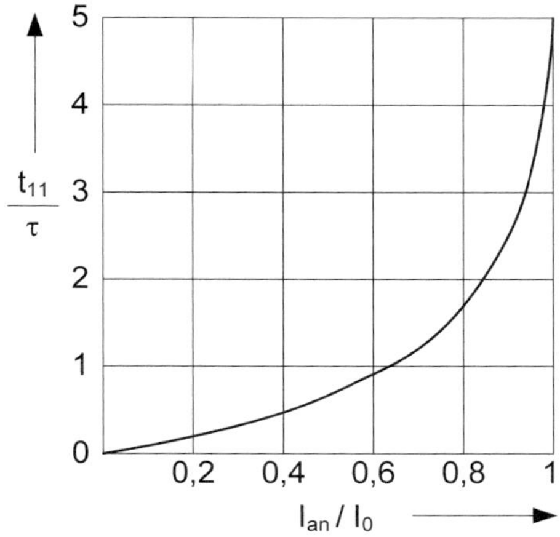

Bild 5.2: Abhängigkeit des normierten Anzugsverzugs vom normierten Anzugstrom

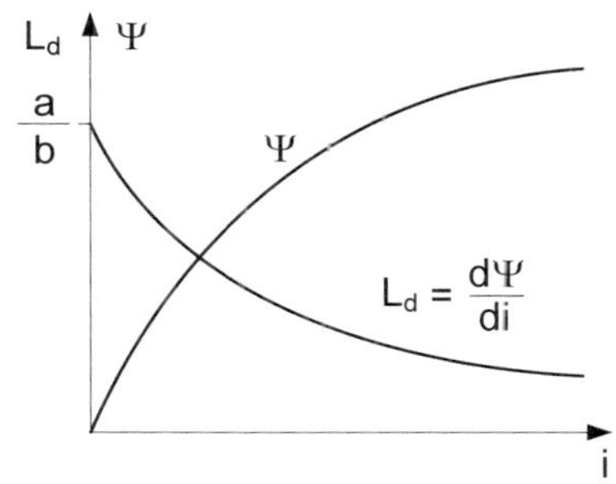

Bild 5.3: Zur Definition der differenziellen Induktivität L_d nach (5.19)

ist $\mathrm{d}\psi/\mathrm{d}i$ nicht konstant, sondern wie aus Bild 5.3 zu erkennen, selbst eine Funktion von i und soll nachfolgend durch die Funktion

$$L_d = \frac{\mathrm{d}\psi}{\mathrm{d}i} = \frac{a}{b+i} \tag{5.19}$$

approximiert werden [5.15]. Wird (5.1) wie folgt geschrieben

$$U = iR + \frac{\mathrm{d}\psi}{\mathrm{d}i}\frac{\mathrm{d}i}{\mathrm{d}t} \tag{5.20}$$

und in (5.19) eingesetzt, so ergibt sich nach zweckmäßiger Umformung und $I_0 = U/R$ die folgende normierte Beziehung

$$\frac{1}{\frac{bU}{aI_0}\left(1+\frac{i}{I_0}\frac{I_0}{b}\right)}\frac{\mathrm{d}\frac{i}{I_0}}{\mathrm{d}t} + \frac{i}{I_0} = 1. \tag{5.21}$$

Mit den bekannten Anfangsbedingungen, bei $t = 0$ ist $i = 0$, erhält man durch Integration der Differenzialgleichung und Umformung

$$t = \frac{aI_0}{bU}\frac{1}{1+\frac{I_0}{b}}\ln\frac{1+\frac{I_0}{b}\frac{i}{I_0}}{1-\frac{i}{I_0}}. \tag{5.22}$$

Setzt man außerdem für $a/b = L_{do}$, die differenzielle Induktivität bei $i = 0$, so gilt

$$t = \frac{L_{do}}{R}\frac{1}{1+\frac{I_0}{b}}\ln\frac{1+\frac{I_0}{b}\frac{i}{I_0}}{1-\frac{i}{I_0}}. \tag{5.23}$$

Löst man (5.23) nach i/I_0 auf, erhält man mit $\tau_d = L_{do}/R$

$$\frac{i}{I_0} = \frac{e^{(1+\frac{I_0}{b})\frac{t}{\tau_d}} - 1}{e^{(1+\frac{I_0}{b})\frac{t}{\tau_d}} + \frac{I_0}{b}}. \tag{5.24}$$

Mit $s = \frac{I_0}{b} = 0$ (linearer Fall) ergibt sich aus (5.24)

$$\frac{i}{I_0} = \frac{e^{\frac{t}{\tau_d}} - 1}{e^{\frac{t}{\tau_d}}} = 1 - e^{-\frac{t}{\tau_d}}. \tag{5.25}$$

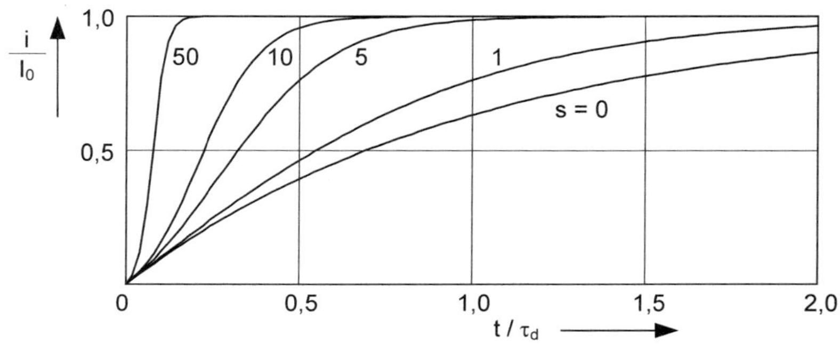

Bild 5.4: Stromanstieg in Abhängigkeit von der Nichtlinearität $s = I_0/b$ der Ψ-I-Kennlinie, $s = 0$ entspricht der linearen Kennlinie

I_0/b ist ein Maß für die Nichtlinearität der Ψ-I-Kennlinie des Elektromagneten. Aus Bild 5.4 lässt sich ablesen, dass der Stromanstieg auf einen vorgegebenen Wert i/I_0 um so schneller verläuft, je größer I_0/b ist, d. h. je nichtlinearer die Ψ-I-Kennlinie ist.

Fall b: Die Φ-Θ-Kennlinie wird durch eine nichtlineare Funktion approximiert. Zu diesem Zweck wird (5.1) wie folgt umgewandelt

$$\frac{U_0}{w} = \frac{iwR}{w^2} + \frac{\mathrm{d}\phi(\theta, x)}{\mathrm{d}t}, \tag{5.26}$$

$$\Theta_0 = \theta + \frac{1}{R'}\frac{\mathrm{d}\phi(\theta, x)}{\mathrm{d}t}, \tag{5.27}$$

wobei $\Theta_0 = wU_0/R$ und $R' = R/w^2$ bedeuten.

Aus (5.27) ergibt sich eine Beziehung für den Anzugsverzug wie folgt

$$t_{11} = \frac{1}{R'}\int\limits_0^{\Phi_{an}} \frac{\mathrm{d}\phi}{\Theta_0 - \theta}. \tag{5.28}$$

Mit der Approximationsfunktion für die Φ-Θ-Kennlinie

$$\phi = \frac{\theta}{\alpha + \beta\theta} \tag{5.29}$$

erhält man für den Anzugsverzug

$$t_{11} = \frac{1}{R'} \int\limits_0^{\Phi_{an}} \frac{1 - \phi\beta}{\Theta_0 - \phi(\beta\Theta_0 + \alpha)} \, \mathrm{d}\phi. \tag{5.30}$$

Indem man die Integration durchführt, ergibt sich

$$t_{11} = \frac{1}{R'(\beta\Theta_0 + \alpha)} \left[\beta\Phi_{an} - \left(1 - \frac{\beta\Theta_0}{\beta\Theta_0 + \alpha}\right) \ln\left(1 - \frac{\Phi_{an}}{\Phi_0}\right)\right] \tag{5.31}$$

$$t_{11} = \frac{1}{R'(\beta\Theta_0 + \alpha)} \left\{\frac{\beta\Theta_{an}}{\alpha + \beta\Theta_{an}} - \left(1 - \frac{\beta\Theta_0}{\beta\Theta_0 + \alpha}\right) \ln\left[1 - \frac{\Theta_{an}(\alpha - \beta\Theta_0)}{\Theta_0(\alpha + \beta\Theta_{an})}\right]\right\}. \tag{5.32}$$

Während (5.31) zur Berechnung des Anzugverzuges verwendet wird, wenn der Anzugsfluss Φ_{an} gegeben ist, kann man t_{11} mit Hilfe von (5.32) berechnen, wenn Θ_{an} bekannt ist. Aus (5.32) ergibt sich, dass t_{11} mit zunehmender Nichtlinearität des magnetischen Kreises bei abgefallenem Anker kleiner wird. Dieses Ergebnis stimmt mit dem Fall a überein.

Die Ursache ist darin zu suchen, dass im linearen Magnetkreis die größte Feldenergie bei einer vorgegebenen Durchflutung gespeichert wird. Sie wird mit zunehmender Krümmung der Φ-Θ-Kennlinie kleiner.

Näherungsbeziehungen für die Hubzeit

Die Berechnung der Ausgleichsvorgänge während der Hubzeit t_{12} verlangt die Berücksichtigung der elektromagnetischen Wechselwirkung und damit die Lösung des nichtlinearen Bewegungsdifferenzialgleichungssystems (5.1) und (5.2).

Da eine exakte algebraische Lösung dieses Differenzialgleichungssystems für den allgemeinen Fall nicht möglich ist, empfiehlt sich die Ableitung von Näherungslösungen für den mechanischen Übergangsprozess bei eingeprägtem Strom. Die Spannungsdifferenzialgleichung braucht dann nicht berücksichtigt werden.

Eine wesentliche Vereinfachung besteht in der Annahme einer konstanten Magnetkraft während der Bewegung. Für Magnete mit kleinem Hub kann hierbei die Anzugskraft angesetzt werden. Bei großem Hub wird die Magnetkraftkennlinie in der Regel durch Kennlinienbeeinflussung (siehe Abschnitte 3.5.2-3.5.5) so verändert, dass die Magnetkraft konstant ist.

Da die Dämpfungskonstante bei den frühen Phasen des Entwurfs meistens noch nicht bekannt ist, wird diese vernachlässigt.

Die aus dem mechanischen Übergangsprozess berechnete Hubzeit t_{12m} stellt die untere Grenze der Hubzeit t_{12} dar. Der Index m wird im Folgenden immer dann verwendet, wenn die ermittelte Schaltzeit ausschließlich auf der Lösung der vereinfachten Bewegungsdifferenzialgleichung beruht.

$$m\ddot{x} + cx(t) = F_B, \quad (x(t) = 0,\ \dot{x} = 0,\ F_B = \text{konst}), \tag{5.33}$$

$$x(t) = \frac{F_B}{c}\left[1 - \cos\left(\sqrt{\frac{c}{m}}t\right)\right]. \tag{5.34}$$

Die zur Beschleunigung des Ankers wirksame Kraft F_B setzt sich aus einer angenommen konstanten Magnetkraft F_M und der konstanten statischen Gegenkraft F_0 zusammen:

$$F_B = F_M - F_0, \quad x(t_{12m}) = x_{\max}. \tag{5.35}$$

Für die Hubzeit t_{12m} erhält man:

$$t_{12m} = \sqrt{\frac{m}{c}}\arccos\left(1 - \frac{cx_{\max}}{F_M - F_0}\right). \tag{5.36}$$

Die gewonnene Näherungsformel lässt sich besonders gut bei der Grobdimensionierung einsetzen. Der Zusammenhang zwischen der Größe der Polfläche und dem Ankervolumen bzw. zwischen Magnetkraft und Ankermasse wird dabei schon berücksichtigt. Mit Hilfe von statischen Berechnungen der Magnetkraft kann man bereits eine erste Aussage über die Dynamik treffen. Es ist zu beachten, dass t_{12m} lediglich ein idealisierter Wert der Hubzeit darstellt. Die reale Hubzeit t_{12} wird durch den zusätzlichen Einfluss der Induktivität und der Wirbelströme vergrößert.

Näherungsbeziehungen für die Ausgleichsvorgänge während des Rücklaufs

Beim neutralen Elektromagnet mit Rückstellfeder bestimmt die Dimensionierung der Feder entscheidend die Rücklaufzeit t_{22} des Ankers. Bei schnellem Stromabfall, das heißt bei entsprechender elektronischer Beschaltung, und geringem Einfluss der Wirbelströme kann die Spannungsdifferenzialgleichung vernachlässigt werden. Wenn die Feldkräfte vernachlässigt werden, stellt die Rücklaufzeit des Ankers nur durch die Federwirkung t_{22m}, die untere Grenze der Rücklaufzeit t_{22} dar.

Die Rückstellbewegung wird durch die Federkraft F_F erzeugt. Vernachlässigt man die Dämpfung und die Gewichtskraft, wird der mechanische Abfallvorgang durch folgende Bewegungsdifferenzialgleichung beschrieben:

$$m\ddot{x} + cx\,(t) = F_F, \quad (x\,(t) = 0,\ \dot{x} = 0). \tag{5.37}$$

Eine Skizze der Anordnung von Ankermasse und Feder wird in Bild 5.5 gezeigt. Die analytische Lösung der Differenzialgleichung lautet:

$$x(t) = \frac{F_F}{c}\left[1 - \cos\left(\sqrt{\frac{c}{m}}t\right)\right]. \tag{5.38}$$

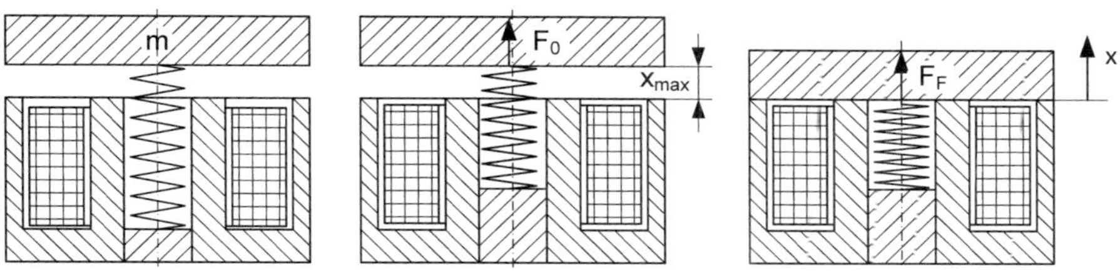

Bild 5.5: Anordnung von Anker und Druckfeder mit Anschlägen

Berücksichtigt man die Federvorspannkraft F_0 am unteren Anschlag des Ankers und den durch die Anschläge resultierenden Ankerhub,

$$F_F = cx_{\text{max}} + F_0, \quad x\left(t_{22m}\right) = x_{\text{max}}, \tag{5.39}$$

erhält man eine Gleichung für die Rücklaufzeit der Feder t_{22m}:

$$t_{22m} = \sqrt{\frac{m}{c}} \arccos\left(\frac{F_0}{cx_{\text{max}} + F_0}\right). \tag{5.40}$$

Ein Sonderfall liegt für $F_0 = 0$ vor:

$$t_{22m} = \sqrt{\frac{m}{c}}\frac{\pi}{2}. \tag{5.41}$$

Die Federkonstante lässt sich für diesen Fall explizit aus der erwünschten Rücklaufzeit ermitteln. Bei der Dimensionierung ohne Berücksichtigung der Federvorspannung ist man stets auf der sicheren Seite, da die Rücklaufzeiten bei Vorspannung immer verkürzt werden.

Beim zweiten Sonderfall $c = 0$ lässt sich die Abfallzeit durch Lösung der vereinfachten Differenzialgleichung (5.37) gewinnen:

$$t_{22m} = \sqrt{\frac{2mx_{\text{max}}}{F_0}}. \tag{5.42}$$

Dieser Fall tritt ein, wenn die Feder extrem stark vorgespannt wurde und der Kraftanstieg während des Hubes vernachlässigt werden kann (z. B. bei kleinem Hub).

In der Regel will man bei der Dimensionierung der Feder die Rückstellzeit vorgeben und daraus die Federkennwerte c und F_0 berechnen. Für die Sonderfälle nach (5.41) und

(5.42) ist dies möglich. Gleichung (5.40) kann nicht explizit nach der Federkonstante aufgelöst werden. Eine Lösung kann numerisch iterativ erfolgen.

In [5.19] beschreibt KEILIG eine lineare Approximation der Funktion. Durch Umformung von (5.40) in die Form

$$F_0 = cx_{\max} \frac{\cos\left(\sqrt{\frac{c}{m}} t_{22m}\right)}{1 - \cos\left(\sqrt{\frac{c}{m}} t_{22m}\right)} \tag{5.43}$$

lässt sich mit der Normierung

$$z = \frac{ct_{22m}^2}{m}$$

eine Funktion in der Form

$$y = z \frac{\cos\left(\sqrt{z}\right)}{1 - \cos\left(\sqrt{z}\right)} \tag{5.44}$$

formulieren.

Diese Funktion lässt sich im technisch interessanten Bereich $z \geq 0$ und $y \geq 0$ durch eine Gerade approximieren:

$$F_0 = 2x_{\max} \left(\frac{m}{t_{22m}^2} - \frac{4c}{\pi^2} \right). \tag{5.45}$$

Die Achsenschnittpunkte von (5.44) erhält man aus (5.41) und (5.42). Da sich die gewonnene Formel nach allen Größen explizit auflösen lässt, ist sie praktikabler als (5.40). Für die mechanische Rücklaufzeit erhält man:

$$t_{22m} = \sqrt{\frac{m}{\frac{F_0}{2x_{\max}} + \frac{4c}{\pi^2}}}. \tag{5.46}$$

Die mechanische Rücklaufzeit des Ankers bildet nur eine Komponente bei der Dimensionierung der Rücklaufzeit t_{22} des Elektromagneten. Berücksichtigt man die Erhöhung der Rücklaufzeit durch die Kraftwirkung des Elektromagneten sowie die Bedämpfung durch die elektronische Beschaltung, muss die Vorgabe bei t_{22m} höher angesetzt werden. Bei der Dimensionierung muss davon ausgegangen werden, dass die Wirbelströme und die Induktivität des Magneten den Abfallvorgang weiter verzögern.

Näherungsbeziehungen für Doppelhubmagnete im Resonanzbetrieb

Bei Elektromagneten mit Rückstellfeder wird ein beträchtlicher Anteil der mechanischen Energie in Federenergie umgewandelt, die beim Abschalten oftmals verloren geht. Treten hohe Ankerendgeschwindigkeiten auf, kann dies zudem zu unerwünscht hohem Verschleiß an den Anschlägen führen.

Der Doppelhubmagnet in Bild 5.6 mit symmetrisch gespannter Feder vermeidet diese Nachteile. Beim Doppelhubmagnet schwingt der Anker mit der Resonanzfrequenz zwischen zwei Anschlägen. Ohne äußere Störkräfte wird die Federenergie beim Abschalten vollständig in kinetische Energie umgewandelt, um am anderen Anschlag wieder als Federenergie zur Verfügung zu stehen. Der gegenüberliegende Magnet fängt den Anker und hält ihn fest.

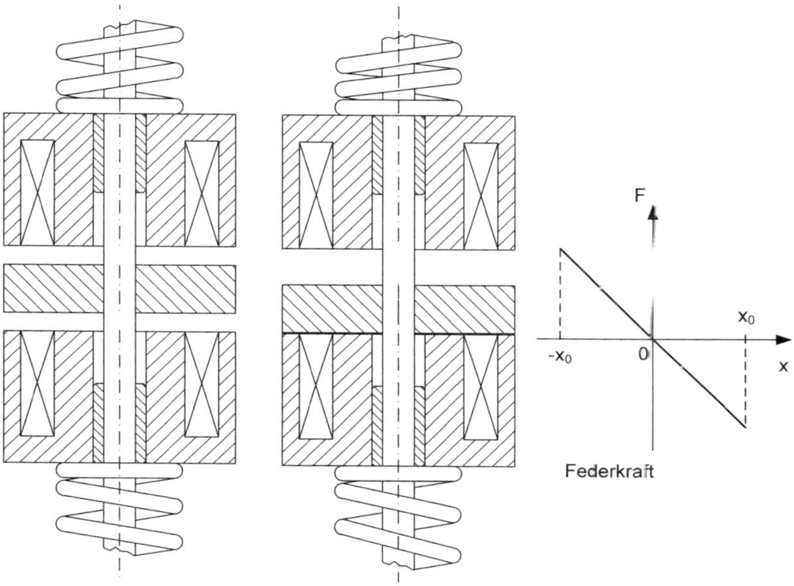

Bild 5.6: Doppelhubmagnetsystem mit Flachankermagneten; links: Magnetanker in Mittelstellung bei nicht erregten Spulen; rechts: Magnetanker in Haltestellung

Die Schaltzeit ist von der Eigenfrequenz des Feder-Masse-Systems abhängig. Im Sinne einer guten Energieausnutzung, niedriger Geräusche und hoher Lebensdauer sollten die Ankerendgeschwindigkeiten nahe 0 sein. Dafür können die Federkräfte symmetrisch zur Nulllage ausgelegt werden. Die Eigenfrequenz des Feder-Masse-Systems lautet:

$$f = \frac{1}{2\pi}\sqrt{\frac{c}{m}}. \tag{5.47}$$

Für den Magnetantrieb nach Bild 5.6 errechnet sich die gesamte Federkonstante c aus der Parallelschaltung zweier Federn. Die Schaltzeit ergibt sich aus der halben Schwingungsdauer des Systems:

$$t_{12m} = t_{22m} = \frac{\pi}{\sqrt{\frac{c}{m}}}. \tag{5.48}$$

Schwieriger wird die Berechnung, wenn dem System während der Bewegung Energie entzogen wird. Um ein sicheres Fangen des Ankers zu ermöglichen, sollte die entzogene Energie möglichst sofort kompensiert werden. Bedingt durch die steil abfallende

Kraft-Weg-Kennlinie von Flachankermagneten ergeben sich unter Last äußerst kritische Energieverteilungen. Ein Großteil der entzogenen Federenergie kann bei Elektromagneten ohne Kennlinienbeeinflussung erst kurz vor dem Aufprall des Ankers auf der Gegenseite hinzugefügt werden. Das führt zu hohen Ankerendgeschwindigkeiten. Abhilfe kann eine geeignete Beeinflussung der Kraft-Weg-Kennlinie des Magneten, eine Anpassung der Kraft-Weg-Kennlinie über ein Getriebe oder eine unsymmetrische Vorspannung der Feder schaffen.

Einfluss der Ankermasse auf die Dynamik

Die Verringerung der Ankermasse bewirkt eine Verkürzung der Schaltzeiten (siehe (5.36), (5.40) und (5.46)). Aus diesem Grunde ist es sinnvoll, bei hochdynamischen Elektromagneten die wirksame Ankermasse so klein wie möglich zu halten. Dies kann durch verschiedene konstruktive Maßnahmen erreicht werden. Die naheliegendste Lösung ist die Verringerung des Ankervolumens. Anteile, die nicht zur Flussleitung benötigt werden, können eingespart werden. Weiterhin sollte das Eisenmaterial möglichst gut ausgenutzt werden, das heißt, die Flussdichte sollte nahe der Sättigung sein.

Eine nähere Betrachtung verdient die Bewegungsform des Ankers. Der Elektromagnet kann als translatorischer oder als rotatorischer Antrieb ausgeführt werden. Ein Klappanker- bzw. Drehankermagnet führt statt einer linearen Bewegung eine Drehbewegung des Ankers aus. Solange der Drehwinkel α nicht zu groß ist, kann die Antriebsbewegung am Ankerende als annähernd linear angesehen werden.

Für den Vergleich der dynamischen Eigenschaften wird die reduzierte Masse m_{red} verwendet. Die reduzierte Masse ist die im Abstand r gedachte Ersatzmasse, die das gleiche Massenträgheitsmoment besitzt wie bei der realen Massenverteilung (Bild 5.7).

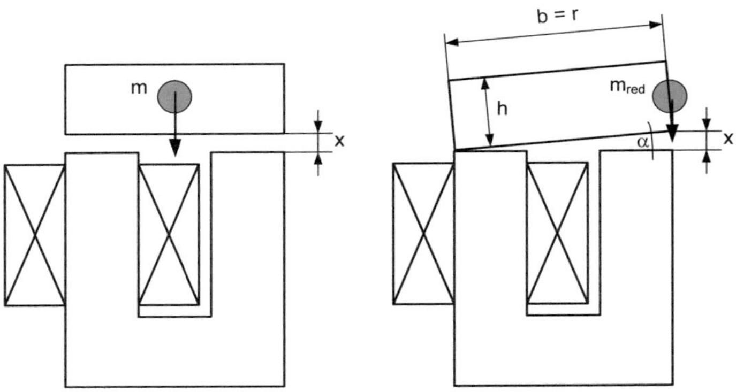

Bild 5.7: Reduzierte Masse beim Klappanker-Magneten

Durch Gegenüberstellung von reduzierter Masse des Klappankers m_{red} und der Masse m des gleich großen Linearantriebes erhält man eine Aussage bezüglich der Eignung für hochdynamische Systeme. Die kinetischen Energien der translatorischen und der rotatorischen Bewegungen sind gleich, so dass gilt:

$$E_{kin} = \frac{J}{2}\omega^2 = \frac{m_{red}}{2}v^2. \tag{5.49}$$

Die Geschwindigkeit der geradlinigen Bewegung entspricht der Tangentialgeschwindigkeit der Kreisbewegung:

$$v \mathrel{\hat{=}} \omega r \qquad \text{bzw.} \qquad \omega = \frac{v}{r}. \tag{5.50}$$

Durch Einsetzen von (5.50) in (5.49) erhält man eine Formel für die reduzierte Masse:

$$m_{red} = \frac{J}{r^2}. \tag{5.51}$$

Für die Drehbewegung eines quaderförmigen Ankers um den Schwerpunkt gilt folgendes Massenträgheitsmoment:

$$J_S = \frac{1}{12}m\,(b^2 + h^2). \tag{5.52}$$

Wird die Rotationsachse des Ankers um den Weg s verschoben, gilt der Satz von Steiner:

$$J = J_S + ms^2. \tag{5.53}$$

Die reduzierte Masse eines quaderförmigen Klappankers, der an einer Kante drehbar gelagert ist, lässt sich mit (5.51) bis (5.53) ermitteln:

$$m_{red} = \frac{1}{3}m\left(1 + \frac{h^2}{b^2}\right). \tag{5.54}$$

Bei kleiner Ankerhöhe h gegenüber der Breite b, kann (5.54) weiter vereinfacht werden:

$$m_{red} \approx \frac{1}{3}m. \tag{5.55}$$

Die auf die Bewegung wirksame träge Masse eines Klappankermagneten beträgt nur ein Drittel des bauraumgleichen Linearhub-Magneten. Aus (5.36) und (5.40) ergeben sich unter der Voraussetzung gleicher Federkonstanten und Vorspannkräfte Verkürzungen der Schaltzeiten auf ca. 57 %:

$$t_{klapp} \approx \sqrt{\frac{1}{3}}\,t_{lin}\,. \tag{5.56}$$

Prinzipiell gilt die Verkürzung der Schaltzeiten für alle drehbar gelagerten Anker. Weicht die Konstruktion wesentlich von der im Bild 5.7 gezeigten Konstruktion ab, ist die Herleitung aufgrund des veränderten Massenträgheitsmomentes ab (5.52) neu durchzuführen.

5.2.3 Numerische Berechnung des dynamischen Verhaltens

Die Schaltvorgänge auch hochdynamischer elektromagnetischer Aktoren liegen in einem Frequenzbereich (<5 kHz), in dem die Verschiebungsflussdichte ohne Beschränkung der Genauigkeit vernachlässigt werden kann. Es gelten deshalb die Maxwellschen Gleichungen in der folgenden Form:

$$\mathrm{rot}\boldsymbol{H} = \boldsymbol{j_e} + \boldsymbol{j_w}, \tag{5.57}$$

$$\mathrm{rot}\boldsymbol{E} = -\frac{\partial \boldsymbol{B}}{\partial t} + \mathrm{rot}(\boldsymbol{v} \times \boldsymbol{B}), \tag{5.58}$$

$$\boldsymbol{B} = \mu(H)\boldsymbol{H}, \tag{5.59}$$

$$\boldsymbol{j_w} = \varkappa \boldsymbol{E}. \tag{5.60}$$

Die Lösung dieses partiellen Differenzialgleichungssystems kann für technische Magnetkreise mit Hilfe numerischer Feldberechnungsmethoden computergestützt erfolgen. Durch räumliche und zeitliche Diskretisierung in einem Gitternetz kann man das entstehende nichtlineare Gleichungssystem wegen der nichtlinearen B-H-Kennlinie nur iterativ lösen.

Zusätzlich zu den Maxwellschen Gleichungen müssen die Spannungs- und die Bewegungsdifferenzialgleichungen gelöst werden. Vereinfachungen sind dabei nicht mehr notwendig, da bei numerischer Berechnung beliebige und damit auch nichtlineare Lasten berücksichtigt werden können.

Die numerische Berechnung kann über verschiedene Ansätze erfolgen.

Mit Hilfe von konzentrierten Elementen lassen sich Widerstandsnetzwerke aufbauen, die das Feldproblem über integrale Teilbereiche beschreiben. Voraussetzung für genaue Simulationsergebnisse ist die Modellierung von magnetischen Widerständen in Flussröhren, die weitgehend der Realität entsprechen. Dies setzt die genaue Kenntnis der Feldverteilung voraus. Die Berechnung des Netzwerkes erfolgt mit Knotenspannungs- oder Maschenstromanalyse. Durch die Verwendung von Rechentechnik ist es möglich, die B-H-Kennlinie über Splines zu approximieren und die entstehenden nichtlinearen Gleichungssysteme numerisch zu lösen. Ein Vorteil magnetischer Widerstandsnetzwerke ist der geringe Rechenaufwand. Die Modellierung mit magnetischen Netzwerken eignet sich daher besonders für parametrische Berechnungen [5.29]. Lokale Sättigungserscheinungen, wie sie bei der Kennlinienbeeinflussung auftreten, oder Streuflüsse bei großen Arbeitsluftspalten können mit Widerstandsnetzwerken oftmals nicht ausreichend beschrieben werden.

Für diese Fälle sind FEM-Programme besser geeignet. Werden mit ihnen die F-δ-Kennlinienfelder und Φ-Θ-Kennlinienfelder berechnet, lassen sich mit diesen quasi-statischen Kennfeldern ebenfalls Simulationen auf der Basis konzentrierter Elemente durchführen. Bei der Dynamikberechnung werden für jeden Zeitschritt die magnetischen Kennwerte approximiert. Dabei werden alle Nichtlinearitäten wie z. B. die differenzielle Induktivität berücksichtigt. Parametrische statische 2D-FEM-Berechnungen sind heute mit geringem Zeitaufwand durchführbar. Kennlinienfelder mit 100 bis 1000 Kennwerten reichen für die Approximation der magnetischen Kennwerte aus. Ein Nachteil der Methode besteht darin, dass die Feldverdrängung durch Wirbelströme mit statischen FEM-Berechnungen nicht beschrieben werden kann. Die Modellierung kann allenfalls mit einem Wirbelstromwiderstand erfolgen. Deshalb ist die Methode hauptsächlich für Magnete geeignet, bei denen der Wirbelstromeinfluss eine untergeordnete Rolle spielt.

Bei sehr schnell schaltenden Magneten mit starkem Wirbelstromeinfluss sollten FEM-Programme zum Einsatz kommen, bei denen die Maxwellschen Gleichungen in der speziellen Form transient gelöst werden. Bei jedem Zeitschritt ist dann eine numerische Feldberechnung erforderlich. Die Feldverdrängung wird dabei mit berücksichtigt. Allerdings ergibt sich bereits bei relativ einfachen Aufgabenstellungen (2000 bis 10 000 Knotenpunkte) ein relativ hoher Rechenaufwand, so dass aus Kosten- und Zeitgründen die transienten Feldberechnungsverfahren noch nicht in allen Entwicklungsschritten des Entwurfsprozesses von Elektromagneten eingesetzt werden können.

Simulation anhand konzentrierter Elemente

Während bei transienten Feldberechnungsprogrammen Berechnungszeiten von mehreren Stunden auftreten können, wird ein entsprechend vereinfachtes Modell mit konzentrierten Elementen in wenigen Sekunden gelöst.

Das Rechenmodell beruht auf dem Spannungs-Bewegungs-Differenzialgleichungssystem des Elektromagneten. Das magnetische Teilsystem wird dabei mit vereinfachten nichtlinearen Netzwerken oder in Form von Kennlinienfeldern beschrieben.

Die **Bewegungsdifferenzialgleichung** wird durch zweifache numerische Integration der Beschleunigung wie folgt gelöst:

$$\dot{x}(t+\Delta t) = \dot{x}(t) + \ddot{x}(t)\Delta t, \tag{5.61}$$

$$x(t+\Delta t) = x(t) + \dot{x}(t)\Delta t. \tag{5.62}$$

Die Lösung der Feder-Masse-Differenzialgleichung ergibt eine sinusförmige Schwingung, dessen Amplitude von der wirksamem Kraft, der Dämpfung und der Feder abhängt. Bei Elektromagneten wird der Ankerhub jedoch in der Regel durch Anschläge begrenzt, deren genauere Betrachtung erforderlich ist.

Besonders bei Schaltmagneten kann die Ankergeschwindigkeit vor dem Aufprall am Anschlag recht hoch sein. Das damit verbundene Prellen hat Rückwirkungen auf den magnetischen Kreis. Eine Vergrößerung des Luftspaltes führt bei Magneten ohne Kennlinienbeeinflussung zu einer Verringerung der Magnetkraft. Unter Umständen kann das zum Abfall des Ankers führen. Deshalb ist die Betrachtung der Anschläge bei der Berechnung der Dynamik bedeutsam.

Beim Auftreffen des Ankers auf einen Anschlag wird der Integrator der Geschwindigkeit zurückgesetzt. Um eine erneute Bewegung zu verhindern, muss die Beschleunigung so

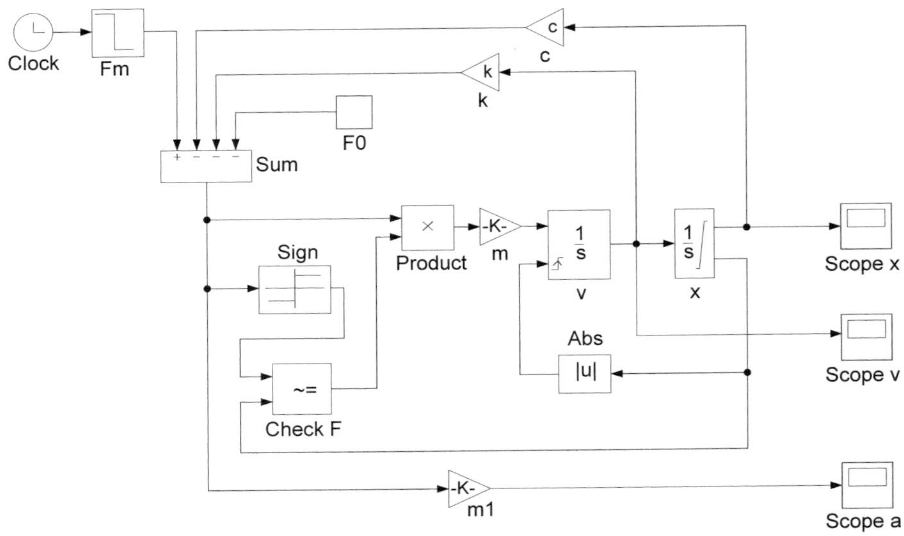

Bild 5.8: Matlab/Simulink-Modell der Bewegungsdifferenzialgleichung ohne Prellen

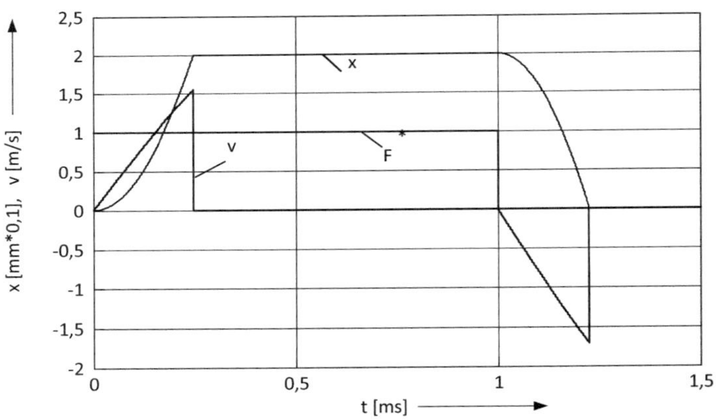

Bild 5.9: Weg- und Geschwindigkeitsverlauf nach dem Modell aus Bild 5.8 bei sprungförmigem Magnetkraftverlauf F^*

lange auf Null gehalten werden, bis die Summe der auf den Anker wirkenden Kräfte das Vorzeichen wechselt.

Bild 5.8 zeigt ein Matlab/Simulink Modell, bei dem die Stoßvorgänge zunächst vernachlässigt werden. Die Kennlinien von Weg und Geschwindigkeit bei diesem idealisierten Fall sind in Bild 5.9 dargestellt.

Bei Berücksichtigung eines gedämpften Stoßes gilt der Impulserhaltungssatz. Die Charakteristik des Stoßes wird über die Stoßzahl e gekennzeichnet. Bei feststehenden Anschlag gilt für die Ankergeschwindigkeit nach dem Stoß:

$$v' = -e\,v. \tag{5.63}$$

Der Integrator der Geschwindigkeit wird nach dem Stoß mit v' neu initialisiert.

Die Stoßzahl hängt hauptsächlich von den Materialeigenschaften der beiden Körper, deren Größe und Relativgeschwindigkeit v ab [5.24]. Über einen einfachen Versuch kann der Unterschied der potenziellen Energien über die Fallhöhe h und der Höhe nach dem Stoß h' bestimmt werden

$$e = \sqrt{\frac{h'}{h}}. \tag{5.64}$$

Bild 5.10 zeigt ein Matlab/Simulink Modell bei dem unter Ausnutzung des State-Ports des Integrators für die Geschwindigkeit v ein gedämpfter Stoß simuliert wird.

Der verwendete Ansatz ist im Gegensatz zu Modellen bei denen der Anschlag über die Steifigkeit modelliert wird, numerisch sehr stabil. Numerische Fehler, die sonst durch das Lösen der entstehenden steifen Differenzialgleichnungen auftreten, können vermieden werden.

Bei der Lösung der **Spannungsdifferenzialgleichung** wird die elekromagnetische Wechselwirkung von induzierter Spannung und magnetischem Fluss berücksichtigt. Folgende drei Ansätze sind möglich.

Der erste Ansatz erfordert die vorherige Berechnung des nichtlinearen Ψ-I- bzw. Φ-Θ-Kennlinienfeldes des Elektromagneten. Der verkettete magnetische Fluss wird durch Integration der induzierten Spannung ermittelt:

$$\psi(t + \Delta t) = \psi(t) + \dot{\psi}(t)\Delta t. \tag{5.65}$$

Zur Lösung dieser Gleichung müssen die statischen Kennlinienfelder in der Form $I(\Psi, \delta)$ bzw. $\Theta(\Phi, \delta)$ vorliegen.

Durch die Verwendung des Φ-Θ-Kennlinienfeldes werden die nichtlinearen Eigenschaften des Magnetkreises berücksichtigt. Die veränderliche Permeabilität beim Durchlaufen der B-H-Kennlinie bewirkt eine Veränderung der Induktivität selbst bei konstantem Luftspalt. In Bild 5.13 ist die Auswirkung der Induktivitätsänderung durch Sättigung am ansteigenden Strom im mittleren Teil der Kennlinie zu erkennen.

Die Modellierung des Einflusses der Wirbelströme ist mit einem Ersatzwiderstand im elektrischem Kreis näherungsweise möglich.

Der zweite Ansatz beruht auf der direkten Kopplung der Lösung der Spannunsdifferenzialgleichung und des Magnetmodells.

Bei dem bisher gezeigtem Ansatz mit dem statischen Ψ-I-Kennlinienfeld wird das Problem invers gelöst. Die Induktionsspannung $u_i(t_n) = u(t_n) - Ri(t_{n-1})$ wird nach der

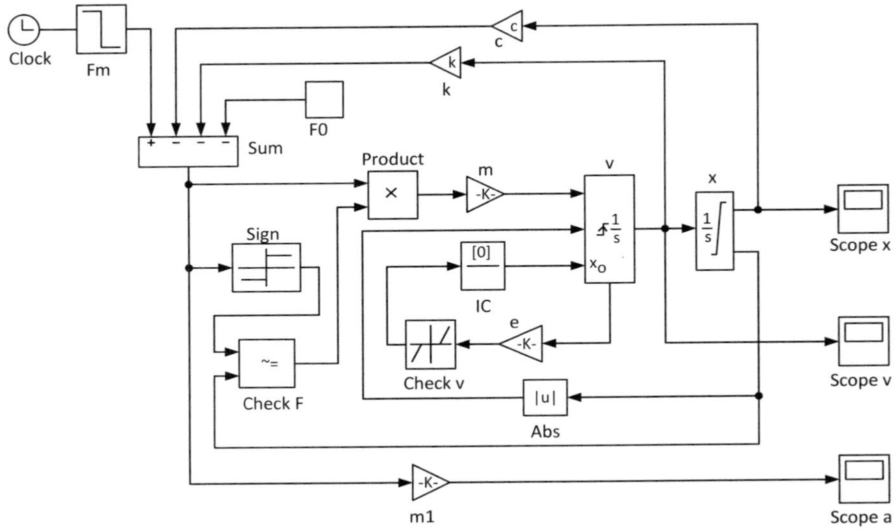

Bild 5.10: Matlab/Simulink-Modell der Bewegungsdifferenzialgleichung mit Berücksichtigung des Stoßes am Anschlag

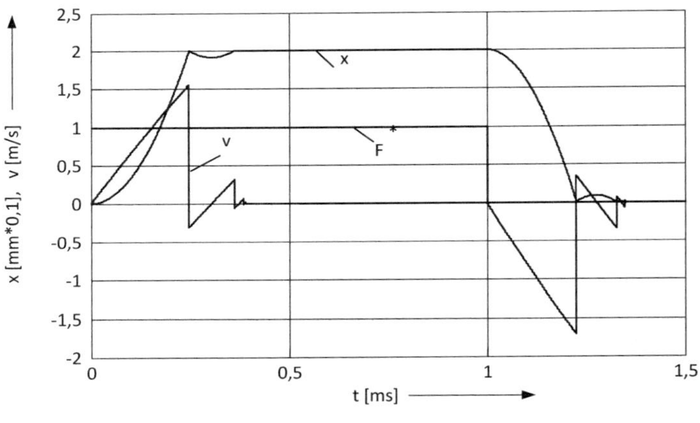

Bild 5.11: Weg- und Geschwindigkeitsverlauf nach dem Modell aus Bild 5.10 bei sprungförmigem Magnetkraftverlauf F^*

Zeit integriert und man erhält den verketteten Fluss $\psi(t_n)$. Aus der Ψ-I-Kennlinie des vorliegenden Luftspaltes wird der dazugehörende Strom $i(t_n)$ ermittelt.

Diese Herangehensweise ist bei direkter Kopplung nicht möglich, da wegen der Wirkung von Wirbelströmen und Hysterese kein eindeutiges Ψ-I-Kennlinienfeld vorliegt. Statt dessen hängt der verkettete magnetische Fluss neben der Durchflutung auch vom aktuellen Zustand des Systems ab.

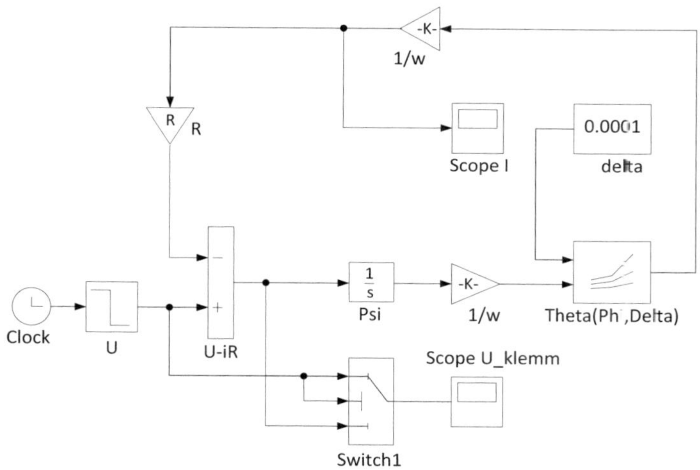

Bild 5.12: Modellierung der Spannungsdifferenzialgleichung

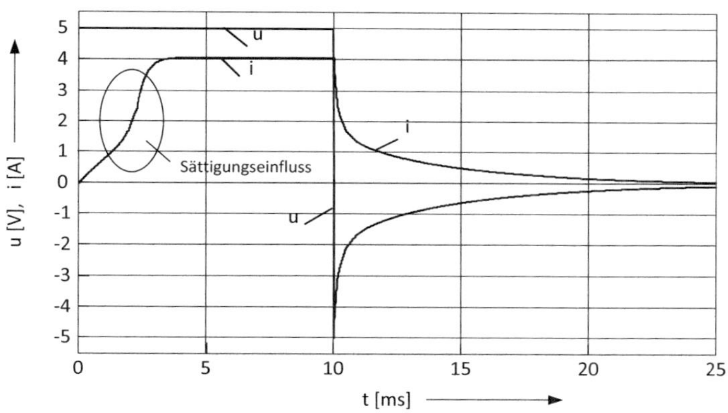

Bild 5.13: Spannungs- und Stromverlauf nach dem Modell aus Bild 5.12

Das bedeutet, dass der Strom $i(t)$ iterativ ermittelt werden muss:

$$u_q(t) - Ri(t) - u_i(i(t), \delta(t)) = 0. \tag{5.66}$$

In jeder Iterationsschleife muss das magnetische Netzwerk für den jeweils angenommen Strom gelöst werden. Damit benötigt die Spannungseinprägung eine Iterationsebene mehr als die Stromeinprägung und die Rechenzeit liegt eine Größenordnung höher.

Der dritte Ansatz beruht ebenfalls auf der direkten Kopplung von Differenzialgleichung und Magnetmodell. Die Spannungsdifferenzialgleichung wird nun aber nach dem Strom aufgelöst:

$$i(t + \Delta t) = i(t) + \frac{\mathrm{d}i}{\mathrm{d}t}\Delta t, \tag{5.67}$$

mit

$$\frac{\mathrm{d}i}{\mathrm{d}t} = \frac{U - i(t)R - \frac{\Delta\psi}{\Delta x}\dot{x}(t)}{\frac{\Delta\psi}{\Delta i}}, \quad \frac{\Delta\psi}{\Delta x} = \frac{\psi(t) - \psi(t-\Delta t)}{x(t) - x(t-\Delta t)}, \quad \frac{\Delta\psi}{\Delta i} = \frac{\psi(t) - \psi(t-\Delta t)}{i(t) - i(t-\Delta t)}. \quad (5.68)$$

Der Vorteil dieser Methode besteht darin, dass das magnetische Netzwerk nur noch für die partiellen Ableitungen gelöst werden muss. Die Iteration entfällt. Damit ist die Methode wesentlich schneller, als der zweite Ansatz. Der Nachteil dieser Methode besteht darin, dass Differenzenquotienten berechnet werden müssen. Bei diesem Verfahren ist besonders auf die numerische Stabilität zu achten.

Gesamtmodell eines Elektromagneten

Die ganzheitliche Simulation des Elektromagneten erfolgt durch die Kopplung der Spannungs- und Bewegungs-Differenzialgleichung.

Bei der Kopplung ist darauf zu achten, dass das Bewegungskoordinatensystem in Ursprung und Zählrichtung nicht mit dem Koordinatensystem des Arbeitsluftspaltes übereinstimmt. Für die Ermittlung von Magnetkraft und Durchflutung wird das Koordinatensystem des Luftspalts benötigt. Deshalb ist eine Koordinatentransformation erforderlich. Es ist auf eine saubere Definition der Wertebereiche, insbesondere unter Berücksichtigung der Anschläge zu achten.

Die Simulation der Ein- und Ausschaltvorgänge erfordert in der Regel eine gesonderte Betrachtung. Änderungen des ohmschen Widerstandes und der Betriebsspannung sind zu berücksichtigen.

5.2.4 Einfluss der Wirbelströme auf das dynamische Verhalten

Der Magnetkreis von Gleichstrommagneten besteht in der Regel aus Vollmaterial mit einem kleinen spezifischen ohmschen Widerstand (z. B. Reineisen $\varrho = 9{,}9 \cdot 10^{-2}\,\mu\Omega\mathrm{m}$, Relaiseisen $\varrho = 13 \cdot 10^{-2}\,\mu\Omega\mathrm{m}$), so dass durch jede zeitliche Änderung des magnetischen Feldes Wirbelströme hervorgerufen werden. Da diese Wirbelströme dem verursachenden Magnetfeld in ihrer Wirkung entgegengerichtet sind, verzögern sie den Feldauf- und -abbau während jedes Schaltvorganges. Das ist gleichbedeutend mit einem verzögerten Auf- und Abbau der Magnetkraft $F_m(t)$ bzw. dem magnetischen Fluss $\phi(t)$ im Vergleich zum Erregerstrom $i(t)$. Die Wirbelströme können in Abhängigkeit von der Konstruktionsform des magnetischen Kreises, der elektrischen Leitfähigkeit $\varkappa$ des ferromagnetischen Werkstoffes aus dem der magnetische Kreis besteht, sowie von den Ansteuerbedingungen zu wesentlichen Veränderungen des dynamischen Verhaltens führen, die beim Entwurf von Gleichstrommagneten berücksichtigt werden müssen. Neben dem verzögerten Kraftaufbau können die Wirbelströme bei hohen Schaltfrequenzen zu nicht mehr vernachlässigbaren Wärmeverlusten führen.

Messbar sind die Wirbelströme indirekt durch eine höhere Stromaufnahme im Vergleich zu einem Elektromagneten, in dem keine oder wenig Wirbelströme entstehen (z. B. bei geblechtem Joch oder Sintermaterial).

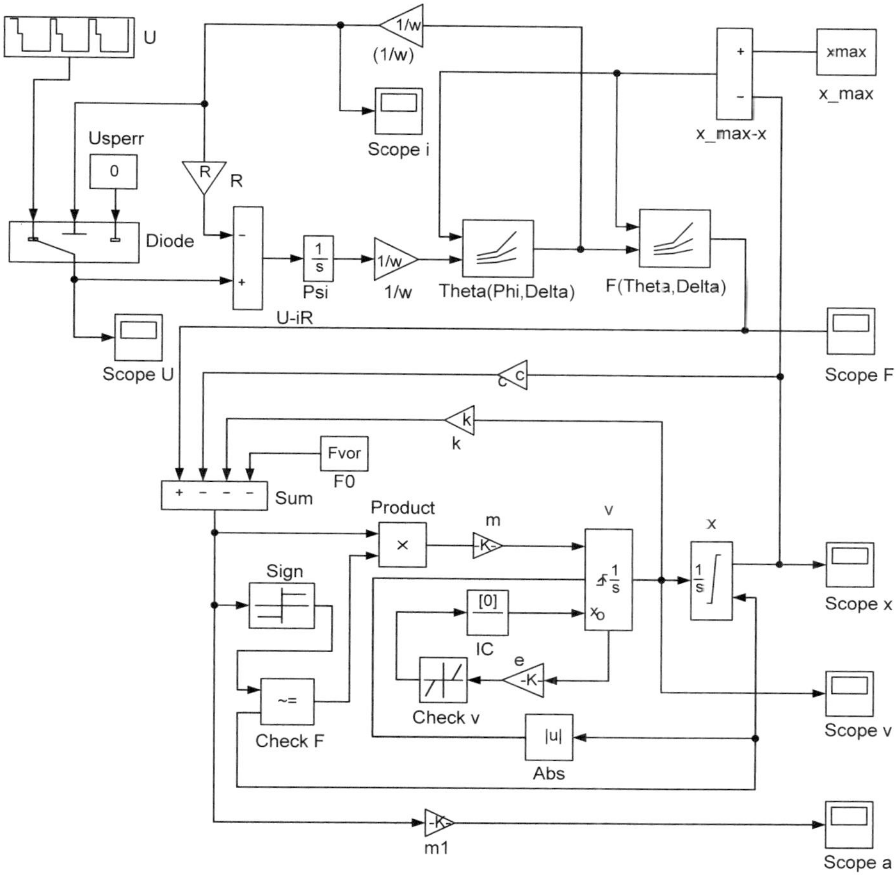

Bild 5.14: Modellierung eines Gleichstrommagneten

Modellierung der Wirbelströme mit konzentrierten Elementen

Die Beschreibung des Einflusses der Wirbelströme durch konzentrierte Elemente ist relativ schwierig, da die Feldverteilung im Elektromagneten schwer zu messen ist.

Geht man vom Vektorpotenzialansatz der 1. Maxwellschen Gleichung aus, kann man in integrierter Form schreiben:

$$\oint_l \boldsymbol{H}\,\mathrm{d}\boldsymbol{l} = \theta(t) - \varkappa \int_S \frac{\partial \boldsymbol{A}}{\partial t}\,\mathrm{d}\boldsymbol{S} + \varkappa \int_S v \times \mathrm{rot}\boldsymbol{A}\,\mathrm{d}\boldsymbol{S}. \tag{5.69}$$

Für rotationssymmetrische Geometrien erhält man:

$$\oint_l \boldsymbol{H}\,\mathrm{d}\boldsymbol{l} = \theta(t) - \frac{\varkappa}{r} \int_S \frac{\partial (A_\varphi r)}{\partial t}\,\mathrm{d}S - \frac{\varkappa}{r} v \int_S \frac{\partial (A_\varphi r)}{\partial z}\,\mathrm{d}S. \tag{5.70}$$

Ersetzt man das Vektorpotenzial durch den magnetischen Fluss

$$A_\varphi = \frac{\phi}{2\pi r}, \tag{5.71}$$

ergibt sich:

$$\theta(t) = \oint_l \boldsymbol{H}\,\mathrm{d}\boldsymbol{l} + \frac{\varkappa}{2\pi r}\int_S \frac{\partial\phi}{\partial t}\,\mathrm{d}S + \frac{\varkappa}{2\pi r}v\int_S \frac{\partial\phi}{\partial z}\,\mathrm{d}S. \tag{5.72}$$

Modell mit Wirbelstromwiderstand

Die Gleichung (5.72) lässt sich näherungsweise lösen, indem man den Fluss über die Teilflächen S_i addiert und durch den mittleren Radius der jeweiligen Fläche teilt. Es muss beachtet werden, dass aus dem statischen Ψ-I-Kennlinienfeld nur ein Flussanteil ohne Berücksichtigung des räumlichen Feldaufbaus abgeleitet werden kann. Bei Integration über die gesamte Fläche erhält man einen Term, der sich durch einen parallelen Widerstand zur Induktivität der Spule modellieren lässt:

$$i = i_L + \frac{\varkappa S}{2\pi r w^2}\frac{\mathrm{d}\psi}{\mathrm{d}t} = i_L + \frac{u_i}{R_w}. \tag{5.73}$$

Mit Hilfe des in Bild 5.15 dargestellten Ersatzschaltbildes kann man auf sehr einfache Weise die Ausgleichsvorgänge unter Beachtung der Wirbelströme auch bei eingeprägter Spannung berechnen. Die Ergebnisse sind in Tabelle 5.4 für den elektrischen Ein- und Ausschaltvorgang bei festgehaltenem Anker dargestellt.

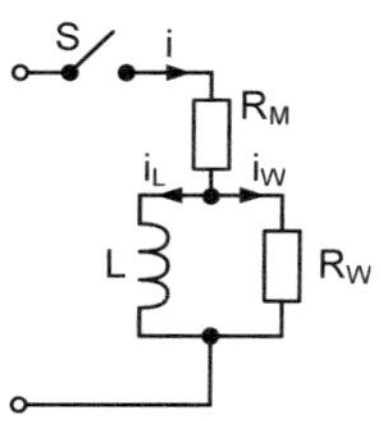

Bild 5.15: Ersatzschaltbild zur Berücksichtigung des Wirbelstromeinflusses

Der im Modell auftretende Stromsprung kann bei der Simulation einer Stromregelung zu Fehlern führen. Werden hohe Anforderungen an eine komplexe Simulation der elektronischen Ansteuerung gestellt, ist dieses Modell auch für Näherungsrechnungen nicht geeignet.

Modell der magnetischen »Induktivitäten«

Für eine Berechnung der Wirbelströme in magnetischen Netzwerken eignet sich am Besten eine Methode bei der im magnetischen Ersatzschaltbild magnetische »Induktivitäten« verwendet werden [5.27], [5.28], [5.29].

Tabelle 5.4: Einfluss der Wirbelströme auf den Anzugsverzug t_{11} und den Abfallverzug t_{21} in linearen Magnetkreisen

Ersatzschaltbild	Ausgangsgleichungen	Ergebnis	Verlauf der Ströme
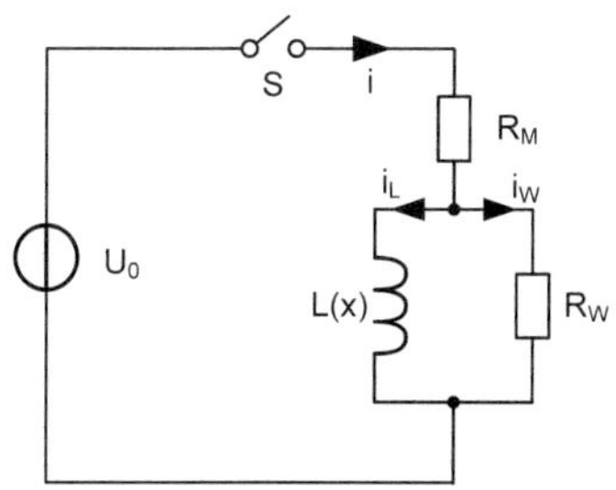 Einschaltvorgang	$U_0 = iR_M + L\frac{\mathrm{d}i_L}{\mathrm{d}t}$ $i = i_L + i_W$ $L\frac{\mathrm{d}i_L}{\mathrm{d}t} = i_W R_W$ AB: $t = 0;\ i_L = 0$ $i_W = \frac{U_0}{R_M + R_W}$	$i_L = \frac{U_0}{R_M}\left(1 - e^{-\frac{t}{\tau^*}}\right)$ $i_W = \frac{U_0}{R_M + R_W} e^{-\frac{t}{\tau^*}}$ $i = \frac{U_0}{R_M}\left[1 - \left(1 - \frac{R_M}{R_M + R_W}\right) e^{-\frac{t}{\tau^*}}\right]$ $\tau^* = \frac{L\left(\frac{R_M}{R_W} + 1\right)}{R_M}$ $\frac{t_{11}^*}{t_{11}} = \frac{\tau^*}{\tau} = \frac{R_M}{R_W} + 1$	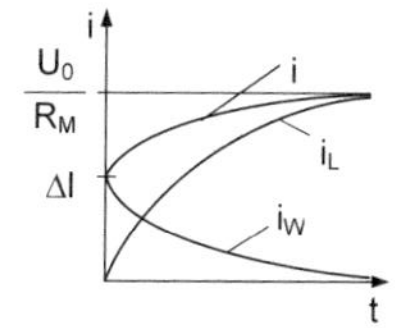 $\Delta I = \frac{U_0}{R_M + R_W}$ $t_{11}^* = \frac{L\left(\frac{R_M}{R_W} + 1\right)}{R_M} \ln \frac{1}{1 - \frac{I_{an} R_M}{U_0}}$ τ^* und t^* gelten bei Berücksichtigung der Wirbelströme I_{an} Anzugsstrom
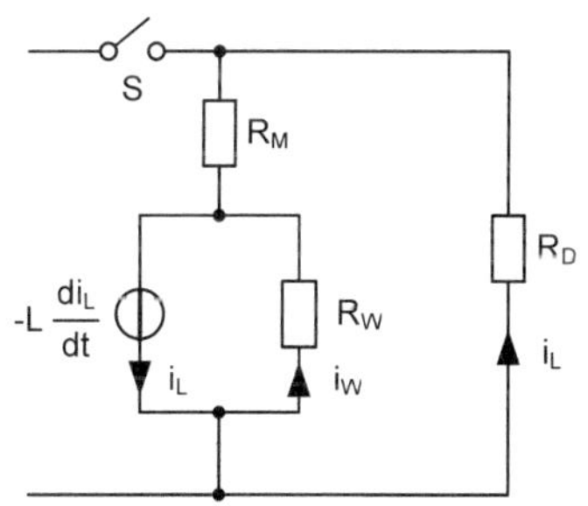 Ausschaltvorgang	$-L\frac{\mathrm{d}i_L}{\mathrm{d}t} = i_W R_W = i_D(R_M + R_D)$ $i_L = i_W + i_D$ $U_L = U_{RW} = U_R$ AB: $t = 0;\ i_L = I_0$	$i_L = \frac{U_0}{R_M} e^{-\frac{t}{\tau^*}}$ $i_W = \frac{U_0}{R_M} \frac{R_M + R_D}{R_M + R_D + R_W} e^{-\frac{t}{\tau^*}}$ $i_D = \frac{U_0}{R_M} \frac{R_W}{R_M + R_D + R_W} e^{-\frac{t}{\tau^*}}$ $\tau^* = \frac{L(R_M + R_W + R_D)}{R_W(R_M + R_D)}$ $\frac{t_{21}^*}{t_{21}} = \frac{\tau^*}{\tau} = 1 + \frac{R_M + R_D}{R_W}$	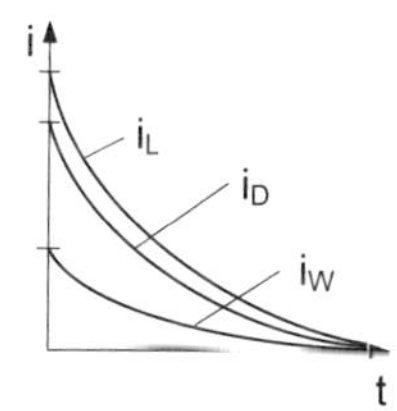 $t_{21}^* = \frac{L(R_M + R_W + R_D)}{R_W(R_M + R_D)} \ln \frac{I_0}{I_{ab}}$ R_D Bedämpfungswiderstand I_{ab} Abfallstrom

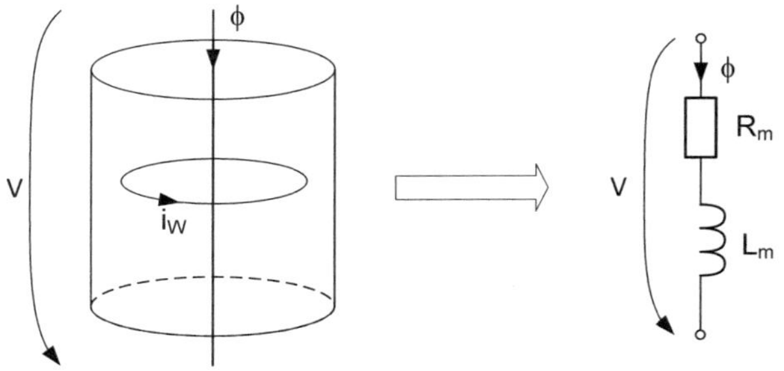

Bild 5.16: Wirbelstrom in einem zylindrischen, axial vom magnetischen Fluss durchströmten Eisenblock

Zur Aufstellung des entsprechenden Modells werden die Geometrie- und Materialdaten benötigt. Weiterhin wird von homogener Feldverteilung ausgegangen und der prinzipielle Verlauf der Flusslinien muss bekannt sein. Diese Voraussetzungen sind bei der Netzwerkmodellierung von Magnetkreisen gegeben. Die Methode der magnetischen Induktivitäten beschreibt die verzögernde Wirkung von Wirbelströmen sowie Flussverdrängungseffekte. Im folgenden soll der Ansatz erklärt und angewandt werden.

In Bild 5.16 ist ein Eisenblock dargestellt, der von einem Fluss $\phi(t)$ durchflossen sei. Entsprechend dem Induktionsgesetz

$$u_i = -\frac{\mathrm{d}\psi}{\mathrm{d}t} = -\frac{\mathrm{d}\phi}{\mathrm{d}t} \tag{5.74}$$

wird im Material eine Spannung induziert, wobei in diesem Fall der verkettete magnetische Fluss gleich dem magnetischen Fluss ist, weil nur eine »Windung« vorliegt. Auf Grund der hohen Leitfähigkeit des Eisens bildet sich in erster Näherung ein Wirbelstrom i_W um diesem Fluss aus.

$$i_W = \frac{u_i}{R_{el}} = -\frac{1}{R_{el}}\frac{\mathrm{d}\phi}{\mathrm{d}t}. \tag{5.75}$$

Das Hopkinsonsche Gesetz (siehe auch [5.25]) muss um den Wirbelstrom erweitert werden, welcher nach dem Durchflutungsgesetz als Quelle wirkt, die entgegengesetzt zum ursächlichen Fluss gerichtet ist. Für das Stück Eisen, an dem die magnetische Spannung $V = \int H\mathrm{d}l$ anliegt, gilt

$$V + i_W = R_m\phi. \tag{5.76}$$

Setzt man in diese Gleichung den Wirbelstrom aus (5.75) ein, so folgt

$$V = R_m\phi + \frac{1}{R_{el}}\frac{\mathrm{d}\phi}{\mathrm{d}t}. \tag{5.77}$$

Diese Gleichung entspricht in der Analogie zu einem elektrischen Kreis dem Maschensatz einer Reihenschaltung eines Widerstands und einer Induktivität. Folglich kann

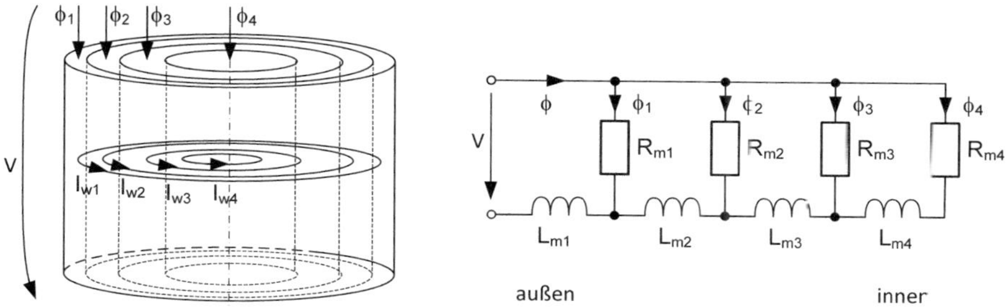

Bild 5.17: Vierteiliges Wirbelstrommodell eines zylindrischen, axial durchströmten Eisenblocks

$1/R_{el}$ als eine **magnetische Induktivität** L_m in Reihe zum magnetischen Widerstand R_m gedeutet werden (siehe auch Bild 5.16 rechts):

$$V = R_m \phi + L_m \frac{\mathrm{d}\phi}{\mathrm{d}t}. \tag{5.78}$$

Die Größe der magnetischen Induktivität kann aus der Bemessungsgleichung für elektrische Widerstände ermittelt werden:

$$L_m = \frac{1}{R_{el}} = \frac{\varkappa_{Fe}\, A_W}{l_W}, \tag{5.79}$$

wobei l_W die effektive Länge des Wirbelstrompfads und A_W die effektive Querschnittfläche des Wirbelstroms darstellen. Diese Bestimmungsgleichung zeigt, dass die magnetische Induktivität nur von der elektrischen Leitfähigkeit des Eisenmaterials und von der Geometrie des Eisenblocks abhängt und somit stets einfach zu bestimmen ist.

Modellierung der Flussverdrängung Das beschriebene Wirbelstrommodell der magnetischen Induktivitäten stellt ein sehr einfaches Modell dar, da in dem betrachteten Eisenblock von einer konstanten Flussverteilung bzw. Permeabilität über den gesamten Querschnitt ausgegangen wird. Das ist in der Realität aber nicht der Fall.

Vielmehr findet eine Flussverdrängung statt, welche daraus resultiert, dass die Wirbelströme in einem bestimmten Radius vom jeweils eingeschlossenen Fluss bestimmt werden, der eingeschlossene Fluss jedoch auch von weiter äußeren Wirbelströmen abhängt. Dies soll am Beispiel des axial durchflossenen Eisenblocks in Bild 5.17 verdeutlicht werden, wie es auch in [5.29] vorgestellt wird.

Der Eisenblock sei in n Schalen zerlegt, die entlang der Wirbelstrompfade liegen, welche von außen nach innen nummeriert seien. Der Wirbelstrom der ν-ten Schale wird entsprechend (5.75) bestimmt durch

$$i_{W,\nu} = -\frac{1}{R_{el,\nu}} \frac{\mathrm{d}}{\mathrm{d}t} \sum_{\lambda=\nu}^{n} \phi_\lambda = -L_{m,\nu} \frac{\mathrm{d}}{\mathrm{d}t} \sum_{\lambda=\nu}^{n} \phi_\lambda. \tag{5.80}$$

In der Summe sind alle eingeschlossenen Flüsse, also alle Flüsse innerhalb der ν-ten Schale, enthalten.

Dagegen müssen bei der Aufstellung der Maschengleichung der ν-ten Schale entsprechend (5.76) alle weiter außen liegenden Wirbelströme mit einbezogen werden:

$$V = R_{m,\nu}\phi_\nu - \sum_{\kappa=1}^{\nu} i_{W,\kappa} = R_{m,\nu}\phi_\nu + \sum_{\kappa=1}^{\nu}\left(L_{m,\kappa}\frac{\mathrm{d}}{\mathrm{d}t}\sum_{\lambda=\kappa}^{n}\phi_\lambda\right). \tag{5.81}$$

Die Gleichung entspricht einer Kaskade von RL-Gliedern, wie sie in Bild 5.17 rechts dargestellt ist, wobei $R_{m,\nu}$ der Widerstand der jeweiligen Masche ist und die Summe alle folgenden Induktivitäten mit den entsprechenden Teilsummen der Flüsse zusammenfasst.

Das Verhalten der Ersatzschaltung entspricht offensichtlich der Flussverdrängung. Nach dem Einschalten einer magnetischen Spannung bildet sich zunächst ein Fluss durch den linken Widerstand aus, der dem äußeren Radius entspricht, denn die Flüsse durch die anderen Zweige werden durch die folgenden Induktivitäten verzögert. Der Ausgleichsvorgang der Induktivitäten vollzieht sich der Reihe nach von links nach rechts, da der Fluss wegen der Addition der jeweiligen Zweigflüsse in dieser Reihenfolge ansteigt. Damit gehen auch die Zweigflüsse von links nach rechts in den stationären Zustand über. Anders ausgedrückt, der Fluss durch die inneren Elemente hat eine größere Anzahl Induktivitäten zu überwinden als der durch die äußeren Elemente, wodurch der Fluss innen langsamer ansteigt.

Da keine Einschränkungen bezüglich der Form der Querschnittsfläche getroffen wurden, gilt das Ersatzschaltbild für axial durchflossene Zylinderelemente mit beliebigen Querschnittsformen, insbesondere auch für rechteckige Querschnitte. Die Werte der magnetischen Induktivitäten werden durch (5.79) bestimmt und sind konstant. Die magnetischen Widerstände werden weiterhin nichtlinear betrachtet.

Werden die Teilflächen gleich groß gewählt, so lässt sich das Eindringen des Flusses gut simulieren.

Das Verfahren ist dann sinnvoll anzuwenden, wenn lokale Sättigungserscheinungen keine Rolle spielen. Die Modellierung mit Netzwerkmodellen ist zwar aufwändig, die Rechengeschwindigkeit dafür aber hoch. Vorteilhaft ist das immer bei Parameterstudien.

Modellierung der Wirbelströme mit numerischer Feldberechnung

Eine genaue Modellierung der Wirbelströme ermöglichen transiente Feldberechnungsprogramme. Sowohl die Feldverdrängung als auch der Einfluss lokaler Sättigungen können berücksichtigt werden. Der Modellierungsaufwand ist durch die mögliche Übernahme von CAD-Daten geringer als bei der Netzwerkmethode, der Rechenaufwand aber größer.

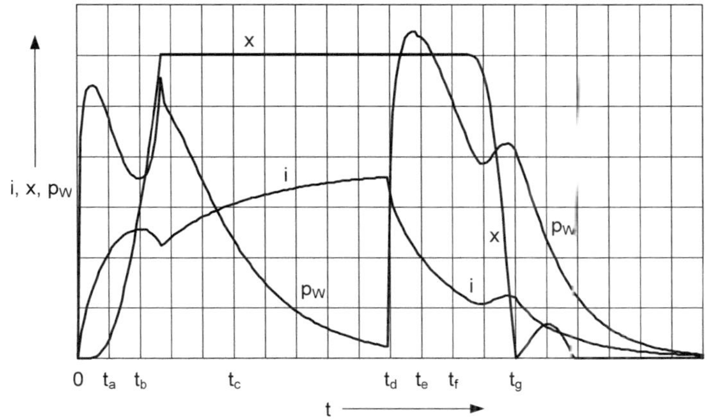

Bild 5.18: Zeitlicher Verlauf von Weg x, Strom i und Wirbelstromverlusten p_w während des Anzugs-, Halte- und Abfallvorganges

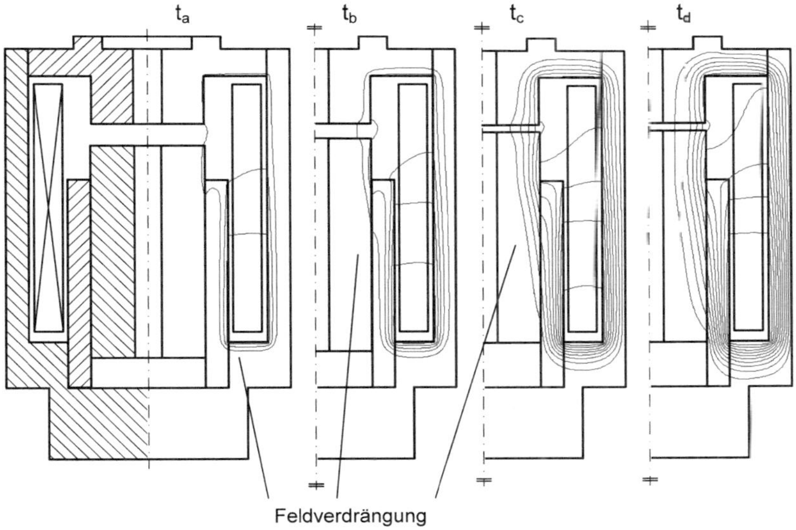

Bild 5.19: Feldbild eines Tauchankermagneten unter Wirbelstromeinfluss während des Anzugsvorgangs

Hohe Wirbelströme entstehen immer dann, wenn sich der magnetische Fluss schnell ändert, und eine entsprechend hohe Spannung im Eisen induziert wird. Bild 5.18 zeigt die Wirbelstromverluste in Abhängigkeit von Strom- und Wegänderung am Beispiel eines Hydraulikmagneten. Der erste Anstieg der Wirbelstromverluste wird hauptsächlich durch die Stromänderung verursacht. Der zweite Anstieg wird durch die Feldänderung bei Bewegung des Ankers hervorgerufen.

Bild 5.19 zeigt den mit Maxwell Transient berechneten Feldverlauf eines Gleichstrom-Topfmagneten beim Anzug. Im linken Bild ist der Zustand kurz nach dem Einschalten

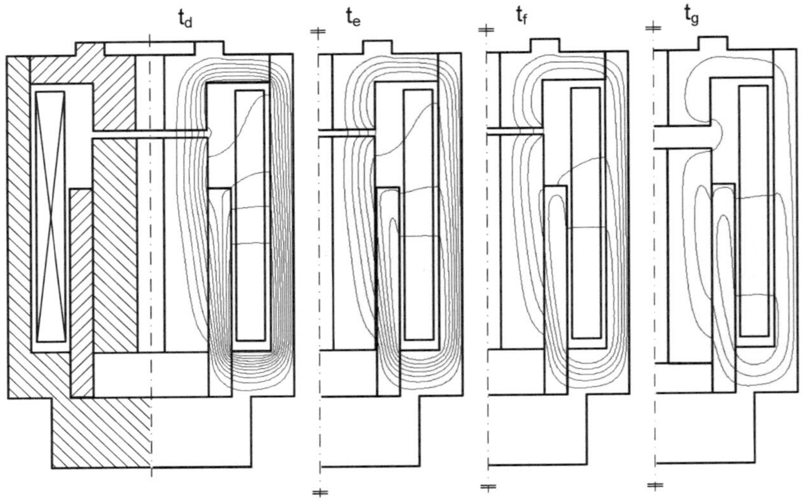

Bild 5.20: Feldbild eines Tauchankermagneten unter Wirbelstromeinfluss während des Abschaltvorganges

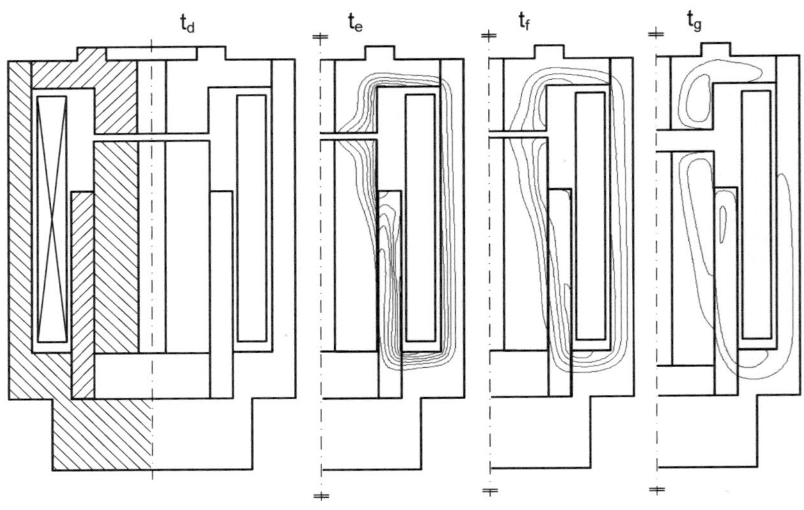

Bild 5.21: Wirbelstromverteilung in einem Tauchankermagneten während des Abschaltvorganges

bei Anfangsluftspalt dargestellt. An den nachfolgenden Bildern lässt sich der verzögerte Feldaufbau und der Anzug erkennen. Im rechten Bild ist der nahezu stationäre Zustand bei Restluftspalt zu sehen. Die zeitliche Abfolge der Feldbilder ist im Bild 5.18 gekennzeichnet.

In Bild 5.19 kann man die Feldverdrängung infolge der Wirbelströme erkennen. Interessant ist, dass beim Aufbau des Feldes nur ein kleiner Teil des Ankervolumens

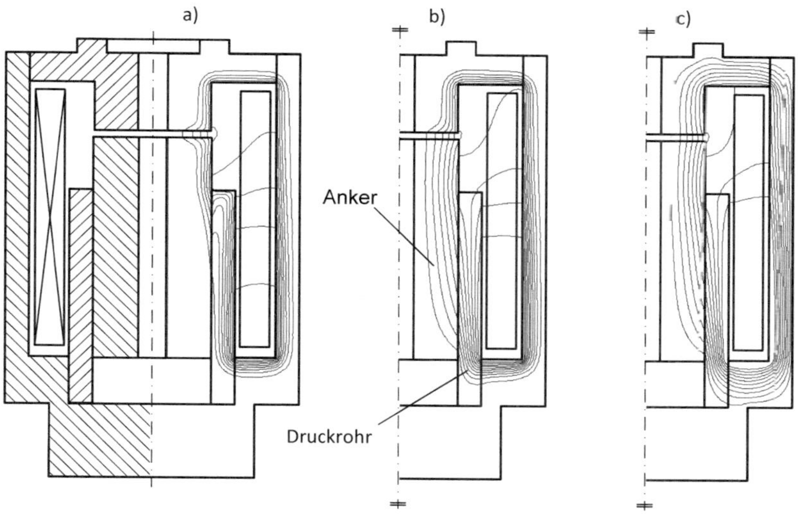

Bild 5.22: Feldverdrängung bei unterschiedlichen elektrischen Leitwerten von Anker und Druckrohr

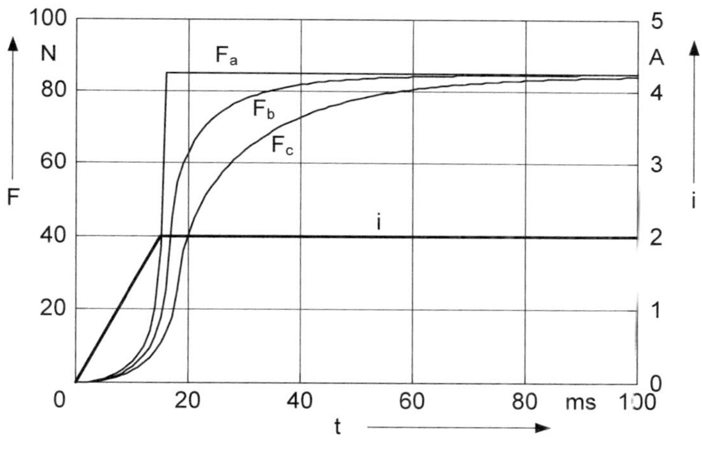

Bild 5.23: Abhängigkeit des Kraftanstieges vom elektrischen Leitwert der Bauteile a) alle Teile $\varkappa = 6{,}6 \cdot 10^6\,S$, b) Anker und Druckrohr $\varkappa = 0\,S$, c) alle Teile $\varkappa = 0\,S$

ausgenutzt wird. Der gesamte Querschnitt wird erst beim Erreichen der stationären Endkraft durchströmt. Nimmt man in Kauf, dass die stationäre Endkraft nicht erreicht wird, kann ein Teil des Ankervolumens eingespart werden. Das kommt einer hohen Dynamik zugute.

Auch beim Ausschalten des Magneten spielt der Wirbelstromeinfluss eine große Rolle. Die Bereiche in denen Wirbelströme auftreten, sind in Bild 5.21 gekennzeichnet. Der durch die Wirbelströme erzeugte magnetische Fluss behindert nun den schnellen Feldabbau.

Der Einfluss der Wirbelströme unter realen und idealisierten Bedingungen lässt sich vorteilhaft mit der numerischen Simulation untersuchen (vgl. auch Bild 9.20). Indem der Leitwert des Flussleitmaterials auf Null gesetzt wird, kann mit dem Modell der Betriebsfall ohne Wirbelströme nachgebildet werden, der in der Realität nicht zu erreichen ist. Somit kann der Wirbelstromeinfluss besser dargestellt werden. Am Beispiel in Bild 5.22 wird die Einfluss der Wirbelströme für drei Fälle untersucht. Der Strom wird dabei mittels einer Überspannung eingeprägt und dann auf Nennstrom gehalten. Fall a) zeigt den realen Fall mit Berücksichtigung eines elektrischen Leitwertes von $\varkappa = 6{,}6 \cdot 10^6\, S$. In Fall b) wird angenommen, dass Anker und Druckrohr und in Fall c) alle Teile einen Leitwert $\varkappa = 0\, S$ haben.

Bild 5.23 zeigt die Abhängigkeit des Kraftanstieges vom elektrischen Leitwert der Bauteile. Die vollständige Unterdrückung der Wirbelströme im Anker und im Druckrohr beschleunigt den Kraftanstieg spürbar. Im Idealfall müsste der Wirbelstrom in allen Teilen des Eisenkreises unterdrückt werden.

Wie stark sich die Wirbelströme auf die Schaltzeiten auswirken, hängt von der spezifischen Magnetkonstruktion ab. Die Verwendung von Stahlsorten mit geringem elektrischen Leitwert, die Verwendung von Sintermaterial und die Blechung bzw. Schlitzung des Magnetkreises wirken sich günstig auf die Dynamik aus. Bei kleinen Luftspalten treten aufgrund höherer Feldänderungen größere Wirbelströme auf. Die Auswirkung der Wirbelströme auf die Dynamik muss für jeden Anwendungsfall neu überprüft werden.

5.2.5 Beeinflussung des dynamischen Verhaltens von Gleichstrommagneten in offener Steuerkette mittels elektronischer Schaltungen

Problemsituation

Für die Anwendung von Gleichstrommagneten ist die Möglichkeit der Beeinflussung des dynamischen Verhaltens mit schaltungstechnischen Mitteln im Sinne der Anpassung des Magnetantriebes an den Belastungsfall besonders interessant. Die Entwicklung der Halbleitertechnik gibt dem Entwickler von elektro-magneto-mechanischen Antriebssytemen in zunehmendem Maße neue Mittel dazu in die Hand, deren Beachtung bereits während des konstruktiven Entwicklungsprozesses im Interesse optimaler Lösungen notwendig ist (Mechatronik).

Folgende Möglichkeiten der Einflussnahme auf die Dynamik mittels schaltungstechnischer Maßnahmen bestehen:

1. Forcierung des elektrischen Ausgleichsvorganges während der Anzugszeit durch Erhöhung der Ansteuerleistung,

2. Forcierung des mechanischen Ausgleichsvorganges durch Erhöhung der dynamischen Magnetkraft während der Anzugszeit t_1,

3. Beeinflussung des Rückstellvorganges während der Abfallzeit mittels Bedämpfungsmaßnahmen.

Die beiden ersten Maßnahmen lassen sich häufig mit den gleichen technischen Mitteln realisieren (z. B. mit Übererregungschaltungen). Die Zahl der Veröffentlichungen und Patente zu dieser Problematik ist außerordentlich groß (in [5.11] wurden über 100 Patentschriften analysiert), so dass nur die wichtigsten Schaltungen berücksichtigt werden können.

Trotz der großen Anzahl der Veröffentlichungen zur schaltungstechnischen Beeinflussung der statischen und dynamischen Eigenschaften von elektromechanischen Wandlern fehlt es an einer zusammengefassten Darstellung der Möglichkeiten und Grenzen der wichtigsten Schaltungen bezüglich der Wechselwirkung zwischen konstruktiven und schaltungstechnischen Parametern während des Entwurfsprozesses.

Ansteuerschaltungen

In den Tabellen 5.5 bis 5.8 sind die wichtigsten Ansteuerschaltungen zur Beeinflussung des Einschalt- und/oder des Ausschaltvorganges von Gleichstrommagneten zusammengestellt. Entsprechend der sich abzeichnenden Tendenz – leistungsfähigere elektronische Schaltungen zugunsten vereinfachter mechanischer Konstruktionen einzusetzen – werden Ansteuerschaltungen mit Mehrspulenanordnungen, die von KOZ [5.20] näher untersucht wurden, heute kaum noch angewendet, da sie mit der Entwicklung der Halbleiterelektronik, insbesondere der Entwicklung von Halbleiterbauelementen mit hohen Sperrspannungen, keine Vorteile mehr besitzen, die fertigungstechnischen Nachteile jedoch überwiegen.

Alle Schaltungen zur Beschleunigung des Einschaltvorganges lassen sich auf die beiden Grundschaltungen **Schnellerregung** (Tabelle 5.5, Nr. 1) und **Übererregung** (Tabelle 5.5, Nr. 2) zurückführen, wobei auch bei Elektromagneten mit einer im Vergleich zur Anzugszeit längeren Haltephase zunehmend die Übererregung angewendet und die Erregerspannung lage- oder zeitabhängig umgeschaltet wird (Tabelle 5.5, Nr. 3). Dadurch entsteht im Vergleich zur Schnellerregung eine geringere Verlustleistung.

Beim Schalten von induktiven Lasten ist zwecks Erhöhung der Lebensdauer der Schaltkontakte und zur Unterdrückung von parasitären Spannungsimpulsen in Logikschaltungen infolge induktiver oder kapazitiver Verkopplungen die Bedämpfung der Abschaltspannungsspitze U_s erforderlich (Bild 5.1). Die am meisten verwendeten, parallel zur Induktivität geschalteten Bedämpfungselemente sowie ihre Bewertung wurden von HABIGER [5.6] beschrieben (Tabelle 5.8, Nr. 8).

Bei Elektromagneten mit hoher Schalthäufigkeit gibt es folgende Kompromisssituation. Eine zu starke Bedämpfung der Abschaltspannungsspitze führt zu einer merklichen Verlängerung des Rücklaufprozesses. Zu hohe Spannungsspitzen können aber Frühausfälle von Bauelementen bzw. Störimpulse in Logikschaltungen zur Folge haben. Der Verlauf der Strom-Spannungskennlinie des Bedämpfungselementes hat auch Einfluss auf

Tabelle 5.5: Ansteuerschaltungen für Gleichstrommagnete, Teil 1

Nr.	Grundschaltung	Übergangsfunktion	Bemerkungen
1	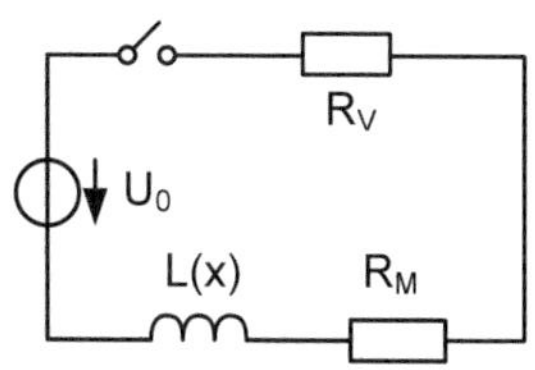	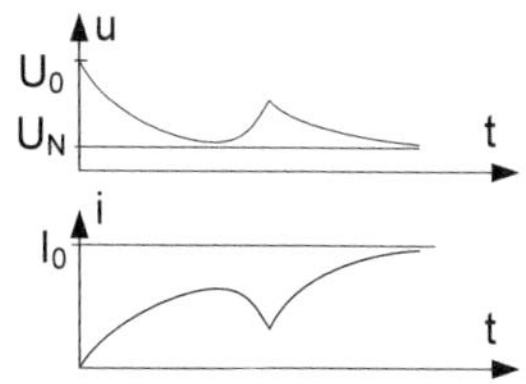	**Schnellerregung:** Vorteile: einfache Schaltung, mit wachsendem Forcierungsfaktor $n_S = (R_V/R_M) + 1$ Verringerung der Spannungsrückwirkung ($n_S > 5$ Stromeinprägung) Nachteile: $n_S > 3$ hohe Verlustleistung
2	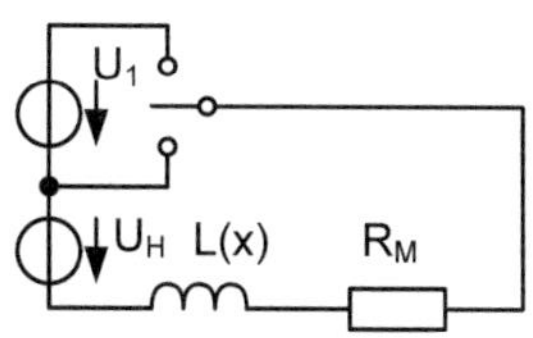	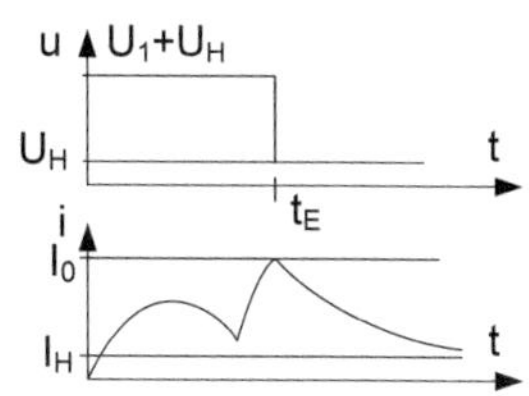	**Übererregung:** Vorteile: geringere Verlustleistung als bei Schnellerregung, Minimierung der Halteleistung möglich Nachteile: Zweistellungsschalter, zwei Spannungsquellen notwendig, bei $t_E > 5\tau_{th}$ thermische Überlastung, $t_{Eopt} = t_1$
3	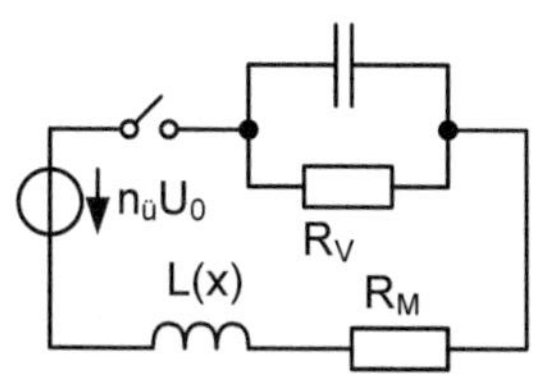	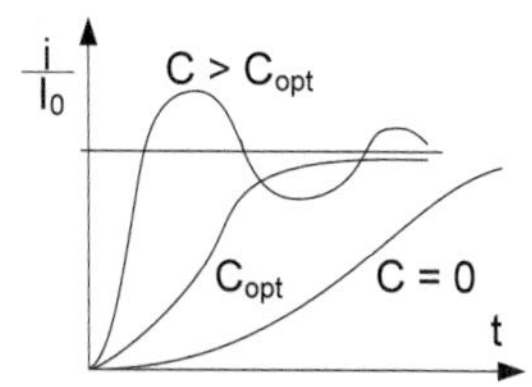	**Kombination Über- und Schnellerregung:** Grenzfälle: $C \to \infty$ Übererregung $C = 0$ Schnellerregung Vorteil: Wegfall zusätzlicher Schalter Nachteil: relativ große Kapazität C notwendig

Tabelle 5.6: Ansteuerschaltungen für Gleichstrommagnete, Teil 2

Nr.	Grundschaltung	Übergangsfunktion	Bemerkungen
4	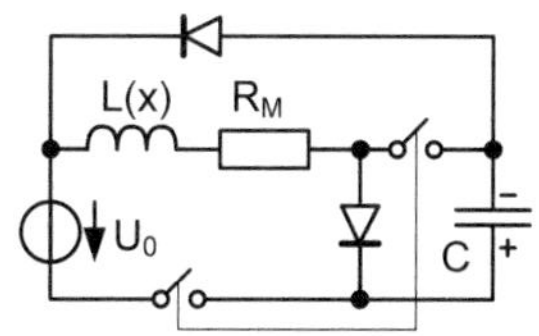	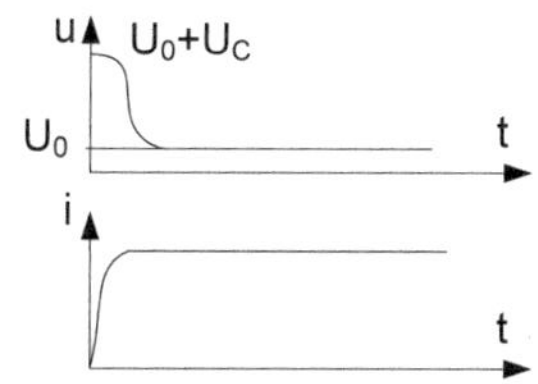	**Übererregung mittels Energiespeicherung in C:** Vorteil: L und C bilden Reihenschwingkreis, schneller Stromanstieg, Speicherung der magnetischen Feldenergie in C für den Einschaltvorgang Nachteil: zweipoliger Schalter
5	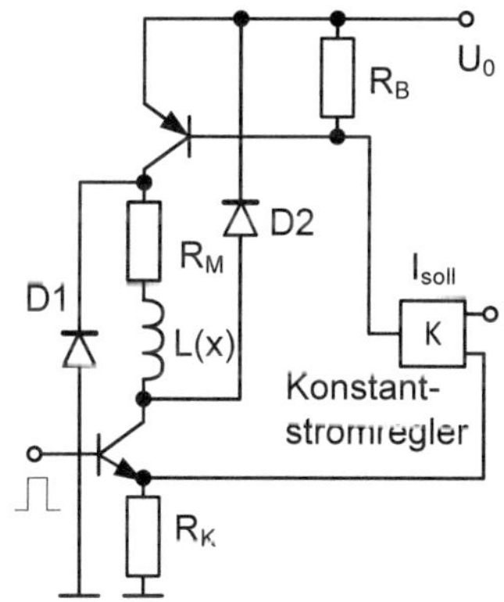	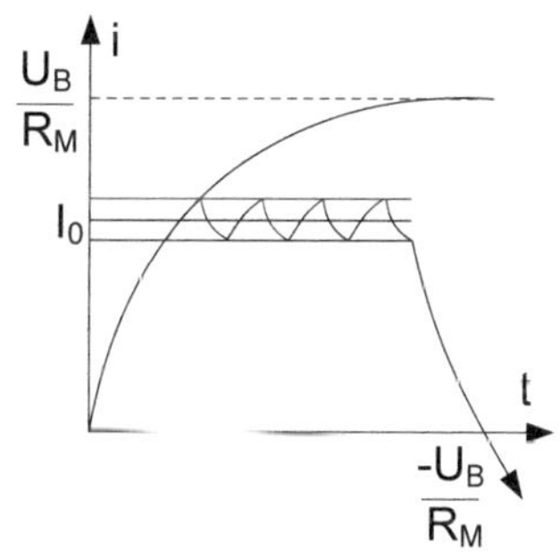	**Stromerregung:** Vorteile: forcierter Einschaltvorgang (Stromeinprägung), Regelung des Haltestromes, forcierter Ausschaltvorgang, Impulssteucrung möglich

Tabelle 5.7: Ansteuerschaltungen für Gleichstrommagnete, Teil 3

Nr.	Grundschaltung	Übergangsfunktion	Bemerkungen
6	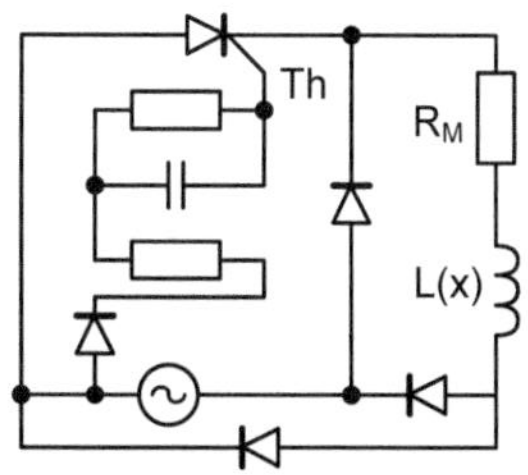	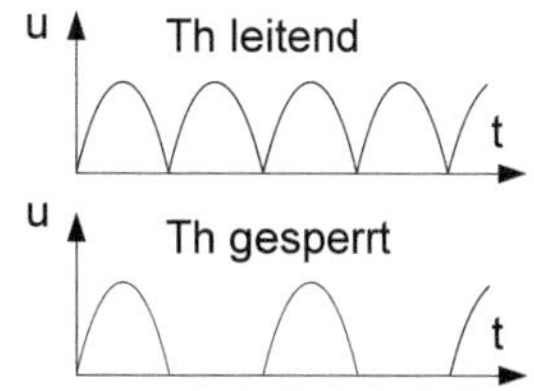	**Kombination Gleichrichtung und zeitabhängige Übererregung:** Vorteil: direkter Anschluss an Netzspannung, Halbierung der Verlustleistung im Haltezustand Nachteil: t_2 groß wegen Freilaufdiode
7	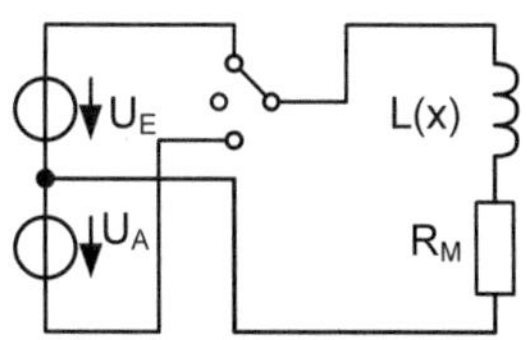	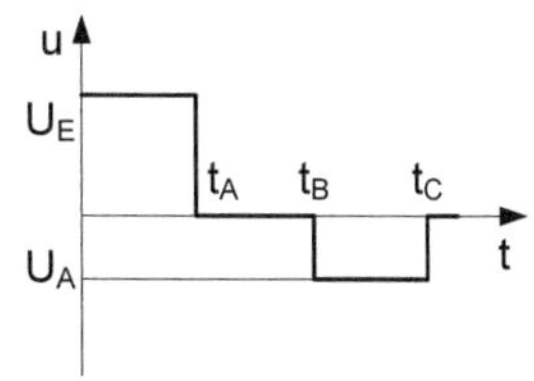	**Bipolare Impulserregung:** Vorteil: Energiezufuhr nur während der Schaltvorgänge erlaubt, Volumenreduzierung Nachteil: zweipoliger Umschalter erforderlich

Tabelle 5.8: Ansteuerschaltungen für Gleichstrommagnete, Teil 4, Störschutzbeschaltungen [5.18]

Nr.	Grundschaltung	R_D	$i_L(t)$	$u(t)$	Bemerkungen
8	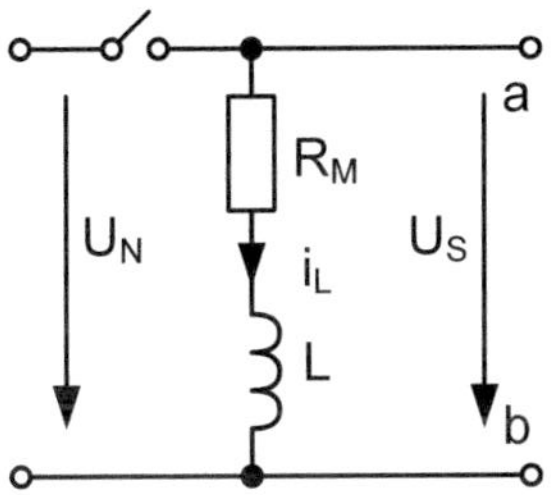	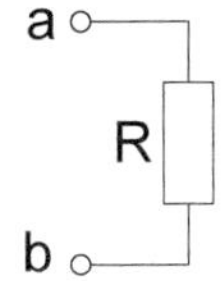	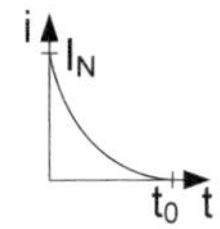	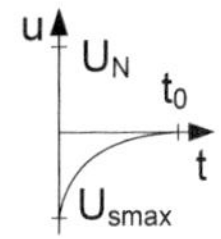	$U_{smax} = -U_N R/R_M$, $t_0 = 3\tau_S/(1 - U_{smax}/U_N)$, $\tau_S = L/R_M$, hoher Dauerverluststrom, als Störschutzbeschaltung ungeeignet
		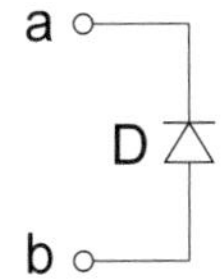	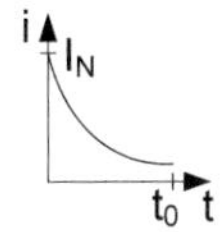	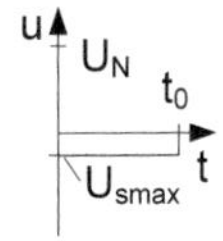	$U_{smax} \approx 0$, $t_0 \approx 3\tau_S$, Dauerverluststrom $I_V = 0$, sehr gute Entstörwirkung, t_0 sehr groß, kostengünstig, raumsparend
		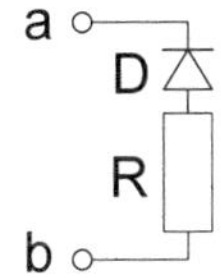	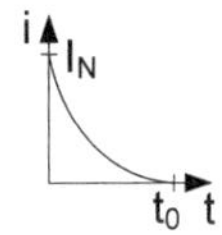	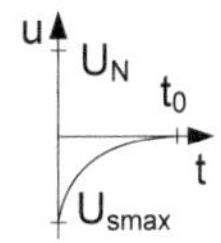	$U_{smax} = -U_N R/R_M$, $t_0 \approx \tau_S/(1 - U_{smax}/U_N)$, $I_V \approx 0$, kein Dauerverluststrom, gute Entstörwirkung, häufig angewendet
		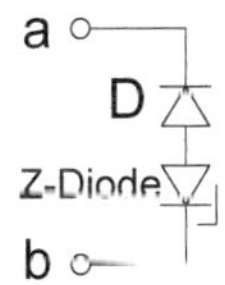	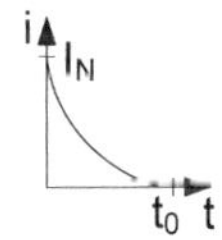	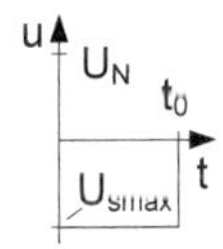	$U_{smax} = -U_Z$, $t_0 \approx \tau_S(U_{smax}/U_N)$, $I_V \approx 0$, sehr gute Entstörwirkung, t_0 klein, vorrangig für kleinere Elektromagnete
		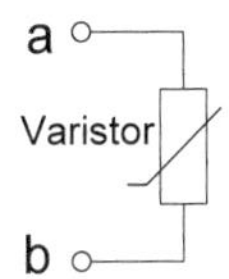	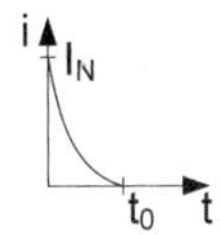	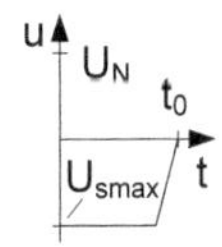	$U_{smax} = -U(I_N)$, $t_0 = (\alpha\tau_S/(\alpha - 1))/(U_{smax}/U_N)$, bei $I = kU^\alpha$ sehr gute Entstörwirkung, direkt an Erregerspule montierbar

den Abfallverzug und die Rücklaufzeit [5.6]. Die kürzeste Abfallzeit t_2 bei einer vorgegebenen, maximal zulässigen Spannungsspitze U_{smax} erhält man mit einer Z-Diode ($U_z = U_{smax}$) oder einer gegengeschalteten EMK ($U = U_{smax}$) im Bedämpfungskreis.

Eine gewisse Sonderstellung nimmt die Schaltung Nr. 4 in Tabelle 5.6 ein. Durch die Umladung der Feldenergie von der Induktivität in die Kapazität C beim Ausschaltvorgang und Reihenschaltung der Kapazität in der Einschaltphase werden eine Verkürzung des Abfallverzuges und des Anzugsverzuges erreicht. Der Bewegungsvorgang wird allerdings nur bei großen Kapazitäten merklich beeinflusst.

Dynamisches Kennlinienfeld

Die Anwender von Elektromagneten möchten stets wissen, welche dynamischen Eigenschaften der von ihnen bei verschiedenen Belastungen und Betriebszuständen eingesetzte Elektromagnet besitzt und welche Möglichkeiten er hat, mit schaltungstechnischen Mitteln bzw. durch Variation der Belastung das dynamische Verhalten in gewünschter Weise zu beeinflussen. Beide Forderungen kann man mit Hilfe eines Kennlinienfeldes erfüllen, das die wichtigsten dynamischen Kenngrößen bei ausgewählten, typischen Betriebsfällen umfasst. Dieses Kennlinienfeld, das nachfolgend dynamisches Kennlinienfeld genannt wird, ist in Bild 5.24 dargestellt [5.16].

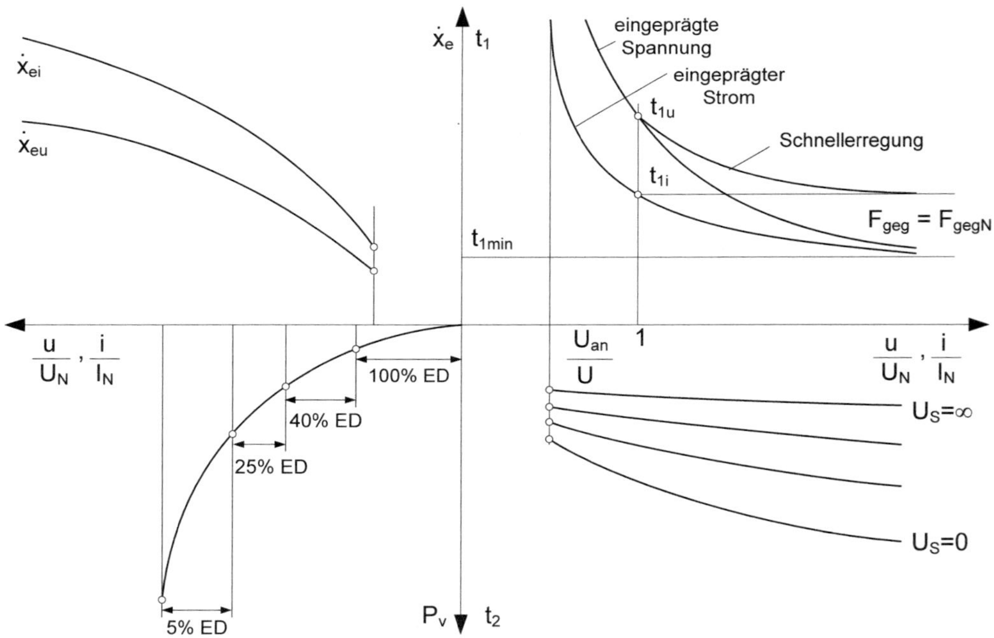

Bild 5.24: Dynamisches Kennlinienfeld von Gleichstrommagneten

Im **I. Quadranten** ist die Anzugszeit t_1 des Elektromagneten in Abhängigkeit von der eingeprägten normierten Spannung (t_{1u}) und vom eingeprägten normierten Strom (t_{1i}) aufgetragen.

t_{1u} und t_{1i} stellen zwei Grenzfälle dar. t_{1u} ist die längste Anzugszeit, die während des Einschaltvorganges bei einem Betriebsfall entsteht, da bei eingeprägter Spannung die größte elektromechanische Wechselwirkung auftritt, die nach (5.1) durch die Beziehung

$$\frac{\mathrm{d}\psi(x,i)}{\mathrm{d}t} = \frac{\mathrm{d}\psi}{\mathrm{d}x}\frac{\mathrm{d}x}{\mathrm{d}t} + \frac{\mathrm{d}\psi}{\mathrm{d}i}\frac{\mathrm{d}i}{\mathrm{d}t} \tag{5.82}$$

charakterisiert wird.

t_{1i} ist die kürzeste Anzugszeit, die bei einem entsprechenden Betriebsfall auftreten kann, da in diesem **Grenzfall** eine Spannungsrückwirkung aufgrund des eingeprägten Erregerstromes auf den Anzugsvorgang nicht wirksam wird. Wenn der Erregerstrom eingeprägt wird und keine Wirbelströme auftreten, geht t_{11} gegen 0 ($t_{1i} = t_{12i}$). Der mechanische Bewegungsablauf sowie die Hubzeit t_{12i} können mit Hilfe von (5.2) berechnet werden. Für die Magnetkraft kann die bei dem eingeprägten Strom auftretende statische Magnetkraft

$$F_m = F_m(x, I = \text{konst})$$

eingesetzt werden.

Die Differenz $t_{1u} - t_{1i} = \Delta t_1$ ist ein Maß für die mögliche Verringerung der Anzugszeit mit Hilfe einer Schnellerregungsschaltung.

Wie man aus den Abhängigkeiten $t_{1u} = f(u/U_N)$, $t_{1i} = f(i/I_N)$ erkennt, nähern sich die Kurven bei konstanter Belastung dem Grenzwert t_{1min}, der allein mit schaltungstechnischen Maßnahmen, d. h. mit Hilfe des elektrischen Eingangssignals, nicht unterschritten werden kann.

Die kürzeste, mit einem vorgegebenen Magneten erreichbare Anzugszeit t_{1mingr} ergibt sich bei unbelastetem Anker. Damit kann man aus dem dynamischen Kennlinienfeld auch den Bereich der Änderung der Anzugszeit von der Belastung ablesen.

Im **II. Quadranten** des dynamischen Kennlinienfeldes ist die Ankerendgeschwindigkeit $\dot{x}_e$ in Abhängigkeit von der normierten eingeprägten Erregerspannung ($\dot{x}_{eu}$) und vom normierten eingeprägten Erregerstrom ($\dot{x}_{ei}$) aufgetragen.

$\dot{x}_e$ ist ein Maß für die beim Aufschlag des Ankers auf das Ankergegenstück frei werdende kinetische Energie $W_{ü}$, die in der Regel bei Betätigungsmagneten maßgebend ist für Prellschwingungen und Verschleiß. Soweit man diese frei werdende kinetische Energie nicht für die Ausführung eines Arbeitsvorganges benötigt (z. B. Drucken, Stanzen), ist $W_{ü}$ möglichst zu minimieren.

Die im **III. Quadranten** dargestellte Abhängigkeit der im Magneten auftretenden Verlustleistung und die Angabe der Bereiche für die relativen Nenneinschaltdauern sind wichtig für die Anwendung des Magneten. Man kann daraus die nach thermischen Gesichtspunkten zulässige Steigerung der Verlustleistung des Magneten bei Verringerung der relativen Einschaltdauer ermitteln und durch Projektion der Arbeitspunkte in den I. Quadranten den Einfluss dieser Leistungssteigerung auf die Anzugszeit t_1 ablesen.

Schließlich lässt sich aus der im **IV. Quadranten** dargestellten Abhängigkeit von $t_2 = f(u/U_N)$ mit U_s als Parameter die Veränderung der Abfallzeit t_2 in Abhängigkeit von der normierten Erregerspannung und der Amplitude der durch Bedämpfungselemente bestimmten Abschaltspannungsspitze U_s erkennen. Diese Zusammenhänge sind besonders für den Anwender von schnellwirkenden Elektromagneten von großer Bedeutung, die mit elektronischen Schaltern geschaltet werden. Im Interesse eines optimalen dynamischen Verhaltens ist stets ein Kompromiss zwischen der Verringerung der Abschaltspannungsspitze auf schaltungstechnisch zulässige Werte und der Verlängerung der Abfallzeit zu schließen.

5.2.6 Einteilung der elektro-magneto-mechanischen Antriebe bezüglich ihrer dynamischen Eigenschaften

Häufig besteht der Wunsch, die elektro-magneto-mechanischen Antriebe bezüglich ihrer dynamischen Eigenschaften in Gruppen einzuteilen. In der russischen Literatur ist der Begriff der Schnellwirkung sehr weit verbreitet, ohne dass dieser Begriff näher erläutert ist oder dass aus heutiger Sicht eine befriedigende Definition gegeben worden ist.

TER-AKOPOV [5.30] teilt z. B. Gleichstrommagnete nach der Länge der Anzugszeit in Gleichstrommagnete mit normalem dynamischen Betrieb und schnellwirkende Gleichstrommagnete ein und ordnet diesen Begriffen folgende Zeitbereiche zu:

$1\,s > t \geq 10\,ms$ normaler dynamischer Betrieb,
$10\,ms > t \geq 1\,ms$ schnellwirkende Gleichstrommagnete.

Der Nachteil dieser Einteilung besteht darin, dass sie auf die Größe des Elektromagneten und damit auf die umgesetzte mechanische Leistung sowie auf andere charakteristische Zeitparameter (z. B. Zeitkonstanten) des Elektromagneten keinen Bezug nimmt. Den Nachteil dieser Klassifikation kann man sofort daran erkennen, dass dann alle miniaturisierten Elektromagnete (z. B. Antriebsmagnete für Miniaturventile und Kleinrelais) zu den schnellwirkenden und alle größeren zu den Magneten mit normalem dynamischen Betrieb gezählt würden.

Einen wesentlichen Fortschritt stellt demgegenüber bereits die Klassifikation von AGORANJANZ [5.1] dar, der folgende normierte Größen des Elektromagneten als Kriterien für Magnete mit linearen Ψ-I-Kennlinien und auch linearen Belastungsverhältnissen einführt.

1. $T_0/T* > 1$ Elektromagnet mit überwiegender elektrischer Trägheit,
2. $T_0/T* = 1$ Elektromagnet mit elektromechanischer Trägheit,
3. $T_0/T* < 1$ Elektromagnet mit vorwiegend mechanischer Trägheit.

Dabei bedeuten:

T_0 elektrische Zeitkonstante des Elektromagneten bei abgefallenem Anker
$T*$ Periode der Eigenschwingung des mechanischen Systems bei linearer Reibung.

Diese Klassifikation hat den Nachteil, dass sie sich nur auf lineare Magnetantriebe bezieht, der Bereich der sogenannten elektromagnetischen Trägheit auf den Grenzfall $T_0 = T*$ beschränkt ist.

Man kann diese Nachteile umgehen und für alle elektro-magneto-mechanischen Antriebssysteme ein einheitliches System zur Klassifizierung finden, wenn man vom dynamischen Kennlinienfeld ausgeht. Da der Unterschied zwischen der Anzugszeit bei eingeprägter Spannung t_{1u} und der Anzugszeit bei eingeprägtem Strom t_{1i} ein Maß für die elektrische Trägheit des Systems und die Anzugszeit t_{1i} in Abhängigkeit vom normierten eingeprägten Strom ein Maß für die mechanische Trägheit ist, liegt der Gedanke nahe, diese Größen zur Charakterisierung heranzuziehen und folgende Einteilung vorzuschlagen (Bild 5.25):

$\frac{t_{1u}-t_{1i}}{t_{1i}} > 1$ elektro-magneto-mechanischer Antrieb mit vorwiegend elektrischer Trägheit (Bereich I),

$1 \geq \frac{t_{1u}-t_{1i}}{t_{1i}} > 0,1$ elektro-magneto-mechanischer Antrieb mit elektro-mechanischer Trägheit (Bereich II),

$\frac{t_{1u}-t_{1i}}{t_{1i}} < 0,1$ elektro-magneto-mechanischer Antrieb mit vorwiegend mechanischer Trägheit (Bereich III).

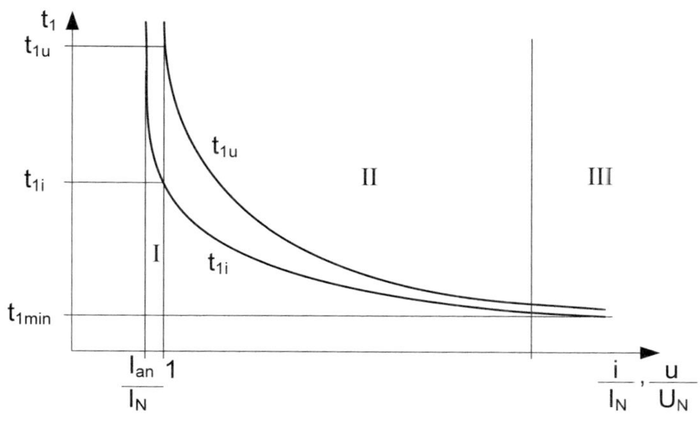

Bild 5.25: Zur Einteilung von Gleichstrommagneten nach dynamischen Gesichtspunkten

Analog der in der Literatur bisher üblichen Verwendung des Begriffes Schnellwirkung kann man dem Arbeitsbereich mit elektro-mechanischer Trägheit dem Bereich der Schnellwirkung zuordnen und dem Arbeitsbereich mit vorwiegend mechanischer Trägheit den Arbeitsbereich extremer Schnellwirkung. Darüber hinaus führt KAGAN [5.11] im Zusammenhang mit der Untersuchung der Dynamik von Mikromaschinen den Begriff Grenzen der Schnellwirkung ein, wobei er für die Grenzwerte eines Systems in diesem Zusammenhang folgende Definition angibt: »Grenzwerte eines Systems werden extremale (größte oder kleinste) Werte der Ausgangscharakteristik (Kennziffern) beim Festhalten einer charakteristischen Eigenschaft des Systems und der Variation der anderen in bestimmten (gegebenen) Grenzbereichen genannt.«

Unter charakteristischen Eigenschaften werden dabei alle grundlegenden Eigenschaften des Systems, die bei dem Entwurf in bestimmten Bereichen variiert werden können (Wirkprinzip, Struktur, Konstruktion, Prinzipschaltung usw.), verstanden. Aus dieser Sicht ist der Grenzwert (z. B. der Schnellwirkung) die kleinste Anzugszeit, die unter den gegebenen Bedingungen dem absoluten Minimum im Variationsbereich aller möglichen Parameter bei Beibehaltung des elektro-magneto-mechanischen Antriebsprinzips entspricht. Die Berechnung dieses Grenzwertes ist von praktischem Interesse, da damit die dynamischen Grenzen des Wirkprinzips sichtbar werden.

5.2.7 Gleichstrommagnete als Stellelemente in Positionierantrieben

Statische und dynamische Eigenschaften der Gleichstromstellmagnete

Gleichstrommagnete werden vergleichsweise zu Gleichstrommotoren relativ wenig als Stellelemente in Antriebsregelkreisen eingesetzt. Ursachen sind eine Reihe von Eigenschaften der Elektromagnete, die ihre Anwendung nur ermöglichen, wenn leistungsfähige Regelungsverfahren z. B. Mehrgrößenregelungen oder nichtlineare Regelungen kostengünstig eingesetzt werden können.

Aus regelungstechnischer Sicht sind folgende Eigenschaften der Gleichstrommagnete von Interesse: Führungsverhalten, Störverhalten, Antworten auf Führungsgrößen- und Störgrößensprünge, Frequenzgang.

Nachteilig sind folgende Eigenschaften:

- Linearitätsabweichungen der Magnetkraft-Hub-Kennlinien einschließlich der auftretenden Krafthysterese,
- die relativ großen Ansprech- und Ausregelzeiten der Sprungantwort infolge der hohen elektromagnetischen Zeitkonstanten,
- die niedrigen 3dB-Schnittfrequenzen im Bode-Diagramm,
- der geringe Nennhub.

Dem stehen folgende Vorteile des Elektromagneten gegenüber:

- einfache Erzeugung einer linearen Bewegung,
- gute Integrierbarkeit des Elektromagneten mit dem Wirkelement, wodurch z. B. in der Ventiltechnik sehr kompakte Lösungen entstehen,
- günstige dynamische Eigenschaften, wenn relativ große Stellkräfte notwendig sind.

In dem Umfang, wie es gelingt, die genannten Nachteile mit regelungstechnischen Mitteln kostengünstig zu kompensieren, lassen sich zuverlässige und mechanisch robuste Stellantriebe aufbauen. Bekannte Beispiele sind: Proportionalmagnete für Hydraulikventile [5.26], Stellmagnete für Drosselklappen und magnetische Lager mit einem Bewegungsfreiheitsgrad $F \geq 1$ [5.22].

Erzeugung eines steuerbaren stabilen Arbeitspunktes

Der Einsatz von Gleichstrommagneten als Stellelemente in einem Positionierantrieb setzt die Erzeugung einer steuerbaren Magnetkraft-Hub-Kennlinie voraus, die im Zusammenwirken mit äußeren Kräften (Federkräften, Gewichtskräften) eine kontinuierliche Verschiebung des Magnetankers erzeugt. Dazu müssen im stabilen Arbeitspunkt folgende Bedingungen erfüllt sein:

1. Die auf den Anker wirkenden Kräfte F_i müssen sich aufheben,
$$\sum F_i = F_s = 0. \tag{5.83}$$
2. Wenn die auftretenden Störkräfte wegfallen, muss der Anker wieder in den stabilen Arbeitspunkt zurückkehren. Das bedeutet für die Steigung im Arbeitspunkt:
$$\frac{\mathrm{d}F_s}{\mathrm{d}x} < 0. \tag{5.84}$$

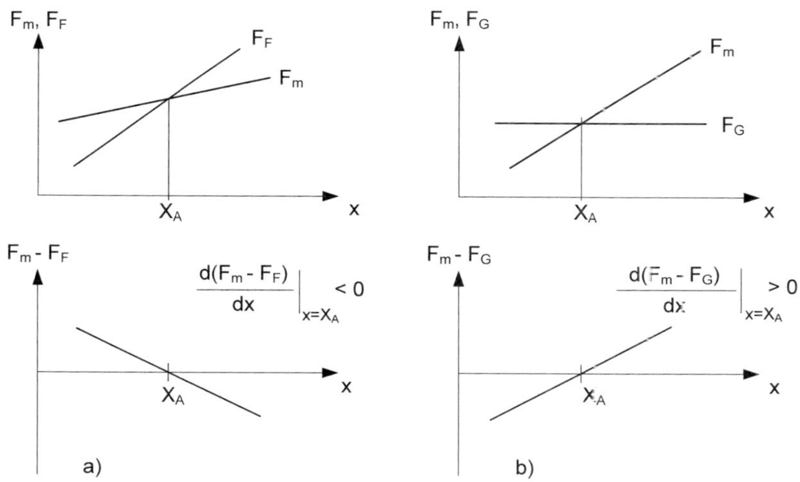

Bild 5.26: Arbeitspunkte von Gleichstrommagneten mit Rückstellfeder bzw. Gewichtsbelastung; a) stabiler Arbeitspunkt, F_F Federkraft; b) instabiler Arbeitspunkt, F_G Gewichtskraft

Entsprechend Bild 5.26 gilt $F_s = F_m - F_F$ bzw. $F_s = F_m - F_G$.

Die Steigung der $F_s(x, I)$-Kennlinie bei I=konst im Arbeitspunkt wird auch als Steifigkeit bezeichnet. Im Interesse eines günstigen statischen Störverhaltens sollte sie möglichst groß und über einen großen Stellbereich gleich sein.

Diese Bedingungen werden am besten von Gleichstrommagneten mit Kennlinienbeeinflussung und einer Feder als Rückstellelement erfüllt (Bild 5.27).

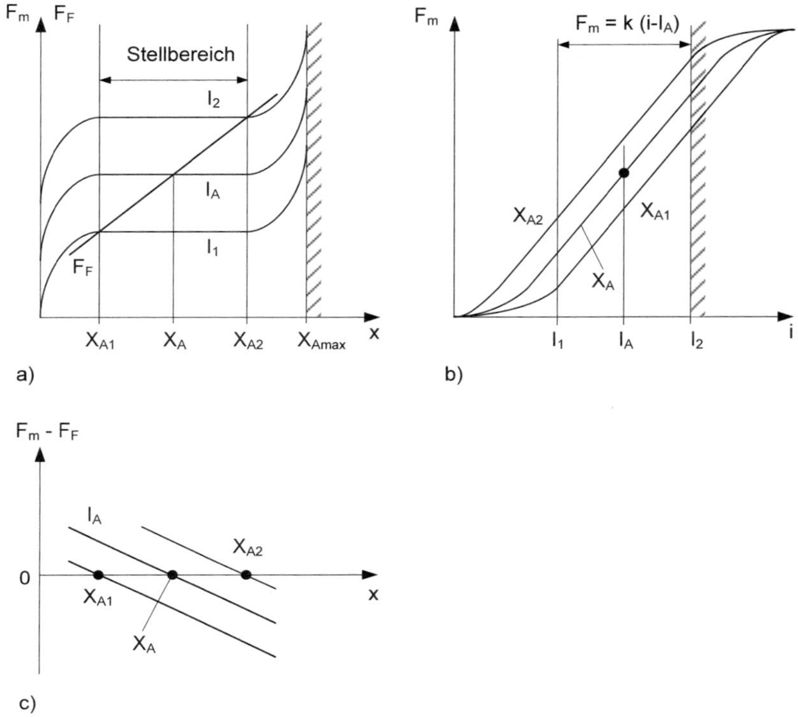

Bild 5.27: Steuerkennlinien von Gleichstrommagneten mit Kennlinienbeeinflussung; a) Magnetkraft-Hub-Kennlinien, b) Magnetkraft-Strom-Kennlinien, c) Steifigkeit arbeitspunktunabhängig

Die Kombination des Gleichstrommagneten ohne Kennlinienbeeinflussung mit Rückstellfeder hat den Nachteil, dass wegen der starken Nichtlinearität der Magnetkraft-Hub-Kennlinie der Stellbereich bezogen auf den Nennhub des Magneten relativ klein ist im Vergleich zu Gleichstrommagneten mit Kennlinienbeeinflussung und zudem die Steifigkeit arbeitspunktabhängig ist (Bild 5.28).

Das beschriebene Arbeitsprinzip wird zum Stellen von Ventilschiebern eingesetzt. Die statischen und dynamischen Eigenschaften, die ohne Regelung erzielt werden, können jedoch keine hohen Gütekriterien erfüllen.

Übertragungsfunktionen des Gleichstrommagneten mit Kennlinienbeeinflussung

In Abschnitt 3.5 ist dargestellt worden, dass mit Hilfe der Kennlinienbeeinflussung die Magnetkraft-Hub-Kennlinien in weiten Grenzen an vorgegebene Belastungsfälle angepasst werden können. Für Stellantriebe günstige Gleichstrommagnete werden im

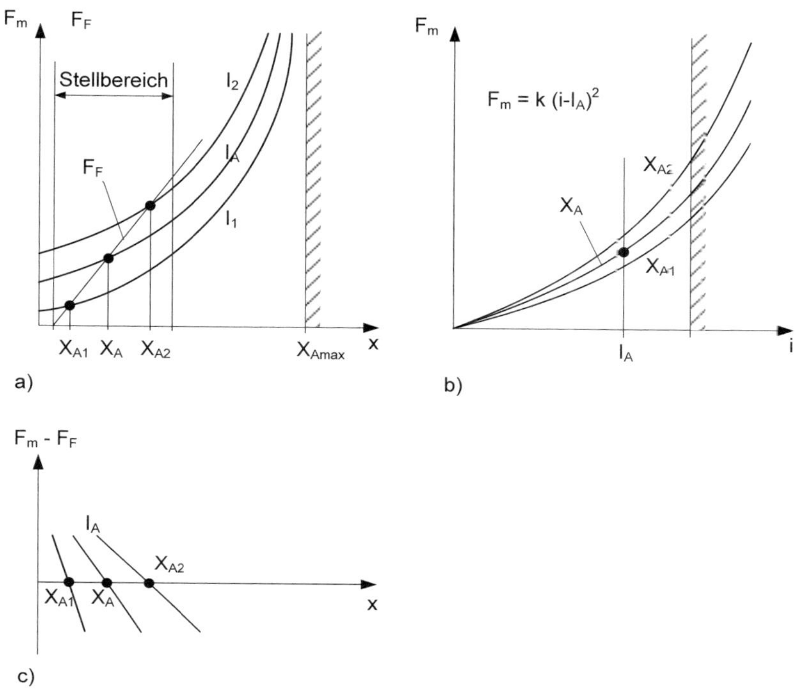

Bild 5.28: Steuerkennlinien ohne Kennlinienbeeinflussung; a) Magnetkraft-Hubkennlinien, b) Magnetkraft-Stromkennlinien, c) Steifigkeit arbeitspunktabhängig

allgemeinen so dimensioniert, dass sie große Stellbereiche aufweisen, in denen die Beziehungen $F_m(x, I)$ für I=konst und $F_m(x, I)$ für x=konst in möglichst großen Bereichen linear sind.

Näherungsweise kann man das Ψ-I-Kennlinienfeld dieser Gleichstrommagnete durch folgende Beziehung beschreiben:

$$\Psi = \Psi_0 + k^* I + kx. \tag{5.85}$$

Daraus ergibt sich mit Hilfe von (3.56) eine lineare Beziehung für die Magnetkraft $F_m = kI$. Unter diesen Bedingungen können Übertragungsfunktionen abgeleitet werden, die eine theoretische Behandlung des Antriebssystems mit Hilfe der linearen Systemtheorie zulassen.

In Bild 5.29 wird der Wirbelstromeinfluss des Gleichstrommagneten entsprechend Bild 5.15 durch den Widerstand R_w berücksichtigt.

Aus dem Ersatzschaltbild ergeben sich folgende Ausgangsgleichungen:

$$u_e = i_e R_M + L\frac{\mathrm{d}i_L}{\mathrm{d}t} + u, \tag{5.86}$$

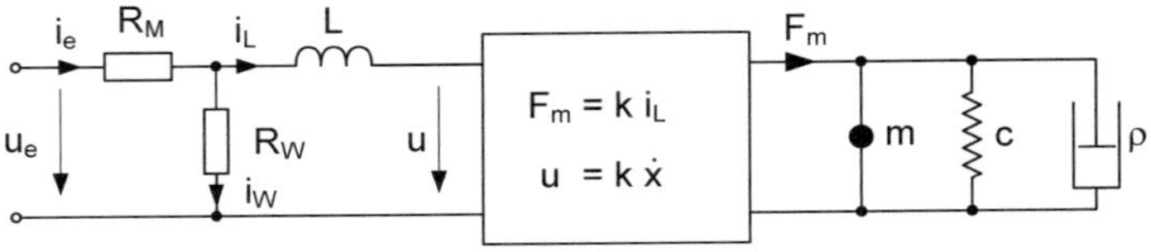

Bild 5.29: Lineares Ersatzschaltbild für Gleichstrommagnetantriebe mit linearisierten Magnetkraft-Hub-Kennlinien zur Beschreibung des Kleinsignalverhaltens

$$u_e = i_e R_M + i_w R_w, \tag{5.87}$$

$$i_e = i_w + i_L, \tag{5.88}$$

$$F_m = m\ddot{x} + \varrho\dot{x} + cx, \tag{5.89}$$

aus denen sich durch zweckmäßiges Umformen entsprechend des gesuchten Übertragungsverhaltens und Laplace-Transformation die in Tabelle 5.9 dargestellten Übertragungsfunktionen ableiten lassen.

Tabelle 5.9: Übertragungsfunktionen des linearisierten Gleichstrommagneten

Nr.	Übertragungsfunktion
	eingeprägte Spannung ohne Wirbelstromeinfluss
1	$G_{xu}(p) = \dfrac{X(p)}{U_e(p)} \quad \text{bei} \quad R_w = \infty$ $G_{xu}(p) = \dfrac{k}{R_M c} \dfrac{1}{p^3 \frac{Lm}{R_M c} + p^2 \left[\frac{m}{c} + \frac{L\varrho}{R_M c}\right] + p \left[\frac{\varrho}{c} + \frac{L}{R_M} + \frac{k^2}{R_M c}\right] + 1}$
	eingeprägte Spannung mit Wirbelstromeinfluss
2	$G^*_{xu}(p) = \dfrac{X(p)}{U_e(p)} \quad \text{bei} \quad R_w < \infty, \quad \text{mit} \quad R = \dfrac{R_M R_W}{R_M + R_W}$ $G^*_{xu}(p) = \dfrac{k}{R_M c} \dfrac{1}{p^3 \frac{Lm}{Rc} + p^2 \left[\frac{m}{c} + \frac{L\varrho}{Rc}\right] + p \left[\frac{\varrho}{c} + \frac{L}{R} + \frac{k^2}{Rc}\right] + 1}$
	eingeprägter Strom, ohne Wirbelstromeinfluss
3	$G_{xi}(p) = \dfrac{X(p)}{I_L(p)} \quad \text{bei} \quad R_w = \infty, \quad i_e = i_L$ $G_{xi}(p) = \dfrac{k}{c} \dfrac{1}{p^2 \frac{m}{c} + p\frac{\varrho}{c} + 1}$
	eingeprägter Strom, mit Wirbelstromeinfluss
4	$G^*_{xi}(p) = \dfrac{X(p)}{I_e(p)} \quad \text{bei} \quad R_w < \infty$ $G^*_{xi}(p) = \dfrac{k}{c} \dfrac{1}{p^3 \frac{Lm}{R_W c} + p^2 \left[\frac{m}{c} + \frac{L\varrho}{R_W c}\right] + p \left[\frac{\varrho}{c} + \frac{L}{R_W} + \frac{k^2}{R_W c}\right] + 1}$

Man erkennt aus den abgeleiteten Übertragungsfunktionen, dass im Interesse hoher dynamischer Eigenschaften die Stromsteuerung der Spannungssteuerung vorzuziehen ist. Der Widerstand R_w führt stets zu einer Verschlechterung des dynamischen Verhaltens, die Ausregelzeit wird länger.

Untersuchungen in [5.4] haben ergeben, dass sich bereits mit diesem relativ einfachen Modell bei kleinen Aussteuerungen des Elektromagneten die Frequenzgänge gut analysieren lassen (Bild 5.30).

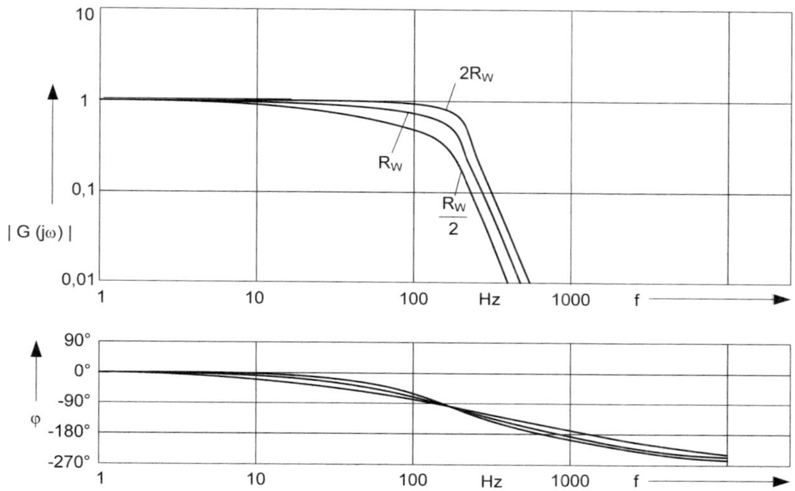

Bild 5.30: Einfluss des Wirbelstromwiderstandes auf den Frequenzgang von Gleichstrommagneten

Linearisierung der Magnetkraft-Hub-Kennlinie von Gleichstrommagneten

Die Herstellung von Gleichstrommagneten, die sich durch lineare Übertragungsfunktionen beschreiben lassen, ist in der Regel teuer, da sich daraus hohe Anforderungen an die Präzision der mechanischen Fertigung (Gestalt des Ankergegenstückes, konzentrische Ankerführung) und die Materialauswahl ergeben. Deshalb wird zunehmend nach Möglichkeiten gesucht, die auftretenden Nichtlinearitäten durch geeignete Regelungskonzepte (siehe Tabelle 5.10) zu kompensieren [5.7]. Mit der Pseudokraftregelung ist es möglich, die Magnetkraft-Hub-Kennlinie eines Gleichstrommagneten ohne Kennlinienbeeinflussung so zu steuern, dass lineare Magnetkraft-Hub-Kennlinien entstehen, wodurch auch die einfacher aufgebauten Hubmagnete als »Proportionalmagnete« eingesetzt werden können (Bild 5.31).

Nichtlineares Modell für den Antriebsmagneten

Die Anwendung moderner regelungstechnischer Konzepte und die Verfügbarkeit hochintegrierter Schaltkreise erlaubt auch mit einem stark nichtlinearen Elektromagneten eine hohe Regelgüte bei vertretbarem Aufwand zu erreichen.

Tabelle 5.10: Maßnahmen zur Linearisierung der Magnetkraft-Hub-Kennlinie

Nr.	Signalflussbild	Bemerkungen
1	Kennlinienkorrektur 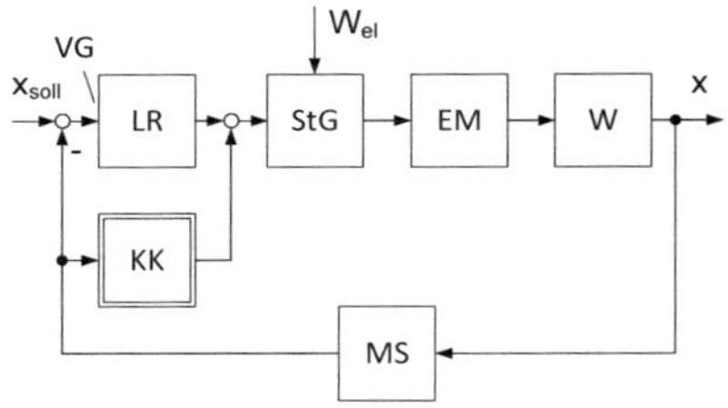	LR Lageregler StG Stellglied EM Elektromagnet W Wirkelement MS Wegmesssystem KK Kennlinienkorrektur VG Vergleichsglied
2	Kraftregelung 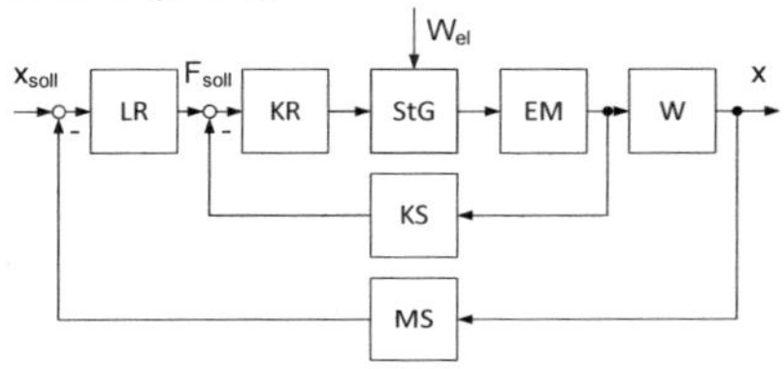	KR Kraftregler KS Kraftmesser
3	Pseudokraftregelung 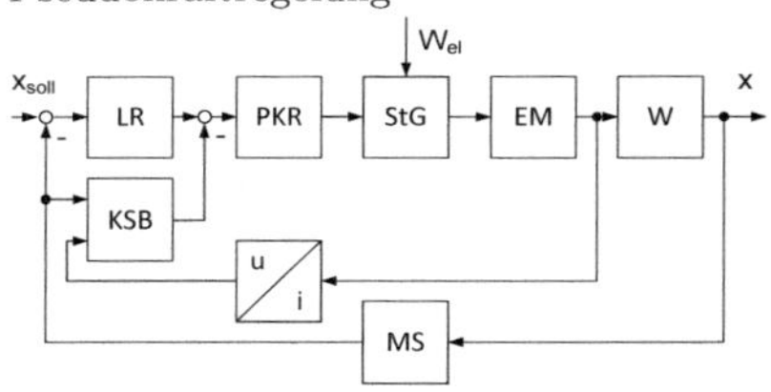	PKR Pseudokraftregler KSB Kraftsignalbildner

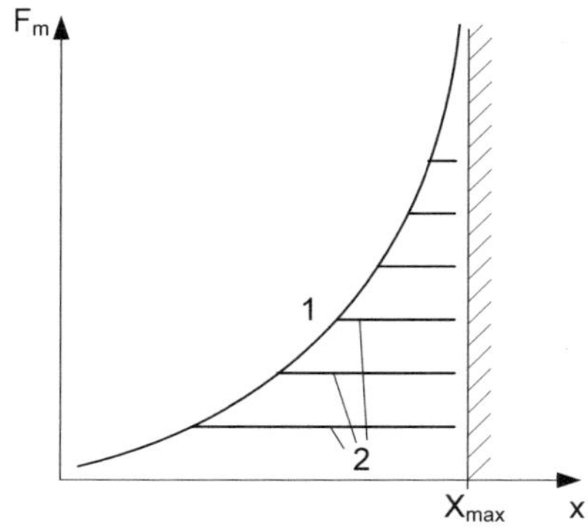

Bild 5.31: Magnetkraft-Hub-Kennlinienfeld von mittels Pseudokraftregelung linearisierten Gleichstrommagneten [5.7]; 1 Magnetkraft-Hub-Kennlinie des Gleichstrommagneten ohne Kraftregelung; 2 Linearisierte Magnetkraft-Hub-Kennlinien

Es bahnt sich z. Z. ein Übergang von der konventionellen Stelleinrichtung zum mikroelektronisch gesteuerten System an [5.3]. An Stelle der Kombination von Präzisionsmechanik und einfacher Signalverarbeitung treten dabei intelligentere Aktoren, deren Funktionsumfang durch eine leistungsfähige Informationsverarbeitung wesentlich erweitert wird.

Ein leistungsfähiges Modell verlangt die Berücksichtigung folgender Nichtlinearitäten:

- das nichtlineare Ψ-I-Kennlinienfeld einschließlich der magnetischen Hysterese,
- das nichtlineare Magnetkraft-Hub-Kennlinienfeld,
- die nichtlinearen Reibungsverhältnisse einschließlich Reibungshysterese,
- die Begrenzung der Steuer- und Ausgangsgrößen.

Geht man vom im Bild 5.32 dargestellten Ersatzschaltbild aus, ergeben sich für eine Modellbildung des nichtlinearen Gleichstrommagneten folgende Systemgleichungen:

$$u_e = i_e R_M + \frac{\mathrm{d}\psi(i_L, x)}{\mathrm{d}t}, \tag{5.90}$$

$$u_e = i_e R_M + i_W R_W, \tag{5.91}$$

$$i_w = \frac{1}{R_W} \frac{\mathrm{d}\psi(i_L, x)}{\mathrm{d}t}, \tag{5.92}$$

$$\theta = \phi\,[R_{mi}(\phi) + R_{m\delta}], \tag{5.93}$$

$$F_m(i_L, x) = m\ddot{x} + cx + F_R(x, \dot{x}, i_L). \tag{5.94}$$

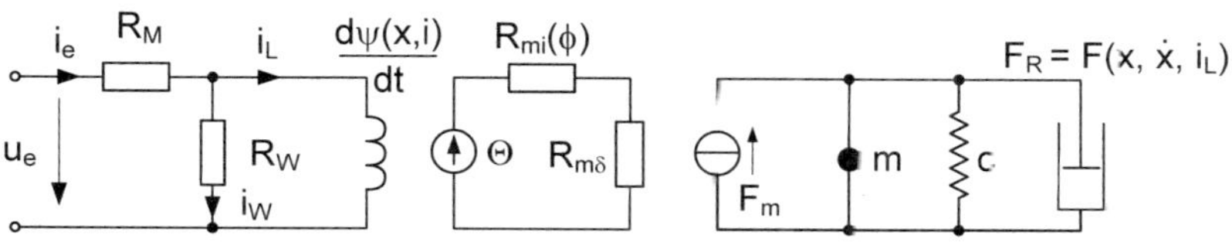

Bild 5.32: Nichtlineares Ersatzschaltbild für Gleichstrommagnete

Die Magnetkraft-Hub-Kennlinie ist nichtlinear und weist aufgrund der Hysterese ferromagnetischer Materialien und der richtungsabhängigen Reibkraft ausgeprägte Hystereseeigenschaften auf. Das bedeutet, bei gleichen Erregerströmen ergeben sich bei jeder Ankerstellung verschiedene Magnetkräfte (siehe Bild 5.33).

Formal lässt sich die Hystereseerscheinung der Magnetkraft nach [5.22] als Funktion des Erregerstromes und der Ankerstellung wie folgt beschreiben:

$$F_m(i,x) = \left\{ \begin{array}{lll} F_{m+}(i,x) & \text{für} & \dot{F}_m > 0 \\ F_{m-}(i,x) > F_m(i,x) > F_{m+}(i,x) & \text{für} & \dot{F}_m = 0 \\ F_{m-}(i,x) & \text{für} & \dot{F}_m < 0 \end{array} \right\}. \tag{5.95}$$

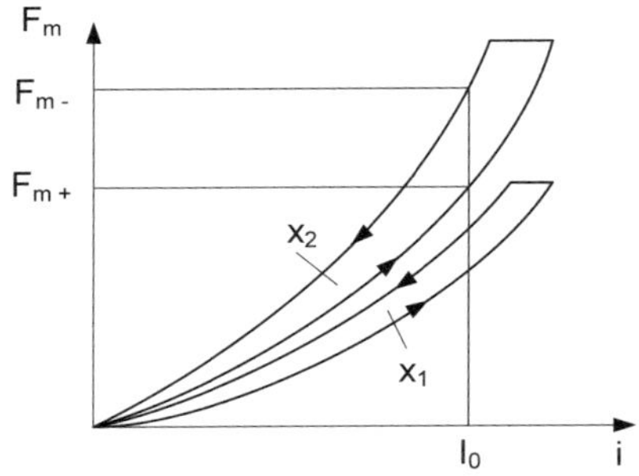

Bild 5.33: Zur Definition der Magnetkraft F_{m-} und F_{m+}, $x_1 < x_2$

Damit können im ungeregelten Zustand bei einem Erregerstrom verschiedene Ankerstellungen auftreten. Das Führungsverhalten bei eingeprägtem Strom ist nicht eindeutig, denn durch das mechanische Stellsystem wird die translatorische Stellkraft nicht in eine eindeutige translatorische Stellbewegung umgewandelt.

Für ein Feder-Masse-System gilt dann:

$$m\ddot{x}(t) - F_{m\pm}[i(t), x(t)] + cx(t) = -F_R[x(t), \dot{x}(t), i(t)]. \tag{5.96}$$

Die Reibkraft F_R hängt in komplizierter Weise sowohl von der mechanischen Führung des Magnetankers und der zu betätigenden Wirkelemente als auch von der Ankerstellung, der Bewegungsrichtung sowie bei auftretenden Radialkräften vom Strom ab.

Die Haftreibung F_H verhindert jede Bewegung bis die auf den Anker wirkenden Kräfte F_W den Maximalwert der Haftreibung übersteigen.

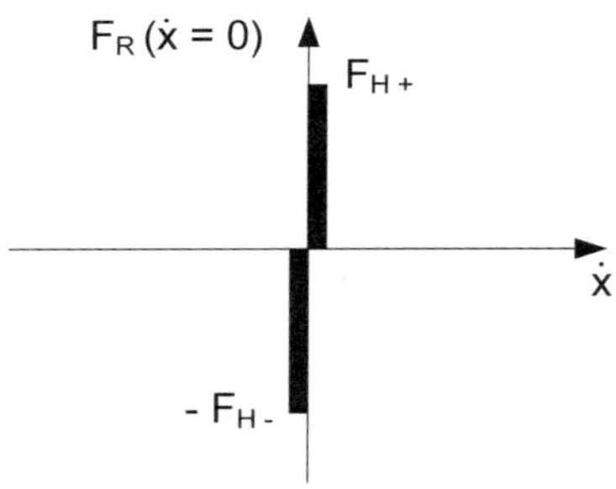

Bild 5.34: Haftreibung im ruhenden mechanischen Teilsystem

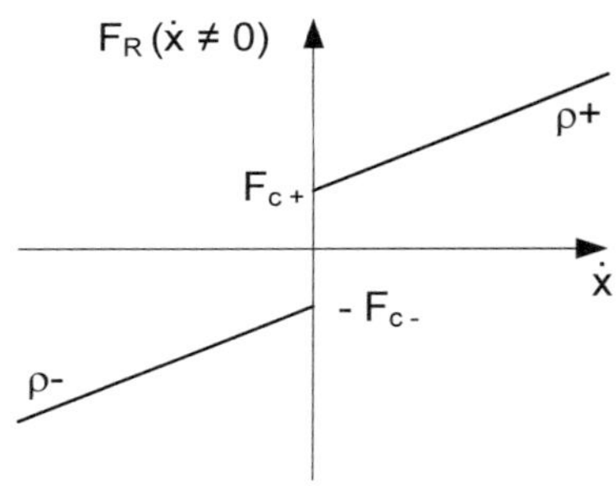

Bild 5.35: Reibung im bewegten mechanischen Teilsystem

Für die Haftreibung kann man formal folgende Beziehungen angeben:

$$F_H(\dot{x} = 0) = \left\{ \begin{array}{llcl} F_{H+} & \text{wenn} & F_{H+} & < F_W(t) \\ F_W(t) & \text{wenn} & -F_{H-} & < F_W(t) < F_{H+} \\ -F_{H-} & \text{wenn} & -F_{H-} & > F_W(t) \end{array} \right\}. \tag{5.97}$$

Die bei Bewegung auftretende Gleitreibung setzt sich nach [5.22] aus verschiedenen Anteilen zusammen. Eine gute Beschreibung liefert die Striebeck-Kurve, die auch die Modellierung des Stick-Slip-Effektes erlaubt, weil sie neben der Coulombschen Reibung F_c (trockene Reibung) und der Dämpfung $\varrho\dot{x}$ (viskose Reibung) auch den exponentiellen Übergang der Gleitreibung in die Haftreibung beschreibt.

Vor allem bei großen Stellgeschwindigkeiten bzw. vernachlässigbarem Stick-Slip-Verhalten kann der exponentielle Verlauf der Gleitreibung vernachlässigt werden (Bild 5.35), wodurch sich folgende Näherungsbeziehungen ergeben:

$$F_R(\dot{x} \neq 0) = \left\{ \begin{array}{lll} F_{c+} + \varrho_+ \dot{x} & \text{wenn} & \dot{x} > 0 \\ F_{c+} & \text{wenn} & \dot{x} = 0^+ \\ -F_{c-} & \text{wenn} & \dot{x} = 0^- \\ -F_{c-} + \varrho_- \dot{x} & \text{wenn} & \dot{x} < 0 \end{array} \right\}, \tag{5.98}$$

$$F_R(\dot{x} \neq 0) = F_{c\pm}\, sign\, \dot{x} + \varrho_\pm \dot{x}. \tag{5.99}$$

Damit erhält man für die Bewegungsgleichung:

$$F_m(x, i) = m\ddot{x} + \varrho_\pm \dot{x} + cx + F_{c\pm}\, sign\, \dot{x} + F_0. \tag{5.100}$$

F_0 ist die von außen wirkende dynamische Lastkraft. In Elektromagneten mit Kennlinienbeeinflussung können besonders bei Ankergegenstückformen entsprechend Bild 5.6e,f,h,j infolge exzentrischer Ankerführung beträchtliche Querkräfte auftreten, die vom Erregerstrom, der Ankerstellung und von der normierten Exzentrizität E^* abhängen (Bild 5.36). In den in [5.7] beschriebenen Untersuchungen sind bei hohen Exzentrizitäten und großen Erregerströmen Querkräfte F_q bis zu 50 % der Magnetkraft F_m in Bewegungsrichtung aufgetreten.

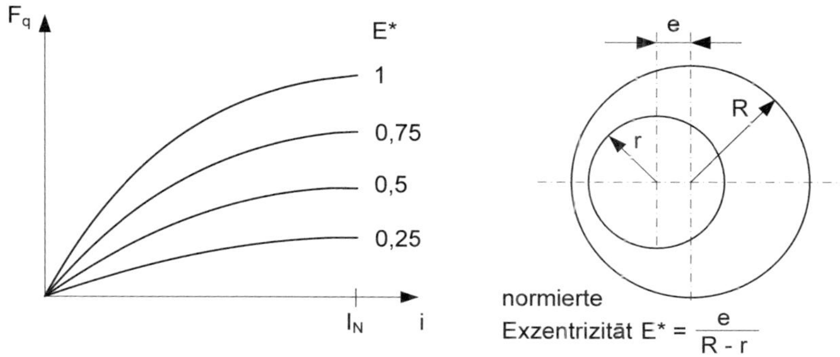

Bild 5.36: Abhängigkeit der Querkraft F_q vom Erregerstrom i in Gleichstrommagneten mit Kennlinienbeeinflussung; Parameter ist die normierte Exzentrizität E^*

Lageregelung bei Berücksichtigung reibungsbedingter Nichtlinearitäten

Die Stell- und Positioniereigenschaften von Antriebsregelkreisen mit Gleichstrommagneten als Antriebselement können mit linearen Regelkonzepten nur im geringen Umfang verbessert werden. Der Einfluss der konstruktiven und prozeßbedingten Nichtlinearitäten, die besonders ausgeprägt bei Gleichstrommagneten auftreten, auf das statische und dynamische Verhalten der Lageregelkreise, kann hingegen mit nichtlinearen Regelkonzepten weitgehend kompensiert werden. Wie in [5.26] beschrieben, lassen sich die dazu erforderlichen Regelalgorithmen mit kostengünstigen Mikrocontrollern realisieren.

Während bei Proportionalmagneten, deren Magnetkraft-Hub-Kennlinie bereits konstruktiv weitgehend linearisiert ist, die Kompensation des Reibeinflusses bedeutsam ist, steht bei Hubmagneten ohne Kennlinienbeeinflussung die Linearisierung der Magnetkraft-Hub-Kennlinie im Vordergrund (Pseudokraftregelung). Charakteristisch für das Reibungsverhalten von Gleichstrommagneten mit Kennlinienbeeinflussung ist, dass die Pseudokraftregelung bei großen Stellwegen und hohen Stellgeschwindigkeiten weniger Schwierigkeiten erzeugt als bei kleinen Positionsänderungen und langsamen Bewegungen.

An Hand von Simulationsbeispielen sind in [5.22] mehrere Verfahren zur Kompensation der Reibung miteinander verglichen und bewertet worden.

Ausgangspunkt ist das in Bild 5.37 dargestellte vereinfachte Prozessmodell, in dem der Proportionalmagnet durch ein Verzögerungsglied 1. Ordnung ($G_M(p) = K(1 + pT)^{-1}$) und die Belastung als reibungsbehaftetes Schwingungsglied 2. Ordnung dargestellt werden.

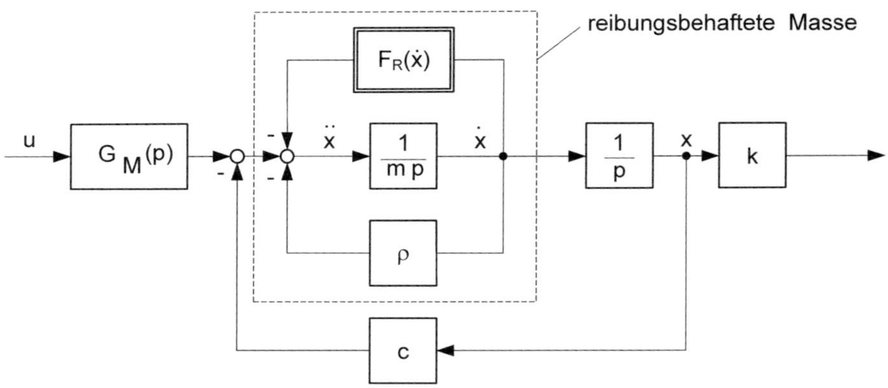

Bild 5.37: Grundstruktur der reibungsbehafteten Antriebsstrecke, $G_M(p)$ Übertragungsfunktion des Gleichstrommagneten

Regelung mit einem zeitdiskreten PID-Regler

Trotz sorgfältiger Auswahl der Regelungsparameter bleibt die Regelgüte unbefriedigend. Der I-Anteil des Reglers überwindet die Reibungshysterese nur langsam.

Dynamische Linearisierung (Dithering)

Die Grundidee besteht darin, ein hochfrequentes periodisches Zusatzsignal auf die Prozesseingangsgröße aufzuschalten. Diese Methode, die seit Mitte der 80er Jahre standardmäßig eingesetzt wird, ist zwar sehr robust bezüglich Signalform, -amplitude und Frequenz, die Prozessdynamik wird jedoch im Kleinsignalbereich wesentlich bedämpft. Die Regelgüte ist allerdings wesentlich besser als bei der PID-Regelung.

Explizite Reibungskompensation

Das Regelungsverfahren der expliziten Reibungskompensation (Bild 5.38) beruht auf der Idee, die Reibung zu jedem Zeitpunkt vollständig zu kompensieren. Wenn die in jedem Arbeitspunkt definierte Hysteresebreite gegeben ist, können gute Regelergebnisse erreicht werden.

Ein Nachteil dieses Verfahrens ist die hohe Empfindlichkeit gegenüber fehlerhaften Schätzwerten. Wird z. B. die Hysteresebreite zu groß gewählt, kommt es zu einer Überkompensation, d. h. zu Dauerschwingungen mit großen Amplituden. Eine einfache Möglichkeit eine Überkompensation mit Sicherheit zu vermeiden besteht darin, nur einen Teil der geschätzten Hysteresebreite zu kompensieren.

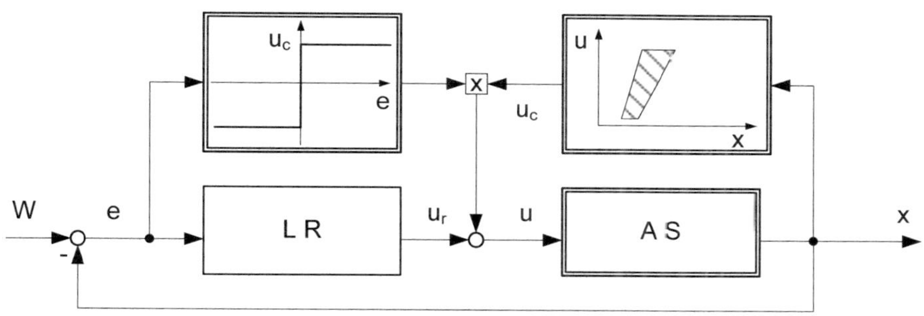

Bild 5.38: Regelkreisstruktur für explizite Reibungskompensation, LR Lageregler, AS reibungsbehaftete Antriebsstrecke

Modellgestützte Reibungskompenstaion

Bei der modellgestützten Reibungskompensation wird die Überkompensation vermieden, indem der Kompensationswert für die Störgrößenaufschaltung in einem eigenen Regelkreis erzeugt und geregelt wird. Dazu ist eine vollständige Entkopplung zwischen Lageregler und Reibungskompensation erforderlich. Mit der Nachführung der Kompensationswerte wird eine Anpassung der Kompensation an zeitabhängige Reibungsänderungen erreicht.

Anwendung selbsteinstellender und adaptiver Regelungsverfahren

Konventionelle, fest eingestellte Regler führen bei zeitvarianten Regelstrecken (veränderliche Lastverhältnisse, Verschleiß, Alterung) nur zu befriedigenden Kompromisslösungen. Adaptive Regelungskonzepte, die die Änderung der Streckenparameter erfassen und die Regelungsparameter geeignet verändern, können hierbei zu wesentlichen Verbesserungen führen (Bild 5.39).

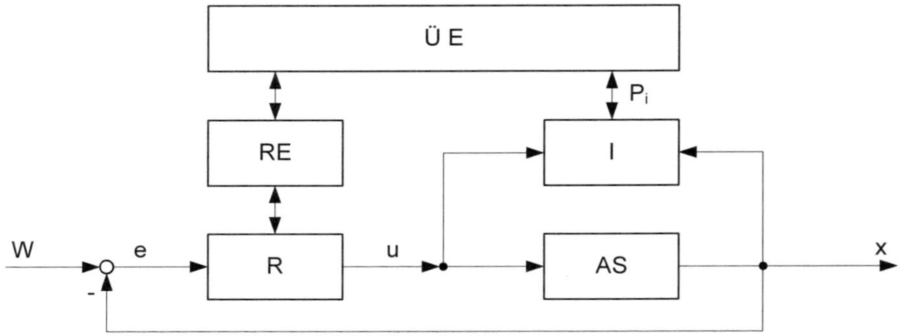

Bild 5.39: Grundstruktur adaptiv geregelter Stellantriebe; RE Regelalgorithmus, AS Stellantrieb, I Identifikator, ÜE Überwachungsebene, P_i identifizierte Streckenparameter, R Regler

5.3 Dynamisches Verhalten von Wechselstrommagneten

5.3.1 Grundgleichungen

Das dynamische Verhalten des Wechselstrommagneten wird durch die gleichen Differenzialgleichungen beschrieben wie das des Gleichstrommagneten, es tritt nur an Stelle der Gleichspannung U eine zeitlich veränderliche Spannung $u(t)$, die sich sinusförmig ändert. In nachfolgenden Betrachtungen soll von folgenden vereinfachten Gleichungen ausgegangen werden:

$$\hat{U}\sin(\omega t + \alpha_1) = iR + \frac{\mathrm{d}\psi}{\mathrm{d}t}, \tag{5.101}$$

$$m\ddot{x} + \varrho\dot{x} + F_{geg}(x) = F_m(t). \tag{5.102}$$

Dabei bedeutet α_1 den Einschaltphasenwinkel der Erregerspannung (Bild 5.40a).

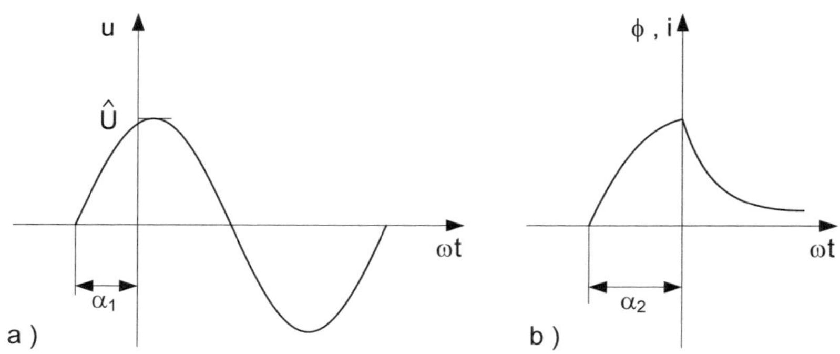

Bild 5.40: Zur Definition des Einschaltphasenwinkels α_1 und des Ausschaltphasenwinkels α_2

5.3.2 Berechnung der Schaltzeiten

Berechnung des Anzugsverzuges t_{11}

Zur Berechnung des Anzugsverzuges genügt die Integration von (5.101). Im Falle eines linearen magnetischen Kreises erhält man mit der Anfangsbedingung $i = 0$ bei $t = 0$:

$$\frac{i}{\hat{I}} = \sin(\omega t + \alpha_1 - \varphi) - e^{-\frac{t}{\tau}} \sin(\alpha_1 - \varphi) \tag{5.103}$$

mit

$$\hat{I} = \frac{\hat{U}}{\sqrt{R^2 + [\omega L(\delta)]^2}}, \qquad \varphi = \arctan \frac{\omega L_0}{R}, \qquad \tau = \frac{L_0}{R}. \tag{5.104}$$

Die starke Abhängigkeit des Erregerstromes von α_1 hat große Schwankungen von t_{11} zur Folge.

Für t_{11} gilt:

$$\frac{I_{an}}{\hat{I}} = \sin(\omega t_{11} + \alpha_1 - \varphi) - e^{-\frac{t_{11}}{\tau}} \sin(\alpha_1 - \varphi). \tag{5.105}$$

Man erkennt daraus, dass $t_{11} = f(\alpha_1)$ ist (Bild 5.41). (5.105) lässt sich nicht ohne weiteres nach t_{11} auflösen, so dass eine verallgemeinerte Aussage nur in einigen Sonderfällen möglich ist.

Wenn $\alpha_1 - \varphi = 0$, erhält man

$$t_{11} = \frac{\arcsin \frac{I_{an}}{\hat{I}}}{2\pi f}, \tag{5.106}$$

d. h., je nach Größe der Belastung und damit I_{an} kann t_{11} im Bereich $0 \leq t_{11} \leq \frac{1}{4f}$ liegen.

Wenn $\omega L \gg R$ ist, gilt

$$\frac{I_{an}}{\hat{I}} = \sin(\omega t_{11} + \alpha_1 - \frac{\pi}{2}) - \sin(\alpha_1 - \frac{\pi}{2}) \tag{5.107}$$

und es ergibt sich

$$t_{11} = \frac{\arcsin\left\{\frac{I_{an}}{\hat{I}} + \sin(\alpha_1 - \frac{\pi}{2})\right\} - \alpha_1 + \frac{\pi}{2}}{2\pi f}. \tag{5.108}$$

In [5.23] wird der Einfluss der Geometrie des magnetischen Kreises auf den Anzugsverzug t_{11} untersucht.

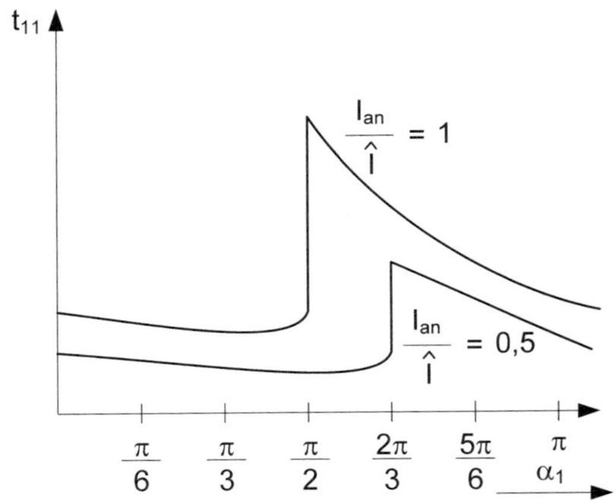

Bild 5.41: Abhängigkeit des Anzugsverzuges t_{11} vom Einschaltphasenwinkel α_1

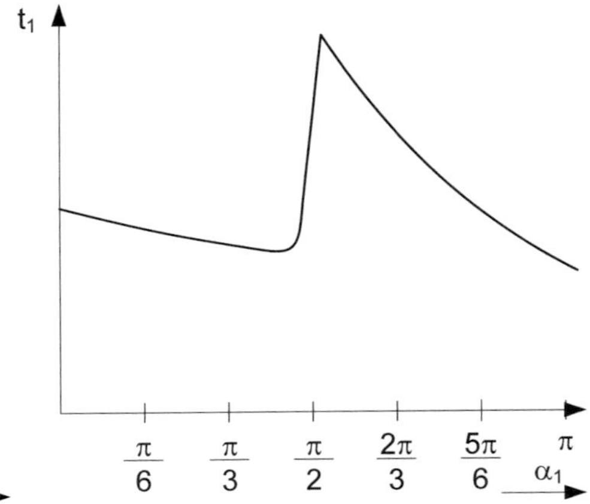

Bild 5.42: Abhängigkeit der Anzugszeit t_1 von α_1

Berechnung der Hubzeit t_{12} mit Analog- und Digitalrechnern

Genaue Berechnungen des dynamischen Verhaltens von Wechselstrommagneten bei bewegtem Anker lassen sich gut mit dem Analog- und Digitalrechner durchführen. Für Wechselstrommagnete mit einem linearen Ψ-I-Kennlinienfeld sind Rechenprogramme und Untersuchungsergebnisse in [5.9], [5.10], [5.23] enthalten. In [5.9] ist auch das dynamische Verhalten nichtlinearer WS-Magnete untersucht worden.

Beim Einsatz ist besonders auch die starke Abhängigkeit der Anzugszeit t_1 vom Einschaltphasenwinkel α_1 zu beachten (Bild 5.42).

Durch die Zeitabhängigkeit der Magnetkraft und des Einschaltphasenwinkels α_1 ergeben sich während des Ausgleichsvorganges wesentlich kompliziertere Übergangsprozesse für die einzelnen Größen (Bild 5.43) als bei Gleichstrommagneten.

Berechnung des Abfallverzuges t_{21}

Beim Abschalten des Wechselstrommagneten hängt der Abfallverzug t_{21} wesentlich von der Größe des magnetischen Flusses ab, der zum Zeitpunkt des Abschaltens im Magnetkreis vorhanden ist, d. h. von α_2 (Bild 5.40b). Wenn z. B. leitende Wege über Bedämpfungselemente (Tabelle 5.8) mit dem Widerstand R_D für den Spulenstrom nach dem Abschalten der Erregerspannung vorhanden sind, gilt

$$\phi = \Phi_0 e^{-\frac{t}{\tau}} \qquad \text{mit} \qquad \tau = \frac{L}{R} \qquad \text{und} \qquad R = R_M + R_D. \tag{5.109}$$

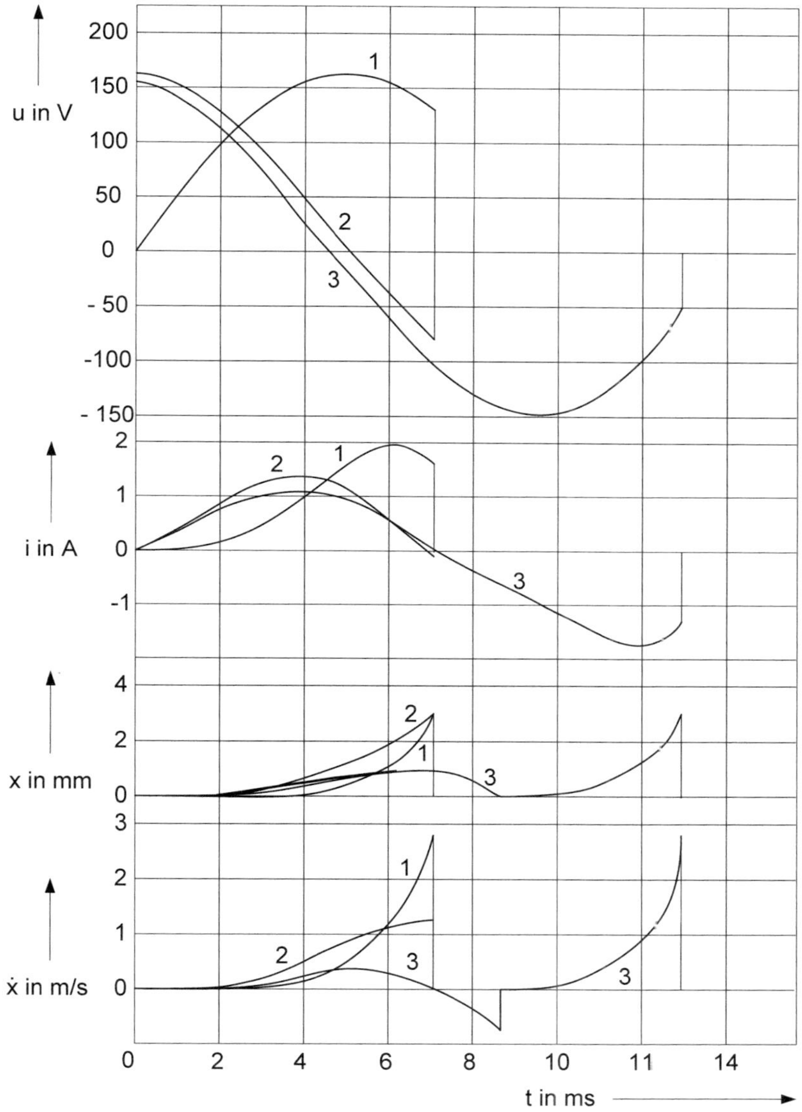

Bild 5.43: Abhängigkeit des Einschaltvorganges von Wechselstrommagneten von α_1 (Simulationsergebnis von [5.9]): 1 $\alpha_1 = 0°$; 2 $\alpha_1 = 90°$; 3 $\alpha_1 = 100°$

Dabei muss beachtet werden, dass Φ_0 sehr stark vom Abschaltzeitpunkt im Vergleich zum Nulldurchgang des Flusses abhängt. Mit $\Phi_0 = \hat{\Phi} \sin \alpha_2$ erhält man

$$\phi = \hat{\Phi} \sin \alpha_2 \, e^{-\frac{t}{\tau}} \tag{5.110}$$

bzw.

$$t_{21} = \tau \ln \frac{\hat{\Phi} \sin \alpha_2}{\Phi_R}. \tag{5.111}$$

Φ_R ist der Rücklauffluss.

Der Abfallverzug t_{21} liegt nach (5.111) im Bereich

$$0 \leq t_{21} \leq \tau \ln \frac{\hat{\Phi}}{\Phi_R}. \tag{5.112}$$

Nach der Trennung des Wechselstrommagneten vom Netz verhält er sich wie ein Gleichstrommagnet.

Berechnung der Rücklaufzeit t_{22}

Für die Berechnung der Rücklaufzeit t_{22} gelten die gleichen Aussagen wie für den Gleichstrommagneten. Da bei Wechselstrommagneten das Prinzip der Kennlinienbeeinflussung nicht angewendet wird, kann man für praktische Fälle annehmen, dass die Rückstellbewegung erst dann beginnt, wenn $i = 0$ ist.

5.3.3 Dynamisches Kennlinienfeld von Wechselstrommagneten

Analog den Gleichstrommagneten erweist es sich als sehr vorteilhaft für die Anwendung und für die Beurteilung der Eigenschaften des Wechselstrommagneten als Stellelement, die wichtigsten dynamischen Eigenschaften in einem dynamischen Kennlinienfeld summarisch zusammenzufassen (Bild 5.44).

Aufgrund des großen Einflusses des Einschaltphasenwinkels α_1 und des Ausschaltphasenwinkels α_2 auf die dynamischen Eigenschaften hat das dynamische Kennlinienfeld von Wechselstrommagneten ein völlig anderes Aussehen als das dynamische Kennlinienfeld des Gleichstrommagneten.

Im **I. Quadranten** ist der Schwankungsbereich $\Delta t_i = t_{1max} - t_{1min}$ der Anzugszeit t_1 dargestellt, der sich aus der Änderung des Einschaltphasenwinkels α_1 ergibt. Im Normalbetrieb, z. B. ohne Phasenanschnittsteuerung, ist $t_{1min} \ll t_{1max}$.

Im **II. Quadranten** sind t_{11} und t_1 sowie die Ankerendgeschwindigkeit $\dot{x}_e$ in Abhängigkeit von α_1 dargestellt. Deutlich ist die sprunghafte Änderung der Schaltzeiten t_{11} und t_1 im Bereich des kritischen Einschaltwinkels α_{1k} zu erkennen sowie die Möglichkeit

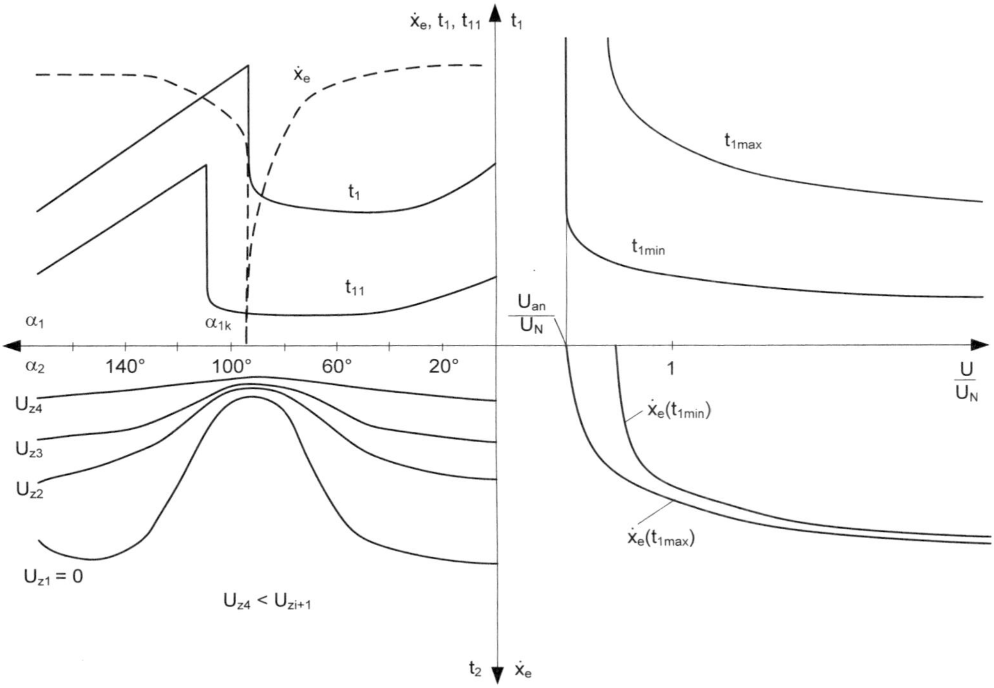

Bild 5.44: Dynamisches Kennlinienfeld von Wechselstrommagneten

der Beeinflussung der Ankerendgeschwindigkeit $\dot{x}_e$ durch Vorgabe des Einschaltphasenwinkels α_1.

Im **III. Quadranten** ist die Abfallzeit t_2 als Funktion des Abschaltphasenwinkels α_2 und der Z-Spannung U_z der Bedämpfungsdioden dargestellt, woraus sich ergibt, dass auch bei Wechselstrommagneten der Auswahl einer optimalen Bedämpfung der Abschaltspannungsspitze eine große Bedeutung zukommt.

Im **IV. Quadranten** erkennt man die Abhängigkeit der Ankerendgeschwindigkeit $\dot{x}_e$ von der normierten Erregerspannung. Die Angabe der beiden Kurven für die Ankerendgeschwindigkeit für t_{1max} und t_{1min} zeigt ihre Abhängigkeit vom Einschaltphasenwinkel α_1.

5.4 Quellen

[5.1] Agoranjanz, R. A.: Dynamik, Synthese und Berechnung von Elektromagneten (russ.). Moskau: Verlag Nauka, 1967

[5.2] Aldefeld, B.: Felddiffussion in Elektromagneten. In: Feinwerk & Meßtechnik (1982)5, S. 222-226

[5.3] Babikow, M. A.: Wichtige Bauteile elektrischer Apparate. Bd. 1. Theoretische Einführung. Berlin: Verlag Technik, 1954

[5.4] Bausch, E.; Kallenbach, E.; Glet, U.; Quendt, P. u. a.: Verbesserung der dynamischen Eigenschaften von Proportionalmagneten. In: Ölhydraulik & Pneumatik 36(1992)4, S. 445-452

[5.5] Feindt, K.: Untersuchungen zum Entwurf von Elektromagneten unter Berücksichtigung dynamischer Kenngrößen. Dissertation TU Ilmenau, Verlag ISLE, Ilmenau, ISBN 3-932633-76-8, 2003.

[5.6] Habiger, E. u. a.: Elektromagnetische Verträglichkeit. Berlin/München: Verlag Technik, 2. Aufl. 1992

[5.7] Gimkiewicz, K.: Kombination von Proportionalventil- und 2-Wege-Einbauventiltechnik für Mehrfunktionalregelungen. Aachen: RWTH Dissertation, 1992

[5.8] Gordon, A. V.; Slivinskaja, A. G.: Wechselstrommagnete (russ.). Moskau: Verlag Energie, 1968

[5.9] Hermann, R.: Zum dynamischen Verhalten von wechselstromerregten elektro-magneto-mechanischen Antrieben. TH Ilmenau: Dissertation, 1983

[5.10] Hermann, R.: Zum dynamischen Verhalten von wechselstromerregten Magnetsystemen. In: Feingerätetechnik 28(1979)12, S. 547

[5.11] Kagan, V. G.: Elektroantriebe mit Grenzschnellwirkung für Systeme der Bewegungserzeugung (russ.). Moskau: Verlag Energie, 1975

[5.12] Kallenbach, E.: Der Gleichstrommagnet. Leipzig: Akademische Verlagsgesellschaft Geest & Portig, 1969

[5.13] Kallenbach, E.: Untersuchungen zur systematischen Projektierung nichtlinearer gleichstromerregter elektro-magneto-mechanischer Antriebselemente mit translatorischer Ankerbewegung. Ilmenau: TH Habilitation, 1978

[5.14] Kallenbach, E.; Bögelsack G.: Gerätetechnische Antriebe. Berlin: Verlag Technik, 1991; München, Wien: Hanser-Verlag, 1991

[5.15] Kallenbach, E.: Elektromagnetische Antriebe. Meschede: Kolloquium "Neue Entwicklungen bei elektrischen Kleinmaschinen", 1991 Tagungsband S. 103-109

[5.16] Kallenbach, E.; Denk, L.: Zur Bewertung des dynamischen Verhaltens von Gleichstrommagneten. In: Feingerätetechnik 25(1976)9, S. 418-421

[5.17] Kallenbach, E.; Dittrich, P.: Grenzen der Schnellwirkung elektromechanischer Antriebselemente. In: Feingerätetechnik 27(1978)5, S. 213-215

[5.18] Kallenbach, M.; Beyer, F.; Baumbach, J.; Keilig, R.; Kallenbach, E.: Grenzen der Schnellwirkung von Antriebssystemen mit stark nichtlinearen Magnetaktoren. VDI-Bericht Nr. 1753, VDI-Verlag, Düsseldorf, 2003, S. 541-554

[5.19] Keilig, R.: Entwurf von schnellschaltenden (hochdynamischen) neutralen Elektromagnetsystemen. TU Ilmenau, Dissertation, Fakultät für Maschinenbau, 2007

[5.20] Koz, B. E.: Gleichstrommagnete mit Forcierung (russ.). Moskau: Verlag Energie 1973

[5.21] Leonenko, L. I.: Halbleiterschaltungen zur Forcierung (russ.). Moskau: Verlag Energie, 1974

[5.22] Maron, C.: Methoden zur Identifikation und Lageregelung mechanischer Prozesse mit Reibung. Darmstadt: TH Dissertation D17, 1990, (VDI Forschungsbericht Nr. 246)

[5.23] Nikitenko, A. G.: Automatisierte Projektierung elektrischer Apparate (russ.). Moskau: Verlag Die Hochschule, 1983

[5.24] Pestel, E.: Technische Mechanik Band 3: Kinematik und Kinetik. Mannheim [u. a.] : BI-Wiss.-Verl., 1988

[5.25] Philippow, E.: Nichtlineare Elektrotechnik. Leipzig: Akademische Verlagsgesellschaft Geest & Portig, 1971

[5.26] Raab, U.; Isermann, R.: Aktoren im modernen Kraftfahrzeug - Forschungsschwerpunkte und Entwicklungstendenzen. 11. Tagung Elektronik im Kraftfahrzeug, 6/1991

[5.27] Schornikov, E. E.; Pankov, A. P.; Elezkaja, G. P.; Borisov, V. K.: Zur Bestimmung des äquivalenten Widerstandes der Wirbelstromwege im Eisen bei der Analyse der Dynamik schnellwirkender elektromechanischer Wandler (russ.). In: Elektromechanika (Novotscherkassk) 1979, Nr.1

[5.28] Schweer, J.-B.: Berechnung kleiner Wechselstrom-Ventilmagnete mit massivem Eisenkreis. Dissertation Universität Hannover, 1997.

[5.29] Ströhla, T.: Ein Beitrag zur Simulation und zum Entwurf von elektromagnetischen Systemen mit Hilfe der Netzwerkmethode. Dissertation TU Ilmenau, Wissenschaftsverlag Ilmenau, ISBN 3-936404-00-3, 2002.

[5.30] Ter-Akopov, A. K.: Dynamik schnellwirkender Elektromagnete (russ.). Moskau: Verlag Energie, 1965

Kapitel 6

Erwärmung von Antrieben

6.1 Allgemeines

Ein Teil der vom Magneten während des Einschaltvorganges aufgenommenen elektrischen Energie wird, soweit man sich nicht im Gebiet der Supraleitfähigkeit befindet, wegen des ohmschen Widerstandes der Erregerwicklung in Wärmeenergie und damit in Verlustenergie umgewandelt. Sind der elektromagnetische und der mechanische Ausgleichsvorgang abgeschlossen, wird die gesamte von einer Gleichspannungsquelle abgegebene elektrische Leistung in Wärmeverlustleistung umgewandelt. Die Aufrechterhaltung des Erregerstromes und damit des magnetischen Feldes ist untrennbar mit der Wärmeverlustleistung verbunden. Da zwischen der magnetischen Feldenergie, der magnetischen Co-Energie und der mechanischen Arbeit sowie der Wärmeverlustleistung ein Zusammenhang besteht, wird über die zulässige Erwärmung die mechanische Arbeit begrenzt, die aus einem Magneten mit einem vorgegebenen Volumen bei einer bestimmten Einschaltdauer gewonnen werden kann.

Die Wärmeverlustleistung müsste vom Standpunkt der Volumenoptimierung möglichst groß sein. Sie wird jedoch von der maximal zulässigen Grenztemperatur (Dauergebrauchstemperatur, maximale Betriebstemperatur) der verwendeten Materialien (Isolierlack, Spulenkörper, Vergussmaterial) oder von der maximal zulässigen Oberflächentemperatur des Magnetes bestimmt. Aus diesem Grunde wird man zweckmäßigerweise einen Magneten im Allgemeinen so aufbauen, dass die Wärmeverlustleistung möglichst groß ist, ohne dass der Magnet thermisch überlastet wird. Diese Tatsache erfordert vom Magnetkonstrukteur eine gute Kenntnis der Gesetze der Wärmeübertragung.

Des weiteren besteht ein enger Zusammenhang zwischen der Erregung und der Magnetkraft. Im Bereich der linearen Aussteuerung der B-H-Kennlinie ist beispielsweise bei Magneten ohne Kennlinienbeeinflussung die Magnetkraft proportional dem Quadrat der Durchflutung (3.62). Folglich ist für eine möglichst genaue Vorausberechnung der Magnetkraft die Berechnung der Temperaturverhältnisse aufgrund vorhandener Wärmequellen erforderlich.

Im Vergleich zu wechselstromerregten Magnetsystemen ist die Erwärmungsberechnung bei gleichstromerregten Magnetsystemen einfacher, da praktisch nur in der Erregerspule Wärmeenergie erzeugt wird, während der Magnetkreis als Wärme(ab)leiter aufzufassen ist. Bei Wechselstrommagneten erfolgt im Eisenkreis ein Ummagnetisieren der magnetischen Elementarbereiche mit der Frequenz der Wechselspannung. Bei diesem Prozess wird infolge der Wirbelstrom- und Ummagnetisierungsverluste ebenfalls Wärme freigesetzt. Bei der Berechnung muss folglich auch der Eisenkreis solcher Systeme mit einer bestimmten Wärmequellendichte berücksichtigt werden.

Wegen der Vielzahl sich thermisch unterschiedlich verhaltender Konstruktionsteile von Magnetsystemen ist eine exakte Berechnung der Temperaturverteilung sehr kompliziert und durch die Fülle der Einflussfaktoren, wie z. B. die Betrachtung der unmittelbaren Magnetumgebung, fertigungsbedingte Abweichungen und zulässige Toleranzen systembedingter Luftspalte, Oberflächengüten oder der Lackdicke mit vertretbarem Aufwand kaum möglich. Eine, für die meisten Anwendungen hinreichende Genauigkeit wird bei der Berechnung der Temperaturverteilung, wie auch bei anderen ingenieurtechnischen Berechnungen, bereits bei idealisierenden Vereinfachungen und Annahmen erreicht, um so einen vernünftigen Kompromiss von Aufwand und Rechengenauigkeit zu erreichen. Solche Annahmen sind beispielsweise die Festlegung konstanter Umgebungstemperatur für bestimmte Bereiche, die Rückführung des räumlichen Modells auf ein zweidimensionales Modell oder die Annahme punktförmiger Wärmequellen bzw. die Berücksichtigung des gesamten bestromten Gebietes mit einer konstanten Wärmequellendichte.

6.2 Grundlagen der Wärmeübertragung

Die in der Erregerspule in Wärmeenergie umgewandelte elektrische Energie führt zur Erwärmung der Wicklung. Wird die Spulentemperatur größer als die des umgebenden Mediums, wird Wärmeenergie an das Medium oder benachbarte Körper abgegeben. Die Temperaturverteilung, die sich so innerhalb jedes Raumabschnittes einstellt, wird als Temperaturfeld bezeichnet. Dieses ist seinem Charakter nach ein Skalarfeld mit den für Skalarfelder gültigen Gesetzmäßigkeiten.

Die Temperatur[1] ist im Allgemeinen eine Funktion des Ortes und der Zeit

$$\vartheta = \vartheta(x, y, z, t) \ .$$

Das sich einstellende Temperaturfeld ist damit nichtstationär. Ist die Temperaturverteilung im betrachteten Zeitintervall unabhängig von der Zeit, heißt das Temperaturfeld stationär, die Temperatur ist dann lediglich eine Funktion des Ortes

$$\vartheta = \vartheta(x, y, z) \ .$$

[1] Thermodynamische Temperaturen (absolute oder Kelvin-Temperaturen) werden mit T bezeichnet und wie Temperaturdifferenzen in K (Kelvin) angegeben; Celsius-Temperaturen werden mit ϑ oder t bezeichnet und in °C (Grad Celsius) ausgedrückt (vgl. DIN 1341).

Die Wärmeübertragung erfolgt stets als verknüpfter Prozess in Form von Wärmeleitung innerhalb fester oder ruhender flüssiger oder gasförmiger Materialien, über Konvektion an Grenzflächen zwischen festen und bewegten flüssigen oder gasförmigen Stoffen oder über Strahlung, die nicht an stoffliche Träger gebunden ist. Die Gesetzmäßigkeiten der Wärmeübertragung sind in der Literatur ausführlich beschrieben [6.4], [6.2], [6.7], [6.10], [6.11].

6.2.1 Wärmeleitung

Die Wärmeleitfähigkeit λ aller festen, flüssigen und gasförmigen Stoffe ist größer Null, so dass zwischen Punkten unterschiedlicher Temperatur im stofferfüllten Raum stets eine Wärmeströmung als Austausch kinetischer Energie zwischen Molekülen bzw. als Elektronenbewegung auftritt. Für homogene, thermisch isotrope Körper ist die Wärmeflussdichte

$$\dot{q} = -\lambda \operatorname{grad} \vartheta \; . \tag{6.1}$$

Der Vektor der Wärmeflussdichte zeigt in Richtung der größten Temperaturabnahme. Aus der Wärmeflussdichte ergibt sich für den Wärmefluss $\dot{Q}$, der durch eine Fläche A hindurchgeht

$$\dot{Q} = \int_A \dot{q} \, \mathrm{d}A = \frac{\mathrm{d}Q}{\mathrm{d}t} = P \; , \tag{6.2}$$

der auch gleich der zeitlichen Änderung der Wärmemenge (Wärmeenergie) Q und somit die Leistung ist, die die Fläche A durchdringt.

In einem Feld mit inneren Wärmequellen ist die Divergenz der Wärmeflussdichte gleich der pro Volumen- und Zeiteinheit erzeugten Wärmemenge, d. h. gleich der Wärmeleistungsdichte p_w

$$\operatorname{div} \dot{q} = p_w \; . \tag{6.3}$$

Zusammen mit (6.1) ergibt sich die Poissonsche Differenzialgleichung

$$\lambda \, \Delta\vartheta + p_w = 0 \; , \tag{6.4}$$

die die Gesetzmäßigkeiten des Temperaturfeldes mit inneren Wärmequellen beschreibt.

In kartesischen Koordinaten lautet sie im Falle eines thermisch anisotropen Körpers

$$\lambda_x \frac{\partial^2 \vartheta}{\partial x^2} + \lambda_y \frac{\partial^2 \vartheta}{\partial y^2} + \lambda_z \frac{\partial^2 \vartheta}{\partial z^2} + p_w = 0 \; . \tag{6.5}$$

Für thermisch isotrope Körper gilt $\lambda_x = \lambda_y = \lambda_z$. So kann (6.5) in folgender Form geschrieben werden

$$\frac{\partial^2 \vartheta}{\partial x^2} + \frac{\partial^2 \vartheta}{\partial y^2} + \frac{\partial^2 \vartheta}{\partial z^2} + \frac{p_w}{\lambda} = 0 \; . \tag{6.6}$$

Ist $p_w = 0$, ergibt sich die Laplacesche Differenzialgleichung

$$\frac{\partial^2 \vartheta}{\partial x^2} + \frac{\partial^2 \vartheta}{\partial y^2} + \frac{\partial^2 \vartheta}{\partial z^2} = 0 \,, \tag{6.7}$$

die das stationäre räumliche Temperaturfeld in Gebieten ohne innere Wärmequellen beschreibt.

Ist die Temperaturverteilung in einem isotropen Körper nicht stationär, so kann sie durch die von FOURIER abgeleitete allgemeine Gleichung der Wärmeleitung beschrieben werden

$$\frac{\partial \vartheta}{\partial t} = \frac{\lambda}{c\,\varrho}\left(\frac{\partial^2 \vartheta}{\partial x^2} + \frac{\partial^2 \vartheta}{\partial y^2} + \frac{\partial^2 \vartheta}{\partial z^2}\right) \,. \tag{6.8}$$

Dabei bedeuten c die spezifische Wärme und ϱ die Dichte des Körpers.

Für technische Lösungen genügt oft bereits die Behandlung des eindimensionalen stationären Falles der Wärmeleitung. Wenn beispielsweise die Grenzflächen einer Schicht gleichmäßiger Dicke Isothermen darstellen, tritt eine Temperaturänderung nur in einer Richtung auf (vgl. Bild 6.1). Für eine ebene Wand der Dicke s mit einer temperaturabhängigen Wärmeleitfähigkeit ergibt sich für die Wärmeflussdichte nach (6.1)

$$\dot{q} = -\frac{1}{s}\int_{\vartheta_1}^{\vartheta_2} \lambda(\vartheta)\,\mathrm{d}\vartheta \,. \tag{6.9}$$

Es gilt nach (6.9) dann für den Wärmefluss, der durch die beiden parallel zueinander stehenden Flächen A hindurchtritt, wenn der Abstand der beiden Flächen s beträgt

$$\dot{Q} = \lambda \frac{A}{s}\,(\vartheta_1 - \vartheta_2) \tag{6.10}$$

bzw. für die Temperaturänderung bei eingeprägtem Wärmestrom:

$$\Delta\vartheta = \vartheta_1 - \vartheta_2 = \dot{Q}\frac{s}{\lambda\,A} \,. \tag{6.11}$$

Der Ausdruck $s/\lambda A$ wird in Analogie zum ohmschen Widerstand des elektrischen Strömungsfeldes als Wärmewiderstand R_{th} bezeichnet

$$R_{th} = \frac{s}{\lambda\,A} \,. \tag{6.12}$$

Analog gilt für den Wärmefluss, der in radialer Richtung durch einen Hohlzylinder der Länge l hindurchgeht

$$\dot{Q} = \lambda \frac{2\pi l}{\ln\frac{d_2}{d_1}}(\vartheta_1 - \vartheta_2) \,. \tag{6.13}$$

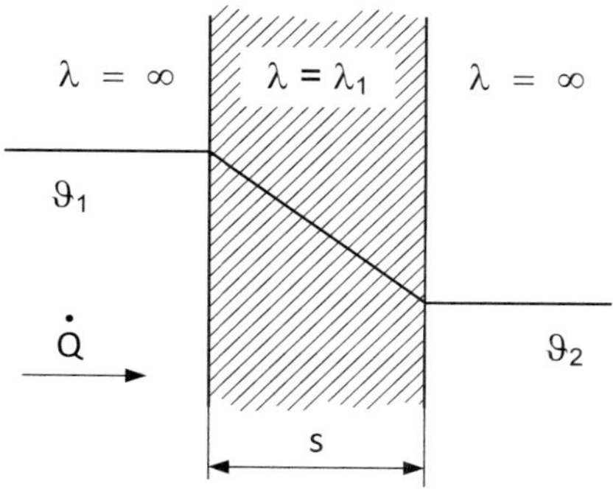

Bild 6.1: Temperaturverlauf in einer Schicht der Dicke s, die senkrecht vom Wärmefluss $\mathrm{d}Q/\mathrm{d}t$ durchflossen wird

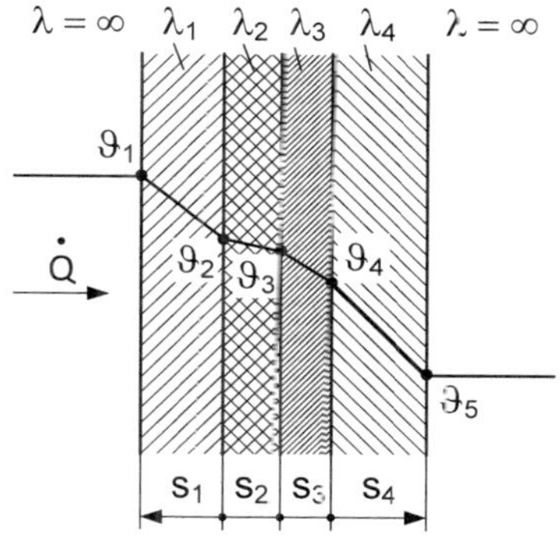

Bild 6.2: Wärmedurchgang durch einen quellfreien Wärmeleiter, der aus Schichten unterschiedlicher Wärmeleitfähigkeit λ_i besteht

Besteht der quellenfreie Wärmeleiter aus n Schichten mit unterschiedlicher Wärmeleitfähigkeit und Dicke (vgl. Bild 6.2), so gilt:

$$\dot{Q} = \frac{\lambda_1}{s_1} A\,(\vartheta_1 - \vartheta_2) = \frac{\lambda_2}{s_2} A\,(\vartheta_2 - \vartheta_3) = \ldots = \frac{\lambda_n}{s_n} A\,(\vartheta_n - \vartheta_{n+1}) \,. \tag{6.14}$$

Zur Vereinfachung der Berechnung kann man in folgender Weise eine Ersatzwärmeleitfähigkeit λ_{ers} definieren.

Für den Temperaturunterschied der inneren und äußeren Grenzschicht des inhomogenen Wärmeleiters gilt

$$\Delta\vartheta = (\vartheta_1 - \vartheta_2) + (\vartheta_2 - \vartheta_3) + \ldots + (\vartheta_n - \vartheta_{n+1}) = \vartheta_1 - \vartheta_{n+1} \,. \tag{6.15}$$

Setzt man in (6.15) die Beziehung

$$\vartheta_i - \vartheta_{i+1} = \frac{\dot{Q}_i s_i}{\lambda_i A_i} \tag{6.16}$$

ein, so erhält man

$$\Delta\vartheta = \frac{\dot{Q}_1 s_1}{\lambda_1 A_1} + \frac{\dot{Q}_2 s_2}{\lambda_2 A_2} + \ldots + \frac{\dot{Q}_n s_n}{\lambda_n A_n} \,. \tag{6.17}$$

Da laut Voraussetzung $\operatorname{div} \dot{q} = 0$ (Quellenfreiheit), gilt $P_i = P_{i-1}$, und wenn außerdem $A_i = A_{i-1}$, erhält man aus (6.17)

$$\Delta\vartheta = \frac{\dot{Q}}{A} \sum_{i=1}^{n} \frac{s_i}{\lambda_i} \,. \tag{6.18}$$

Schreibt man (6.11) in der Form

$$\Delta\vartheta = \frac{\dot{Q}}{A}\frac{\sum\limits_{i=1}^{n} s_i}{\lambda_{ers}}\,, \tag{6.19}$$

ergibt sich durch Gleichsetzen der letzten beiden Gleichungen für die Ersatzleitfähigkeit der mehrschichtigen Anordnung, beispielsweise zur Bestimmung der radialen Ersatzleitfähigkeit von Folienwicklungen

$$\lambda_{ers} = \frac{\sum\limits_{i=1}^{n} s_i}{\sum\limits_{i=1}^{n} \frac{s_i}{\lambda_i}}\,. \tag{6.20}$$

Analog erhält man für die thermische Ersatzleitfähigkeit einer hohlzylindrischen Anordnung der Länge l, die aus n Hohlzylindern besteht,

$$\lambda_{ers} = \frac{\ln \frac{d_{n+1}}{d_1}}{\sum\limits_{i=1}^{n} \frac{\ln \frac{d_{i+1}}{d_i}}{\lambda_i}}\,. \tag{6.21}$$

Dabei sind d_1 der Innendurchmesser des innersten und d_{n+1} der Außendurchmesser des äußersten Zylinders.

Als eine Näherungsbeziehung zur Bestimmung der Wärmeleitfähigkeit von Metallen ($\lambda = 10\,\mathrm{W/mK} \ldots 500\,\mathrm{W/mK}$) kann durch die enge Verknüpfung von elektrischem Leitungsmechanismus und der Wärmeleitung infolge der Ladungsträgerbewegung unter Berücksichtigung der absoluten Temperatur T und der elektrischen Leitfähigkeit $\varkappa_{el}$ die folgende Gleichung dienen [6.11].

$$\lambda_{20^\circ C} \approx \frac{2{,}45\varkappa_{el}T}{10^8} \qquad [\mathrm{W/mK}]\,. \tag{6.22}$$

Bei Gasen und Dämpfen erfolgt die Wärmeübertragung durch die freie Molekülbewegung (Schwingungen, Rotationen, Translationen). Sie ist daher in starkem Maße von der spezifischen Wärmekapazität c und der dynamischen Viskosität η abhängig. Gleichung (6.23) gilt nach [6.11] näherungsweise für einen Druckbereich $p = 0{,}1 \ldots 10\,\mathrm{bar}$; $\varkappa$ ist der Isentropenexponent.

$$\lambda_{20^\circ C} \approx \eta\, c\frac{9 - \frac{5}{\varkappa}}{4} \qquad [\mathrm{W/mK}]\,. \tag{6.23}$$

Infolge der starken Schwankungen der Wärmeleitfähigkeit von Flüssigkeiten, ist die Angabe einer Näherungsbeziehung nicht sinnvoll. Als Anhaltspunkt werden nach [6.11] als Bereiche angegeben (vgl. auch Anhang 6):

$\lambda = 0{,}1 \ldots 0{,}2\,\mathrm{W/mK}$	für organische Flüssigkeiten,
$\lambda = 0{,}2 \ldots 0{,}6\,\mathrm{W/mK}$	für H_2O, NH_3 u. a. polare Flüssigkeiten,
$\lambda = 1 \ldots 4\,\mathrm{W/mK}$	für Salzschmelzen,
$\lambda = 10 \ldots 100\,\mathrm{W/mK}$	für Metallschmelzen.

6.2.2 Wärmeübertragung durch Konvektion

Konvektion ist Wärmetransport (oder Wärmemitführung) durch bewegte Gas- oder Flüssigkeitsteilchen. Befindet sich ein warmer Körper in einem beweglichen Medium (Flüssigkeit oder Gas), wird die Wärme von der Wand durch Wärmeleitung an die Teilchen des beweglichen Mediums übertragen, die die Oberfläche direkt berühren. Die erwärmten Teilchen werden spezifisch leichter, steigen in die Höhe und verlieren den Kontakt mit der Wand (freie Strömung). Die nun an die Oberfläche des Körpers tretenden Teilchen des beweglichen Mediums sind kälter – sie werden auch erwärmt und steigen auf. Man nennt diese Art der Konvektion, bei der der Antrieb zur Bewegung der Teilchen nur durch von Temperaturunterschieden hervorgerufenen Dichteunterschieden erzeugt wird, freie Konvektion. Auf diese Weise kann beispielsweise Luft, obwohl ihre Wärmeleitfähigkeit etwa 3000 mal kleiner ist als die des Eisens, eine beträchtliche Wärmemenge abführen.

Eine exakte Untersuchung des Wärmetransportes durch Konvektion erfordert die genaue Kenntnis des Temperatur- und des Geschwindigkeitsfeldes des Raumes in der Nähe der wärmeabgebenden Wand. In Bild 6.3 sind zur Veranschaulichung der Verlauf von Temperatur und Geschwindigkeit des kühlenden Mediums in der Strömungszone an einer beheizten senkrechten Wand schematisch dargestellt.

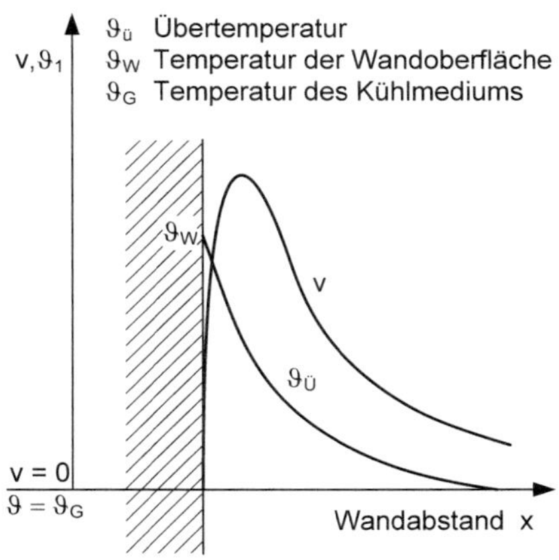

Bild 6.3: Temperatur- und Geschwindigkeitsverlauf an der Grenzschicht im Kühlmedium bei Wärmeübertragung durch freie Konvektion

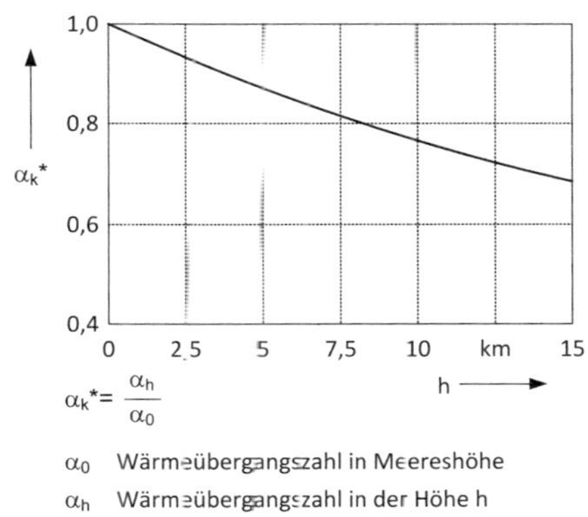

Bild 6.4: Abhängigkeit der normierten Wärmeübergangszahl α_k^* von der Höhe h bei reiner Konvektion

Man erkennt, dass zwischen der Wand und dem Medium weder ein Temperatur- noch ein Geschwindigkeitssprung auftritt, sich statt dessen eine Grenzschicht ausbildet. In dieser Grenzschicht (PRANDTL 1910) entsteht durch die Dichteunterschiede zwischen den wandnahen wärmeren und den weiter entfernteren Schichten des Kühlmediums eine Auftriebströmung. In Anlehnung an den von NEWTON stammenden Ansatz für die Wärmeübertragung wird i. Allg. die Wärmeenergie, die in der Zeiteinheit von einer

Fläche A mit der Temperatur ϑ_W an ein kühlendes Medium mit der Temperatur ϑ_G (außerhalb der Stromzone) abgegeben wird, durch folgende Beziehung ausgedrückt

$$\dot{Q}_k = \alpha_k \, A \, (\vartheta_W - \vartheta_G) \; . \tag{6.24}$$

Die Wärmeübergangszahl α_k ist keine Stoffkonstante, sondern hängt von vielen Faktoren ab, wie z. B. von der Oberflächenform, der Art der Strömung, dem Druck des Mediums. Die in der Literatur [6.3], [6.7], [6.9] angegebenen Werte bzw. Gleichungen für α_k tragen empirischen Charakter. BINDER [6.1] gibt als Näherungswert bei Luft für gekapselte Maschinen

$$\alpha_k = 6{,}5 + 0{,}05\Delta\vartheta \tag{6.25}$$

an. Wird $\Delta\vartheta$ in K eingesetzt, besitzt α_k die Dimension W/Km^2.

Nach [6.6] gilt (6.26) für α_k einer unendlich breiten, senkrechten Fläche mit der Höhe h im gaserfüllten Raum. Dabei bedeuten g die Erdbeschleunigung und auf das strömende Medium bezogen c die spezifische Wärme, β der räumliche Ausdehnungskoeffizient, γ das spezifische Gewicht, λ die Wärmeleitfähigkeit und η die Zähigkeit:

$$\alpha_k = 0{,}548 \sqrt[4]{\frac{g \, c \, \beta \, \gamma \, \lambda^3 \Delta\vartheta}{\eta H}} \; . \tag{6.26}$$

Bei der reinen stationären Wärmeleitung stellt sich ein Temperaturgradient gemäß (6.11) ein. Erfolgt jedoch neben der Wärmeleitung in Achsrichtung gleichzeitig ein Wärmeübergang an der Wandoberfläche, verändert sich der Temperaturverlauf in Achsrichtung wesentlich. Darum führen zusätzliche Formelemente (z. B. Rippen oder als solche wirkende Befestigungselemente) zu einer Verbesserung des Wärmeübergangs, die aber nicht proportional zur erreichten Oberflächenvergrößerung ist. Die Temperatur nimmt mit der Entfernung zur Wärmequelle ab, da λ einen endlichen Wert besitzt.

Der Verlauf der normierten Wärmeübergangszahl α_k^* bei freier Konvektion in Luft in Abhängigkeit von der Höhe h ist aus Bild 6.4 zu erkennen.

Man spricht von erzwungener Konvektion, wenn die Bewegung der Teilchen des umgebenden Mediums durch ein von außen erzwungenes Druckgefälle hervorgerufen wird. Dadurch kann eine größere Wärmemenge als bei der freien Konvektion abgeführt werden. In der Elektromagnettechnik kann dies z. B. bei durchströmten Magnetventilen oder im Gerätekühlluftstrom angeordneten Aktoren die zulässige Wärmeverlustleistung erhöhen.

6.2.3 Wärmeabgabe durch Strahlung

Die Wärmeabgabe durch Strahlung ist Energieübertragung durch elektromagnetische Wellen. Die Wellenlängen λ der Wärmestrahlung umfassen den Bereich $0{,}8 \ldots 400\,\mu m$. Wärmestrahlung wird von Körpern in Anteilen reflektiert, absorbiert und durchgelassen. Bei festen und flüssigen Stoffen tritt bereits bei geringen Schichtdicken nur

Reflektion und Absorbtion auf. Die Integration der Strahlung über alle Wellenlängen über dem Halbraum führt zum STEFAN-BOLTZMANNschen Strahlungsgesetz

$$\dot{q} = \sigma\, T^4 \tag{6.27}$$

mit der Stefan-Boltzmann-Konstante

$$\sigma = \frac{2\,\pi^5\,k^4}{15\,h^3\,c^2} = 5{,}67 \cdot 10^{-8}\,\frac{\mathrm{W}}{\mathrm{K}^4\mathrm{m}^2}\,, \tag{6.28}$$

wobei h die Planck-Konstante, c die Lichtgeschwindigkeit im Vakuum und k die Boltzmann-Konstante bezeichnen. Praktische Anwendung findet das Strahlungsgesetz in der Form

$$\dot{q} = C_S\,\left(\frac{T}{100}\right)^4 \tag{6.29}$$

mit der Strahlungskonstanten des schwarzen Körpers[2] $C_S = 10^8\sigma = 5{,}67\,\mathrm{W/K^4m^2}$ und der absoluten Temperatur T in K.

Physikalisch betrachtet, findet, da sich der wärmeabgebende Körper nicht allein in einem unendlich ausgedehnten Raum befindet, in technischen Fällen nicht nur eine einfache Strahlungsabgabe nach (6.27) statt, sondern die abgebende Strahlung wird zum Teil reflektiert, so dass ein wechselseitiger Energieaustausch stattfindet.

Ist die Temperatur des strahlenden Körpers T_1 und die des benachbarten Körpers T_2, so gilt für die spezifische Ausstrahlung

$$\dot{Q}_{12} = C_r\left[\left(\frac{T_1}{100}\right)^4 - \left(\frac{T_2}{100}\right)^4\right]\,, \tag{6.30}$$

wobei C_r den resultierenden Strahlungsfaktor darstellt. Dieser hängt nicht nur von der spezifischen Ausstrahlung des strahlenden und des benachbarten Körpers, sondern auch von der Größe der beiden Flächen und deren Lage zueinander ab.

Wenn sich zwei Flächen A_1 und A_2, deren Strahlungszahlen C_1 und C_2 betragen, parallel gegenüber stehen, erhält man für die resultierende Strahlungszahl

$$\frac{1}{C_r} = \frac{1}{C_1} + \frac{A_1}{A_2}\left(\frac{1}{C_2} - \frac{1}{C_S}\right)\,. \tag{6.31}$$

Die Strahlungszahlen beliebiger Oberflächen selbst erhält man aus dem Produkt des Emissionsverhältnisses ε mit der Strahlungszahl des schwarzen Körpers

$$C_i = \varepsilon C_S\,. \tag{6.32}$$

[2] In Abhängigkeit von Temperatur und Oberflächenbeschaffenheit sendet jeder Körper Strahlen aus. Das Maximum erreicht der sogenannte **schwarze Körper**. Das Verhältnis der Strahlung einzelner technischer Körper bezogen auf die des schwarzen Körpers wird als Emissionsverhältnis ε bezeichnet.

Tabelle 6.1: Gebräuchliche Werte für das Emissionsverhältnis ε

Werkstoff	ε
Silber, poliert	0,02
Aluminium	0,08
Messing, matt	0,2 ... 0,23
Gusseisen, rauh	0,95
Eisen, frisch geschmirgelt	0,242
Eisen, oxydiert und glatt	0,78 ... 0,82
Eisen, vernickelt, gebeizt, nicht poliert	0,11
Eisen, Walzhaut	0,77
Papier und Papierisolation	0,9
Lackanstriche	0,8 ... 0,9
Glas	0,95

Bei elektrischen Geräten ist oft $A_1 \gg A_2$, so dass näherungsweise an Stelle von (6.31)

$$C_1 = \varepsilon C_S \tag{6.33}$$

gesetzt werden kann. In Tabelle 6.1 sind gebräuchliche Werte für das Emissionsverhältnis ε zusammengestellt. Mit (6.33) kann für (6.30) geschrieben werden:

$$\dot{Q}_{12} = \dot{Q}_S = C_S \varepsilon \left(T_1^4 - T_2^4\right) \; . \tag{6.34}$$

Führt man nun aus Zweckmäßigkeitsgründen eine temperaturabhängige Wärmeübergangszahl der Strahlung ein

$$\alpha_S = \frac{T_1^4 - T_2^4}{T_1 - T_2} C_S \, \varepsilon \; , \tag{6.35}$$

so kann für die Wärmeenergie, die in der Zeiteinheit von der Fläche A durch Strahlung abgegeben wird, geschrieben werden:

$$\dot{Q}_S = \alpha_S \, A \, (T_1 - T_2) = \alpha_S \, A \Delta\vartheta \; . \tag{6.36}$$

Dieser Ausdruck ist analog zu (6.24) aufgebaut, die den Wärmeübergang durch Konvektion beschreibt. Somit kann der Mechanismus der Wärmeübertragung durch Strahlung und Konvektion durch die Gleichung

$$\dot{Q}_G = \alpha_G \, A \, \Delta\vartheta \tag{6.37}$$

erfasst werden, wobei

$$\alpha_G = \alpha_S + \alpha_k \tag{6.38}$$

die Gesamtwärmeübergangszahl bedeutet, die den Wärmeübergang durch Strahlung und Konvektion berücksichtigt. α_G ist in starkem Maße abhängig von der Temperatur. Besonders bei hohen Temperaturen wird die Wärmeabgabe durch Strahlung stärker wirksam, da die spezifische Ausstrahlung der 4. Potenz der Oberflächentemperatur des Körpers proportional ist.

6.3 Erwärmung von Gleichstrommagneten

6.3.1 Temperaturbegriffe

Im deutschsprachigen Raum werden unterschiedliche Bezeichnungen für die Erwärmung elektromagnetischer Geräte verwendet, die zum Teil physikalisch widersprüchlich sind, z. B. die Übertemperatur $\vartheta_{ü}$ in K. In den folgenden Abschnitten werden die in der DIN VDE 0580 definierten Formelzeichen und Begriffe verwendet. Einen Überblick gibt das Bild 6.5.

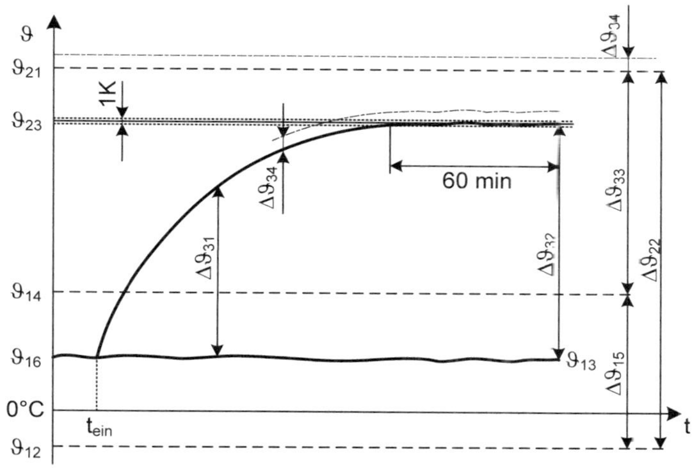

ϑ_{12} untere Grenztemperatur
ϑ_{13} Umgebungstemperatur am Ende der Messung
ϑ_{14} obere Umgebungstemperatur
ϑ_{16} Temperatur am Beginn der Messung
ϑ_{21} obere Grenztemperatur
ϑ_{23} Beharrungstemperatur

$\Delta\vartheta_{31}$ Übertemperatur
$\Delta\vartheta_{32}$ Beharrungsübertemperatur
$\Delta\vartheta_{33}$ Grenzübertemperatur

$\Delta\vartheta_{15}$ Bereich der Umgebungstemperatur
$\Delta\vartheta_{22}$ Grenztemperaturbereich
$\Delta\vartheta_{34}$ Heißpunktdifferenz

Bild 6.5: Temperaturbegriffe nach DIN VDE 0580

6.3.2 Spulenerwärmung unter idealen Bedingungen

Eine einfache Beschreibung des Erwärmungsvorgangs erhält man aus der Energiebilanz des Magneten:

$$\mathrm{d}W_{zu} = \mathrm{d}U + \mathrm{d}W_{ab} \ . \tag{6.39}$$

Die zugeführte Wärmeenergie entsteht aus den Verlusten im Magneten: ohmschen Verlusten, Wirbelstrom- und Hystereseverlusten, Reibung usw. Sie führt einerseits zur

Erhöhung der inneren Energie U des Magneten (Erwärmung) und wird andererseits an die Umgebung abgegeben.

Die abgegebene Energie ist proportional zur Oberfläche A_O des Magneten, zur Temperaturdifferenz $\Delta\vartheta_{31}$ (**Übertemperatur**) zwischen dem Spuleninneren und der Umgebung (bzw. der Bezugstemperatur im stromlosen Zustand) und zur Zeit dt. Sie kann über Strahlung oder Konvektion abgeführt werden. In den Abschnitten 6.2.2 und 6.2.3 wurde mit (6.38) die Gesamtwärmeübergangszahl α_G als Proportionalitätsfaktor eingeführt.

Die Änderung der inneren Energie ist proportional zur Masse des Körpers m und zur Änderung der Übertemperatur $\mathrm{d}\Delta\vartheta_{31}$, wobei die spezifische Wärmekapazität c_p den Proportionalitätsfaktor darstellt.

Somit ergibt sich

$$\mathrm{d}W_{zu} = m\, c_p\, \mathrm{d}\Delta\vartheta_{31} + A_O \alpha_G \Delta\vartheta_{31}\, \mathrm{d}t\ . \tag{6.40}$$

Bezogen auf $\mathrm{d}t$ folgt die Leistungsbilanz

$$P_v = m\, c_p \frac{\mathrm{d}\Delta\vartheta_{31}}{\mathrm{d}t} + A_O \alpha_G \Delta\vartheta_{31}\ . \tag{6.41}$$

Aus dieser Differenzialgleichung kann ein thermisches Ersatzschaltbild entsprechend Bild 6.6 abgeleitet werden. Hierbei stellt P_v eine Stromquelle dar. Die Verlustleistung wird in der Parallelschaltung von Wärmekapazität $C_{th} = mc_p$ und thermischem Widerstand $R_{th} = 1/(A_O\alpha_G)$ umgesetzt. Der Bezugsknoten hat die Umgebungstemperatur ϑ_{umg}, der andere Knoten die Temperatur im Magneten ϑ_{warm}. Die Spannung zwischen den beiden Knoten stellt die Übertemperatur $\Delta\vartheta_{31}$ dar.

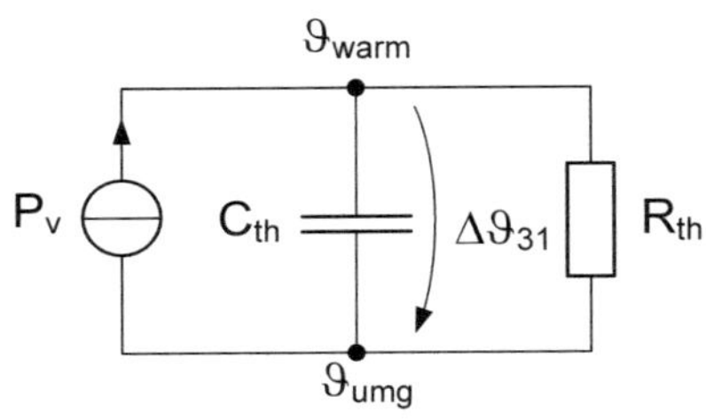

Bild 6.6: Einkörpermodell zur Beschreibung der Erwärmung eines Magneten

Für die Anfangsbedingung $\Delta\vartheta_{31}(t = 0) = 0$ ergibt sich als Lösung

$$\Delta\vartheta_{31} = \Delta\vartheta_{32}\left(1 - e^{-\frac{t}{\tau_{th}}}\right)\ , \tag{6.42}$$

mit der thermischen Zeitkonstante τ_{th}. Diese entspricht dem Temperaturgradienten im Schaltmoment $t = 0 = t_{ein}$ bzw. $t = t_{aus}$,

$$\tau_{th} = \frac{c_p\, m}{\alpha_G\, A_O} = R_{th} C_{th}\ . \tag{6.43}$$

Für $t = \infty$ im thermisch eingeschwungenen Zustand[3] (d. h. alle Ausgleichsvorgänge sind abgeschlossen, im Ersatzschaltbild 6.6 ist die Kapazität aufgeladen) ergibt sich die Übertemperatur

$$\Delta\vartheta_{32} = \frac{P_v}{\alpha_G A_O} = P_v R_{th} , \tag{6.44}$$

die als **Beharrungsübertemperatur** definiert ist (DIN VDE 0580).

Nach dem Abschalten des Erregerstromes erhält man als Lösung der Differenzialgleichung (6.41) für den Abkühlvorgang

$$\Delta\vartheta_{31} = \Delta\vartheta_{32} e^{-\frac{t}{\tau_{th}}} . \tag{6.45}$$

Der normierte Temperaturverlauf (dabei ist die Übertemperatur $\Delta\vartheta_{31}$ bezogen auf die sich für $t = \infty$ einstellende Beharrungsübertemperatur $\Delta\vartheta_{32}$) ist in Abhängigkeit von der Zeit für beide Vorgänge in Bild 6.7 dargestellt.

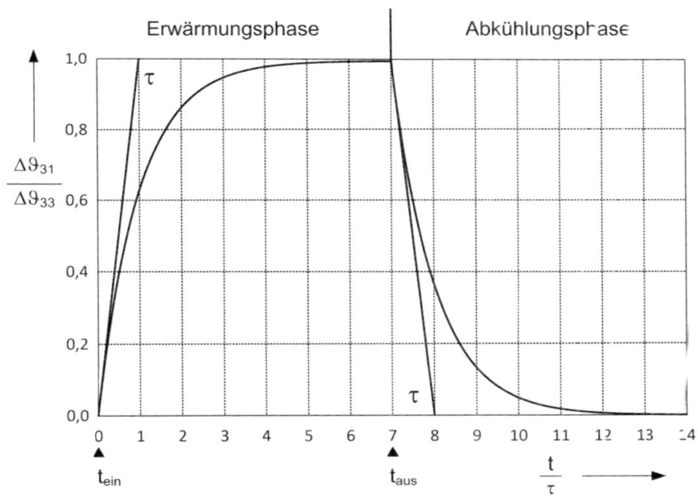

Bild 6.7: Erwärmung und Abkühlung einer Erregerspule bei konstanter Umgebungstemperatur und konstanter zugeführter elektrischer Leistung

6.3.3 Berechnung der Spulentemperatur bei Berücksichtigung der thermisch bedingten Leistungsänderung

Für die Temperaturberechnung der Erregerspule bzw. des kompletten Magneten kann als vereinfachende Annahme eine temperaturunabhängige Wärmekapazität und Wärmeübergangszahl getroffen werden, ohne dass dies zu einem nennenswerten Berech-

[3] In praktischen Fällen gelten auch hier die Ausgleichsvorgänge nach $5\tau_{th}$ als abgeschlossen und die Grenzerwärmung als erreicht.

nungsfehler führt. Vernachlässigt man hingegen die temperaturbedingte Widerstandsänderung der Wicklung und die damit im Zusammenhang stehende Änderung der Leistungsaufnahme, beträgt der Berechnungsfehler bei einer Temperaturerhöhung von 80 K etwa 30 %. Als Grenzfälle sind dabei zu betrachten:

a) Wärmeleistungsverringerung um den Faktor $(1+\alpha\Delta\vartheta)$ bei Spannungseinprägung

b) Wärmeleistungserhöhung um den Faktor $(1+\alpha\Delta\vartheta)$ bei Stromeinprägung

Die auftretenden Betriebsfälle liegen in der Regel zwischen beiden Grenzfällen.

Berechnung der Spulentemperatur bei eingeprägter Spannung

Ist die an der Erregerspule anliegende Spannung konstant (Spannungseinprägung), gilt für die elektrische Leistung, die in Wärmeleistung umgewandelt wird

$$P_v = P_{th} = \frac{U^2}{R} \qquad \text{bzw.} \qquad P_{thmax} = \frac{U_{max}^2}{R_{min}} \,. \tag{6.46}$$

Ausgehend von der Raumtemperatur ϑ_R erhöht sich jedoch der ohmsche Widerstand der Spule bei Erwärmung um $\Delta\vartheta_{31}$ entsprechend der Beziehung

$$R_w = R_{20}\,[1+\alpha(\Delta\vartheta_{31}+\vartheta_R-20\,^\circ C)] = R_{20}\,(A+\alpha\Delta\vartheta_{31}) \tag{6.47}$$

mit

$$A = 1+\alpha\,(\vartheta_R-20\,^\circ C)\,, \tag{6.48}$$

so dass sich die Verlustleistung mit zunehmender Erwärmung verringert nach

$$P_w = \frac{P_{20}}{A+\alpha\Delta\vartheta_{31}}\,, \tag{6.49}$$

wobei P_{20} die Verlustleistung bei der Bezugstemperatur $\vartheta = 20\,^\circ C$ ist. Damit gilt für den Leistungsbilanz der Spule nach (6.41):

$$\frac{P_{20}}{A+\alpha\Delta\vartheta_{31}} = m\,c\,\frac{\mathrm{d}\Delta\vartheta_{31}}{\mathrm{d}t} + A_O\,\alpha_G\,\Delta\vartheta_{31}\,. \tag{6.50}$$

Im stationären Zustand ist der Term der zeitlichen Ableitung Null. Damit verbleibt

$$\Delta\vartheta_{32U} = \frac{P_{20}}{\alpha_G\,A_O\,(A+\alpha\Delta\vartheta_{32U})}\,, \tag{6.51}$$

eine quadratische Gleichung zur Bestimmung der Übertemperatur, die sich bei vorgegebener Verlustleistung unter Berücksichtigung der Widerstandsänderung der Erregerspule einstellt:

$$\Delta\vartheta_{32U} = -\frac{A}{2\alpha} + \sqrt{\frac{P_{20}}{\alpha_G\,\alpha\,A_O} + \left(\frac{A}{2\alpha}\right)^2} < \Delta\vartheta_{32}\,. \tag{6.52}$$

Mit $\Delta\vartheta_{32}$ wird die Übertemperatur bezeichnet, die sich nach (6.44) ohne eine Widerstandsänderung einstellen würde.

Mit (6.51) kann bei bekanntem Wärmewiderstand der Spule R_{th} und Vorgabe der Grenzübertemperatur $\Delta\vartheta_{33}$ die höchst zulässige Verlustleistung P_{20max} der Spule bei $20\,°C$ berechnet werden. Man stellt hierzu (6.51) in folgender Weise um:

$$P_{20max} = \frac{\Delta\vartheta_{33}(A + \alpha\Delta\vartheta_{33})}{R_{th}} . \tag{6.53}$$

Berechnung der Spulentemperatur bei eingeprägtem Strom

Ist der Innenwiderstand der elektrischen Energiequelle sehr groß im Vergleich zum Spulenwiderstand, wird sich der Erregerstrom bei der Änderung des ohmschen Widerstandes der Erregerwicklung nicht ändern. In diesem Falle wird sich die Verlustleistung bei zunehmender Spulenerwärmung nach (6.54) erhöhen:

$$P_w = P_{20}[1 + \alpha(\Delta\vartheta_{31} + \vartheta_R - 20\,°C)] = P_{20}(A + \alpha\Delta\vartheta_{31}) \tag{6.54}$$

mit

$$P_{20} = I^2_{Nenn} R_{20} . \tag{6.55}$$

So ergibt sich für den Wärmezustand der Erregerspule:

$$P_{20}\,(A + \alpha\Delta\vartheta_{31})\,\mathrm{d}t = m\,c\,\mathrm{d}\Delta\vartheta_{31} + A_O\,\alpha_G\,\Delta\vartheta_{31}\,\mathrm{d}t . \tag{6.56}$$

Für die Betrachtung der stationären Übertemperatur wird diese Gleichung durch dt geteilt. Der Summand der Wärmekapazität verschwindet für $t \to \infty$. Bei Stromeinprägung ergibt sich infolge der Widerstandserhöhung eine andere stationäre Übertemperatur (vgl. (6.44))

$$\Delta\vartheta_{32I} = \frac{P_{20}\,A}{A_O\,\alpha_G - P_{20}\,\alpha} > \Delta\vartheta_{32} . \tag{6.57}$$

Der Betriebsfall Stromeinprägung tritt bei Stromregelung auf.

6.3.4 Temperaturverhalten bei unterschiedlichen Betriebsarten

Die im Abschnitt 6.3.2 getroffene Annahme, dass die Spule einen isothermen Körper darstellt, ist nur eine grobe Näherung. Da die Erregerspule eine endliche Wärmeleitfähigkeit besitzt, ist die Temperatur ortsabhängig. Betrachtet man die rotationssymmetrische Anordnung eines Topfmagneten, kann man die Ortsabhängigkeit durch die Zylinderkoordinaten r, z und φ beschreiben. In Verbindung mit der Zeitabhängigkeit gilt:

$$\vartheta = \vartheta(r, z, \varphi, t) .$$

Bei rotationssymmetrischen Anordnungen besteht keine Abhängigkeit der Temperatur vom Winkel φ. So kann die Temperaturberechnung auf ein zweidimensionales System reduziert werden.

Die **Betriebsarten**[4] werden unterschieden nach der **Einschaltzeit** t_5 (Spule ist bestromt) und der dabei erreichten Gerätetemperatur, bzw. der während der **Pausenzeit** t_6 auftretenden Abkühlung (Bild 5.1).

Das Verhältnis von Einschaltzeit zur Spieldauer wird als **relative Einschaltdauer** angegeben:

$$ED = \frac{t_5}{t_5 + t_6} 100\,\% \,. \tag{6.58}$$

Zur Erläuterung der Betriebsarten dienen die Ergebnisse der Temperaturberechnung des in Bild 6.8 dargestellten vereinfachten Topfmagneten bei Variation der Betriebsdaten. Die Temperaturabhängigkeit des Spulenwiderstandes wurde bei diesen Berechnungen berücksichtigt. Alle Berechnungen erfolgten für Stromeinprägung.

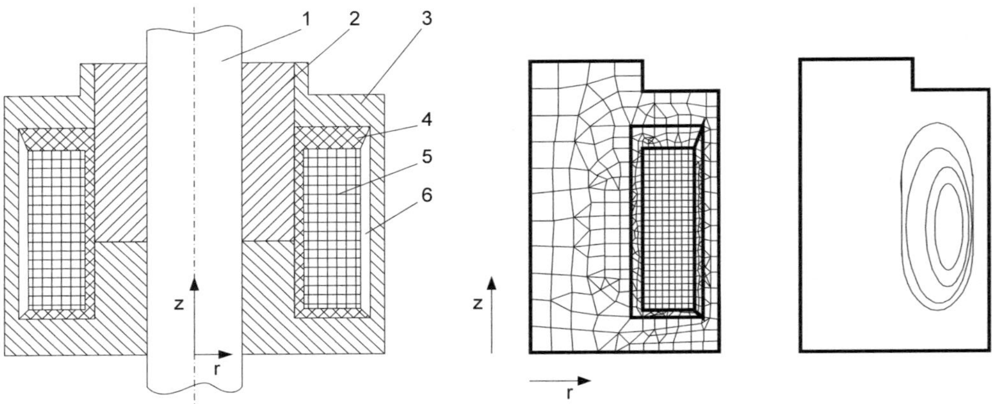

Bild 6.8: Vereinfachte Geometrie eines Topfmagneten (links), Vernetzung der r-z-Ebene (mitte) und schematische Darstellung der berechneten Isothermen (rechts)

Für die Berechnungen wurden folgende vereinfachende Annahmen eingeführt. Der Magnetanker (2) ist auf einem nicht unmittelbar zum Magnetkreis gehörenden, nichtmagnetischen Zylinder (1) geführt. Im Eisenrückschluss (3) ist der Spulenkörper (4) mit der Wicklung (5) angeordnet, wobei sich zwischen Wicklung und Magnetgehäuse ein Luftspalt (6) befindet. Die Teile (1), (2) und (3) haben den gleichen Wärmeleitwert λ, die Passungsspalte zwischen Anker Führungszylinder und Rückschluss sowie an der Innenseite des Spulenkörpers werden vernachlässigt. Für die Wicklung wird eine Ersatzwärmeleitfähigkeit vereinbart.

[4]Die Betriebsarten sind in DIN VDE 0580 definiert, wobei als Gerätetemperatur die mittlere Spulentemperatur oder die Temperatur an einem anderen festgelegten Ort des Magneten gilt; die Heißpunktdifferenz (Differenz zwischen der Gerätetemperatur und dem Temperaturmaximum der Spule) aber stets zu beachten ist.

Dauerbetrieb (S1): Die Spule ist so lange bestromt, bis die Beharrungstemperatur erreicht wird (Bild 6.9). Die Beharrungstemperatur ist dann erreicht, wenn sich während einer Stunde die Temperatur des Magneten um max. 1K ändert.

Während in der Spule (r_1) und in spulennahen Bereichen (r_2), (r_3) die Temperaturen rasch steigen, ist im achsnahen Bereich eine deutliche zeitliche Verzögerung infolge der großen Wärmekapazität festzustellen. Innerhalb der dargestellten Zeit wird die Beharrungstemperatur noch nicht erreicht.

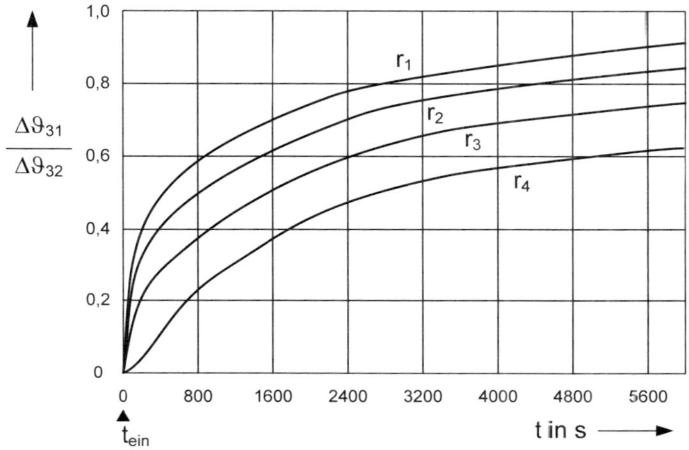

Bild 6.9: Normierter Temperaturverlauf für unterschiedliche Radien des in Bild 6.8 dargestellten Magneten bei $z = z_{max}/2$, Umgebungstemperatur 20 °C

Bei Magnetanwendungen wird meist eine relative Einschaltdauer angegeben, die auf eine Zeitspanne von 300 s bezogen wird. Eine Einschaltzeit $t_5 = 300\,s$ entspricht nach dieser Festlegung einer relativen Einschaltdauer ED = 100 %. Die Spieldauer von 300 s für Gleichspannungsgeräte und 30 s für Wechselspannungsgeräte gilt für den Aussetzbetrieb (S3) lt. DIN VDE 0580, sofern vom Hersteller nichts anderes angegeben wird. Bild 6.10 zeigt den Temperaturverlauf des Bezugsmagneten für die ersten 300 s der in Bild 6.9 dargestellten Dauereinschaltung.

Kurzzeitbetrieb (S2): Die Spule ist gegenüber der Dauereinschaltung mit überhöhter Leistung solange bestromt (t_5), dass die Beharrungstemperatur nicht erreicht wird; während der stromlosen Pause t_6 kühlt sich der Magnet auf mindestens ϑ_{Bezug}+2K ab (vgl. Bild 6.11). Vorzugswerte für die Einschaltdauer im S2-Betrieb sind lt. DIN VDE 0580 2 s, 20 s, 1 min oder 10 min.

Da sich die Spule bei Kurzzeitbetrieb in der Pausenzeit auf die Bezugstemperatur abkühlen kann, darf sich die Spule während der Einschaltzeit t_5 um die Grenzübertemperatur $\Delta\vartheta_{33}$ erwärmen. In (6.42) eingesetzt ergibt sich

$$\Delta\vartheta_{33} = \Delta\vartheta_{32K}\left(1 - e^{-\frac{t_5}{\tau_{th}}}\right) . \tag{6.59}$$

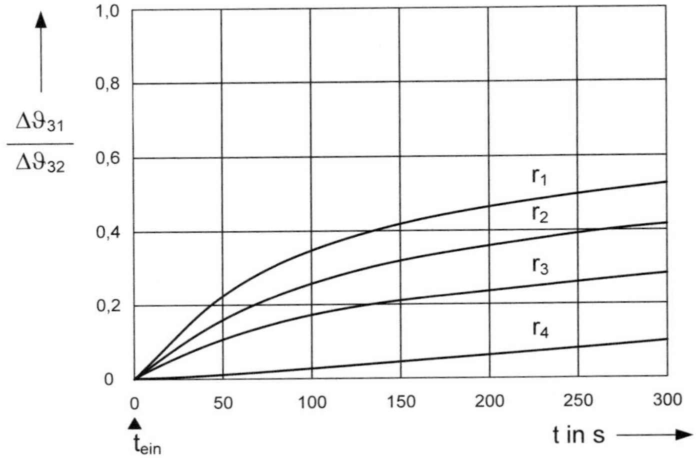

Bild 6.10: Normierter Temperaturverlauf des Magneten nach Bild 6.8 für die Einschaltzeit $t_5 = 300\,\text{s}$

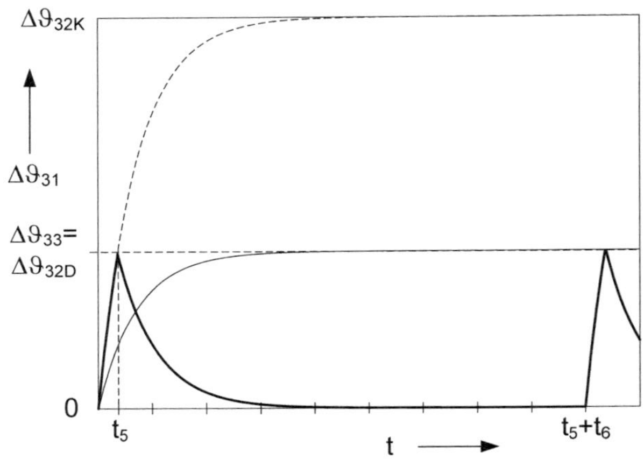

Bild 6.11: Temperatur-Zeit-Verhalten bei Kurzzeitbetrieb (Vergleichskurve Dauerbetrieb bei gleicher zulässiger Übertemperatur)

Aus dieser Beziehung lässt sich ableiten, dass gegenüber dem Dauerbetrieb ($\Delta\vartheta_{33} = \Delta\vartheta_{32D} = P_D R_{th}$) im Kurzzeitbetrieb ($\Delta\vartheta_{32K} = P_K R_{th}$) eine Leistungsüberhöhung um den Faktor n_1 zulässig ist:

$$n_1 = \frac{P_K}{P_D} = \frac{1}{1 - e^{-\frac{t_5}{\tau_{th}}}} \approx \frac{\tau_{th}}{t_5} \,. \tag{6.60}$$

Aussetzbetrieb (S3): Einschaltdauer t_5 und stromlose Pause t_6 führen zu aufeinanderfolgenden Erwärmungs- und Abkühlungsphasen (Bild 6.12). Die stromlose Pause ist so kurz, dass der Magnet sich nicht auf die Ausgangs-(Bezugs-)temperatur abkühlen kann.

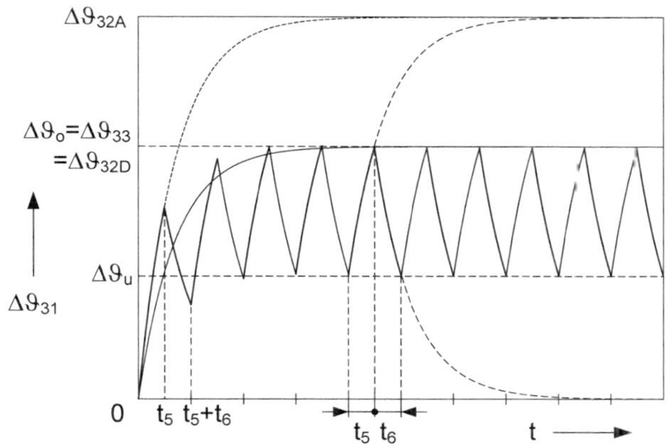

Bild 6.12: Temperatur-Zeit-Verhalten bei Aussetzbetrieb mit der relativen Einschaltdauer 50 % (Vergleichskurve Dauerbetrieb bei gleicher zulässiger Übertemperatur)

Beim Aussetzbetrieb nähert sich die Hüllkurve der jeweils während der Einschaltdauer erreichten Übertemperatur $\Delta\vartheta_{31}$ asymptodisch dem Wert der Grenzübertemperatur $\Delta\vartheta_{33}$. Analog zum Kurzzeitbetrieb lässt sich ein Faktor der zulässigen Leistungsüberhöhung ableiten. Dazu wird im eingeschwungenen Zustand an den Übergangsstellen der abfallende Ast

$$\Delta\vartheta_u = \Delta\vartheta_o e^{-\frac{t_6}{\tau_{th}}} \tag{6.61}$$

und der darauffolgende ansteigende Ast

$$\Delta\vartheta_o = \Delta\vartheta_{32A}\left(1 - e^{-\frac{t_5}{\tau_{th}}}\right) + \Delta\vartheta_u e^{-\frac{t_5}{\tau_{th}}} \tag{6.62}$$

ineinander eingesetzt:

$$\Delta\vartheta_o = \Delta\vartheta_{32A}\left(1 - e^{-\frac{t_5}{\tau_{th}}}\right) + \Delta\vartheta_o e^{-\frac{t_5+t_6}{\tau_{th}}} \; . \tag{6.63}$$

Gegenüber dem vergleichbaren Dauerbetrieb ($\Delta\vartheta_{33} = \Delta\vartheta_{32D} = P_D R_{th}$) ergibt sich für den Aussetzbetrieb ($\Delta\vartheta_{23A} = P_A R_{th}$) eine Leistungsüberhöhung um den Faktor n_2:

$$n_2 = \frac{P_A}{P_D} = \frac{1 - e^{-\frac{t_5+t_6}{\tau_{th}}}}{1 - e^{-\frac{t_5}{\tau_{th}}}} \approx \frac{t_5 + t_6}{t_5} \; . \tag{6.64}$$

Wird bei der Magnetauslegung eine Leistungsüberhöhung infolge festgelegter relativer Einschaltdauer angegeben, ist sicherzustellen, dass im Betrieb diese Einschaltdauer nicht überschritten wird, da dies zur thermischen Überlastung der Spule führt.

6.3.5 Temperaturverteilung über dem Hauptschnitt eines Topfmagneten

Bild 6.13 zeigt die Temperaturverteilung $\vartheta = \vartheta(r)$ mit der Einschaltzeit als Parameter für einen z-Wert der Magnetmodellierung nach Bild 6.8. Die Kurven zeigen, wie auch die Isothermendarstellung in Bild 6.8, dass sich der Heißpunkt im Inneren der Spule befindet. Dessen genauer Ort hängt von den Wärmeübergangsbedingungen zwischen der jeweiligen Spulenfläche und dem benachbarten Magneteinzelteil (oder allgemein vom benachbarten Volumenelement) und dessen thermischen Eigenschaften ab. **Je geringer die Wärmeleitfähigkeit** dieses Volumenelementes **ist, desto größer ist der Temperaturgradient in dieser Richtung.** Bei den Berechnungen der Temperaturverteilung wurde für die gesamte Magnetoberfläche zur umgebenden Luft ein konstanter Wärmeübergangsfaktor vorgegeben (Randbedingung 3. Art).

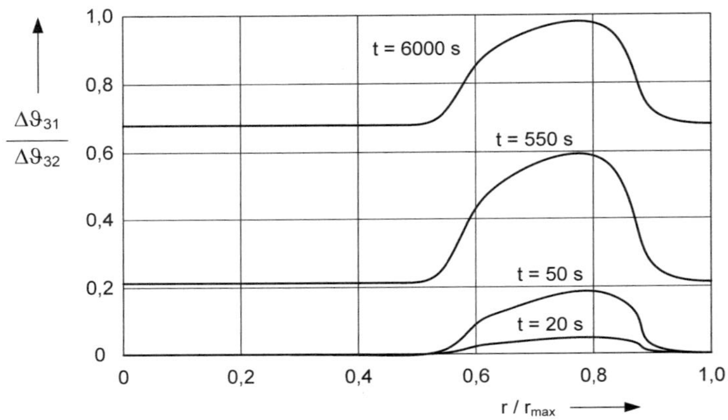

Bild 6.13: Verlauf der Übertemperatur in Abhängigkeit vom Radius bei $z \approx z_{max}/2$ des Magneten nach 6.8 zu unterschiedlichen Zeitpunkten bei Dauerbetrieb

Hat die innere und die äußere Mantelfläche einer Spule die gleiche Temperatur, liegt der Heißpunkt praktisch im Zentrum des Wickelfensters. Das ist der Fall, wenn rings um die Spule die gleichen Einbau- und Materialbedingungen bestehen, z. B. bei einer Zylinderspule eines Topfmagneten, die außen vom zylindrischen Eisenrückschluss, innen von einem Druckrohr annähernd gleicher Wanddicke umgeben ist und jeweils gleiche Spalte dazwischen bestehen. Für die Temperaturdifferenz zwischen Spulenmantel und Heißpunkt wird in [6.5] als Näherungsbeziehung hergeleitet:

$$\vartheta_{max} - \vartheta_0 = \frac{p_w}{16\lambda}(r_a - r_i)^2 \left[2 - \left(\frac{r_a - r_i}{r_a}\right)^2\right] . \tag{6.65}$$

Dabei gilt für den stationären thermischen Zustand, wenn die gesamte aufgenommene elektrische Leistung

$$P_v = P_{th} = \int_V p_w \, \mathrm{d}V = \int_V p_w \, r \, \mathrm{d}\varphi \, \mathrm{d}r \, \mathrm{d}z \tag{6.66}$$

im Spulenvolumen (Bild 6.14) als Wärmeleistung umgesetzt wird, für die Wärmeleistungsdichte:

$$p_w = \frac{P_v}{\pi \, h \, (r_a^2 - r_i^2)} \, . \tag{6.67}$$

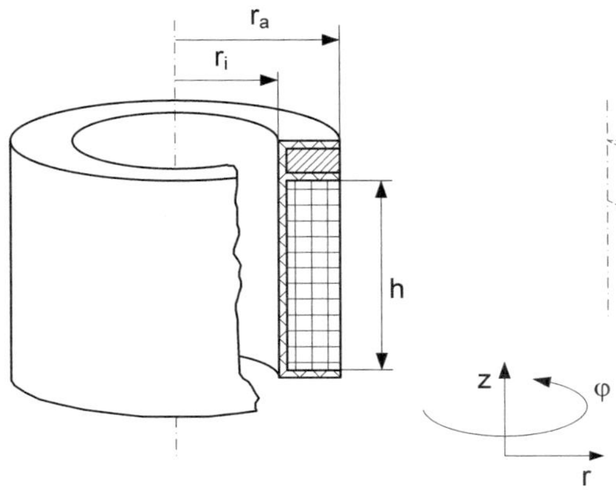

Bild 6.14: Darstellung des betrachteten Volumens einer Zylinderspule mit Polarkoordinaten

Das betrachtete Spulenvolumen setzt sich anteilig aus dem Leitermaterial (meist Cu), dem Isolationsmaterial längs des Drahtes und der zwischen den Drähten geometriebedingt eingeschlossenen Luft (oder auch Verguss- oder Tränkmaterial) zusammen – Materialien also, mit gänzlich unterschiedlicher Wärmeleitfähigkeit.

In Bezug auf die Wärmeleitfähigkeit kann die Spule als homogen betrachtet werden, wenn eine Ersatzleitfähigkeit λ_{ers} definiert wird. Für deren Bestimmung werden unterschiedliche Gleichungen angegeben.

Nach [6.13] gilt:

$$\lambda_{ers} = 0{,}6 \, \lambda_i \, \frac{d}{d+s} \tag{6.68}$$

mit der Wärmeleitfähigkeit des Isolationsmaterials λ_i, dem Durchmesser des blanken Leiters d und der Isolationsdicke s , ohne Berücksichtigung des Füllfaktors.

Nach [6.9] gilt:

$$\lambda_{ers} = \varphi \, \lambda_i \tag{6.69}$$

mit φ als Funktion des Quotienten aus dem Durchmesser des blanken Leiters d und dem Durchmesser des isolierten Drahtes d' (Tabelle 6.2) [6.5].

Tabelle 6.2: Faktor zur Bestimmung der Ersatzleitfähigkeit nach [6.9]

d/d'	0,5	0,6	0,7	0,8	0,9
φ	1,5	1,75	2,25	3,1	4,7

Eine gute Übereinstimmung zwischen berechneten und gemessenen Temperaturwerten konnte mit der Berechnung der Ersatzleitfähigkeit nach (6.70) erreicht werden, die aus dem Schichtenmodell hergeleitet ist:

$$\lambda_{ers} = \frac{V_{ges\,Spule}}{\frac{V_{Cu}}{\lambda_{Cu}} + \frac{V_i}{\lambda_i} + \frac{V_{Luft}}{\lambda_{Luft}}} \,. \tag{6.70}$$

In ähnlicher Weise sollte bei genauer Modellierung des Magneten für die Übertragung des Wärmestromes in schmalen Luftspalten eine äquivalente Wärmeleitfähigkeit $\lambda_{\ddot{A}qu.}$ angegeben werden. Dieser Wert berücksichtigt den Wärmeleitungs- und den Konvektionsanteil beim Wärmeübergang zwischen Stoffen unterschiedlicher Aggregatzustände.

$$\dot{Q} = \lambda_{\ddot{A}qu.}\, A_{\perp}\, \Delta\vartheta \,. \tag{6.71}$$

$A_{\perp}$ ist die senkrecht zum Wärmestrom zu betrachtende mittlere Spaltfläche. Der Äquivalenzwert ist das Produkt aus dem Konvektionsfaktor ε_k und der Wärmeleitfähigkeit λ_{Spalt}

$$\lambda_{\ddot{A}qu.} = \varepsilon_k\, \lambda_{Spalt} \qquad \text{mit} \qquad \varepsilon_k = f(Gr \cdot Pr) \,, \tag{6.72}$$

Dabei bedeuten Gr die GRASHOF-Zahl (Ähnlichkeitskriterium):

$$Gr = \frac{g\, \beta\, \delta^3\, (\vartheta_{W1} - \vartheta_{W2})}{\nu^2} \,, \tag{6.73}$$

mit der Erdbeschleunigung g, dem thermischen Ausdehnungskoeffizienten β, der Spaltdicke δ, der kinematischen Viskosität ν und den Wandtemperaturen ϑ_{Wi}, sowie Pr die PRANDTL-Zahl (dimensionsloser Stoffwert):

$$Pr = \frac{\nu}{a} = \frac{\nu\, c\, \varrho}{\lambda} \tag{6.74}$$

mit der Temperaturleitfähigkeit a, der spezifischen Wärmekapazität c, der Dichte ϱ, der Wärmeleitfähigkeit λ und der kinematischen Viskosität ν. Ist die RAYLEIGH-Zahl als Produkt $(Gr \cdot Pr) < 10^3$, so gilt $\lambda_{\ddot{A}qu.} = \lambda_{Spalt}$. [6.7]

Für die Temperaturfeldberechnung ergibt sich als Wärmeübergangskoeffizient folgende zugeschnittene Größengleichung für schmale Luftspalte der Dicke δ

$$\alpha = \frac{2}{\delta}(7{,}746 \cdot 10^{-5}\, \vartheta + 244) \qquad \left[\frac{\mathrm{W}}{\mathrm{Km}}\right] \,, \tag{6.75}$$

wobei die Spaltdicke in m und die Temperatur in °C eingesetzt werden müssen.

6.4 Betriebszuverlässigkeit

Zuverlässigkeit ist die Fähigkeit einer Betrachtungseinheit (ein Einzelteil, eine Baugruppe, eine Maschine, ein Prozess oder dergleichen) den Anforderungen eines Verwendungszweckes innerhalb vorgegebener Grenzen zu genügen. Solche Grenzen können beispielsweise in der Anwendungsklasse oder dem Lastenheft definiert sein und beinhalten sowohl die Beanspruchungen als auch die jeweilige Beanspruchungsdauer und die Zeitdauer, für die die Zuverlässigkeit gefordert oder definiert ist.[5]

Als dominierende Beanspruchung für Spulen gilt die Betriebstemperatur ϑ_B, die wesentlich deren Lebensdauer beeinflusst. Der Betriebstemperaturbereich wird durch die untere und obere zulässige Grenztemperatur[6] ϑ_{min} und ϑ_{max} festgelegt. Für die Berechnung der Betriebszuverlässigkeit ist i. allg. die obere Grenztemperatur bestimmend. Bei extremen Wechselbelastungen bzw. thermischer Schockbelastung hat die untere Grenztemperatur Einfluss (z. B. Versprödung).

Für gegebene Anwendungsfälle ist zudem die Feuchtebeanspruchung und die Belastung durch aggressive Atmosphäre und Chemikalien zu definieren, die zur Korrosion des Wicklungsmateriales und so zur Erhöhung der Ausfallwahrscheinlichkeit führen kann. In Bezug auf die Betriebssicherheit sind außerdem die Grenzwerte der mechanischen Beanspruchung, z. B. Schwingbelastung oder auftretende Beschleunigungen, zu ermitteln und zu spezifizieren. Dies gilt insbesondere für die elektrischen Verbindungen mit dem Spulendraht (z. B. mit Steckkontakt oder Lötfahne) bzw. Drahtherausführungen. Entsprechende Anwendungsklassen und Zuverlässigkeitsangaben sind für die unterschiedlichen Bereiche der einzelnen Beanspruchungen in DIN 40040 genormt.

Die Bestimmung der Lebensdauer bzw. exakter Gesetze zur Berechnung der Ausfallwahrscheinlichkeit erfordert in Abhängigkeit vom Einsatzfall eine mehr oder weniger große Prüfstückzahl und meist eine sehr lange Prüfdauer. Darum wird häufig unter verschärften Bedingungen und dementsprechend kürzeren Prüfzyklen die Betriebszuverlässigkeit ermittelt. Doch auch hierfür ist die Festlegung zutreffender Lastkollektive nicht leicht, denn die meist komplex auftretenden Belastungen haben unterschiedliche Auswirkungen auf die Gerätelebensdauer. Darum werden Bauteile zumeist für Einzelfaktoren getestet.

Beispielsweise ist für temperaturabhängige Ausfälle bekannt, dass durch Erhöhung der Betriebstemperatur über die jeweilige Grenztemperatur des Isolationsmateriales die Lebensdauer der Wicklungen verkürzt wird. Die Regel von MONTSINGER (1930) besagt, dass sich die Lebensdauer t_ϑ von Isoliermaterialien bei einer ganz bestimmten unveränderlichen Temperaturzunahme $\Delta\vartheta$[7] über die angegebene Grenztemperatur halbiert (Bild 6.16):

$$t_\vartheta = t_{\vartheta=0°C} \cdot 2^{-\frac{\vartheta}{\Delta\vartheta}} \;, \qquad (6.76)$$

[5] Vgl. hierzu DIN 40040 »Anwendungsklassen und Zuverlässigkeitsangaben für Bauelemente der Nachrichtentechnik Elektronik« und DIN 40041 »Zuverlässigkeit - Begriffe«

[6] Die obere Grenztemperatur der Spule bezieht sich auf die heißeste Stelle in der Spule (hot spot) - vgl. Temperaturverteilung über den Spulenquerschnitt (Bild 6.13).

[7] Diese Temperaturdifferenz beträgt beispielsweise 5 ... 10 K bei der Isolierstoffklasse A, üblicherweise wird mit 8 K gerechnet.

mit der Lebensdauer t_ϑ bei der Grenztemperatur ϑ, bezogen auf die Lebensdauer in Jahren bei einer konstanten Temperatur von 0 °C. Grenz- und Grenzübertemperaturen der Wärmeklassen nach DIN VDE 0580 sind im Anhang 7 angegeben.

Ursache hierfür ist die Beschleunigung bestimmter chemischer Zersetzungsprozesse, deren Reaktionsgeschwindigkeit mit einer Exponentialfunktion der Temperatur zunimmt. Die Temperaturabhängigkeit des Ausfallverhaltens folgt allgemein der, aus der physikalischen Chemie bekannten »Arrhenius-Gleichung« mit den Konstanten A und B, der thermodynamischen Temperatur T und der Betriebszeit t:

$$\ln t = A + \frac{B}{T} \, . \tag{6.77}$$

Die bei der Prüfung bei verschiedenen Temperaturniveaus aufgetretenen Ausfälle werden in das Lebensdauernetz nach Weibull[8] eingetragen und durch eine ausgleichende Gerade verbunden. So kann die Steilheit b der Ausfall-Ausgleichsgeraden im Weibull-Lebensdauernetz und der temperaturabhängige Ausfallsatz für unterschiedliche Betriebstemperaturen direkt bestimmt werden. Ist die Testtemperatur größer als die eigentliche Betriebstemperatur kann die Lebensdauerkurve für ϑ_B wegen der Gültigkeit der Arrheniusgleichung konstruiert werden (Bild 6.15).

Obgleich die rechnerische Ermittlung von Zuverlässigkeitsangaben für Spulen bislang nur näherungsweise erfolgen kann, da die notwendigen Einflussfaktoren geschätzt werden müssen oder einer großen Streuung unterliegen, sei darauf kurz eingegangen.

Die durchschnittliche Ausfallrate λ während der Betriebszeit t_B ergibt sich aus

$$\lambda = \frac{A}{t_B} \, , \tag{6.78}$$

mit dem Ausfallsatz A, der sich aus dem Grundausfallsatz A_δ und dem temperaturabhängigen Ausfall A_ϑ (Verschleißausfälle) zusammensetzt:

$$A = A_\delta + A_\vartheta \, . \tag{6.79}$$

Durch Zuordnung einer Nennzeitdauer $t_{BN} = 10.000\,\mathrm{h}$ und eines Nennausfallsatzes $A_{\vartheta N} = 0{,}1\,\%$ zur Nennbetriebstemperatur ϑ_{BN}, die der mittleren Wicklungstemperatur entspricht, kann man eine Nennbetriebszuverlässigkeit festlegen (Bild 6.16) [6.14].

Für die Bestimmung der Zufallsausfälle A_δ wird in [6.14] folgende Beziehung angegeben:

$$A_\delta = \frac{t_B + t_P}{t_{BN}} A_{\delta 0} \, \delta_1 \, \delta_2 \tag{6.80}$$

mit t_B Betriebszeit, t_P Pausenzeit, δ_1 Drahtstärkefaktor, δ_2 Faktor, der die Vergrößerung des Ausfallsatzes in Abhängigkeit von der Anzahl z der Drahtherausführungen aus der Wicklung berücksichtigt ($\delta_2 \approx 1 + 0{,}2(z-2)$) und $A_{\delta 0}$ vom Spulenaufbau abhängiger Grundausfallsatz bezogen auf die Nennzeitdauer $t_{BN} = 10.000\,\mathrm{h}$.

Richtwerte für $A_{\delta 0}$ und δ_1 sind in Tabelle 6.3 [6.14] angegeben.

[8] Die Weibull-Analyse ist ein grafisches Auswerteverfahren durch Darstellung der Summenausfallhäufigkeit im Weibull-Wahrscheinlichkeitsnetz [6.12], [6.14].

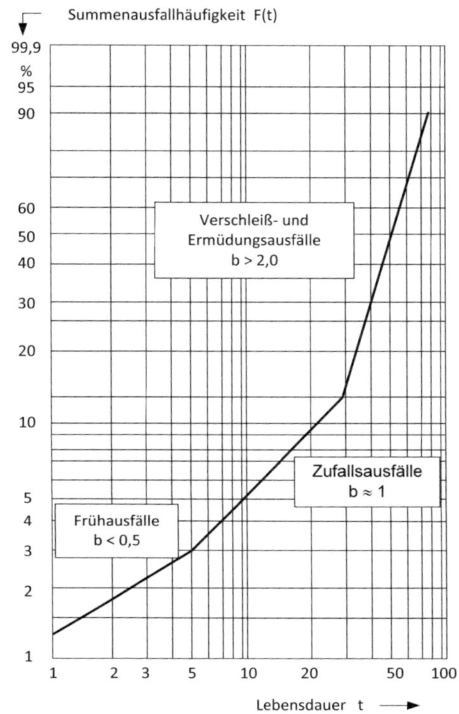

Bild 6.15: Lebensdauernetz nach [6.12]

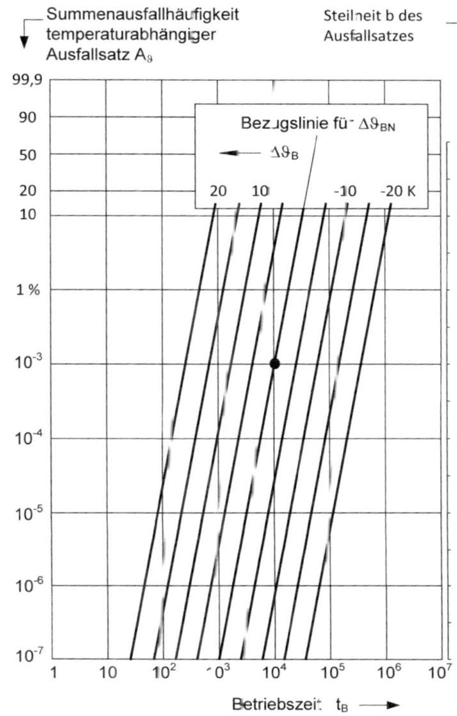

Bild 6.16: Temperaturabhängiger Ausfallsatz A_ϑ von Wickelgütern [6.14]

Tabelle 6.3: Grundausfallsatz und Drahtstärkefaktor zur Abschätzung des Ausfallsatzes A_δ

Aufbau der Erregerspule				$A_{\delta 0}$
Wicklung	Lagen-isolation	Tränkung	Draht	
lagenweise	nach jeder Lage (Isolierfolie)	ohne	CuL	$1 \cdot 10^{-6}$
			Cu2L	$0{,}5 \cdot 10^{-6}$
		mit	CuL	$0{,}5 \cdot 10^{-6}$
			Cu2L	$0{,}5 \cdot 10^{-6}$
wild	ohne oder nach jeder 3. Lage (Isolierfolie)	ohne	CuL	$3 \cdot 10^{-6}$
			Cu2L	$2 \cdot 10^{-6}$
		mit	CuL	$1{,}5 \cdot 10^{-6}$
			Cu2L	$1 \cdot 10^{-6}$

Drahtdurchmesser [mm]	δ_1
$\geq 0{,}20$	1
0,14 ... 0,19	1,5
0,10 ... 0,132	2
0,071 ... 0,095	3
0,056 ... 0,067	10
0,048 ... 0,053	30
0,04 ... 0,045	100

6.5 Quellen

[6.1] Binder, W.: Über Wärmeübergang auf ruhige und bewegte Luft sowie Lüftung und Kühlung elektrischer Maschinen. Halle: Verlag Knapp, 1911

[6.2] Hell, F.: Grundlagen der Wärmeübertragung. Düsseldorf: VDI Verlag GmbH, 2. Aufl. 1979

[6.3] Gotter, G.: Erwärmung und Kühlung elektrischer Maschinen. Berlin: Springer Verlag, 1954

[6.4] Grigull, U.; Sander, H.: Wärmeleitung. Berlin: Springer Verlag, 2. Aufl. 1990

[6.5] Kallenbach, E.: Der Gleichstrommagnet. Leipzig: Akademische Verlagsgesellschaft Geest & Portig, 1969

[6.6] Lorenz, L.: Über das Leitvermögen der Metalle für Wärme und Elektrizität. In: Wiedemanns Ann. 13(1881)582

[6.7] Michejew, M. A.: Grundlagen der Wärmeübertragung. Berlin: Verlag Technik, 3. Aufl. 1968

[6.8] Philippow, E.: Taschenbuch Elektrotechnik Bd. III. Berlin: Verlag Technik Berlin, 1967

[6.9] Richter, R.: Elektrische Maschinen Bd I. Basel: Verlag Birkhäuser, 1951

[6.10] Siegel, R.; Howell, J.R.; Lohrengel, J.: Wärmeübertragung durch Strahlung, Teil 1: Grundlagen und Materialeigenschaften. Berlin: Springer Verlag, 1988

[6.11] Wagner, W.: Wärmeübertragung - Grundlagen. Würzburg: Vogel Buchverlag, 3. Aufl. 1991

[6.12] Verband der Automobilindustrie e. V. (VDA): Zuverlässigkeitssicherung bei Automobilherstellern und Zulieferern. Frankfurt am Main: 2. überarb. Aufl., 1984

[6.13] Vidmar, M.: Transformatoren, 1930

[6.14] Zinke, O.; Seither, H.: Widerstände, Kondensatoren, Spulen und ihre Werkstoffe. Berlin: Springer Verlag, 1982

Kapitel 7

Elektromagnetische Schrittmotoren

7.1 Das Wesen elektromagnetischer Schrittmotoren

Elektromagnetische Schrittmotoren sind elektro-magneto-mechanische Energiewandler, die infolge diskontinuierlich bewegter magnetischer Felder schrittförmige mechanische Bewegungen erzeugen.

Je nach dem Motorprinzip, dem konstruktiven Aufbau und der Art der elektrischen Ansteuerung der Spulenstränge entsteht eine abzählbare Menge elektrischer Zustände, in denen Haltkräfte oder -momente erzeugt werden, die stabile Ankerstellungen zur Folge haben.

Man kann sich diese elektromagnetischen Schrittmotoren als Integration von mehreren Elektromagneten vorstellen (Bild 1.12), deren Anker infolge der möglichen Addition von Einzelschritten größere Wege bzw. Drehwinkel zurücklegen können als der Anker eines Elektromagneten. Sie sind hervorragend geeignet, elektrische Signale synchron in mechanische Schritte umzuwandeln.

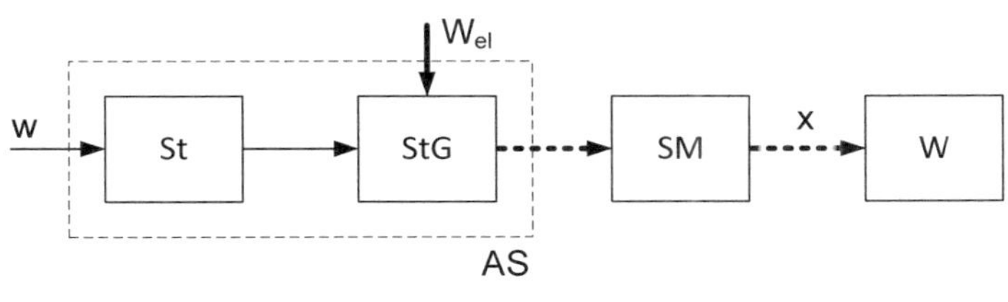

Bild 7.1: Grundstruktur eines Schrittmotorantriebes in offener Steuerkette (St Steuereinrichtung, StG Leistungsstellglied, SM Schrittmotor, W Wirkelement, AS Ansteuereinheit)

Tabelle 7.1: Einteilung elektromagnetischer Schrittmotoren

Bewegungsform, Bewegungsfreiheitsgrad F	
rotatorischer Schrittmotor, F = 1	für allgemeine Anwendung häufigste Schrittmotorart 0,72° < φ_0 < 45°
Linearschrittmotor, F = 1	für spezielle Anwendungen in Direktantrieben 0,1 mm < x_0 < 5 mm
Mehrkoordinatenschrittmotor ∗ x-y-Schrittmotor, F = 2 ∗ x-φ-Schrittmotor, F = 2	integrierte Mehrkoordinaten- schrittmotoren mit Luftführung
Aufbau des magnetischen Kreises	
Reluktanzschrittmotor	neutraler Magnetkreis magnetischer Widerstand stellungsabhängig
Wechselpolschrittmotor (Heteropolarmotor)	polarisierter Magnetkreis Flussrichtung wechselt am Läuferumfang
Hybridschrittmotor (Homopolarmotor)	polarisierter Magnetkreis Flussrichtung ist gleich am Läuferumfang
Konstruktiver Aufbau des Schrittmotors	
Innenläufermotor	häufigste Konstruktionsform des rotatorischen Schrittmotors
Scheibenläuferschrittmotor	günstige Dynamik
Mehrstatormotor	gute magnetische Entkopplung der einzelnen Phasen hohe Schrittgenauigkeit
Mehrphasenmotor	kleinere Bauweise keine magnetische Entkopplung ungünstigere Dynamik

Schrittmotor und Ansteuereinheit bilden aus der Sicht der Antriebsfunktion eine Einheit, den Schrittmotorantrieb (Bild 7.1). Die elektrischen und mechanischen Zustandsänderungen werden durch impulsförmige Erregerströme in den Ständerwicklungen erzeugt. Je nach dem Aufbau des magnetischen Kreises, der Anzahl der Ständer, der Phasenzahl m_s, der Polpaarzahl p und dem Bewegungsfreiheitgrad F können Schrittmotoren mit sehr unterschiedlichen stationären und dynamischen Antriebseigenschaften aufgebaut werden, die zusammen mit angepassten Ansteuereinheiten ein breites Feld von Antriebsforderungen erfüllen können (Tabelle 7.1).

Mit Hilfe von Bild 7.2 soll das Entstehen der elektrischen Zustände $\underline{I}(\varphi_{sk})$ - jedem elektrischen Zustand k ist mindestens eine stabile Lage des Ankers zugeordnet - näher erläutert werden [7.4], [7.14].

Sind die Erregerspulen gleichmäßig über den Umfang von rotatorischen Schrittmotoren

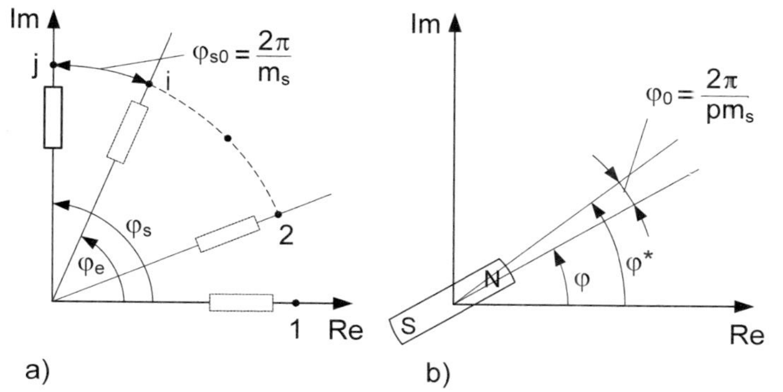

Bild 7.2: Elektrische und mechanische Zustände von rotatorischen Schrittmotoren; a) elektrisches Koordinatensystem, φ_s elektrische Solllage, φ_e elektrische Istlage, φ_{so} elektrischer Schrittwinkel; b) mechanisches Koordinatensystem, φ^* mechanische Solllage, φ mechanische Istlage, φ_0 konstruktiver Schrittwinkel

verteilt, gilt bei Erregung der Phasen n, $n+1 \ldots m$ für den elektrischen Zustand:

$$\underline{I}(\varphi_{sk}) = \sum_{k=n}^{m} \underline{I}_k(\varphi_{sk}) = \sum_{k=n}^{m} i_k(t) e^{j\frac{2\pi}{\xi\, m_s}(k-1)} \tag{7.1}$$

mit

$$\varphi_{sk} = \frac{2\pi}{\xi\, m_s}(k-1). \tag{7.2}$$

Wird jeweils nur eine Spule ($n = m$, 1-1-1-Betrieb) bzw. eine gleiche Anzahl benachbarter Spulen ($m = n+1$, 2-2-2-Betrieb) impulsförmig erregt, so bewegt sich beim Übergang von $k = n$ auf $k = n+1$ der elektrische Zustandsvektor diskontinuierlich entgegengesetzt zum Uhrzeigersinn um den **elektrischen Schrittwinkel** φ_{so} weiter (siehe Bild 7.2):

$$\varphi_{sk}(t) = \varphi_{s(k-1)} + \varphi_{so}\, \sigma(t), \tag{7.3}$$

$$\varphi_{so} = \frac{2\pi}{\xi\, m_s}. \tag{7.4}$$

In Schrittmotoren mit einer Polpaarzahl $p = 1$ entspricht dieser elektrische Winkelschritt φ_{so} auch dem **mechanischen Schrittwinkel** φ_0. Ist jedoch die Polpaarzahl $p > 1$ bzw. sind im Anker und Ständer Zähne enthalten, so verringert sich der mechanische Schrittwinkel

$$\varphi_0 = \frac{2\pi}{\xi\, m_s\, p} \qquad \text{bzw.} \qquad \varphi_0 = \frac{2\pi}{\xi\, m_s\, z}. \tag{7.5}$$

Dabei bedeuten: p Polpaarzahl, z Zähnezahl, $\varphi_0 = \varphi_{so}/p$.

In neutralen Schrittmotoren ist $\xi = 2$, d. h.

$$\varphi_0 = \frac{\pi}{m_s\, p}. \tag{7.6}$$

In Wechselpolschrittmotoren hingegen gilt mit $\xi = 1$:

$$\varphi_0 = \frac{2\pi}{m_s\, p}. \tag{7.7}$$

Die Größe der mechanischen Schritte kann durch sprunghafte Änderung der Anzahl der je Arbeitstakt bestromten Erregerspulen (z. B. 1-2-1-Betrieb, Schritthalbierung) oder durch unterschiedliche Änderung der Sprungamplituden der Erregerströme in den einzelnen Phasenspulen (elektronische Schrittteilung, Mikroschrittbetrieb) noch weiter verkleinert werden (Abschnitt 7.3.3).

Die sprunghafte Verschiebung des elektrischen Zustandsvektors entspricht einer Verschiebung der statischen Drehmomentenkennlinie um den Schrittwinkel φ_0 (Bild 7.3).

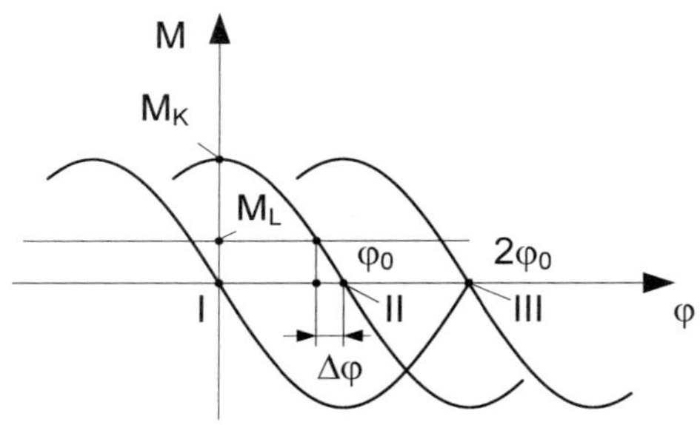

Bild 7.3: Drehmomentenverlauf eines Rotationsschrittmotors; M_K Kippmoment, M_L Lastmoment, $\Delta\varphi$ Schrittfehler

Das im Motor entstehende Drehmoment bewirkt eine typische Schrittbewegung. Der Anker geht, wenn $M_L = 0$, von einer stabilen Position (I) in die andere stabile Position (II) über.

Infolge äußerer Belastungsmomente M_L treten jedoch Schrittfehler ($\Delta\varphi$) auf, die bei einer vorgegebenen Belastung um so kleiner sind, je größer die Steigung der Momentenkennlinie im Schnittpunkt mit der Abszisse (Steifigkeit) ist.

Für die Steifigkeit S^* der Drehmomentenkennlinie gilt:

$$S^* = \frac{\mathrm{d}M}{\mathrm{d}\varphi}. \tag{7.8}$$

Sind die beiden Bedingungen $M - M_L = 0$ und $S^* < 0$ erfüllt, liegt im Schnittpunkt der Drehmomentenkennlinie mit der Lastmomentengerade ein stabiler Arbeitspunkt vor.

Nach Bild 7.3 erhält man für den Schrittfehler infolge des Lastmomentes M_L:

$$\Delta\varphi = \frac{M_L}{S^*}. \tag{7.9}$$

Die Schrittmotoren sind ihrem Wesen nach Synchronmotoren, in denen sich das Drehfeld bei Rotationsmotoren und das Wanderfeld bei Linearmotoren schrittförmig bewegen.

Infolge des auftretenden synchronisierenden Momentes, das durch eine innere Maßverkörperung hervorgerufen wird, kann der Schrittmotor gesteuerte Bewegungen bereits in offener Steuerkette ausführen. Dadurch ergeben sich relativ einfach aufgebaute und preiswerte Antriebsstrukturen.

Der Schrittmotor hat damit auch die Eigenschaft eines elektromechanischen Integrationsgliedes (Bild 7.4), das die mechanischen Zustände mit der Genauigkeit eines Schrittfehlers ($\Delta\varphi$) speichert, der sich nicht aufsummiert [7.15]. Sie besitzen jedoch auch die dem normalen Synchronmotor anhaftenden Nachteile: Verlust der Synchronität bei Überlastung (Schrittfehler), Ausbildung von Schwingungen beim Übergang von einer Position zur anderen.

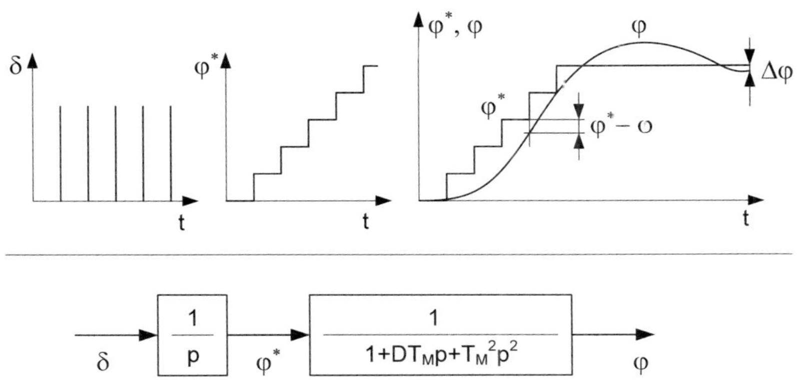

Bild 7.4: Schrittmotor als elektromagnetisches Integrationsglied

Die Speicherung der Lage erfordert bei neutralen Schrittmotoren die Beibehaltung des Erregerzustandes, ist also verlustbehaftet. Bei polarisierten Schrittmotoren kann hingegen der mechanische Zustand leistungslos mit Hilfe des permanenten Magnetfeldes fixiert werden, wenn das Lastmoment kleiner als das permanentmagnetisch erzeugte Kippmoment M_{pk} ist (Bild 7.12).

7.2 Konstruktiver Aufbau und Wirkungsweise

7.2.1 Besonderheiten elektromagnetischer Schrittmotoren

Elektrische Motoren mit schrittweiser Ankerbewegung können nach sehr unterschiedlichen Wirkprinzipien, die durch die Energiewandlung charakterisiert sind, aufgebaut werden [7.4], [7.20], [7.23], [7.38].

So sind neben den elektromagnetischen Schrittmotoren auch piezoelektrische und magnetostriktive Schrittmotoren bekannt geworden, die jedoch wegen ihrer sehr kleinen Schrittweiten im nm- bis μm-Bereich besonders in der Präzisionstechnik für Positionieraufgaben eingesetzt werden (Bild 7.5). Die Anwendung elektrostatischer Schrittmotoren ist wegen der sehr geringen mechanischen Leistung pro Volumeneinheit und der sehr kleinen Stellkräfte auf den Bereich der Mikroaktorik beschränkt [7.32].

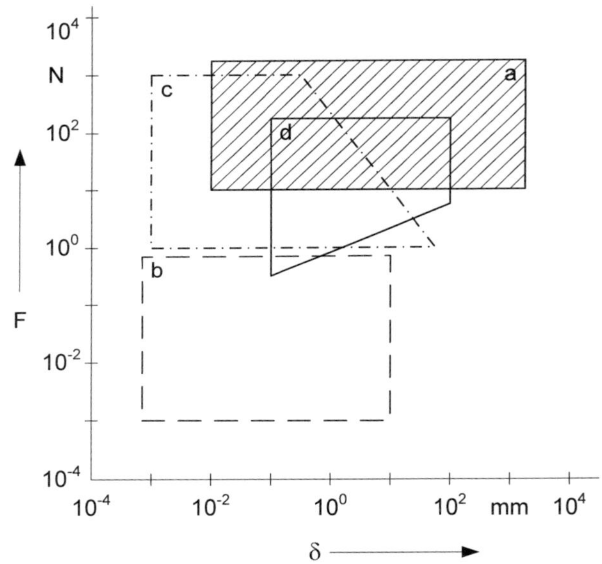

Bild 7.5: Stellkraft und Wegbereich von Linearmotoren; a) linearer Hybridschrittmotor; b) elektrostatischer Linearmotor; c) piezoelektrischer Schrittmotor mit Schrittaddition; d) Elektromagnet

Die elektromagnetischen Schrittmotoren überstreichen das größte Anwendungsfeld im oberen Leistungsbereich der elektrischen Schrittmotoren.

Die Schrittbewegung der elektromagnetischen Schrittmotoren wird durch die Kraftwirkung des sich diskontinuierlich bewegenden Magnetfeldes im Luftspalt erzeugt. Ihr konstruktiver Aufbau und ihre Antriebseigenschaften werden von den Eigenschaften des magnetischen Feldes bestimmt. Die in den Kapiteln 1 bis 6 dieses Buches abgeleiteten Modelle lassen sich deshalb in modifizierter Form sehr gut auf die elektromagnetischen Schrittmotoren anwenden. Die nachfolgenden Darstellungen beschränken sich auf die am weitesten verbreiteten Schrittmotorarten: den **Reluktanzschrittmotor**, den **Wechselpolschrittmotor** und den **Hybridschrittmotor**. An Hand eines linearen Modells soll nachfolgend die grundlegende Arbeitsweise dieser Motoren näher untersucht werden.

Berücksichtigt man, dass in linearen Systemen die magnetische Energie W_m gleich der magnetischen Co-Energie W_m^* ist (siehe Kapitel 3), so erhält man für den Betrag des magnetischen Momentes einer m-phasigen Struktur mit rotatorischer Ankerbewegung, wenn mehrere Wicklungen bestromt werden:

$$M_m = \frac{\partial W_m^*(i_1 \ldots i_n, \varphi)}{\partial \varphi} = \frac{\partial W_m(i_1 \ldots i_n, \varphi)}{\partial \varphi}. \tag{7.10}$$

Für lineare Systeme erhält man für die magnetische Co-Energie [7.33]:

$$W_m^* = \frac{1}{2} \sum_{k=1}^{n} \sum_{j=1}^{m} i_k \, i_j L_{kj}(\varphi), \tag{7.11}$$

woraus sich mit (8.9) für das Drehmoment ergibt:

$$M_m = \frac{1}{2} \sum_{k=1}^{n} \sum_{j=1}^{m} i_k \, i_j \frac{\mathrm{d}L_{kj}(\varphi)}{\mathrm{d}\varphi}. \tag{7.12}$$

Führt man die mehrphasige Struktur auf eine äquivalente einphasige zurück [7.30], d. h. es ist jeweils nur eine Ständerwicklung und eine Läuferwicklung vorhanden, so gilt:

$$M_m = \frac{1}{2} I_s^2 \frac{\mathrm{d}L_{ss}(\varphi)}{\mathrm{d}\varphi} + \frac{1}{2} I_r^2 \frac{\mathrm{d}L_{rr}(\varphi)}{\mathrm{d}\varphi} + I_s I_r \frac{\mathrm{d}L_{sr}(\varphi)}{\mathrm{d}\varphi}. \tag{7.13}$$

Das entstehende Moment besteht aus 3 Komponenten

$$M_m = M_1 + M_2 + M_3. \tag{7.14}$$

M_1 ist das Moment, das durch die Änderung der Ständerinduktivität L_{ss} hervorgerufen wird. Es tritt in dieser Form bei Reluktanzmotoren auf, da infolge $I_r = 0$, $M_2 = M_3 = 0$ sind. Hierbei ist M_2 das Moment, das infolge der Läuferinduktivitätsänderung L_{rr} auftritt.

M_3 ist das Moment, das infolge der Änderung der Gegeninduktivität L_{sr} bei polarisierten Motoren hervorgerufen wird.

Bei Schrittmotoren wird in der Regel die Läufererregung durch Permanentmagnete erzeugt; der äquivalente Strom I_r kann deshalb als konstant angenommen werden. In Tabelle 7.2 sind der Grundaufbau der drei Schrittmotorarten und der dazugehörige Verlauf der Momentenkennlinien für die jeweils einphasigen Maschinen mit der Polpaarzahl $p = 1$ dargestellt [7.30].

Tabelle 7.2: Magnetische Grundkreise von Schrittmotoren

<table>
<tr><th>Reluktanzschrittmotor</th><th>Wechselpolschrittmotor (mit Vollläufer)</th><th>Hybridschrittmotor</th></tr>
<tr><td colspan="3">Magnetkreise</td></tr>
<tr><td>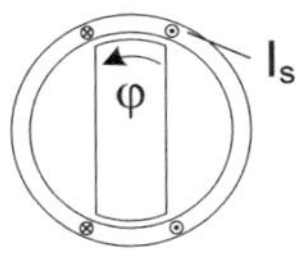
</td><td>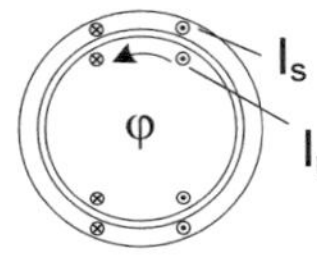
</td><td>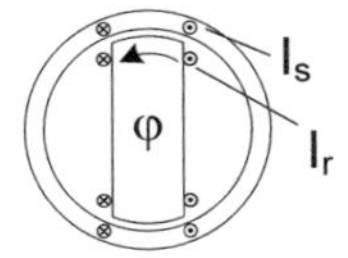
</td></tr>
<tr><td colspan="3">charakteristische Drehmomentenkennlinien</td></tr>
<tr><td>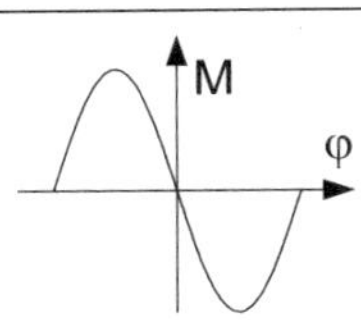
</td><td>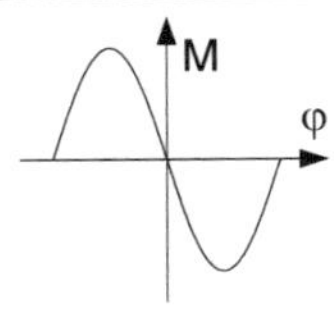
</td><td>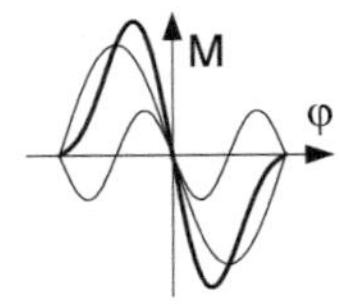
</td></tr>
<tr><td>$M = -\frac{1}{2}\, L_{rr}\, I_s^2\, \sin 2\varphi$</td><td>$M = -\Psi_{sr}\, I_s \sin\varphi$</td><td>$M = -\Psi_{sr}\, I_s \sin\varphi$
$-\frac{1}{2} L_{rr}\, I_s^2 \sin 2\varphi$</td></tr>
<tr><td colspan="3">Bemerkungen</td></tr>
<tr><td>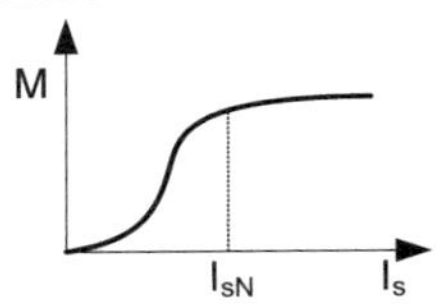
</td><td colspan="2">I_s Ständerstrom, I_{SN} Ständernennstrom

Das Läuferfeld der Wechselpol- und Hybridschrittmotoren wird durch Dauermagnete erzeugt,
I_r äquivalenter Strom, I_r = konst</td></tr>
</table>

7.2.2 Reluktanzschrittmotoren

Reluktanzschrittmotoren sind Motoren mit neutralem Läufer. Die Kräfte oder Momente in Reluktanzschrittmotoren entstehen infolge der mit der Bewegung des Läufers verbundenen Änderung des magnetischen Widerstandes des magnetischen Kreises (Reluktanzprinzip). Das ist das gleiche Prinzip nach dem auch neutrale Gleichstrommagnete arbeiten, die jedoch nur über zwei elektrische Zustände und zwei mechanische Zustände verfügen, wobei nur eine aktive Bewegungsrichtung vorhanden ist.

Durch die Kopplung mehrerer Magnetsysteme und das Anbringen von Zähnen an den Polen (Modulation) kann die Zahl der elektrischen Zustände pro Umdrehung bei Rotationsmotoren wesentlich erhöht werden. Eine eindeutige Drehrichtung kann mit Reluktanzschrittmotoren nur erzeugt werden, wenn mindestens drei Phasen vorhanden sind. In Schrittantrieben mit hoher Positioniergenauigkeit werden Schrittmotoren benötigt, die eine hohe Schrittzahl Z (Anzahl der konstruktiv bedingten Schritte pro

Umdrehung) besitzen

$$Z = \frac{360°}{\varphi_0} = m_s\, z, \tag{7.15}$$

d. h., es werden möglichst kleine konstruktive Schrittwinkel

$$\varphi_0 = \frac{360°}{m_s\, z} \tag{7.16}$$

angestrebt. Man wählt deshalb die Zähnezahl z so groß wie technologisch vertretbar.

Jeder Reluktanzschrittmotor kann als Einstator- oder Mehrstatormotor (Bild 7.6) ausgeführt sein. Bei Einstatormotoren sind die einzelnen Stränge tangential am Umfang des Stators angebracht, wodurch sich ein größerer Radius des Läufers ergibt. Außerdem treten parasitäre Verkopplungen der einzelnen Magnetkreise auf.

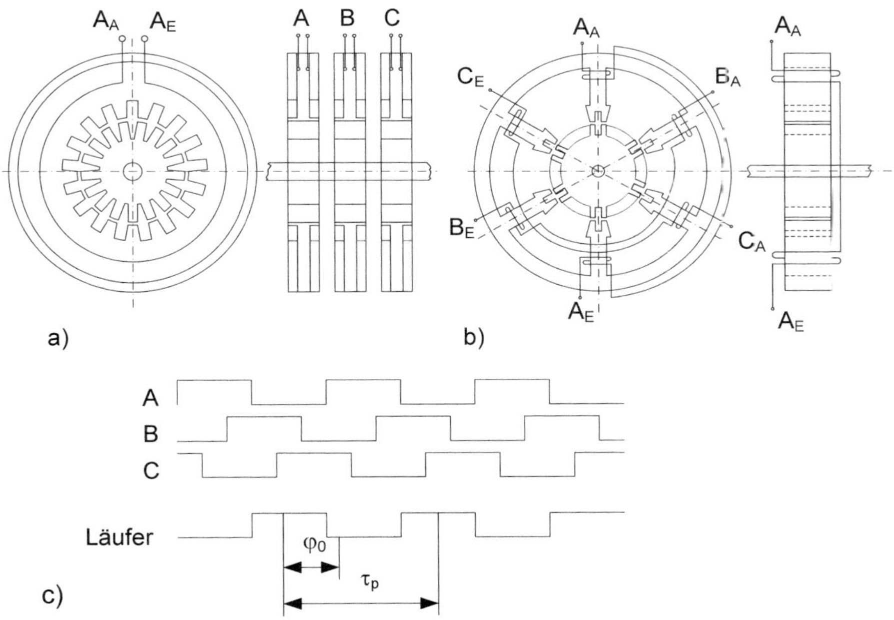

Bild 7.6: Aufbau dreiphasiger Reluktanzschrittmotoren; a) Mehrstatormotor, b) Einstatormotor, c) abgewickelte Zahngeometrie

Da die einzelnen Phasen der Mehrstatormotoren axial hintereinander angeordnet sind, ergeben sich kleinere Rotorträgheitsmomente bezogen auf das Motormoment. Die dynamische Leistung (Power rate: $\dot{P}_M = M_m^2/J_m$) ist größer als bei Einstatormotoren. Auf Grund der magnetischen Entkopplung sind die Mehrstatormotoren auch besser für den Mikroschrittbetrieb geeignet als die Einstatorreluktanzmotoren, die allerdings den Vorteil insgesamt kleinerer Bauweise besitzen.

Entsprechend Kapitel 3 gilt für das Motormoment einer Phase

$$M_m = \frac{\partial}{\partial \varphi} \int \psi(\varphi, i)\, \mathrm{d}i. \tag{7.17}$$

Mit $\psi(\varphi, i) = L(\varphi)i$ und $L(\varphi) = w^2\, G_m(\varphi)$ erhält man

$$M_m = \frac{i^2}{2} \frac{\mathrm{d}L(\varphi)}{\mathrm{d}\varphi} = \frac{\Theta^2}{2} \frac{\mathrm{d}G_m(\varphi)}{\mathrm{d}\varphi}. \tag{7.18}$$

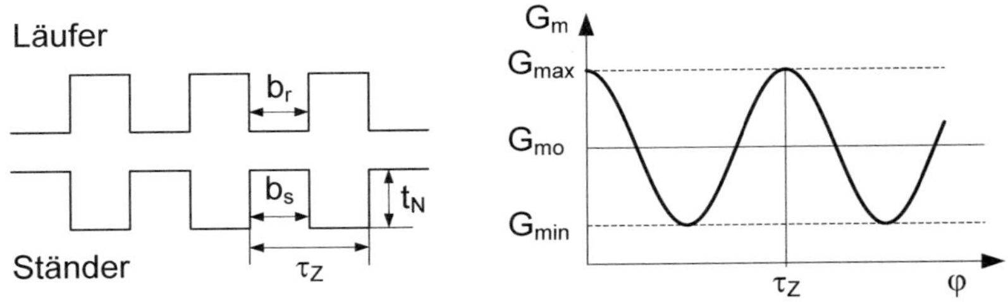

Bild 7.7: Zahnstruktur und Leitfähigkeitsverlauf von Reluktanzschrittmotoren

Durch die Zahnstruktur ergibt sich der in Bild 7.7 dargestellte Verlauf der Luftspaltleitfähigkeit von Reluktanzschrittmotoren:

$$G_m(\varphi) = G_{m0} + G_{m1}(\varphi), \tag{7.19}$$

$$G_m(\varphi) = G_{mo} + G_{m1} \cos\, k\varphi \quad \text{mit} \quad k = \frac{2\pi}{\tau_z} \quad \text{und} \quad G_{m1} = \frac{G_{\max} - G_{\min}}{2}. \tag{7.20}$$

Daraus folgt nach (7.18)

$$M_m = -\frac{\Theta^2}{2} k\, G_{m1}\, \sin k\varphi. \tag{7.21}$$

$\Theta^2 k G_{m1}/2$ ist das sogenannte Kippmoment M_K. Damit gilt:

$$M_m = -M_K\, \sin k\varphi. \tag{7.22}$$

Bei Mehrständermotoren werden die einzelnen Ständer zueinander um jeweils $2\pi/m_s$ phasenverschoben angeordnet. Wenn $m_s \geq 3$ ist, entstehen bei der Umschaltung der Erregerwicklungen Fortschaltmomente.

Analog gilt für lineare Reluktanzschrittmotoren:

$$F_m = -F_k\, \sin kx. \tag{7.23}$$

Nach [7.1] kommt es bei Reluktanzschrittmotoren im Interesse hoher Kippmomente M_K darauf an, dass solche Zahnformen im Ständer und Läufer realisiert werden, die große Leitwertschwankungen G_{m1} bei der Läuferbewegung erzeugen und gleichzeitig einfach herzustellen sind.

Nach [7.33] kann die Zahnstruktur in drei Gruppen eingeteilt werden:

1. gleiche Zähnezahlen im Läufer und im Ständer (Mehrstatormotoren),
2. unterschiedliche Zähnezahlen im Läufer und im Ständer (Einstatormotoren),
3. ausgeprägte Ständerpole mit Zahnstrukturen.

Die Zahnstrukturen von magnetisch optimierten Reluktanzschrittmotoren genügen folgenden Bedingungen (Bild 7.7):

- die Luftspaltlänge δ wird so klein wie fertigungstechnisch möglich gewählt ($0{,}02\,\text{mm} \leq \delta \leq 0{,}05\,\text{mm}$),
- Verhältnis von Ständerzahnbreite b_s zu Ständerzahnteilung τ_z
$$\frac{b_s}{\tau_z} \approx 0{,}5,$$
- Ständernuttiefe
$$t_N \approx \frac{\tau_z}{2},$$
- Läuferzahnbreite b_r zur Zahnteilung τ_z
$$0{,}38 < \frac{b_r}{\tau_z} \leq 0{,}45.$$

Da in Reluktanzmotoren das Drehmoment nur von der Reluktanzänderung und nicht von der Richtung der Magnetfelder abhängt, ist nur eine unipolare Ansteuerung erforderlich. Es können wie bei neutralen Elektromagneten nur anziehende Kräfte erzeugt werden.

Die Anwendung der Reluktanzschrittmotoren geht zurück, weil die pro Volumeneinheit abgegebene Leistung geringer ist als bei polarisierten Schrittmotoren. Außerdem ist die Zahl der minimal erforderlichen Phasen mit $m_s = 3$ größer als die von Wechselpol- oder Hybridschrittmotoren, wodurch auch die Zahl der benötigten Leistungsendstufen größer ist.

7.2.3 Wechselpolschrittmotoren

Wechselpolschrittmotoren sind polarisierte Schrittmotoren. Der Permamentmagnet befindet sich im Läufer. Die Flussrichtung des magnetischen Flusses wechselt entlang dem Läuferumfang, wodurch eine heteropolare Flussverteilung entsteht (Bild 7.8). Der Läufer ist häufig als Vollpolläufer ausgeführt, d. h. es tritt bei der Ankerbewegung keine Reluktanzänderung auf. Durch bipolare Erregung können sowohl anziehende als auch abstoßende Momente oder Kräfte erzeugt werden. Vorteilhaft für die Herstellung von Wechselpolschrittmotoren ist der einfache Aufbau. Die Polpaarzahl im Läufer von Innenläufermotoren kann jedoch aus energetischen und werkstofftechnischen Gründen nur

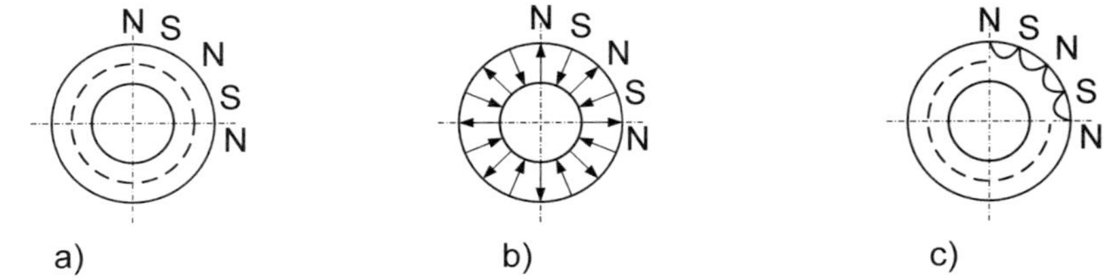

Bild 7.8: Wechselpolläufer aus Ferritmaterial [7.33]; a) ohne Vorzugsrichtung des Materials (isotrop), b) mit radialer Vorzugsrichtung (anisotrop), c) polorientiert vorzugsgerichtet

begrenzt vergrößert werden (2 bis 12 Polpaare), so dass sich relativ große Schrittwinkel ergeben (7,5°). Für die Erzeugung einer eindeutigen Bewegungsrichtung genügen bereits zwei Phasen der Erregerwicklung.

Der am häufigsten produzierte Wechselpolschrittmotor ist der sogenannte Klauenpolschrittmotor (Bild 7.9). Sogenannte Blechklauen, die innerhalb einer Ringspule abwechselnd ineinandergreifen, bilden den magnetischen Rückschluss.

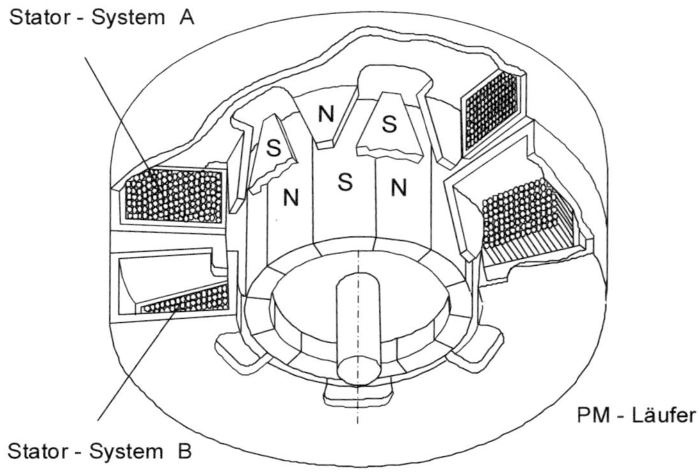

Bild 7.9: Klauenpolschrittmotor [7.37]

Auf diese Weise kann ein heteropolares Erregerfeld erzeugt werden, das mit dem heteropolaren Magnetfeld des Läufers zusammenwirkt. Ein Schrittmotor besteht in der Regel aus zwei Statoren, die um eine halbe Polteilung zueinander versetzt angeordnet sind, wodurch die Polung des Magnetläufers in axialer Richtung durchgehend gleich sein kann (Bild 7.9). Die Schritte entstehen dadurch, dass abwechselnd eines der beiden Ständersysteme umgepolt wird. Ein Läufer-Nordpol nimmt jeweils eine mittlere Stellung zwischen zwei Südpolen ein.

Eine antriebstechnisch sehr interessante Sonderbauform ist der Scheibenläuferschrittmotor (Bild 7.10). Der Rotor besitzt eine Scheibenform. Durch eine spezielle Technolo-

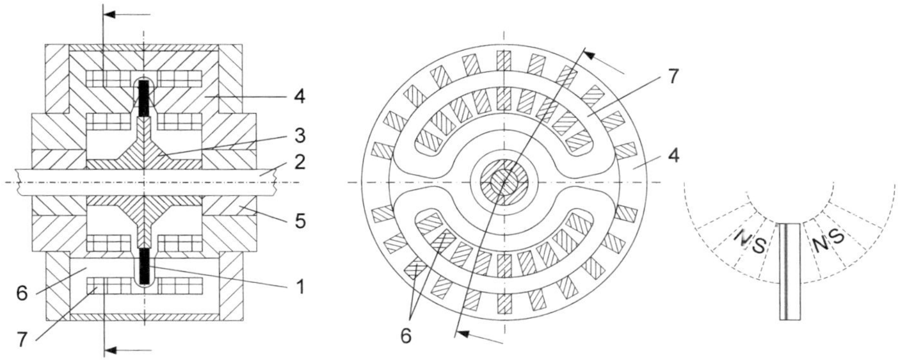

Bild 7.10: Wechselpol-Scheibenläuferschrittmotor; 1 Wechselpolanordnung, 2 Achse, 3 Läufer, 4 Kunststoffumhüllung, 5 Lager, 6 Statorkreis, 7 Erregerspule [7.27]

gie werden am äußeren Rand der Scheibe magnetische Bereiche mit wechselnder Polarität erzeugt. Der Abstand aufeinanderfolgender Abschnitte entspricht der Polteilung τ_p einer konventionellen Synchronmaschine. Jeder der beiden Stränge umfasst mehrere Statorelemente, die gegeneinander in Umfangsrichtung versetzt sind (Bild 7.11).

Die Ständersegmente des Stranges A sind zu denen des Stranges B um $n\tau_p \pm \tau_p/2$ verschoben. Bei Scheibenläuferschrittmotoren treten Selbsthaltemomente auf, deren Maxima wesentlich kleiner sind als die Maxima der Grundwelle bei Erregung (Bild 7.12). Die Scheibenläufer-Wechselpolschrittmotoren zeichnen sich durch ein außergewöhnlich günstiges dynamisches Verhalten aus.

Infolge des geringen Trägheitsmomentes können hohe Beschleunigungen erzielt werden. Mit Hilfe einer speziellen Aufmagnetisierungstechnik kann eine sehr große Anzahl von Magnetpolen auf dem Umfang des scheibenförmigen Läufers angeordnet werden, wodurch wesentlich kleinere Schrittwinkel als bei konventionellen Wechselpolschrittmotoren erzeugt werden können.

Ein weiterer Vorteil ist die konstruktiv bedingte kurze Eisenweglänge der Statorkreise. Dadurch entstehen im Zusammenhang mit der Lamellierung des Eisenkreises auch bei hohen Drehzahlen niedrige Verlustleistungen.

Außerdem lassen sich auf konstruktivem Wege die Oberwellen weitgehend kompensieren, wodurch eine hohe statische und dynamische Genauigkeit erreicht wird (Schrittfehler 3 … 5 % des konstruktiven Schrittwinkels φ_0).

Einsträngige Wechselpolschrittmotoren mit einem symmetrischen Aufbau (Bild 7.13) erzeugen keine Fortschaltmomente mit definierter Drehrichtung, wenn der Erregerstrom umgeschaltet wird.

Ein Fortschaltmoment kann in einsträngigen Wechselpolschrittmotoren nur erzeugt werden, wenn die stabilen Arbeitspunkte der elektromagnetisch erzeugten Drehmomente und die der permanentmagnetisch erzeugten Drehmomente (Selbsthaltemomente)

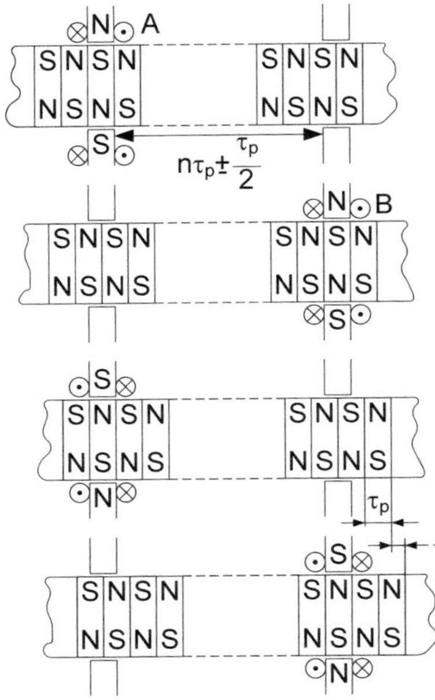

Bild 7.11: Schrittfolge eines zweiphasigen Scheibenläuferschrittmotors

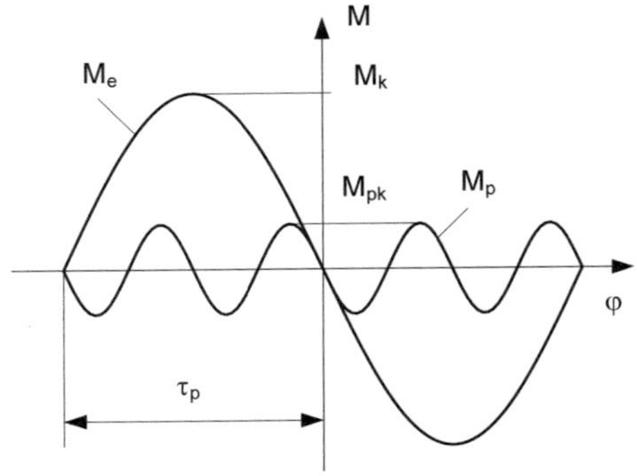

Bild 7.12: Drehmomentenverlauf eines Scheibenläuferschrittmotors; M_e elektromagnetisches Drehmoment, M_p permanentmagnetisches Drehmoment, M_{pk} Kippmoment durch Permanentmagneterregung

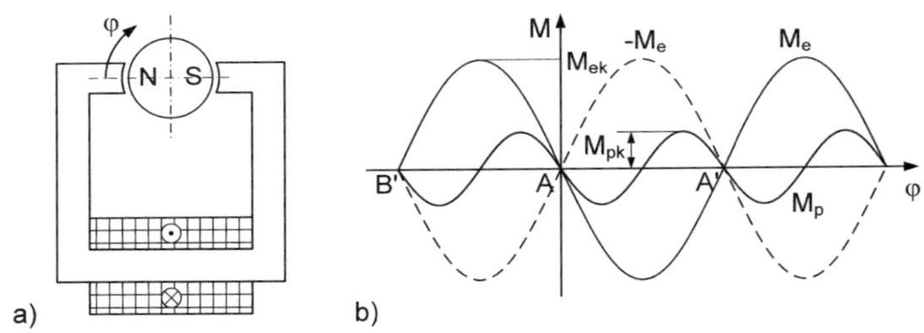

Bild 7.13: Einsträngiger Wechselpolschrittmotor mit symmetrischen Ständerpolen

zueinander verschoben sind. Das kann am einfachsten durch asymmetrische Formgebung der Ständerpole erreicht werden (Bild 7.14).

In Bild 7.15 ist die Arbeitsweise eines solchen Schrittmotors mit nur einer motorspezifischen Drehrichtung dargestellt, die sich aus den Drehmomentenverläufen ergibt.

Da das Lastmoment M_L stets kleiner als das Selbsthaltekippmoment M_{pk} sein muss, eignen sich einsträngige Wechselpolschrittmotoren nur für Kleinstantriebe (Uhrenantriebe, Zählgeräte).

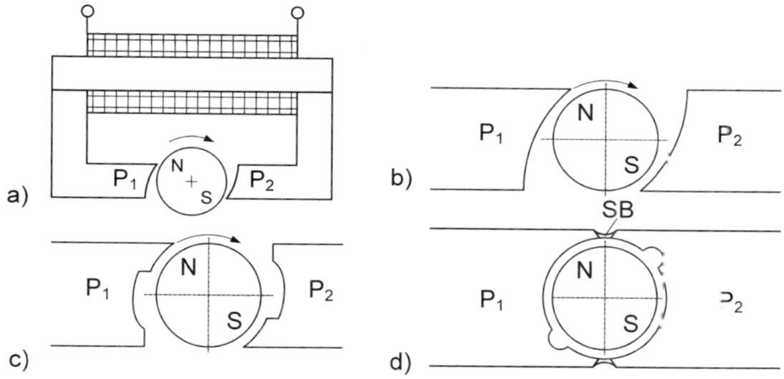

Bild 7.14: Bauformen von einsträngigen Wechselpolschrittmotoren mit asymmetrischen Ständerpolen [7.21]; SB Sättigungsbereich

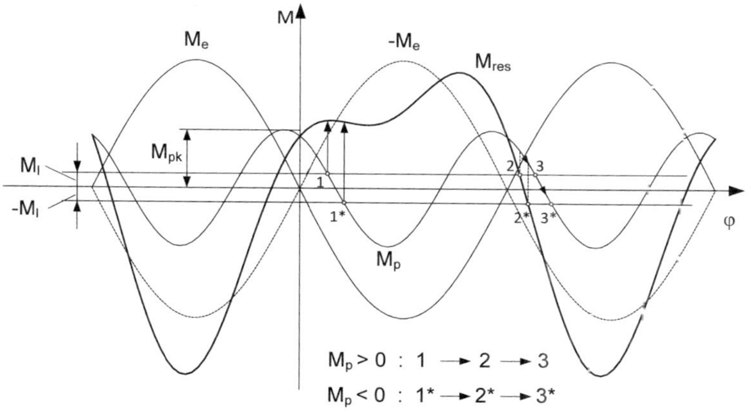

Bild 7.15: Drehmomentenverlauf beim einsträngigen Wechselpolschrittmotor mit asymmetrischen Ständerpolen

7.2.4 Hybridschrittmotoren

Rotatorische Hybridschrittmotoren

Hybridschrittmotoren sind polarisierte Schrittmotoren, in denen die Vorteile der Reluktanzschrittmotoren (kleine Schrittweite) mit denen der Wechselpolschrittmotoren (höhere mechanische Arbeit pro Volumeneinheit) verbunden sind.

Der Permanentmagnet ist im Läufer nicht radial wie bei Wechselpolschrittmotoren, sondern axial magnetisiert (Bild 7.16). Dadurch bleibt die Polarität des magnetischen Feldes an den Zähnen gleich (homopolar).

Die Kraftwirkung auf den Anker wird durch die Feldkräfte auf die mit einer Zahnstruktur versehenen Läuferpole in einem sich schrittweise bewegenden Ständerfeld erzeugt.

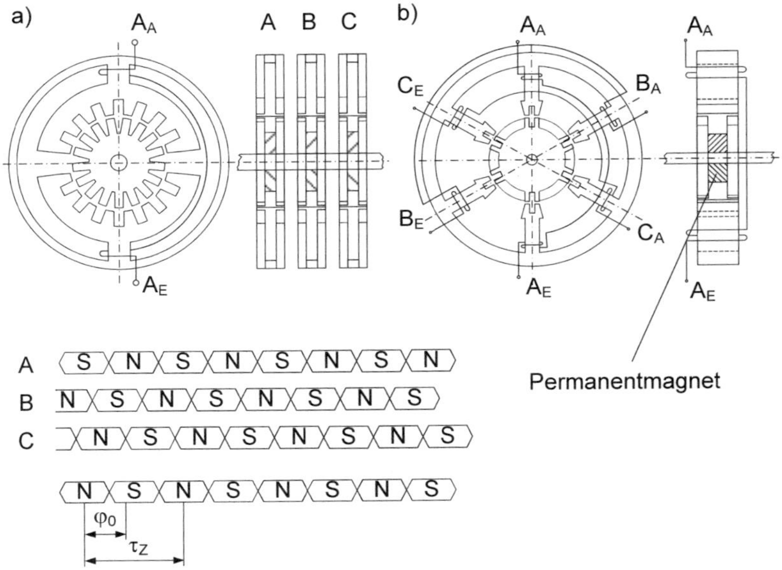

Bild 7.16: Einstator- und Mehrstatorhybridschrittmotoren

Durch die Zahnstrukturen kann der konstruktive Schrittwinkel φ_0 im Vergleich zum Wechselpolschrittmotor sehr stark verkleinert werden (Modulation). Begrenzt wird die Verkleinerung des Schrittwinkels nur durch die technologisch bedingten Fertigungstoleranzen.

Auf dem Markt werden heute rotatorische Hybridschrittmotoren mit einem konstruktiven Schrittwinkel von $\varphi_0 \gg 0{,}72°$ mit Schrittfrequenzen f_s bis zu 20 kHz und maximalen Drehmomenten M_K bis zu 1000 Ncm angeboten.

Lineare Hybridschrittmotoren

Aufgrund ihrer hervorragenden Eigenschaften werden lineare Hybridschrittmotoren heute in zunehmendem Maße eingesetzt.

Das Wirkprinzip eines solchen Motors ist in Bild 7.17 dargestellt. Während in Rotationsschrittmotoren die Erregung für das Schrittfeld im Ständer angeordnet ist und der Permanentmagnet sich im Läufer befindet, sind die Erregerspulen und Permanentmagnete des Linearmotors im Läufer angeordnet. Der Läufer des Hybridschrittmotors besteht somit aus einem Permanentmagneten und zwei, mit den Erregerspulen 1 und 2 getrennt erregbaren Magnetkreisen [7.39].

Sind die beiden Erregerspulen nicht bestromt, schließt sich der Dauermagnetfluss Φ_p über die Schenkel beider Elektromagnete.

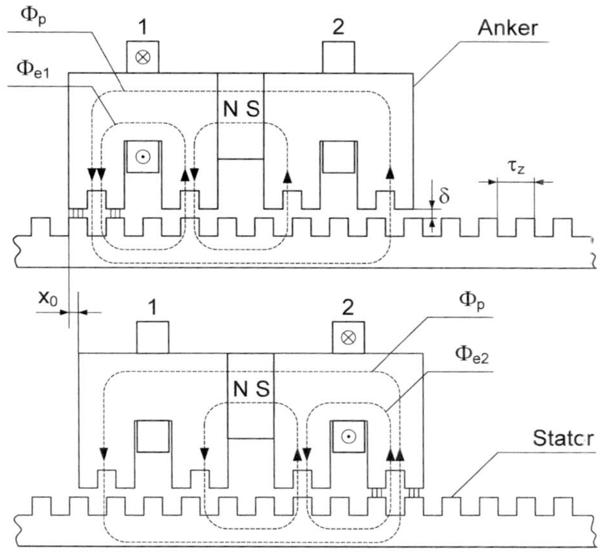

Bild 7.17: Funktionsweise des Linearhybridschrittmotors

Die beiden Teilwicklungen der Elektromagnete sind so ausgelegt, dass bei Erregung der Dauermagnetfluss in einem Pol verstärkt, im anderen kompensiert wird. Die tangentiale Magnetkraft kann nun den erregten Pol und damit den Anker um eine halbe Zahnbreite so verschieben, dass sich die Zähne genau gegenüber stehen.

Wird nun die Erregerspule 1 abgeschaltet und die Spule 2 eingeschaltet, so wird durch den rechten Pol des Magneten 2 der maximale Fluss fließen und den Anker um x_0 nach rechts verschieben. Durch Umpolung der Stromrichtung in der Wicklung 1 kann der nächste Schritt erzeugt werden usw. Natürlich entstehen an den Polen nicht nur Tangentialkräfte F_t, die die Läuferbewegung erzeugen, sondern auch Normalkräfte F_n, die bis zu 10mal größer als die Tangentialkräfte werden können.

Die Tangential- und Normalkräfte sind um so größer, je kleiner der Luftpalt δ zwischen den Läufer- und den Ständerpolen ist. Die Qualität der Ankerführung ist deshalb entscheidend für die Parameter des Linearantriebes. Die relativ großen Normalkräfte würden im Falle einer mechanischen Führung sehr stabile Konstruktionen erfordern. Die besten Ergebnisse wurden bisher mit Luftführungen erzielt. Die hohen magnetischen Normalkräfte sind im Hinblick auf eine hohe Lagersteifigkeit dabei sehr vorteilhaft. Die Luftlagerung hat außerdem den Vorteil, dass praktisch keine Reibung und kein mechanischer Verschleiß auftreten, allerdings führt die Bereitstellung der Luft zu einem zusätzlichen Energieverbrauch. Unter normalen Bedingungen lassen sich in Abhängigkeit von der Ebenheit und der Rauhigkeit der Stator- und Ankerführungsflächen Luftspalte von 10 bis 20 μm erreichen.

Für den Verlauf der Magnetkraft von linearen Hybridschrittmotoren gilt:

$$F = -F_k \sin \frac{2\pi}{\tau_z} x. \tag{7.24}$$

Für den Grundschritt erhält man bei $m_s = 2$ für den Motor nach Bild 7.17:

$$x_0 = \frac{\tau_z}{2m_s}. \tag{7.25}$$

In Bild 7.18 ist die konstruktive Ausführung eines linearen Hybridschrittmotors mit Luftlagerung dargestellt. Die Zahnnuten sind mit einem nichtmagnetischen Werkstoff verfüllt. Technische Parameter von kommerziell angebotenen Hybridschrittmotoren sind in Tabelle 7.3 enthalten.

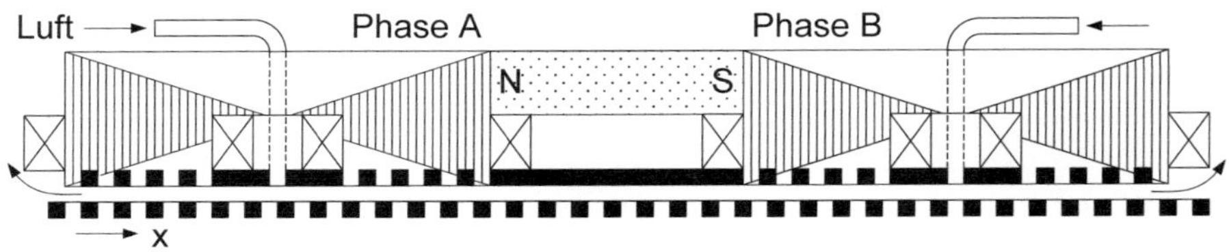

Bild 7.18: Konstruktive Ausführung eines linearen Hybridschrittmotors mit Luftlagerung

Tabelle 7.3: Technische Parameter von Linearmodulen

Bewegungsbereich	bis 2 m, durch Statorlänge begrenzt
Kippkraft F_k	20 bis 1000 N
Kippkraft F_k pro bewegte Läufermasse m	90 bis 120 N/kg
maximale Geschwindigkeit v_{max}	2,5 m/s
Führungsgenauigkeit in Bewegungsrichtung	5 μm / 300 mm

Die linearen Hybridschrittmotoren haben folgende entscheidende Vorteile im Vergleich zu klassischen Positioniereinrichtungen:

- Die Motor- und Antriebseigenschaften sind unabhängig vom Bewegungsbereich. Sie werden durch die Läuferlänge bestimmt.
- Die Beschleunigung (F/m) und die Resonanzfrequenz hängen nicht von der Läuferfläche ab.
- Die statische Positioniergenauigkeit ist unabhängig von der Schrittzahl (Positionierweg) und der Positioniergeschwindigkeit. Sie hängt von der Genauigkeit der Zahnstruktur und von der Ansteuerung ab.

Tabelle 7.4: Bauformen von Hybridschrittmotoren mit einem Bewegungsfreiheitsgrad $F = 1$

Nr.	Ausführungsform	Bemerkung
1	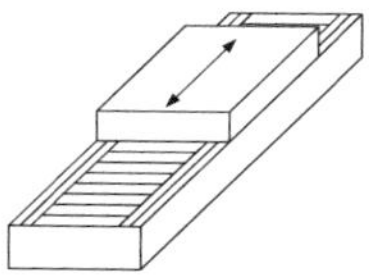	– lineares Grundmodul – flache Konstruktion – durch Verlängerung des Läufers kann die Kippkraft F_K bei gleichbleibender Beschleunigung erhöht werden
2	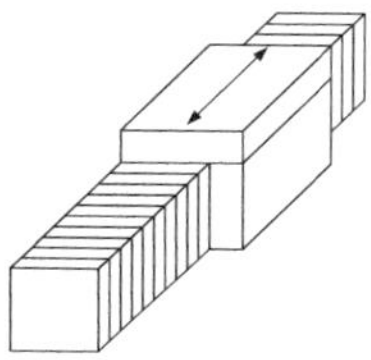	– gute Längsführung – Schutz gegen Verdrehung – Verdoppelung der Kippkraft bei gleicher Läuferlänge im Vergleich zu 1
3	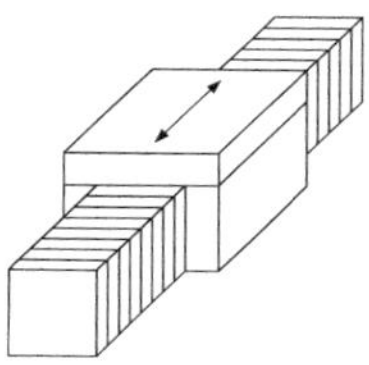	– sehr gute Längsführung – Schutz gegen Verdrehung – Verdreifachung der Kippkraft bei gleicher Läuferlänge im Vergleich zu 1
4	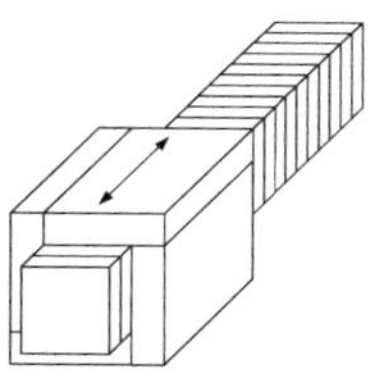	– sehr gute Längsführung – Vervierfachung der Kippkraft bei gleicher Läuferlänge im Vergleich zu 1 – hohe Beschleunigung – besonders geeignet für vertikale Anordnungen
5	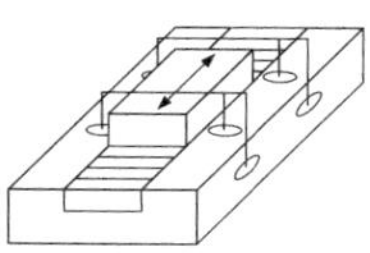	– Modul mit externem Luftlager z. B. aus Granit für sehr hohe Genauigkeiten
6	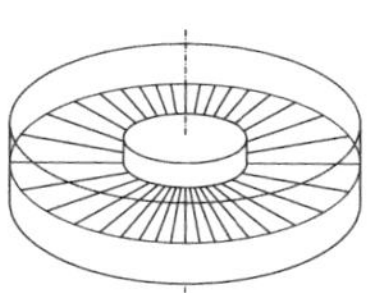	– flache Konstruktion – hohes Drehmoment

Tabelle 7.5: Vergleich von linearen Positioniersystemen mit rotatorischen und linearen Schrittmotoren

Rotatorischer Schrittmotor	**Linearer Schrittmotor**
Annahmen: Phasenzahl m_s, die Rotationsbewegung wird von einem idealen Rotations - Translations - Wandler mit einem veränderlichen Übersetzungsverhältnis $\ddot{u}$ in eine lineare Bewegung umgewandelt	Annahmen: Läufer besitzt das gleiche Eisenvolumen und die gleiche aktive Läufermasse wie der Rotationsschrittmotor
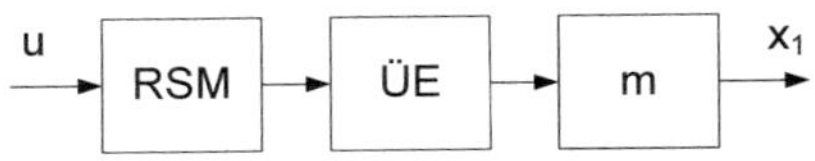 RSM Rotationsschrittmotor ÜE Rotations-Translations-Wandler	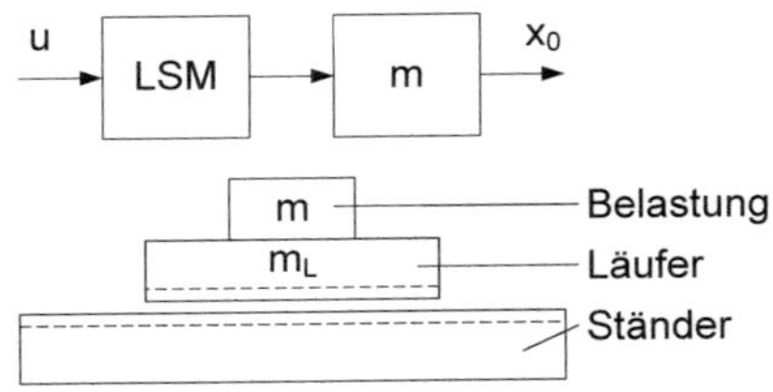 LSM Linearschrittmotor m_L Läufermasse m Massebelastung
– φ_0 Schrittwinkel des rotatorischen Schrittmotors – $\ddot{u} = x_1/\varphi_0$ Übersetzung des Rotations-Translations-Wandlers – x_1 äquivalente Schrittweite – die Steifigkeit der schrittförmigen Linearbewegung C^*_{magn} steigt mit fallendem Übersetzungsverhältnis $$C^*_{magn} = \frac{C_{magn}}{\ddot{u}}$$ – die Kippkraft steigt mit fallendem $\ddot{u}$ $$F^*_k = \frac{M_K}{\ddot{u}}$$	– x_0 Schrittweite des linearen Schrittmotors – Linearschrittmotor ist direkt mit der Last gekoppelt, $\ddot{u} = 1$ – die Schrittweite x_0 des Schrittmotors wird mittels elektronischer Schrittteilung reduziert – bei Schrittteilung bleiben Steifigkeit C_{magn} und F_k näherungsweise konstant – höhere Geschwindigkeiten aber auch größere Ausregelzeiten als Antrieb I
Antrieb II ist grundsätzlich schneller bei kleinen Schrittweiten als Antrieb I, aber empfindlicher gegen Belastungs- bzw. Störgrößenschwankungen. Antrieb II muss problemspezifisch optimiert werden.	

Die günstigen Antriebseigenschaften (Tabelle 7.3) haben dazu geführt, dass mehrere konstruktive Ausführungsformen von Modulen entwickelt wurden, die sich durch spezielle Eigenschaften auszeichnen (Tabelle 7.4).

Linearmotoren als Antriebselemente in Direktantrieben sind im Vergleich zu rotatorischen Antrieben immer problemspezifisch auszuführen. Dieser Forderung kann man mit der Verfügbarkeit von standardisierten Antriebsmodulen in hervorragender Weise gerecht werden. Für den Maschinenentwickler bieten sich mit den Bewegungsmodulen die Möglichkeiten an, folgende Vorteile zu nutzen:

- Durch Koppelung einer begrenzten Zahl von Modulen kann eine große Bewegungsvielfalt realisiert werden, die eine verbesserte Anpassung des Bewegungssystems an eine vorgegebene technologische Aufgabenstellung ermöglicht.
- Mit Hilfe der Module lassen sich dezentralisierte Antriebssysteme aufbauen. Jeder Bewegungskoordinate wird ein Antriebsmodul zugeordnet.
- Mit Hilfe der Dezentralisierung können die bewegten mechanischen Teile einer Maschine wesentlich reduziert werden, da Mechanismen für die Übertragung mechanischer Bewegungsgrößen entfallen.
- Die Antriebsmodule bieten die Möglichkeit, in Abhängigkeit vom Einsatzfall kostengünstigere Maschinen mit verbesserten technischen Parametern zu schaffen.

Die Entscheidung, ob ein Linearschrittmotor oder ein Rotationsschrittmotor mit einem Rotations-Translations-Wandler die optimale Antriebslösung darstellt, hängt von dem spezifischen Einsatzfall ab und muss sorgfältig untersucht werden (Tafel 7.5).

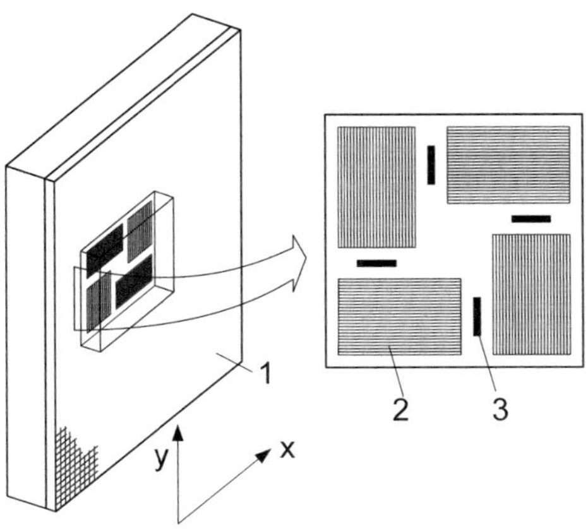

Bild 7.19: Konstruktiver Aufbau eines x-y-Schrittmotors mit Luftlagerung; 1 Grundplatte, 2 Motorläufer, 3 Luftdüsen

Mehrkoordinatenhybridschrittmotoren

Durch geometrische Integration von mehreren Hybridschrittmotormodulen mit dem Bewegungsfreiheitsgrad $F = 1$ in einem Grundkörper können kompakte Antriebsmodule mit einem Bewegungsfreiheitsgrad $F > 1$ aufgebaut werden. Die Vorteile dieser

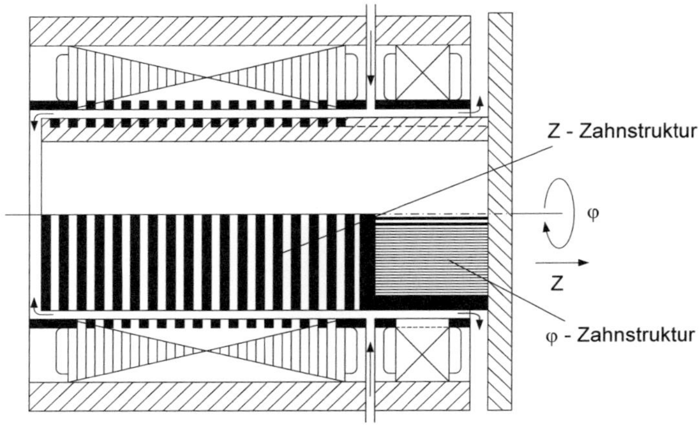

Bild 7.20: Konstruktiver Aufbau eines integrierten x-φ-Schrittmotors mit Luftlagerung

kompakten Mehrkoordinatenmodule bestehen darin, dass nicht nur gewünschte Bewegungsabläufe, sondern auch gewünschte Bewegungsformen durch Steuerung und somit flexibel erzeugt werden können. Bisher sind folgende Bewegungsmodule realisiert worden:

- x-y-Modul (Bild 7.19),
- z-φ-Modul (Bild 7.20),
- x-y-z-Modul,
- x-y-z-φ-Modul (Bild 7.21).

Der Ständer des x-y-Moduls besteht aus einem stabilen Stator in Form einer Grundplatte, die an der Oberfläche mit einer Zahnstruktur versehen ist. Der Anker besteht aus mindestens zwei orthogonal zueinander angeordneten Linearmodulen. Zur Kompensation von Drehmomenten sind 4 lineare Schrittmotoren erforderlich.

In Tabelle 7.6 sind drei konstruktive Ausführungen von Flächenschrittmotoren mit den wichtigsten technischen Parametern dargestellt, die spezifische Vor- und Nachteile besitzen.

7.3 Dynamische Eigenschaften von Schrittmotoren

7.3.1 Bewegungsgleichungen

Für die Anwendung von Schrittmotoren ist die Kenntnis des dynamischen Verhaltens des Schrittantriebes unter den konkreten Einsatzbedingungen von entscheidender Bedeutung.

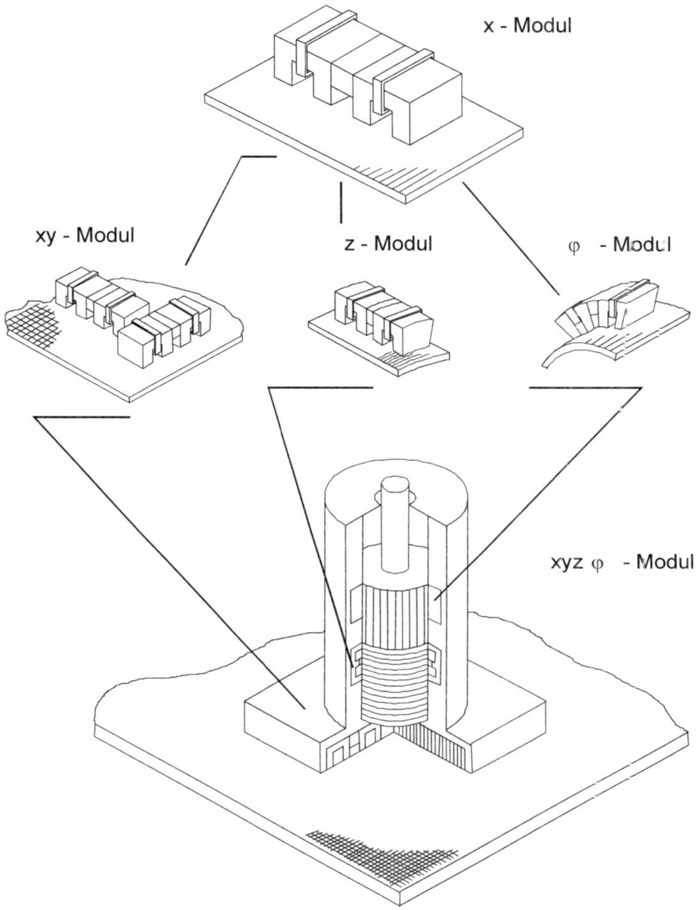

Bild 7.21: Kombination von Modulen mit dem Bewegungsfreiheitsgrad F=1 zu einem x-y-z-φ-Modul [7.17]

Im Vergleich zur Berechnung des dynamischen Verhaltens von Gleichstrommotoren muss bei Schrittmotoren zusätzlich überprüft werden, ob sie sich bei Betrieb in offener Steuerkette unter den vorgegebenen Belastungsbedingungen schrittfehlerfrei bewegen, denn nur dann sind sie für Positionieraufgaben geeignet.

Für das in Bild 7.22 dargestellte Ersatzschaltbild lässt sich folgendes Differenzialgleichungssystem angeben:

$$U_1 = i_1 R_1 + \frac{\mathrm{d}\psi_1(i_1, i_2 \dots i_n, \varphi)}{\mathrm{d}t}. \qquad (7.26)$$

$$\vdots$$

Tabelle 7.6: Varianten und technische Parameter von Flächenschrittmotoren

	Konstruktionsform	Eigenschaften
1	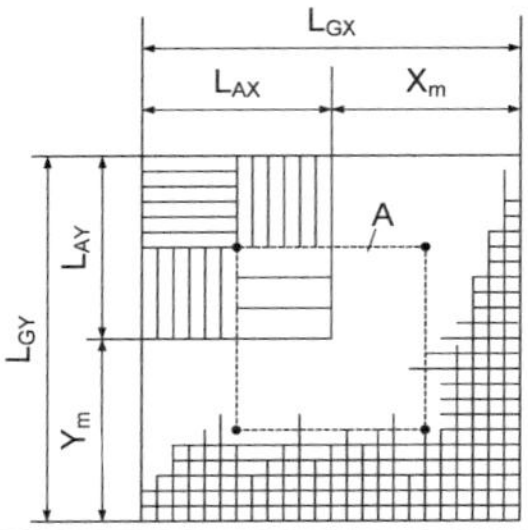	– L_{AX}, L_{AY} und Ankermasse m_A sind unabhängig von X_m, Y_m – X_m, Y_m bestimmen nur die Abmessungen L_{GX}, L_{GY} der gezahnten Grundfläche – infolge der Zahnstruktur (Kreuzung der Nuten) ist $f_A = 4 \ldots 6 \cdot 10^3\,\mathrm{Nm}^{-2}$; $a_m = 40 \ldots 50\,\mathrm{ms}^{-2}$ – Stabilität gegen äußere Gegenmomente geringer als bei 2,3
2	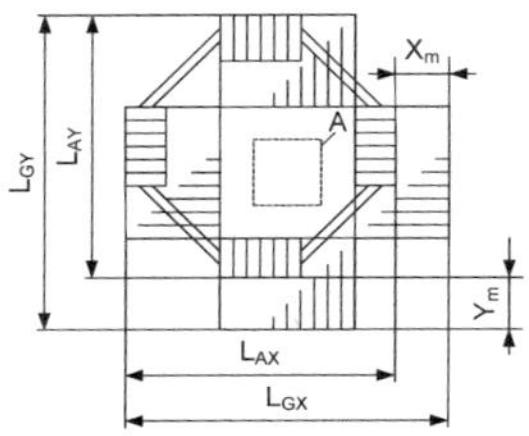	– L_{AX}, L_{AY} und Ankermasse m_A hängen von X_m, Y_m ab; Bewegungsfläche ist dadurch begrenzt – Nutzkraft pro Flächeneinheit: $f_A = 6 \ldots 12 \cdot 10^3\,\mathrm{Nm}^{-2}$; $a_m = 80 \ldots 1000\,\mathrm{ms}^{-2}$ – höhere Stabilität gegen äußere Drehmomente – Arbeitsraum kann als »Fenster« ausgebildet werden – bei großen X_m, Y_m wird Dynamik schlechter als bei 1
3	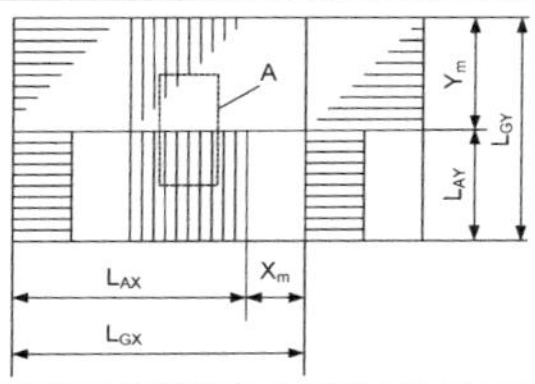	– L_{AX}, L_{AY} und Ankermasse m_A hängen von X_m, Y_m ab – Nutzkraft pro Flächeneinheit: $f_A = 6 \ldots 12 \cdot 10^3\,\mathrm{Nm}^{-2}$ – höhere Stabilität gegen äußere Drehmomente – Bewegungsfläche ist begrenzt

a_m	maximale Beschleunigung
m_A	Ankermasse
f_A	Nutzkraft pro Flächeneinheit
X_m, Y_m	maximale Verschiebung in x- und y-Richtung
L_{GX}, L_{GY}	Länge der gezahnten bzw. genuteten Grundfläche aus weichmagnetischem Material in x- und y-Richtung (Gestellabmessungen)
L_{AX}, L_{AX}	Länge des Ankers in x- bzw. y-Richtung
A	Umrandung der Arbeitsfläche bezogen auf den Ankermittelpunkt

$$U_n = i_n R_n + \frac{\mathrm{d}\psi_n(i_1, i_2 \ldots i_n, \varphi)}{\mathrm{d}t}, \tag{7.27}$$

$$\sum_{n=j}^{k} M_{mn} = J\ddot{\varphi} + K\dot{\varphi} + M_{geg}(\varphi) \tag{7.28}$$

mit dem magnetischen Moment, das von der n-ten Phase erzeugt wird

$$M_{mn} = \frac{\partial}{\partial \varphi} \int\limits_0^{i_n} \psi_n(i_n, \varphi)\,\mathrm{d}i. \tag{7.29}$$

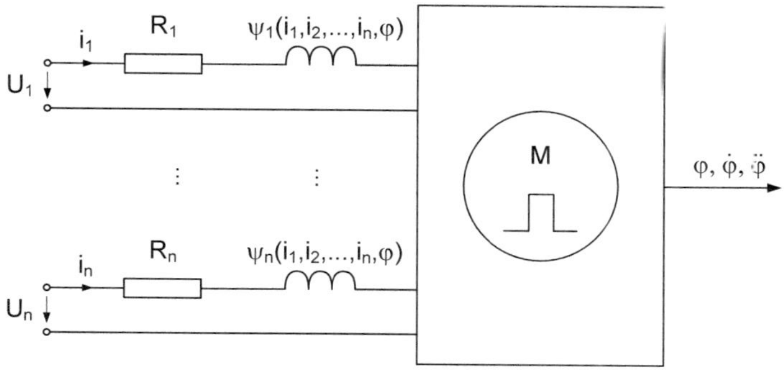

Bild 7.22: Ersatzschaltbild eines Mehrphasenschrittmotors

Infolge der Zahnstrukturen und/oder der permanentmagnetischen Teile der magnetischen Kreise sind die Ψ-I-Kennlinien nichtlinear und häufig auch magnetisch verkoppelt. Außerdem werden in Abhängigkeit vom Ansteuerregime die einzelnen Phasen zeitlich versetzt angesteuert. Das heißt, die Verkopplung des Differenzialgleichungssystems ändert sich von Takt zu Takt.

Es ist deshalb zweckmäßig, in Abhängigkeit von der speziellen Konstruktion des Schrittmotors, dem Einsatzfall und dem Ansteuerregime von problemspezifischen Näherungsmodellen auszugehen. Sind die einzelnen Phasen des Schrittmotors nicht miteinander verkettet, das ist besonders bei Mehrstatormotoren der Fall, kann man das Differenzialgleichungssystem weiter vereinfachen:

$$U_1 = i_1 R_1 + \frac{\mathrm{d}\psi_1(i_1, \varphi)}{\mathrm{d}t}, \tag{7.30}$$

$$\vdots$$

$$U_n = i_n R_n + \frac{\mathrm{d}\psi_n(i_n, \varphi)}{\mathrm{d}t}, \tag{7.31}$$

$$\sum_{n=j}^{k} M_{mn} = J\ddot{\varphi} + K\dot{\varphi} + M_{geg}(\varphi). \tag{7.32}$$

Wenn man die stationären Momentenkennlinien der erregten Phasen vorgibt und berücksichtigt, dass die durch die Ankerbewegung erzeugte Spannung

$$e = \frac{\partial\psi}{\partial\varphi}\frac{\mathrm{d}\varphi}{\mathrm{d}t} \tag{7.33}$$

wie ein geschwindigkeitsabhängiges Reibmoment

$$M_{geg} = K_m\dot{\varphi} \tag{7.34}$$

wirkt, so können (7.30) bis (7.32) durch folgende Näherungsbeziehungen ersetzt werden:

$$\sum_{n=j}^{k} M_{mn} = J\ddot{\varphi} + (K + K_m)\dot{\varphi} + M_{geg}(\varphi). \tag{7.35}$$

Es wird weiterhin angenommen, dass das stationäre Moment einer Phase sinusförmig verläuft:

$$M_{mj} = -M_K \sin(\varphi - \varphi^*). \tag{7.36}$$

Für kleine Argumente gilt dann [7.8]:

$$M_{mj} = -C_{magn}(\varphi - \varphi^*). \tag{7.37}$$

Das bedeutet, dass die stationäre M-φ-Kennlinie durch eine Gerade in der Nähe des stabilen Arbeitspunktes ersetzt werden kann (Bild 7.23).

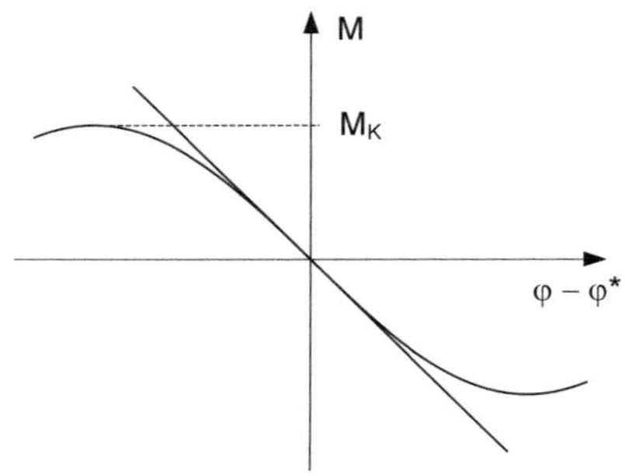

Bild 7.23: Linearisierung der Drehmomentenkennlinie

Unter den genannten Vereinfachungen und unter der Voraussetzung, dass durch Führungsimpulse $w(k)$ die Solllage φ^* vorgegeben wird, erhält man bei Vernachlässigung von $M_{geg}(\varphi)$

$$M_{mj} = -C_{magn}(\varphi - \varphi^*) = J\ddot{\varphi} + (K + K_m)\dot{\varphi} \tag{7.38}$$

bzw.

$$J\ddot{\varphi} + (K + K_m)\dot{\varphi} + C_{magn}\varphi = C_{magn}\varphi^*. \tag{7.39}$$

Mit den Anfangsbedingungen (bei $t = 0$ sei $\varphi = 0$, $\dot{\varphi} = 0$) ergibt sich damit die Übertragungsfunktion für den Schrittmotor

$$G(p) = \frac{\varphi(p)}{\varphi^*(p)} = \frac{1}{1 + 2DT_M p + T_M^2 p^2} \tag{7.40}$$

mit

$$T_M = \sqrt{\frac{J}{C_{magn}}}; \qquad D = \frac{K + K_m}{2\sqrt{J\,C_{magn}}}. \tag{7.41}$$

Der Schrittmotor ist nach (7.40) ein schwingungsfähiges Gebilde mit der Eigenfrequenz

$$\omega_0 = \frac{1}{T_M}\sqrt{1 - D^2}. \tag{7.42}$$

Mit Hilfe von (7.40) kann das dynamische Verhalten von Schrittmotoren für verschiedene charakteristische Betriebsfälle, d. h. bei unterschiedlichem Verlauf der Führungsgrößen beschrieben werden.

Einzelschrittbetrieb:

Die Zeitdauer der Erregerimpulse ist so groß, dass der Anker seinen stationären Zustand erreicht, bevor der nächste Erregerimpuls einsetzt. Mit

$$\varphi^*(t) = \varphi_0 \sigma(t) \tag{7.43}$$

erhält man

$$\varphi(t) = \mathcal{L}^{-1}\left\{\frac{\varphi_0}{p(1 + 2DT_M\,p + T_M^2\,p^2)}\right\}, \tag{7.44}$$

$$\varphi(\tau) = \varphi_0 \left[1 - e^{-D\tau}\,\frac{\sin(\sqrt{1-D^2}\tau + \beta_1)}{\sqrt{1-D^2}}\right] \tag{7.45}$$

mit $\tau = t/T_M$ und $\beta_1 = \arccos D$.

Betriebsfrequenzbereich:

Die Steuerfrequenz f_s ist groß im Vergleich zur Resonanzfrequenz. Mit

$$\varphi^* = \varphi_0\, f_s\, t = \omega_s t, \tag{7.46}$$

erhält man

$$\varphi(\tau) = \omega_s T_M \left[\tau - 2D - e^{-D\tau}\frac{\sin(\sqrt{1-D^2}\tau + \beta_2)}{\sqrt{1-D^2}}\right] \tag{7.47}$$

mit

$$\beta_2 = 2\arctan\sqrt{\frac{1-D^2}{D}}. \tag{7.48}$$

Die Übergangsfunktion des Schrittmotors für die beiden Betriebsfälle ist in Bild 7.24 dargestellt.

Maximale Startfrequenz:

Dies ist die größte Steuerfrequenz, bei der der Schrittmotor ohne Schrittfehler anläuft. Während des Starts von Schrittmotoren entstehen entsprechend Bild 7.24b Schrittfehler, wenn die Differenz zwischen der durch die elektrische Steuerung erzeugten Solllage φ^* und der Istlage φ des Ankers größer ist als eine halbe Zahnteilung $\tau/2$. Berücksichtigt man auftretende Gegenkräfte und die Approximation der Sinusfunktion durch eine Gerade, so kann man für die maximal zulässige Soll-Ist-Wertabweichung angeben [7.6]:

$$e_{\varphi\,\max} = \frac{1}{3} m_s \varphi_0. \tag{7.49}$$

Unter Vorgabe dieses Wertes kann aus (7.47) f_{smax} berechnet werden.

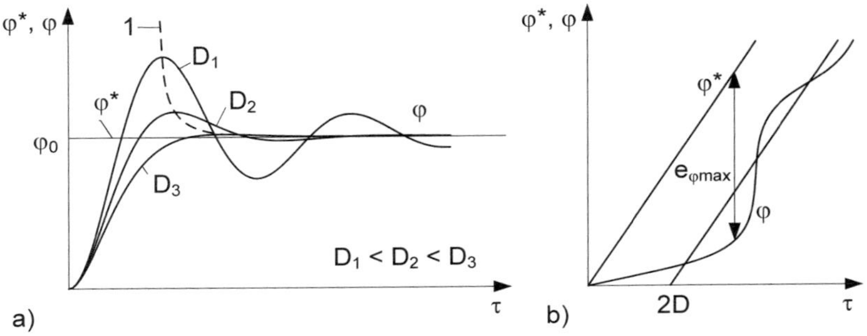

Bild 7.24: Übergangsfunktionen von Schrittmotoren: a) im Einzelschrittbetrieb (Kurve 1 geometrischer Ort der ersten Maxima), b) Ansteuerung mit Rampenfunktion

7.3.2 Schrittmotorcharakteristik

Für die summarische Beurteilung des dynamischen Verhaltens und die Motorauswahl unter Beachtung dynamischer Gesichtspunkte ist die Schrittmotorcharakteristik gut geeignet. Man versteht darunter die Abhängigkeit des Betriebsfrequenzgrenzmomentes und des Start-Stopp-Grenzfrequenzmomentes von der Schrittfrequenz (Bild 7.25).

Die angegebenen Kennlinien grenzen die beiden Betriebsbereiche, den Start-Stopp-Frequenz-Bereich und den Betriebsfrequenzbereich der Schrittmotoren, in denen bei der Positionierung keine Schrittfehler in offener Steuerkette auftreten, voneinander ab. Während sich bei Gleichstrommotoren auf Grund des eingebauten Kommutators der Arbeitspunkt im Drehzahl-Drehmomenten-Kennlinienfeld als Schnittpunkt der Motor- und der Belastungskennlinie selbständig einstellt, wird der Arbeitspunkt des Schrittmotors mit der Betriebsfrequenz und der Belastung vorgegeben, und es ist zu prüfen, ob und unter welchen Bedingungen der Motor ohne Schrittfehler arbeitet, der Anker sich synchron zum Erregerfeld bewegt.

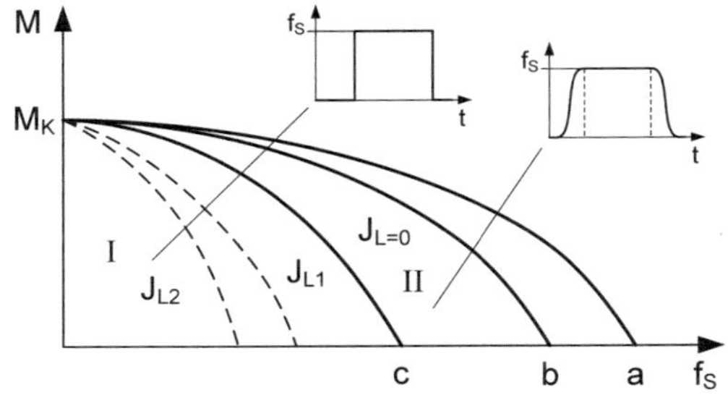

Bild 7.25: Schrittmotorencharakteristik; I Start-Stopp-Frequenzbereich, II Betriebsfrequenzbereich, J_L Lastträgheitsmoment, $J_{L2} > J_{L1}$, a Betriebsfrequenz-Grenzkennlinie bei eingeprägtem Strom, b Betriebsfrequenz-Grenzkennlinie bei eingeprägter Spannung, c Start-Stopp-Frequenz-Grenzkennlinie

Im Start-Stopp-Frequenzbereich ist es zulässig, die Steuerfrequenz sprungartig zu ändern. Die auftretenden Beschleunigungs- oder Bremsmomente sind geringer als das Kippmoment. Der maximal zulässige Polradwinkel $\varphi_p = \varphi^* - \varphi$ wird nicht überschritten. Das Betreiben des Schrittmotors im Betriebsfrequenzbereich erfordert die Realisierung von Hochlauf- und Bremsvorgängen (Bild 7.26), die im Interesse günstigen dynamischen Verhaltens (Minimierung der Hochlaufzeit und der Bremszeit) zeitoptimal erfolgen sollten [7.34].

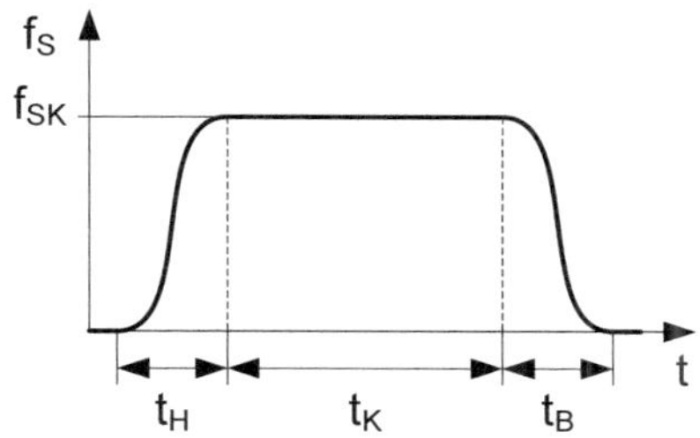

Bild 7.26: Frequenzsteuerung: t_H Hochlaufzeit, t_K Konstantlaufzeit, t_B Bremszeit, f_{SK} Konstantlauffrequenz

Durch Mikrorechnereinsatz können komplizierte Zeitfunktionen relativ einfach realisiert und gegebenenfalls hohe Dynamikgewinne erzielt werden.

Wie aus Bild 7.25 weiterhin ersichtlich, ist der Start-Stopp-Frequenzbereich stark von dem Massenträgheitsmoment des Motors und der Belastung sowie von der Ansteuerungsart und der Auslegung des Leistungsschalters abhängig. Anzustreben ist, wenn hohe Schrittfrequenzen verlangt werden, der Betriebsfall »eingeprägter Strom«.

Bei einigen Schrittmotortypen, besonders bei Luftlagerung bzw. geringer Dämpfung treten Eigenresonanzen im Bereich niedriger Schrittfrequenzen auf. Ein Betrieb in diesem Bereich ist zu vermeiden. Bei stetiger Frequenzänderung ist dieser Bereich schnell zu durchlaufen.

7.3.3 Elektronische Schrittteilung

Prinzip der elektronischen Schrittteilung

Die Ansteuerung der Schrittmotoren im Grundschrittbetrieb – die Schrittwinkel, die der Motor zurücklegt, entsprechen dem **konstruktiven Schrittwinkel** φ_0 – hat folgende Nachteile:

- Der durch die Konstruktion des Schrittmotors bestimmte konstruktive Schrittwinkel ist für viele Anwendungsfälle zu groß und begrenzt die Positioniergenauigkeit.
- Im Bereich geringer Geschwindigkeiten geht der Motor praktisch in den Einzelschrittbetrieb über. Dabei treten starke Schwingungen auf, die sich sehr störend auswirken können.

Ein wirksames Mittel, um diese Nachteile zu beseitigen, ist die elektronische Schrittteilung. Das Grundprinzip der elektronischen Schrittteilung besteht darin, durch gleichzeitige Erregung von mehr als einer Phase und Steuerung der Phasenströme die Nullstelle der resultierenden M-φ-Kennlinie auf Positionen zu verschieben, die zwischen den Positionen I und II liegen (Bild 7.27).

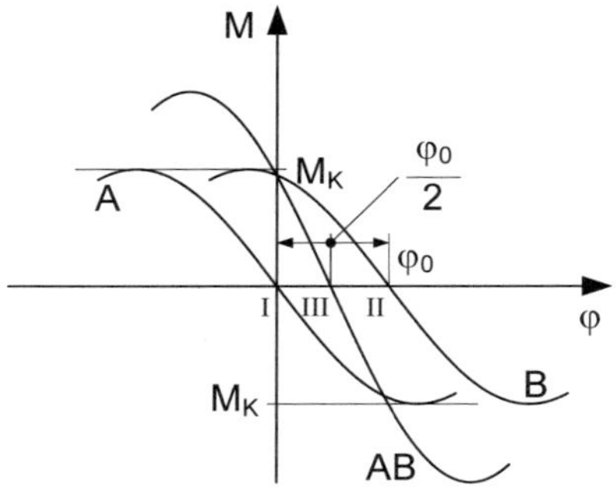

Bild 7.27: Prinzip der elektronischer Schrittteilung: Das resultierende Moment ergibt sich nach $M_{AB} = k_A M_A + k_B M_B$ (vgl. (7.53)). Kurve A: $k_A = 1$, $k_B = 0$; Kurve B: $k_A = 0$, $k_B = 1$; Kurve AB: $k_A = k_B = 1$

Da die Schrittmotoren im Nennbetrieb kurz unterhalb der Sättigung des Magnetkreises arbeiten, kann eine wirksame Steuerung der M-φ-Kennlinien nur über eine Phasenstromreduzierung erreicht werden. Erhöht man die Phasenströme über I_N hinaus, entstehen starke Verzerrungen der M-φ-Kennlinien.

Mathematische Grundlagen der Schrittteilung

Die Verschiebung des stabilen Arbeitspunktes soll nachfolgend an zwei Phasen bei sinusförmigem Momentenverlauf näher betrachtet werden. Die beiden Momentenkennlinien werden beschrieben durch:

$$M_A = -M_{kA} \sin z\varphi, \tag{7.50}$$

$$M_B = -M_{kB} \sin(z\varphi - \frac{2\pi}{m_s}). \tag{7.51}$$

Durch Steuerung der Phasenströme werden die Kippmomente der Motoren in folgender Weise verändert:

$$M_K(I) = k(I) M_{kN}, \tag{7.52}$$

$k(I) = f(I/I_N)$ für polarisierte Schrittmotoren,

$k(I) = f(I/I_N)^2$ für Reluktanzschrittmotoren,

$0 \leq k(I) \leq 1$,

M_{kN} bezeichnet das Kippmoment bei Erregung mit dem Nennstrom I_N.

In der folgenden Ableitung soll der Strom durch die Phase B gesteuert und in Phase A konstant gehalten werden.

Dann gilt für das resultierende Moment:

$$M_{AB} = M_A + M_B = M_{kA}\left[\sin z\varphi + k_B \sin\left(z\varphi - \frac{2\pi}{m_s}\right)\right]. \tag{7.53}$$

Mit Hilfe von Additionstheoremen erhält man folgende Gleichung für die Lage des stabilen Arbeitspunktes φ^*:

$$\sin z\varphi^* + k_B \sin z\varphi^* \cos\frac{2\pi}{m_s} - k_B \cos z\varphi^* \sin\frac{2\pi}{m_s} = 0. \tag{7.54}$$

Damit erhält man:

$$\varphi^*(k_B) = \frac{1}{z}\arctan\frac{k_B \sin\frac{2\pi}{m_s}}{1 + k_B \cos\frac{2\pi}{m_s}}. \tag{7.55}$$

Durch Änderung von $k_B = f(I)$ kann φ^* im Bereich von 0 bis $\varphi_0/2$ mit beliebiger Genauigkeit verschoben werden (Bild 7.28).

Unter realen Bedingungen kann in offener Steuerkette mit Hilfe der elektronischen Schrittteilung nur eine begrenzte Erhöhung der Positioniergenauigkeit erreicht werden. Das hängt davon ab, dass die M-φ-Kennlinien infolge der Fertigungstoleranzen der Zähne nicht ideal sinusförmig sind und außerdem Reibmomente auftreten.

Ein Grund für die Anwendung des Mikroschrittbetriebes ist jedoch häufig die wesentliche Verbesserung der Laufruhe des Schrittantriebes vor allem im unteren Drehzahlbereich.

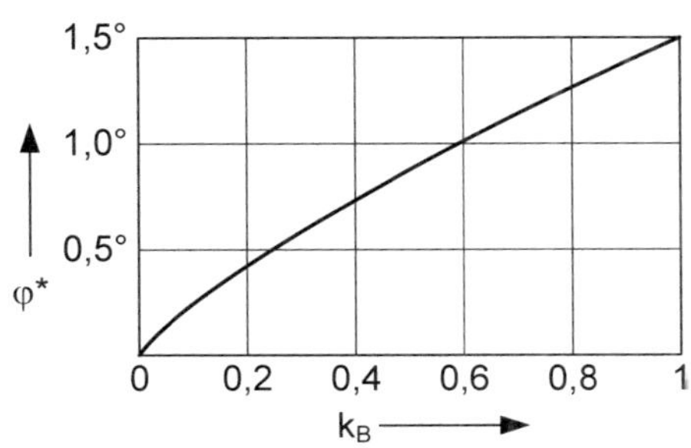

Bild 7.28: Verschieben des stabilen Arbeitspunktes durch Veränderung des Phasenstromes I_B und damit k_B

7.4 Die Ansteuerung von Schrittmotoren

7.4.1 Aufgaben der Ansteuerung

Das Betriebsverhalten von Schrittantrieben wird in entscheidender Weise von der Ansteuerung bestimmt, die im regelungstechnischen Sinne aus der Steuereinrichtung St und dem Leistungsstellglied StG besteht (Bild 7.1).

Mit der Verfügbarkeit immer leistungsfähigerer elektronischer Schaltkreise für die Informationsverarbeitung und für die Leistungssteuerung lassen sich die aus der Bewegungsaufgabe ableitbaren Anforderungen an die Ansteuereinrichtung sowohl funktionell als auch in zunehmendem Maße kostengünstig erfüllen, die Grenzparameter des Schrittantriebes werden vorrangig durch die Grenzparameter des Schrittmotors bestimmt.

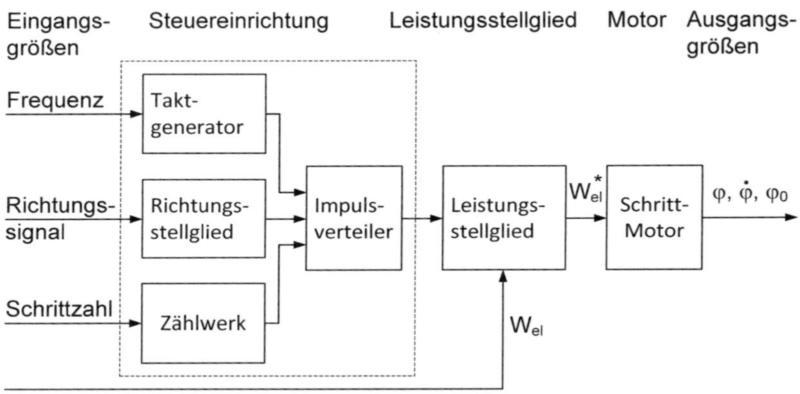

Bild 7.29: Grundstruktur des Schrittmotorantriebes in offener Steuerkette

Die **Steuereinrichtung** des Schrittantriebes hat entsprechend Bild 7.29 die Aufgaben Impulsverteilung, Frequenzsteuerung und Distanzsteuerung zu erfüllen. Mit der Impulsverteilung auf die einzelnen Phasen wird die Bewegungsrichtung festgelegt. Die Steuerung der Impulsfrequenz bestimmt das Geschwindigkeitsprofil des Schrittantriebes, während die Distanzsteuerung in Positionierantrieben eine festgelegte Impulszahl abgibt, die der zurückzulegenden Wegstrecke proportional ist. Diese Aufgaben können sowohl in Hardware als auch in Software und damit flexibel realisiert werden, wobei je nach der Antriebsaufgabenstellung ein optimales Hardware-Software-Verhältnis anzustreben ist.

In der Regel werden Steuereinrichtungen für Schrittmotoren mit Mikrorechnern realisiert, die folgende Aufgaben erfüllen können [7.35]:

- dezentrale simultane Steuerung mehrerer Schrittmotoren,
- Schrittmotorantrieb kann durch Programmierung flexibel an unterschiedliche Bewegungsaufgaben vorangepasst werden,

- es lassen sich mit der Realisierung vorgegebener Hochlauf- und Bremsfunktionen (Bild 7.26) zeitoptimale Antriebe realisieren und damit die Leistungsgrenzen des Motors besser ausschöpfen,
- mit Hilfe elektronischer Lagekorrektur kann die Positioniergenauigkeit erhöht werden,
- mit Hilfe des Mikroschrittbetriebes lässt sich der Winkel- bzw. Längsschritt im Vergleich zum konstruktiven Schrittwinkel wesentlich (1:10 bis 1:1000) verkleinern, ohne dass dabei allerdings im gleichen Umfang die Genauigkeit erhöht werden kann,
- Erhöhung der Positioniergenauigkeit durch elektronische Lagekorrektur.

Wenn sehr hohe Anforderungen an Schrittantriebe gestellt werden, ist es zweckmäßig, Schrittmotorantriebe als Regelkreise aufzubauen (Abschnitt 7.4.3).

7.4.2 Leistungsstellglieder für Schrittmotoren

Anforderungen an das Leistungsstellglied

Unter dem Leistungsstellglied StG soll nachfolgend ein Funktionselement verstanden werden, in dem der Energiefluss W_{el} durch die Stellgröße u gesteuert wird, so dass ein gesteuerter Energiefluss W_{el}^* entsteht, der die bewegungserzeugenden Kräfte bzw. Momente hervorruft. Die Leistungsstellglieder müssen bezüglich der Anzahl der Leistungsendstufen an die Phasenzahl des Schrittmotors angepasst werden. Jede Leistungsendstufe ist optimal an den Schrittmotor so anzupassen, dass die Ansteuerung des Motors die Leistungsfähigkeit des vorgegebenen Schrittmotors auszunutzen gestattet. Für die Auslegung der Leistungsstellglieder für Schrittmotoren gelten grundsätzlich die gleichen Gesichtspunkte wie für die Leistungsstellglieder für Elektromagnete (siehe Abschnitt 5.2.5), allerdings werden bei Schrittmotoren im Vergleich zu Elektromagneten in der Regel höhere Anforderungen an das dynamische Verhalten gestellt. Außerdem ist bei polarisierten Schrittmotoren bipolare Bestromung erforderlich. Zur Erzeugung des Schrittfeldes werden mehrere Phasenwicklungen benötigt, die unterschiedlich bestromt werden müssen.

Mit m_s symmetrisch verteilten Strängen können mit bipolarer Erregung $2m_s$ magnetische Zustände - charakterisiert durch die Zeiger der Phasenpotenziale (Bild 7.30) - erzeugt werden, denen im Normalbetrieb der Schrittmotorläufer synchron folgt. Für eine übersichtliche Darstellung der Bestromung mit den aktivierten Zeigern der Phasenpotenziale eignen sich hervorragend die Bestromungstabellen [7.33].

Die Richtungsänderung eines Potenzialvektors kann jeweils durch Umpolen des Phasenstromes (Bipolarbetrieb) oder durch Umschalten eines Erregerwicklungsteils einer bifilaren Wicklung erreicht werden.

In Bild 7.31 sind die Bestromungstabellen eines zweiphasigen Wechselpolschrittmotors mit der Polpaarzahl 1 für den 1-aus-2-Betrieb, 2-aus-2-Betrieb und den Halbschrittbetrieb dargestellt.

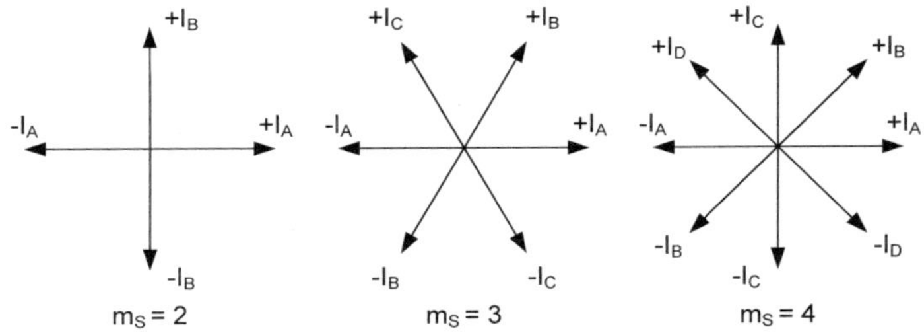

Bild 7.30: Räumliche Phasenlage der Phasenpotenziale

Schritt	1	2	3	4
I_A	+I	0	-I	0
I_B	0	+I	0	-I
Position	→	↑	←	↓

Vollschrittbetrieb 1 aus 2

Schritt	1	2	3	4
I_A	+I	-I	-I	+I
I_B	+I	+I	-I	-I
Position	↗	↖	↙	↘

Vollschrittbetrieb 2 aus 2

Schritt	1	2	3	4	5	6	7	8
I_A	+I	+I	0	-I	-I	-I	0	+I
I_B	0	+I	+I	+I	0	-I	-I	-I
Position	→	↗	↑	↖	←	↙	→	↘

Halbschrittbetrieb

Bild 7.31: Bestromungstabellen für Zweiphasenschrittmotoren

Vereinfachtes Schrittmotormodell

Die Darstellung der Sollposition des Ständerfeldes mit Hilfe von Potenzialzeigern oder Bestromungstabellen ist zwar sehr anschaulich, jedoch zur Ableitung mathematischer Steuerungsgesetze wenig geeignet.

Es ist deshalb notwendig, ein vereinfachtes Motormodell abzuleiten, das unabhängig von der Phasenzahl m_s der Schrittmotoren ist und einen eindeutigen Zusammenhang zwischen den Phasenströmen und den Motormomenten in einer möglichst geschlossenen Form darstellt.

Damit besteht die Möglichkeit, die Phasenströme als Stellgrößen aufzufassen. Die Ableitung soll am einfachsten Motor, dem Zweiphasenwechselpol-Schrittmotor, dessen magnetische Leitfähigkeit unabhängig vom Drehwinkel φ ist, durchgeführt werden (Bild 7.32) [7.30].

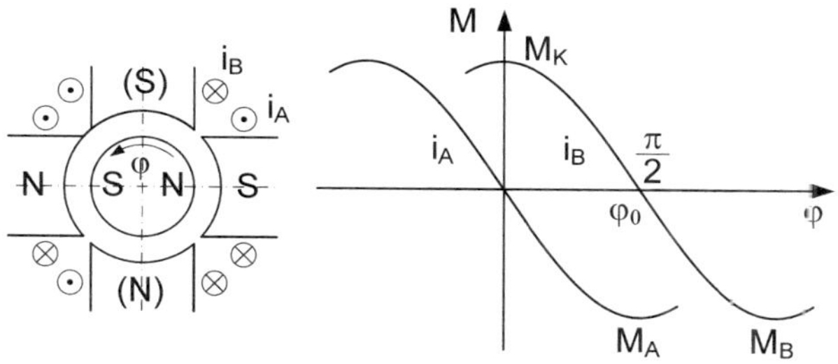

Bild 7.32: Polarisierter Zweiphasenschrittmotor

Setzt man voraus, dass der verkettete Fluss ψ vom Phasenstrom i linear abhängig ist und die Grundwellen der statischen Momentenkennlinien sinusförmig sind, gilt entsprechend Tabelle 7.2 für die Motormomente der Phasen A und B:

$$M_A = -\psi_{srA}\, i_A \sin\varphi = \psi_{srA}\, i_A \cos(\varphi + \frac{\pi}{2}), \tag{7.56}$$

$$M_B = -\psi_{srB}\, i_B \sin(\varphi - \frac{\pi}{2}) = \psi_{srB}\, i_B \cos\varphi. \tag{7.57}$$

Nimmt man weiterhin an, dass die Amplituden der verketteten Flüsse ψ_{sr} gleich sind, gilt für das auf den Anker wirkende Motormoment:

$$M = M_A + M_B = \psi_{sr}\left[i_A \cos(\varphi + \frac{\pi}{2}) + i_B \cos\varphi\right]. \tag{7.58}$$

Für (7.58) kann man in komplexer Schreibweise angeben:

$$M = \Re\{\underline{M}\} = \Re\left\{\psi_{sr} e^{j(\varphi + \frac{\pi}{2})}(i_A - j\, i_B)\right\} \tag{7.59}$$

bzw.

$$M = \psi_{sr} |\underline{i}| \sin(\varphi_i - \varphi) \tag{7.60}$$

mit

$$\varphi_i = \arctan\frac{i_B}{i_A} \tag{7.61}$$

und

$$i_A - j\, i_B = |\underline{i}| e^{-j\varphi_i}. \tag{7.62}$$

Es lässt sich zeigen, dass man leicht von dem komplexen Strom $\underline{i}$ in (7.62) auf den Stromvektor $i_A - j\,i_B = |\underline{i}|e^{-j\varphi_i}$ schließen kann.

Daraus kann man erkennen, dass bei Steuerung der Wicklungsströme der Führungswinkel φ_i des Stromvektors $|\underline{i}|$ vorgegeben wird.

Aus der Theorie der elektrischen Maschinen ist bekannt, dass man auch für mehrphasige Elektromotoren mit $m_s > 2$, eine entsprechende Beziehung finden kann. Das heißt, dass sich mehrphasige Maschinen auf zweiphasigen Maschinen zurückführen lassen.

Mit dem Stromkoordinatensystem i_A, $j\,i_A$ erhält man dann für Motoren mit einer Polpaarzahl p:

$$M = \psi_0 |\underline{i}| \sin p(\varphi^* - \varphi) \tag{7.63}$$

mit

$$\psi_0 = p\psi_{sr} \tag{7.64}$$

und

$$p\varphi^* = \varphi_i = \arctan \frac{i_B}{i_A}. \tag{7.65}$$

Die Winkeldifferenz $\varphi^* - \varphi$ heißt Lastwinkel im mechanischen Koordinatensystem. (7.63) ist für die Ableitung von Steuerprogrammen bei Vorgabe von mechanischen Bewegungsgrößen sehr gut geeignet.

Grundschaltungen von Leistungsstellgliedern von Schrittmotoren

In Schrittmotorantrieben sind folgende Betriebsarten üblich:

- Konstantspannungsbetrieb,
- Betrieb mit gesteuerter Spannung (Bilevel-Betrieb),
- Konstantstrombetrieb.

In Tabelle 7.7 sind die wichtigsten Steuerprinzipien und Wicklungsarten von Schrittmotoren dargestellt.

Der Betrieb mit gesteuerter Spannung im Bilevel-Betrieb hat vor allem deshalb eine so große Bedeutung erlangt, weil mit seiner Hilfe der Verlauf der Ständerspannung in Abhängigkeit von der Schrittfrequenz so vorgegeben werden kann, dass in weiten Betriebsbereichen annähernd konstante Phasenströme erzeugt werden, die entsprechende Drehmomente zur Folge haben.

Das wird durch geeignete Abstimmung der Versorgungsspannungen U_0 und nU_0 sowie der Schaltzeit T_S mit der Wicklungsauslegung des Schrittmotors erreicht (Bild 7.33).

Tabelle 7.7: Steuerung von Schrittmotoren

Steuerungsprinzipien

1.	Ein- und Umschalten:	Vollschrittbetrieb Halbschrittbetrieb
2.	Steuerung der Phasenströme:	Mini- oder Mikroschrittbetrieb
2.1	Betrieb mit konstanter Schrittweite	
2.2	Betrieb mit variabler Schrittweite	

Wicklungsarten

monofile Wicklung unipolare Erregung	monofile Wicklung bipolare Erregung	bifilare Wicklung bipolare Erregung
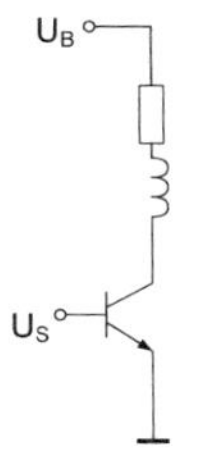	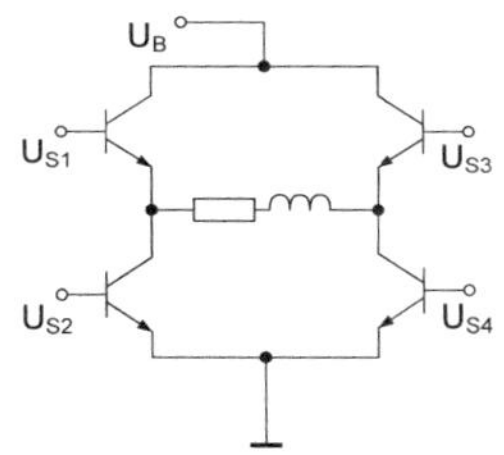	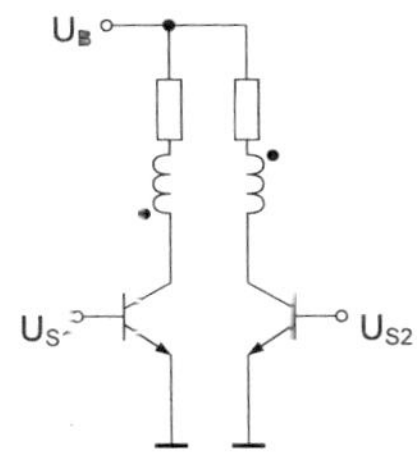

Arten der Stromsteuerung

Durch Stromsteuerung (Stromeinprägung) wird die Wirkung der induzierten Gegenspannungen auf die elektromechanischen Ausgleichsvorgänge kompensiert.

- Zweipunktstromregelung (Tabelle 7.4, 7.5)
- Stromregler mit Pulsbreitenmodulation [7.18], [7.30]

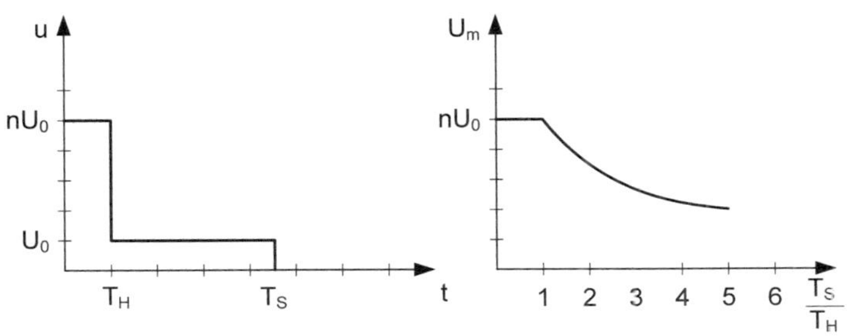

Bild 7.33: Bilevel-Betrieb; T_S Schaltzeit, T_H Einschaltzeit der High-Level-Spannung

7.4.3 Schrittmotoren in Regelkreisen

Der Betrieb von Schrittmotoren in offener Steuerkette ist vor allem ökonomisch, wenn der Schrittmotor den der Führungsgröße entsprechenden Impulsen folgen kann. Offene Steuerketten sind jedoch grundsätzlich störempfindlicher als Regelkreise. So können z. B. durch Belastungssprünge bzw. große Führungsgrößenänderungen über die mit der Schrittmotorcharakteristik gegebenen Grenzen hinaus Schrittfehler auftreten, deren Korrektur nicht ohne weiteres möglich ist. Außerdem tendiert der Schrittmotor in offener Steuerkette leicht zum Schwingen. Die Eigenschaften von Schrittmotorantrieben lassen sich durch Realisierung von Regelkreisen (Bild 7.34) wesentlich verbessern.

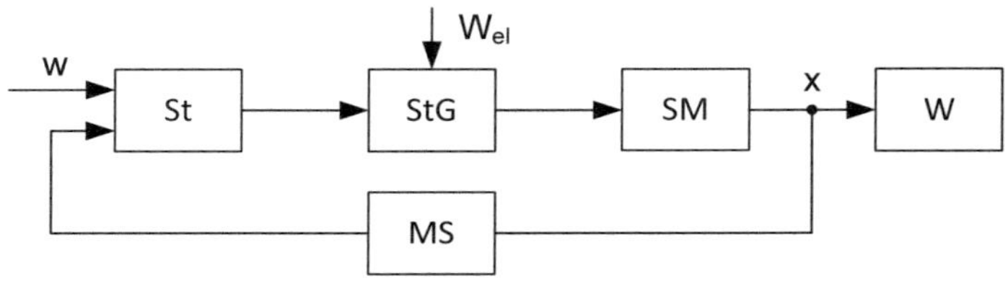

Bild 7.34: Schrittmotor im Regelkreis

Im Vergleich zum Betrieb in offener Steuerkette können folgende Vorteile erzielt werden:

- Vermeidung oder Korrektur von Schrittfehlern,
- schnellere Bewegung durch Hochlauf mit maximaler Beschleunigung sowie Bremsen mit maximaler Verzögerung bei ständiger Lastanpassung,
- glattere Bewegungen (geringere Welligkeit der Geschwindigkeit und Verringerung der Ausschwingzeiten in der Zielposition),
- Erhöhung der Positioniergenauigkeit, indem eine Funktionstrennung zwischen Energiewandler und Messsystem erreicht wird.

Als Größen, deren Messung zur Generierung des regelungstechnisch verwertbaren Rückkopplungssignals dient, sind die Position (Weg bzw. Winkel), Geschwindigkeit, Beschleunigung, Induktivität, Stromanstiegsgeschwindigkeit, Kräfte bzw. Momente geeignet [7.1], [7.22].

Die Festlegung, welche Messgröße zu verwenden ist, hängt in starkem Maße von der Bewegungsaufgabe selbst und dem sich daraus ergebenden Gütekriterium ab, wobei die Rückwirkung des Sensors auf das Antriebssystem (Vergrößerung des Bauraumes, Erhöhung der Masse) möglichst gering zu halten ist. Am häufigsten werden wegproportionale Messsignale verwendet, zumal dazu die optoelektronischen inkrementalen Geber gut geeignet sind.

Von Bedeutung für die Steuerung eines Schrittmotors in einem geschlossenen Regelkreis ist der Vorhalte- oder Führungswinkel $\varphi_F = \varphi^* - \varphi$. Am einfachsten lässt sich

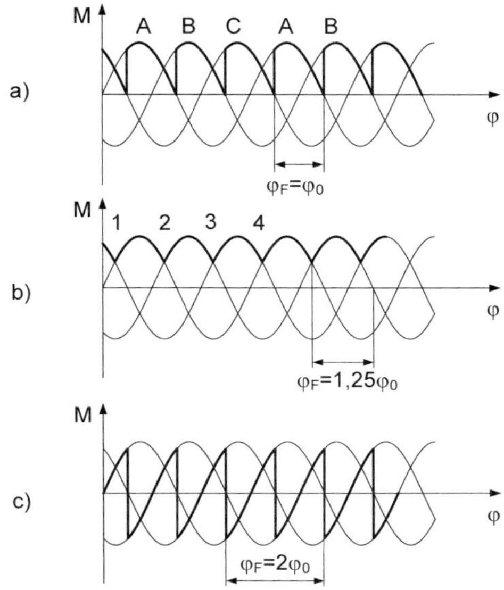

Bild 7.35: Beziehungen zwischen dem Führungswinkel φ_F und dem statischen Drehmoment eines Dreiphasenmotors

seine Wirkung an den statischen Drehmomentenkennlinien von Schrittmotoren erklären (Bild 7.35). Im Einzelschrittbetrieb wird der Motor so angesteuert, dass eine Umschaltung der Erregung erst dann erfolgt, wenn der Anker die Gleichgewichtsposition erreicht hat. Dann wirkt der im Bild 7.35a dick eingezeichnete Momentenverlauf auf den Motoranker. Bei der Wirkung von Gegenkräften können dadurch ungleichmäßige Bewegungen auftreten. Erfolgt jedoch die Umschaltung der Erregerspulen entsprechend den Punkten 1, 2, 3 im Bild 7.35b, so ist die Welligkeit des Momentes geringer und außerdem der Mittelwert des Momentes größer, wodurch eine schnellere und gleichmäßigere Bewegung entsteht. In diesem Fall ist $\varphi_F = 1{,}25\varphi_0$.

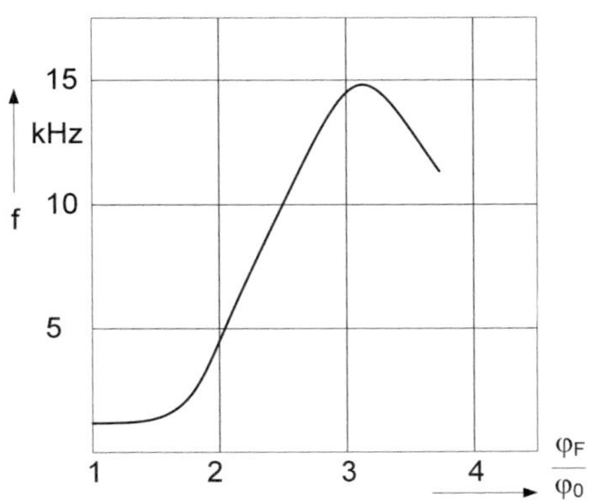

Bild 7.36: Maximale Schrittfrequenz eines 4-Phasen-Hybridschrittmotors in Abhängigkeit vom normierten Führungswinkel [7.20]

Mit wachsender Geschwindigkeit des Motors ergeben sich jedoch für die Bestimmung des optimalen Führungswinkels andere Kriterien. Die Abnahme des Strommittelwertes mit steigender Steuerfrequenz, die auch eine Abnahme des Mittelwertes des Drehmomentes zur Folge hat, kann teilweise dadurch kompensiert werden, dass der Führungswinkel φ_F über den statischen Führungswinkel hinaus vergrößert wird (Bild 7.35c).

Bild 7.36 zeigt die Wirkung des Führungswinkels φ_F auf die maximale Steuerfrequenz eines 4-Phasen-Hybridschrittmotors. Während in Antrieben mit rotatorischen Schrittmotoren und Linearschrittmotoren in der Regel kommerzielle Sensoren verwendet werden können, sind bei integrierten Mehrkoordinatenmotoren (Bild 7.19) spezielle Sensoren erforderlich, wenn die Vorteile der integrierten Motoren nicht verloren gehen sollen. In [7.2] wird ein kapazitives Sensorsystem vorgeschlagen, das in den Motor integriert werden kann (Bild 7.37).

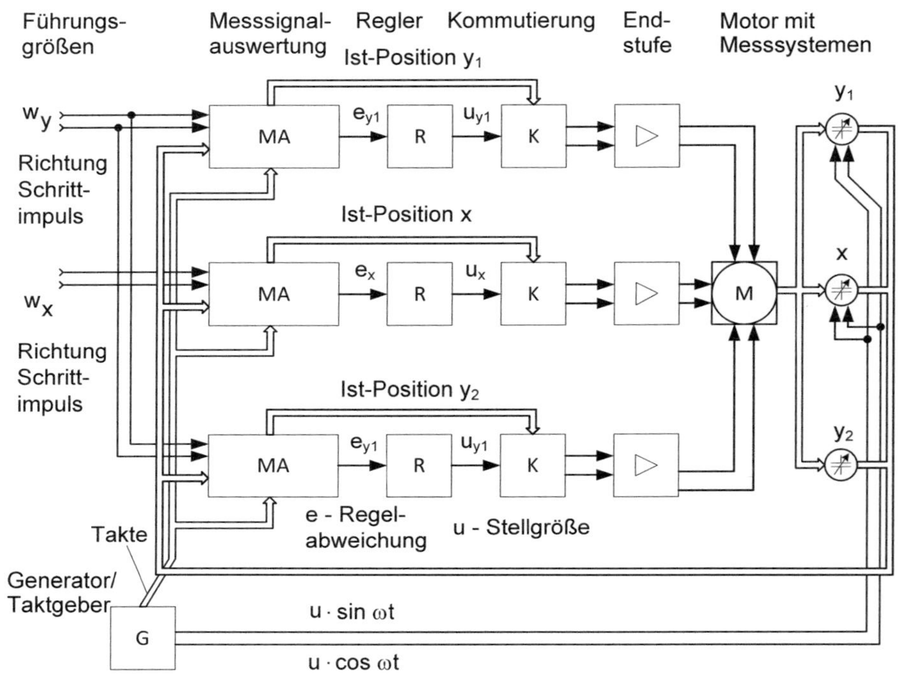

Bild 7.37: Steuerungsstruktur eines Zweikoordinaten-Hybridschrittmotors mit einem integrierten x-y-$\Delta\varphi$-Messsystem

Sensorlose Antriebsregelkreise

Da Sensoren in Antriebsregelkreisen meistens sehr teure Bauelemente darstellen, bemüht man sich sehr intensiv, Antriebsregelkreise mit Schrittmotoren aufzubauen, in denen auf spezielle Sensoren verzichtet werden kann. In diesem Falle müssen die Rückkopplungssignale aus motoreigenen Zustandsgrößen gewonnen werden. Der Schrittmotor arbeitet dann als integriertes Aktor-Sensorsystem [7.12]. In [7.30] wurden die Möglichkeiten und Grenzen der indirekten Bestimmung von Rückkopplungssignalen eingehend theoretisch untersucht.

Neben der Kosteneinsparung für den Sensor ergeben sich noch weitere Vorteile, die im Zuverlässigkeitsbereich (Wegfall des Sensors und der Sensor-Motor-Koppelstelle) und im konstruktiv-technologischen Bereich (geringerer Platzbedarf, vereinfachte Montage) liegen.

Von besonderem Interesse sind natürlich indirekte Verfahren bei integrierten Mehrkoordinatenschrittmotoren mit großen Verfahrwegen, weil bei diesen Schrittmotoren Messsysteme prinzipbedingt nur sehr schwer angeordnet werden können. Im Falle der Flächenschrittmotoren würde das bedeuten, dass eine Maßverkörperung über dem gesamten Bewegungsbereich realisiert werden müsste.

Da Schrittmotoren aufgrund ihrer inneren Steuerungsstruktur die Eigenschaft eines Phasenregelkreises besitzen, können sie selbst innerhalb eines Grundschrittes ohne Rückführung positionieren. Wenn die Positioniergenauigkeit der offenen Steuerkette ausreicht, genügt häufig bereits das Erkennen von Schrittfehlern, damit die Regelung so erfolgen kann, dass ein schrittfehlerfreier Betrieb entsteht.

Vom Standpunkt der Steuerungstechnik wird die Bestimmung der gewünschten Zustandsgrößen aus den Steuer- und Ausgangsgrößen als Zustandsbeobachtung bezeichnet. D. h., aus den elektrischen Klemmengrößen als Ausgangsgrößen sind die Istwerte der mechanischen Größen (Position, Geschwindigkeit, Lastwinkel) zu ermitteln.

Durch Auswertung der Bewegungs-EMK und der elektromagnetischen Leistung können Aussagen über die Lage und den Drehwinkel gewonnen werden [7.12]. In [7.10], [7.11] wird vorgeschlagen, mit Hilfe von im Magnetanker planarer Schrittmotoren integrierten Hall-Sensoren den magnetischen Fluss zu messen und die Erregerströme so zu regeln, dass eine höhere mechanische Steifigkeit der Motoren entsteht bzw. eine Erkennung von Schrittfehlern möglich wird. Höhere Antriebskräfte und eine weitere Optimierung des Antriebsverhaltens von Schrittmotoren lassen sich erreichen, wenn die Schrittmotoren bis in das Sättigungsgebiet ausgesteuert werden. In diesem Fall müssen allerdings nichtlineare Schrittmotormodelle zur Regelkreisauslegung herangezogen werden [7.31].

7.5 Quellen

[7.1] Balkovoj, A. P.: Diskreter Elektroantrieb mit Rückkopplungen: Hauptbaugruppen und Projektierungsmethodik. In: Wissenschaftliche Zeitschrift TH Ilmenau 33(1987)4, S. 141-154

[7.2] Braunschweig, M.; Löwe, B.; Schilling, M.: Geregelter Zweikoordinaten-Hybridschrittmotor. Ilmenau: TU, Tätigkeitsbericht der Fakultät für Maschinenbau, 1992

[7.3] Christen, G.: Modellierung und Simulation motorgetriebener Antriebssysteme der Gerätetechnik. Ilmenau: TH Habilitation, 1987

[7.4] Cilikin, M. G.: Diskreter Elektroantrieb mit Schrittmotoren (russ.). Moskau: Verlag Energie, 1971

[7.5] Dittrich, P.; Wolf, A.: Aufbau und Wirkungsweise linearer reaktiver Schrittmotoren mit ausgeprägten Polen. In: Feingerätetechnik 25(1976)11, S. 486-490

[7.6] Dittrich, P.: Untersuchungen des Bewegungsverhaltens linearer elektromagnetischer Schrittantriebe der Gerätetechnik. Ilmenau: TH Dissertation, 1980

[7.7] Dittrich, P.; Döring, G.; Schatter, G.: Schrittantriebe in Positioniersystemen der Gerätechnik. In: Feingerätetechnik, Berlin 32(1983)1, S. 6-10 (Teil 1), 32(1983)1, S. 51-54

[7.8] Dittrich, P.: Nährerungsweise Berechnung der zulässigen Steuerfrequenzen im Start-Stopp-Betrieb von Schrittantrieben. In: Feingerätetechnik 30(1981)9, S. 401-406

[7.9] Döring, G.: Ein Beitrag zur Analyse und Synthse von rotatorischen Schrittantrieben für die Präzisionsgerätetechnik. Ilmenau: TH Diss., 1981

[7.10] Dreifke, L.; Kallenbach, E.: Direktantriebe mit internen Sensoren und Magnetflussregelung. 45. IWK TU Ilmenau 2000, Tagungsband, S. 545-550

[7.11] Dreifke, L.: Untersuchungen an planaren Hybridschrittmotoren mit Hall-Sensoren zur Magnetflussregelung und Positionsbestimmung. Dissertation TU Ilmenau, 2003

[7.12] Eissfeldt, H.: Regelung von Hybridschrittmotoren durch Ausnutzung sensorischer Motoreigenschaften. München: TU Dissertation, 1991

[7.13] Gförer R.: Dynamisches Bindeglied, Schrittmotorantrieb mit Servoeigenschaften. In: Elektrotechnik 70(1988)16, S. 26-31

[7.14] Ivobotenko, B. A.; Ilinski, N. F.: Diskrete Mehrkoordinatenantriebe (russ.). Moskau: Arbeiten des Moskauer Energetischen Instituts, Ausgabe 440, 1979

[7.15] Ivobotenko, B. A.; Kosacenko, V. F.: Schrittantriebe in der Robotertechnik (russ.). Moskau: MEI-Verlag, 1984

[7.16] Ivobotenko, B. A.; Kosacenko, V. F.: Die Projektierung des Schrittmotors (russ.). Moskau: MEI-Verlag, 1985

[7.17] Ivobotenko, B. A., Kosacenko, V. F.: Berührungslos geführte Bewegungsmodule - eine neue Methode zur Realisierung von Maschinen und flexiblen Fertigungssystemen. Unveröffentlichtes Manuskript, 1992

[7.18] Kallenbach, E.; Bögelsack, G.: Gerätetechnische Antriebe. München, Wien: Carl Hanser Verlag, 1991 und Berlin: Verlag Technik, 1991

[7.19] Kenjo, T.: Stepping motors and their microprocessor control. Oxford: University Press, 1992

[7.20] Kenjo, T.; Takahashi, H.: Stepping motors and their microprocessor control. Oxford: Clarendon Press, 1984

[7.21] Kreuth, H. P.: Schrittmotoren. München, Wien: R. Oldenbourg Verlag, 1988

[7.22] Kühne, E.: Verbesserung der Dynamik von Schrittmotoren durch Einführung einer Rückkopplung. Karl-Marx-Stadt: TU Dissertation, 1986

[7.23] Kuo, B. C.: Theory and application of stepmotors. Sant Paul, New York: Westpublishing Co, 1974

[7.24] Link, W.: Das dynamische Verhalten des Schrittmotors bei schnellstmöglichen Positioniervorgängen. Stuttgart: Universität Dissertation 1982

[7.25] Martin, C. A.: Ein Beitrag zur Optimierung der dynamischen Eigenschaften von Schrittmotor-Antriebssystemen. Braunschweig: TU Dissertation, 1984

[7.26] Müller, G.: Einsatzgrenzen zwischen Schrittantrieben und lagegeregelten Gleichstromantrieben. In: Wiss. Zeitschrift TU Dresden 43(1985)3, S. 137-141

[7.27] Oudet, C.: Elektrische Schrittmotoren. Offenlegungsschrift DE 3049 234 A1

[7.28] Pfeiffer, G.: Analyse, Berechnung und Betriebsverhalten von permanentmagnetischen Gleichpol-Schrittmotoren. Darmstadt: TH Dissertation, 1983

[7.29] Räumschüssel, E.: Untersuchungen der dynamischen Eigenschaften von rotatorischen elektromagnetischen Schrittantrieben. Ilmenau: TH Dissertation, 1977

[7.30] Räumschüssel, E.: Steuerung, Modellierung und Simulation von Schrittmotorantrieben. Ilmenau: TH Habilitation, 1990

[7.31] Räumschüssel, E.; Lipfert, R.: Nichtlineares Modell eines Linearschrittmotors auf der Basis der Magnetfeldberechnung. 45. IWK TU Ilmenau 2000, Tagungsband, S. 529-534

[7.32] Riemer, D.: Untersuchungen zur Berechnung, konstruktiven Gestaltung und technologischen Realisierung von kaskadierbaren, elektrostatischen Mikroantrieben. Dissertation TU Ilmenau, 1997

[7.33] Rummich, E. u. a.: Elektrische Schrittmotoren und -antriebe. Ehningen bei Böblingen: expert Verlag, 1992

[7.34] Schatter, G.: Untersuchung zur Steuerung und Dynamik von Schrittmotoren. Ilmenau: TH Dissertation, 1981

[7.35] Schatter, G.; Kallenbach, E.; Dittrich, P.: Besonderheiten der Kopplung von Schrittantrieben an Mikrorechnersysteme. In: Feingerätet. 28(1979)2, S. 99-102

[7.36] Schöne, D.: Ein Beitrag zur Modellierung und Simulation von Schrittmotorantieben. Ilmenau: TH Dissertation, 1988

[7.37] Stölting, H.-D.; Beisse, A.: Elektrische Kleinmaschinen. Stuttgart: Teubner Verlag, 1987

[7.38] Stölting, H.-D.; Kallenbach, E.: Handbuch Elektrische Kleinantriebe. 2. Auflage, Carl Hanser Verlag, München Wien, 2002

[7.39] Wendorf, E.; Kallenbach, E.: Direct drives for positioning tasks based on hybrid steppermotor. Intelligent Motion 1993, Proceedings S. 38-52

[7.40] DIN 42021 (Teil 2) Schrittmotoren 1976

Kapitel 8

Entwurf elektromagnetischer Antriebe

8.1 Struktur des Entwurfsprozesses

Der konstruktive Entwicklungsprozess ist der Teil der Produktionsvorbereitung, der alle zur Vorausbestimmung eines technischen Gebildes notwendigen gedanklichen, manuellen und maschinellen Operationen enthält, um von einer konstruktiven Aufgabenstellung zu einer für Herstellung und Einsatz hinreichenden Beschreibung des technischen Gebildes zu gelangen [8.8]. Hierbei werden ca. 75 % der Teilekosten festgelegt, so dass ein methodisches Vorgehen zwingend ist. In Bild 8.1 wird die Grundstruktur des konstruktiven Entwicklungsprozesses am Beispiel einer Relaisentwicklung wiedergegeben.

Erfahrungsgemäß gehen die einzelnen Etappen fließend ineinander über, sind selbst in ähnlicher Form wie der Gesamtablauf gegliedert und über eine Vielzahl von Rückkopplungen miteinander verknüpft. In der zunehmend fachgebietsübergreifenden und damit immer arbeitsteiligeren Erzeugnisentwicklung wird in den seltensten Fällen bei »Null« begonnen. Neue Aufgaben, ein größeres Maß an Erfahrungen und leider auch Ressentiments gestalten den Übergang **Funktion → Struktur** in seiner Mehrdeutigkeit und Unbestimmtheit stets zu einem iterativen Prozess.

Diese grundlegende Charakterisierung gilt für den Entwicklungsprozess generell und soll im Weiteren für einen durchgängigen Magnetentwurf untersetzt werden. Dieser stellt eine Symbiose aus klassischer mechanischer Konstruktion und Elektrotechnik dar. Mit Hilfe numerischer Methoden wird die Feldtheorie praktisch handhabbar und kann so unmittelbar im konstruktiven Entwurf ihren Niederschlag finden.

Als Arbeitsschritte für die Neuentwicklung und in Teilbereichen für die Modifizierung von Standardtypen (Anpassungskonstruktion) ergeben sich nach [8.2]:

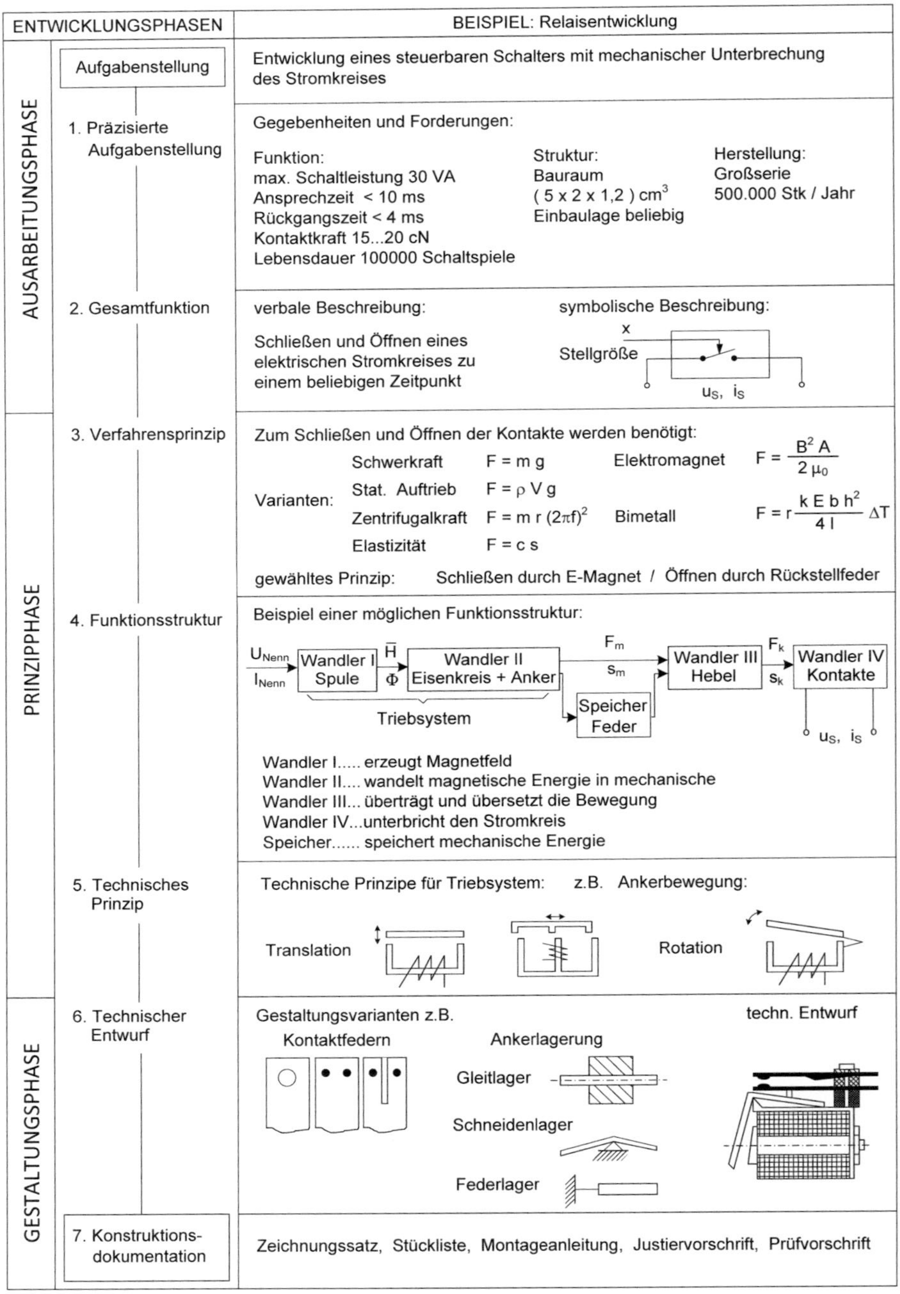

Bild 8.1: Entwicklungsablauf am Beispiel einer Relaisentwicklung nach [8.8]

1. Festlegung der Magnetkreisgrundform in Abhängigkeit von funktionellen, konstruktiven und technologischen Bedingungen,
2. Werkstoffauswahl in Abhängigkeit von Verfügbarkeit, Kosten, magnetischen, mechanischen und chemischen Eigenschaften sowie der Bearbeitbarkeit entsprechender Teilegeometrien,
3. Ermittlung der Hauptabmessungen des nach 1. gewählten Grundkreises,
4. Konstruktive Auslegung, d. h. Detaillierung unter Beachtung vorgegebener Koppelbedingungen zu nachgeordneten Bauelementen, sowie Detailoptimierung, z. B. der Geometrie von Anker und Ankergegenstück zur Anpassung an den Gegenkraftverlauf,
5. Festlegung der elektrischen Ansteuerung und Berechnung der Kenndaten der Erregerwicklung,
6. Nachrechnung des statischen und dynamischen Magnetverhaltens und thermische Simulation (Magnetfeldberechnung zur Kontrolle der Materialausnutzung, der Materialvariation und der Magnetkraft-Hub-Kennlinie bis zur Betrachtung von Toleranzeinflüssen),
7. Bau und Erprobung des Funktionsmusters – ggf. nochmaliger Durchlauf (zyklisches Vorgehen),
8. Freigabe (Bauteilfreigabe, Prozessfreigabe, Testfreigabe).

Der Einsatz von CAD[1] in Verbindung mit Dimensionierungs- und FE-Berechnungen zur Optimierung und Analyse führt unmittelbar zu kundenspezifischen Magnetsystemen. Spezifische Rechentechnik mit zugeschnittener Software für die Versuchsdurchführung und -auswertung sowie in der Produktionsvorbereitung und -überwachung ermöglicht zudem die kostengünstige Herstellung angepasster elektromagnetischer Stellglieder. Trotz der Spezifik dieser Antriebselemente bewähren sich durch entsprechende Auslegung Konstruktionen nach dem Baukastenprinzip. Gestufte Baureihen decken infolge gezielter Optimierung ein breiteres Anwendungsfeld ab. Bild 8.2 zeigt schematisch die Zuordnung entsprechender »Softwarebausteine« zu den genannten Arbeitsschritten.

Für den Bearbeitungsbeginn – die Präzisierung der Aufgabenstellung – ist es zunächst wichtig, die technischen Forderungen an das Stellglied und die entsprechenden Wechselwirkungen zu dessen Umgebung möglichst real zu fixieren. Insbesondere bei Neuentwicklungen sind folgende technische Anforderungen als Teil der Spezifikation (Leistungsbeschreibung, Lastenheft) zusammenzustellen:

1. Magnettyp / Kraftrichtung,
2. zulässiges Bauvolumen / Bauraum / Befestigungsart,
3. Einbaulage bezogen auf die Wirkrichtung,
4. Kopplung des bewegten Teils mit der nachfolgenden Baugruppe,

[1]Unter CAD soll in diesem Zusammenhang nicht nur der Prozess der Zeichnungserstellung und Konstruktionsdokumentation unter Nutzung verschiedenster Arbeitstechniken, wie Makro-, Menü-, Ebenen- oder Variantentechnik verstanden werden, sondern die rechentechnische Unterstützung des kompletten Konstruktionsablaufes.

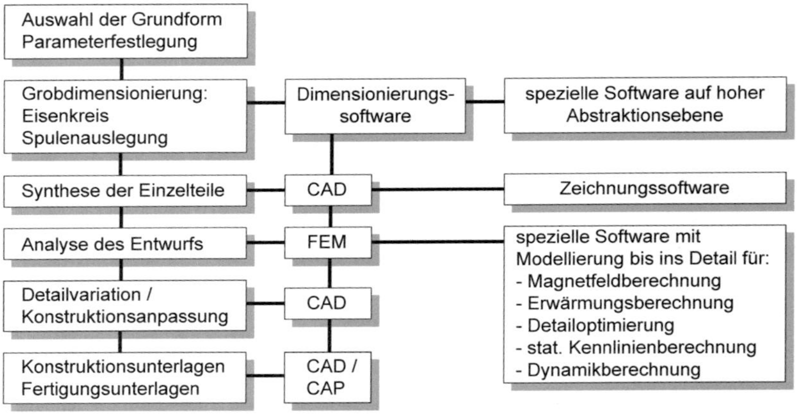

Bild 8.2: Schematische Darstellung einer Zuordnung von Software zu einzelnen Abschnitten des Produktentstehungsprozesses

5. Rückstellung des bewegten Teils / zu stellendes Medium / druckdichte Bauweise,
6. Hub / Drehwinkel (zulässige Toleranzen)
Kraft-Hub-Kennlinie / Moment-Winkel-Kennlinie / Gegenkraftkennlinie,
7. elektrische Kontaktierung (Normstecker, Sonderstecker, freie Drahtenden, Anschlussfahnen, ...) /
Schutzart (elektrisch / mechanisch) / Schutzleiteranschluss,
8. Betriebsspannung (zulässige Toleranzen) /
max. Stromaufnahme / Mindestschaltstrom,
9. klimatische Umgebungsbedingungen / Korrosionsschutz,
10. Umgebungs-(Betriebs-)temperaturbereich /
maximal zulässige Magnetoberflächentemperatur / zusätzliche Kühlflächen,
11. relative Einschaltdauer (%ED bezogen auf 300 s) /
Arbeitsfrequenz (t_5 und t_6; Pulsweitenmodulation) /
Schaltzeiten (Anzugszeit / Abfallzeit),
12. Lebensdauer (Schaltungen / Schaltzyklen / stromlose Betätigungen),
13. Sonderforderungen (mechanische Belastung - Schwingung, Stoß; Medienverträglichkeit).

Mit diesen Charakteristika ist die Baugruppe hinreichend genau beschrieben und kann in Verbindung mit einer technologischen und/oder kostenbezogenen Beschreibung ebenso für Anpassungsentwicklung und Wettbewerbsvergleiche wie auch für die Prüfung und Bewertung im Sinne der Auswahl des Verfahrensprinzips (vgl. Bild 8.1) Anwendung finden.

8.2 Einteilungskriterien für magnetische Aktoren

Um die Auswahl des geeigneten Magnetsystems treffen zu können, ist es notwendig, die Vielzahl möglicher Ausführungsformen nach bestimmten Ordnungsmerkmalen zu klassifizieren. Dabei ist der Magnet sowohl als einzelnes Bauelement, als auch in Verbindung mit vor- und nachgeordneten Funktionselementen zu betrachten (Bild 8.3). Eine mögliche Einteilung bezüglich ausgewählter Kriterien ist in Bild 8.4 dargestellt.

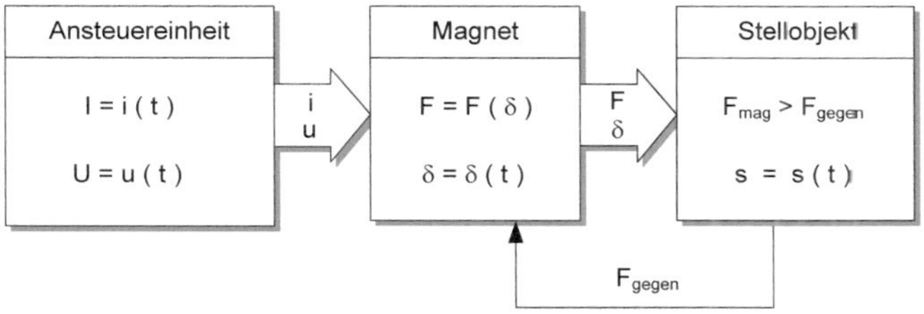

Bild 8.3: Einordnung des Magneten in eine Funktionskette

Grundsätzlich ist jeder Magnetkreis aufgrund seines Wirkmechanismus als magnetomechanischer Wandler, bei elektrisch erregtem Kreis als elektro-magneto-mechanischer Wandler, aus den Hauptbestandteilen **Ansteuerung, Erregersystem und Eisenkreis** aufgebaut. Die danach zu unterscheidenden magnetischen Grundkreise, auf die nahezu alle elektromagnetischen Konstruktionen zurückzuführen sind, zeigt Bild 8.5.

Für elektrisch erregte Kreise wird von der Ansteuereinheit, durch ein Informationssignal (Stellsignal) ausgelöst, die Stromversorgung des Erregersystems (Magnetspule) realisiert. Der Stromfluss durch die Windungen der Spule verursacht ein Magnetfeld.

Mit Hilfe des Eisenkreises wird das Magnetfeld »gebündelt«, d. h. der magnetische Fluss verläuft wegen $\mu_{rFe} \gg \mu_{Luft}$ nahezu ausschließlich im magnetisierbaren Weicheisen. Ist der Eisenkreis durch einen Luftspalt unterbrochen, so wirkt auf die magnetischen Grenzflächen, das ist die jeweils eisenseitige Begrenzung des Luftspaltes, eine Kraft. Bei Teilung des Kreises in einen feststehenden (Eisenrückschluss) und einen beweglichen Abschnitt (Anker), führt diese Kraft zur mechanischen Bewegung des Ankers in Richtung der Verkürzung des Luftspaltes. Die Wandlung von magnetischer in mechanische Energie kann, abgesehen von den im Werkstoff stattfindenden Vorgängen, nur durch diese Aufteilung erfolgen. Demnach sind die o. g. Hauptbestandteile funktionsspezifisch genauer zu gliedern in:

- Signalverarbeitung / Leistungselektronik,
- Erregersystem,
- Eisenrückschluss, Anker, Arbeitsluftspalt, Nebenluftspalt.

Durch Kombination und Variation können damit die unterschiedlichsten Magnetausführungen entwickelt werden. Eine Auswahl ist in Bild 8.6 zusammengestellt.

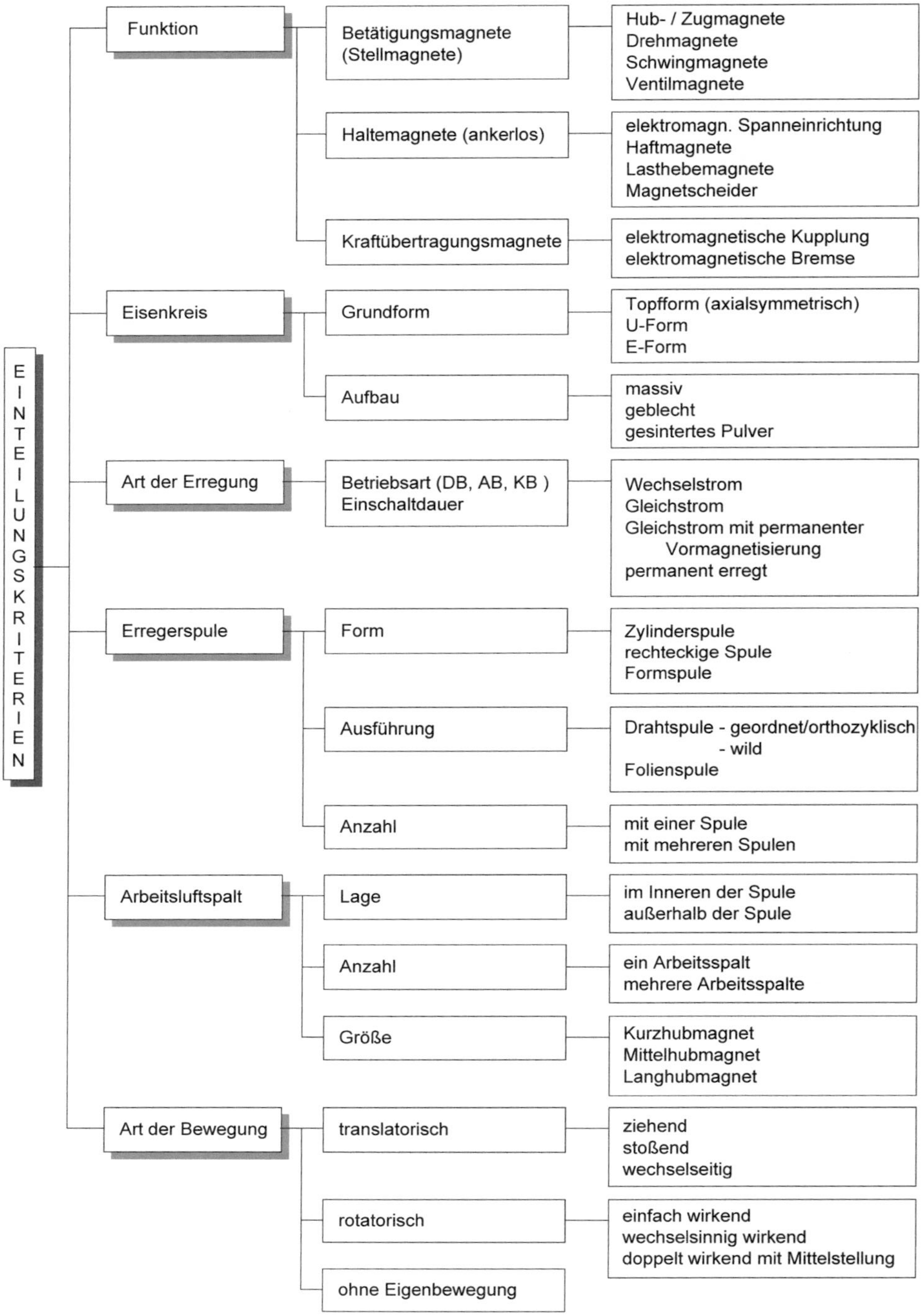

Bild 8.4: Übersicht zu Einteilungskriterien für Magnete

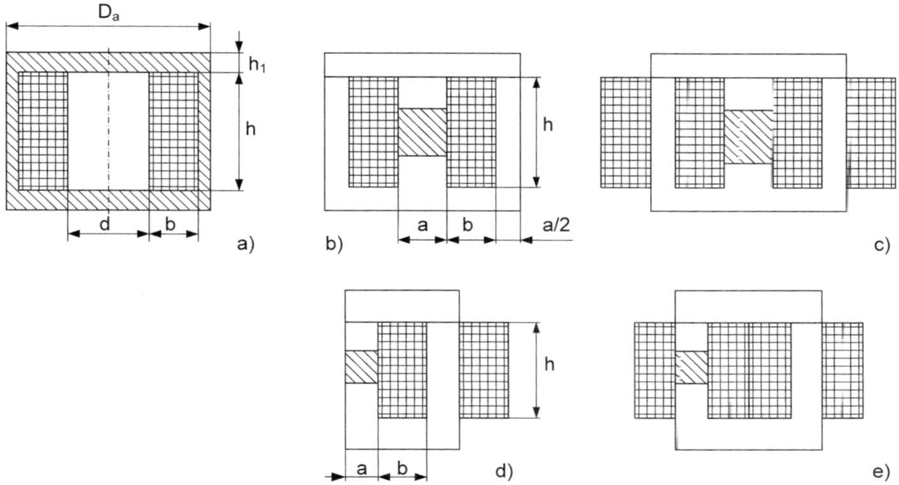

Bild 8.5: Prinzipdarstellung der Grundtypen geschlossener Magnetkreise a) Topfmagnet; b) E-Magnet; c) E-Magnet mit Doppelspule; d) U-Magnet; e) U-Magnet mit Doppelspule

8.3 Berechnung der Magnethauptabmessungen

Die Grundlage für die Dimensionierung bilden die in der Aufgabenstellung spezifizierten Leistungsdaten und Umgebungsbedingungen des Magneten. Wegen der komplizierten nichtlinearen Zusammenhänge und der vielfältigen Wechselbeziehungen zwischen den Parametern (z. B. Baugröße, Bauart, Materialanforderungen, Kenndaten der Funktionskette) ist die explizite Lösung der Dimensionierungsgleichungen von Magnetsystemen unmöglich. Deshalb geht man auch bei der Magnetauslegung zunächst von einem Modell, dem verallgemeinerten geschlossenem magnetischen Grundkreis aus, dessen berechnete Hauptabmessungen die Grundlage für die konstruktive Ausarbeitung sind. Die Vorgehensweise eines durchgängigen Magnetentwurfes ist in Bild 8.7 gezeigt.

In der Grobdimensionierung als ersten Optimierungsschritt werden in [8.5] die Zielfunktionen

- Magnetvolumen → min.
- bewegte Masse → min.
- Anzugszeit → min.
- Magnetarbeit → max.

analysiert und unterschiedliche Vorgaben zur Lösung der Extremwertaufgabe unter Berücksichtigung von Nebenbedingungen aufgestellt, die unabhängig vom Magnetgrundtyp gelten. Werden in diesen Gleichungen die geometriebeschreibenden Größen durch die für den jeweils gewählten Grundkreis gültigen Bestimmungsgleichungen ersetzt, ergeben sich Dimensionierungsbeziehungen, die iterativ lösbar sind [8.2].

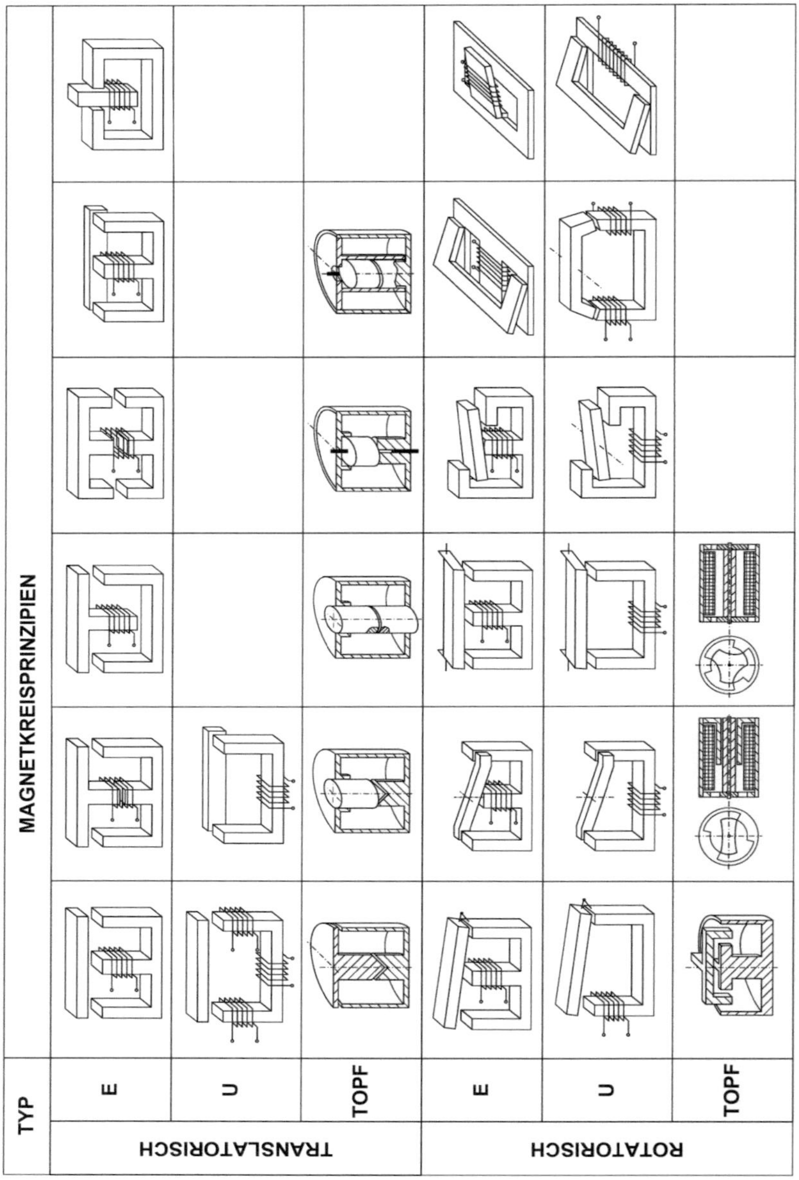

Bild 8.6: Prinzipdarstellungen magnetischer Kreise mit Variation der Ankerbewegung, der Lage und Anzahl der Arbeitsluftspalte sowie der Spulenanordnung für die Grundkreise nach Bild 8.5 [8.10]

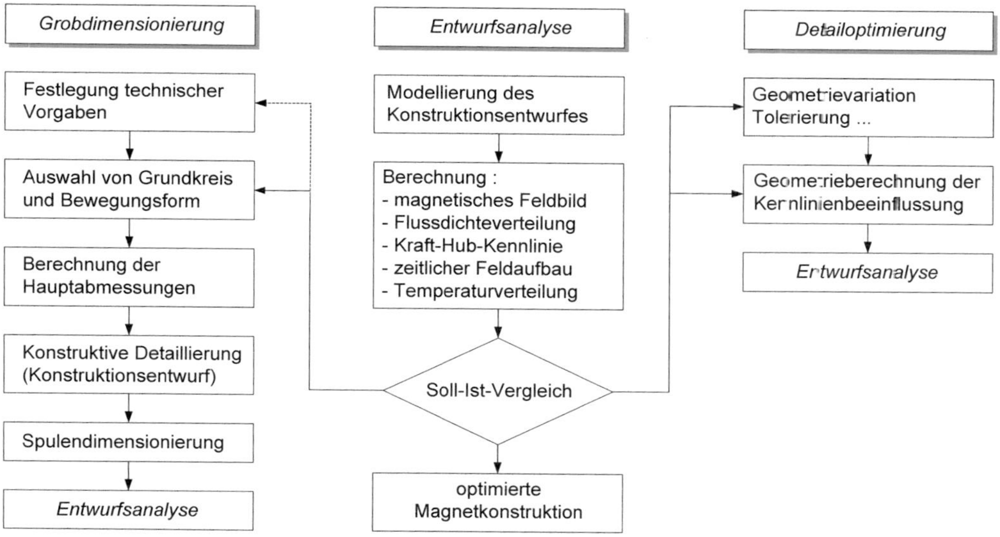

Bild 8.7: Hauptbestandteile und Arbeitsschritte des Magnetentwurfes (ohne Ansteuerelektronik)

Beispielsweise gilt unter Vorgabe der gemittelten Magnetkraft längs des Ankerhubes (typische Forderung für kennlinienbeeinflusste Magnete) nach [8.5]:

$$F_m = \frac{-\Phi_S \ln \cosh(\Theta\,\beta)}{2\,\beta\,\delta_{ges}} \tag{8.1}$$

mit

$$\Theta^2 = \frac{\alpha_G\,\Delta\vartheta_{32}\,A_O\,A_W\,k_W}{\varrho\,l_m} \tag{8.2}$$

und

$$\beta = \frac{\mu_0\,\mu_r\,A_{Fe}}{\Phi_S\,l_{Fe}}. \tag{8.3}$$

Für den Topfmagnetgrundkreis nach Bild 8.5a gelten als geometriebeschreibende Gleichungen mit der Normierung

$$x = \frac{b}{d}, \qquad y = \frac{h}{d} \qquad (x_{opt} = 0{,}35\ldots 0{,}48 \qquad y_{opt} = 1{,}5)\,, \tag{8.4}$$

für die Eisenquerschnittsfläche

$$A_{Fe} = \frac{\pi}{4} d^2\,, \tag{8.5}$$

für die mittlere Eisenweglänge

$$l_{Fe} = 2d\,(x+y)\,, \tag{8.6}$$

für den Wickelquerschnitt

$$A_W = x\,y\,d^2\,, \tag{8.7}$$

für die mittlere Windungslänge

$$l_m = \pi d \, (1 + x) \tag{8.8}$$

und für die wärmeabgebende Oberfläche

$$A_O = \pi d^2 \, \left[y \, (1 + 2x) \; + \; 0{,}25 \, (1 + 2x)^2 \right] \, . \tag{8.9}$$

Für das Eisenvolumen gilt

$$V_{Fe} = \frac{\pi}{2} \, d^3 \, \left(y \; + \; x \; + \; x^2 \; + \; 0{,}5 \right) \tag{8.10}$$

und für das Kupfervolumen

$$V_{Cu} = \pi d^3 \, xy \, (1 - x) \, . \tag{8.11}$$

Unter Vorgabe der materialabhängigen Größen, der thermischen Parameter, der technischen Forderungen und des Wicklungsfüllfaktors kann der effektive Ankerdurchmesser[2] d und damit die notwendige Eisenquerschnittsfläche A_{Fe} iterativ berechnet werden. Dabei sind:

μ_0, μ_r, ϱ, Φ_S	gegeben bei Werkstoffauswahl für Eisenkreis und Wicklung,
α_G, $\Delta\vartheta_{32}$	gegeben oder abschätzbar aus Umgebungsbedingungen bzw. im Lastenheft festgelegt,
F_m, δ, δ_{Rest}	Forderungen entsprechend der Aufgabenstellung, diese sind im Lastenheft enthalten.
k_W	wird für die Berechnung zunächst als Erfahrungswert vorgegeben und muss nach erfolgter Spulendimensionierung bei Abweichung vom Vorgabewert korrigiert werden, d. h. der Dimensionierungsablauf erfolgt iterativ.

Mit den Normierungsgrößen x_{opt} und y_{opt} sind so die Hauptabmessungen des magnetischen Kreises ermittelbar. Mit diesen Dimensionierungsergebnissen kann der Magnet unter Berücksichtigung weiterer Randbedingungen detailliert werden. Die Spulenauslegung wird in Abschnitt 8.5 erläutert.

8.4 Besonderheiten bei der konstruktiven Auslegung

Funktionsweise und Funktionssicherheit des Magneten werden weitgehend durch seine Detailgestaltung festgelegt. Geringe Änderungen der Einzelteilgeometrie oder im Herstellungsprozess der Magnetbestandteile können die technischen Leistungsdaten entscheidend beeinflussen. Deswegen sollen die bekannten Konstruktionsrichtlinien als Entwurfsrichtlinien für Magnetsysteme dargestellt werden. Dabei wird versucht, weitgehend einsatzunabhängige Forderungen abzuheben, die durch konkrete Beispiele verdeutlicht werden.

[2] Der effektive Ankerdurchmesser ist eine Rechengröße, die sich aus der Eisenquerschnittsfläche, die senkrecht zum Magnetfluss betrachtet, magnetisiert wird, ergibt. Muss der Anker aus funktionellen Gründen zusätzliche Formelemente (beispielsweise Schlitze, Bohrungen oder nichtmagnetisierbare Elemente) enthalten, sind deren Flächenanteile zu addieren, wodurch sich ein größerer Ankerdurchmesser als wahres Einzelteilmaß ergibt. In gleicher Weise ist auch bei anderen Kreisteilen vorzugehen.

Tabelle 8.1: Beispiel für die Berechnung der Hauptabmessungen

Forderungen:			**Hauptmaße:**		
Werkstoff:	Bezeichnung	9SMnPb28k	Ankerdurchmesser	d	15 mm
	Nummer	(1.0718)	wirksame Eisenfläche	A_{Fe}	176,7 mm²
	Sättigung	min. 1,7 T	Außendurchmesser	D_a	32,4 mm
max. Hub		3 mm	Gesamtlänge	l_{ges}	35 mm
gemittelte Magnetkraft		40 N	Wickelfensterbreite	b	6,9 mm
relative Einschaltdauer		60 %	Wickelfensterhöhe	h	22,4 mm
Nennspannung		12 V	Deckel-/Bodendicke	$h1$	3,7 mm
thermische Parameter:					
Wärmeübergangszahl		$10\,\mathrm{WK^{-1}m^{-2}}$	zul. Verlustleistung	P_z	6,5 W
Umgebungstemperatur		35 °C	Windungszahl	w	1100
max. Übertemperatur		80 K	Drahtdurchmesser	d_{Dr}	0,3 mm

8.4.1 Der Eisenkreis

Für die Auswahl des Grundkreises sind neben der Bewegungsform (translatorische, rotatorische Ankerbewegung) der zur Verfügung stehende Bauraum, die Art der Bewegungsübertragung (Kopplung zu benachbarten Bauteilen) sowie Stückzahl und Technologie maßgebend. Die vom Magneten zu verrichtende Hubarbeit ist bei E-Magneten (zweimaschige Flussführung) größer als bei U-Magneten (einmaschige Flussführung), im Vergleich zu Topfmagneten jedoch geringer (gleiche Volumina und thermische Bedingungen vorausgesetzt).

Zur Unterdrückung von Wirbelströmen wird bei größeren Magneten mit E- oder U-Grundform der Eisenkreis geblecht. Diese Technologie erlaubt vor allem die Herstellung rechteckiger Eisenquerschnitte. Seltener ist die Verwendung aufgewickelter dünner Metallstreifen als rotationssymmetrische Magnetkreiseinzelteile für Topfmagnete. Die Herstellung geblechter Eisenkreise bedingt durch hohe Werkzeugkosten große Stückzahlen. Die Blechisolation besteht aus einer Lack- oder Oxydschicht. Oxydieren mittels Glühprozess führt zu sehr dünnen Isolationsschichten, wodurch der Eisenfüllfaktor größer wird, zudem werden Randspannungen infolge des Stanzens beseitigt [8.3]. Solche Blechpakete werden vernietet, verschraubt oder durch entsprechende Formkörper zusammengehalten. Können Wirbelstromeinflüsse unberücksichtigt bleiben, z. B. bei kleinen Magnetkreisen mit hoher Induktivität [8.7], werden U- und E-Formen aus Blechbiegeteilen hergestellt (Massenproduktion). Die bei der Montage solcher Magnetkreise zwangsläufig auftretenden parasitären Luftspalte scheren die Kennlinien zusätzlich. Dieser Nachteil kann durch Press-, Niet- oder Kaltschweißverbindungen minimiert werden. Vorteilhaft ist, dass sich Blechbiegeteile mit anderen Eisenquerschnittsformen kombinieren lassen (Bild 8.8), solange die effektive, vom Magnetfluss durchsetzte Querschnittsfläche gleich bleibt.

Der Eisenrückschluss von Topfmagneten wird meist als Drehteil realisiert, wobei von Rohren, Rund- oder Vierkantstangen ausgegangen wird. Bei Verwendung von Vollmaterial wird der äußere Teil des Eisenkreises wahlweise mit »Deckel« und Ankergegenstück oder mit »Boden« und Flussleitstück als ein Einzelteil hergestellt, wodurch

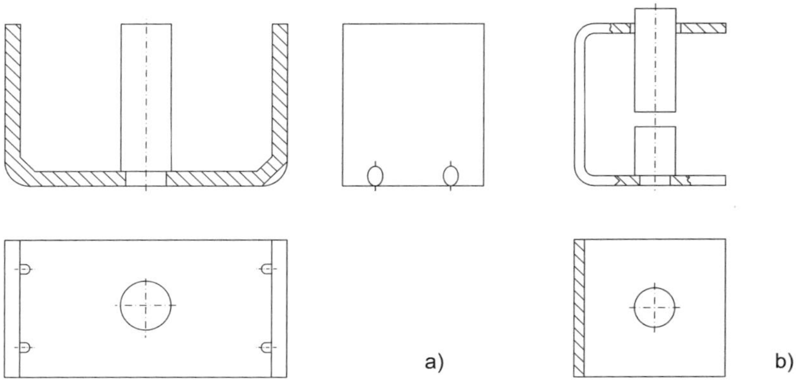

Bild 8.8: Kombinierter Eisenrückschluss aus Blechbiege- und Drehteilen; a) E-Magnet, b) U-Magnet

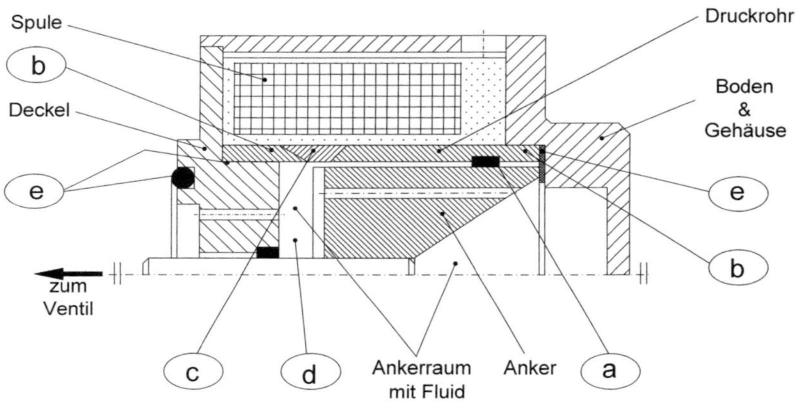

Bild 8.9: Hydraulikmagnet mit druckdichtem Ankerraum und Lokalisierung der Gestaltungsschwerpunkte entsprechend der Teilfunktionen a bis e

Montageluftspalte entfallen, das Spanvolumen minimiert wird, der Fertigungsaufwand am Einzelteil jedoch steigt. Die Drehteile werden untereinander verpresst oder mittels Passung gefügt und verstiftet oder gebördelt. Bei größeren Stückzahlen werden Teile des Eisenkreises durch Tiefziehen hergestellt, eine Technologie, die bedingt durch das hierfür begrenzte Verhältnis von Blechdicke des Ausgangsmaterials zu Teiledurchmesser kleineren Magnetgrößen vorbehalten bleibt.

Besonderheiten im Aufbau des Eisenkreises weisen Magnete für fluidtechnische Anwendungen auf, bei denen der Ankerraum von einem Fluid (Hydrauliköl, Gas, Luft, Bremsflüssigkeit) mit Betriebsdruck p_{Fl} durchströmt oder befüllt ist. Dabei bewegt sich der Magnetanker im Fluid, der Ankerraum ist Teil des hydraulischen oder pneumatischen Kreises. Die Abgrenzung zwischen Ankerraum und äußeren Magnetteilen wird axial durch Ankergegenstück und Boden, radial mittels Druckrohr realisiert, wobei diese drei Bauteile in unterschiedlichster Weise kombiniert werden. In Bild 8.9 ist der Halbschnitt eines Proportionalmagneten dargestellt, wobei die funktionell bedingten konstruktiven Schwerpunkte Ankerführung (a), Flussführung, Kennlinienbeeinflussung (b), Trennung der magnetisch leitenden Kreisteile (c), Krafterzeugung (d) und Druckdichtheit (e) gekennzeichnet sind.

Die folgende Übersicht stellt den funktionellen Forderungen konstruktive Lösungsmöglichkeiten gegenüber, die untereinander kombiniert zu der in Bild 8.10 dargestellten Auswahl von Konstruktionsvarianten führt. Diese Möglichkeiten sind mit ihrer Druckrohrgestaltung für durchströmte Magnetventile (beidseitig hydraulische gekoppelt) in gleicher Weise anwendbar, wie für Proportional- oder Schaltmagnete, die an Ventile angeflanscht werden.

Teilaufgaben:	**Realisierungsmöglichkeiten:**
a) **Ankerführung** innerhalb des Druckrohres	Berechnung des Rohrinnendurchmessers d_{iRohr}: $$d_{iRohr} = d_{Anker} + 2\delta_{radial}. \qquad (8.12)$$ - Druckrohr innen geschliffen → Anker trägt Gleitring - Druckrohr mit Gleitbuchse → Anker geschliffen (Bei PTFE-Gleitringen oder Gleitfolien sind für eine opt. Lebensdauer Rauhtiefen R_z2 bis R_z3 vorzusehen.)
b) das Druckrohr muss zwischen Boden und Anker und im Bereich des Ankergegenstücks **flussführend** sein	Berechnung des Rohraußendurchmessers d_{aRohr}: $$d^2_{aRohr} = d^2_{iRohr} + \frac{4}{\pi} A_{Fe} \qquad (8.13)$$ Der flussführende Rohrabschnitt kann ggf. als Kennlinienbeeinflussung ausgebildet werden.
c) zwischen beiden flussführenden Teilen muss eine **magnetische Trennung** erfolgen	kraft- und/oder formschlüssig aus mindestens zwei Einzelteilen zusammengesetzt: - z. B. austenitisches Rohr und eingepresster ferritischer Ring stoffschlüssig: - eingelöteter / eingeschweißter austenitischer Ring - Auftragsschweißen nichtmagnetisierbaren Materials - Schleuderlöten oder partielle Gefügeumwandlung

d) das Druckrohr muss den **Innendruck** des Ankerraumes **aufnehmen**

Dimensionierung der Wanddicke s_0 im einfachsten Fall nach [8.1]

$$s_0 = d_{iRohr}\, p_{Fl} \;/\; (2\sigma_{zul} \;-\; p_{Fl}) \tag{8.14}$$

für den max. Innendruck des Fluids p_{Fl} und das Material mit der kleinsten Streckgrenze $R_p0{,}2$ (σ_{zul}). (Die mögliche Schwächung oder Versprödung infolge Schweißung/Lötung ist zu beachten.)

e) der **Ankerraum muss** in den Bereichen:
Druckrohr/Ankergegenstück
Druckrohr/Boden
abgedichtet sein.

kraft- und/oder formschlüssige Kopplung der Einzelteile:
- Passung, Bördelung (metallisch dicht)
- mit zusätzlichen Dichtelementen (z. B. Dichtring)

stoffschlüssig:
- schweißen, löten
- aus einem Teil hergestellt (Tiefziehteil, Drehteil)

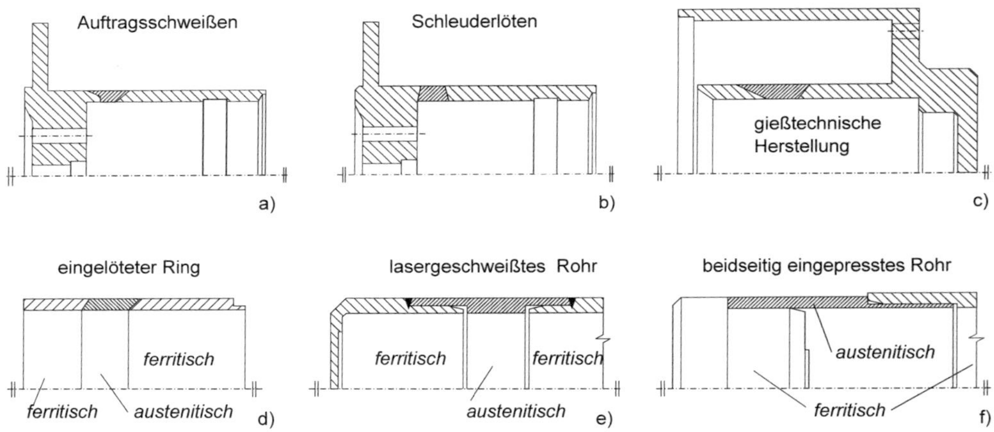

Bild 8.10: Auswahl unterschiedlicher Druckrohrgestaltungen

Bei den Varianten a und b ist das Druckrohr gemeinsam mit dem Magnetdeckel, bei Variante d mit dem Boden/Gehäuse als ein Bauteil gefertigt (Bearbeitungsfolge: Vorbearbeitung, Herstellung des nichtmagnetisierbaren Bereiches, Fertigbearbeitung). Die Varianten d bis f bestehen aus drei zu fügenden Einzelteilen. Bei den Varianten e und f sind die Einzelteile bereits vor dem Fügen fertig bearbeitet. Eine weitere Möglichkeit der Druckrohrgestaltung zeigt Bild 8.11 [Literaturstelle: DE 100 38 139]. Um die Forderungen nach Druckdichtheit, Druckfestigkeit und magnetischer Kreistrennung zu realisieren, wird hier in einem Rohling im Rotationsverfahren mittels Laser eine Schmelzzone erzeugt, in die ein Fremdmaterial zulegiert wird. Durch die Materialwahl erstarrt die Schmelzzone nicht wie das Ausgangsmaterial kubisch raumzentriert (ferritisch) sondern kubisch flächenzentriert (austenitisch).

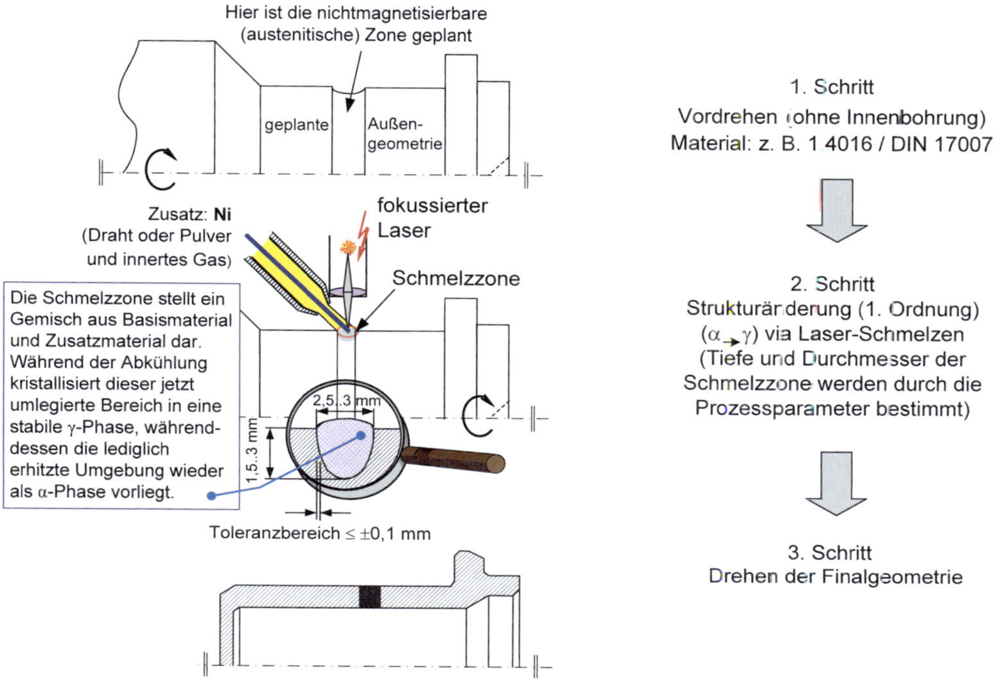

Bild 8.11: Herstellung eines austenitischen Bereiches durch Gefügeumwandlung

8.4.2 Luftspalte im Magnetkreis

Im magnetischen Kreis wird prinzipiell zwischen Arbeitsluftspalt, dem Ort der gezielten Kraftwirkung auf das bewegte Einzelteil (im Allgemeinen der Anker) und funktions- oder montagebedingten Nebenluftspalten unterschieden. Beide Luftspaltarten führen zur Scherung der Magnetisierungskennlinie und sind deshalb wichtige Details für die Magnetkonstruktion.

Arbeitsluftspalt

Die Größe des Arbeitsluftspaltes wird durch den erforderlichen Hub δ bzw. den Stellweg s des Magneten bestimmt. Der Gesamtluftspalt δ_{ges} als Distanz zwischen beweglichem Anker und Ankergegenstück ist die Summe aus Arbeitsluftspalt δ und Restluftspalt δ_{Rest}:

$$\delta_{ges} = \delta + \delta_{Rest}. \tag{8.15}$$

Für die Betrachtung der Luftspaltlänge δ_{max} im magnetischen Kreis, die zur Kennlinienscherung führt, müssen parallel wirkende Luftspalte summarisch erfasst[3] werden:

$$\delta_{max} = n\delta_{ges} + \sum \delta_p. \tag{8.16}$$

Der Restluftspalt wird als nichtmagnetische Antiklebscheibe oder Plättchen realisiert und verhindert ein magnetisches Kleben zwischen Anker und Ankergegenstück nach Abschalten des Erregerstromes infolge der Remanenzinduktion. Dessen Größe beeinflusst das dynamische Abschaltverhalten des Magnetsystems. Nach der Größe des Arbeitsluftspaltes lassen sich unterscheiden:

Kleinsthubmagnete	$\delta \leq \sum \delta_p$	Sondermagnete
Kurzhubmagnete	$\delta \ll \sqrt{A_{Fe}}$	alle Magnetformen mit rotatorischer
Mittelhubmagnete	$\delta \approx \sqrt{A_{Fe}}$	oder translatorischer Ankerbewegung
Langhubmagnete	$\delta \gg \sqrt{A_{Fe}}$	Topf-, Tauchankermagnete

(δ_p parasitäre Luftspalte im Magnetkreis; A_{Fe} wirksame Eisenquerschnittsfläche)

Zur Anpassung des Magnetkraftverlaufes an die äußere Belastungskennlinie, insbesondere bei Kurz- und Mittelhubmagneten, sind mehrere Varianten der Kennlinienbeeinflussung bekannt (Abschnitte 3.5.2, 3.5.3).

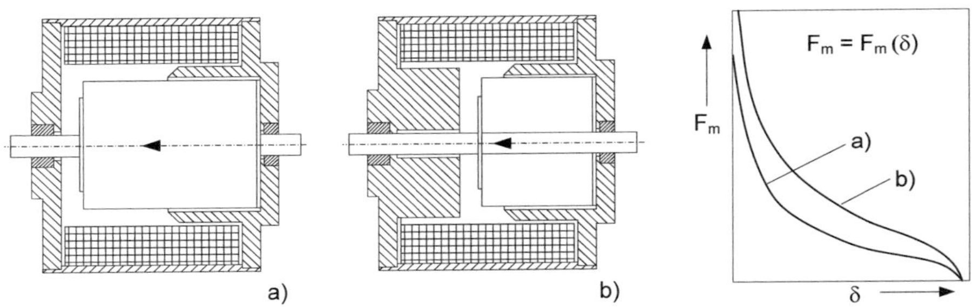

Bild 8.12: Variation der Lage des Arbeitsluftspaltes mit zugehörigen Magnetkraft-Hub-Kennlinien

Die Anordnung des Arbeitsluftspaltes im magnetischen Kreis hängt weitgehend von der Wahl der Grundform nach Bild 8.5 ab. Für Topf- und Tauchankermagnete ist es günstig, den Arbeitsluftspalt im mittleren Drittel der Erregerspule (bezogen auf die Wickelfensterhöhe) anzuordnen, da dies infolge geringerer Streuflüsse einen Kraftanstieg zur Folge hat (Bild 8.12). Obgleich dies zum Teil zu komplizierteren Teileformen führt, ist eine Integration der Rückstellfeder trotzdem möglich.

Langhubmagnete werden häufig ohne Anschlag des Ankers innerhalb des Magneten ausgeführt. Hier stellt der »Durchzug« des Ankers durch den Deckel des Eisenkreises

[3]Die summarische Erfassung der einzelnen Luftspalte im Magnetkreis ist nicht die reine Addition der die Luftspalte bildenden Relativabstände flussführender Bauteile, sondern zunächst deren Umrechnung als effektiv wirkende Luftspalte bezogen auf die jeweils durchflutete, den Luftspalt begrenzenden Fläche (n=1 für Tauchankermagnete, n=2 für Flachankermagnete).

ebenfalls eine Kennlinienbeeinflussung dar. Solche Bauformen werden dann angewandt, wenn bei unterschiedlichen Hublängen ($\delta_{ist} = \delta_{soll} \pm \Delta\delta$ mit $\Delta\delta \ll \delta_{soll}$) die mechanische Energie nur geringfügig schwanken darf (Bild 8.13). Als Anwendungsbeispiele können Abschlagmagnete bei Typenradschreibmaschinen oder Magnete, die ohne zusätzliche Getriebe zur Teileumformung (z. B. Nieten) in Automatisierungslösungen zum Einsatz kommen, genannt werden.

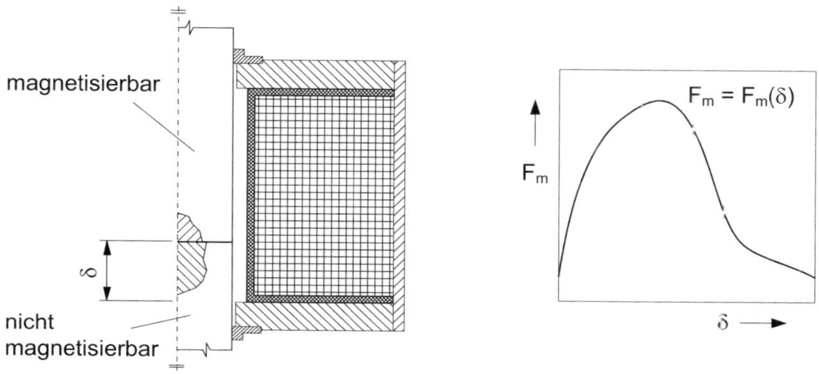

Bild 8.13: Topfmagnet ohne internen Ankeranschlag mit qualitativer Magnetkraft-Hub-Kennlinie. Der zusammengesetzte Anker bewegt sich nach unten, Rückstellbewegung mittels Feder.

Polflächenvergrößerung:

Als Möglichkeit der Krafterhöhung wird die Polflächenvergrößerung eingesetzt. Mit größerer Polfläche sinkt der magnetische Leitwert bei gleichem Hub

$$G_m = \mu_0 \frac{A_{Fe}}{\delta}. \tag{8.17}$$

Bei Klappanker-U- und -E-Magneten wird darüberhinaus bei gleichem Öffnungswinkel der Arbeitsluftspalt verkürzt. Dies wird durch eine exzentrische Anordnung der Polflächenvergrößerung noch verstärkt [8.16]. Folgende Beziehung für die Magnetkraft verdeutlicht beide Einflüsse

$$F_m = \frac{\Theta^2 \mu_0 A_{Fe}}{2\delta^2}. \tag{8.18}$$

Sie ist solange gültig bis der magnetische Luftspaltwiderstand in die Größenordnung der Eisenwiderstände bzw. parasitärer Luftspalte abgesunken ist.

Um nicht zusätzlich durch die Polflächenvergrößerung Streuflüsse in den Kreis einzubringen, sollte das vergrößerte Teil ›d_a‹ am Gegenpol angestaucht oder der gesamte Gegenpol mit vergrößertem Durchmesser ausgeführt werden (Bild 8.14). An die Polflächenvergrößerung sind keine Fasen anzudrehen, da diese zu einer Aufweitung des Magnetfeldes im Arbeitsspalt und so zur Kraftreduzierung führen würde.

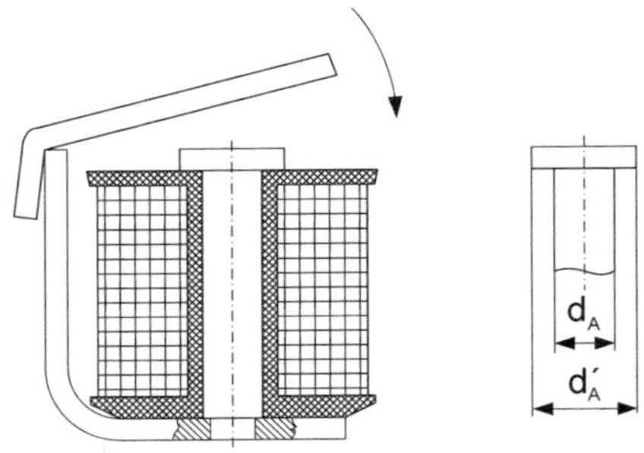

Bild 8.14: Polflächenvergrößerung am Kern eines Klappanker-U-Magneten

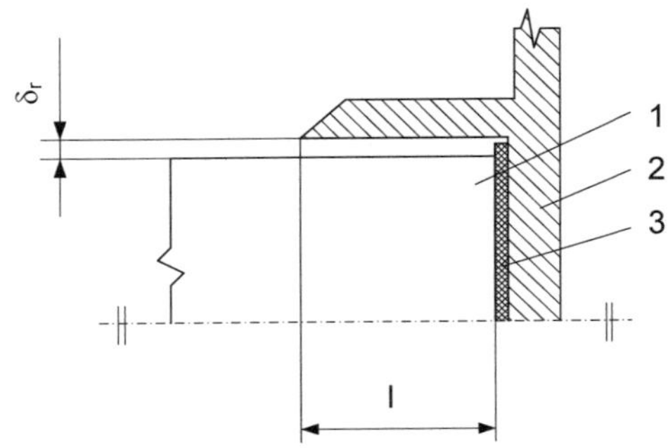

Bild 8.15: Flussleitstück (Länge l) und Radialluftspalt δ_r eines Topfmagneten (1 Anker, 2 kombinierter Boden mit Flussleitstück, 3 Antiklebscheibe)

Parasitäre Luftspalte

Fertigungstechnisch bedingt oder zur Realisierung von Ankerlagerung oder -führung existieren im Magnetkreis stets parasitäre Nebenluftspalte, die zusätzlich zum Arbeitluftspalt die Magnetisierungskennlinie scheren. Sie sind darum prinzipiell so gering wie funktionsnotwendig und fertigungstechnisch vertretbar zu gestalten. Die Nebenluftspalte sollten in der Hubausgangslage (Bewegungsbeginn) die kleinsten Luftspalte im Kreis bilden und während der Ankerbewegung konstant bleiben. Sie haben dann keinen Einfluss auf die Kraftcharakteristik des Systems, wohl aber auf den magnetischen Wirkungsgrad.

Gestaltungsforderungen

a) Topfmagnete

Der Nebenluftspalt von Topfmagneten ist flussführend und während der Ankerbewegung konstant. Der Anker muss möglichst zentrisch im Flussleitstück bzw. bei anschlaglosen Systemen in Deckel und Boden geführt werden, da sich ansonsten die Querkräfte nicht kompensieren und als »magnetische Reibung« den Kraftverlauf und die Dynamik nachteilig beeinflussen. Zur Minimierung mechanischer Reibung und damit der Schalthysterese sind Gleitbuchsen einzusetzen. Sich gegenüberstehende Mantelflächen von Flussleitstück und Anker (Bild 8.15) sollen bei angezogenem Anker mindestens gleich der Ankerquerschnittsfläche sein. Daraus ergibt sich als Bemessungsgleichung für die Mindestlänge des Flussleitstückes:

$$l_{min} = \frac{d_a^2 - d_i^2}{4\,(d_a + 2\delta_r)} + \delta_{ges}. \tag{8.19}$$

Hierbei sind d_a und d_i Außen- und Innendurchmesser des Ankers und δ_r der Radialspalt zwischen Flussleitstück und Anker. Im Allgemeinen ist es günstig, das Flussleitstück darüber hinaus zu verlängern. Der minimale Abstand zwischen Ankergegenstück bzw.

Kennlinienbeeinflussung und Flussleitstück muss jedoch mindestens die doppelte Länge des Arbeitsluftspaltes (bei Kurz- und Mittelhubmagneten) betragen.

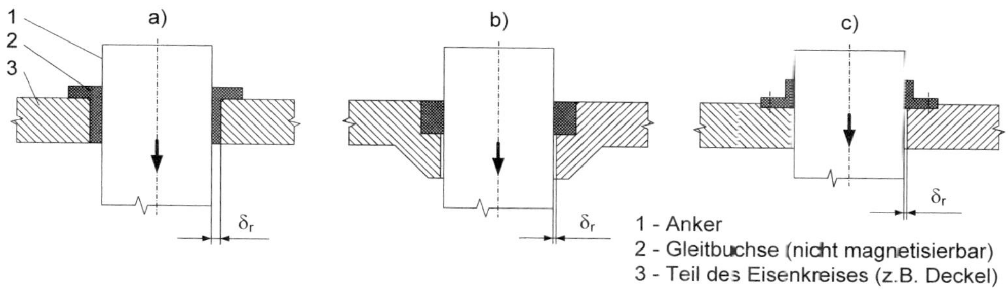

Bild 8.16: Minimierung des Radialluftspaltes bei einem Topfmagnet ohne inneren Ankeranschlag

Bild 8.16a zeigt eine ungünstige Gestaltung des flussführenden Radialluftspaltes zwischen dem Teil des Eisenrückschlusses und dem Magnetanker. Unter Berücksichtigung der Querschnittsbedingung wird in Bild 8.16b der Luftspalt zwar verringert, aber die Deckelform ist ungünstig. Bild 8.16c zeigt die Minimierung des radialen Spaltes ohne wesentliche Formänderung des Deckels.

Wird der Magnetanker mit anderen Bauteilen direkt gekoppelt (Funktionen- oder Geometrieintegration), kann der Magnetanker auch über seine gesamte Länge in einer beispielsweise tiefgezogenen Führungshülse geführt werden. Dabei wird der parasitäre Luftspalt (Magnetflussübergang in den Anker) durch das erforderliche Bewegungsspiel und die Wanddicke der Hülse vorgegeben. Um einen magnetischen Kurzschluss zu vermeiden, wird diese Hülse aus austenitischem Material hergestellt. Damit ergibt sich elektrochemisch die Notwendigkeit, den Anker zu beschichten (Beispiel Anker aus Automatenstahl: el.-chem. Potenzial 855 mV, Führungshülse aus Cr-Stahl 18/8 mit einem el.-chem. Potenzial 120 mV). Damit ergibt sich eine Potenzialdifferenz von 735 mV. Bei dieser Paarung wird es zwangsläufig zu Kontaktkorrosion kommen. Das kann letztlich zum Klemmen des Ankers führen. Demzufolge ist der Magnetanker mit einem Oberflächenschutz zu versehen (Cr, Ni, PTFE), um die elektrochemische Spannungsdifferenz zu verringern, der aber zudem abriebfest sein muss (Dauertest!).

b) U- und E-Magnete

Nach [8.10] sind flussführende Ankerlagerungen zu bevorzugen, sie werden meist als Zapfen oder Schneidenlager ausgeführt (Bilder 8.6, 8.17). Obgleich Magnete mit Zapfenlager ein geringfügig besseres Arbeitvermögen als solche mit Schneidenlager besitzen, ist deren Fertigungsaufwand ungleich höher. Die Lagerreibung der Schneidenlager ist vernachlässigbar. Bei Schneidenlagern hat die Schmiegung, d. h. die Größe des Luftraumes des Nebenluftspaltes infolge der Winkeldifferenz zwischen Schneide und Pfanne großen Einfluss auf die Magnetkraft, so dass spitze Schneidenwinkel zu verwenden sind [8.10].

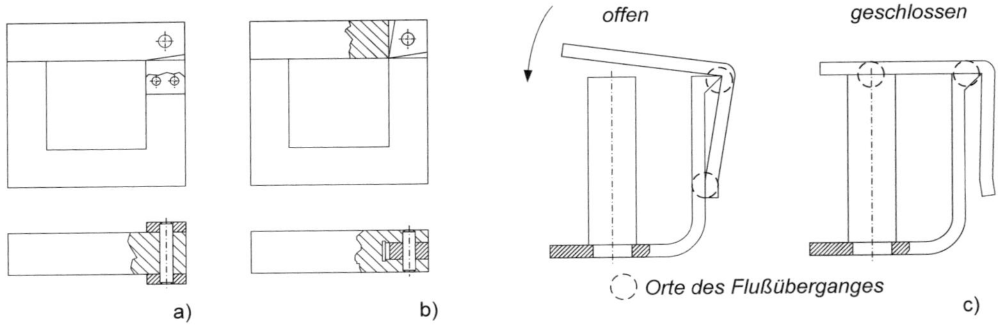

Bild 8.17: Lagergestaltung bei Klappanker-U-Magneten - a), b) Zapfenlager, c) Schneidenlager

Als einfachste Form eines Schneidenlagers wird häufig bei Blechbiegeteilkonstruktionen von U- und E-Magneten der Anker form- oder kraftgepaart über die Längsseite eines Schenkels des Eisenrückschlusses gekippt. Um zu gewährleisten, dass bei Lageänderungen des Magneten die Koppelstelle zwischen Anker und Eisenrückschluss bestehen bleibt, werden zwischen gestellfestem Eisenkreis und Magnetanker Federn angeordnet, die gleichzeitig die Ankerrückstellung bewirken. Bei diesen Magnetformen wird die Funktion der Antiklebescheibe konstruktiv durch die Formgebung der den Luftspalt bestimmenden Bauteile realisiert.

Für Magnete mit translatorischer Ankerbewegung (dabei ist meist der bewegliche Schenkel bzw. Anker zylindrisch und der übrige Magnetkreis als Blechbiegeteil gestaltet) gelten die gleichen Regeln wie für Topfmagnete.

8.4.3 Allgemeine Gestaltungsrichtlinien

Für die Konstruktion von Magnetsystemen können die folgenden Entwurfsrichtlinien nach [8.2] empfohlen werden:

I. Dimensionierung des Eisenkreises

a) Ausgehend von der Anker- (Schenkel-) querschnittsfläche sind alle flussführenden Teile des Magnetkreises und die Nebenluftspalte zu dimensionieren.

b) Die Dimensionierung der Magnetteile erfolgt stets von innen nach außen:

1. Bestimmung der notwendigen Eisenquerschnittsfläche,
2. Festlegung der Lage des Arbeitsluftspaltes,
3. Festlegung von Montageluftspalten,
4. Festlegung der Lage, der Konstruktionsmaße und der Anschlüsse der Erregerspule, Berechnung der Spulenkennwerte,

5. Bestimmung der geometrischen Abmessungen des Eisenkreises um die Erregerspule.

c) Der Magnetkreis ist symmetrisch aufzubauen. Stark unterschiedliche Eisenwege bei Kreisverzweigungen sind zu vermeiden, da diese u. U. zu partiellen Sättigungserscheinungen führen und erhebliche Streuflüsse erzeugen.

d) Die magnetischen Feldlinien sind auf kürzestem Weg durch den Eisenkreis zu schließen (Minimierung der Eisenweglänge). Überflüssiges Umlenken des Magnetflusses und vergleichsweise größere Eisenwege erhöhen den Streuflussanteil. Ein verringerter Hauptfluss im Anker bedingt eine geringere Anzugskraft.

II. Gestaltung der Luftspalte

e) Gestaltung des Arbeitsluftspaltes: Durch geeignete Wahl der Anker-Ankergegenstücke, u. U. durch Kennlinienbeeinflussung ist eine optimale Anpassung an die Gegenkraftcharakteristik anzustreben. Der Arbeitsluftspalt ist ins Innere der Erregerspule zu legen, da diese dort den Hauptfluss führt und ansonsten Flussanteile zur Krafterzeugung verlorengehen.
Zur Verhinderung des Ankerklebens (Resthaltekraft infolge der Remanenzflussdichte verhindert den Ankerabfall, wenn diese größer als die entsprechende Rückstellkraft ist) werden Antiklebscheiben (nichtmagnetisches Material mit hoher Schlagfestigkeit) verwendet. Bewusst eingestellte Restluftspalte haben die gleiche Wirkung. Die alleinige Wahl von Magnetwerkstoffen mit geringer Remanenzinduktion ist nicht ausreichend. Bei magnetischem Kleben des Ankers in der Hubausgangsstellung ist meist die Führung des magnetischen Flusses zwischen Eisenrückschluss und Anker ungünstig gestaltet. Ist eine Umkonstruktion nicht möglich, ist ebenfalls eine Antiklebscheibe einzusetzen.

f) Die Anpassung der Magnetkraft-Hub-Kennlinie des Magnetsystems an die äußere Belastungskennlinie erhöht die Lebensdauer. Ist die Magnetkraft wesentlich größer als die Gegenkraft, wird der Anker stark beschleunigt und es treten sehr hohe Ankerendgeschwindigkeiten auf. Dies führt zu starkem Verschleiß und begünstigt das Prellen. Neben der einsatzspezifischen Dimensionierung des Magnetkreises erfolgt die Anpassung der o. g. Kennlinien durch Formen der geometrischen Kennlinienbeeinflussung, Parallelschalten mehrerer Arbeitsluftspalte oder bewusst erzeugte Sättigung in bestimmten Magnetteilen, z. B. durch gezieltes Verringern des Eisenquerschnittes.

g) Gestaltung des Nebenluftspaltes: Parasitäre Luftspalte sind in jedem Fall so gering wie funktionsnotwendig zu gestalten. Technologisch bedingte Spalte sind z. B. durch Press- oder Nietverbindungen zu minimieren. Der für die Bewegung unerlässliche Nebenluftspalt während der Bewegung konstant bleiben.

h) Wird bei Kleinsthubmagneten der flussführende Nebenluftspalt gleich oder größer als der Arbeitsluftspalt festgelegt, kann die toleranzbedingte Exemplarstreuung verringert werden. Dabei entsteht jedoch eine Verringerung des magnetischen Wirkungsgrades (Bild 3.8).

III. Gestaltungshinweise aus thermischer Sicht

i) Zur besseren Wärmeabführung werden Erregerspulen umspritzt. Bei gekapselter Ausführung, z. B. Topfmagnete mit geschlossenem Eisenrückschluss, kann die Spule direkt im Eisenrückschluss vergossen werden. Generell sind die Luftspalte zwischen Spule und wärme(ab)leitenden Teilen zu minimieren.

j) Am Einbauort muss die Erwärmung des Magneten beachtet werden. Anordnungen, die den Wärme(ab)transport verbessern, sind zu bevorzugen. Bei der Werkstoffauswahl sind die unterschiedlichen Wärmeausdehnungskoeffizienten zu berücksichtigen.

k) Die vorgegebene relative Einschaltdauer und die zulässige Leistung dürfen nicht überschritten werden (Überlastung und Lebensdauereinschränkung).

IV. Allgemeines

l) Bewegungsrichtung und Flussrichtung im Arbeitsluftspalt sollten im Sinne einer maximalen Ausnutzung zur Krafterzeugung übereinstimmen.

m) Der Kraftangriffspunkt bei Klappankermagneten sollte möglichst weit von der Drehachse des Ankers entfernt sein. Die Drehachse soll senkrecht zum Hauptschnitt des Eisenkreises angeordnet werden.

n) Das dynamische Verhalten wird durch eine geringe Ankermasse begünstigt.

o) Bei extrem kleinem Hub ist sowohl die statische Magnetkraft-Hub-Kennlinie als auch das dynamische Verhalten der Magnete wesentlich stärker von Fertigungstoleranzen und Veränderungen, die während des Betriebes auftreten, abhängig als bei größeren Stellwegen. Für die Magneteinzelteile sind Materialien mit nahezu gleichen thermischen Ausdehnungskoeffizienten einzusetzen. Um Fertigungstoleranzen in ökonomisch vertretbarem Rahmen festlegen zu können, auch gemeinsame Fertigung zu paarender Teile ist nur in Grenzen vertretbar, ist der Magnetkreis durch entsprechend große Parasitärluftspalte zu scheren, so dass die Magnetkennlinien relativ toleranzunabhängig werden, die Exemplarstreuung in der Serienfertigung verringert wird.

V. »Isolation« magnetischer Streuflüsse

Es ist zu beachten, dass magnetische Streuflüsse (von offenen magnetischen Kreisen, stromdurchflossenen Leitern, ...) im Streufeld befindliche Bauelemente magnetisieren. Möglichkeiten der Einflussnahme sind:

p) Mittels genügend großer Luftspalte kann man funktionsbedingt flussführende von dazu benachbarten Bauteilen magnetisch schirmen.

q) Würden Einzelteile oder Baugruppen bei einem unvermeidbarem Kontakt mit flussführenden Bauteilen Schaden nehmen, so sind Werkstoffsubstitutionen mit nicht- oder schwachmagnetisierbaren Werkstoffen oder der Kurzschluss der Streufelder mittels magnetisierbarer Schirme Möglichkeiten zur Vermeidung von Fehlfunktionen.

r) Es ist eine entsprechende Flussführung, gegebenenfalls mit zusätzlichen magnetisierbaren Brücken oder entsprechend überdimensionierten Gehäusewandstärken vorzusehen, so dass diese nicht in den magnetischen Bereich der Sättigung ausgesteuert werden.

s) Mit Hilfe von Feldkompensationsspulen können entsprechende Gegenfelder erzeugt werden (Aufwand!).

Wie bei jeder Konstruktion ist auch der Magnetentwurf fertigungsgerecht auszuführen; technologischer und Entwicklungsaufwand sind abhängig von Stückzahl und Einsatz zu kalkulieren. Demzufolge ist stets aus Arbeitsprinzip, Herstellungsaufwand, Bauraum usw. entsprechend der Aufgabenstellung ein vernünftiger Kompromiss zu suchen. Nicht alle Konstruktionsrichtlinien lassen sich bei jedem Magnettyp verwirklichen.

8.5 Aufbau und Technologie der Erregerspule

8.5.1 Allgemeines

Der zweckmäßige Aufbau der Erregerspule, die Anwendung geeigneter Werkstoffe und die Wahl der günstigsten Herstellungstechnologie haben einen großen Einfluss auf die technischen Daten eines Gleichstrommagneten. Neben dem Aufbau der Wicklung ist die Art der Wicklungsisolation und die Anordnung der Spule innerhalb des magnetischen Kreises von großer Bedeutung für das spezifische Arbeitsvermögen eines Gleichstrommagneten. Die Einteilung der Erregerspulen nach verschiedenen Ordnungsmerkmalen zeigt Bild 8.4.

Der überwiegende Teil aller Erregerspulen für Elektromagnete sind Kupferdrahtspulen. Seit 1960 werden vereinzelt auch Aluminiumfolienspulen verwendet [8.12], [8.13], [8.14].

Die Form und Abmessungen der Erregerspule werden in der Regel durch den Aufbau des magnetischen Kreises bestimmt. Geblechte Magnetsysteme (U-, E-, oder T-Magnete) erfordern rechteckige Spulen, während in Topfmagneten und Kleinmagneten (U- oder E-Magnete kleiner Baugröße und für große Stückzahlen) vorzugsweise die wickeltechnisch günstigeren Rundspulen angewendet werden. Spulen werden sowohl körperlos gewickelt und bandagiert, wie auch mit Spulenkörper gewickelt, getränkt, vergossen oder umspritzt. Bei der Bemessung der Erregerspulen und deren Konstruktion sollen hohe Füllfaktoren und günstige Wärmeübergangsverhältnisse erreicht werden.

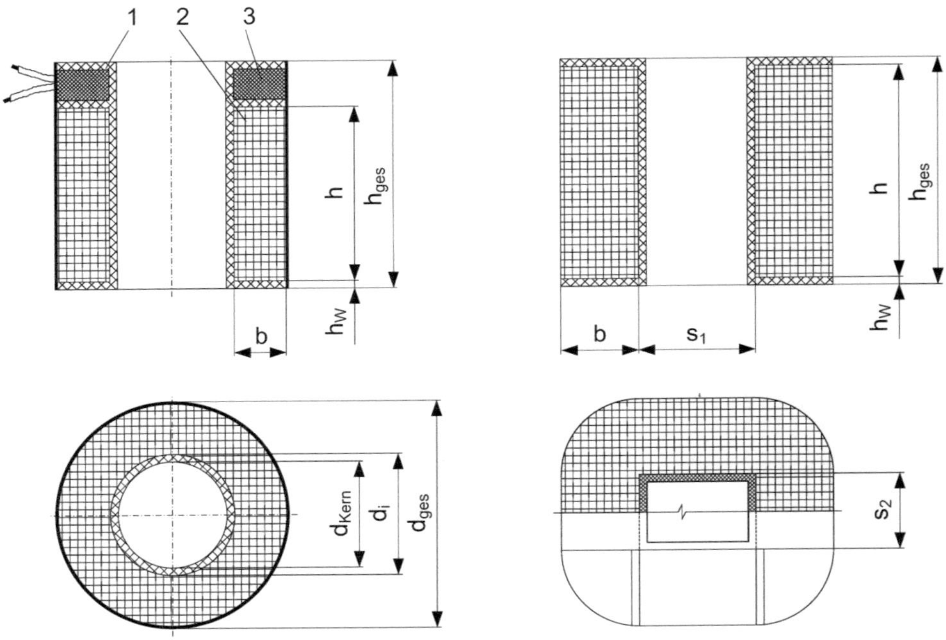

Bild 8.18: Notwendige Hauptabmessungen zur Spulenauslegung (1 Spulenkörper, 2 Wickel, 3 Bauraum zur Verbindung des Spulendrahtes mit dem Anschlussdraht)

Tabelle 8.2: Füllfaktoren

Füllfaktoren	Berechnungsgleichung allgemein	Berechnungsgleichung Rundspulen	Erläuterung
Kupferfüllfaktor	$k_{Cu} = \frac{A_L}{A_W}$	$k_{Cu} = \frac{\pi d_{Cu}^2 w}{4 A_W}$	A_L summarische Leiterflächen A_W Wicklungsfläche A_D Drahtfläche
Wicklungsfüllfaktor	$k_W = \frac{A_D}{A_W}$	$k_W = \frac{\pi d^2 w}{4 A_w}$	d_{Cu} Leiterdurchmesser d Drahtdurchmesser d_{Cu} + Isolation w Windungszahl
Fensterfüllfaktor	$k_F = \frac{A_W}{A_F}$		Der Fensterquerschnitt A_F ist als Halbschnitt durch den kompletten Einbauraum für die Erregerspule innerhalb des Eisenkreises definiert. Damit wird k_F in erster Linie durch die Spulenisolation bestimmt.

8.5.2 Füllfaktoren

Die wichtigsten Kenngrößen zur Beurteilung einer Wicklung und der Ausnutzung des zur Verfügung stehenden Bauraumes sind die Füllfaktoren. Man unterscheidet zwischen Kupferfüllfaktor (Leiterfüllfaktor), Wicklungsfüllfaktor und Fensterfüllfaktor (Tabelle 8.2).

Das Bestreben, den zur Verfügung stehenden Wickelraum möglichst günstig auszunutzen und die Wahl günstiger Herstellungsverfahren hat zu verschiedenen Wicklungsarten geführt. Man unterscheidet zwischen ungleichmäßig (»wild«) gewickelten, lagenweise gewickelten und orthozyklisch gewickelten Spulen [8.9]. Die Anordnung der Spulendrähte bei den verschiedenen Wicklungsarten sind in Bild 8.19 dargestellt.

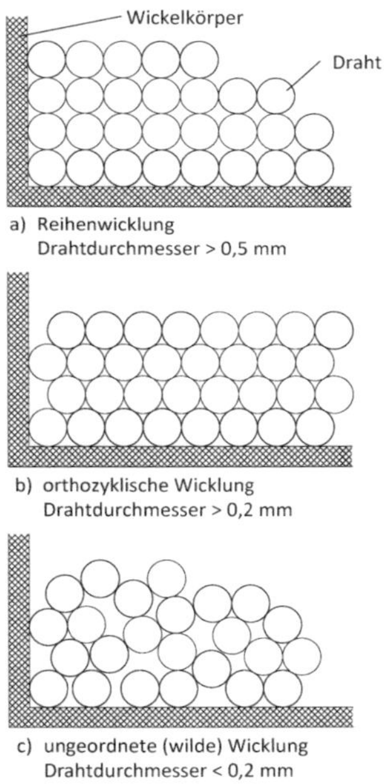

Bild 8.19: Anordnung des Runddrahtes bei verschiedenen Wicklungsarten

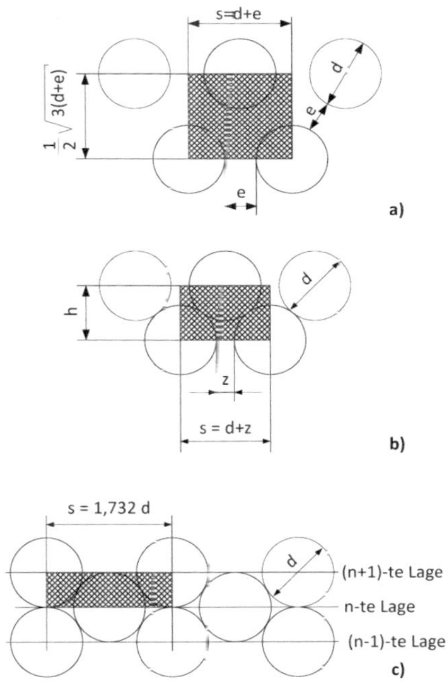

Bild 8.20: Darstellung zur Berechnung von Wicklungsfüllfaktoren

Der Wicklungsfaktor der lagenweise gewickelten und orthozyklischen Wicklung kann in einfacher Weise berechnet werden, während dessen eine theoretische Berechnung für eine ungleichmäßige Wicklung nicht möglich ist. Bei der Berechnung müssen Erfahrungswerte der Spulenhersteller bzw. Werte von Vergleichsobjekten benutzt werden.

Zum Zwecke der Vorausberechnung des Wicklungsfüllfaktors ist in Bild 8.20 eine Fläche aus einer Spule, die senkrecht die Wickelfläche schneidet, dargestellt. Sind die Abstände zwischen den einzelnen Drähten alle gleich (Bild 8.20a), so erhält man

$$k_W = \frac{\pi\, d^2}{2\,\sqrt{3}\,(d+e)^2}. \tag{8.20}$$

Bei $e = 0$ wird der höchstmögliche Wicklungsfüllfaktor $k_W = 0{,}91$ erreicht.

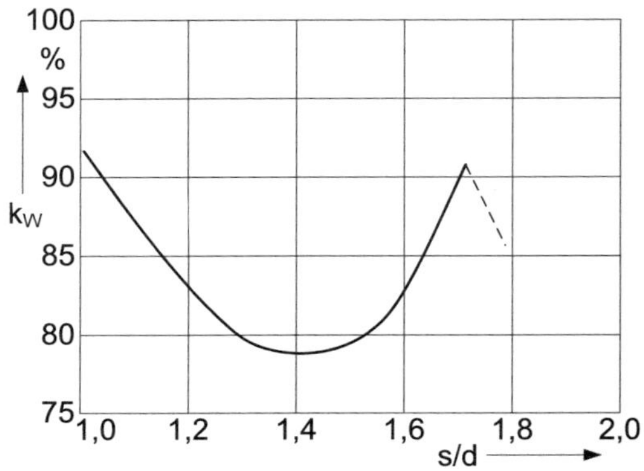

Bild 8.21: Abhängigkeit des Wicklungsfüllfaktors k_W vom normierten Vorschub s/d

Die Abhängigkeit des Wicklungsfüllfaktors vom Vorschub s/d wurde in [8.11] unter der Annahme untersucht, dass auf Grund des Drahtzuges beim Wickeln die Drähte dicht aufeinander liegen. Entsprechend der Anordnung in Bild 8.20b gilt dann

$$k_W = \frac{\pi\, d^2}{4h\,(d+z)} \tag{8.21}$$

mit

$$h = \frac{d}{2}\sqrt{3 - \frac{2z}{d} - \frac{z^2}{d^2}}. \tag{8.22}$$

In Abhängigkeit vom normierten Vorschub s erhält man unter den genannten Bedingungen den in Bild 8.21 dargestellten Verlauf des Wicklungsfüllfaktors. Sind die Drähte wie in Bild 8.20c angeordnet, so gilt

$$k_W = \frac{\pi\, d^2}{4\, d^2} = \frac{\pi}{4}. \tag{8.23}$$

Die beiden letzten Anordnungen der Wickeldrähte stellen praktisch die Grenzfälle des Wicklungsfüllfaktors für eine geordnet gewickelte Spule dar. Der erste Grenzfall entspricht der in Bild 8.20b dargestellten Wicklung, indes ergibt sich der zweite Grenzfall bei $s/d = 1{,}732$ dann, wenn nach Bild 8.20c die Drähte der $(n+1)$-ten Lage auf den Drähten der $(n-1)$-ten Lage aufliegen.

8.5.3 Die Berechnung der Spulendaten von Gleichstrommagneten

Die Auslegung der Erregerspule eines Gleichstrommagneten umfasst alle Rechenschritte zur Ermittlung der Wickeldaten sowie die Festlegung der geeigneten Wicklungsisolation unter Beachtung der konkreten Einbausituation. Die Vorgehensweise ist unabhängig von der gewählten Magnetbauform und gilt gleichermaßen für eine Neuentwicklung oder die Umstellung eines vorhandenen Magnets auf eine andere Einschaltdauer oder Nennspannung. Zwei Grundbedingungen sind hierbei stets einzuhalten:

1. Die Mindestdurchflutung muss im ungünstigsten Betriebsfall aufgebracht werden, d. h. bei kleinster zulässiger Betriebsspannung U_{min} und zulässiger oberer Grenztemperatur ϑ_{21}, bzw. dem Warmwiderstand R_{warm}.
2. Bei maximal zulässiger Erregerspannung U_{max} darf die zulässige Grenztemperatur ϑ_{21} nicht überschritten werden.

Der Lösungsweg für die Berechnung der Spulendaten wird durch die gegebenen technischen Daten bestimmt. Tabelle 8.3 zeigt besonders häufige Aufgabenstellungen.

Tabelle 8.3: Aufgabenstellungen für die Spulendimensionierung

<table>
<tr><th colspan="2">Vorgabe</th><th colspan="2">Berechnungsziel</th></tr>
<tr><td>1.</td><td>Nennspannung
Durchflutung
zul. Grenztemperatur</td><td>Fensterquerschnitt
Windungszahl
Drahtdurchmesser</td><td>Neukonstruktion</td></tr>
<tr><td>2.</td><td>Wickelfensterabmessungen
Nennspannung
Durchflutung
Grenzübertemperatur
Wärmewiderstand der Spule</td><td>Windungszahl
Drahtdurchmesser</td><td>Anpassung an eine andere Nennspannung oder Einschaltdauer</td></tr>
<tr><td>3.</td><td>Nennspannung
Durchflutung
Grenzübertemperatur
Wickelfensterabmessungen</td><td>Windungszahl
Drahtdurchmesser</td><td rowspan="2">Neukonstruktion und Anpassung (z. B. nach erfolgter Dimensionierung gemäß Abschnitt 8.3)</td></tr>
<tr><td>4.</td><td>Nennspannung
Grenzübertemperatur
Fensterquerschnitt</td><td>max. Durchflutung
Windungszahl
Drahtdurchmesser</td></tr>
</table>

Die größten Schwierigkeiten bereitet die 1. Aufgabenstellung. Da in der Regel zwischen der Durchflutung, der Verlustleistung, der Übertemperatur und den geometrischen Abmessungen der Erregerspule des Gleichstrommagneten keine genügend genaue

Beziehung angegeben werden kann, ist die direkte Bestimmung der Spulendaten nicht möglich, so dass eine iterative Berechnung erfolgen muss (vgl. Abschnitt 8.3).

Im Interesse einer möglichst kleinen Bauweise ist, soweit nicht aus anderen Gründen eine Begrenzung der Verlustleistung vorgeschrieben ist, die Erwärmung bei maximaler Betriebsspannung möglichst in die Nähe der Grenzerwärmung zu bringen. Einen guten Näherungswert für den Fensterquerschnitt erhält man auch unter Zugrundelegung der Stromdichte nach folgender Beziehung:

$$A_W = \frac{\Theta}{J\, k_{Cu}}. \tag{8.24}$$

In den meisten Fällen wird bei Dauerbetrieb eine Stromdichte J von $2 \ldots 4\,\mathrm{A/mm^2}$ zugrunde gelegt. Die Stromdichte hängt in komplizierter Weise von der Größe des Magneten, der Spulenisolation, der Einschaltdauer usw. ab. Dies zeigt Bild 8.22 für Topfmagnete unterschiedlicher Baugröße.

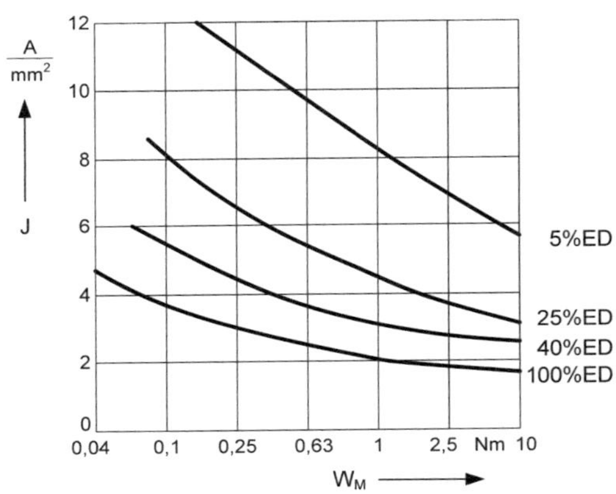

Bild 8.22: Stromdichte J in Abhängigkeit von der Magnetarbeit bei Topfmagneten mit der Einschaltdauer als Parameter. Die Spule ist körperlos gewickelt und bandagiert.

Für die Durchflutung Θ gilt:

$$\Theta = I w = \frac{U_{min}}{R_{warm}}\, w. \tag{8.25}$$

Setzt man die Beziehung für den ohmschen Widerstand eines gewickelten Leiters

$$R_{warm} = \frac{\varrho_\vartheta\, l_m\, w}{A_{Dr}} \tag{8.26}$$

mit

$$\varrho_\vartheta = \varrho_{20}\ [1 + \alpha\ (\vartheta_{13} + \Delta\vartheta_{31} - 20\,^\circ\mathrm{C})] \tag{8.27}$$

in (8.25) ein, so erhält man

$$\Theta = \frac{U_{min} A_{Dr}}{\varrho_\vartheta\, l_m}. \tag{8.28}$$

Im Falle einer Runddrahtspule gilt

$$\Theta = \frac{U_{min}\ \pi\ d_{Cu}^2}{4\ \varrho_\vartheta\ l_m}. \tag{8.29}$$

Aus dieser Gleichung kann der Drahtdurchmesser d_{Cu} bei vorgegebener minimaler Erregerspannung und mittlerer Windungslänge l_m sofort ermittelt werden:

$$d_{Cu} = \sqrt{\frac{4\ \Theta\ \varrho_\vartheta\ l_m}{\pi\ U_{min}}}. \tag{8.30}$$

Ist der Kupferfüllfaktor bekannt, kann man damit direkt die Windungszahl berechnen:

$$A_{Dr}\ w = A_W\ k_{Cu}, \tag{8.31}$$

$$w = \frac{4\ A_W\ k_{Cu}}{\pi\ d_{Dr}^2} = \frac{A_W\ k_{Cu}\ U_{min}}{\Theta\ \varrho_\vartheta\ l_m}. \tag{8.32}$$

Mit Hilfe der bekannten Windungszahl und des Drahtdurchmessers kann der ohmsche Widerstand der Wicklung und die auftretende Wärmeverlustleistung P_{vorh} berechnet werden. Diese Wärmeverlustleistung P_{vorh} darf nicht über der maximal zulässigen Wärmeverlustleistung P_{max} liegen.

$$P_{vorh} \leq P_{max}$$

Die maximal zulässige Wärmeverlustleistung ist die bei der vorgeschriebenen Überspannung und der maximal zulässigen Umgebungstemperatur ϑ_U auftretende Verlustleistung, die zu einer Erwärmung der Erregerspule bis zur Grenztemperatur führt. Die maximal zulässige Verlustleistung kann man mit Hilfe der in Abschnitt 6.4 dargestellten Beziehungen für die Erwärmungsberechnung von Erregerspulen ermitteln.

Liegt die auftretende Verlustleistung P_{vorh} weit unter der maximal zulässigen Verlustleistung P_{max}

$$P_{vorh} < P_{max}$$

bzw. weit darüber

$$P_{vorh} > P_{max}$$

ist es notwendig, die geometrischen Abmessungen des Wickelfensters zu korrigieren und die Berechnung zu wiederholen.

Zur Berechnung des notwendigen Wickelraumes kann man auch von der maximalen Verlustleistung P_{max} ausgehen. Zu diesem Zweck wird (8.25) auf beiden Seiten quadriert

$$\Theta^2 = \frac{U_{min}^2}{R_{warm}^2}\ w^2 \tag{8.33}$$

bzw.

$$\Theta^2 = \frac{P_{max}}{R_{warm}} \frac{U_{min}^2}{U_{max}^2} w^2. \tag{8.34}$$

Setzt man nun in (8.34) die Gleichungen (8.26) und (8.31) ein, so gilt

$$\Theta^2 = \frac{P_{max} k_{Cu} A_W}{\varrho_\vartheta \, l_m} \frac{U_{min}^2}{U_{max}^2}. \tag{8.35}$$

Interessant ist, dass nach dieser Beziehung die Durchflutung nicht direkt von der Spannung abhängt. Aus Gl. (8.35) ergibt sich für den Wickelraum A_W

$$A_W = \frac{\Theta^2 \, \varrho_\vartheta \, l_m}{P_{max} k_{Cu}} \frac{U_{max}^2}{U_{min}^2}. \tag{8.36}$$

Mit Hilfe des auf diese Weise ermittelten Wicklungsraumes kann man die Spulendaten erneut berechnen. Dabei ist zu beachten, dass die Drahtabmessungen nur in bestimmten standardisierten Größen hergestellt werden (vgl. Verzeichnis der betreffenden Normen in Anhang 10). Mit den ermittelten Spulendaten ist es zweckmäßig, nochmals eine genauere Erwärmungsberechnug vorzunehmen.

Im Allgemeinen muss bei der Berechnung der Spulendaten mit dem beschriebenen Verfahren die Rechnung mehrfach wiederholt werden, da die Annahme der Stromdichte oder des Wickelfensterquerschnittes auf Grund von Erfahrungen erfolgt. Der Rechenaufwand und die Genauigkeit hängen in starkem Maße von der Erfahrung des Entwicklers ab.

8.5.4 Spulenkörper und Kontaktierung

In den meisten Fällen wird die Wicklung auf einen Spulenkörper aufgewickelt, dessen Gestalt unmittelbar an den magnetischen Kreis angepasst ist. Für die Spulenherstellung ist der Wickelkörper meist eine wichtige Voraussetzung. Die mechanische Festigkeit ist bei körperlos gewickelten Spulen geringer, sie werden aus diesem Grund meist bandagiert oder thermisch mittels Speziallack »verbacken«. Mit körperlos gewickelten Spulen lässt sich zwar ein größerer Füllfaktor erzielen ($k_W = 0{,}7 \ldots 0{,}85$), jedoch ist die Herstellung nicht unproblematisch.

Für die automatisierte Spulenherstellung sind zur Aufnahme im Wickelautomaten Spulenkörper vorteilhaft. Diese werden zumeist aus Duro- oder Thermoplast durch Pressen oder Spritzen hergestellt. Die mit hohen Werkzeugkosten verbundene Herstellung ist nur bei Mittel- und Großserienfertigung rentabel. Werden Spulen in Einzelexemplaren oder kleinen Stückzahlen benötigt, können deren Wickelkörper als Plastdrehteile oder zusammensetzbaren Hartpapierteilen gefertigt werden. Der Vorteil, den der Spulenkörper für den Wickelprozess darstellt, wird meist durch eine schlechtere Wärmeleitfähigkeit zum magnetischen Kreis und durch die Verringerung des Wicklungsfüllfaktors wieder aufgehoben.

Aus Gründen der besseren Wärmeabführung und der Volumenreduzierung bzw. der Optimierung des Fensterfüllfaktors sind geringe Wandstärken des Wickelkörpers und die Minimierung montagetechnisch notwendiger Fügeluftspalte anzustreben. In Abhängigkeit vom Drahtzug während des Wickelns und der verwendeten Drahtstärke ergeben sich Verformungen des Wickelkörpers. Dem muss durch die Wahl des Kunststoffes, dessen Füllstoffes und entsprechende Wandstärken Rechnung getragen werden. Die technologische Grenze für die Materialstärke, sie ist sowohl geometrie- als auch kunststoffabhängig. Für Standardmaterialien kann als untere Grenze etwa 0,6 mm angegeben werden.

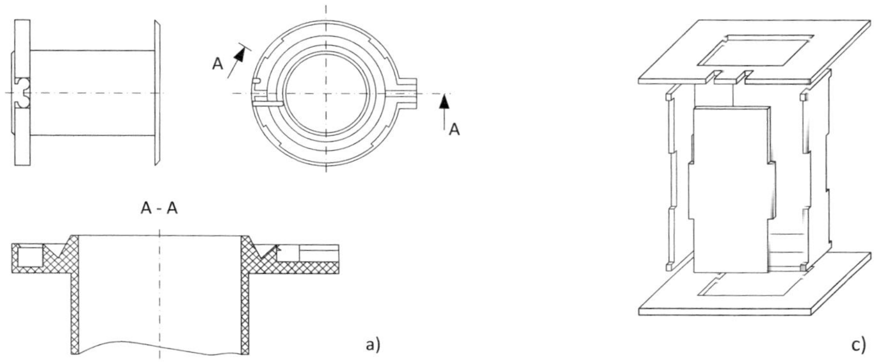

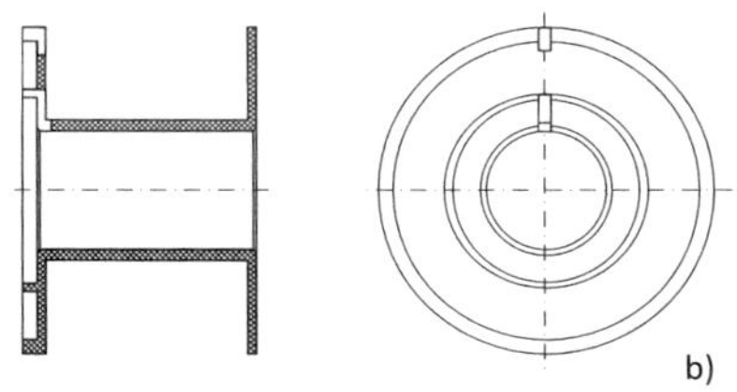

Bild 8.23: Spulenkörpervarianten:
a) Kunststoff-Spritzteil mit entsprechender Formgebung zum Vergießen (Serienfertigung bei großen Stückzahlen)
b) Ausführung als Drehteil (Prototypenfertigung)
c) Ausführung aus Kunststoff (z. B. Hartpapier) als Schachtelverbindung

Eine Verbesserung der mechanischen Festigkeit und des Schutzes gegen aggressive Medien und Wasser wird durch Umspritzen oder Vergießen der Spule erreicht. Dies kann in entsprechenden Formen oder direkt im äußeren Magnetkörper erfolgen, wodurch die Luftspalte zwischen Spule und Eisenkreis verringert bzw. ganz ausgefüllt werden. So kann die spezifische Verlustleistung der Spule bei gleicher Übertemperatur erhöht werden, da der Wärmeübergang von der Spule zum Eisenkreis verbessert wird. Zum Teil wird auch die innere Wärmeleitfähigkeit λ_{ers} der Spule erhöht. Als Beispiel sind in Bild 8.24 die Erwärmungskurven eines Topfmagneten mit bandagierter Spule und vergossener Spule bei sonst gleichen technischen Bedingungen dargestellt.

Sollen Spulen umspritzt werden, ist es von Vorteil das gleiche Material einzusetzen, aus dem auch der Spulenkörper besteht, um Reaktionen infolge unterschiedlicher Wärmeausdehnungskoeffizienten ausschließen zu können. Bei den meisten der zur Anwendung kommenden Kunststoffe entsteht zwischen dem ausgehärteten Kunststoff des Spulenkörpers und dem Vergussmaterial beim Vergiessen/ Umspritzen keine molekulare Verbindung. Darum wird der Wickel in der Regel nicht hermetisch abgeschlossen. Gute

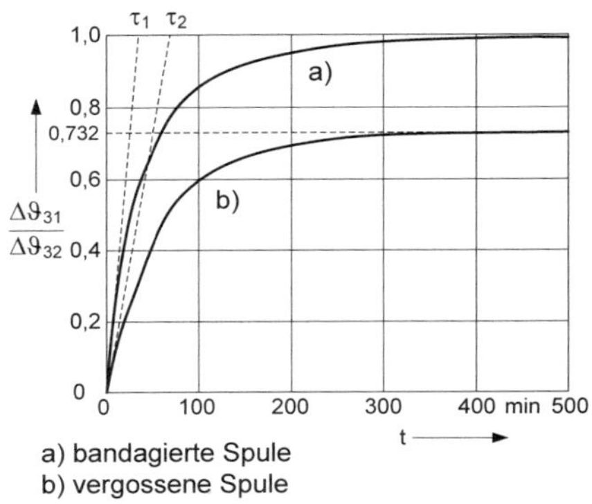

Bild 8.24: Erwärmungskurven eines Topfmagneten bei unterschiedlicher Spulenummantelung

Ergebnisse werden dennoch bei entsprechender Formgebung des Spulenkörpers (Bild 8.23) erreicht, da neben dem »Kraftschluss« zwischen Vergussmaterial, durch dessen Schwund[4] beim Abkühlen, und Spulenkörper ein zusätzlicher Formschluss (Labyrinth) erzielt wird.

Auf spezielle Aspekte der Wickeltechnik soll nicht weiter eingegangen werden. Hier gilt allgemein, dass je größer der verwendete Drahtdurchmesser, desto geringer sind die technologischen Probleme, da bei kleinen Drahtdurchmessern die Wickelfenstertoleranzen stärker eingehen (die erreichbaren Toleranzen sind in hohem Maße vom Kunststoff abhängig). Auch sind die Toleranzen für den Leiterdurchmesser und die Lackisolation (relativ bezogen auf den Leiternenndurchmesser) bei kleinen Drahtdurchmessern größer.

Wickeltechnisch günstig sind geradzahlige Lagenzahlen, damit Drahtein- und -auslauf automatisch auf die gleiche Seite des Spulenkörpers kommen. Füllend gewickelte Lagen entsprechen dem Optimierungsziel Volumenminimum. Ist dies aus verschiedenen Gründen nicht möglich, stehen zwei Varianten zur Verfügung. Entweder wird die komplette letzte Lage gespreizt gewickelt, d. h. der Wickelvorschub wird entsprechend vergrößert, oder es wird bis zur letzten Windung mit konstantem Vorschub gewickelt und schließlich der Draht schräg über den Wickel bis zum Spulenauslauf geführt.

Kontaktierung von Erregerspulen

Bei der Festlegung des für die eigentliche Wicklung zur Verfügung stehenden Teiles des Fensterquerschnittes ist auch der notwendige Raum für die Kontaktierung von Spulendraht mit entsprechenden Anschlüssen (Kabel, Pins, Kontaktfahnen) zu beachten. Die Anschlusselemente können sowohl als Einlegeteile direkt beim Abspritzen des Spulenkörpers fixiert oder auch nachträglich in vorgesehenen Löchern oder Durchbrüchen montiert werden. Der Anschlussbereich des Spulenkörpers verkompliziert dessen Konstruktion z. T. erheblich.

[4]Beim Abkühlen des gespritzten Kunststoffes tritt eine Volumenreduzierung ein, die als Schwund bezeichnet wird. Der Schwund (Wertebereich um 1,5 %) ist abhängig vom verwendeten Kunststoff und dem beigemengten Füllstoff. Die Wahl des Füllstoffes erfolgt nach den Kriterien Temperaturfestigkeit und mechanische Festigkeit. Häufig verwendete Füllstoffe sind Glasfaser (GF) oder Kohlenstofffasern (CF). Weitere Erläuterungen hierzu sind in [8.6] zu finden, bzw. beim Kunststoffhersteller zu erfragen.

Hierbei sind als wichtigste Regeln zu beachten:

1. Für automatisches Wickeln der Erregerspule sind Drahtein- und -auslauf in den Wickel so zu gestalten, dass der Draht geführt und durch klemmen, umwickeln oder umschlingen am Anschlussteil oder zusätzlichen Formelementen lagefixiert wird.

2. Die thermische Belastung der Spule führt zu Längenänderungen des Drahtes, auch können Zugspannungen durch Manipulationen des Verbindungsbereiches (z. B. Biegen nach erfolgter Kontaktierung) hervorgerufen werden. Entlastungsschlaufen, zusätzliche Schlingen am Verbindungselement oder die entsprechende Biegerichtung dienen der Zugentlastung.

3. Einsatzabhängig sind bei nicht vergossenen oder nichtumspritzten Spulen Kriechstromsperren bzw. ein ausreichend großer Abstand zwischen den Kontakten vorzusehen. Die Kapillarwirkung enger Spalte für Flüssigkeiten (z. B. Kondenswasser) ist zu beachten.

4. Die Anzahl der Kontaktierungen im Leitungspfad sind beispielsweise durch entsprechend konfektionierte Kabel zu minimieren, da jede zusätzliche Verbindungsstelle die Ausfallwahrscheinlichkeit erhöht.

Die Kontaktierung zwischen Spulendraht und Anschlusselement erfolgt in Abhängigkeit von Drahtdurchmesser, Isolierstoffklasse, Einsatzbereich und Stückzahl mittels löten, schweißen oder klemmen (crimpen).

Bei der traditionellen Löttechnik wird mit an die Betriebstemperatur der Spule und die Isolierstoffklasse angepassten Loten gearbeitet. Hierzu wird der Kupferlackdraht im Verbindungsbereich mechanisch abisoliert oder der Lack schmilzt bei Hochtemperaturloten im Lötbad. Für die Prozessautomatisierung muss der Draht am Kontaktkörper lagefixiert sein.

Bei hohen Stückzahlen werden Schweißverbindungen zum Kontaktieren isolierter Kupferdrähte ohne vorheriges Abisolieren immer häufiger angewendet. Dabei wird, um trotz Isolation einen Schweißstromfluss zu ermöglichen,

a) mit beheitzter Elektrode die Isolation während des Prozesses abgeschmolzen oder

b) mit einem Zusatzteil oder geeignet geformten Anschlussteil um den isolierten Draht herum ein Nebenschluss bewirkt.

In [8.15] werden hierzu als Verfahren beschrieben:

- Punktschweißen mit dauernd beheizter Elektrode,
- Punktschweißen mit impulsartig beheizter Elektrode,

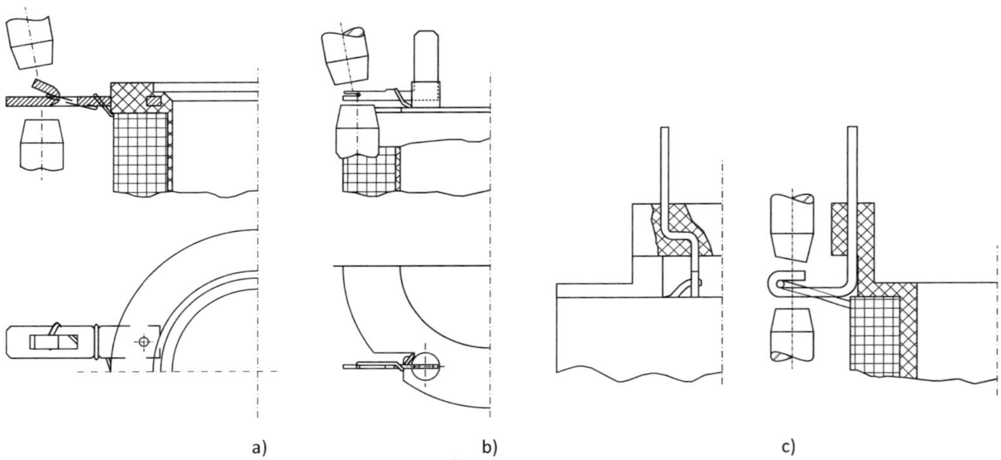

Bild 8.25: Verbindung von Anschlusspin und Spulendraht mittels spezieller Schweißanordnungen a) eingelegter Anschluss mit Hakenfahne b) Flachsteckanschluss mit entsprechender Formgebung für die Schweißverbindung c) verdrehsicher eingelegter Anschlusspin, der nach dem Schweißvorgang zum Spulenkörper gebogen wird

- Punktschweißen mit umgebogener Hakenfahne,
- Punktschweißen mit übergeschobener Hülse oder Schelle,
- Warmverpressen (hot staking).

Bei flach aufliegendem Draht gleicht die Verbindung einer gewöhnlichen Punktschweißung. Wird hingegen der Spulendraht in einem Haken, einem U-förmigen Pin oder in einer Hülse kontaktiert, erfolgt im Prozess eine Deformation und das Zusammenschweißen des Zusatzteiles, so dass der Draht im geschmolzenen Metall eingebettet wird. Die Isolation schmilzt und verdampft infolge der Schweißwärme. Für diese Verfahren zur Anwendung empfohlene Werkstoffpaarungen sind in Anhang 8 ausgewiesen.

Verzinnte Oberflächen der Kontaktelemente erhöhen die Festigkeit der Verbindung und Vermindern die Streuung der Bruchfestigkeitswerte.

Neben der richtigen Wahl der Schweißparameter ist die exakte Positionierung des Schweißgutes zwischen den Elektroden wichtig (Prozessüberwachung). Vorteile der Schweißverfahren sind nach [8.15] und [8.17]:

- kurze Schweißdauer (Zykluszeit wenige Zehntel Sekunden),
- kleine wärmebeeinflusste Zone (Schweißzone in unmittelbarer Nähe zum Spulenkörper,
- Verbindung ist thermisch hoch belastbar,

- keine Zusatzmaterialien (Lot, Flussmittel),
- anwendbar für hochhitzebeständige, nicht lötbare Isolationen,
- direkte Verknüpfung der Schweißaparatur mit dem Wickelautomat

Unabhängig von der Verbindungsart sind zur Prozessoptimierung und Qualitätsüberwachung Bruch- bzw. Abzugskräfte zu ermitteln. Zudem sind metallographische Untersuchungen für die Festlegung der Prozessparameter erforderlich.

In jedem Fall ist auf eine geeignete Zugentlastung zu achten. Diese dient dem mechanischen Schutz gegen Stoß- und Schwingbelastung, aber auch dem Ausgleich thermisch bedingter Relativbewegungen.

8.6 Quellen

[8.1] Beitz, W.; Küttner, K.-H.: DUBBEL Taschenbuch für den Maschinenbau, 14. Aufl., Berlin: Springer Verlag, 1972

[8.2] Eick, R.: Rechnerunterstützte Konstruktion von Gleichstrommagneten. Ilmenau: TH Dissertation, 1988

[8.3] Graubner, W.: Die Berechnung der Parameter und der dynamischen Charakteristiken gleichstromerregter Systeme mit translatorischer Ankerbewegung. Ilmenau: TH Dissertation, 1967

[8.4] Grobe, K.-H.: Anwendungen des Widerstandsschweißens in der Elektronik. Sonderdruck 6/1990 aus: Verbindungstechnik in der Elektronik (1990)3, DVS Verlags GmbH Düsseldorf

[8.5] Kallenbach, E.: Untersuchungen zur systematischen Projektierung nichtlinearer gleichstromerregter elektro-magneto-mechanischer Antriebselemente mit translatorischer Ankerbewegung. Ilmenau, TH Habilitation, 1978

[8.6] Keuerleber, R. H.; Klein, H. G.; Wimmer, H. W.: Temperaturverhalten verstärkter Hochleistungskunststoffe. In: Kunststoffe 79(1989)12, S. 1311-1316

[8.7] Kiel, H.-J.: Ein Beitrag zur systematischen Neuentwicklung elektromagnetischer Relais. Ilmenau: TH Dissertation, 1969

[8.8] Krause, W.: Gerätekonstruktion. Berlin: Verlag Technik, 1986

[8.9] Lenders, W. L. L.: Das orthozyklische Wickeln von Spulen. In: Philips' Techn. Rundschau (1961)12, S. 401-440

[8.10] Liedtke, K.: Ein Beitrag zur Auswahl und Dimensionierung des Triebsystems bei der Entwicklung eines neuen Relais. Ilmenau: TH Dissertation, 1972

[8.11] Wentzel, H.: Verbesserung des Wicklungsfüllfaktors und der Wärmeleitfähigkeit bei der Fertigung von elektrischen Maschinen. In: Wiss. Zeitschrift der TH Ilmenau, Sonderheft Fertigungstechnik, IX. Int. Kolloquium 1964

[8.12] Wentzel, H.: Erfahrungen mit Aluminiumfolien mit Lackisolation zur Herstellung von Gerätespulen. In: Wiss. Zeitschrift der TH Ilmenau, Sonderheft Fertigungstechnik, XI. Int Kolloquium, 1966

[8.13] Wynarowski, Z.; Steradzki, I.: Erste praktische Erfahrungen mit dem Wickeln von Spulen mit Aluminiumfolie. In: Elektropraktiker (1965)10, S. 337-338

[8.14] Wynarowski, Z.; Steradzki, I.: Herstellung von Spulen aus Aluminiumfolie, In: Wiss. Zeitschrift der TH Ilmenau, Sonderheft Fertigungstechnik, IX. Int. Kolloquium, 1964

[8.15] Druckschrift Nr. 2948 der Messer Griesheim GmbH PECO Widerstandsschweißtechnik München: PECO-Schweißtechnik für das Kontaktieren isolierter Kupferdrähte ohne vorheriges Abisolieren

[8.16] Offenlegungsschrift DE OS 340 8898

[8.17] Product Information Nr. 3251 Messer Grießheim GmbH PECO Widerstandsschweißtechnik München: MG PECO Resistons welding methods of the termination of insulated copper wires without previous stripping

Kapitel 9

Spezielle Magnetkonstruktionen

Der wachsende Automatisierungsgrad, die ständige Verbesserung elektrischer und mechanischer Geräte sowie der breite Einsatz fluidtechnischer Anlagen stehen im ursächlichen Zusammenhang mit einer außerordentlich umfangreichen Anwendungspalette elektromagnetischer Aktoren. Dabei kommen Typen aus Standardbaureihen und kundenspezifische Lösungen – Aktoren, die für eine ganz spezielle Stell- oder Bewegungsaufgabe dimensioniert und optimiert sind – zum Einsatz. Als Beispiele seien nur einige benannt:

- Stellmagnete – in Getriebeanordnungen, für optische Funktionselemente, für Sortierweichen, für Kupplungen und Bremsen,
- Schaltmagnete (Relais, Schütze, Überspannungs- oder Nullspannungsmagnete) – in der Energietechnik und Signalverarbeitung,
- Haftmagnete, Verriegelungsmagnete - an Spanntischen im Fertigungsbereich, in der Textilindustrie (Fadenheber), in der Sicherheitstechnik,
- Ventil- und Regelmagnete – für fluidtechnische Geräte und Anlagen,
- Abschlagmagnete (Druckmagnete) – in der Bürotechnik,
- Magnete für Stanz-, Biege- und Nieteinrichtungen,
- Magnete im automotiven oder biomedizinischen Bereich,
- Schwingmagnete – für Pumpen, Transport- oder Auswerfereinrichtungen.

Diesen Anwendungen liegt im Wesen die gleiche Aufgabe zu Grunde: Elektromagnetisch angetrieben eine Bewegung gegen äußere Kräfte oder Momente auszuführen. Aus den Anwendungen abgeleitete, klassische Gegenkraftkennlinien sind in Bild 9.1 Magnetkraft-Hub-Kennlinien von Elektromagneten gegenübergestellt.

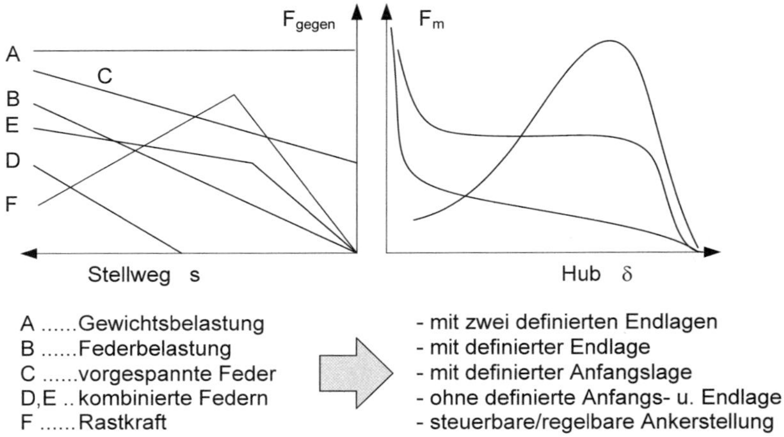

Bild 9.1: Qualitative Darstellung statischer Gegenkraft- und Magnetkraft-Hub-Kennlinien

Neben der optimalen Anpassung des Stellgliedes an die Gegenkraftcharakteristik und das Umfeld sind die Entwicklungsziele für den »idealen Aktor« wie folgt zusammenzufassen:

- minimale Ansteuerleistung sowie minimale Verlustwärme (geringer Mindestschaltstrom, niedriger Haltestrom),
- schnell schaltend bei minimalen Anforderungen an die Ansteuereinrichtung,
- minimales Bauvolumen (dem jeweiligen Anwendungsgebiet entsprechend),
- geringe Störanfälligkeit, hohe Lebensdauer,
- universeller Einsatz,
- geringste Kosten (Entwicklung, Material, Herstellung, Betriebskosten, Entsorgung).

Aus dem Funktionsprinzip der elektro-magneto-mechanischen Energiewandlung ergeben sich jedoch physikalische Grenzen. Weiterhin folgt, dass nur während der Ankerbewegung mechanische Arbeit verrichtet wird, also nur in dieser Phase ein effizienter Energieumsatz erfolgt. Daraus ergibt sich die Grundaufgabe des Entwicklers, einen vernünftigen Kompromiss aus den genannten Idealforderungen und der konkreten Anwendungsspezifikation zu finden. Obgleich dieser Prozess die Suche nach alternativen Antriebskonzepten einschließt, hat der Elektromagnet in der heutigen Technik einen gesicherten Stellenwert. Der Vergleich verschiedener Aktoren zur Ventilbetätigung in Bild 9.2 [9.4] verdeutlicht dies.

Stellvertretend sollen in den folgenden Abschnitten einige typische Magnetbauformen beschrieben werden.

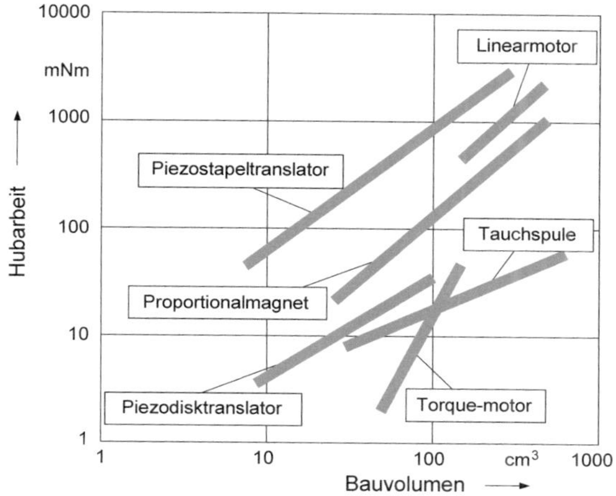

Bild 9.2: Hubarbeit verschiedener Ventilaktoren

9.1 Hubmagnete

Unter den Elektromagneten stellen Hubmagnete als Zweistellungsmagnete die häufigste Bauform dar. Dabei wird der Bereich von billigen Massenartikeln (Konstruktionen aus Blechbiegeteilen) bis zu kostspieligen Präzisionsantrieben überstrichen. Im Standardbereich sind Hubmagnete vorrangig mit dem Ziel Volumenminimum optimiert. Dafür ergibt sich unter statischen Gesichtspunkten das Optimum im Verhältnis der Wickelfensterabmessungen (b und h) des vereinfachten geschlossenen Magnetkreises bezogen auf den effektiven Ankerdurchmesser d (vgl. Abschnitt 8.3)

$$\frac{b}{d} = 0{,}35 \ldots 0{,}48 \qquad \text{und} \qquad \frac{h}{d} = 1{,}5. \tag{9.1}$$

Eine Analyse von 100 unterschiedlichen Magneten aus Standardbaureihen verschiedener Magnethersteller ergab die in Bild 9.3 dargestellte Bandbreite für die Abhängigkeit von Magnetarbeit zu Magnetvolumen. Zugrundegelegt sind dabei als gleiche Randbedingung 100 % relative Einschaltdauer, 90 % Betriebsspannung, 20 °C Umgebungstemperatur und betriebswarme Spule (Herstellerangaben). Der dick eingezeichnete Graph ergibt sich mit Hilfe der statischen Dimensionierung unter Vorgabe des Volumenminimums. Bauraumforderungen, beispielsweise für das Aufbringen der erforderlichen Rückstellkraft, oder notwendige Mindestwandstärken bedingen in der Regel ein größeres Volumen, als das zunächst bei der Magnetberechnung bezogen auf den jeweiligen Grundkreis ermittelte, da der Grundkreis solche konstruktiven Details nicht beinhaltet. Es zeigt sich eine gute Übereinstimmung zwischen berechneten und praktisch relevanten Daten.

Kennzeichnend für Hubmagnete ist, dass diese nur schalten, der Magnetanker also nur zwei diskrete Stellungen einnehmen kann und zwischen diesen die Gegenkräfte überwinden muss. In Normalausführung haben sie nur eine aktive Bewegungsrichtung. Dazu wird der Magnet meist mit einem Spannungssprung angesteuert. Im unbestromten

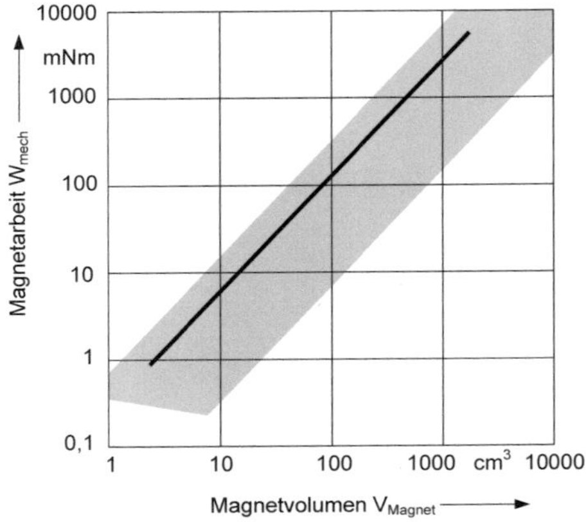

Bild 9.3: Zusammenhang von erforderlichem Bauvolumen und erreichbarer mechanischer Arbeit $W_{mech} = \int F_m \, \mathrm{d}s$

Zustand erfolgt die Rückkehr in die Hubausgangsstellung meist mittels Feder. Je nach Kopplung mit dem in der Funktionskette folgenden Wirkelement arbeiten Hubmagnete drückend (Bild 9.4a) oder ziehend (Bild 9.4b). Bei Topfmagneten, bei denen die Ankerbewegung direkt oder mittels Führungsstange abgegriffen werden kann, sind beide Wirkrichtungen ohne zusätzlichen Teileaufwand realisierbar. Bei dem in Bild 9.4b gezeigten Tauchanker-E-Magnet ist sowohl die Lagesicherung der Hubausgangsstellung des Magnetankers als auch die erforderliche Rückstellfeder außerhalb des Magneten vorzusehen.

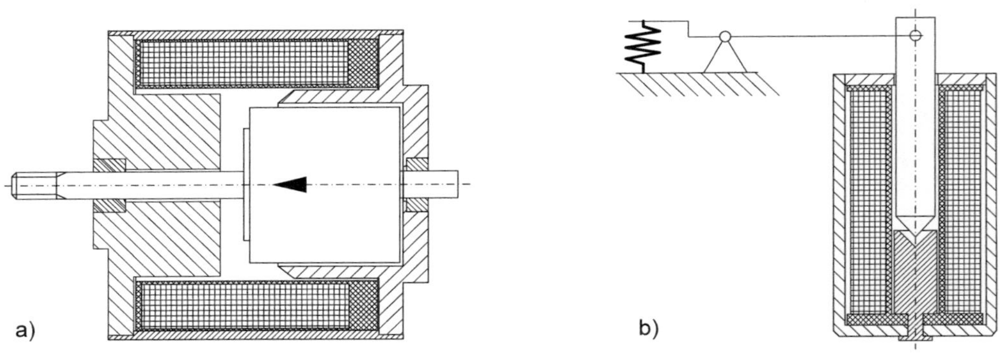

Bild 9.4: a) drückende Topfmagnetvariante, b) ziehender Tauchanker-E-Magnet mit konischem Anker

Die meisten Hubmagnete decken als Direktantriebe einen Stellbereich bis ca. 10 mm ab. Sonderkonstruktionen, die als Topfmagnete ausgeführt sind, können jedoch Stellwege bis 100 mm realisieren.

Die Kopplung zweier Magnetsysteme mit nur einem Anker ermöglicht den Aufbau

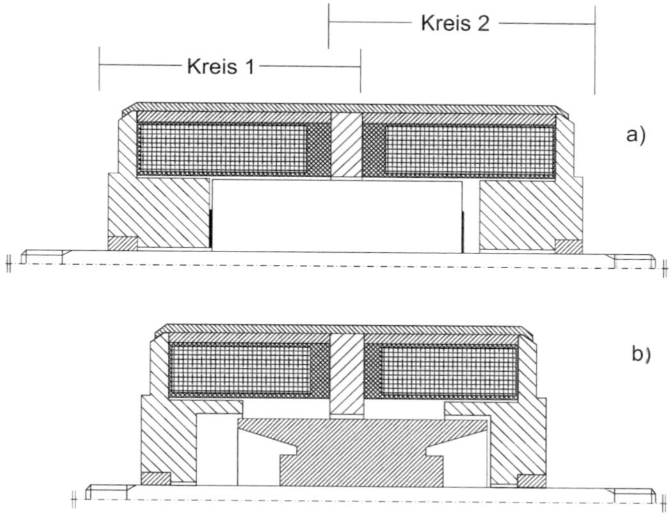

Bild 9.5: Halbschnitte von Umkehrhubmagneten, Variante b) mit geometrischer Kennlinienbeeinflussung am Anker

von Umkehrhubmagneten und Doppelhubmagneten (Bild 9.5). Dabei wird die Hubausgangsstellung des Ankers für den zweiten Magnetkreis durch die Ankerposition innerhalb des ersten Kreises im angezogenen Zustand erreicht. In umgekehrter Weise entsteht der max. Luftspalt für das erste System bei angezogenem Anker innerhalb des zweiten Kreises. Beide Magnetsysteme arbeiten praktisch nach dem Gegentaktprinzip, das Gesamtsystem weist infolge der Kopplung zwei aktive Bewegungsrichtungen auf. Auch bei Umkehrhubmagneten werden zur Anpassung an den Gegenkraftverlauf die bereits genannten Kennlinienbeeinflussungen durch Geometrieoptimierung von Ankergegenstück und/oder Ankerstirn eingesetzt (Bild 9.5b).

Ersetzt man den zur Flussführung notwendigen Weicheisenring zwischen den Erregerspulen der beiden Magnetkreise (Bild 9.5a) durch einen radial magnetisierten Dauermagnetring mit entsprechendem Volumen, erhält man einen polarisierten Umkehrhubmagneten.

Infolge der Haltekraft durch das Permanentfeld sind beide Ankerstellungen stabile Endlagen für $F_{gegen} < F_{Halte}$, ohne dass eine Spulenerregung notwendig ist.

Im Gegensatz zu Umkehrhubmagneten (Bild 9.6a) wird bei Doppelhubmagneten (Bild 9.6b) der Anker aus einer Nullstellung, welche die Hubanfangslage für beide Bewegungsrichtungen darstellt, durch Erregung einer der beiden Spulen in die entsprechende Richtung bewegt. Die beiden Bewegungsrichtungen sind axial entgegengesetzt. Nach Abschalten des Spulenstromes kehrt der Anker durch äußere Rückstellkräfte in die Nullstellung zurück. Durch diese Wirkungsweise haben Doppelhubmagnete kürzere Anker als Umkehrhubmagnete.

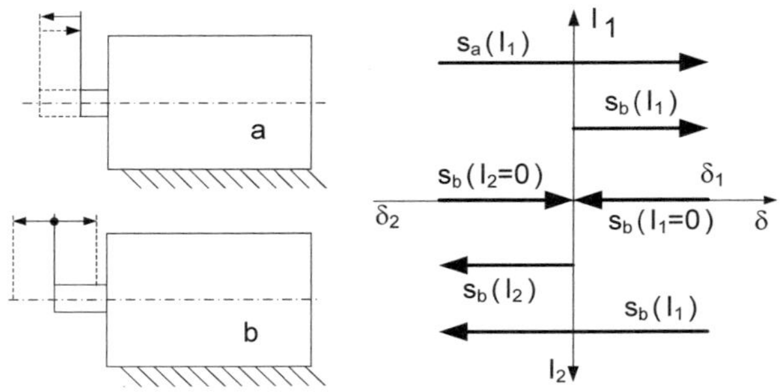

Bild 9.6: Prinzipdarstellung und Bewegungscharakteristik eines Umkehrhubmagneten a im Vergleich zu einem Doppelhubmagneten b. I_1 und I_2 sind die Erregerströme der jeweiligen Spulen, s_a ist der Ankerweg des Umkehrhubmagneten und s_b der des Doppelhubmagneten. Die Pfeile bezeichnen den Ankerhub der Magnete bei Erregung der entsprechenden Spule.

9.2 Polarisierte Magnete

Eine Sonderform der Elektromagnete sind polarisierte Magnete. Bei diesen ist im Magnetkreis mindestens ein Permanentmagnet integriert. So wird der Eisenkreis vormagnetisiert und durch Summation mit dem durch die Erregerspule aufgebauten Magnetfeld schließlich eine Feldstärke erreicht, die zur gewünschten Ankerbewegung führt. Verbreiteter ist jedoch die Anwendung polarisierter Kreise für sogenannte Selbsthaltemagnete. Dabei wird der Anker nach erfolgter Bewegung in seiner Position durch die Haftkraft des Permanentfeldes gehalten, so dass kein weiterer Spulenstrom erforderlich ist. Während der Haltephase ist die Spule stromlos und es wird praktisch keine Verlustwärme erzeugt. Zum Lösen des Ankers wird bei umgepolter Spule ein Magnetfeld mit entgegengesetzter Polarität, bezogen auf das Permanentfeld, erzeugt. Die so erreichte Kompensation des permanenten Magnetfeldes im Bereich des Restluftspaltes garantiert das Abfallen des Ankers in die Hubausgangsstellung. Die Einteilung polarisierter Magnete erfolgt nach den Hauptmerkmalen Wirkungsweise, d. h. der Art der Beinflussung des permanent erregten Magnetfeldes durch das elektrisch erzeugte, und der damit im Zusammenhang stehenden konstruktiven Gestaltung der Magnetflussführung. Bei Verwendung permanent magnetisierter Magnetkreisbestandteile sind die Bedingungen zu beachten, die zur Ummagnetisierung und damit zur Funktionsbeeinträchtigung führen.

a) Unterscheidung nach der Wirkungsweise

Remanent magnetischer Kreis:

Der stationäre Arbeitspunkt A_1 des aktiven Magnetmaterials liegt auf der äußeren Entmagnetisierungskurve (Bild 9.7). Das entspricht beispielsweise der angezogenen Ankerposition, d. h. in diesem Arbeitspunkt ist die Flussdichte ausreichend, um den Anker stabil im angezogenen Zustand zu halten. Bei Stromfluss werden die dauermagnetischen Kreisteile teilweise entmagnetisiert, d. h. der Anker wird durch eine äußere Rückstellkraft in die Hubausgangslage bewegt (Scherungsgerade für $\delta = \max$; Arbeitspunkt des aktiven Magnetmaterials A_2). Bei entgegengesezt polarisiertem Stromfluss wird der Permanentmagnet bis in die Sättigung aufmagnetisiert, wobei gleichzeitig die Ankerbewegung erfolgt, der Arbeitsluftspalt minimal wird. Bei abgeschalteter äußerer Erregung stellt sich der Arbeitspunkt A_1 ein. Die Arbeitsweise solcher Magnete erfolgt in der Regel im Impulsbetrieb.

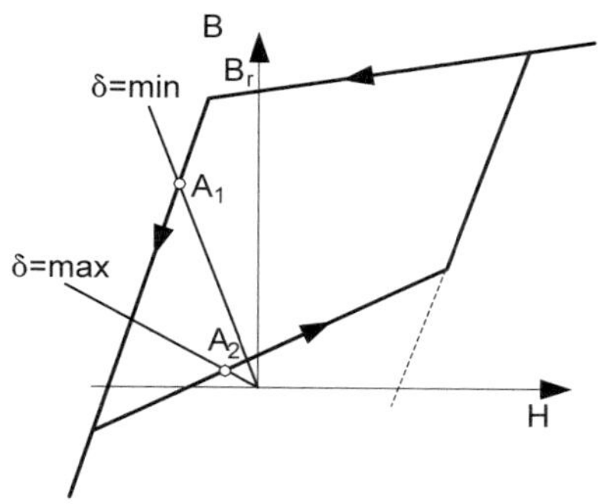

Bild 9.7: Arbeitspunktspiel des remanentmagnetischen Kreises

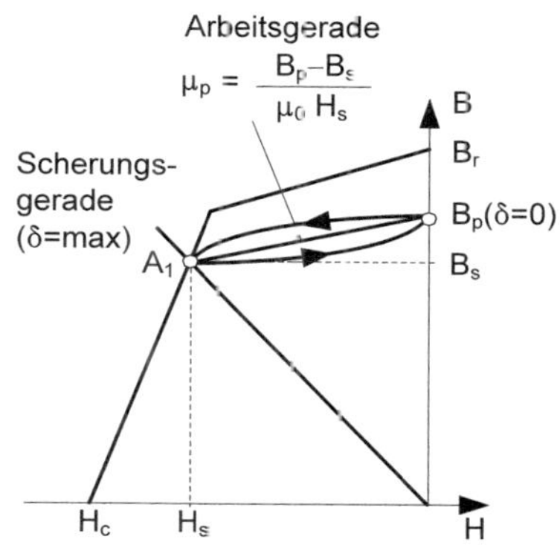

Bild 9.8: Lage der Arbeitsgerade des permanentmagnetischen Kreises

Dynamisch permanentmagnetischer Kreis:

Das aktive Magnetmaterial wird nur einmalig vor oder nach dem Einbau magnetisiert, so dass der stationäre Arbeitspunkt auf der permanenten Zustandsgeraden liegt, die während der Schaltzyklen schleifenförmig durchlaufen wird (Bild 9.8). Dies resultiert aus dem Aufbau des Magnetkreises aus einem Arbeitskreis und einem dazu parallel angeordneten Nebenschlusskreis, zwischen denen in Abhängigkeit vom Arbeitsspalt eine Flussaufteilung erfolgt. Die lanzettförmige Aufweitung der sogenannten Hin- und Rücklaufschleife ist bei hochkoerzitiven Materialien kleiner als bei hochpermanenten. Bei Selten-Erden-Material mit linearer Entmagnetisierungskurve fallen beide Äste der Schleife in einer Geraden zusammen.

b) Art der Flussführung [9.12]

Eine zusätzliche Unterteilung bezüglich des konstruktiven Aufbaus ist nach der Anordnung des Permanentmagneten im Magnetkreis, bezogen auf die Lage zum Arbeitsluftspalt möglich. Dies ist für einen einfachen Magnetkreis im Bild 9.10 verdeutlicht. Dabei bedeuten B_δ die Flussdichte im Luftspalt und B_p die Flussdichte im Permanentmagnet.

Infolge des Impulsbetriebes sind polarisierte Magnete stets in enger Verbindung mit der Ansteuerelektronik zu entwickeln. Der Impulsbetrieb wirkt sich durch die entsprechende Einschaltdauer und die so gegebene Möglichkeit der kurzzeitigen Übererregung insbesondere auf die Spulendimensionierung aus.

polarisierter **Reihenkreis**

- starke Beeinflussung des Permanentmagneten durch den Erregerfluss
- Notwendigkeit einer Rückstellfeder

polarisierter **Parallelkreis**

- teilweise Entkopplung von Dauermagnetfluss und el. angetriebenem Magnetfluss
- Rückstellfeder nicht notwendig

polarisierter **Brückenkreis**

- weitgehende Trennung von Permanent- und elektrischem Kreis
- Rückstellfeder nicht notwendig

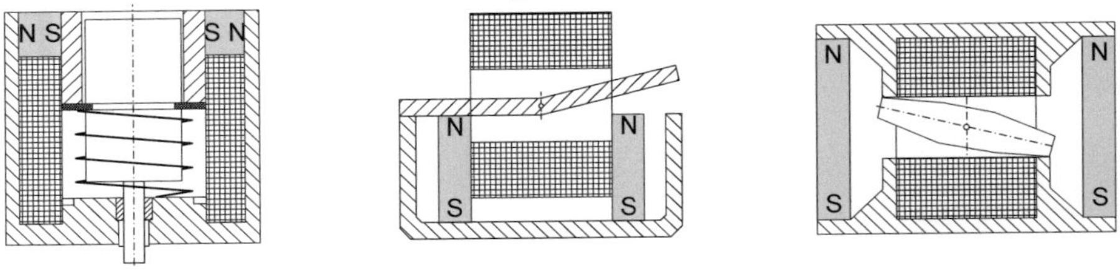

Bild 9.9: Gestaltung des Magnetflussführung

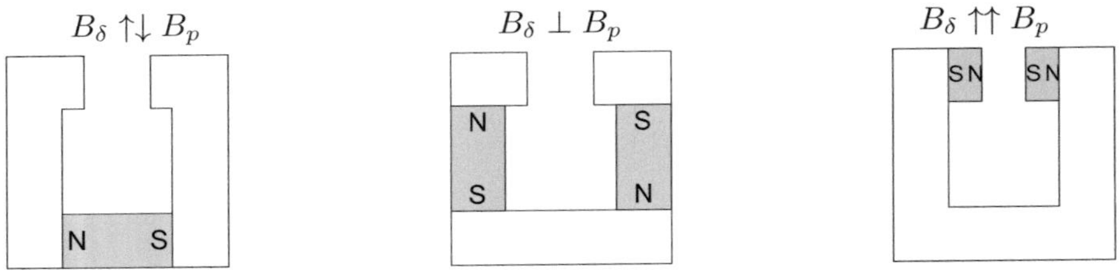

Bild 9.10: Variation der Lage des Dauermagneten mit bezeichneter Magnetisierungsrichtung bezogen auf den Arbeitsspalt im magnetischen Kreis

9.3 Ventilmagnete

Ventilmagnete sind elektromagnetische Stellglieder, die externe oder integrierte Ventile betätigen und somit fluidtechnische Widerstände, das sind z. B. Steuerschlitze oder Sitzspalte, verstellen. Damit wird das Stellmedium dosiert, d. h. dessen Volumenstrom beeinflusst bzw. pro Einschaltzeit des Magneten eine bestimmte Durchflussmenge freigegeben, oder es wird in Analogie zum elektrischen Relais die Strömungsrichtung beeinflusst. Sie sind somit eine Sonderform fluidtechnischer Antriebselemente, die die Verbindung von elektrisch bzw. elektronischer Steuerung oder Regelung und dem hydraulischen oder pneumatischen Kreis darstellen. Sie können unterschieden werden in

- Schaltmagnete mit zwei definierten Endlagen und
- Proportionalmagnete mit stetig veränderbarer Ankerstellung.

Ihr Einsatz erfolgt in Vorsteuerstufen, in Verbindung mit einem Ventil oder als direkt wirkendes Ventil.

Charakteristischer Aufbau

In der Mehrzahl sind Ventilmagnete wegen der technologischen Vorteile und der einfachen Abdicht- und Ankerführungsmöglichkeiten als rotationssymmetrische Topfmagnete ausgeführt. Charakteristisch ist der meist druckdichte Magnetinnenraum, in dem die Ankerbewegung erfolgt (Ankerraum). Ausnahmen bilden nur luft-(Atmosphäre)-schaltende Systeme oder solche Stellglieder, bei denen sich zwischen Kraft-/Wegeinleitung magetseitig und dem Stellorgan des Ventils eine Abdichtung (z. B. Gleitdichtung oder Rollmembran) befindet, so dass die Forderung nach einem druckdichtem Ankerraum entfällt[1]. Bei druckdichten Magneten ist der Anker selbst vom Stellmedium umgeben, die Ankerbewegung wird vom Stellmedium gedämpft. Um Pumpeffekte zu minimieren, hat der Anker axiale Schlitze oder Bohrungen zum Druckausgleich. Bei Anwendung im Hydraulikbereich sind zusätzliche Optionen wie separate Entlüftbarkeit und Handnotbetätigung üblich. Die Rückstellbewegung und Fixierung des Ankers in der Hubausgangsstellung erfolgt mittels einfacher Druckfedern oder Federkombinationen, die gleichzeitig die Kopplung zwischen Magnetanker, Ventilkolben und möglicher Zwischenglieder in jeder Position sicherstellen. Neben den Forderungen, die den Magnetkreis aus magnetischer Sicht betreffen, ist bei Ventilmagneten die Medienverträglichkeit für die Bauteile, deren Beschichtung, Dichtungen etc. äußerst wichtig (vgl. dazu Materialauswahl in Abschnitt 2.4.5 sowie Abschnitt 8.4.1).

Beurteilungskriterien

- durch Fluidmenge (Stellvolumen) und Strömungsgeometrie bestimmter Nennhub
- durch Fluiddruck, Viskosität, Temperaturbereich, Strömungscharakteristik und druckbeaufschlagte Flächen (in Summe mit der Federkraft) bestimmte Magnetkraft
- durch Einsatz in Steuerketten oder Regelkreisen erforderliche Magnetkraft-Hub- und Magnetkraft-Strom-Kennlinien in Verbindung mit Forderungen an die Dynamik (d. h. Schaltzeiten und Grenzfrequenzen bzw. Sprungantwort und Frequenzgang)
- durch Stellmedium (chemische Aggressivität), zulässige Leckage, Schaltgeräusche und Strömungsgeschwindigkeiten (Kavitation) bestimmte Dichtsitzgeometrie und Materialauswahl

Diese Kriterien zeigen die einsatzbedingte Erweiterung der in Abschnitt 8.1 beschriebenen allgemeinen Charakteristika für den Entwurf elektromagnetischer Bauelemente. Damit kommt die Forderung nach ganzheitlicher Betrachtung der Systeme zum Ausdruck. Im Folgenden werden wesentliche Aspekte der Ventilmagnete aus elektromagnetischer Sicht besprochen.

[1] Da diese Stellglieder keine wesentlichen Unterschiede zu den bereits beschriebenen Hubmagneten aufweisen, werden diese nicht gesondert behandelt.

9.3.1 Schaltventilmagnete

Das Bewegungsorgan dieser Schaltmagnete wirkt in direkter Weise auf den Dichtsitz oder den Ventilkolben. Eine Reihe von Ausführungsvarianten weisen dabei einen Grad der Funktionenintegration auf, der eine klare Trennung zwischen magnetischem und fluidtechnischem Kreis kaum zulässt. Bezogen auf den zu schaltenden Volumenstrom wird zwischen »stromlos offen« und »stromlos geschlossen« unterschieden. Bei stromlos offenen Ventilen wird die Dichtkraft am Ventilsitz durch die Magnetkraft im bestromten Zustand realisiert. Hingegen wird bei stromlos geschlossenen Ventilen die Dichtkraft mittels Feder erzeugt, das Ventil im bestromten Zustand durch gegen die Feder wirkende Magnetkraft geöffnet. Vorrangig im automotiven Bereich werden schnellschaltende Magnetventile in Einspritzanlagen, Automatikgetrieben und in Antiblockiersystemen eingesetzt. Die erforderlichen Stellwege umfassen sowohl den Kleinst- als auch den Kurzhubbereich. Maßgebliche Forderungen für diese Anwendungen sind:

- sehr kurze Ein- und Ausschaltzeiten, um entsprechende Arbeitsfrequenzen zu realisieren bzw. definierte Druckauf- und -abbaugradienten zu erzielen,
- Medienverträglichkeit (rauhe äußere Bedingungen im Motorraum, Bremsflüssigkeit bei ABS-Anlagen) und
- reproduzierbare Schaltfunktion über einen sehr großen Umgebungstemperaturbereich (Forderungen von z. B. $-40\,°C \ldots 120\,°C$, wie im automotiven Bereich üblich, bedingen nach (6.47) einen Widerstandsbereich für die Erregerspule von R_{20} -23,4 % ... +39 %. Bedenkt man, dass zur maximalen Umgebungstemperatur die Eigenerwärmung infolge des Leistungsumsatzes hinzu kommt, ist bei Spannungseinprägung die Aufrechterhaltung der Mindestdurchflutung u. U. problematisch, bedeutet aber auch bei Stromeinprägung einen erhöhten Schaltungsaufwand.).

Bild 9.11 zeigt die zwei grundsätzlichen Möglichkeiten des Magnetaufbaus für eine ziehende und eine drückende Ankerbewegung, sowie mögliche Kombinationen mit Ventilsitzvarianten. Dabei ist der Magnetanker meist mit dem entsprechend gestalteten Ventilstößel fest verbunden, wie es in dem Gestaltungsbeispiel in Bild 9.12 dargestellt ist. Durch geeignete Gestaltung der Magnet-/Ventileinzelteile können durch unterschiedliche Montage der gleichen Teile sowohl die drückende als auch die ziehende Magnetbauform realisiert werden. In vollständig integrierter Form stellen Anker und Ankergegenstück gleichzeitig die Kombination Dichtelement-Dichtsitz dar, wobei der Ankerraum meist druckdicht sein muss.

Bei dem in Bild 9.12 dargestellten Kugelsitzventil ist die abdichtende Kugel direkt mit dem Magnetanker (1) verbunden, die Dichtkraft wird im stromlosen Zustand durch die vorgespannte Druckfeder erzeugt. Die Einstellung der Dichtkraft bzw. ein Toleranzausgleich erfolgt durch positioniertes Einpressen des Dichtsitzes (4). Neben dem radialen Führungsspiel zwischen Anker und der austenitischen Druckhülse (2) wirkt auch deren Wanddicke als parasitärer Luftspalt beim Flussübergang vom Magnetgehäuse in den Anker. Dieser Nebenluftspalt ist damit größer als der Arbeitsluftspalt, der zur besseren

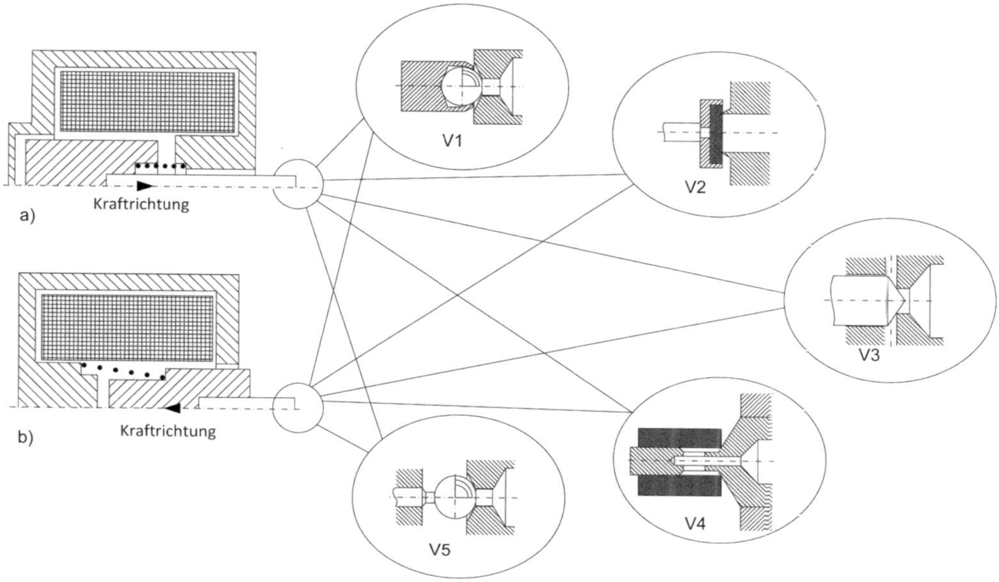

Bild 9.11: Kombinationsmöglichkeiten von ziehender (b) und drückender Magnetausführung (a) mit integrierten Ventilen unterschiedlicher Sitzgeometrie (V1 … V5)

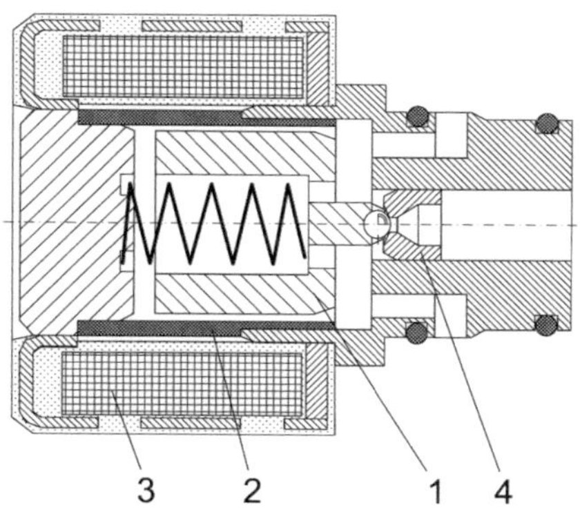

Bild 9.12: Gestaltungsbeispiel für ein elektromagnetisch schaltbares Kugelsitzventil (stromlos geschlossen mit eingezeichneter Durchströmrichtung)

Darstellung vergrößert wurde. Durch die damit erreichte Scherung der Magnetisierungskennlinie können Fertigungstoleranzen weitgehend ausgeglichen werden. Die Spule (3) ist gemeinsam mit dem äußeren Eisenkreis verspritzt. Das so entstandene Verbundteil ist auf dem aus Druckhülse und Ankergegenstück gebildetem Druckrohr austauschbar.

Im Bild 9.13 ist das Zeitverhalten von Spannung, Strom und Ankerweg eines schnellschaltenden Ventilmagnets dargestellt. Deutlich zu sehen ist die zeitliche Differenz zwischen Spannungssprung und Hubbeginn, bzw. zwischen Spannungspulsende und verzögertem Ankerabfall sowie das Ankerprellen bei Anschlag des Ankers am Ankergegenstück und beim Auftreffen des Dichtelementes auf dem Dichtsitz. Vereinfacht (d. h. qua-

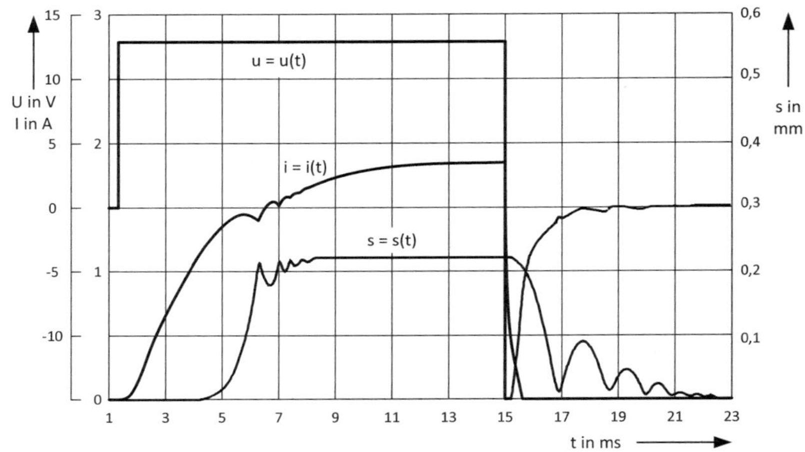

Bild 9.13: Spannungs-Zeit-, Strom-Zeit- und Weg-Zeit-Verhalten eines schnellschaltenden Magnetventils (Die negative Abschaltspannungsspitze ist nicht vollständig dargestellt.)

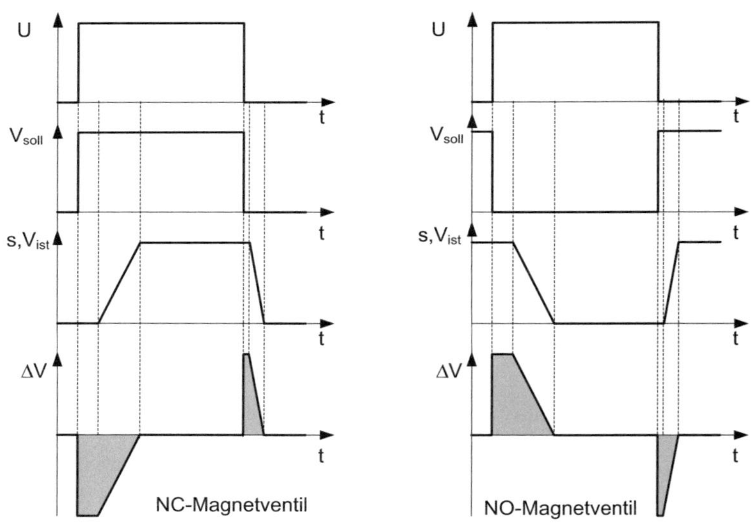

Bild 9.14: Qualitative Darstellung des Zusammenhanges zwischen Ansteuerimpuls U und Sollvolumenstrom und verzögertem Stellweg s und zugehörigem Istvolumenstrom

litativ und unter Vernachlässigung der realen Anstiegsform) kann der Weg-Zeit-Verlauf mit dem zeitlichen Verlauf des Volumenstromes des Stellmediums zwischen Ventilein- und -ausgang gleichgesetzt werden (Volumenstrom als Istgröße). Der angestrebte theoretische Sollverlauf des Stellvolumens entspricht hingegen dem des Spannungsimpulses.

Zum Vergleich mit der realen Messkennlinie des Magnets (Bild 9.13) wird der Zusammenhang zwischen Volumenstrom V als Sollgröße und dem sich infolge der verzögerten Ankerbewegung einstellenden V_{ist}-Verlauf für ein NO- und ein NC-Magnetventil in Bild 9.14 veranschaulicht. Die Differenz zwischen V_{ist} und V_{soll} ist als ΔV dargestellt. Da die Abschaltgesamtzeit in der Regel kleiner als die Einschaltgesamtzeit (Summe aus Einschaltverzugszeit und Zeit bis zum vollständigen Öffnen des Ventils – bei stromlos geschlossenen Ventilen) ist, wird diese bei der hydraulischen Betrachtung meist vernachlässigt.

So wird die Schaltfrequenz des Magnetventils und die Pulsbreite des Ansteuersignals im Wesentlichen durch die Einschaltgesamtzeit begrenzt. Das Schaltverhalten der Stellglieder und damit das Verhältnis $\Delta V/V_{soll}$ wird maßgeblich durch Fertigungstoleranzen, Temperatureinflüsse (Veränderung von Viskosität, Reibung und elektrischen Parametern) und Schwankungen in der Spannungs-/Stromversorgung beeinflusst.

Ein weiterer wichtiger Parameter, der die notwendige Magnetkraft (im Zusammenhang mit der Feder) und das dynamische Verhalten in starkem Maße beeinflusst, ist der Betriebsdruck des Fluids, der als Produkt mit der druckbeaufschlagten Fläche unter dem Dichtsitz eine Gegenkraft zur Stellkraft des Magneten ausübt. Um solche Reaktionskräfte sicher zu überwinden, muss der Magnet entsprechend größer dimensioniert werden. Das steht im Widerspruch zum meist angestrebten Entwicklungsziel des Volumenminimums des Direktantriebes.

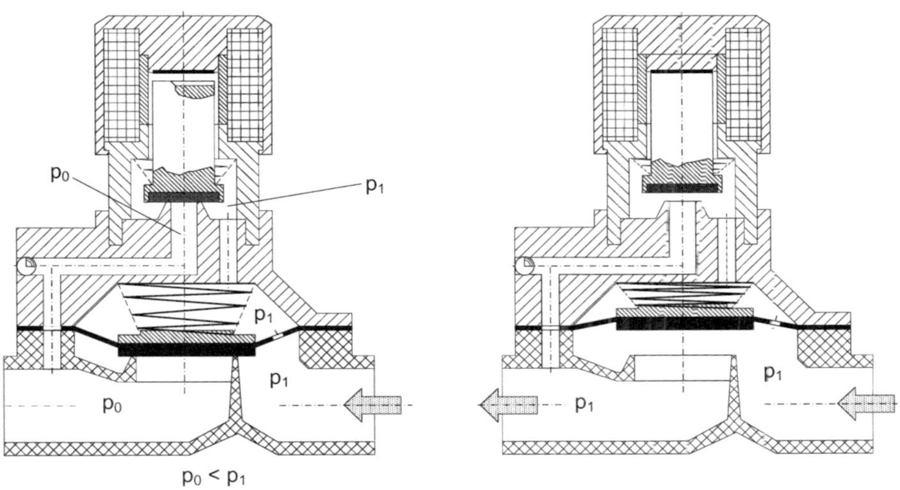

Bild 9.15: 2/2 Magnetventil als Vorsteuerventil nach [9.16], links stromlos, rechts im geschalteten Zustand

Neben der schaltungstechnisch aufwändigeren Stromregelung, mit der begrenzt das Schaltverhalten druckabhängig stabilisiert werden kann, können andererseits im Ventil bestimmte druckbeaufschlagte Flächen vorgesehen werden, die solche inneren Reaktionskräfte kompensieren und der magnetische Kreis verkleinert, bzw. die Leistungsaufnahme reduziert werden kann. So ergeben sich druckausgeglichene Systeme (Bild 9.11 Ventilsitzvariante V4 [9.14]) oder elektromagnetische Schaltventile mit hydraulischer Unterstützung (Bild 9.15).

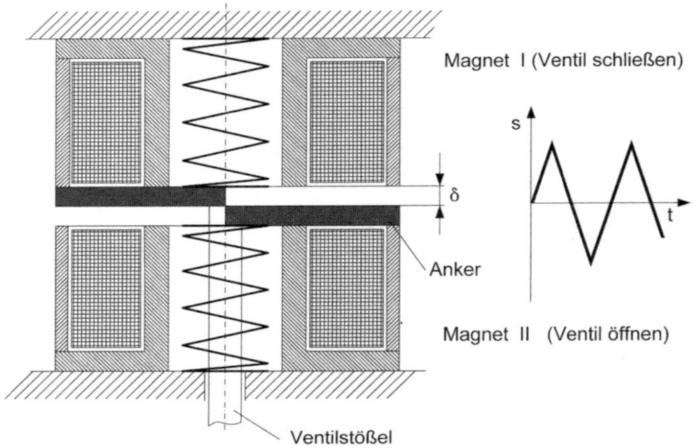

Bild 9.16: Prinzipanordnung zur wechselseitigen Auslenkung eines scheibenförmigen, fest mit einem Ventilstößel verbunden Flachankers. Der Anker ist zur Verdeutlichung in beiden Positionen dargestellt.

Bild 9.16 zeigt die Prinzipdarstellung einer Stelleinheit zum Betätigen eines Ventilstößels, bei der beide Ventilstellungen elektromagnetisch realisiert werden. Untersuchungen zum dynamischen Verhalten im Zusammenhang mit der konstruktiven Gestaltung dieser Anordnung werden in [9.10], [9.11] vorgestellt. Dabei werden Schaltfrequenzen bis 140 Hz bei einer Öffnungskraft von 600 N und 6,5 mm Ankerhub durch folgende konstruktive Besonderheiten erreicht:

- Zur Unterdrückung von Wirbelströmen ist jeweils das Innenteil des Eisenrückschlusses des oberen und des unteren Topfmagneten mehrfach geschlitzt.
- Um das magnetische Kleben des Ankers an den Polflächen infolge von Remanenz zu vermeiden, wird durch je einen zusätzlichen parasitären Luftspalt im Eisenrückschluss dessen Magnetisierungskennlinie geschert.
- Durch die Optimierung des Verhältnisses von Ankervolumen zu Polfläche kann die bewegte Masse minimiert werden.
- Zur gezielten Umwandlung potentieller in kinetische Energie, und umgekehrt, wurden beide Federn optimiert.

- Zur Reduzierung der Ankeraufsetzgeschwindigkeit wird die Federanordnung mit einem zusätzlichen Dämpferelement ergänzt.

- Die Verwendung von Permanentmagneten zum stromlosen Halten des Magnetankers wird in [9.10] ebenfalls untersucht. Der deutlichen Verringerung der in Verlustwärme umgewandelten aufgenommenen Leistung stand die Verschlechterung der dynamischen Eigenschaften gegenüber.

9.3.2 Proportionalmagnete

Neben der diskreten Schaltfunktion von Hub- oder Drehmagneten zwischen magnetintern oder extern festgelegten Endlagen besteht in einer Vielzahl technischer Anwendungen die Notwendigkeit stromabhängig analog zu stellen. Forderungen nach variablen Fluidströmen führten über die Entwicklung von Stetigventilen zu entsprechenden Proportionalmagneten als Ventilantrieb (Bild 9.17). Die Fluidtechnik ist das Hauptanwendungsgebiet solcher Magnete. Das Wesen der Proportionalmagnete besteht im linearen Zusammenhang zwischen Magnetkraft und Ansteuerstrom im Arbeitsbereich. Nach der Proportionalität zum Erregerstrom werden unterschieden:

Kraftproportionalität:	$F = F(i)$	z. B. für Druckregelventile
Hubproportionalität:	$s = s(i)$	z. B. für Proportionalwegeventile

Diese Zusammenhänge werden beim Betrieb im geschlossenen Regelkreis oder innerhalb einer offenen Steuerkette genutzt, woraus Forderungen an das statische und dyamische Verhalten des Antriebs erwachsen.

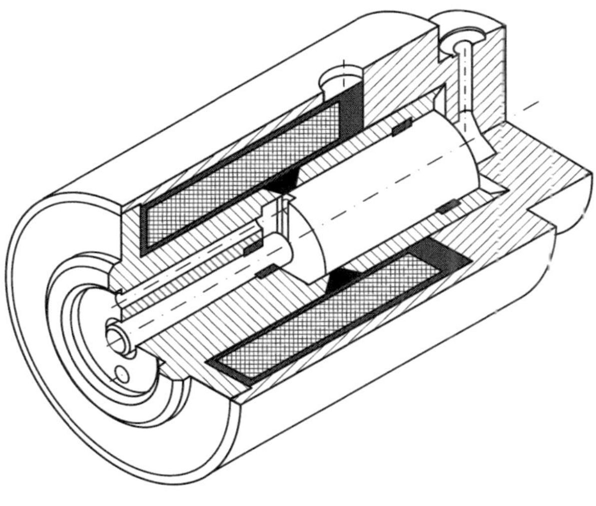

Bild 9.17: Proportionalmagnet mit rotationssymmetrischem Eisenrückschluss

Statisches Verhalten:

Das Bild 9.18 zeigt typische Magnetkraft-Hub-Kennlinien von Proportionalmagneten. Durch gezielten Einsatz der Kennlinienbeeinflussung verlaufen die Kennlinien nach erfolgtem Leerhub (Anfangshubbereich I) nahezu waagerecht bis leicht fallend. Der waagerechte Kennlinienteil entspricht dem Arbeitshub II (als identische Bezeichnungen werden hierfür Aussteuerbereich oder Regelbereich synonym verwendet), in dem die gewünschte Stellfunktion erfolgt.

Die Steifigkeit des Antriebs wird durch den Scherungswinkel zwischen Magnetkraft- und Federkennlinie bestimmt. Durch leicht fallende Magnetkraft-Hub-Kennlinien kann die Steifigkeit erhöht werden. Voraussetzung für entsprechenden Kennlinienverlauf ist die Optimierung der Geometrie der Kennlinienbeeinflussung.

Ein unerwünschter Effekt ist die Hysterese der einzelnen Magnetkraftkennlinien, d. h. die bewegungsrichtungsabhängige Differenz der Magnetkraft bezogen auf die gleiche Ankerposition. Diese wird beeinflusst durch die materialabhängige Hysterese (vgl. hierzu Kap. 2), die magnetische und mechanische Reibung und die Verfahrgeschwindigkeit. In der Magnetkraft-Strom-Kennlinie (Bild 9.19) kommt die Stromhysterese H_I als Kraftdifferenz bei gleichem Erregerstrom I in Abhängigkeit vom Vorzeichen des Stromgradienten zum Ausdruck.

Ein weiteres Beurteilungskriterium ist die Linearitätsabweichung. Sie kennzeichnet den Abstand zwischen der realen Messkurve und der als Gerade idealisierten Sollkurve im Arbeitsbereich.

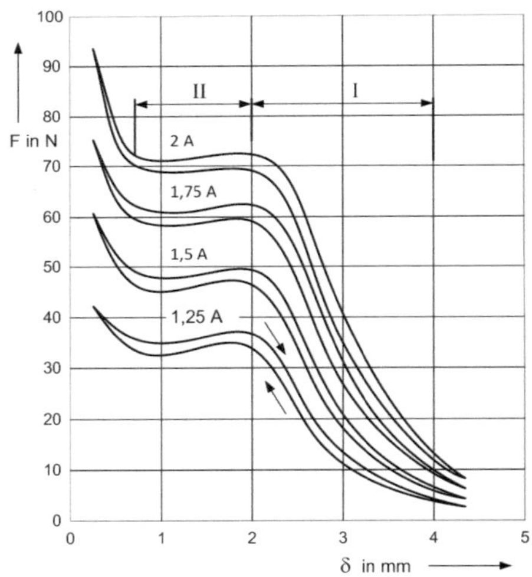

Bild 9.18: Magnetkraft-Hub-Kennlinien eines Proportionalmagneten bei verschiedenen Stömen (mit ausgeprägter Hysterese)

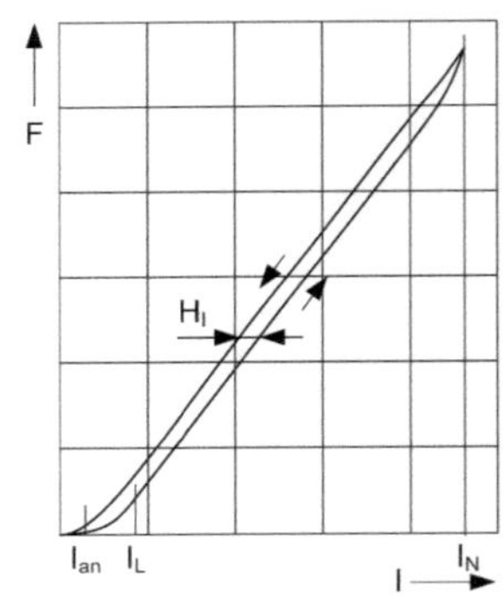

Bild 9.19: Magnetkraft - Strom - Kennlinie eines Proportionalmagneten bei festgehaltenem Anker für eine Ankerposition innerhalb des Regelbereiches mit dem Anzugsstrom I_{an}, bei dem $F > F_{gegen}$ wird, dem Linearitätsstrom I_L, oberhalb dessen ein linearer Zusammenhang zwischen Kraft und Strom besteht und der Stromhysterese H_I.

Dynamisches Verhalten:

In Bild 9.20 ist die zeitliche Verzögerung des Kraftanstiegs gegenüber dem Erregerstrom dargestellt. Sie ist bei Stromeinprägung im wesentlichen auf Wirbelstromeffekte zurückzuführen (wegen di/dt und ds/dt). Schnell- und Übererregung vergrößern den Wirbelstromeinfluss, der auch die Abfallzeiten beeinflusst. Das Zeitverhalten wird darüberhinaus von der Eigenfrequenz der Feder-Masse-Anordnung und deren Dämpfungsgrad bestimmt. Die zur Bestimmung der Eigenfrequenz notwendige Gesamtfederkonstante c ergibt sich als Summe aus magnetischer und mechanischer Federkonstante c_M und c_F.

$$c = c_M + c_F \tag{9.2}$$

Die magnetische Federkonstante wird als Anstieg der Kraft-Hub-Kennlinie im Arbeitspunkt angegeben mit

$$c_M = \frac{\Delta F}{\Delta \delta} \tag{9.3}$$

Die mechanische Dämpfung ist die Summe von geschwindigkeitsproportionaler Reibung an Steuerschieber, Druckstange und Anker sowie strömungsabhängigen Reaktionskräften an Steuerkanten.

Kurve	a	b	c	d
Anker	ϱ_1	$3\varrho_1$	ϱ_1	$3\varrho_1$
Druckrohr	ϱ_1	ϱ_1	$3\varrho_1$	$3\varrho_1$
Gehäuse	ϱ_1	ϱ_1	ϱ_1	$3\varrho_1$

(Material 1: $\varrho = \varrho_1$; Material 2: $\varrho = 3\varrho_1$)

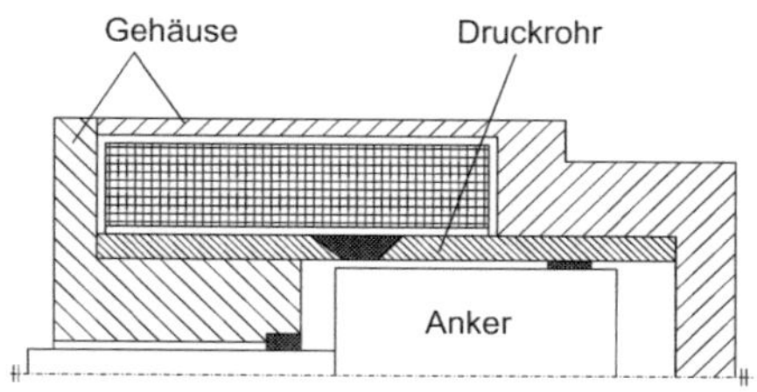

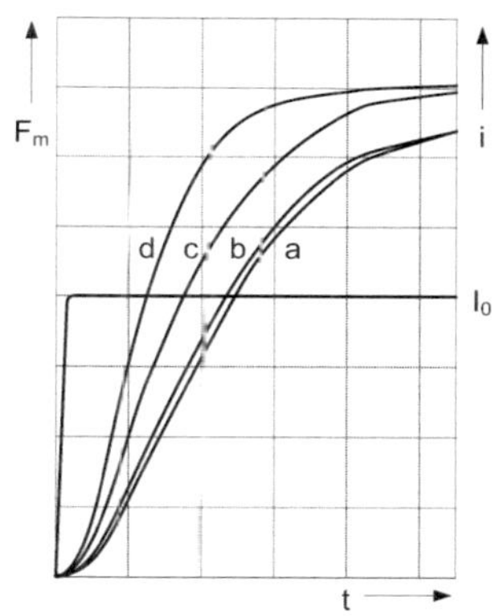

Bild 9.20: Zeitliche Verzögerung des Kraftanstiegs durch Veränderung des Wirbelstromeinflusses infolge einer Materialvariation der Einzelteile des Eisenkreises [9.8]

Möglichkeiten der Parameterbeeinflussung

Schwerpunkte für die Beeinflussung der Systemparameter, insbesondere unter dynamischen Gesichtspunkten, sind im konstruktiven Aufbau, in der Materialauswahl und in der Ansteuerelektronik zu finden [9.1], [9.2], [9.6], [9.13]. Dabei stellen die Verringerung der Hysterese und der Verzögerung des Kraftanstieges dominierende Entwicklungsziele dar.

Ein wesentlicher Faktor zur Beeinflussung der Hysterese ist die Minimierung der mechanischen Reibung der Ankerführung. Dazu haben sich PTFE-Verbundbuchsen[2] gegenüber der klassischen Gleitpaarung Stahl/Messing bzw. Stahl/Bronze durchgesetzt. Obgleich Kugelbuchsen infolge Rollreibung die Reibungsverluste weiter reduzieren könnten, überwiegen deren Nachteile (beispielsweise größeres Bauvolumen, höherer Preis und Schmutzempfindlichkeit). Auch die reibungstechnisch vorteilhaften Membranfederführungen weisen Nachteile auf. Dies sind nicht einfach zu erfüllende Forderungen nach geringer axialer bei gleichzeitig hoher radialer Steifigkeit in Verbindung mit großen Federwegen, bezogen auf den frei auslenkbaren Bereich.

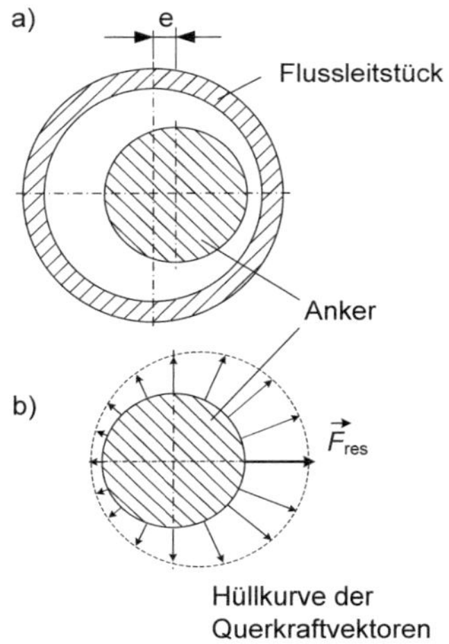

Bild 9.21: Schematischer Querschnitt durch eine exzentrische Ankerführung a) und sich dadurch ergebendes Querkraftprofil für den Anker b) bei radialem Magnetflussübergang zwischen beiden flussführenden Teilen. Die resultierende Querkraft zeigt in Richtung des geringsten Luftspaltes.

Führungsspiel und Formtoleranzen zwischen Anker und hohlzylindrischer Kennlinienbeeinflussung bzw. dem Flussübergangsbereich zwischen Eisenrückschluss und Anker ergeben eine nur schwer reproduzierbare unterschiedliche Radialspaltbreite bezogen auf den gesamten Umfang. Die Folge sind unterschiedliche Radial-(Quer-)kräfte, deren Wirkung als magnetische Reibung[3] bezeichnet wird. Bild 9.21 zeigt den Zusammenhang zwischen Radialkräften und Radialspalt bzw. Exzentrizität e. Zur Minimierung der Exzentrizität ist ein Kompromiss zwischen Fertigungsaufwand und Hystereseeinfluss zu finden. Die Exzentrizität sollte im Hundertstel-mm-Bereich liegen. Da eine axiale Schiefstellung des Ankers im Druckrohr die magnetischen Querkräfte zusätzlich erhöht, werden beide Führungsdurchmesser in einer Aufspannung gefertigt.

Einen weiteren Einfluss auf die Kennlinienhysterese hat die Materialauswahl für die Eisenkreisteile. Infolge der wechselnden Änderung des Erregerstromes zur Lageände-

[2]PTFE-Verbundbuchsen bestehen aus einem Stahlrücken mit Bronzeschicht, auf welche eine 0,3 ... 0,4 mm dicke PTFE-Gleitschicht aufgebracht ist. Die Oberflächenrauheit des zu führenden Teiles sollte max. $R_t2 \dots R_t3$ betragen.

[3]Im Bewegungsablauf erfolgt immer zuerst die seitliche Querbewegung, da hier der magnetische Luftspalt am geringsten ist. Die beabsichtigte Ankerlängsbewegung (Stellbewegung) erfolgt schließlich unter ständiger Reduzierung (Reibung) infolge des Querkrafteinflusses (Vektoraddition). Die magnetische Querkraft führt zur Verstärkung der mechanischen Reibung und damit zur Abrasion. Ist je nach Materialauswahl der Abrieb magnetisierbar, verschlechtert sich über die Betriebszeit zunächst das dynamische Verhalten. Dies kann schließlich zum Totalversagen führen.

rung des Ankers verändert sich die Flussdichte bezogen auf die Feldstärke in Form einer Hystereseschleife (vgl. Kap. 2). Für eine geringe magnetische Hysterese sind Werkstoffe mit geringer Koerzitivfeldstärke, hoher Sättigungsflussdichte und großer Permeabilität einzusetzen.

Den größten Einfluss auf die Schaltverzögerung haben durch die zeitliche Änderung des Stromes und der Ankerposition hervorgerufene Wirbelströme infolge des damit verbundenen Gegenfeldes. Der Wirbelstromwiderstand R_W ist messtechnisch nicht direkt ermittelbar, wohl aber die Wirbelstromzeitkonstante T_0. Mit der differenziellen Induktivität ergibt sich

$$R_W = \frac{L_0}{T_0} = \frac{1}{T_0}\frac{\mathrm{d}\psi}{\mathrm{d}i} \tag{9.4}$$

In [9.8] wird am Beispiel des P45 (Proportionalmagnet mit 45 mm Kantenlänge im Querschnitt) gezeigt, dass der größte Einfluss der einzelnen Kreisteile zum Wirbelstromaufkommen vom Druckrohr stammt. Betrachtet man das Druckrohr als eine Ein-Windungs-Spule, gilt näherungsweise

$$R_W \approx R_{Rohr} = \varrho_{el}\pi\frac{d_a + d_i}{l(d_a - d_i)} \tag{9.5}$$

mit der Druckrohrlänge l und dessen Außen- und Innendurchmesser d_a und d_i. Da die geometrischen Abmessungen durch den erforderlichen Eisenquerschnitt (Flussführung und Druckfestigkeit) durch die Anwendung festgelegt sind, ergibt sich so als Auswahl- und Variationskriterium der spezifische elektrische Widerstand des Materials. Die sich ergebende Verzögerung des Kraftanstiegs bei Materialvariation mit unterschiedlichem ϱ_{el} ist nach [9.8] in Bild 9.20 dargestellt. Obgleich die Untersuchungen für eine spezielle Magnetgröße durchgeführt wurden, ist durch den prinzipiell gleichen Aufbau dieser Magnetbaureihe und damit gleicher Modellierung dieses Ergebnis für die Baugruppe verallgemeinerbar.

Eine Verbesserung der dynamischen Eigenschaften von Proportionalmagneten ist ebenfalls durch die Überlagerung des Steuerstroms mit einem Dithersignal erreichbar. Frequenz und Amplitude dieses Signals sind vom jeweiligen Systemaufbau abhängig und aus Mangel an geeigneten Modellierungswerkzeugen für den konkreten Anwendungsfall experimentell zu ermitteln.

Bei Verwendung des Proportionalmagnets im Regelkreis wird zur Erfassung der Istgröße die Ankerposition durch einen direkt am Magnet angeflanschten Wegsensor induktiv oder kapazitiv erfasst und über einen A/D-Wandler rückgeführt. Auf die systemtechnische Beschreibung solcher Regelkreise kann in diesem Rahmen verzichtet werden.

9.4 Drehmagnete

Im Unterschied zu rotierenden Aktoren, deren Abtriebswinkel Vielfache von 360° betragen, ist das Arbeitsvermögen der Drehmagnete nur auf Schrittwinkel $\beta \leq 95°$ begrenzt.

Die Drehbewegung selbst wird dabei direkt oder durch kinematische Umkehr aus einer Axialbewegung erzeugt. Für eine stabile Endlage werden meist harte Anschläge innerhalb des Magneten genutzt, die Ankerrückstellung erfolgt meist mittels Feder.

a) Reine Drehbewegung

Die Drehbewegung entsteht infolge der Kraftwirkung auf magnetische Grenzflächen, der sich um den Drehwinkel β versetzt gegenüberstehenden Magnetpole (Bild 9.22) von Stator (1) und Rotor (2), durch das Bestreben, das Luftspaltvolumen zu minimieren. Der geringste Luftspalt liegt am Ende der Drehbewegung, wenn sich die zugehörigen Pole direkt gegenüber stehen. Das erforderliche Rückstellmoment wird mittels Drehfeder oder andere externe Rückführelemente aufgebracht. Vorteile dieser Bauformen sind der einfache Aufbau (Herstellbarkeit) und die direkte Möglichkeit der Systemintegration, da sowohl der Stator als auch der Rotor in benachbarten Baueinheiten funktioneneintegriert sein können. Das gilt insbesondere für Darstellung a) in Bild 9.22. Nachteilig ist die starke Drehwinkelabhängigkeit des erzeugten Drehmomentes.

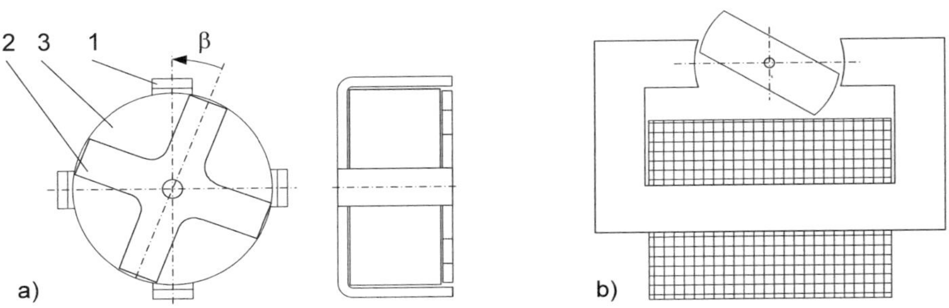

Bild 9.22: Realisierung von Drehmagneten a) einfache Konstruktion aus Stanz-Biege Teilen (1 Joch, 2 Rotor, 3 Spule); b) Drehanker U-Magnet

b) Drehbewegung infolge einer Axialbewegung

Die Kraftwirkung auf magnetische Grenzflächen der Anordnung nach Bild 9.23 führt zu einer Axialbewegung des Ankers (3) und der damit fest verbundenen Ankerplatte (5), die über eine Achse (6) gegenüber dem Statorelement (1) längsverschiebbar gelagert sind. Die Ankerplatte stützt sich über 3x120° angeordnete Kugeln (4) gegenüber dem Stator ab, wobei die kreissegmentförmigen Kugellaufbahnen als schiefe Ebenen geprägt sind. So ist die Axialbewegung mit der gewünschten Drehbewegung verbunden. Die Änderung der Magnetkraft längs des Axialhubes kann durch eine entsprechende Neigung α der Kugellaufbahnen längs des Drehwinkels ausgeglichen werden, so dass ein größeres Anfangsdrehmoment erreichbar wird. Das Verhältnis zwischen Größe des Drehwinkels und Drehmoment ist umgekehrt proportional; je größer der Drehwinkel, desto kleiner das Drehmoment. Die so erreichbaren Drehwinkel betragen $\beta \leq 95°$. Die Rückführung in die Ausgangslage wird durch Federn erreicht.

Mit Hilfe eines zweiten, starr gekoppelten, jedoch gegenläufig wirkenden Magnetsystems, ist auch die Rückführung schaltbar (Umkehrdrehmagnet). Vorteil einer solchen

Anordnung ist das gleiche Drehmoment in beide Drehrichtungen, da bei einer solchen Anordnung das Rückstellmoment einer Feder nicht zusätzlich überwunden werden muss. Mit Umkehrdrehmagneten sind höhere Arbeitsfrequenzen erreichbar, als bei vergleichbaren Drehmagneten mit mechanischer Rückstellung.

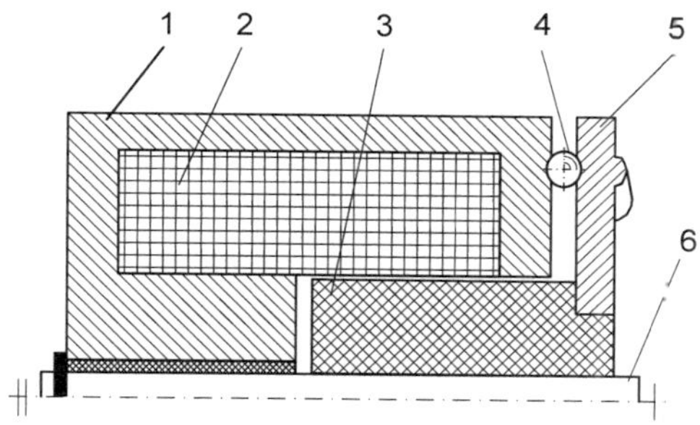

Bild 9.23: Drehmagnet mit Axialbewegung (System Ledex) [9.19]

Als eine Sonderform der Drehmagnete mit Axialhub sind Schrittmagnete bekannt (Bild 9.24). Hierbei wird die Drehbewegung der Ankerplatte, die über axiale Mitnehmer mit dem verschiebbaren Anker verbunden ist (im Bild 9.24 nicht dargestellt), über Klauen auf einen Rotor übertragen, der die erfolgte Drehbewegung mittels radialer Kugelrasten gegenüber einem gehäusefesten Rastring sichert. Nach dem Schaltimpuls wird die Ankerplatte durch Rückstellfedern in die Ausgangslage zurück gedreht. Die damit verbundene Axialbewegung ermöglicht die Rückstellung des Ankers in seine Hubausgangslage, ohne jedoch dessen Winkelstellung zu verändern. Auch diese Bauform ist sowohl für nur eine Drehrichtung, als auch als Doppelanordnung in einem Gehäuse für zwei Drehrichtungen geeignet.

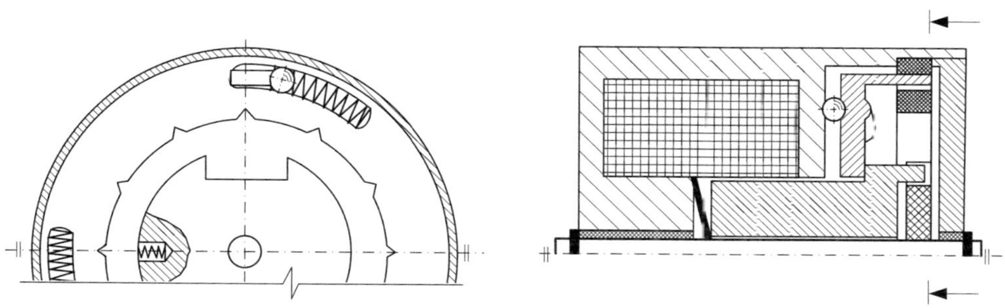

Bild 9.24: Rotatorischer Schrittmagnet mit Kugelrasten [9.19]

Proportionaldrehmagnete

Der schematische Aufbau von Proportionaldrehmagneten ist in Bild 9.25 dargestellt. Über dem feststehenden, die Erregerspule (3) tragenden Magnetjoch (4) wird mit definiertem Abstand δ eine Ankerplatte (1) drehbar angeordnet. Diese trägt bei der dargestellten zweipoligen Anordnung zwei halbkreisförmige Magnetscheiben (2) der Dicke h. Beide Scheiben sind axial magnetisiert und gegensinnig auf der Ankerplatte angebracht.

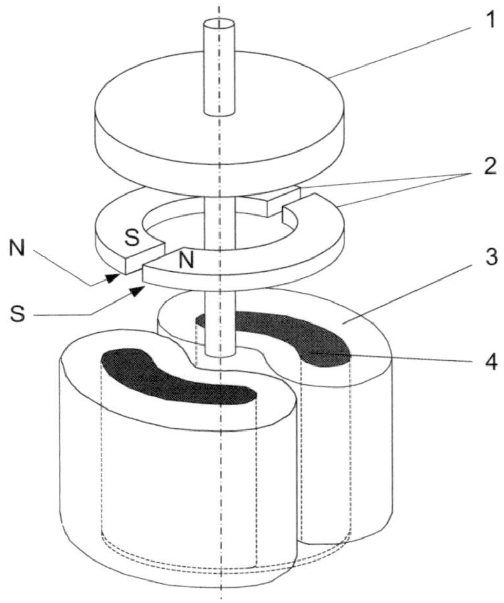

Bild 9.25: Prinzipdarstellung eines Proportionaldrehmagneten

Die Polarisationsgrenze liegt dabei symmetrisch über den Polen des Joches. Die Anzahl der Pole ist stets ein Vielfaches von zwei. Dem elektrodynamischen Prinzip folgend, erfährt die Ankerplatte bei Stromfluss durch die Erregerspule ein auslenkendes Drehmoment. Die Drehrichtung wird durch die Polung der Spule festgelegt. Der nutzbare Drehbereich ist das Bogenmaß eines Jochschenkels, beiderseits um den zweifachen Luftspalt vermindert [9.7]. Mit der Zunahme der Polzahl verringert sich zwingend der mögliche Drehwinkel, das erzeugte Drehmoment nimmt jedoch zu. Das erreichbare Drehmoment ist abhängig vom Verhältnis der Magnetdicke h der Scheibe zur Gesamtluftspalthöhe $h + \delta$ (Abstand zwischen der Ankerplatte und den schraffierten Polflächen). Da im wesentlichen nur der Übergangsbereich zwischen den Polen zur Krafterzeugung beiträgt, ist dieser zu minimieren.

Die notwendige geringe Scheibendicke bedingt als Magnetmaterialien Hochenergiemagnete (SmCo, NdFeB), diese besitzen zudem den notwendigen hohen Widerstand gegen Entmagnetisierung, also eine hohe Koerzitivfeldstärke und eine relative Permeabilität, die nahe 1 ist.

Vorteile dieser Anordnung sind: [9.7]

- zwei steuerbare Drehrichtungen (in der zweipoligen Anordnung ist $\beta = \pm 55°$),
- unabhängig vom Drehwinkel besteht ein linearer Zusammenhang zwischen Ansteuerstrom und Drehmoment,

- nahezu waagerechter Verlauf der Drehmoment-Winkel-Kennlinie,
- Proportionaldrehmagnete sind gleichermaßen im offenen wie im geschlossenen Regelkreis einsetzbar,
- bei gleichem Bauvolumen beträgt die erreichbare mechanische Arbeit ca. das 2,5-fache herkömmlicher Drehmagnete,
- Proportionaldrehmagnete zeichnen sich durch eine hohe Dynamik aus.

9.5 Haftmagnete

Haftmagnete sind der Grundform nach Topf- oder U-Magnete, ohne Anker (Bild 9.26). Sie bestehen aus Eisenrückschluss (1, 3) und gleichspannungserregter Spule (2). Bei Stromfluss durch die Erregerspule bildet sich zwischen den Polen des Eisenrückschlusses ein Streufeld aus. Befinden sich in diesem Feld gerätefremde, magnetisierbare Teile, werden sie in Richtung der Polflächen infolge der Kraftwirkung angezogen und mit einer, der magnetischen Feldstärke adäquaten Haftkraft an den Polen festgehalten. Diese Fremdteile müssen dazu die Polflächen überdecken. Als Bedingung für den Einbau ist zu beachten, dass in dem Bereich, in dem der Anzugsvorgang beabsichtigt ist, die Bewegungsrichtung genau in der Magnetachse liegen muss. Bei Unterbrechung des Erregerstromes erfolgt das Lösen der Teile vom Eisenkreis durch deren Eigengewicht oder mit Hilfe extern aufgebrachter Gegenkräfte, z. B. Federanordnungen.

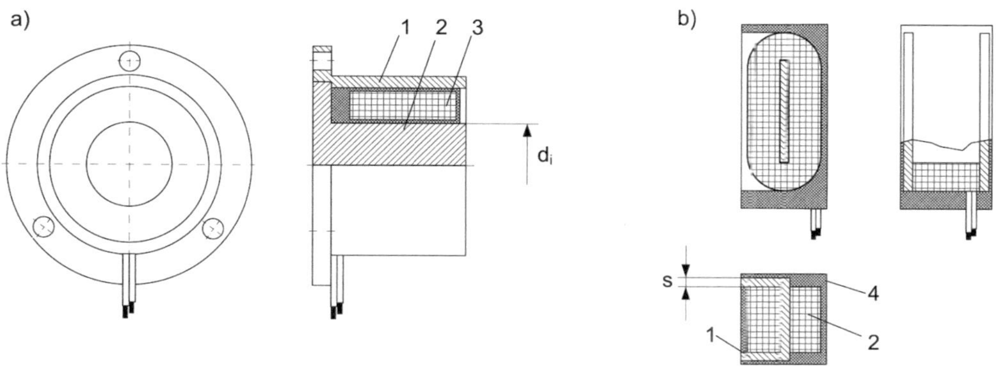

Bild 9.26: Haftmagnete in Topfform (a) und als Sonderausführung in Form eines vergossenen Blechbiegeteiles (b)

Dimensionierungskriterien für Haftmagnete sind:

Abreißkraft – Kraft auf einen magnetisierbaren Probekörper (DIN VDE 0580) (Der Begriff Haftkraft wird synonym benutzt.)

Tragkraft – Gewichtskraft eines zu transportierenden Körpers

Die Erregerspule wird für Dauerbetrieb (vgl. Kap. 6.3) und Gleichspannung dimensioniert.

Entscheidend für die Ausnutzung der vom Magnet aufzubringenden Kraft ist die Erfüllung der Querschnittsbedingung, durch die magnetfremden, zu haltenden Teile. Danach muss deren Dicke bei Verwendung runder Haftmagnete mindestens $d_i/4$, bei quadratischen Mittelpolen $s/2$ und bei Systemen nach Bild 9.26b) der Blechdicke s entsprechen. Die Oberfläche der als Magnetanker fungierenden Fremdteile sollte vorzugsweise geschliffen, zumindest aber eben sein. Unebenheiten der Kontaktfläche führen zu Luftspalten zwischen dieser und der Polfläche und verringern die Magnetkraft. Bei kleinen bzw. leichten Teilen ist ein selbständiges Lösen nach dem Abschalten durch die wirkende Remanenzkraft nicht immer gegeben. Die Remanenzkraft ist dann durch einen parasitär wirkenden Luftspalt, beispielsweise in Form eines Kunststoffüberzuges über den Polflächen, zu verringern.

Sollen nichtmagnetisierbare Teile gehalten werden, sind diese mit einer magnetisierbaren Ankerplatte entsprechender Dicke zu versehen. Durch Mehrspulenanordnungen mit entsprechender Magnetpolzahl können über große Flächen nahezu konstante Haftkräfte erzeugt werden, wie dies bei Maschinenspanntischen erforderlich ist. Je nach Weiterverwendung sind magnetisch gehaltene Fremdteile anschließend zu entmagnetisieren, da auch in diesen Teilen eine remanente Polarisation zurück bleibt.

Eine Sonderform stellen schaltbare Permanent-Haftmagnete dar. Bei diesen wird die Kraftwirkung auf magnetische Grenzflächen durch das Magnetfeld eines Permanentmagneten erzeugt (Bild 9.27). Bei Stromfluss durch die entsprechend gepolte Erregerspule wird im Kreis ein Magnetfeld erzeugt, dessen Richtung der des Permanentfeldes entgegengesetzt ist. Damit wird im eingeschalteten Zustand das Feld an der Haftfläche kompensiert, das festgehaltene Teil löst sich.

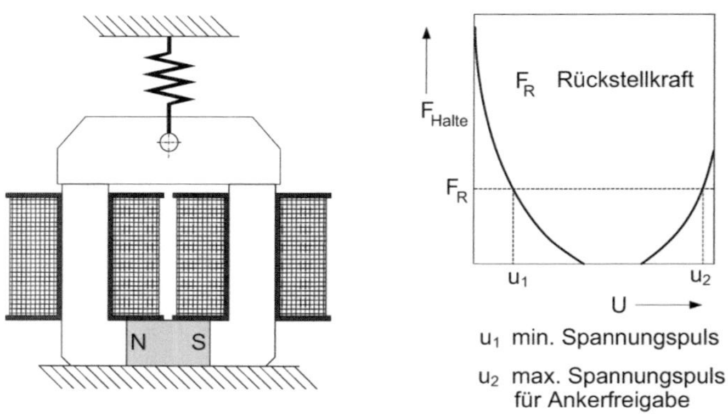

Bild 9.27: Schaltbarer Selbsthalte-Haftmagnet mit zugehöriger qualitativer Magnetkraft-Spannungs-Kennlinie

Die Einsatzgebiete reichen von der Präzisionsgerätetechnik über den gesamten Maschinenbau bis hin zur Automatisierungs- und Sicherheitstechnik, einschließlich dem Fertigungsbereich.

Dem Funktionsprinzip der Haftmagnete genügen ebenso Magnetscheider. Damit werden magnetisierbare Partikel beispielsweise aus Fluiden wie Schlicker (aufgeschwemmter keramischer Ausgangswerkstoff) abgeschieden, indem sich diese im Streufeld an den Magnetpolen ansammeln. Die Querschnittsbedingung hat durch die Partikelgröße bei solchen Anlagen keine Bedeutung. Durch entsprechende Polgestaltung und eine ausreichende Feldstärke ist ein Streufeld zu erzeugen, das den gesamten, über den Magnetscheider wegbewegten Massestrom durchdringt. Neben den magnetischen Voraussetzungen wird die Wirksamkeit durch Parameter wie Viskosität und Fließgeschwindigkeit des Mediums bestimmt.

9.6 Elektromagnetisch schaltbare Bremsen und Kupplungen

Bei elektromagnetisch schaltbaren Kupplungen erfolgt die Drehmomentübertragung reibschlüssig und verdrehspielfrei. Die Systeme gleichen vom Aufbau des elektromagnetischen Teils Haftmagneten. Sie sind in der Regel aufgebaut aus

- **Eisenrückschluss:** meist topfförmig, massiv,
- **Erregerspule:** in der Regel für Gleichstrom ausgelegt, da so eine höhere Dynamik, insbesondere kürzere Ausschaltzeiten erreichbar,
- **Ankerplatte:** diese wirkt direkt auf den Reibbelag, die Lamellen oder besitzt eine Stirnverzahnung,
- zusätzlich Reibbelagträger, Mitnehmerscheibe, Lamellen oder Scheibe mit Stirnverzahnung.

Bei Stromfluss durch die Magnetspule wird ein Magnetfeld aufgebaut, so dass die axial bewegliche Ankerplatte gegen den Stator der Bremse (Bild 9.28a) bzw. gegen die magnetisierte Läuferglocke der in Bild 9.28b) dargestellten Kupplung angezogen wird. Die so entstehende, nahezu vollflächige Anlage der Ankerplatte an den Reibbelag ermöglicht die Drehmomentenübertragung bzw. ein Abbremsen infolge des erzeugten Reibmomentes. Die Axialbewegung der Ankerplatte wirkt gegen die Rückstellkraft einer Feder. Diese Rückstellfeder muss so dimensioniert sein, dass sie zum Abschaltzeitpunkt die remanente Magnetkraft überwiegt und die Ankerplatte direkt lüftet. Die bewegliche Ankerplatte ist meist abtriebsseitig angeordnet. So wirkende schaltbare Kupplungen oder Bremsen werden als »stromlos belüftet« bzw. als »Arbeitsstrom betätigt« klassifiziert.

Der Vorteil der einfachen Kontaktierung (Stecker) der in Bild 9.28 dargestellten Kupplung wird durch den funktionsbedingt notwendigen parasitären Luftspalt zwischen Eisenrückschluss und Glockenläufer der Antriebsseite durch einen schlechteren magnetischen Wirkungsgrad aufgehoben. Dieser wird außerdem durch die entstehenden Wirbelstromverluste, insbesondere bei hohen Drehzahlen, gesenkt. Die Alternative hierzu bildet die antriebsseitig angebrachte, mitdrehende Spule. Deren Kontaktierung muss über

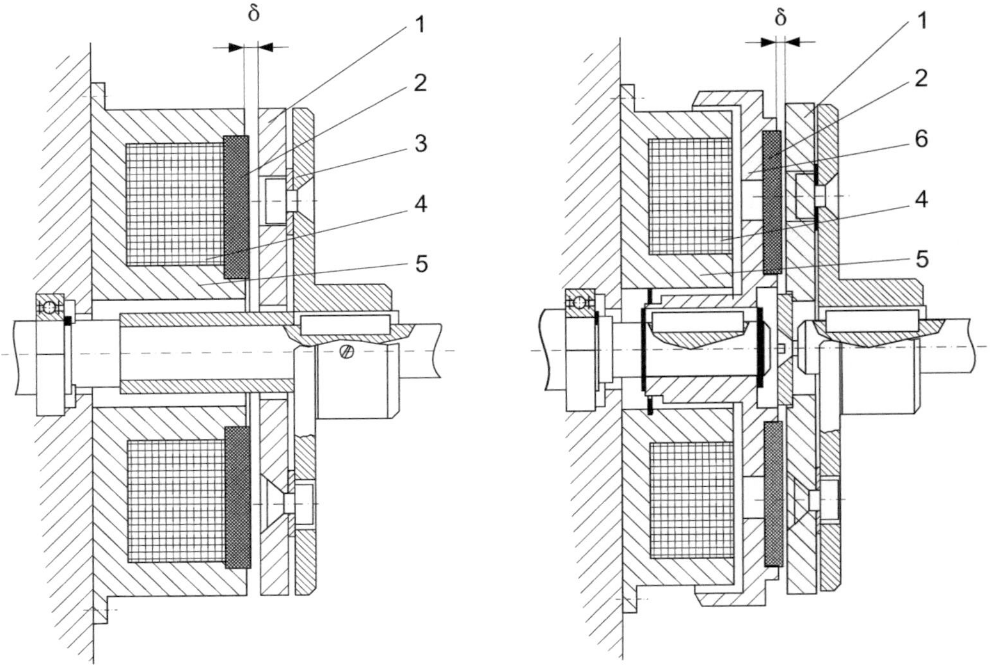

Bild 9.28: Elektromagnetisch schaltbare Bremse (links) und Einscheibenkupplung (rechts) (1 axial bewegliche Ankerplatte, 2 Reibbelag, 3 Flansch- o. Mitnehmernabe, 4 Erregerspule, 5 gestellfester Eisenrückschluss, 6 Glockenläufer mit konstantem parasitären Nebenluftspalt zum Eisenrückschluss) z. B. nach [9.17]

Schleifringe erfolgen (Bild 9.31). Die weitaus häufigste Art der Erzeugung des erforderlichen Reibmomentes wird mittels spezieller Reibbeläge realisiert. Anwendungsgebiete sind der allgemeine und Schwermaschinenbau, die Geräte- und Antriebstechnik.

Die nach dem Tauchankerprinzip wirkenden Kupplungen (Bild 9.29) finden ausschließlich im Gerätebau zur Übertragung kleiner Drehmomente Anwendung. Hierbei wird der Magnetkreis über die axial bewegliche Zwischenwelle geschlossen. Die Drehmomentenübertragung erfolgt reibschlüssig zwischen Magnetanker (Zwischenwelle) und Ankergegenstück und formschlüssig über Mitnehmerstifte von der Zwischenwelle auf die Abtriebswelle.

Im Gegensatz zum oben genannten Arbeitsprinzip wird bei der Betätigungsart »Ruhestrom betätigt« bzw. »stromlos geschlossen« das notwendige Reibmoment mittels Federn erzeugt. Im elektrisch geschalteten Zustand lüftet die Kupplung/Bremse infolge der Magnetkraft. Bei der in Bild 9.30 dargestellten Einflächen-Federdruckbremse wird diese Betätigungsart realisiert.

Magnetpulverkupplungen / -bremsen

Das Funktionsprinzip dieser Sonderformen beruht auf der Erzeugung einer reibschlüs-

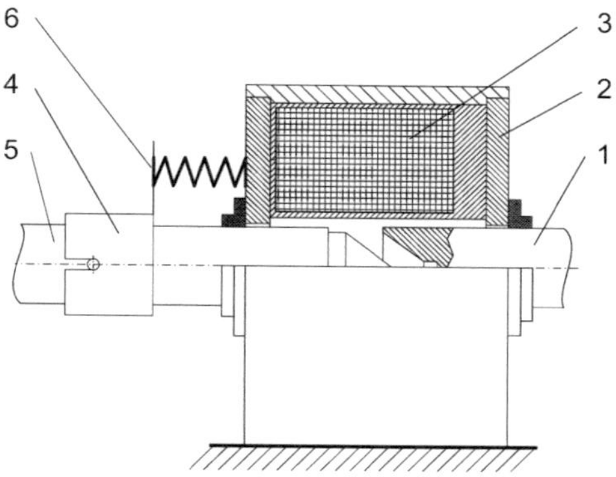

Bild 9.29: Darstellung einer Magnetkupplung nach dem Tauchankerprinzip mit konischem Anker (1 Antriebswelle, 2 Magnetgehäuse, 3 Erregerspule, 4 dreh- und verschiebbare Zwischenwelle, 5 Abtriebswelle, 6 als Prinzip dargestellte Rückstellfeder)

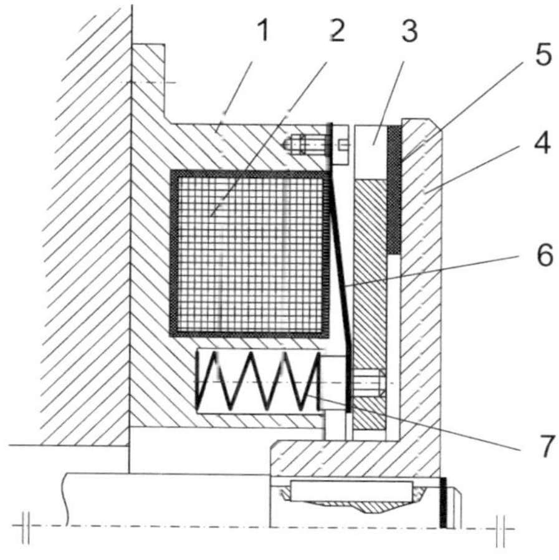

Bild 9.30: Spielfreie Einflächen-Federdruck-Bremse (1 Magnetgehäuse gestellfest, 2 Erregerspule, 3 Flansch- o. Mitnehmernabe, 4 axial bewegliche Ankerplatte, 5 Reibbelag, 6 Membranfeder zur Führung der Ankerplatte, 7 eine, der im Winkel versetzten Druckfedern zur Erzeugung des Bremsmomentes) z. B. nach [9.20]

sigen Verbindung im funktionsbedingt engen, radialen Luftspalt zwischen Sekundär- (Antriebsseite) und Primärteil mittels Magnetpulver (Bild 9.31). Bei Spulenerregung formt sich das Pulver durch Orientierung der Partikel im Gleichfeld zu einem kompakten Ring. Als Magnetpulver wird beispielsweise FeCr 13 mit einer Körnung von $25\ldots8\,\mu$m verwendet. Der Schaltvorgang ist geräuschlos. Der Einbau erfolgt stets mit horizontaler Wellenlage.

Weitere Konstruktionsmerkmale sind:

Bremse:
- in der Regel feststehendes Außenteil mit Spule,
- elektrische Verbindung mittels Stecker,

Kupplung:
- Außen- und Innenteil sind getrennt gelagert,
- die Kontaktierung der außen liegenden Spule erfolgt über Schleifringe,
- das Außen- oder das Innenteil können die Antriebsseite darstellen.

Infolge des proportionalen Zusammenhanges zwischen magnetischer Feldstärke und Spulenstrom kann die Festigkeit des Pulverringes im Aussteuerbereich variiert und so das zu übertragende Moment unabhängig von der Drehzahl linear gesteuert werden (Bild 9.32). Überschreitet das Antriebsdrehmoment das durch den max. Aussteuerpunkt festgelegte übertragbare Drehmoment, kommt es zum Schlupf zwischen Außen- und Innenteil. Der Betrieb im Dauerschlupf ist zulässig, erhöht jedoch zwangsläufig den Verschleiß. Mit wachsendem Verschleiß des Magnetpulvers reduziert sich das übertragbare Drehmoment.

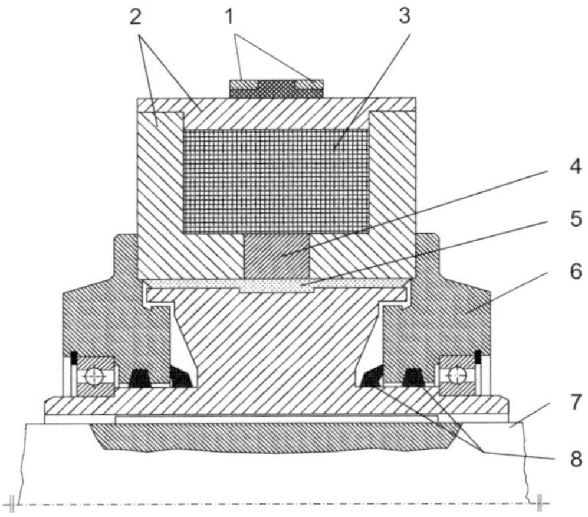

Bild 9.31: Magnetpulverkupplung [9.18]
1 Schleifringe mit Schleifringträger,
2 zusammengesetztes Magnetgehäuse,
3 Erregerspule,
4 nichtmagnetisierbarer Magnetgehäuseteil,
5 Eisenpulver,
6 mit Magnetgehäuse verbundener Abtrieb,
7 Antriebswelle,
8 Elemente zur Spaltabdichtung

Die Veränderung des Spulenwiderstandes infolge Temperaturerhöhung führt zu geringeren Magnetkräften und so zur Verringerung des angestrebten Drehmomentes (Bild 9.33). Dies ist durch eine geeignete Stromregelung kompensierbar. Die Relativdrehzahl zwischen Primär- und Sekundärteil, das Verhältnis von Einsatzdrehmoment zu zulässigem (Kenn-) Moment mit der Drehzahl als Parameter und die Schalthäufigkeit bestimmen die Lebensdauer der Kupplung bzw. Bremse.

Hauptanwendungsgebiete sind die Steuerung der Drehzahl oder der Zugspannung bei Auf- oder Abrollvorgängen, der Einsatz als Anlaufkupplung oder infolge des einstellbaren Drehmomentes als Sicherheitskupplung, als lastabhängige Drehmomentenverstellung u. a. m.

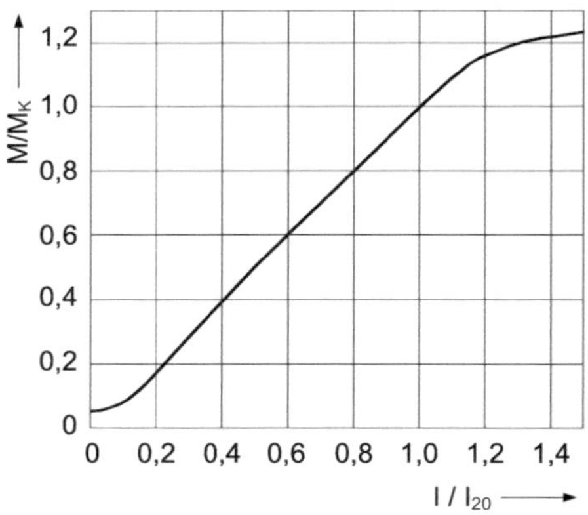

Bild 9.32: Normierte Darstellung der Abhängigkeit des Drehmomentes vom Spulenstrom

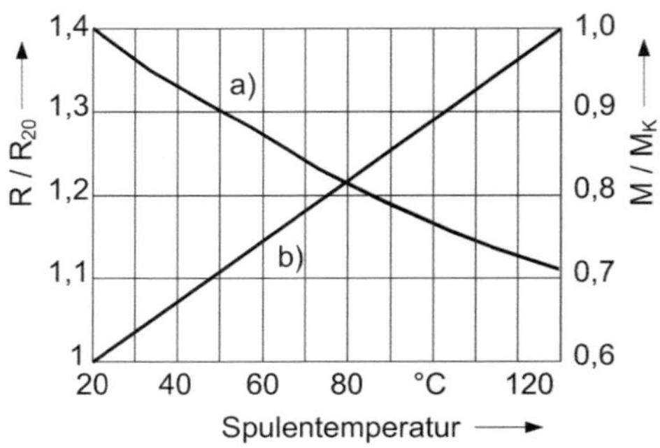

Bild 9.33: Abhängigkeit des Drehmomentes a) und des Spulenwiderstandes b) von der Spulentemperatur

9.7 Elektromagnetische Relais

Durch einen elektromagnetischen Bewegungsvorgang wird mit Hilfe einer mechanischen Kopplung ein elektrischer Schaltvorgang, das ist das Öffnen, Schließen oder Umschalten eines oder mehrerer elektrischer Stromkreise, ausgeführt. Die Hauptbestandteile des elektromagnetischen Relais sind:

Triebsystem → Magnetfelderzeugung und Bewegung des Betätigungsgliedes,
Kontaktfedersatz → Schaltkontakte zur Änderung des Schaltzustandes angeschlossener Stromkreise.

Unter den Bauformen dominieren bezüglich des Triebsystems zylindrische Spulen mit Rundkern (Pol) und winkelförmigem oder flachem Klappanker (Bild 9.34), Flachrelais mit Formspulen und rechteckigem Polquerschnitt (Bild 9.35). Ein anderes Vergleichskriterium ist die Anzahl der gleichzeitig schaltbaren Kontakte, die über eine Schaltkulisse oder direkt durch den Magnetanker betätigt werden. Der meist verwendete Klappanker ist schneiden- oder achsgelagert. Für zeitlich exaktes Schalten im Impulsbetrieb ist nach [9.17] eine Achslagerung zu bevorzugen. In Analogie zur Wirkungsweise polarisierter Magnetsysteme (Abschnitt 9.2) werden zur Minimierung der Schaltimpulsleistung und höherer Schaltfrequenzen Relais mittels permanenter Kreisteile gepolt.

Die Einsatzgebiete der Relais reichen von der Nachrichten-(Informations-)technik über die Sicherheitstechnik bis hin zur Leistungselektrik, wodurch die breite Variation der Baugröße, der Erreger- und Schaltleistung, der Ansprechzeit und der Schaltspielzahlen begründet ist.

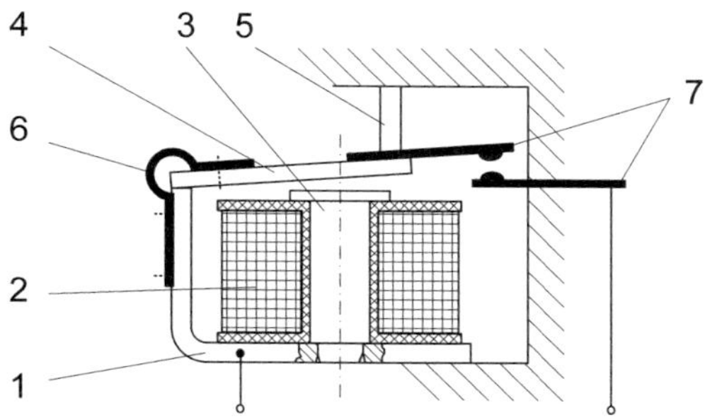

Bild 9.34: Rundrelais mit flach auf dem Bügel (1) aufliegendem Flachanker(4); Bügel und Anker sind in den elektrischen Kreis als Teil des oberen Kontaktes integriert, das Kontaktpaar (7), wirkt als Schließer; die Formfeder (6) dient neben der Ankerrückstellung ebenso zu dessen Lagesicherung und zur elektrischen Verbindung von Bügel und Anker; der Kontaktabstand wird durch den Anschlag (5) begrenzt.

Eine Sonderform im konstruktiven Aufbau stellen Reedrelais dar – eine Kombination aus Erregerspule und Schutzrohrkontakt (Bild 9.36). Schutzrohrkontakte bestehen aus weichmagnetischen oder semipermanenten Kontaktfahnen, die in schutzgasgefüllten oder evakuierten Glasröhrchen eingeschmolzen sind. Unter Feldwirkung bewegen sich die Kontakte als einseitig eingespannte Blattfedern und schließen somit einen entsprechenden elektrischen Stromkreis. Jeder so realisierte Schalter bedarf einer eigenen Erregerspule. Zur Feldbündelung/-führung ist die Spule mit einer dünnen magnetisierbaren Metallfolie umwickelt. Der Magnetkreis ist stets offen. Die Schaltzeiten für einen Anzugsvorgang betragen ca. 1 . . . 5 ms. Der Abfallvorgang von ≤ 1 ms erfolgt durch die Rückstellkraft aus Kontaktabstand (Auslenkung) und Federsteifigkeit der

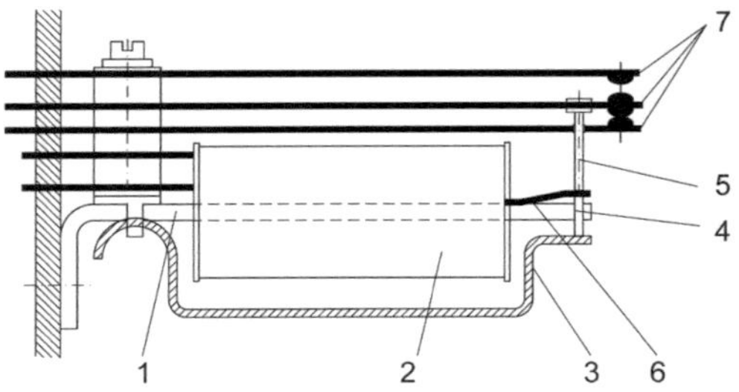

Bild 9.35: Flachrelais mit Formspule (2) und Kernblech (1) (Kernblech mit rechteckigem Querschnitt; der gebogene Anker (3) wirkt im eingeschalteten Zustand über die Brücke (4) auf den Steg (5) und betätigt so die Mittelfahne des Kontaktsatzes(7); die Lagefixierung und Rückstellung des Ankers sichert die Feder (6); durch die vorgespannten Kontaktfahnen wird die Paarung Steg-Feder/Brücke garantiert.

Kontaktfahne. Durch geeignete Werkstoffauswahl der Kontakte und die Kombination der Grundanordnung nach Bild 9.36 mit Permanentmagneten, ergibt sich ein nahezu rechteckförmiges Schaltverhalten erreicht (sog. Ferreed-Relais) [9.5], [9.9]. So wird das Auslösen des Schaltvorgangs bei Impulszeiten $< 5\,\mu s$ erreicht. Das Relais hat durch das wirkende permanente Magnetfeld Haftrelaiseigenschaften, d. h. nach abgeschalteter Anzugserregung bleibt der Schaltzustand erhalten, die Rückführung in den Ausgangszustand erfolgt durch Gegenerregung.

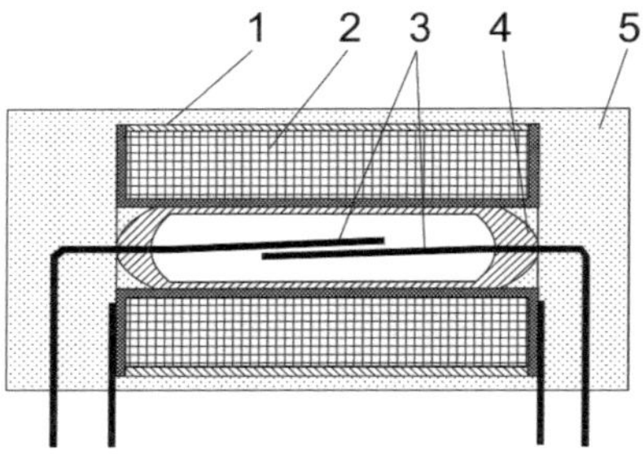

Bild 9.36: Reedrelais in Leiterplattenausführung; 1 magnetisierbare Metallfolie als Eisenrückschluss, 2 zylindrische Erregerspule, 3 weichmagnetische Blattfedern (im Glasröhrchen eingeschmolzene Kontaktfahnen), 4 evakuiertes oder mit Schutzgas gefülltes Glasröhrchen, 5 Vergussmasse [9.5] (siehe auch Bild 10.19)

Eine andere, als Leiterplattenrelais für kleine Schaltleistungen entwickelte Relaiskonstruktion zeigt Bild 9.37 nach [9.15]. Interessant ist hierbei die Lage des Luftspaltes und der Aufbau des Triebsystems aus nur zwei Formteilen. Der Magnetanker ist im angezogenen Zustand dargestellt. Die Ankerrückstellung wird durch die vorgespannte mittlere Kontaktfahne, die Lagesicherung und Realisierung des Drehpunktes für die Ankerbewegung wird durch die am Eisenrückschluss befestigte Feder bewirkt.

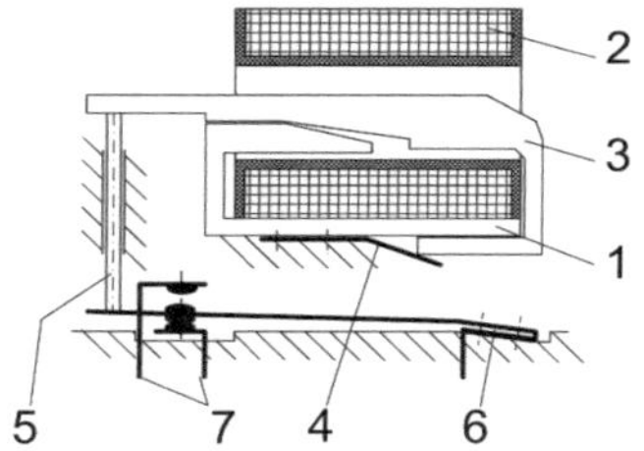

Bild 9.37: Miniaturrelais (ohne Gehäusedarstellung) (1 Rückschluss, 2 Formspule, 3 Anker, 4 Feder zur Lagesicherung des Ankers mit geringer Rückstellfunktion, 5 Stößel, 6 schaltende Kontaktfahne, die infolge ihrer Vorspannung die Rückstellkraft für den Anker aufbringt, 7 Kontakte)

9.8 Quellen

[9.1] Aldefeld, B.: Felddiffusion in Elektromagneten. In: Feinwerktechnik & Elektrotechnik, 90(1982)5, S. 222-226

[9.2] Bausch, E.; Kallenbach, E. u. a.: Verbesserung der dynamischen Eigenschaften von Proportionalmagneten. In: Ölhydraulik und Pneumatik 36(1992)7, S. 445-453

[9.3] Hirsch, H.: Probleme der Entwicklung elektrodynamischer Linearantriebe zur Magnetkopfpositionierung. In: Feingerätetechnik, 33(1984)4, S. 153-157

[9.4] Janocha, H.: Aktoren - Grundlagen und Anwendungen. Berlin: Springer Verlag, 1992

[9.5] Koch, J.; Ruschmeyer, R.: Permanentmagnete II - Anwendungen. Valvo Unternehmensbereich Bauelemente der Philips GmbH, Hamburg, 1982

[9.6] Kramer, C.; Tran, Q. N.: Auslegung und Optimierung hochdynamischer Stellsysteme mittels der instationären numerischen Magnetfeldberechnung. In: VDI Berichte (1990)816, S. 665-674

[9.7] Murrenhoff, H.; Willburger W.: Proportional-Drehmagnet mit integrierbarem Drehsensor. In: Ölhydraulik und Pneumatik 37(1993)4, S. 268-276

[9.8] Quendt, P.: Berechnung und Optimierung von Gleichstrommagneten mit einer adaptiven Finite-Element-Methode. Ilmenau: TH Dissertation, 1991

[9.9] Philippow, E.: Taschenbuch Elektrotechnik. Bde. 2 und 3, Berlin: Verlag Technik, 1965

[9.10] Scheidt, M.: Untersuchung des Betriebsverhaltens eines schnellen elektromechanischen Schaltsystems. Aachen: RWTH, Dissertation, 1991

[9.11] Schmitz, K. P.: Entwicklung und Untersuchung einer schnellschaltenden elektromechanischen Stelleinheit. Aachen: RWTH, Dissertation, 1988

[9.12] Wenzel, H.-J.: Ein Beitrag zur Optimierung polarisierter Elektromagnete. Ilmenau: TH, Dissertation, 1981

[9.13] Yeh Sun Hong: Berechnung, Verbesserung und Weiterentwicklung von Proportionalmagneten als elektromagnetische Signalumformer für Proportionalventile. Aachen: RWTH, Dissertation, 1986

[9.14] Patentschrift: DE 3609901 A1, F15 B 13/044, 1987

[9.15] Firmenschrift: Carlo Gavazzi Electromatic GmbH: Miniatur-Leistungsrelais Typ M15. DS REL M15 100/010/001 GER 10 4/92 - 3.8210.23.3 und LEAF M15 GER 10 5/92

[9.16] Firmenschrift: Joucomatic GmbH, Hilfsgesteuertes Magnetventil mit Membrane (Baureihe 138). Pforzheim: 1983

[9.17] Firmenschrift: Lenze Antriebstechnik GmbH & Co KG, Elektromagnet-Kupplungen und Bremsen. Druckschrift 14.90.1. Extertal: 1990

[9.18] Firmenschrift: Lenze Antriebstechnik GmbH & Co KG, Magnetpulver-Kupplungen und -Bremsen. Druckschrift 14.90.50. Extertal: 1990

[9.19] Firmenschrift: Lucas Ledex, Solenoids - Engineering Design Guide, Vandalia (Ohio), 1991

[9.20] Firmenschrift: Maschinenfabrik Stromag GmbH, Elektromagnet-Federdruckbremsen, Druckschrift D 220 03.91. Unna: 1991

Kapitel 10

Magnetische Mikroaktoren

10.1 Einführung

Die zunehmende Integration von technischen Funktionen verbunden mit der Verkleinerung der Abmessungen ist ein wichtiger Trend, der bei der Entwicklung von technischen Systemen beobachtet werden kann. Die Miniaturisierung erfasst alle Technikbereiche, z. B. den Maschinenbau, die Medizintechnik und die Automatisierungstechnik. Während im Bereich der Informationstechnik und Mikroelektronik durch Miniaturisierung bereits große Fortschritte erreicht worden sind, bereitet die Miniaturisierung in der Antriebstechnik und Mechanik erhebliche Schwierigkeiten. Die Ursache liegt in der erforderlichen Wandlung einer zugeführten nicht mechanischen Energie in mechanische Energie zur Erzeugung von Bewegungen. Jedes Antriebsprinzip benötigt für die Energiewandlung ein bestimmtes Volumen, in dem nur eine bestimmte Menge an mechanischer Arbeit erzeugt werden kann.

Nachfolgend soll unter einem magnetischen Mikroaktor ein Antriebselement verstanden werden, das in der Regel aus elektrischer Energie mechanische Energie, Bewegungsenergie, erzeugt und dessen wesentliche Strukturen für die Energiewandlung Abmessungen im Mikrometerbereich besitzen. Mikroaktoren sind meist in MEMS integriert.

MEMS, mikro-elektro-mechanische Systeme, werden mit Technologien der Mikrotechnik hergestellt, wie beispielsweise Lithografie, Ätzen, Bedampfen, Galvanik und Plasmatechnologien, wie Sputtern, CVD und RIE. Diese Strukturierungsverfahren und auch die Mehrzahl der verwendeten Werkstoffe finden ihren Ursprung in der Mikroelektronik, wurden jedoch für die Mikrotechnik weiterentwickelt bzw. entscheidend modifiziert.

Während in der klassischen Antriebstechnik magnetische, hydraulische und pneumatische Aktoren dominierend sind, werden in Mikrosystemen bisher hauptsächlich elektrostatische und piezoelektrische Antriebe verwendet. Diese beiden Antriebsarten sind besonders geeignet für Antriebe mit kleinen Stellwegen.

Tabelle 10.1: Gegenüberstellung von magnetischen und elektrostatischen Mikroaktoren

Vergleichskriterium	magnetisch	elektrostatisch
wirksamer Weg	einige μm bis mm	einige μm
Ansteuerung	Strom, Verlustleistung I^2R, Schaltung von hohen Strömen	Spannung, wenig Verluste, Schaltung von hohen Spannungen
Miniaturisierung	aufwändig	leicht
Komplexität	hoch	niedrig
Skalierung	$S^3 \ldots S^0$	S^2
Empfindlichkeit	Spalte größer, unempfindlich	kleinste Spalte, sehr staubempfindlich, zieht Staub an
IC-Kompatibilität	niedrig	sehr gut

Für viele Anwendungen sind jedoch weder elektrostatische noch piezoelektrische Antriebe geeignet. Werden beispielsweise größere Abtriebswege benötigt oder das System nicht sehr stark miniaturisiert (Milli- oder Minisystem), hat der Einsatz von elektromagnetischen Aktoren im Vergleich zu elektrostatischen Mikroaktoren durchaus Vorteile (Tabelle 10.1). Deshalb wird zunehmend versucht, magnetische Mikroaktoren zu entwickeln, die für spezielle Anwendungen bei einer wesentlichen Volumenreduzierung die bisher in großem Umfang eingesetzten makroskopischen magnetischen Aktoren ersetzen. Dazu zählen z. B. Aktoren für die Betätigung von Relaiskontakten, Pumpen, Ventilen, Dosiersystemen, Spiegelmatrizen und optischen Schaltern.

Magnetische Mikroaktoren können nach dem technischen Prinzip wie folgt eingeteilt werden:

1. Reluktanzprinzip,
2. elektrodynamisches Prinzip,
3. Magnetostriktion,
4. magnetische Formgedächtnis-Aktoren,
5. magnetische Flüssigkeiten und magnetische Polymere,

die für die Anwendung in MEMS spezifische Vor- und Nachteile besitzen.

10.2 Ähnlichkeitsgesetze

Die Technologien der Mikrosystemtechnik und modernen Feinwerktechnik bieten die Möglichkeit, immer kleinere Bauteile herzustellen. Somit ist die Frage von Bedeutung, in welcher Weise sich bei einer Verkleinerung der Abmessungen die Antriebseigenschaften von Aktoren ändern. Im Allgemeinen wird man bei einer Verkleinerung technischer Systeme nicht einfach den Maßstab ändern, da die verkleinerten geometrischen Strukturen den veränderten Herstellungstechnologien angepasst werden müssen. Außerdem verändern sich die Verhältnisse der physikalischen Wirkungen untereinander stark [10.21].

Von physikalischer Ähnlichkeit zweier Systeme wird dann gesprochen, wenn alle für die Beschreibung relevanten physikalischen Größen in einem konstanten Verhältnis zueinander stehen. In der Regel lässt sich die physikalische Ähnlichkeit bei technischen Systemen nicht realisieren, wenn beispielsweise Stoffkonstanten oder Störgrößen nicht verändert werden können.

Die geometrische Ähnlichkeit liegt dann vor, wenn sich eine Struktur in eine andere durch gleiche (isometrische) Änderung des Maßstabs überführen lässt. Geometrisch ähnliche Baugruppen entstehen demnach, wenn die Baugruppen isometrisch verkleinert oder vergrößert werden. Dabei können Ähnlichkeitsgesetze angewendet werden, in denen ein Skalierungsfaktor S die Verkleinerung beschreibt. Verändert man die Längenmaße eines Körpers mit S, ändern sich die Flächen mit S^2 und das Volumen mit S^3. Für die Masse eines Systems lässt sich somit bei isometrischer Veränderung der Geometrie um den Faktor S schreiben:

$$m = \varrho\, V \sim S^0 S^3 = S^3. \tag{10.1}$$

Folglich ändert sich die Masse ebenfalls mit der dritten Potenz, während sich die Dichte beim Skalieren nicht verändert.

Ähnlichkeitsuntersuchungen werden mit der Klammernotation von Trimmer durchgeführt [10.25], [10.8]. Dabei wird der Skalierungsfaktor S als Vektor in die physikalischen Gleichungen eingesetzt und mittels Potenzgesetze eine Ähnlichkeitsabschätzung vorgenommen.

Gerade für magnetische Aktoren lässt sich in der Literatur [10.9], [10.21] beobachten, dass unter Zuhilfenahme der Ähnlichkeitsgesetze Beziehungen für die Magnetkraft, die ein Aktor bei Verkleinerung leisten kann, berechnet worden sind, die den realen Verhältnissen nicht entsprechen, da wichtige Randbedingungen, wie beispielsweise die Nichtlinearität des magnetischen Werkstoffes oder die Erwärmung nicht berücksichtigt worden sind.

So wird beispielsweise in [10.9] davon ausgegangen, dass sich die Antriebskraft eines magnetischen Aktors aus der Maxwellschen Zugkraftformel ergibt und bei der Skalierung B konstant bleibt:

$$F_{mag} = \frac{B^2 A_{Fe}}{2\mu_0}. \tag{10.2}$$

Daraus wird abgeleitet, dass die Magnetkraft bei der Skalierung nur von der Fläche abhängig ist. Da sich die Fläche mit der zweiten Potenz ändert, vergrößert oder verkleinert sich folglich auch die Kraft mit der zweiten Potenz bei Änderung der Geometrie entsprechend der geometrischen Ähnlichkeit. Die Vernachlässigung der Änderung von B bei Veränderung der Baugröße führt jedoch gerade beim »Downscaling« zu sehr großen Fehlern.

Die Kraft ist jedoch nicht allein eine entscheidende Größe, vielmehr ist zur Beurteilung der Leistungsfähigkeit eines Aktors die Nutzarbeit, die pro Volumeneinheit erzeugbar ist, notwendig. Die Nutzarbeit ist von den Hauptabmessungen abhängig (Bild

3.9), während die Magnetkraft mit der geometrischen Gestaltung des Arbeitsluftspaltes (Kennlinienbeeinflussung) in weiten Grenzen beeinflusst werden kann.

Geht man vom geschlossenen magnetischen Kreis aus, so ergibt sich entsprechend Abschnitt 3.2.5 die mechanische Nutzarbeit W_N aus $\Psi_0 I_0$ mit Hilfe des magnetischen Wirkungsgrades $\varkappa_M$ und des Ausnutzungsgrades k

$$W_N = \varkappa_M k \Psi_0 I_0. \tag{10.3}$$

Berücksichtigt man das nichtlineare Verhalten des Materials mit der BH-Kennlinie, die approximiert wird durch folgende Funktion, in der B_s die Sättigungsinduktion darstellt

$$B = B_s - \frac{\beta}{H}, \tag{10.4}$$

und berücksichtigt außerdem

$$\Psi = wBA_{Fe} \qquad \text{und} \qquad \Theta = wI = A_w k_{Cu} J = H_{Fe} l_{Fe}, \tag{10.5}$$

lässt sich (10.3) wie folgt umformen

$$\frac{W_N}{\varkappa_M k} = B_s k_{Cu} J A_{Fe} A_w - \beta l_{Fe} A_{Fe} \sim c_1 S^4 J - c_2 S^3. \tag{10.6}$$

Die Nutzarbeit von Magnetaktoren nach dem Reluktanzprinzip ändert sich folglich bei konstanter Stromdichte J mit S^4. Der Überlegung wurde zugrunde gelegt, dass sich die Flächen mit S^2 und l_{Fe} mit S^1 ändern, B_s, k_{Cu}, β sowie k und $\varkappa_M$ hingegen unabhängig von der Geometrie sind. Hinsichtlich der volumenbezogenen Nutzarbeit W_{NV} ergibt sich somit nachfolgende Gleichung, wenn (10.6) durch V geteilt wird, welches wiederum von S^3 abhängig ist :

$$W_{NV} = \frac{W_N}{V} \sim c_3 S^1 J - c_4. \tag{10.7}$$

Bei isometrischer Verkleinerung der geometrischen Abmessungen wird W_{NV} mit S kleiner, wenn J=konst.

Von großem Interesse ist nunmehr, wie sich die Nutzarbeit verändert, wenn auch die Stromdichte J variiert wird. Folgende Fälle sind interessant:

1. Stromdichte bleibt konstant:

   Für diesen Fall wird $J \sim S^0$ angesetzt.

2. Stromdichte wird so geändert, dass die Erwärmung des Magnetaktors konstant bleibt ($\Delta\vartheta_{31}$ = konst):

   Wie aus der Elektrotechnik bekannt, steigt die zulässige Stromdichte mit der Verkleinerung, wenn die Übertemperatur konstant angenommen wird. Aus

$$\Delta\vartheta_{31} = \frac{P_v}{\alpha_G A_O} = \frac{i^2 R}{\alpha_G A_O} = \frac{A_w k_{Cu} J^2 l_m \varrho}{\alpha_G A_O} \tag{10.8}$$

folgt

$$J = \sqrt{\frac{\Delta\vartheta_{31}\alpha_G A_O}{A_w k_{Cu} l_m \varrho}} \sim \sqrt{\frac{S^0 S^2}{S^2 S^1}} = S^{-\frac{1}{2}}. \tag{10.9}$$

3. Stromdichte verändert sich mit S^{-n}:

   Für Mikrosysteme ist bekannt, dass die Wärmeleitung im Mikrobereich sehr effizient ist [10.25]. Dadurch können Bauteile stärker thermisch belastet werden, ohne dass Beschädigungen durch thermisch induzierte, innere Spannungen entstehen. Für die Stromdichte in den Spulen sind somit wesentlich höhere Werte zulässig und man kann J auch mit S^{-1} oder sogar S^{-2} skalieren.

Die ermittelten Werte für S aus den drei Fällen werden nun nach der Klammernotation von Trimmer für J eingesetzt. Dabei wird ein Vektor mit verschiedenen Werten für S in die Gleichung eingesetzt. Durch einfache mathematische Operationen können somit mehrere Lösungen für S in einem Schritt skaliert werden. Für die zu untersuchenden Fälle ergibt sich folgende Gleichung [10.12]:

$$W_{NV} = S^1 \begin{pmatrix} S^0 \\ S^{-0.5} \\ S^{-1} \\ S^{-2} \end{pmatrix} = \begin{pmatrix} S^1 \\ S^{0.5} \\ S^0 \\ S^{-1} \end{pmatrix}. \tag{10.10}$$

Folgende Ergebnisse sind ablesbar:

Wird die Stromdichte konstant gehalten, ergibt sich der ungünstigste Fall, die Skalierung der volumenbezogenen Nutzenergie erfolgt mit S^1. Wird das System auf 1/10 seiner ursprünglichen Größe herunterskaliert, sinkt folglich die Nutzenergie auch auf 1/10.

Wird die Stromdichte so weit verändert, dass die Temperatur der Spule, die sich infolge der Verlustleistung der Spule einstellt, konstant bleibt (das ist der übliche Fall), ändert sich die volumenbezogene Nutzenergie um $S^{0.5}$.

Basierend auf der Tatsache, dass Wärmeleitung in Mikrosystemen sehr effizient ist, kann man die Stromdichte mit S^{-1} verändern. Folglich bleibt die Nutzarbeit konstant. Die Wärmeleitung kann infolge des Einsatzes thermisch gut leitfähiger, elektrisch isolierender, mikrotechnischer Werkstoffe noch weiter verbessert werden. Konventionelle Spulen bestehen aus Lackdraht, dessen Isolationsschicht durch einen Epoxidharzlack gebildet wird. Der thermische Leitwert liegt um 2 bis 3 Größenordnungen unter dem Leitwert von Stoffen wie speziellen Keramiken oder Siliziumverbindungen, die in Mikrosystemen zum Aufbau isolierender Schichten dienen können.

Außerdem lässt sich die Stromdichte wesentlich erhöhen, wenn im Impulsbetrieb gearbeitet wird.

Geht man an die physikalischen Grenzen und nutzt aus, dass Mikrosysteme beispielsweise hocheffizient gekühlt werden können, kann die Stromdichte noch weiter erhöht werden. Hier sind sogar Skalierungen im Bereich S^{-2} denkbar. Dann sind Systeme konstruierbar, deren volumenbezogene Nutzenergie trotz Verkleinerung steigt. In der Literatur wurden bereits Aktoren vorgestellt, bei denen die Stromdichten im Bereich von $8\,\mathrm{kA/mm^2}$ lagen [10.5], [10.6].

10.3 Herstellungstechnologien magnetischer Mikroaktoren und Magnetwerkstoffe

Magnetische Antriebssysteme dominieren als Antriebsysteme in Makroanwendungen und werden derzeit in Mikrosystemen vergleichsweise selten eingesetzt. Als Grund dafür ist in erster Linie der aufwändigere Aufbau magnetischer Systeme zu nennen. Elektrostatische bzw. piezoelektrische Antriebe lassen sich leichter mit klassischen Mikrotechnologien herstellen bzw. in Mikrosysteme integrieren, da derartige Systeme planar, d. h. in Schichten, aufgebaut werden können. In magnetischen Systemen umschließen die magnetischen Feldlinien die Erregerströme nach dem Durchflutungsgesetz. Dadurch ist in jedem Fall ein dreidimensionaler Aufbau des Aktors erforderlich (Bild 10.1), der eine räumliche Ausbreitung des Magnetfeldes ermöglicht.

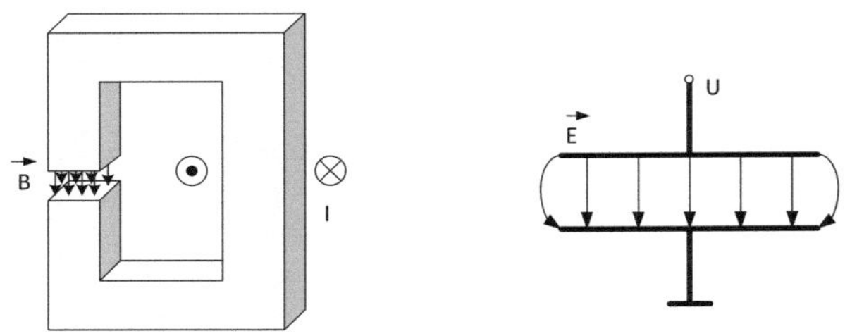

Bild 10.1: Magnetisches Feld um einen Leiter, elektrisches Feld zwischen zwei parallelen Platten.

Eine weitere Eigenschaft des magnetische Feldes ist, dass keine richtigen magnetischen Isolationsschichten verfügbar sind, wenn man von den besonderen Eigenschaften supraleitender Stoffe absieht, in die das magnetische Feld nicht eindringen kann. Während elektrostatische Felder leicht zu isolieren sind, können magnetische Feldlinien höchstens durch einen magnetischen Flussleiter »eingefangen« werden (magnetische Abschirmung). Geht der Flussleiter jedoch in Sättigung, kann sich das Feld ungehindert über diesen hinweg ausbreiten.

In der Mikrotechnik werden Systeme in der Regel technologiebedingt in Schichten aufgebaut. Während bereits dünne Schichten, beispielsweise aus Siliziumnitrid, einen niedrigen thermischen bzw. elektrischen Leitwert besitzen und deshalb als thermische und elektrische Isolationsschichten sehr gut angewendet werden können, sind magnetisch gut leitfähige Schichten wie Nickel oder Permalloy in nennenswerten Schichten (Dicken, deutlich größer als mehrere Mikrometer) nur sehr aufwändig zu realisieren. Magnetische Mikroaktoren mit großen magnetischen Flüssen monolythisch herzustellen, ist nur mit erheblichem Aufwand möglich.

Typische Bestandteile von magnetischen Aktoren zum Verrichten von mechanischer Arbeit sind:

- Spulen zur Erzeugung der Durchflutung,
- Flussleitelemente,
- Luftspalte, in denen die magnetomechanische Energiewandlung stattfindet und
- gegebenenfalls Dauermagnete zur Speicherung magnetischer Energie (polarisierte Systeme).

10.3.1 Spulenminiaturisierung

In magnetischen Aktoren dienen Spulen zur Erzeugung des magnetischen Feldes. Dabei umfasst die stromdurchflossene Spule den magnetischen Leiter, in dem der magnetische Fluss generiert wird. Die magnetischen Feldlinien breiten sich räumlich aus.

Während aktive Bauelemente, wie z. B. Transistoren, gemessen an ihrer Funktionalität heute bereits sehr stark miniaturisiert sind, ist diese Entwicklung bei passiven Bauelementen wie Spulen am wenigsten fortgeschritten. Klassische miniaturisierte Systeme zeichnen sich durch einen planaren, also zweidimensionalen Aufbau aus. Das bedeutet, dass sich die Spule entweder als Flachspule um einen magnetischen Leiter windet (Bild 10.2a) oder der Eisenkreis um die Spule gewunden ist (Bild 10.2b) [10.12]. Aufgrund des größeren magnetischen Widerstandes ist diese Variante jedoch eher ungünstig.

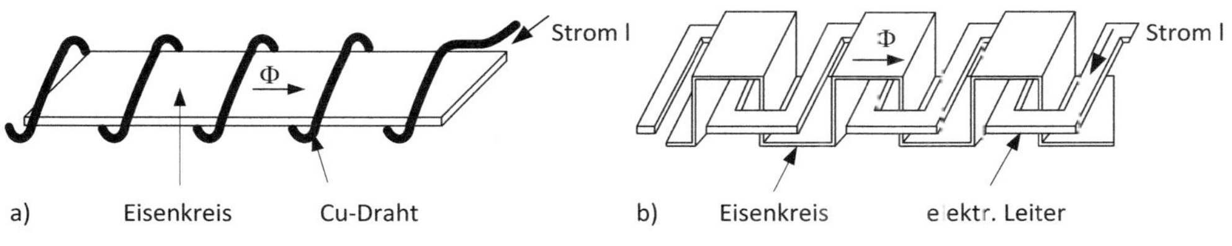

Bild 10.2: Zwei beispielhafte Anordnungen [10.1]. (a) konventioneller Aufbau, (b) planare Spule, geschachtelter Eisenkreis

Aus der Sicht eines Konstrukteurs eröffnen sich zwei Möglichkeiten, wie Mikrospulen realisiert werden können. Die Leiterbahn kann entweder spiralförmig oder mäandrierend angeordnet sein.

Dabei eignet sich die spiralförmige Anordnung der Windungen dazu, das magnetische Feld aller Windungen in einem Flussleiter zu bündeln (Bild 10.3a). Dafür kann auch die Mäanderspule verwendet werden, allerdings bedingt diese Konstruktion einen aufwändig geformten, die Spule durchdringenden Eisenkreis, wie er beispielsweise bei Mikro-Schrittmotoren üblich ist. Dieser in Bild 10.3b dargestellte Ansatz ist jedoch aus

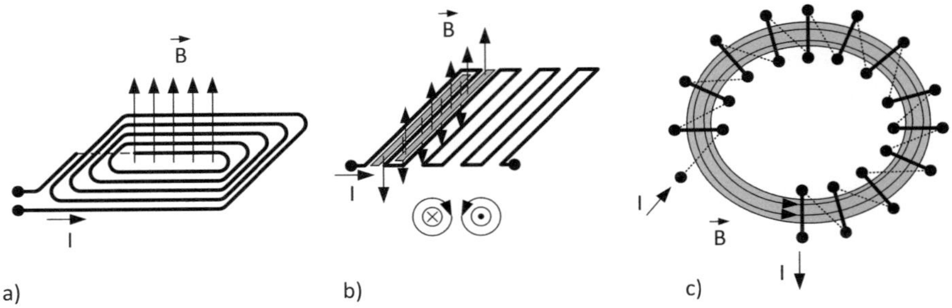

Bild 10.3: Konstruktive Basistypen von Mikrospulen. (a) Spiralspule, (b) Mäanderspule, (c) Helixspule

magnetischer Sicht ungünstig, da die mittlere Eisenweglänge groß wird. Mit Mäander- oder Spiralspulen (Bild 10.4) werden typischerweise flächig verteilte Magnetfelder erzeugt, wie sie beispielsweise für magnetische Planarmotoren angewendet werden können. Hier beruht die »Ankerbewegung« (Bewegung des dargestellten Dauermagneten) auf der Wechselwirkung von Dauermagnetfeld und dem durch die Spulenanordnung (Planarspulen) elektrisch erzeugten Magnetfeld.

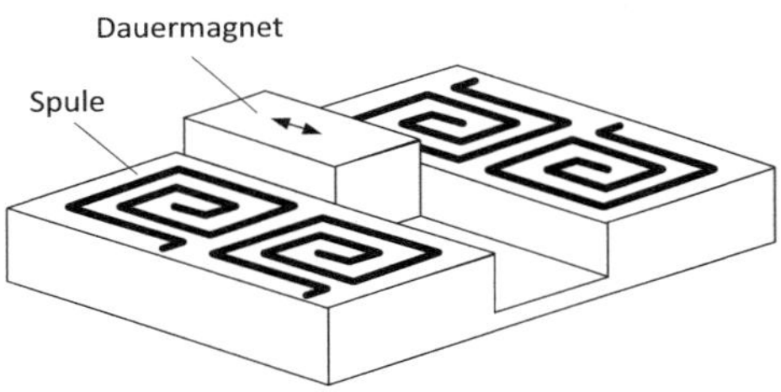

Bild 10.4: Planarmotor als Beispiel für den Einsatz von Spiralspulen

Die Helixspule, lässt sich prinzipiell auf die Spiralspule zurückführen. Im Gegensatz zur Spiralspule windet sich bei diesem Spulentyp die Spule dreidimensional um einen flachen, ringförmig angeordneten magnetischen Leiter.

Sowohl die Spiralspule als auch die Mäanderspule können gestapelt werden, um die Amperewindungszahl zu erhöhen. Dabei muss entsprechend die Stromrichtung beibehalten werden.

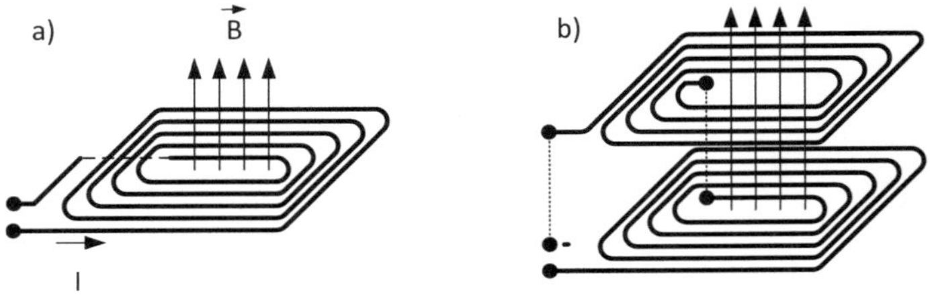

Bild 10.5: Einfache und doppellagige Spiralspule

Tabelle 10.2: Parametervergleich miniaturisierter Spulen, siehe Bild 10.6

Spulenvariante	a	b	c	d
Stromtragfähigkeit in A/mm^2	500	100	23	10
Kupferfüllfaktor	0,005	0,15 – 0,25	0,1 – 0,25	0,65
Leiterhöhe in μm	bis wenige	70	105	d_{Dr}
Aufbau in mehreren Lagen	nein	ja	ja	ja

10.3.2 Herstellung von miniaturisierten Spulen

Miniaturisierte Spulen werden nicht mehr wie konventionelle Spulen aus Draht gewickelt, sondern unter Nutzung planarer Technologien (Lithografie, Beschichten, Ätzen, Galvanik) als Flachspule hergestellt. Eine Ausnahme bilden spulenkörperlos gewickelte Spulen, die jedoch nur bedingt miniaturisierbar sind. Die Herstellung von Mikrospulen wird nach den Substratwerkstoffen, auf denen die elektrischen Leiterbahnen der Spulen aufgebaut werden, unterschieden. Als Substratwerkstoffe kommen folgende Materialien in Frage:

- Mikro-Planarspulen auf Halbleitersubstraten,
- geprägte Multilayerspulen in (LTCC-)Keramik,
- gefaltete Spulen auf mechanisch flexiblen, polymeren Trägermaterialien,
- spulenkörperlos gewickelte Spulen.

Die Auswahl des Substratwerkstoffes hängt sowohl vom Aufbau des Aktors als auch von den technischen Anforderungen und den Möglichkeiten der Funktionenintegration ab.

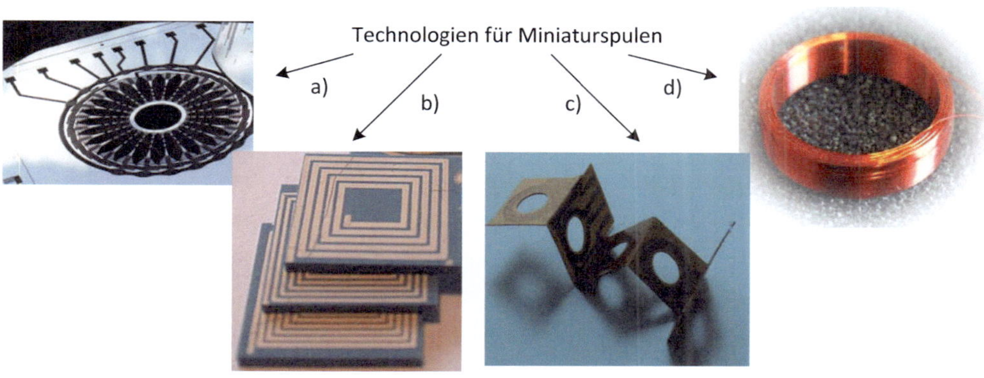

Bild 10.6: Realisierungsvarianten miniaturisierter Spulen

10.3.3 Mikroplanarspulen auf Halbleitersubstraten

In der Mikrosystemtechnik unterscheidet man den monolytisch integrierten und den hybrid integrierten Aufbau. Monolytisch integrierte Mikrospulen werden in der Regel mit Hilfe von Halbleitertechnologien gefertigt.

Auf festen Substraten wie Silizium, Glas oder Siliziumkarbid können Leiterbahnen prinzipiell aus hochdotierten Halbleitermaterialien (Silizium) oder aus Metallen hergestellt werden. Hochdotiertes Silizium als Leitermaterial hat den Nachteil, dass dessen Leitfähigkeit dotierungsabhängig um Größenordnungen (Faktor 10 – 200) unter der Leitfähigkeit von Metallen liegt. Wenn jedoch der Schwerpunkt auf Spulen liegt, bei denen die Stromtragfähigkeit nicht an erster Stelle steht, ist dotiertes Si aufgrund der Kompatibilität zu CMOS-Prozessen durchaus eine Alternative. Als Beispiel für derartige Anwendungen können signalwandelnde On-Chip-Bauelemente, wie Filter usw. genannt werden.

Metalle mit einem kleinen spezifischen Widerstand, wie Gold, Silber und vor allem Kupfer, sind als elektrische Leiter für Spulen mit einem geringen ohmschen Widerstand, der für magnetische Mikroaktoren benötigt wird, geeignet. Bedingt durch die hervorragende Wärmeleitfähigkeit von Si und einer besonders guten Wirkung der Wärmeableitung im Mikrobereich [10.21], sind Spulen mit einer extrem hohen Stromdichte ($J = 8\,\mathrm{kA/mm^2}$) realisierbar.

Entscheidend für den maximal zulässigen Strom ist der elektrische Querschnitt des Leiters der Spule. Metalle können mikrotechnisch in **dünnen Schichten**, d. h. bis einige Mikrometer Schichtdicke, durch bekannte Beschichtungstechnologien wie Bedampfen und Sputtern abgeschieden werden. Um den Leiterquerschnitt zu erhöhen, muss die Spule folglich verstärkt werden. Das kann durch Mikrogalvanik erreicht werden.

Die Lackdicken für standard-fotolithographische Prozesse bewegen sich im Bereich von 1,4 – 10 μm, bei kleineren Absolutmaßen auch darunter, da die Lackdicke ein begrenzendes Maß für die mögliche »untere« Auflösung der Lithografie darstellt. Mikrogalvanik zur Verstärkung der Leiterbahnen stromtragende Teile setzt **dicke Resistschichten** bis 1 mm voraus. Folglich sind Standardfotolacke für mikrogalvanische Dickschicht-Prozesse nicht geeignet, da das Leiterbahnmaterial nicht dicker als der Fotolack abgeschieden werden kann. Für mikrogalvanische Prozesse muss mit Dicklacken, gegebenenfalls in mehreren Schichten, gearbeitet werden.

Durch den Lithografieprozess kann man sehr gute Strukturgenauigkeiten bzw. -feinheiten erreichen. Dadurch können die Abstände zwischen den Windungen sehr klein gehalten werden, wodurch ein vergleichsweise hoher Kupferfüllfaktor realisierbar ist.

Versuche mit dem Positivlack AZ4562 von Clarion zeigen die sehr guten Verarbeitungsmöglichkeiten des Lackes auch in mehreren Schichten, jedoch auch klare Grenzen bei der Temperierung der galvanischen Bäder (Rissbildung infolge Temperatureinwirkung). SU-8 ist ein Negativresist auf Epoxidharzbasis mit sehr guten Abbildungsqualitäten. Jedoch ist das Material schlecht zu verarbeiten (Handling) und nur mittels Plasmaveraschen zu entfernen.

Tabelle 10.3: Vergleich verwendbarer Fotolacke

Positivresist (z. B. AZ4562)	**Negativresist (z. B. SU-8)**
Vorteile:	Vorteile:
Kostengünstig	Quasi senkrechte Kanten (erreichter Winkel 87°)
UV-Standardbelichtung	Hohe Auflösung durch hohe Transparenz
Chemisch beständig	UV-Standardbelichtung
Leicht zu entfernen nach Galvanik	Maximale Dicke der Strukturen 1 mm
Abgeformte Strukturen öffnen sich nach unten (Kontaktstelle oben)	Chemisch beständig
	Entwickler: organisches Lösungsmittel, kein Angriff anderer Schichten
Nachteile:	Nachteile:
Keine senkrechten Kanten (Winkel ca. 80°)	Haftung auf manchen Materialien nur befriedigend
Maximale Dicke der Strukturen ca. 50 μm	Entfernung des belichteten Resistes problematisch in der Handhabung
Arbeiten mit erwärmten Galvanikbädern (Au) können u. U. Risse im Lack erzeugen	typischer Negativlack – abgeformte Strukturen öffnen sich nach oben (Kontaktstelle unten)
Entwickler greift manche Metalle an	

Dicke Metallschichten für Spulen können in Ergänzung zur Mikrogalvanik auch durch Siebdruck aufgebracht werden. Druckbare Metallpasten sind für unterschiedliche Substratmaterialien verfügbar. Die Pasten enthalten neben dem Metallpulver einen organischen oder anorganischen Binder, der für einen festen Verbund innerhalb der Leiterbahn und für die Verbindung zum Substrat verantwortlich ist. Besonders interessant für die Mikroaktoren ist die Kombination mit Keramiksubstraten, da diese Substrate auch als alternatives Konstruktionsmaterial an Stelle von Silizium verwendet werden können. Durch die Entwicklung fotostrukturierbarer druckbarer Metallpasten [10.24] kann gegenüber der klassischen Siebdrucktechnik eine deutliche Verbesserung der Strukturauflösung erreicht werden. Die erreichbare minimale Strukturbreite liegt unter 50 μm.

Häufig werden für Mikroaktoren mehrlagige Spulen benötigt. Besonders bei einem seriellen Aufbau müssen zwischen die einzelnen Leiterschichten Zwischenschichten eingebaut werden, die einerseits elektrisch isolierend und andererseits thermisch gut leitfähig sind. Aus diesem Grunde ist die Realisierung von Mehrlagenspulen aufwändiger.

Eine Alternative stellt ein paralleler Aufbau dar, d. h., alle Lagen werden auf eigenen Substraten parallel zueinander hergestellt und der Mehrlagenaufbau wird abschließend durch Stapeln der Substrate erzeugt (hybrider Aufbau).

Spulen, die auf Si-Standardsubstraten errichtet worden sind, weisen eine hohe Substratdicke (300 μm – 600 μm) auf. Mikrospulen mit mehr als zwei Aufbaulagen lassen sich monolythisch auf Siliziumsubstraten nur sehr eingeschränkt herstellen. Durch den

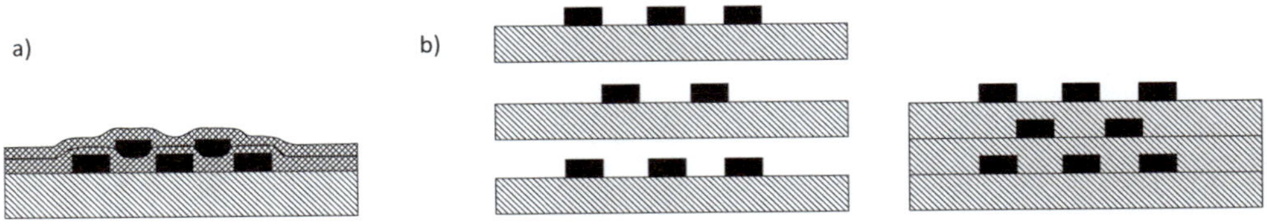

Bild 10.7: Mehrlagenspule mit sequenziellem (a) und parallelem (b) Aufbau.

sequenziellen Aufbau auf dem Siliziumsubstrat erhöht sich die strukturbedingte Schichtunebenheit mit jeder zusätzlichen Lage und damit steigen Prozessaufwand und -risiko erheblich an.

Ein einlagiger Aufbau der Spule zieht eine Kreuzung der Strompfade nach sich, wenn der Strom in einer konzentrischen Anordnung von außen zugeführt wird. Hierfür gibt es verschiedene konstruktive Möglichkeiten, in welcher Weise die Strompfade gekreuzt werden können. Die Nutzung von Siliziumnitrid, Ormocere® und anderer Isolierwerkstoffe ist in Abhängigkeit von der Prozessfolge festzulegen.

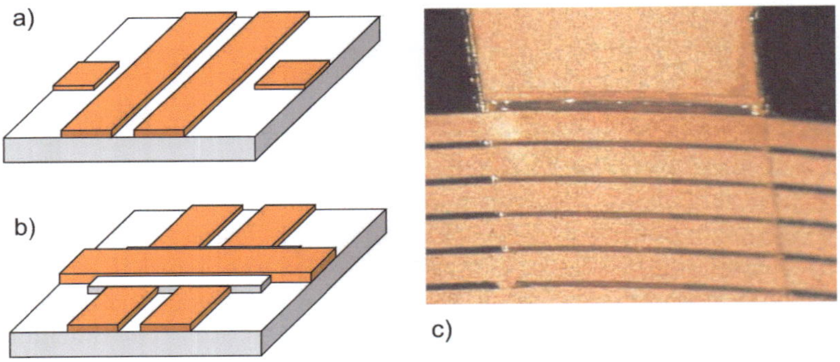

Bild 10.8: Kreuzung der Strompfade mit Ormocer®. Im ersten Schritt wird die Spule hergestellt (a), im zweiten Schritt die Brücke aus Ormocer® strukturiert und im dritten Schritt die Leiterbahn über die Brücke gelegt. In (c) ist das dünnschichtige Ormocer® zu sehen, welches die Isolationsbrücke über die Leiterbahnen bildet.

Die Abschätzung anhand der physikalischen Ähnlichkeitsbeziehung in Kapitel 10.2 zeigt, dass eine Erhöhung der Stromdichte somit möglich ist. Für das Magnetfeld ist jedoch nicht nur der Absolutstrom durch die Windungen entscheidend, sondern ebenso die Anzahl der Windungen. Die Packungsdichte der Windungen kann dabei nicht beliebig erhöht werden. Notwendig ist jedoch, mehrlagige Spulen zu verwenden, die durch dünne, gut wärmeleitende Isolationsschichten von einander getrennt sind, wie beispielsweise Aluminiumoxid und ähnliche Werkstoffe. Siliziumnitrid ist aufgrund seiner schlechten thermischen Leitfähigkeit weniger geeignet.

Da die Herstellung von Spulen auf Halbleitersubstraten sehr teuer ist, eignet sich diese Gruppe von Spulen nicht für die Massenproduktion von Spulen für krafterzeugende

Systeme, bei denen hohe Amperewindungszahlen gefordert sind. Vielmehr eignen sich die Halbleiterplanarspulen als induktive Bauelemente zur Integration in elektrische Schaltungen.

10.3.4 Keramik- und Folienspulen

Die wirtschaftliche Etablierung miniatursierter Spulen gefertigt mit Standard-MEMS-Technologien kann nur dann erfolgreich sein, wenn kostengünstige Verfahren für die Massenproduktion entwickelt und zur Verfügung gestellt werden. Sind aus systemtechnische Sicht Spulen mit einer hohen Stromtragfähigkeit bei gleichzeitig vielen Windungen gefordert, stehen zwei Technologien zur Verfügung; zum einen die Weiterentwicklung der Feinstleitertechnik auf flexiblen Trägern und zum anderen die LTCC-Technik.

Multilayer-Keramikspulen in LTCC

Die in der Elektronikindustrie eingesetzte LTCC-Keramiktechnologie ermöglicht die Anordung von Strompfaden für Spulen in Mehrlagentechnik (Multilayer), wobei gedruckte Metallpasten nach dem Sintern die Leiterbahnen bilden. Besonders geeignet für diesen Aufbau sind LTCC-Keramiken (low temperature co-fired ceramics). Das sind niedrig sinternde Keramikfolien, auf denen im ungebrannten Zustand die Metallstrukturen aufgebracht und die anschließend unter Druck- und Temperatureinwirkung laminiert werden. Der laminierte Stapel wird abschließend gesintert (cofired). Dünnste verfügbare Folien (Tapes) sind ca. 50 μm stark.

LTCC-Substrate bestehen aus einer keramischen Grundphase auf der Basis von Aluminiumoxid, einer sinterbaren Matrixphase auf Glasbasis und einer temporären Binderphase, z. B. einem Acrylat, das während des Sinterprozesses ausbrennt. Diese temporäre Binderphase ist ausschlaggebend für die herausragende Laminierfähigkeit der LTCC-Substrate. Die temporäre Binderphase entweicht bei 70 °C soweit, dass zwischen den Folien beim Laminieren ein homogener Verbund entsteht. Zuvor aufgebrachte Funktionsmaterialien wie Leitpasten, Dielektrika oder Widerstandspasten werden durch ein Fließen des Substratmaterials lückenlos eingeschlossen. Durch die Glasmatrixphase ist nur eine Sintertemperatur von 850 °C erforderlich, wodurch auch niedrigschmelzende Metalle wie Gold, Silber und Kupfer als Leitpasten eingesetzt werden können. Der einfache Siebdruck der Metallpasten limitiert dabei die Höhe der Leiterbahnen. Mittels Mehrfachdruck können dickere Leiterbahnen erzeugt werden, jedoch nur bei deutlicher Reduzierung der Genauigkeit, wodurch die Miniaturisierung begrenzt wird.

Hervorzuheben ist auch die Möglichkeit der mechanischen Bearbeitung der ungebrannten (grünen) LTCC-Folien, die mechanisch flexibel sind und erst durch das Brennen keramisch hart werden. Dadurch können im grünen Zustand Durchkontaktierungen (Vias) zwischen den Aufbaulagen durch Stanzen der Substrate und anschließendes Füllen der Löcher mit Leitpaste hergestellt werden.

Mit dem Einsatz einer speziell für LTCC entwickelten Mikroprägetechnologie wird eine wesentliche Steigerung des Leiterquerschnitts bei hoher Strukturgenauigkeit erreicht. Das Prägen der noch ungebrannten Keramikfolie erzeugt dabei Vertiefungen in Form der gewünschten Leiterbahn, die anschließend mit Metallpaste in einem Siebdruckschritt verfüllt werden. Dadurch sind sehr genau definierte Leiterquerschnitte mit hoher Dicke möglich. Betrug die mögliche Dicke der Strompfade nach dem Sintern bisher nur ca. 10 bis 15 μm, sind nunmehr Dicken von mehr als 65 μm in Abhängigkeit von der eingesetzten Tapedicke realisierbar.

Bild 10.9: links: Röntgenbild einer SMD-Spiralspule mit 8 Windungen und Seitenkontaktierung in Ferrokeramik, rechts: Prägewerkzeug und Bauelemente

Mikrospulen, die mittels Mikroprägen in LTCC hergestellt werden, können einen Leiterfüllfaktor bis 0,25 aufweisen und sind mit einer Stromdichte bis zu 45 A/mm^2 und höher dauerhaft belastbar. Dieser Wert liegt bei einem Vielfachen über dem einer konventionellen Kupferspule, die je nach thermischer Ankopplung mit 5 bis 8 A/mm^2 beansprucht werden kann, jedoch einen günstigeren Leiterfüllfaktor (bis 0.7) aufweist. Bei Spulen in LTCC wird der kleinere Leiterfüllfaktor durch die höhere Stromtragfähigkeit kompensiert. Außerdem erzeugen die LTCC-Spulen aufgrund des größeren Leiterbahnabstandes keine parasitären Kapazitäten.

Sehr feine Leiterbahnen in der Größenordnung bis 20 μm Leiterbreite können durch Kombination des Mikroprägens mit dem FODEL®-Verfahren erzeugt werden. Bei diesem Verfahren wird die Leitpaste flächig per Siebdruck auf das Tape aufgebracht und anschließend lithografisch strukturiert.

Sowohl das Mikroprägen von LTCC als auch der modifizierte FODEL®-Prozess reihen sich in die Kette der Standardtechnologien für LTCC nahtlos ein. Dadurch wird es möglich, konventionelle Schaltungsträger mit hochstromtragfähigen Spulen und Spulensystemen zu versehen, die im Inneren des Schaltungsträgers untergebracht sind. Das ergibt einen völlig neuen Ansatz zur räumlichen Nutzung der Schaltungsträger, da jetzt Bauraum funktionalisiert wird, der vorher nicht genutzt werden konnte [10.14].

Durch geeignete Schutzschichten ist es außerdem möglich, auf der noch ungebrannten Keramik Leiterbahnen galvanisch herzustellen. Diese Leiterbahnen haben eine deutlich erhöhte Leitfähigkeit gegenüber den gesinterten Leiterbahnen ($50 \cdot 10^{-6}$ S/m bei einer galvanisch hergestellten Ag-Leiterbahn gegenüber $25 \cdot 10^{-6}$ S/m bei einer gedruckten und gesinterten Ag-Leiterbahn). Die mechanische Strukturierbarkeit von LTCC-Folien erlaubt darüber hinaus zusätzlich die Integration mechanischer und fluidischer Funktionsstrukturen [10.22], wodurch extrem integrierte Systeme auch in LTCC herstellbar sind.

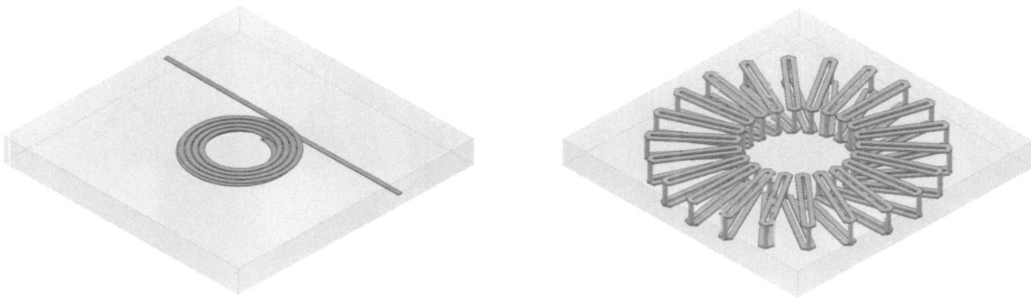

Bild 10.10: Induktivitäten: links Spiralspule, rechts Helixspule (mit doppelten Strompfaden zur Widerstandsreduzierung)

Ein völlig neuer Ansatz ist das Einbringen von Strompfaden in Ferrokeramiken. Diese Technologie empfiehlt sich sowohl für Induktivitäten als Bauelemente, bei denen der Strompfad in ein elektrisch nicht leitendes, ferromagnetisches Material eingebracht wird. Das Bauelement entsteht durch Siebdrucken, möglicherweise mit Prägen kombiniert, und Stapeln der keramischen Tapes, wobei anstelle der Glasmatrix z. B. ein ferritisches Material eingebracht ist, welches beim Brennen sintert. Die Strompfade werden somit direkt in die Ferrokeramik eingebettet, die zusätzlich ein sehr guter Wärmeleiter ist.

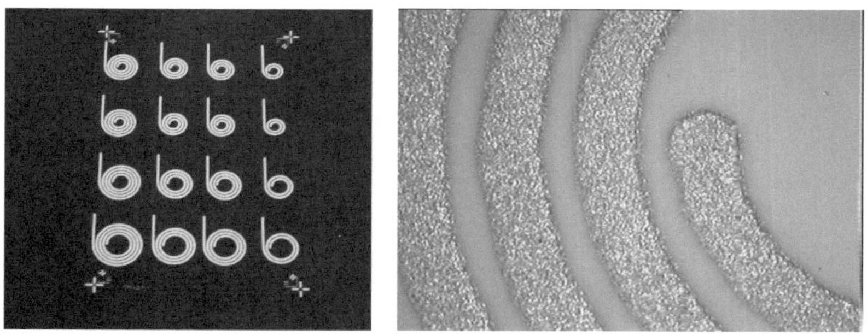

Bild 10.11: LTCC-Folie mit Spiralspulen nach dem Prägen und Siebdrucken (links); Detailaufnahme (rechts)

Andererseits können magnetisch neutrale LTCC-Standardfolien mit magnetischen Tapes kombiniert werden. Eine zusätzliche Möglichkeit ergibt sich durch den Einsatz von magnetischen Pasten, mit denen Kavitäten im Tape verfüllt werden. Somit können in der Keramik magnetisch leitende Pfade eingebracht werden, die für Aktoren genutzt werden können.

Bild 10.12: Ausschnitt eines geätzten Prägewerkzeugs (links); Eindringen eines Prägewerkzeugs in eine ungebrannte LTCC-Folie (rechts)

Gefaltete Spulen auf Polymersubstraten

Mit der Feinstleitertechnik auf flexiblen Polymerfolien hat sich eine leistungsfähige Basistechnologie entwickelt, die sich für den Einsatz an miniaturisierten Spulen empfiehlt [10.16]. Mit dieser Technologie lassen sich feinste Strompfade mit lithografisch unterstützten Verfahren beidseitig auf dünnen, mechanisch flexiblen Polymerfolien herstellen. Von besonderem Interesse sind Polyimide und Flüssigkristallpolymere (LCP), die herausragende elektrische, thermische und mechanische Eigenschaften besitzen. Diese Materialien werden vor allem für flexible Schaltungsträger eingesetzt. Durch die sehr geringe Substratdicke bis zu wenigen Mikrometern kann ein sehr günstiges Verhältnis von Substratvolumen zu Leiterbahnvolumen erreicht werden, wodurch Kupferfüllfaktoren größer 0,25 erreicht werden können. Durch lithografische und Laserstrukturierungsverfahren sind Strukturbreiten kleiner 25 μm möglich.

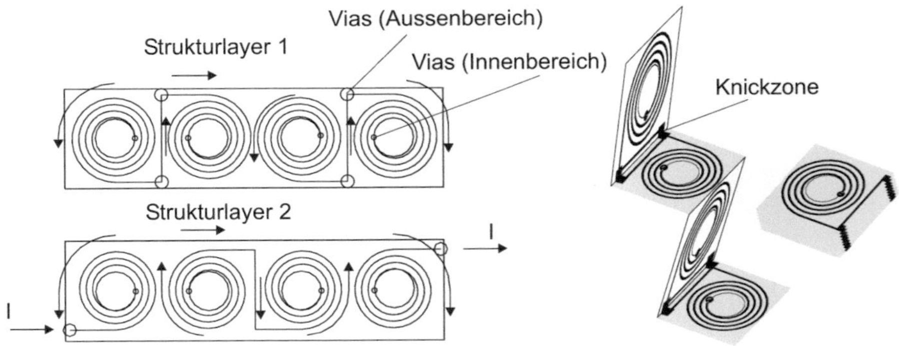

Bild 10.13: Prinzipieller Aufbau einer Mehrlagenspule in Falttechnik

Durch das Falten der Polymerfolie kann eine Spule mit nahezu beliebig vielen Lagen erzeugt werden, wenn vorher die Strompfade beidseitig der Folie derart angeordnet

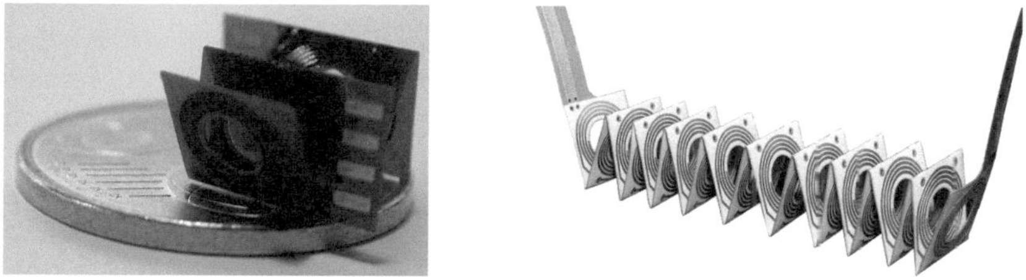

Bild 10.14: Gefaltete Folienstränge

Tabelle 10.4: Eigenschaften alternativer Substratmaterialien

Technologien	LTCC	Polyimid	LCP
mechanisches Verhalten	starr	flexibel	flexibel
E-Modul	150 GPa	2 … 3 GPa	2 … 3 GPa
typische Dicken	0,09 … 0,25 mm	0,012 … 0,05 mm	0,012 … 0,05 mm
Dielektrizitätskonstante	6 … 8	3,4	2,9
max. Einsatztemperatur	≈ 300 °C	250 °C	240 °C
Wärmeleitfähigkeit	3 W/mK	0,1 … 0,35 W/mK	0,2 … 0,4 W/mK

werden, dass sich durch den Faltvorgang bei Beibehaltung des Wicklungssinns eine konzentrische Mehrlagenspule ergibt. Mit dem Faltvorgang wird somit eine zweidimensionale Struktur in ein dreidimensionales Bauelement gewandelt. Mit Hilfe einer geeigneten Fügetechnologie, wie z. B. Verkleben, kann auf diese Weise ein kompaktes Bauelement mit Kontaktierungen nach außen erzeugt werden.

Das gezielte Falten wird durch eine Perforierung des Substratmaterials im Bereich der Knickzonen erreicht. Die Strompfade lassen sich problemlos auf der Innenseite über die Knicklinie führen. Die Dicke des Strompfads ist derzeit begrenzt durch die technologisch realisierbare Leiterbahndicke auf maximal 105 μm. Die konzentrische Anordnung der Strompfade unter Beibehaltung des Wicklungssinns über mehrere Ebenen bedingt Vias, um den Strom von einer auf die andere Seite der Faltebene zu leiten. Produktionstechnisch sind diese Vias nur herzustellen, indem ein definiertes Loch im Substrat galvanisch so verfüllt wird, dass der Randbereich vollständig bedeckt wird.

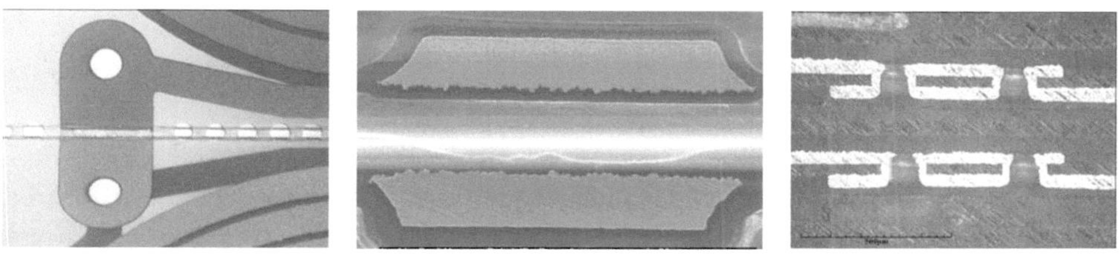

Bild 10.15: Detailbilder einer Faltflex-Spule: Faltzone (links), Querschliff durch zwei Leiterstrukturen, die beidseitig der Folie aufgebracht sind (Mitte), Schliffbild durch einen Stapel mit Vias (Durchkontaktierungen), wobei jede Leiterbahn zwei Vias nutzt (rechts)

Mittels Laser können die Spulen zudem frei in der Form ausgeschnitten werden. Das ermöglicht es, die Spulen so auszuschneiden, dass die Spulen auf einen Ferritkern aufgesteckt werden können. Der Faltflex-Ansatz ermöglicht es zudem, mehrere verkoppelte Spulen in einem Magnetkreis zu integrieren. In den Anwendungen können Spulen aufgebaut werden, die bei einem Leiterfüllfaktor von 0,25 bis zu einer Stromdichte von 25 A/mm^2 belastet werden konnten. Das entspricht dem Fünffachen einer konventionellen Drahtspule. Durch eine geeignete Fügetechnologie, die Lufteinschlüsse unterbindet und wärmeleitfähiges Material zwischen die einzelnen Falt-Lagen einbringt, kann der Wärmestrom noch besser nach außen abgeleitet werden. Neue dünne Trägermaterialien bis zu 20 μm Stärke bei gleichzeitiger Kupferbeschichtung bis 70 μm machen diese Technologie sehr zukunftsweisend.

Einen neuen technologischen Sprung stellt das Einbetten der gefalteten Spulen in eine Leiterplatte (embedded Faltflex®, Würth Elektronik) dar. Unabhängig von der Lagenzahl der Leiterplatten kann mit diesem Schritt eine Vielzahl von Windungen im Leiterplattenvolumen erzeugt werden [10.18]. Durch mittels Laser eingebrachte Aussparungen können Ferritemenente für Induktivitäten oder Eisenkreis- und Flussleitstückte für Aktoren gesteckt werden.

Bild 10.16: Faltflexspule auf einem Ferritkern (links) und eingebettet in eine Leiterplatte (rechts)

10.3.5 Eisenkreis

Beim Übergang von der Makro- in die Mikrowelt ist es nicht hinreichend, nur die Spule zu miniaturisieren. Vielmehr müssen alle Komponenten des magnetischen Mikroaktors verkleinert werden, auch der Eisenkreis. Für hohe zu erzeugende Kräfte muss ein möglichst großer Fluss bei einer möglichst großen Amperewindungszahl fließen können. Daraus folgt, dass die Konstruktion magnetischer Leiter mit möglichst großen Querschnitten in Flussrichtung erfolgen sollte, um den magnetischen Widerstand zu minimieren.

Wie Gl. (2.12) zeigt, ist der magnetische Fluss vom Querschnitt des Flussleiters abhängig. Bei Verkleinerung sinkt der Querschnitt mit der zweiten Potenz. Der magnetische Fluss ist durch die B-H-Kennlinie des Materials, d. h. die Sättigungsinduktion, begrenzt. Es ist außerdem zu berücksichtigen, dass dünne Schichten oft die magnetischen Eigenschaften von Bulk-Materialien nicht erreichen. Dafür eignen sich dünne Schichten zur Unterdrückung von Wirbelströmen.

Gesucht werden daher Materialien mit folgenden Charakteristiken:

- hohe magnetische Leitfähigkeit,
- hohe Sättigungsflussdichte,
- geringe Hystereseverluste,
- geringe elektrische Leitfähigkeit (Wirbelströme),
- geringe Korrosionsanfälligkeit,
- geeignete Passivierungsschichten,
- kompatible Dünnschichtmaterialien,
- gute Prozesskompatibilität.

Für den mikromechatronischen Entwurf werden in der Literatur [10.3], [10.5], [10.9], [10.19], [10.22] Eisen, Nickel und Eisen-Nickel-Verbindungen vorgeschlagen. Nickel und Eisen werden durch Aufdampfen oder Sputtern abgeschieden. Da gesputterte bzw. aufgedampfte Schichten in der Regel als magnetischer Flussleiter für Felder zur Krafterzeugung zu dünn sind und somit bereits bei kleinsten Flüssen in Sättigung gehen, werden zunehmend galvanisch hergestellte Schichten verwendet. Das setzt beim Entwurf die Integration einer Metallschicht als Startschicht für die Galvanik voraus.

Dünne Metallschichten bis $10\,\mu m$ werden normalerweise durch PVD-Verfahren[1] erzeugt. Dazu zählen Verfahren wie Aufdampfen oder Sputtern. Mikrogalvanik hingegen eignet sich sowohl zur Herstellung von dünnen als auch von dicken Schichten.

Es gibt eine Vielzahl von weichmagnetischen Materialien, die sich durch einen sehr guten magnetischen bei gleichzeitig kleinem elektrischen Leitwert auszeichnen. Es sind Magnetkreise mit Sättigungsinduktionen von fast 2,5 T (Vacoflux, Vakuumschmelze) realisierbar. Derartige Materialien sind jedoch aus Sicht der Herstellung extrem aufwändig (Walzen) und für Mikrosysteme nicht verfügbar, es sei denn, die Materialien werden in dünne Schichten gewalzt und durch Laserpräzisionsschneiden und andere geeignete Technologien geformt und in das Mikrosystem montiert.

Ein Beispiel für ein magnetisches Antriebssystem für den Antrieb eines Kontaktes, welches aus klassischen Materialien mittels Mikroprägen hergestellt wird, ist der entwickelte mikrotechnische Reedrelais-Schalter (Bild 10.17) [10.7].

Für dieses Mikrosystem werden elastische Zungen aus Permalloy 25 mit Kontakten verwendet, die aus Blech lasergeschnitten wurden und in Gehäuseteile aus Kunststoff, die durch Mikroprägen abgeformt worden sind, eingelegt werden.

[1] PVD-Verfahren (physical vapor deposition) sind physikalische Beschichtungsverfahren. Während der Beschichtung findet keine chemische Reaktion statt. Das schichtbildende Material ist als Ausgangsstoff vorhanden und wird unverändert abgeschieden.

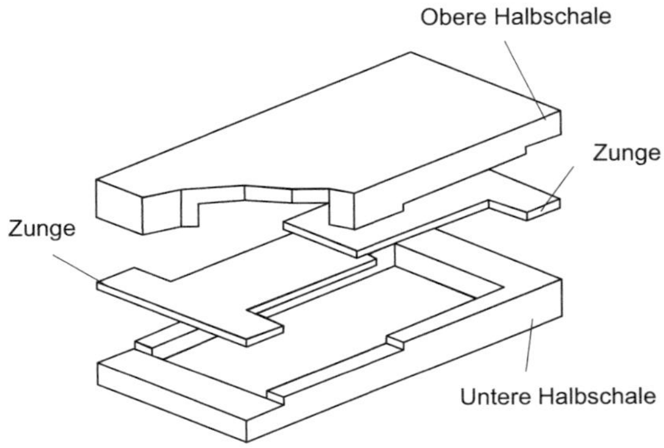

Bild 10.17: Explosionsdarstellung eines mikromechanischen Reedrelais. Sowohl Gehäuse als auch Kontakte wurden durch Mikroprägen hergestellt.

Die Eisenteile erfüllen im Reedrelais vier Funktionen: magnetische Flussleitung, Erzeugung der Magnetkraft für die Bewegung der Kontaktflächen, elektrische Leitung des Schaltstromes und Erzeugung einer Rückstellkraft. Die Vorzüge des Relais sind einerseits der kleine Bauraum bei gleichzeitig hoher Ansprechempfindlichkeit.

Um der Tatsache Rechnung zu tragen, dass hochwertige magnetische Leiter oftmals schlechte elektrische Leiter sind, der Mikroschalter jedoch möglichst empfindlich sein sollte um bereits bei kleinen Feldstärken zu schließen, wurde ein Material ausgewählt, welches sowohl gute magnetische als auch gute elektrische Leitwerte und zusätzlich gute mechanische Werte aufweist. Das Material muss alle drei Kriterien erfüllen, da es sonst nicht für die geforderte **Funktionenintegration** geeignet ist.

In der Entwurfsphase wurde das Design der Kontakte so beeinflusst, das eine möglichst große Induktionsänderung (ΔB) erreicht wird um eine möglichst hohe Kontaktkraft zu erzeugen. Das bedeutet den Entwurf eines magnetisch optimal arbeitenden Kontaktes bei gleichzeitig kleiner Federsteifigkeit. Bei einer gegebenen magnetischen Feldstärke von $H = 1{,}2$ kA/m konnte bei $50\,\mu$m Kontaktdicke ein Maximum der Kontaktkraft bei $30\,\mu$m Kontaktüberlappung erreicht werden (Bild 10.18). Andererseits darf der Leiterquerschnitt nicht zu klein werden, damit der elektrische Widerstand nicht zu sehr ansteigt.

Während des Designprozesses war wegen der angestrebten Funktionenintegration die Auswahl des magnetischen Materials von großer Bedeutung. Für den Einsatz im Eisenkreis des Reedrelais muss wegen der Funktionenintegration das weichmagnetische Material eine möglichst kleine Remanenzinduktion (Hystereseverluste) bei großer Permeabilität besitzen. Dabei standen Nickel und Permalloy (Ni_xFe_y) zur Auswahl.

Nickelschichten sind verhältnismäßig einfach auch in dickeren Schichten mikrotechnisch herstellbar. Die magnetischen Eigenschaften sind allerdings schlechter als die von Permalloy.

Permalloy Ni_xFe_y ist auf Grund seiner sehr guten magnetischen Eigenschaften als Werkstoff im Mikrobereich geeignet. Die Koerzitivfeldstärke und die Sättigungsmagnetisierung liegen im Bereich der magnetischen Kennwerte von gewalzten Blechen und können

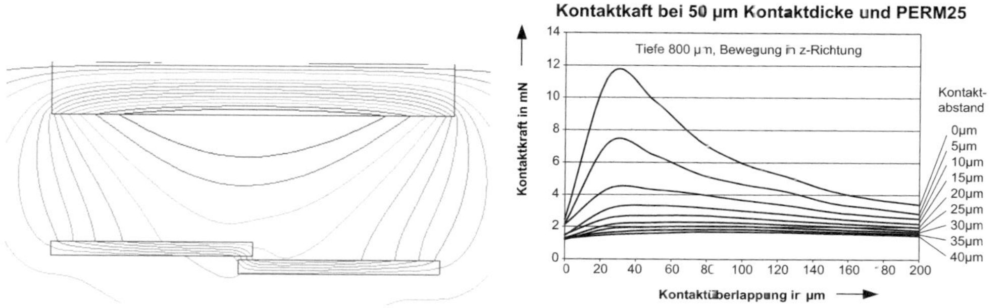

Bild 10.18: Kontaktkraftverlauf in Abhängigkeit von der Überlappung bei verschiedenen Luftspalten (=Kontaktabstand) bei einer Kontaktdicke von 50 μm.

durch Galvanik hergestellt werden. Kritisch sind jedoch die hohen inneren Spannungen, die bei der Herstellung entstehen. Diese können zu unerwünschten Verformungen von Bauteilen führen. Vergleicht man die Angaben in der Literatur, ergeben sich die besten Ergebnisse für $Ni_{21}Fe_{79}$ und $Ni_{20}Fe_{80}$ [10.3], [10.5], [10.19].

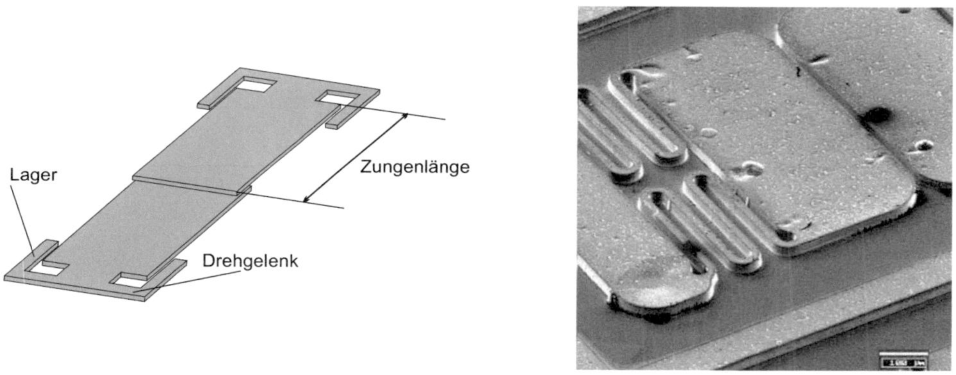

Bild 10.19: Kontaktpad aus Nickel eines Mikroreedrelais, beweglich an Federn aufgehängt; links: technisches Prinzip mit Biegefedern, rechts: Realisierung mit mäanderförmigen Biegefedern, die zwei Bewegungsrichtungen ermöglichen. Die Funktionsgruppe wurde durch Opferschichttechnologie (SLT) hergestellt. Wird ein Magnetfeld angelegt (1,2 kA/m), so wird der Kontakt aufgrund der Reluktanzkräfte geschlossen.

In Bild 10.19 ist eine Kontaktzunge für ein Mikroreedrelais dargestellt. Der Kontakt wurde durch Mikrogalvanik auf einer Opferschicht abgeformt und die Opferschicht anschließend herausgeätzt. Durch diese Technologiefolge konnte ein abschnittsweise freistehendes, an mäanderförmigen Federn hängendes Bauteil geformt werden. Durch die Bemessung sehr weicher Federn können höhere Kontaktkräfte realisiert werden. Nachteilig an dieser Bauform ist die Anordnung der Kontaktflächen an den Stirnseiten. Die Stirnseiten können nicht mit speziellen Kontaktmaterialien (auf Rh oder Au-Basis) beschichtet werden.

10.3.6 Dauermagnetmaterialien

Zur Realisierung polarisierter Systeme zur Krafterzeugung im Mikrobereich ist der Einsatz von hartmagnetischen Magnetmaterialien notwendig. Zur Realisierung von hartmagnetischen Schichten in miniaturisierten Systemen bieten sich folgende technologischen Möglichkeiten an:

- Herstellung mittels Sputtern,
- Herstellung mittels fotolithografischer Verfahren,
- Verwendung klassischer Materialien.

Dauermagnetmaterialien werden bereits seit vielen Jahren in dünnen Schichten großflächig hergestellt und hauptsächlich für Datenspeicher genutzt. Moderne Festplatten erreichen mittlerweile Speicherdichten von weit über 1 Gbit/cm^2 in Baugrößen, die erlauben sie in Handys, PDAs und Digitalkameras anstelle von Memorycards einzubauen.

Hartmagnetische Schichten unter dem Aspekt der Krafterzeugung bzw. Energiewandlung müssen im Vergleich zu denen der Informationsspeicherung dick sein. Auch hierbei stehen verschiedene Materialien zur Auswahl (siehe Abschnitt 2.4).

NdFeB, ein klassisches Hochenergiedauermagnetmaterial, ist in Mikroschichten nur sehr aufwändig durch Sputterprozesse herstellbar. Es konnten bereits Schichten mit einer Dicke von 20 μm in sehr guter Qualität erreicht werden. Dickere Schichten sind theoretisch bei entsprechender Zeitvergrößerung des Prozesses realisierbar, jedoch extrem teuer in der Herstellung [10.3], [10.5].

Leider sind derartige Schichten nicht beständig, haften schlecht auf Substratoberflächen und korrodieren sehr stark. Diese Schichten können derzeit nur im Plasma strukturiert werden, denn nasschemische Verfahren stehen nicht zur Verfügung.

Wie in der Makrowelt können NdFeB-Schichten durch Auftragen einer dünnen Chromschicht (20 nm) gegen Umwelteinflüsse wirksam geschützt werden. Mit Chrom als Zwischenschicht kann eine direkte Verbindung zwischen Flussleiter und Dauermagnetmaterial erreicht werden. In einem zweiten Prozessschritt kann der weichmagnetische Flussleiter strukturiert (z. B. partiell in sogenannten Resistfenstern) galvanisch auf dem Dauermagnet aufgesetzt werden.

Außerdem sind mit den Dünnschichten noch nicht die gleichen Sättigungsinduktionen erreichbar wie mit makroskopisch hergestellten Magnetschichten. Gesinterte Materialien sind denen in Dünnschicht hergestellten klar überlegen. In dünnen Schichten wurden ca. 1,1 T erreicht [10.3], [10.7], mit dem Volumenmaterial sind Flussdichten bis 1,5 T realisiert worden.

SmCo ist ein weiterer für die Mikrotechnik interessanter Werkstoffe zur Realisierung von Dauermagneten. SmCo-Schichten werden durch Sputtern hergestellt. Auch SmCo-Magnete unterliegen starker Korrosion. Samarium ist ein Werkstoff, der sehr leicht zum Oxidieren neigt. Daher müssen auch SmCo-Schichten wie NdFeB-Magnete mit einer Chromschicht geschützt werden.

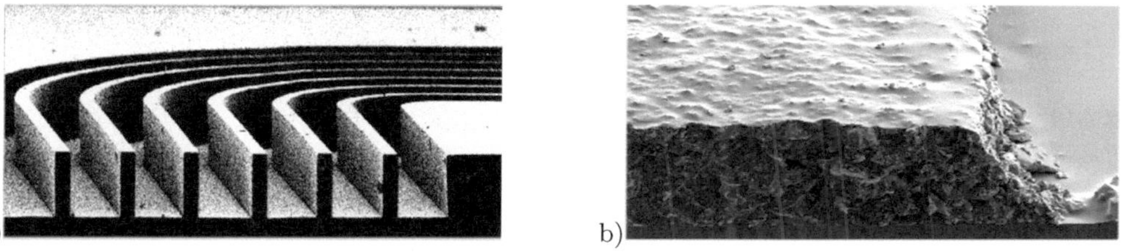

a) b)

Bild 10.20: REM-Aufnahmen einer a) nicht gefüllten und einer b) gefüllten, magnetischen und fotostrukturierten Polymerschicht

Oxidische Hartmagnetwerkstoffe wie Bariumferrit und Strontiumferrit werden in der Mikroaktorik vor allem als Pulverwerkstoff eingesetzt. Die magnetischen Kennwerte sind niedriger als bei Seltenerdmagnetmaterialien (Remanenzinduktion 0,4 T, Koerzitivfeldstärke 300 kA/m, Energieprodukt bei 30 kJ/m^3). Im Gegensatz zu Hochenergiemagnetwerkstoffen auf Seltenerdbasis sind sie aber auch als nanoskalige Pulver stabil und verarbeitbar. Dadurch können mit ihnen auch Mikrostrukturen durch Präzisionsformgebungsverfahren wie z. B. Mikrospritzgiessen oder Siebdrucken hergestellt werden.

Ein neuer technologischer Ansatz ist die Herstellung dauermagnetischer Polymerschichten, bei denen die Strukturierung der Dauermagnetgeometrie durch einen UV-Lithografieschritt realisiert wird [10.4]. Hierbei wird ein UV-sensitiver Lack mit Magnetpartikeln (NdFeB, SrFe oder BaFe) gefüllt, wobei das Mischverfahren für den realisierbaren Füllgrad von entscheidender Bedeutung ist. Um nennenswerte magnetische Kennwerte zu erreichen, ist ein minimaler Füllgrad von 80 wt% notwendig. Im Bild 10.20 sind REM-Aufnahmen ungefüllter und gefüllter Polymerschichten dargestellt. Auffällig sind das hohe Aspektverhältnis, die Planarität der Oberflächen sowie die steilen Kantenstrukturen bei den ungefüllten Schichten. Durch das Einbringen von Partikeln in den Lack wird das erreichbare Aspektverhältnis deutlich verringert und die Kantensteilheit nimmt ab. Auch sind die Lackflächen bei den gefüllten Polymeren inhomogen und nicht planar. Je kleiner die eingebetteten Partikel sind, desto homogener wird die Lackschicht [10.23].

Diese Technologie erlaubt die Herstellung dauermagnetischer Strukturen nahezu beliebiger Geometrie bei Schichtdicken zwischen 10 μm und 250 μm in Einlagenprozessen und Schichtdicken bis 1 mm in Mehrlagenprozessen. Somit können Dauermagnete während des Bauteilherstellungsprozesses direkt auf Waferlevel an die entsprechenden Stellen integriert werden. Die Aufmagnetisierung erfolgt vorzugsweise im Anschluss an die Bauteilherstellung in einem externen Prozess.

Im Bild 10.21 sind die ermittelten Entmagnetisierungskennlinien verschiedener Proben dargestellt. Die Proben wurden durch Spincoating des Compoundmaterials, Tempern der Schicht und anschließendes Vereinzeln auf eine Größe von $5 \times 5 \times 0{,}5\,\text{mm}^3$ hergestellt. Vor der Untersuchung im VSM (Vibrationsspektrometer) erfolgte eine ganzflächige Magnetisierung senkrecht zur Oberfläche. Im Bild 10.22a sind zwei unterschiedliche Chips dargestellt, die gleichmäßig mit dem Compound beschichtet wurden. Im nächsten Schritt erfolgt die Strukturgebung der Dauermagnete sowie die anschließende

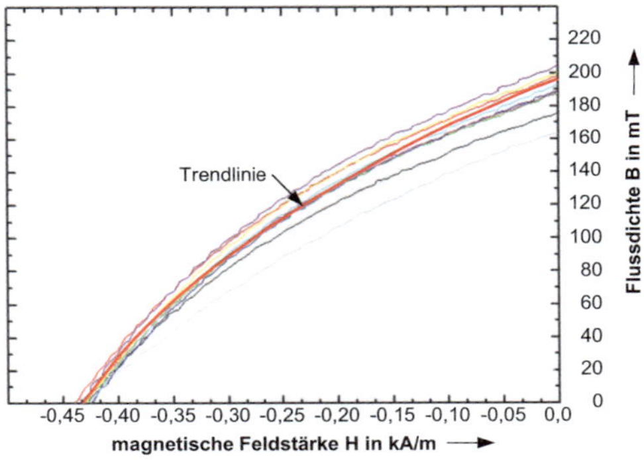

Bild 10.21: Entmagnetisierungskennlinien unterschiedlicher dauermagnetischer Proben mit eingezeichneter Trendlinie (gemittelte Kurve)

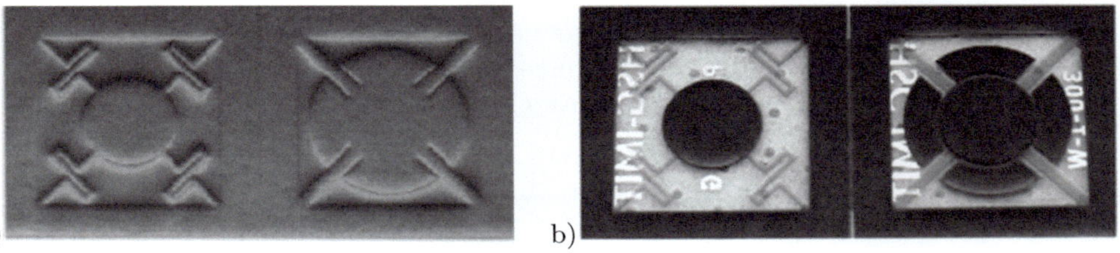

a) b)

Bild 10.22: Dauermagnete auf Waferlevel, a) nach dem Compoundauftrag, vor der Strukturierung b) fertige Magnete

Entwicklung der Strukturen. Im Bild 10.22b ist die Strukturentwicklung abgeschlossen. In einem letzten Bearbeitungsschritt erfolgt die Aufmagnetisierung.

Im Vergleich mit gepressten oder gesinterten kunststoffgebundenen Magneten können mit Polymermagneten nur deutlich geringere magnetische Kennwerte erreicht werden. Das Limit wird durch den maximal erreichbaren Füllgrad bestimmt. Die Anwendungsbereiche derartiger Magnete sind daher auf Applikationen begrenzt, die mit schwachen magnetischen Feldern arbeiten.

Wenn man jedoch während der Herstellung des Mikrosystems montieren und vom strikten Schichtaufbau abweichen kann, können kleinste, industriell gefertigte Magnete eingesetzt werden. Diese sind kostengünstig zu beziehen und weisen teilweise bereits einen Korrosionsschutz auf. Magnete in makroskopisch dünnen Schichten mit mehr als 100 μm werden bereits kommerziell hergestellt.

10.4 Mikrotechnische Funktionsgruppen

Beim Übergang von Makrosystemen zu miniaturisierten Systemen kommt der Auswahl der zu verwendenden Funktionselemente unter dem Aspekt der Skalierung eine zentrale

Bedeutung zu, da physikalische Effekte als Basis für die Findung der Wirkprinzipien unterschiedlich stark skalieren. Zum Beispiel verkleinern sich Störeffekte, insbesondere Reibung, oftmals weniger als das genutzte Antriebsprinzip. Das bedeutet, dass bei Verkleinerung Reibkräfte gegenüber den Antriebskräften drastisch an Wirkung gewinnen und zu einem kompletten Systemversagen führen können. Aus diesem Grund können klassische Lagerungs- und Führungselemente, wie beispielsweise Gleit- und Kugellager, nicht mehr eingesetzt werden.

Eine zusätzliche Schwierigkeit ist die Montage von kleinen und empfindlichen Teilen. Dabei sind zwei Trends zu beobachten: auf der einen Seite wird der typische Fertigungsansatz der Mikrotechnik, eine hochparallele Fertigung von Bauteilen im Nutzen (Batch-Processe) mehr und mehr auch in der Feinwerktechnik angewendet. Der Übergang zwischen Feinwerk- und mikrotechnischen Verfahren gestaltet sich dadurch sehr fließend. Andererseits wird der Entwurf miniaturisierter Systeme so vorgenommen, dass kostenintensive Montageschritte möglichst von vornherein minimiert oder sogar eliminiert werden. Das kann durch eine drastische Reduzierung der Bauteilanzahl und Systemintegration erfolgen. Für eine erfolgreiche Integration stehen drei Integrationsarten zur Verfügung. Man unterscheidet:

- Funktionenintegration,
- Volumenintegration,
- Technologische Integration.

Mikrotechnische Federelemente

Federelemente aus Schicht- bzw. Substratmaterial werden in halbleiterbasierten, monolythisch integrierten Mikrosystemen eingesetzt. Das zieht nach sich, dass klassische Federformen nicht angewendet werden können, da diese nicht kompatibel zu den Schichttechnologien sind. Das bedeutet auch, dass keine spezialisierten Materialien wie Federstähle in diesem Werkstoffsystem zur Verfügung stehen, sondern die Federn aus Si, Glas oder Keramik und deren Schichtwerkstoffen hergestellt werden müssen.

Zur Realisierung derartiger Federn gibt es mehrere Möglichkeiten. Prinzipiell ist davon auszugehen, dass Federn in Oberflächen- oder Volumenmikromechanik gefertigt werden können. Man teilt die Federn nach Lage im Wafer in symmetrische und asymmetrische Federn sowie nach ihrer Bauform in einfache Biege- und Torsionsfedern, mäander- oder spiralförmige Federn ein.

Der Einsatz der aus der Mikrotechnik bekannten einkristallinen Werkstoffe in mechanisch belasteten Bauteilen ist nicht ganz unkritisch. Die Werkstoffe werden bei Überlast sofort zerstört, da eine plastische Verformung nicht möglich ist. Andererseits zeichnen sich diese Werkstoffe durch die besondere Eigenschaft aus, bei mechanischen Wechselbelastungen nicht zu ermüden. Außerdem können bereits bei der Herstellung ganz bestimmte Spannungszustände generiert werden, da eine Feder durch Schichtspannungen vorgespannt werden kann. Derartige Konstruktionen sind beispielsweise mit Siliziumnitrid auf Siliziumfedern realisierbar.

Mikrotechnische Federn werden jedoch nicht nur aus Halbleitermaterialien hergestellt. Feinwerktechnische Materialien, wie z. B. Federstähle, können ebenfalls mit additiven und subtraktiven Mikrotechnologien bearbeitet werden, wobei aus kostentechnischen Gründen im Batch gearbeitet wird. Das sind im Detail:

- Lasern,
- Ätzen,
- Galvanik.

Beim Lasern werden die Federn aus einem Substrat, z. B. einem Federblech, herausgeschnitten. Durch feine Schnittlinien und hochexakte Strahlführung ist diese Technologie geeignet, auch sehr filigrane Bauteile auszuschneiden. Mit einer Kombination von Lasergravieren und Laserschneiden können auch Federn mit unterschiedlichen Höhenstufen für verschiedene Steifigkeitsbereiche erzeugt werden. Dabei sind jedoch mögliche Gefügeveränderungen zu achten, die infolge der eingetragenen thermischen Energie auftreten können und in einem nachgeschalteten Schritt z. B. durch Wärmebehandlung, ausgeheilt werden müssen. Das betrifft sowohl die mechanischen als auch die magnetischen Kennwerte des bearbeiteten Materials.

Im Gegensatz zum Lasern ist das Ätzen ein gefügeschonendes, subtraktives Bearbeitungsverfahren zum Strukturieren von Federn aus einem Substrat. Das nasschemische Ätzen von Metallen in einem Ätzbad ist isotrop, d. h., dass der Materialabtrag in alle drei Raumrichtungen gleichmäßig erfolgt. Bei der Gestaltung der Bauelemente ist das zu beachten, da sich dadurch Geometrierestriktionen infolge minimal einzuhaltender Radien und Federstegabstände ergeben, die nicht unterschritten werden können.

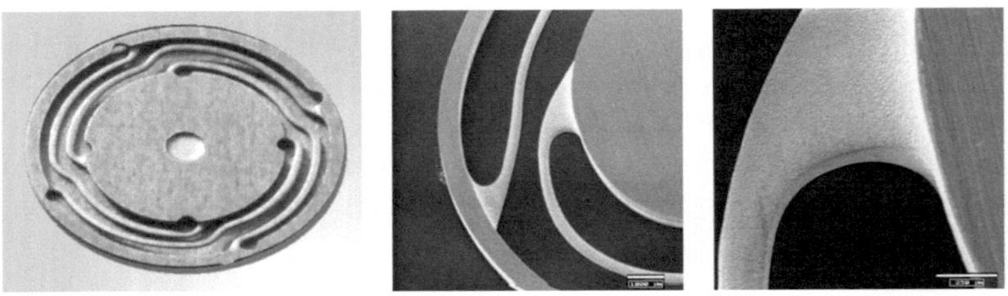

Bild 10.23: Ventilfeder: links Gesamtstruktur (13 mm Durchmesser), Mitte und rechtes Bild Detailaufnahmen der Federstege mit unterschiedlichen Vergrößerungen

Im Bild 10.24 ist ein geätzter Federanker, eine Funktionenintegration aus Federführung und Magnetanker, für ein Mikroventil dargestellt. Dabei wurde im Bereich der Federstege zuerst ein Hohlzylinder eingeätzt, um einen abgedünnten Bereich für die Federstege zu schaffen, die anschließend von der Rückseite her herausgeätzt wurden. Im Zentrum der Feder musste ein 0,35 μm starker Anker realisiert werden, damit die für den Aktor notwendigen Magnetkräfte erzeugt werden können.

Beim Galvanisieren wird das Federmaterial additiv an vorher definierten Orten aus einem Elektrolyt aufgewachsen, die z. B. durch eine Fotoresistmaske oder eine vorher

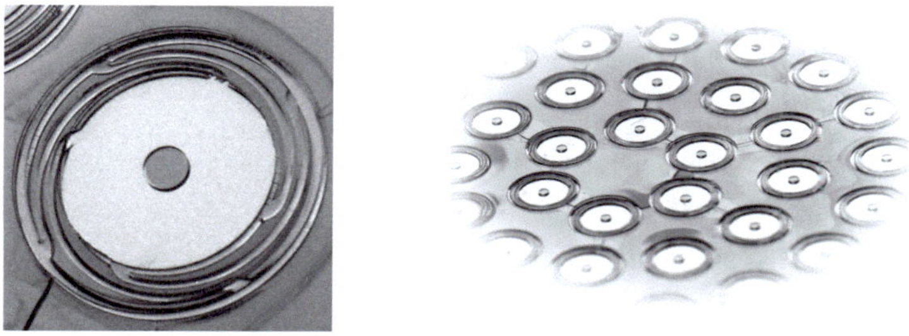

Bild 10.24: Ausschnitte einer 250 μm hohen Lackmaske zur galvanischen Herstellung von Federn aus SU-8 auf einem Glaswafer. In den nicht abgedeckten Bereichen wächst die NiFe-Legierung auf. In die entstehende Erhebung in der Mitte wird später Dichtungsmaterial eingebracht.

strukturierte Elektrode definiert sind. Durch einen mehrstufigen Prozess, bestehend aus Lithografie und Galvanik, können ebenfalls mehrstufige Federn erzeugt werden.

Bild 10.24 zeigt eine Struktur für einen Federanker, wobei auf einer bereits abgeschiedenen, 100 μm dicken NiFe-Schicht eine 250 μm dicke Fotoresistmaske (aus SU-8) aufgetragen ist. Im nachfolgenden Schritt wird die Fotoresiststruktur galvanisch aufgefüllt. Danach können die Federn durch Entfernen des Resists entformt werden.

Sowohl das Ätzen als auch das Galvanisieren ermöglicht die Herstellung von Bauteilen im Nutzen und somit die parallele Herstellung von vielen Teilen gleichzeitig in einem Fertigungsschritt.

Durch die starke Integration von Bauteilen und Optimierung können Systeme deutlich miniaturisiert werden [10.13]. Im Bild 10.25 ist ein Miniaturventil mit einem Ventilinsel-Anreihmaß von 2,5 mm für Industriepneumatik (Nennweite 0,3 mm, 10 bar Betriebsdruck) dargestellt. Bestehend aus nur 8 Bauteilen wird das Low-Power-Ventil durch einen polarisierten Parallelkreis angetrieben. Der Anker ist ein funktionsintegriertes Bauelement und stellt den magnetischen Anker, das Dichtungs-, das Führungs- und das Rückstellelement in einem Bauteil dar.

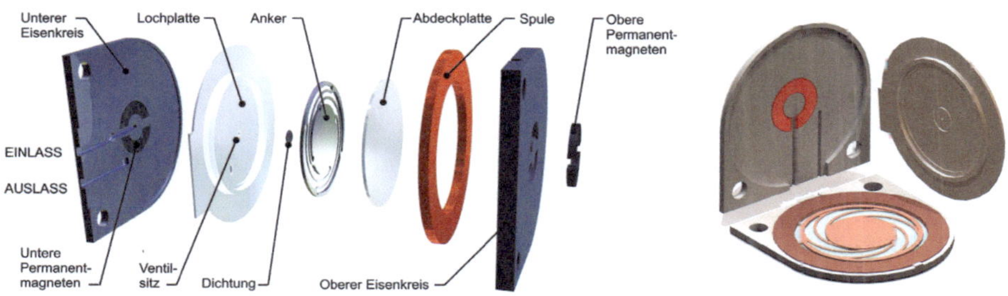

Bild 10.25: Schematische Zeichnung des 2/2-Wegeventils mit integriertem Federanker

10.5 Quellen

[10.1] Ahn, C. H.; Allen, M. G.: Micromachined planar inductors on silicon wafers for MEMS applications. IEEE Transactions on industrial electronics, Vol. 45, No. 6, Dec. 1998, S. 666ff

[10.2] Albrecht, A.: Alternative Ansätze zur Herstellung hochstromfähiger Leiter in LTCC. Int. Microelectronics and Packaging Society, Deutsche IMAPS Konferenz, München, 13./14. Okt. 2003

[10.3] Bartsch de Torres, H.; Hoffmann, T.; Kallenbach, M.; Wurmus, H.: Magnetische Schichten - Schlüssel zur Realisierung mikromechanischer Sensor- und Aktorlösungen. Proceedings, 44. Int. Scientific Colloquium, TU Ilmenau, 1999, S. 392ff

[10.4] Blank, C. u. a.: Magnetic functional polymer films. Proceedings. Actuators, Bremen, 2008.

[10.5] Budde, T. u. a.: Fertigung magnetischer Schichten. Kolloquium Mikroproduktion. ISBN 3-8027-8670-X, Vulkan Verlag, Essen, 2003

[10.6] Frank, T.: Untersuchungen zum Einsatz magnetischer Mikroaktuatoren. Dissertation, TU Ilmenau, 2002

[10.7] Frank, T.; Bartsch de Torres, H.; Kallenbach, M.; Wurmus, H.: Mikromechanischer Schalter als SMD-Version.

[10.8] Gad-el-Hak, M.: The MEMS handbook. CRC Press LLC, 2002. ISBN 0-8493-0077-0

[10.9] Ishihara, H. u. a.: Micro mechatronics and micro actuators. IEEE/ASME Transactions on Mechatronics. Vol. 1, No. 1, March 1996, S. 67ff

[10.10] Judy, J. W.; Muller, R. S.: Magnetically actuated, addressable microstructures. J. of Microelectronicalmechanical Systems, Vol. 6, No.3, Sep. 1997, S. 249ff

[10.11] Kallenbach, E.; Räumschüssel, E.; Tuan, H. A.: Electromagnetic Microactuators for the Mechanical Engineering and Precision Mechanics. Berlin: Microsystem - Tagungsband, 1991

[10.12] Kallenbach, M.: Entwurf von magnetischen Mini- und Mikroaktoren mit stark nichtlinearem Magnetkreis, Dissertation TU Ilmenau, ISLE-Verlag, Ilmenau, 2005

[10.13] Kallenbach, M.; Bussinger, F.; Kallenbach, E.; Hermann, R.: Miniaturisation of magnetic actuators for small powerful industrial pneumatic valves. In: Actuator 2006, Proceedings, Bremen, 2.-4.6.2006

[10.14] Kallenbach, M.; Bartsch de Torres, H.; Hoffmann, M.: Keramik leitet In: Design & Elektronik, 06(2007), S. 74-77

[10.15] Kallenbach, M.; Bartsch de Torres, H.; Hintz, M.; Hoffmann, M.: High-inductive small-size microcoils with high ampacity. In: Smart Systems Integration 2007, Paris, March 27-28, 2007 / T. Gessner (Editor). - VDE-Verlag, ISBN 978-3-8007-3009-4, S. 505-507

[10.16] Kallenbach, M.; Otto, R.: Gefaltet, nicht gewickelt. In: Industrieanzeiger, 39(2007), S. 56

[10.17] Kallenbach, M. u. a.: Geprägt, nicht gewickelt. In: Mikroproduktion, 3(2007), S. 48-51

[10.18] Kostelnik, J.: System integration at the circuit board level - experience with integrated active components. Proceedings. Smart System Integration, Barcelona, 2008, S. 513ff

[10.19] Mescheder, U.: Mikrosystemtechnik., Teubner Verlag Stuttgart, Leipzig, 2000

[10.20] Michalowski, L. (Hrsg.): Magnettechnik - Grundlagen und Anwendung. Fachbuchverlag Leipzig, 1993

[10.21] Pagel, L.: Mikrosysteme. J. Schlembach Fachverlag, Weil der Stadt, 2001

[10.22] Rebenklau, L.: Beiträge zum Aufbau und zur Technologie LTCC-basierter mikrofluidischer Bauelemente und Systeme. Dissertation, TU Dresden, 2003

[10.23] Rosliakov, D.: Herstellung und Charakterisierung von photostrukturierten magnetischen SU-8-Schichten. Diplomarbeit am HSG-IMIT und der Universität Dortmund, 2007.

[10.24] Skurski, M. u. a.: Photoimageable Silver Cofirable Conductor Compatible with 951 Gren Tape. Int. Journ. of Microcircuits and Electronic Packaging. Vol. 21, No. 4, 1998

[10.25] Trimmer, W.: Trimmer's Vertical Bracket Notation. In M. Madau: Fundamentials of Microfabrication. CRC-Press, ISBN 0-8493-9451-1, 1997

[10.26] Trimmer, W.: Microrobots as Micromechanical Systems. In: Sensors and Actuators 19(1989), S. 267-287

Kapitel 11

Magnetische Messtechnik

11.1 Messung magnetischer Eigenschaften und Qualitätssicherung elektromagnetischer Systeme

In diesem Kapitel werden die wichtigsten Grundlagen zur Messung magnetischer Eigenschaften ferromagnetischer Werkstoffe und elektromagnetischer Antriebe vorgestellt. Die Messung magnetischer Eigenschaften beruht auf der Erzeugung und Bestimmung elektrischer Größen. Durch die Anwendung der Gesetzmäßigkeiten des elektromagnetischen Feldes können die elektrischen in magnetische Größen umgerechnet werden. Ein Aufbau zur Messung magnetischer Eigenschaften besteht aus geregelten Spannungs- bzw. Stromquellen und Instrumenten zur Messung von Strömen und Spannungen.

Im Allgemeinen können die nötigen Messungen analog oder digital durchgeführt werden [11.14]. Analoge Geräte können sehr genau sein, jedoch sind sie kostenintensiv und müssen in der Regel manuell bedient werden. Das wirkt sich negativ auf die Prozesszeit und -sicherheit aus [11.49]. Aufgrund stetig steigender Genauigkeit und sinkender Preise [11.19] werden immer häufiger digitale Messsysteme für die Ermittlung magnetischer Eigenschaften von weichmagnetischen Werkstoffen eingesetzt. Mit ihnen können neben dem klassischen sinusförmigen Erregungsverlauf auch verzerrte, sich zeitlich ändernde Magnetisierungsverläufe realisiert werden [11.48]. Ist die Bedienung der eingesetzten Komponenten rechnergestützt möglich und liegen die Messwerte in digitaler Form vor, können Prozesse automatisiert werden. Die Automatisierung beschleunigt den Messprozess und reduziert die Anzahl möglicher Bedienfehler. Erst hierdurch wird ein wirtschaftlicher Einsatz innerhalb einer Produktion elektromagnetischer Aktoren möglich.

Die magnetischen Eigenschaften sind von der Art der elektrischen Erregung und einer gegebenenfalls bestehenden Vormagnetisierung abhängig [11.21]. In der Praxis ist es üblich, die tatsächlichen Betriebsbedingungen auf typische Grundbeanspruchungen zurückzuführen.

Für diese Grundbeanspruchungen werden in den entsprechenden Normen Mess- und Auswerteverfahren zur Ermittlung charakteristischer Kennwerte vorgeschlagen ([11.2], [11.4], [11.5], [11.6], [11.8], [11.11], [11.12], [11.13], [11.14], [11.15]). Die in den Normen beschriebenen Messverfahren können bezüglich des zeitlichen Verlaufs der elektrischen und magnetischen Größen in die Gruppen Gleichfeld-, Wechselfeldverfahren und andere Verfahren aufgeteilt werden. Die für elektromagnetische Antriebe technisch relevanten Magnetisierungsbedingungen können zunächst grob in statische und dynamische Magnetisierung unterteilt werden.

11.2 Statische Magnetisierung

Die statischen Werkstoffeigenschaften können frei von dynamischen Effekten nur durch eine unendlich langsame Änderung des Magnetfeldes in einer Probe bestimmt werden. Üblicherweise werden Flussmesswicklungen eingesetzt, die einen geschlossenen Magnetkreis umschließen. Die Flussänderung im Kreis führt zu einer, der Flussänderung proportionalen, induzierten Spannung in der Messwicklung. Durch Integration der induzierten Spannung kann man den verketteten Fluss berechnen. Aufgrund des Messprinzips ist die Flussänderungsgeschwindigkeit nach unten begrenzt, da eine konstante magnetische Flussdichte innerhalb eines geschlossenen magnetischen Kreises nicht direkt messbar ist [11.2]. Boll [11.21] beschreibt, dass in der Praxis die magnetische Feldstärke meist stufenförmig geändert wird und die Induktionsänderung nach dem Abschluss der Ausgleichsvorgänge gemessen wird. Die statisch ermittelte Ummagnetisierungskurve ist stets schmaler als eine mit dynamischen Methoden bestimmte. Die von ihr umschlossene Verlustenergie entspricht den reinen Hystereseverlusten.

Es ist möglich, eine der statischen Hysteresekurve äquivalente Kurve mit einer kontinuierlichen Änderung des Magnetfeldes zu erhalten. Die im Wechselfeld gemessenen Kurven nähern sich ab einer gewissen Frequenz der statischen Kurve an. Die Frequenz, ab der von einer so genannten quasistatischen Messung ausgegangen werden kann, hängt von der Geometrie und Leitfähigkeit der Probe ab, da diese maßgeblich den Wirbelstromwiderstand bestimmten [11.44].

11.3 Dynamische Magnetisierung

Ab einer bestimmten Ummagnetisierungsgeschwindigkeit $\mathrm{d}B/\mathrm{d}t$ werden die statischen Werkstoffeigenschaften merklich von dynamischen Effekten überlagert. Wirbelstrom- und Nachwirkungsverluste führen in Abhängigkeit der Verläufe der magnetischen Feldstärke und Flussdichte zu abweichenden Kennlinien. Bei höheren Ummagnetisierungsgeschwindigkeiten wird die Eindringtiefe des magnetischen Erregerfeldes und damit die homogene Magnetisierung besonders bei leitfähigen kompakten Ferromagnetika beschränkt.

Bezüglich der Erregung kann man zwei Grenzfälle ableiten. Bei dem einen handelt es sich um die spannungseingeprägte Magnetisierung, bei der mit einer niederohmigen Quelle die induzierte Spannung in Amplitude und zeitlichen Verlauf vorgegeben wird. Der Strom stellt sich als abhängige Größe ein. Der andere Grenzfall ist die stromeingeprägte Magnetisierung, bei der durch eine entsprechende Quelle der Erregerstromverlauf vorgegeben wird und die Spannung die abhängige Größe darstellt.

Das umfangreiche Gebiet der dynamischen Magnetisierung wird nach den in der Elektrotechnik und Elektronik am häufigsten vorkommenden Vorgängen in Anlehnung an DIN 5483-1 [11.1] in die in Bild 11.1 dargestellten Magnetisierungsformen gegliedert [11.21].

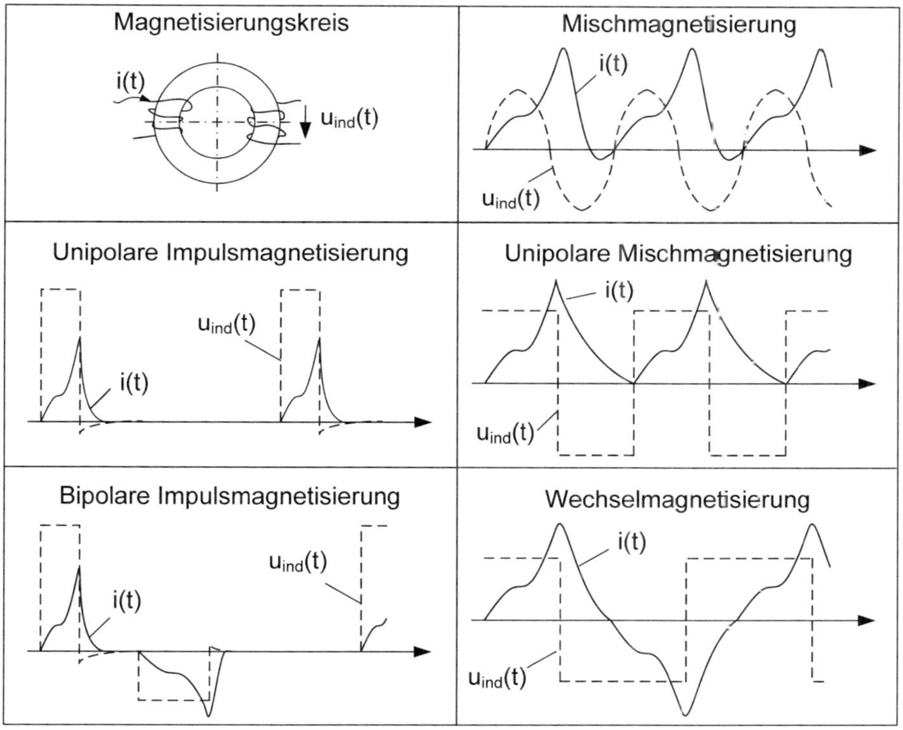

Bild 11.1: Dynamische Magnetisierungsbedingungen [11.21]

Bei der Mischmagnetisierung weist der Magnetisierungsstrom eine Wechsel- und eine Gleichstromkomponente auf. Die unipolare Mischmagnetisierung und die Wechselmagnetisierung sind Sonderfälle der Mischmagnetisierung, bei denen der Strom entweder nur in eine Richtung fließt oder keinen Gleichanteil aufweist. Die Impulsmagnetisierung ist eine Erregung mit im Vergleich zur Periodendauer kurzen Spannungs- oder

Stromimpulsen in beliebiger Form. Hier unterscheidet man in unipolare, bipolare und symmetrische Impulsmagnetisierung. Alle Magnetisierungsarten sind bei elektromagnetischen Antrieben möglich.

Die Bestimmung der Materialeigenschaften unter dynamischer elektromagnetischer Beanspruchung erfolgt nach Norm stets mit sinusförmiger Wechselmagnetisierung. Der Grund für die Messung mit sinusförmiger Erregung ergibt sich historisch aus den Eigenschaften der ersten Wechselstrommotoren und Transformatoren. Im Nennbetrieb ist der induktive Blindwiderstand deutlich größer als der ohmsche Wirkwiderstand. Somit fällt der größte Teil der sinusförmigen Erregerspannung als induzierte Spannung über dem Blindwiderstand ab. In einem idealen magnetischen Kreis fließt bei sinusförmiger induzierter Spannung ein sinusförmiger magnetischer Fluss im Eisen.

Eine der magnetischen Eigenschaften, die auf diese Weise gemessen wird, ist der spezifische Ummagnetisierungsverlust $P_{v,spez}$ in W/kg von Elektroblech [11.49]. Die Klassifizierung der einzelnen Blechqualitäten erfolgt anhand der Verluste [11.10], [11.9]. Dabei ist die Bemessungsfrequenz auf die in Europa vorherrschende Netzfrequenz von 50 Hz festgelegt.

Die mit sinusförmigen Größen ermittelten Eigenschaften sind nicht immer auf den Betrieb von Aktoren übertragbar. Gerade in modernen Antrieben weicht der Verlauf der magnetischen Größen häufig vom idealen, in der Norm vorausgesetzten sinusförmingen Verlauf ab [11.46]. Von Szynowski [11.45] wird anhand von Messungen gezeigt, dass die in Eisenlegierungen entstehende Verlustleistung stark von der Signalform abhängt. Verwendet man gleiche Amplituden und Signalperiodendauern, so entstehen bei dreieckförmigem Flussdichteverlauf höhere und bei rechteckförmigem Verlauf deutlich geringere Verluste als bei sinusförmiger Aussteuerung. Heute werden Aktoren meist durch Pulsweitenmodulation (PWM) angesteuert. Durch Moses [11.32] wird nachgewiesen, dass bei dieser Art der Ansteuerung die im Eisenmaterial entstehenden Verluste deutlich ansteigen.

11.4 Probenformen

Neben der Unterscheidung in Gleichfeld- und Wechselfeldmessungen findet eine weitere Unterteilung in Messverfahren mit offenen und geschlossenen Magnetkreis statt [11.2]. Offene Kreise werden selten eingesetzt. Sie werden praktisch nur zur Bestimmung der Koerzitivfeldstärke von hochpermeablen Werkstoffen nach DIN 10330 [11.7] und der Suszeptibilität von schwachmagnetischen Stoffen verwendet.

Bei einem geschlossenen Magnetkreis mit Primär- und Sekundärwicklung bestimmen die Eigenschaften des Magnetmaterials den Zusammenhang zwischen den elektrischen Größen Magnetisierungsstrom und induzierter Spannung sowie der unter bestimmten Bedingungen daraus ableitbaren magnetischen Größen Flussdichte B und Feldstärke H [11.2]. Einfache Beziehungen lassen sich für Tafeln (Tafelmessgerät) [11.16], gestapelte Streifen (Epsteinrahmen) [11.14] und ringförmige Proben mit konstantem Querschnitt aufstellen [11.8]. Im Allgemeinen müssen diese Proben speziell für die Messung angefertigt werden, wobei das Herstellungsverfahren wieder Einfluss auf die zu messenden Eigenschaften hat.

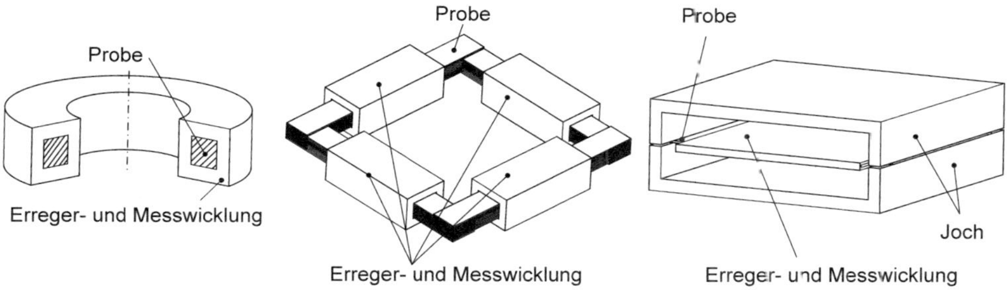

Bild 11.2: Schematischer Aufbau von Ringkernprobe (links), Epsteinrahmen (Mitte) und Tafelmessgerät (rechts)

Massives Material wird am besten in Ringform gemessen. Für Bleche und Bänder eignet sich der Epsteinrahmen. Kleine Proben können als einzelne Streifen im Streifenjoch, inhomogene Blechtafeln im partiell messenden Tafeljoch, amorphe Bänder und Nickeleisenproben als Ring und kornorientierte Proben als Stab oder im Rahmen gemessen werden [11.2].

Der verwendete Magnetkreis kann vollständig oder nur zum Teil aus dem zu untersuchenden Material sein. Wird nur ein Teil des Probenvolumens für die Messung herangezogen, müssen die magnetischen Eigenschaften dieses Messvolumens repräsentativ für den Rest der Probe sein [11.2]. Weitere Anforderungen an die Messung sind:

- homogene Ausprägung der Flussdichte im Messvolumen,
- sinusförmiger Verlauf der Flussdichte bei Messungen im Wechselfeld,
- Wahl fester Bezugswerte der Spitzenwerte von Flussdichte oder Feldstärke,
- ausreichend genaue Messung aller geometrischen und elektrischen Größen zur Sicherung der Genauigkeit der ermittelten magnetischen Eigenschaften.

Bei einer Messung wird nicht nur die Änderung des magnetischen Flusses in der Probe, sondern die in der gesamten Messanordnung erfasst. Der Einfluss der zusätzlichen Streuflüsse muss berücksichtigt werden. Dies kann zum einen rechnerisch oder durch den Einsatz von gekoppelten Luftspulen erfolgen [11.2].

Zusätzlich zu den in den Normen vorgeschlagenen Proben ist es möglich, Messungen an Bauteilen mit ungleichförmigen Querschnitten und fertig montierten Aktoren durchzuführen [11.25]. Der Zusammenhang zwischen Erregung i und verkettetem Fluss Ψ, der an jedem Magnetkreis gemessen werden kann, beschreibt die Beziehung zwischen magnetischer Energie und Aussteuerung. In dieser zeigt sich der kumulative Einfluss von Material, konstruktivem Aufbau, Spulendaten und im dynamischen Fall von Ausgleichsvorgängen. Über die Bewertung dieser Kennlinie ist eine umfassende Prüfung eines Bauteils möglich [11.37].

Eine Prüfung wird als eine Messung definiert, die zum Ziel hat, ein Messergebnis mit einer festgelegten oder vereinbarten Forderung zu vergleichen [11.3]. Die Feststellung, wie oder ob der ermittelte Wert die Forderung erfüllt, ist ein fester Bestandteil der Prüfung. Die Norm DIN 1319-1 lässt gerade bei vergleichenden Prüfungen Spielraum für die Festlegung von vereinbarten Forderungen. Dies bedeutet, dass eine Eigenschaft nicht direkt bestimmt werden muss. Wird ein Repräsentant der zu bestimmenden Eigenschaft mit ausreichend kleiner Messunsicherheit gemessen, kann auch dieser für einen Vergleich herangezogen werden.

Eine an einem Gutteil aufgenommene Kurve kann dabei als Referenz dienen, spiegelt sie doch alle dem Bauteil innewohnenden Eigenschaften wider. Auf welche Weise sich Abweichungen in den Materialeigenschaften auf die gemessenen Kennlinien auswirken, ist von der Bauteilgeometrie und Aussteuerung abhängig [11.36].

Für die Messung von Halbzeugen und Bauteilen, die selbst keinen geschlossenen magnetischen Kreis bilden, ist der Entwurf eines angepassten Prüfadapters nötig. Derartige Prüfadapter bestehen in der Regel aus einem Rückschluss mit Erregerwicklung und Feldsensoren. Die Feldsensoren wandeln die magnetischen Größen im Messobjekt in elektrische Signale um. Im Folgenden werden mögliche Sensoren zur Anwendung in entsprechenden Messaufbauten beschrieben.

11.5 Feldsensoren

Grundsätzlich ist es nicht möglich, direkt die Feldstärke in einer Probe zu messen [11.40]. Sind Materialeigenschaften und Querschnitt A_{Fe} des Magnetkreises über die gesamte mittlere Eisenweglänge l_{Fe} konstant, können die Materialdaten B und H aus den Größen Ψ und i mit Hilfe einer Induktionswicklung näherungsweise berechnet werden. Bei offenen Kreisen oder Kreisen mit ungleichförmigem Querschnitt können Verfahren zur Anwendung kommen, die die Stetigkeit der Tangentialkomponente der magnetischen Feldstärke H bzw. der magnetischen Flussdichte B an Grenzflächen ausnutzen [11.30]. Üblich ist die Verwendung von Feldmessspulen [11.33], magnetischen Spannungsmessern [11.35] sowie Hallsensoren [11.28]. Ferner beschreibt Sensitec [11.41] die Anwendung von XMR-Sensoren für die magnetische Messtechnik.

11.5.1 Feldmessspulen

Feldmessspulen, auch als Tangentialfeldspulen bezeichnet, sind flache Induktionsspulen, die dicht an der Probenoberfläche angeordnet werden. Die Windungen stehen dabei, wie in Bild 11.3 gezeigt, senkrecht auf der Oberfläche. Ihr Wirkungsprinzip beruht auf dem Induktionsgesetz. Damit sind sie nur für Wechselfeldmessungen geeignet. Die veränderliche Komponente der Feldstärke H kann aus der in die Spule induzierten Spannung u_{ind}, der Windungszahl w und der Querschnittsfläche einer Windung A durch Integration nach Gleichung 11.1 bestimmt werden:

$$H = \frac{1}{w \cdot A \cdot \mu_0} \cdot \int u_{ind} \, \mathrm{d}t. \tag{11.1}$$

Durch die begrenzten Abmessungen der Spule kann eine Feldstärkenmessung nur in einem gewissen Bereich erfolgen. Kommt es aufgrund der Streubedingungen am Einsatzort zu inhomogenen Feldern, führt dies zu Fehlmessungen [11.33]. Feldmessspulen sind einfach herzustellen und robust. Ihre effektive Windungsfläche $w \cdot A$ muss durch Kalibrierung in einem homogenen Magnetfeld bestimmt werden.

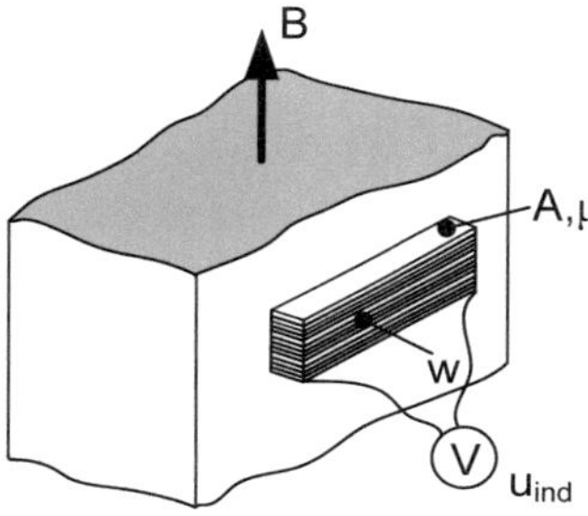

Bild 11.3: Aufbau einer Feldmessspule

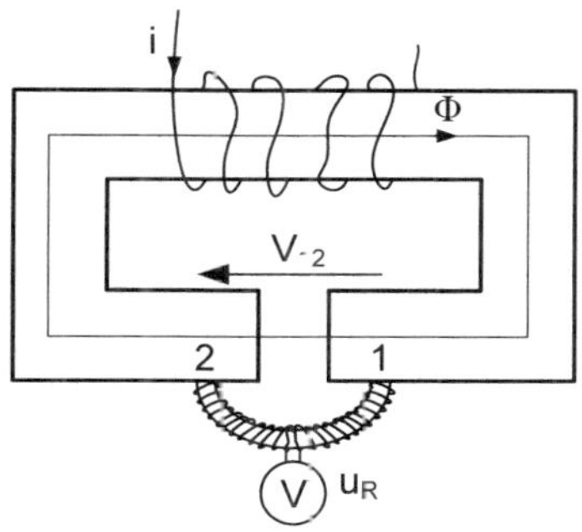

Bild 11.4: Aufbau eines magnetischen Spannungsmessers [11.31]

11.5.2 Magnetischer Spannungsmesser

Ein weiteren Sensor auf Basis des Induktionsgesetzes ist der auch als Rogowski-Spule bezeichnete magnetische Spannungsmesser. Dabei handelt es sich um eine Luftspule, mit der die magnetische Spannung V zwischen zwei Punkten gemessen werden kann. Wie in Bild 11.4 dargestellt, werden die Enden der Spule eben auf die Punkte an der Probenoberfläche aufgesetzt. Da die Messung unabhängig vom Verlauf der Spule ist, kann der unmagnetische Wickelkörper flexibel sein.

Weist die Spule über die gesamte Länge l eine gleichmäßige Wicklungsdichte mit w Windungen und einen konstanten Querschnitt A auf, kann aus der gemessenen elektrischen Spannung über der Rogowski-Spule u_R die magnetische Spannung bzw. Feldstärke berechnet werden [11.35]:

$$V_{1,2} = \frac{l}{\mu_0 \cdot A \cdot w} \cdot \int u_R \, \mathrm{d}t \tag{11.2}$$

11.5.3 Hallsensoren

Durch die Ausnutzung des Halleffekts ist eine Messung der magnetischen Feldstärke mit hoher örtlicher Genauigkeit bei Gleich- und Wechselfeldern möglich. Der Hall-Effekt tritt in elektrischen Leitern auf. Wird ein dünnes Plättchen der Dicke D, durch das in Längsrichtung ein Strom I fließt, senkrecht zur seiner Fläche von einem Magnetfeld der Feldstärke H durchsetzt, so werden die Ladungsträger, die durch das Plättchen fließen, abgelenkt (Bild 11.5) [11.31]. An den Seitenflächen kann dadurch eine Spannung U_H abgegriffen werden, die proportional zur Feldstärke ist:

$$U_H = \frac{R_H \cdot I}{D} \cdot H \tag{11.3}$$

R_H ist dabei die werkstoffabhängige Hall-Konstante. Hallsonden werden wie Flussmessspulen an der Oberfläche des Magnetkreises angebracht. Sie weisen prinzipbedingt Linearitätsfehler und eine temperaturabhängige Empfindlichkeit auf. Um eine Ungenauigkeit unter $\pm 1\,\%$ zu erreichen, müssen die Kennlinie des eingesetzten Sensors und die Temperaturabhängigkeit bei der Auswertung berücksichtigt werden. Moderne integrierte Hallsensoren sind in der Regel mit Linearisierungs- und Temperaturkompensationsschaltungen ausgestattet. Aufgrund der kleinen aktiven Fläche eignen sie sich besonders zur Bewertung von lokalen Abweichungen der Feldstärke. Ihre starke Richtungsabhängigkeit erfordert eine exakte Ausrichtung [11.28]. Mithilfe dieser Sensoren kann die magnetische Feldstärke direkt gemessen werden.

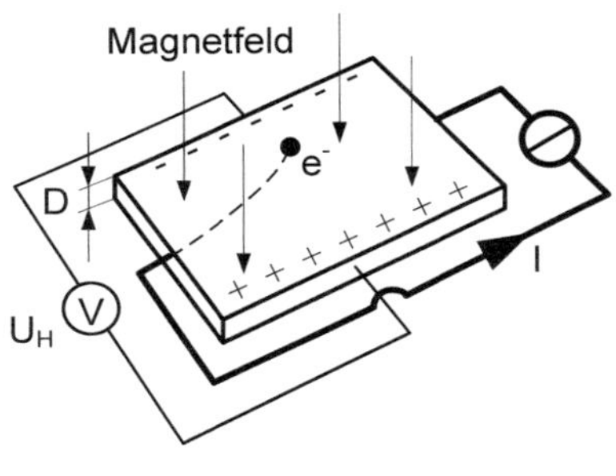

Bild 11.5: Aufbau eines Hallsensors

11.5.4 Magnetoresistive Schichten

Magnetoresistiver Sensor (MR-Sensor) ist ein Sammelbegriff für Sensoren, deren elektrischer Widerstand sich unter Einfluss eines Magnetfeldes ändert [11.41]. Die Sensoren basieren auf unterschiedlichen physikalischen Wirkprinzipien und eignen sich zur Messung von Gleichfeldern. Sie zeichnen sich durch eine sehr hohe Empfindlichkeit und einen im Verhältnis zu Hallsensoren kleinen Messbereich aus und eignen sich damit zur Messung schwacher Felder und kleiner Feldänderungen. Typische Einsatzgebiete sind die Messung des Erdmagnetfeldes und dessen Änderung. Zusammen mit ferro-

oder permanentmagnetischen Maßverkörperungen können Winkel-, Drehzahl- und Positionsgeber realisiert werden. Die in der Antriebstechnik vorherrschenden Feldstärken überschreiten oft den Messbereich dieser Sensoren um ein Vielfaches. Jedoch eignen sie sich zur Bewertung von Streuflüssen.

11.6 Messung magnetischer Eigenschaften mit der Induktionsmethode

Aufgrund der einfachen Realisierbarkeit durch die lineare Abhängigkeit der induzierten Spannung von der Flussänderung wird die Induktionsmethode häufig angewandt [11.31]. Die meisten technisch relevanten Verfahren setzen zur Bestimmung von Materialeigenschaften geschlossene Kreise mit definierter Führung des magnetischen Flusses Φ voraus [11.2]. Vereinfacht ist die Messung an einem solchen Kreis in Bild 11.6 dargestellt.

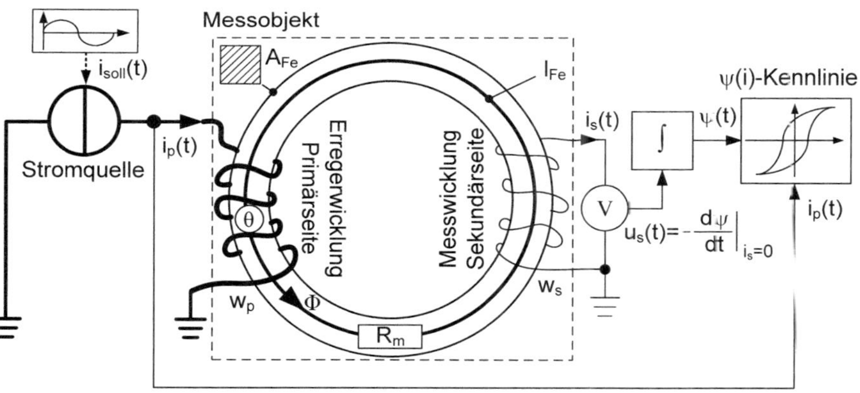

Bild 11.6: Messung magnetischer Materialeigenschaften an einem geschlossenen Magnetkreis

Die Erregerwicklung mit der Windungszahl w_p und dem Strom i_p erzeugt im Magnetkreis eine Durchflutung Θ. Aufgrund des magnetischen Widerstandes des Kreises R_m stellt sich ein magnetischer Fluss Φ ein. Der magnetische Widerstand wird durch Geometrieparameter und durch die Eigenschaften des im Magnetkreis eingesetzten Materials bestimmt [11.44].

Bei der Mehrheit der angewandten Verfahren wird der verkettete Fluss mit einer den Magnetkreis umschließenden Messwicklung gemessen [11.18]. Die in einer um den Magnetkreis angebrachten Wicklung induzierte Spannung ist proportional zur Änderung des verketteten magnetischen Flusses Ψ, der die Spulenfläche durchsetzt.

Die bei diesem Verfahren benötigte zeitliche Änderung des magnetischen Flusses Φ wird bei weichmagnetischen Proben meist durch eine definierte Änderung des Primärstroms i_p erreicht. Die gesuchte Größe Ψ wird durch Integration berechnet.

Ein hier eventuell durch Remanenz, Permanentmagneten oder Erregerstromoffset vorhandener Gleichanteil Ψ_0 kann nicht erfasst werden. Ferner werden bei der Berechnung des Flusses $\Phi = \Psi/w$ Streuflüsse innerhalb der Spule nicht in vollem Umfang berücksichtigt.

Verfahren, die auf dem Induktionsgesetz beruhen, eignen sich besonders für die Bewertung dynamischer Materialeigenschaften [11.31]. Je höher die Erregerfrequenz ist, desto größer ist der Betrag der induzierten Spannung. Fehler, die durch Offsets bei der Integration entstehen, sind bei großen Signalamplituden verhältnismäßig klein. Bei der Induktionsmethode ergeben sich die meisten wählbaren Parameter.

Um die Integration zu vereinfachen kann man Gegenkopplungsverfahren einsetzen [11.24]. Bei diesem Ansatz wird mit einer Regelung die induzierte Spannung abschnittsweise konstant vorgegeben [11.18]. Der verkettete magnetische Fluss hängt von der Höhe der Vorgabe und der Messzeit ab. Zur Erstellung einer $\Psi(i)$-Kennlinie wird der Strom $i(t)$ in konstanten Zeitabständen gemessen und aufgezeichnet. Die $\Psi(i)$-Kennlinie ergibt sich aus der Kombination der Messwerte $i(t)$ und dem berechneten Ψ:

$$\Psi(t) = u_{ind} \cdot t + \Psi_0. \tag{11.4}$$

Zur Realisierung dieses Messverfahrens sind ein analoger Verstärker und eine präzise Eingangsspannung erforderlich. Durch den Wegfall des Integrators ergibt sich eine kostengünstige Lösung zur Gerätekonfiguration. Eine kommerzielle Realisierung dieses Messprinzips wird unter dem Namen MagHyst angeboten [11.43].

Das Messverfahren wurde für die quasistatische Bestimmung der magnetischen Eigenschaften von Materialproben entwickelt. Aufgrund des eingeschränkten Messgeschwindigkeitsbereichs ist eine Bewertung dynamischer Effekte nur bedingt möglich. Wegen der Funktionsweise des Messverfahrens kann der Messung keine äquivalente Anregungsfrequenz zugeordnet werden. Für die Ermittlung statischer Eigenschaften ist dies nicht nötig, da diese unabhängig vom Verlauf der Erregung sind.

Eine Besonderheit dieses Messverfahrens ist die realisierte Erregerspulenmessung für Aktoren, die im folgenden Abschnitt behandelt wird.

11.7 Erregerspulenmessung

Der entscheidende Vorteil dieser Messmethode ist das direkte Messen und Bewerten der Systemeigenschaften eines teilweise oder vollständig montierten elektromagnetischen Antriebes ohne die Notwendigkeit, eine zusätzliche Messspule aufbringen zu müssen. Bei hochintegrierten, gekapselten Magnetkreisen, z. B. bei Proportionalhydraulikmagneten, ist der Eisenkreis nicht zugänglich und das Einbringen von Zusatzspulen nicht möglich. Zusätzliche Wicklungen um den zu messenden Magnetkreis und deren Kontaktierung kommen bei Massenprodukten aus Kostengründen nicht in Frage.

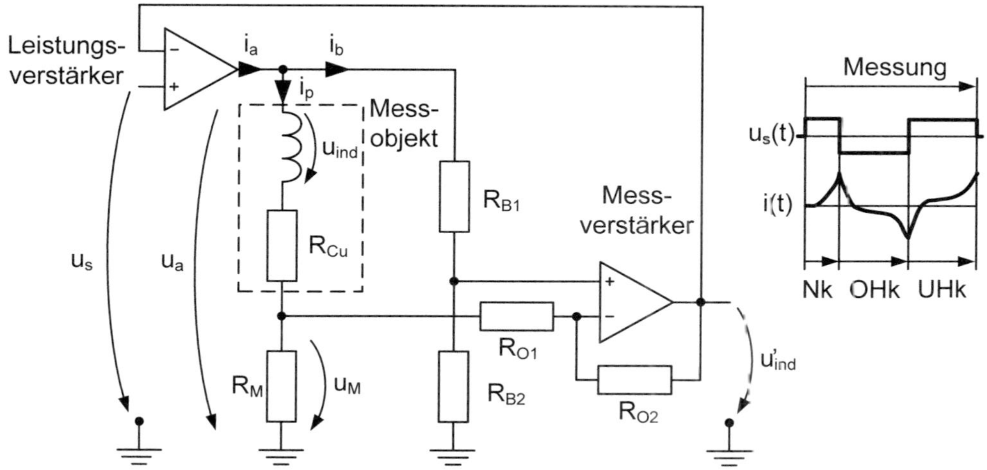

Bild 11.7: MagHyst-Messprinzip zur Ermittlung der $\Psi(i,\delta)$-Kennlinien mit der Erregerspule; Nk - Neukurve, OHk - Obere Hysteresekurve, UHk - Untere Hysteresekurve [11.24], [11.18]

Zur Messung der $\Psi(i)$-Kennlinien muss die in der Erregerspule induzierte Gegenspannung u_{ind} erfasst werden. Eine mögliche Realisierung wurde von Glet [11.25], [11.24] vorgestellt und basiert auf einer Brückenschaltung (Bild 11.7).

Vor der eigentlichen Messung erfolgt ein Gleichspannungsabgleich der aus R_{CU}, R_M, R_{B1} und R_{B2} bestehenden Brücke. Dazu wird über den Verstärker eine Gleichspannung an die Brücke angelegt und u'_{ind} mit dem einstellbaren Spannungsteiler R_{B1} und R_{B2} auf 0 V abgeglichen. Der Spannungsteiler ist entsprechend hochohmig ausgeführt, sodass der Strom i_b durch diesen Brückenzweig im Vergleich zum Strom durch die Erregerspule i_p vernachlässigt werden kann.

Für die abgeglichene Schaltung ergibt sich die folgende einfache Berechungsgleichung der in der Spule induzierten Spannung u_{ind} aus der vorgegebenen Spannung u_s und den Werten des Spannungsteilers R_{B1} und R_{B2}:

$$u_{ind} = \frac{R_{B1} + R_{B2}}{2 \cdot R_{B2}} \cdot u_s. \tag{11.5}$$

Bei diesem Messprinzip werden zwei Annahmen getroffen, die den Messaufwand deutlich reduzieren. Zum einen wird davon ausgegangen, dass der ohmsche Widerstand der Wicklung des Messobjektes konstant bleibt und damit der Brückenabgleich nur einmal zu Beginn der Messung durchgeführt werden muss. Zum anderen wird der Leistungsverstärker als ideal betrachtet und eine abschnittsweise konstante induzierte Spannung vorausgesetzt. Damit diese Annahmen Gültigkeit besitzen, muss die Flussänderungsgeschwindigkeit $u_s = \mathrm{d}\Psi/\mathrm{d}t$ passend zum Messobjekt gewählt werden. Dies erfordert einige Erfahrung in der Anwendung dieses Messverfahrens.

Aufgrund der sich ergebenden Einschränkungen im Bereich der Flussänderungsgeschwindigkeit und der Erregungsform ist dieses Messverfahren nur bedingt zur Bewertung von dynamischen Prozessen geeinget. Ein alternatives Verfahren zur Bestimmung des verketteten magnetischen Flusses, das annähernd beliebige Erregungsverläufe ermöglicht, kann direkt aus der Induktionsmethode mit stromeingeprägter Magnetisierung abgeleitet werden (Bild 11.8).

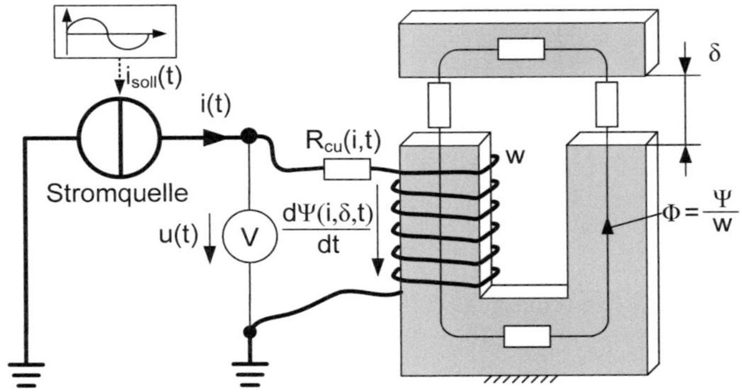

Bild 11.8: Messung der $\Psi(i, \delta)$-Kennlinie eines Aktors mit der Erregerspule durch Berechnung der induzierten Spannung aus Primärspannung, Primärstrom und ohmschem Widerstand

Der Messaufbau besteht aus einer Stromquelle, die einen vorgegebenen Stromverlauf $i(t)$ in die Erregerspule des Messobjekts einprägt. Während der Messung werden die zeitlichen Verläufe des Stroms i und des Spannungsabfalls u über der Erregerwicklung aufgenommen. Zur Bestimmung des gesuchten verketteten magnetischen Flusses Ψ wird nach der Messung von der ermittelten Spannung u der ohmsche Anteil $R_{Cu} \cdot i$ abgezogen und die Differenz integriert:

$$\Psi(i_p, t) = \int_0^t \left(u_p(t) - R_{Cu}(i_p, t) \cdot i_p(t)\right) \, dt. \tag{11.6}$$

Auch bei diesem Verfahren ändert sich je nach Wahl von Messfrequenz und Aussteuerung der Widerstand der Wicklung durch die in der Wicklung und im Material entstehenden Verluste während der Messung. Ein Vorteil dieser Methode ist, dass der Einfluss der Spulentemperatur während der Messwertaufname durch die Stromeinprägung nicht berücksichtigt werden muss. Der Einfluss der Temperaturerhöhung kann durch eine Widerstandsbestimmung vor und nach der Messung bewertet werden. Stellt sich eine Widerstandsdifferenz ein und ist das thermische Verhalten des Messobjektes bekannt, kann bei diesem Verfahren der Temperatureinfluss nachträglich bei der Berechnung des verketteten Flusses kompensiert werden.

Aus dem im Kapitel 6.3.2 beschriebenen Einkörpermodell kann ein einfacher Ansatz zur Temperaturkompensation abgeleitet werden. In erster Näherung führt die der Spule während einer Messung zugeführte elektrische Verlustleistung aufgrund der bei Elektromagneten meist großen thermischen Zeitkonstante nur zur Erwärmung der Spule und wird nicht nach außen abgeführt. Die große Zeitkonstante führt ebenfalls dazu, dass die im Eisenkreis entstehenden Ummagnetisierungsverluste sowie Reibungsverluste erst mit großer Verzögerung zur Erwärmung der Spule beitragen. Somit kann der zeitliche Verlauf der Widerstandsänderung angelehnt an die eingebrachte thermische Energie abgeschätzt werden:

$$\Delta R(t) \sim \int_0^t i^2(t)\,\mathrm{d}t. \tag{11.7}$$

Wird bei der Einspulenmessung der Spulenwiderstand unmittelbar vor und nach der Messung bestimmt, sind der Startwiderstand R_0 und die Änderung des Widerstands $\Delta R(t_{max})$ zum Ende der Messung t_{max} bekannt. Mittels Gleichung 11.7 kann der Widerstandsverlauf während einer Messung berechnet werden:

$$R(t) = R_0 + \Delta R \cdot \frac{\int_0^t i^2(t)\,\mathrm{d}t}{max\left(\int_0^{t_{max}} i^2(t)\,\mathrm{d}t\right)}. \tag{11.8}$$

Die Anwendbarkeit dieses einfachen Modells muss stets überprüft werden, da sie vom Verlauf des Erregerstroms abhängig ist. Pausen, in denen keine Wärmeenergie zugeführt wird, führen zu einer schnelleren Abkühlung oder dem Eintrag von Wärmeenergie aus den ferromagnetischen Magnetkreiskomponenten aufgrund von Wirbelstrom- und Hystereseverlusten. Bei sinusförmigem Erregerstrom hat sich dieser Ansatz bei Messzeiten bis zu 10 % der thermischen Zeitkonstante bewährt. Umfangreiche Hinweise zum thermischen Verhalten von Elektromagneten werden von Spiller [11.42] gegeben.

Das Verfahren der Einspulenmessung mit stromeingeprägter Magnetisierung eignet sich für die Messung statischer und dynamischer magnetischer Eigenschaften an einer Vielzahl von Proben bei frei wählbarer Erregung. Beispiele werden in Abschnitt 11.9 vorgestellt.

11.8 Messung von Materialeigenschaften

Die genaue Kenntniss von Materialeigenschaften ist sowohl für den Entwurf elektromagnetischer Antriebe als auch bei deren Fertigung von großer Bedeutung. Wie sich diese Materialeigenschaften in Messungen auswirken, wird im weiteren Verlauf anhand von Beispielen demonstriert. Bei den Proben handelt es sich um massive und geblechte Ringkerne, die nach der vorgestellten Induktionsmethode gemessen wurden. Tabelle 11.1 zeigt eine Übersicht der in den Beispielen verwendeten Proben.

Die massiven Stahlproben wurden aus S235 Rundmaterial bzw. 9SMnPb28 gedreht. Bei der Produktion von Elektromagneten werden häufig ähnliche Stähle verwendet.

Tabelle 11.1: Gemessene Ringkernproben - d_i Innendurchmesser, d_a Außendurchmesser, h Gesamthöhe, h_{Blech} Blechstärke, w_p Primärwindungszahl, w_s Sekundärwindungszahl, ρ Dichte

Probe	d_i [mm]	d_a [mm]	h [mm]	h_{Blech}[mm]	w_p	w_s	ρ [g/cm^3]
S235	50	70	3	-	200	200	7,85
9SMnPb28	28	38	15	-	96	100	7,85
Cobalt-Eisen	36	45	2,25	0,15	70	140	8,12

Um den Einfluss der spanenden Bearbeitung auf die magnetischen Eigenschaften der Probe zu reduzieren, wurden die Ringe geglüht.

Bei der dritten Probe handelt es sich um gestapelte Ringe, die durch Laserschneiden hergestellt wurden. Die Eisen-Cobalt-Legierung mit 50 % Cobalt hat eine Blechstärke von 0,15 mm. Dieses auf die mechanischen Eigenschaften optimierte Material ist nicht geglüht und magnetisch halbhart.

Im Entwurfsprozess elektromagnetischer Aktoren werden Materialeigenschaften meist mit einer Neukurve des zum Einsatz kommenden Materials berücksichtigt [11.34]. Im Folgenden wird die Aufnahme dieser statischen Materialkennlinie näher betrachtet.

11.8.1 Statische Materialkennlinien

Als statische Materialkennlinie dient eine Neukurve, die nach der Entmagnetisierung der Probe ohne Einfluss von Wirbelströmen aufgenommen wird. Die Messung einer quasistatischen Neukurve ist mit hohem technischen Anforderungen verbunden, da sie besonders langsam erfolgen muss. Das in [11.29] beschriebene Messgerät für die kontinuierliche Aufnahme von statischen Hysteresekurven nach DIN 60404-4 arbeitet mit Messzeiten von 40 s pro Neu- und Ummagnetisierungskurve.

Nach [11.21] ist die statische Neukurve praktisch identisch mit der Kommutierungskurve. Angelehnt an DIN 60404-4 kann die Kommutierungskurve aus vollständig aufgenommenen Hysteresekurven konstruiert werden. Man erhält die Kommutierungskurve durch das Verbinden der Spitzen von Hysteresekurven mit steigender Aussteuerung (Bild 11.9 links).

Die Aufnahme der benötigten Kurvenschar und das Verbinden der Spitzen ist ein gut automatisierbarer Prozess. Der Vorteil der Bestimmung der statischen Materialkurve über die Kommutierungskurve ist, dass bei wesentlich höheren Anregungsfrequenzen auch unter Einfluss von Wirbelströmen gemessen werden kann. Bild 11.9 zeigt rechts Kommutierungskurven für eine massive Probe aus Automatenstahl. Die bei 0,5 Hz bis 4 Hz aufgenommenen Hysteresekurven führen zu Kommutierungskurven mit kaum sichtbaren Abweichungen.

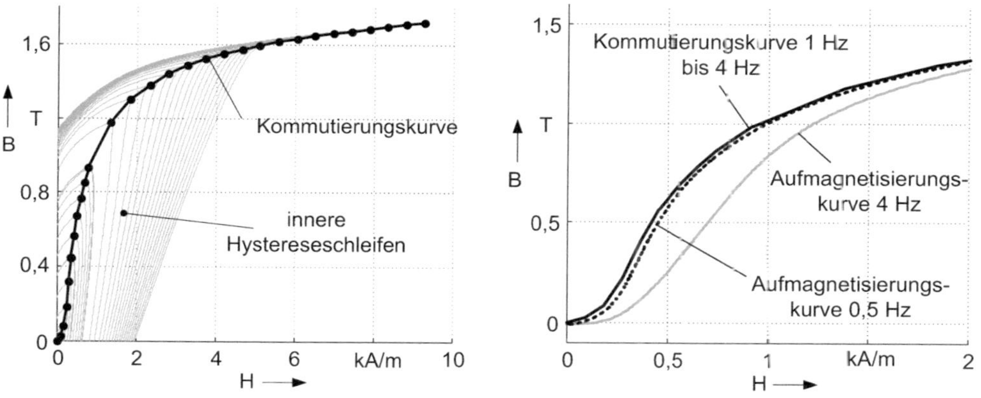

Bild 11.9: Vergleich der Frequenzabhängigkeit von Neu- und Kommutierungskurvenmessung am Beispiel einer Ringkernprobe aus 9SMnPb28; links: Messung einer Kommutierungskurve aus unterlagerten Hystereseschleifen bei sinusförmiger Erregung mit 4 Hz; rechts: Aufmagnetisierungskurven und Kommutierungskurve

Der Einfluss der Ummagnetisierungsgeschwindigkeit auf die Bestimmung der Neukurve zeigt sich an der Aufmagnetisierungskurve, die bei der gleichen Frequenzen aufgenommen wurde, wie die Ummagnetisierungskurven für die Kommutierungskurve (Bild 11.9 rechts). Die gemessenen Aufmagnetisierungskurven verlaufen zu Beginn unter der Kommutierungskurve und nähern sich dieser an. Der Versatz ist durch den Einfluss von Wirbelströmen zu erklären, die sich bei massiven Proben bereits bei Frequenzen unter einem Herz auswirken.

Auch die Kommutierungskurve ist messfrequenzabhängig. Wirbelstrom- und damit verbundene Flussverdrängungseffekte führen zu einer Verschiebung der Kommutierungskurve [11.47]. Diese Verschiebung entsteht durch eine Drehung der einzelnen Hysteresekurven. Mit steigender Frequenz verrunden die lanzettenförmigen innere Schleifen zunehmend. Ein weiterer Nachteil ist, dass viele Ummagnetisierungszyklen für die Erstellung einer Kommutierungskurve nötig sind. Hierdurch besteht die Gefahr der Erwärmung der Probe durch Hysterese- und Wirbelstromverluste. Es ist ratsam die Probentemperatur zu überwachen bzw. durch Kühlung konstant zu halten.

Neben den statischen sind auch die dynamischen Werkstoffeigenschaften beim Entwurf elektromagnetischer Antriebe von großer Bedeutung.

11.8.2 Dynamische Materialkennlinien

Setzt man ferromagnetische Materialien magnetischen Wechselfeldern aus, entstehen dabei im Material neben der statischen Hysterese zusätzliche Verluste. Diese Verluste können aus gemessenen Ummagnetisierungskurven bestimmt werden. Die von der

$B(H)$-Kurve umschlossene Fläche entspricht der spezifischen Verlustenergie pro Ummagnetisierungsperiode $W_{v,spez}$ in J/m^3:

$$W_{v,spez} = \oint B\,\mathrm{d}H. \tag{11.9}$$

Üblich ist die Angabe der spezifischen Verlustleistung $P_{v,spez}$ in W/kg. Diese erhält man durch Multiplikation der spezifischen Verlustenergie mit der Ummagnetisierungsfrequenz f und Division durch die Dichte ρ :

$$P_{v,spez} = \frac{W_{v,spez} \cdot f}{\rho}. \tag{11.10}$$

Die auf diese Art ermittelte Größe erlaubt eine Abschätzung der im Betrieb eines Aktors bei entsprechender Anregung im Magnetkreis entstehenden Verluste. Die Verluste führen zur Erwärmung des Antriebselements und müssen bei der thermischen Auslegung berücksichtigt werden. Wird der Magnetkreis nicht homogen ausgesteuert, ist eine abschnittsweise Betrachtung der Verluste in Bereichen gleicher Aussteuerung möglich.

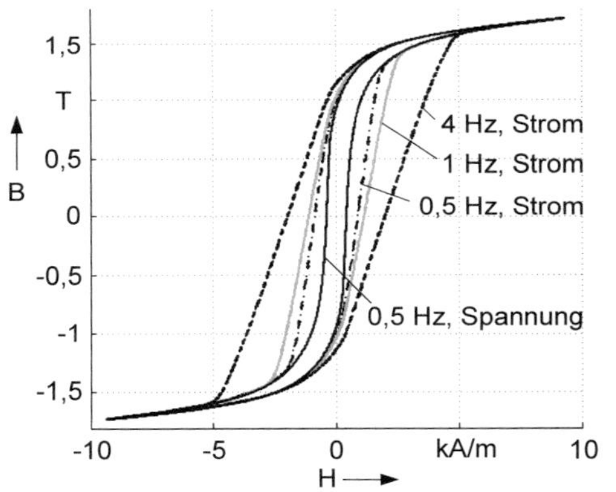

Bild 11.10: Beispiel für die Frequenz- und Erregungsabhängigkeit der Verluste in einer massiven Ringkernprobe aus 9SMnPb28 bei sinusförmiger Spannungs- und Stromeinprägung

Der zeitliche Verlauf der Erregung bestimmt maßgeblich die Größe der dynamischen Verluste. Nach [11.20] ist die Änderungsgeschwindigkeit der magnetischen Flussdichte $\mathrm{d}B/\mathrm{d}t$ im Material der verlustbestimmende Faktor. Die Wahl von Kurvenformen und Erregungsfrequenzen sind Möglichkeiten gewisse Ummagnetisierungsgeschwindigkeiten zu realisieren. Um eine Vergleichbarkeit für die Messung magnetischer Eigenschaften im Wechselfeld zu gewährleisten, wird ein sinusförmiger Verlauf von entweder induzierter Spannung oder Erregerstrom empfohlen [11.2]. Bild 11.10 zeigt Hysteresekurven, die an einer Ringkernprobe aus 9SMnPb28 unter unterschiedlichen Magnetisierungsbedingungen aufgenommen wurden.

Die Verluste für stromeingeprägte Magnetisierung liegen deutlich über denen für Spannungseinprägung. Die Kennlinien sind im Bereich der Sättigung deckungsgleich. Hier ist der Einfluss von Wirbelströmen aufgrund der dort langsamen Änderung der magnetischen Flussdichte gering. Bild 11.11 zeigt Beispiele für normkonform durchgeführte Verlustmessungen an einer geblechten und einer massiven Ringkernprobe.

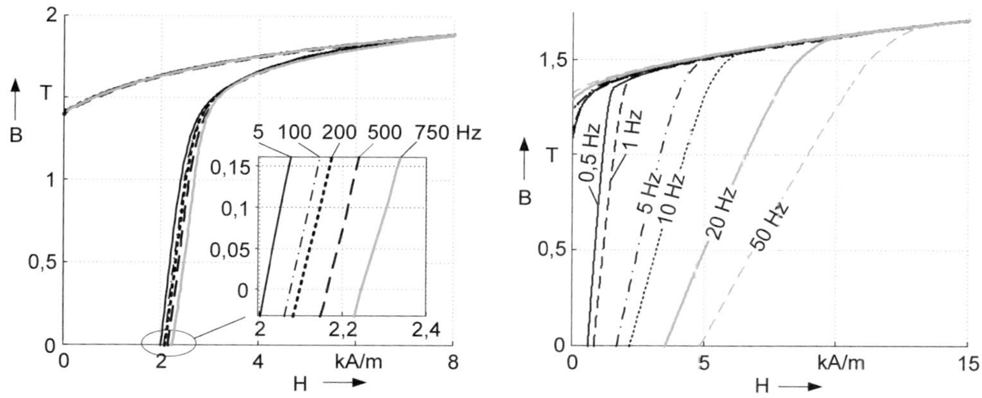

Bild 11.11: Beispiel für die Frequenzabhängigkeit der Ummagnetisierungsverluste bei sinusförmiger stromeingeprägter Magnetisierung; links: dünn geblechte Probe aus Cobalt-Eisen; rechts: massive Probe aus S235

Tabelle 11.2: Gemessene Verluste einer massiven Baustahl- und einer geblechten FeCo-Probe bei sinusförmigem Erregerstrom und verschiedenen Frequenzen [11.26]

Probe: S235						
f [Hz]	0,5	1	5	10	20	50
$P_{v,spez}$ [W/kg]	0,20	0,53	6,65	17,29	55,51	198,51
$W_{v,spez}$ [J/kg]	0,40	0,53	1,33	1,73	2,78	3,97

Probe: FeCo					
f [Hz]	5	100	200	500	750
$P_{v,spez}$ [W/kg]	7,51	151,75	307,56	781,43	1211,29
$W_{v,spez}$ [J/kg]	1,50	1,52	1,54	1,56	1,61

Die Probe in Bild 11.11 links wurde aus 0,15 mm starken Blech einer Fe-Co-Legierung hergestellt. Durch die dünne Blechung werden Wirbelströme unterdrückt und die Hystereseschleife weitet sich nur geringfügig auf. Die in Tabelle 11.2 dargestellte Verlustenergie ist nahezu konstant. Die massive Probe (Bild 11.11 rechts) zeigt im Gegensatz zur geblechten Probe einen starken Anstieg der Verlustenergie mit steigender Frequenz. Aufgrund der magnetisch halbharten Eigenschaften und der damit verbundenen hohen Koerzitivfeldstärke von 2000 A/m liegen die Verluste der geblechten Probe bei niedrigen Frequenzen deutlich über denen der massiven Probe aus Baustahl.

Bei der Messung ist wichtig, dass die Einhaltung der sinusförmigen Kurvenform, wie in der Norm vorgeschlagen, vom Anwender optisch und über den berechneten Formfaktor kontrolliert wird. Der Kurvenvergleich, die Berechnung des Formfaktors und die Berechnung der Kurvenfläche sind gut zu automatisierende Prozesse.

11.9 Messung von Aktoren

Die in Abschnitt 11.7 beschriebene Erregerspulenmessung erlaubt die Messung der magnetischen Eigenschaften von elektromagnetischen Antriebselementen ohne Modifikationen am Aktor vornehmen zu müssen. Anhand der gemessenen Kennlinien kann die im Aktor stattfindende elektro-magneto-mechanische Energiewandlung bewertet werden.

Durch die Messung der $\Psi(i, \delta)$-Kennlinien bei konstanten Luftspalten δ kann der Energieanteil ermittelt werden, der im Idealfall in mechanische Energie umgesetzt werden kann (siehe Abschnitt 3.2.5). Damit sind sowohl qualitative als auch quantitative Vergleiche zwischen Elektromagneten möglich. Gleichzeitig kann die vorhandene magnetische Hysterese gemessen und dadurch das nichtlineare Übertragungsverhalten von elektromagnetischen Aktoren charakterisiert und kompensiert werden [11.23], [11.27].

11.9.1 Messung statischer Kennlinien

Bild 11.12 zeigt die gemessenen $\Psi(i, \delta)$-Kurven eines kennlinienbeeinflussten Hydraulikmagneten PR45 bei während der Messung konstant gehaltenen Luftspaltlängen. Zur Aufnahme der statischen Kennlinien in Bild 11.12 wurde der Anker des Aktors fixiert und eine Kommutierungskurve bei sinusförmiger Erregung und einer Frequenz von 2 Hz aufgenommen. Die Position δ_0 entspricht einem Luftspalt von 0 mm. Mit eingebauter Antiklebscheibe befindet sich der Anker an Position δ_{min}. Die größte mit der vorgesehenen Hubbegrenzung nutzbare Luftspaltlänge ist δ_{max}. Mit entferntem Anker erhält man die mit δ_1 markierte Kurve.

Wie im Abschnitt 3.2.5 beschrieben, spiegeln die dargestellten $\Psi(i, \delta)$-Kurven den kummulativen Einfluss der konstruktiven Gestaltung, der magnetischen Eigenschaften der verwendeten Konstruktionswerkstoffe sowie der Höhe der Aussteuerung wieder. Der nach Gleichung 3.19 berechnete magnetische Wirkungsgrad κ_M macht sowohl qualitative als auch quantitative Vergleiche zwischen Elektromagneten auf einfacher Basis möglich. In diesem Beispiel beträgt $\kappa_M = 0{,}3$.

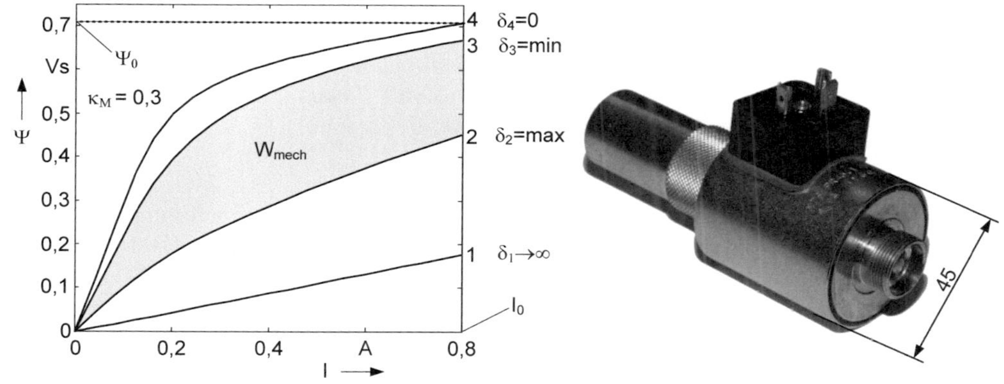

Bild 11.12: Messung des magnetischen Wirkungsgrads eines PR45

11.9.2 Berücksichtigung der Verluste

Die bisherigen Energiebetrachtungen berücksichtigen nur die statischen magnetischen Eigenschaften. Die dissipativen Elemente eines elektro-magneto-mechanischen Wandlers ohmscher Widerstand, magnetischer Eisenwiderstand und magnetische Induktivität führen zur Reduzierung der zur Verfügung stehenden mechanischen Energie. Der Einfluss von Wirbelströmen und der damit verbundenen Feldverdrängung ist im realen Betrieb von Elektromagneten erheblich [11.22]. Um den Einfluss der Ummagnetisierungsverluste zu verdeutlichen, sind in Bild 11.13 links $\Psi(i)$-Kennlinien des PR45 bei 0 mm Luftspalt und unterschiedlichen Verläufen der elektrischen Erregung dargestellt.

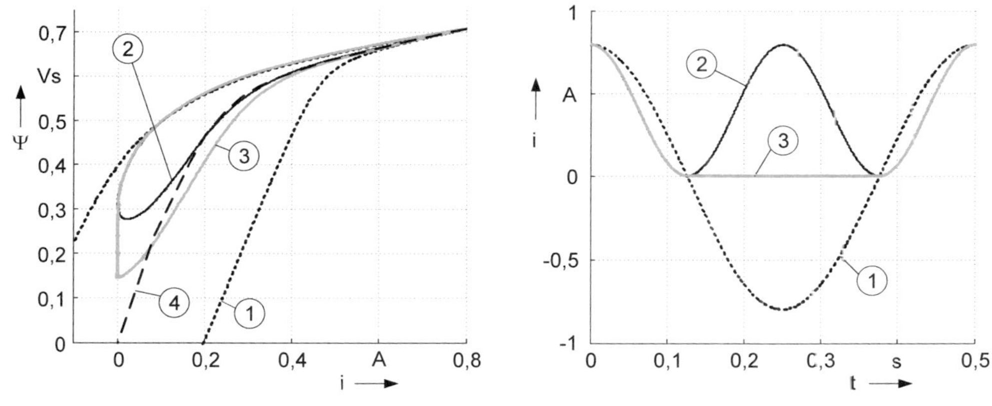

Bild 11.13: Verluste bei unterschiedlichen Anregungen: 1 sinusförmig mit symmetrischer Aussteuerung, 2 unipolar sinusförmig, 3 unipolar sinusförmig mit Pause, 4 statische Kurve; links: $\Psi(i)$-Kennlinien bei unterschiedlicher Erregung; rechts: Erregerstromverläufe

Neben der Periodendauer des Anregungssignals ist die Erregerstromanstiegsgeschwindigkeit di/dt bei der Betrachtung von Wirbelströmen von entscheidender Bedeutung [11.17]. Die Erregungsformen sind so gewählt, dass sich für den betrachteten Ausschnitt der Kurve ähnliche Stromanstiegsgeschwindigkeiten ergeben. Die Verläufe der jeweiligen Erregerströme sind in Bild 11.13 rechts dargestellt.

Die von den $\Psi(i)$-Kurven eingeschlossene Fläche entspricht der im Magnetkreis entstehenden Verlustenergie, die sich in Abhängigkeit der Frequenz aus Hysterese- und Wirbelstromverlusten zusammensetzt. In diesem Beispiel entstehen die größten Verluste bei sinusförmiger Anregung. Die Sinusform entspricht der von den Normen für die Messung von Materialeigenschaften im Wechselfeld vorgeschlagenen Anregung [11.2]. Die Kraftrichtung neutraler Elektromagnete ist unabhängig von der Stromrichtung. Mit Ausnahme von Wechselstrommagneten werden sie deshalb mit unipolarer Erregung betrieben. Diesem Betriebsfall nähert sich die einseitige, sinusförmige Erregung an. Um eine vergleichbare Ummagnetisierungsgeschwindigkeit zu erhalten, wird hier bei halber Amplitude mit der doppelten Frequenz von 4 Hz angeregt. Die bei dieser Anregungsform von der Hysteresekurve eingeschlossene Fläche ist deutlich kleiner als die bei bipolarer Magnetisierung.

Bild 11.14 links zeigt, dass die Kennlinien bei unipolarer Erregung mit steigender Frequenz bei $i = 0$ nach oben wandern. Da die Kennlinien mit eingeprägtem Strom i und damit eingeprägter Durchflutung Θ aufgenommen wurden, bleiben als verzögerndes Element im magnetischen Kreis nur die Wirbelströme.

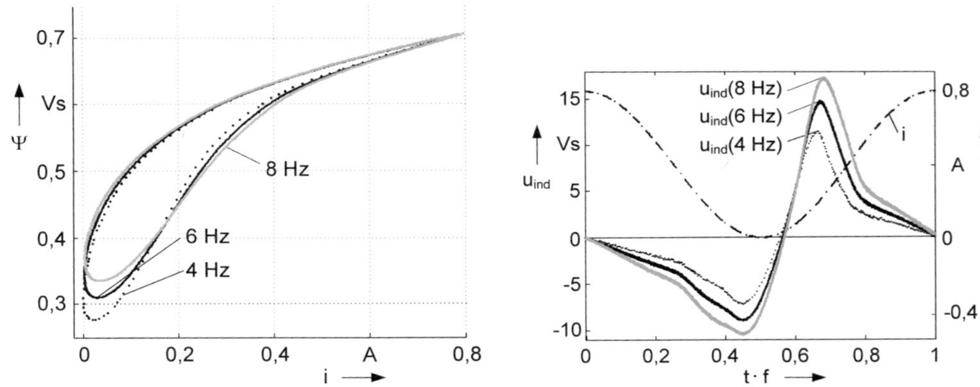

Bild 11.14: Auswirkungen von Wirbelströmen auf die $\Psi(i)$-Kennlinie eines PR45 bei unipolarer sinusförmiger Erregung bei minimalem Luftspalt

Wirbelströme wirken dem Abbau des magnetischen Feldes entgegen. Hierdurch wird der magnetische Fluss im Eisenkreis eine Zeit lang aufrecht erhalten. Der Einfluss der Wirbelströme steigt mit zunehmender Frequenz, entsprechend steigt der verbleibende Restfluss. Dies zeigt sich in einem frequenzabhängigen Anstieg der induzierten Spannung bei i=0 A. Durch die Integration ergibt sich eine Verschiebung der $\Psi(i)$-Kennlinie nach oben (Bild 11.14 links). Der Anstieg der unteren Flussgrenze wird nicht durch

Remanenz verursacht, sondern ist ein reiner Wirbelstromeffekt. Die von der $\Psi(i)$-Kennlinie eingeschlossene Verlustenergie pro Aufmagnetisierungszyklus ist bei höheren Frequenzen entsprechend geringer. Die im Material des Reluktanzaktors erzeugte Verlustleistung steigt trotzdem, da der Flächeninhalt mit der Frequenz multipliziert wird.

Diese Form der einseitigen Erregung ist typisch für Proportional- und Schwingmagnete im kontinuierlichen Betrieb ohne Rast. Auch bei Resonanzantrieben, die mit der mechanischen Resonanzfrequenz betrieben werden und deshalb keine ausgeprägten Haltephasen aufweisen, ist die Ansteuerung ähnlich [11.38].

Die vorherrschenden Bewegungsverläufe bei Elektromagneten sind wechselsinnige Bewegungen mit steuerbaren Rasten. In den Rastphasen, in denen keine Änderung der Durchflutung stattfindet, klingen die Wirbelströme ab. Die bei diesen Bewegungsverläufen auftretende Erregung wird im weiteren Verlauf betrachtet. Der zeitliche Verlauf des Erregerstroms 3 in Bild 11.13 rechts entspricht einem Sinus mit Offset und einer Rastphase bei $i = 0\,A$. In Bild 11.15 werden die $\Psi(i)$-Kennlinien und die induzierten Spannungen für verschiedene Frequenzen gegenübergestellt.

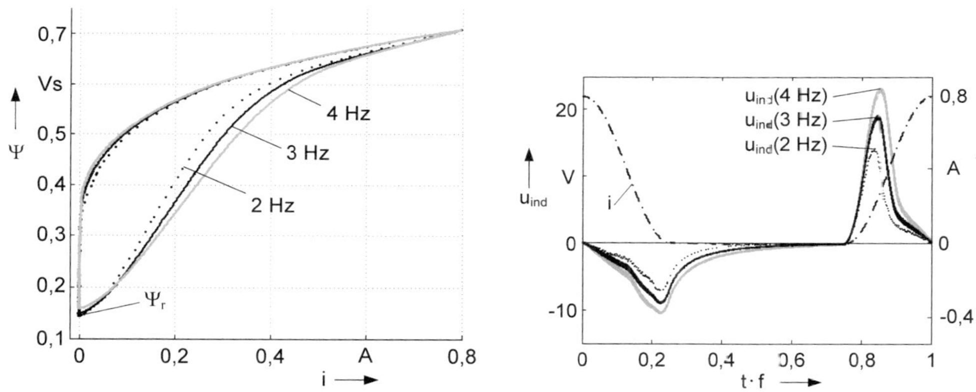

Bild 11.15: Auswirkungen von Wirbelströmen und Ausgleichsvorgängen auf die $\Psi(i)$-Kennlinie eines PR45 bei unipolarer Erregung bei minimalem Luftspalt; links: $\Psi(i)$-Kennlinien für unterschiedliche Frequenzen; rechts: Zeitliche Verläufe des Erregerstroms und der induzierten Spannung

In der Zeit, in der der Erregerstrom auf 0 A gehalten wird, klingen die Wirbelströme und damit die induzierte Spannung langsam ab. Dies bewirkt in der $\Psi(i)$-Kennlinie ein Abfallen des verketteten Flusses bei $i = 0\,A$. Die Kurven für die Erregungsfrequenz von 2 Hz und 3 Hz enden bei dem gleichen Ψ-Wert. Der minimale verkettete Fluss für die 4 Hz-Kurve ist geringfügig größer, da hier der Ausgleichsvorgang noch nicht vollständig abgeschlossen ist. Eine weitere Haltephase bei Erreichen von $i = 0,8\,A$ am Ende des Erregungsverlaufs ist in diesem Beispiel nicht nötig. Im Bereich der Sättigung sind nur geringe Wirbelstromverluste zu erwarten, da dort die Änderung der magnetischen Flussdichte $\mathrm{d}B/\mathrm{d}t$ gering ist.

Wie die Beispiele zeigen, hat die Erregungsform einen großen Einfluss auf die Flächenverteilung innerhalb der $\Psi(i)$-Kennlinie. Bild 11.16 zeigt die $\Psi(i, \delta)$-Kennlinien bei minimalem und maximalem Luftspalt für den statischen Fall und für die einseitige Erregung mit Pause bei 3 Hz. Die Gesamtenergie $\Psi_0 \cdot I_0$ setzt sich aus magnetischer Energie W_{mag}, magnetischer Co-Energie W^*_{mag} und dem Energieverlust W_v zusammen:

$$\Psi_0 \cdot I_0 = W_{mag} + W^*_{mag} + W_v. \tag{11.11}$$

Die von der $\Psi(i, \delta)$-Kurve eingeschlossene Fläche entspricht der an dieser Ankerposition bei der vorliegenden Erregung entstehenden magnetischen Verlustenergie. Die magnetische Energie wird von der oberen Hysteresekurve begrenzt. Die untere Hysteresekurve begrenzt den Anteil der magnetischen Co-Energie.

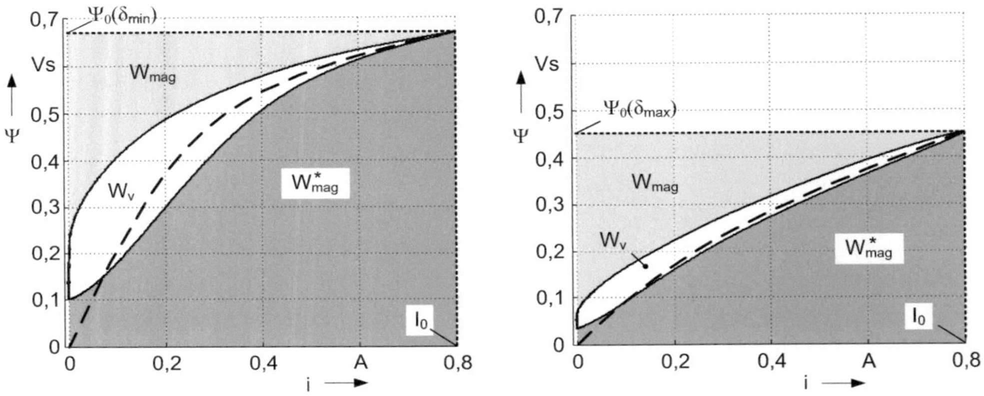

Bild 11.16: Luftspaltabhängigkeit der Ummagnetisierungsverluste bei identischer Erregung (statische Kurve gestrichelt); links: $\Psi(i)$-Kennlinie bei minimalem Luftspalt (links) und bei maximalem Luftspalt (rechts)

Der Vergleich der Diagramme im Bild 11.16 zeigt die Luftspaltabhängigkeit der Ummagnetisierungsverluste. Beim minimalen Luftspalt treten die maximalen Verluste auf. Der magnetische Gesamtwiderstand ist an dieser Position am kleinsten. Geht man von einer Erregung mit eingeprägtem Strom i bzw. eingeprägter Durchflutung Θ aus, wird in dieser Stellung für einen bestimmten Wert von Θ der größte magnetische Fluss Φ erreicht. Dies trifft auch auf die Änderung des magnetischen Flusses $\mathrm{d}\Phi/\mathrm{d}t$ bei vorgegebenem zeitlichen Verlauf der Durchflutung zu. Aufgrund des Gradienten des magnetischen Flusses und des elektrischen Widerstands R_w des Bauteils bildet sich ein Wirbelstrom i_{wirb} um den sich ändernden Fluss aus [11.44]:

$$i_{wirb} = \frac{u_{ind}}{R_w} = -\frac{1}{R_w}\frac{\mathrm{d}\Phi}{\mathrm{d}t}. \tag{11.12}$$

Bei größeren Luftspalten entstehen aufgrund des größeren Widerstandes des Luftspaltes kleinere Feldstärken im Eisen, kleinere Gradienten der Flussdichte und damit geringere

Verluste. Die im Betrieb des Aktors auftretenden Verluste sind anhand der maximalen Verluste bei minimalen Luftspalt nach oben abschätzbar. Über die Differenz der Co-Energien kann auf den Energieanteil $W_{mech,min}$ geschlossen werden, der mindestens in mechanische Energie wandelbar ist (Bild 11.17).

Entsprechend der Neukurve der ferromagnetischen Materialien läuft auch die statische $\Psi(i)$-Kennlinie tangential in die untere Hysteresekurve ein. Dieses Verhalten führt dazu, dass sich der größte Teil der Verluste über der statischen Kurve befindet. Hieraus kann man schlussfolgern, dass Hysterese- und Wirbelstromverluste die magnetische Co-Energie und damit das Vermögen des Antriebs mechanische Arbeit zu verrichten in geringerem Maße reduzieren, als die aus dem magnetischen Feld rückgewinnbare Energie (vgl. [11.39]). Vergleicht man die mechanische Energie aus dem Beispiel in Bild 11.17 mit der statisch ermittelten aus Abschnitt 11.9.1 (Bild 11.12), so liegt die mechanische Energie für den verlustbehafteten Fall um 6,3 % unter der statischen. Die bei δ_{min} gespeicherten magnetischen Energien unterscheiden sich deutlicher. Durch die im Eisenkreis auftretenden Verluste wird die magnetische Energie um 44 % reduziert.

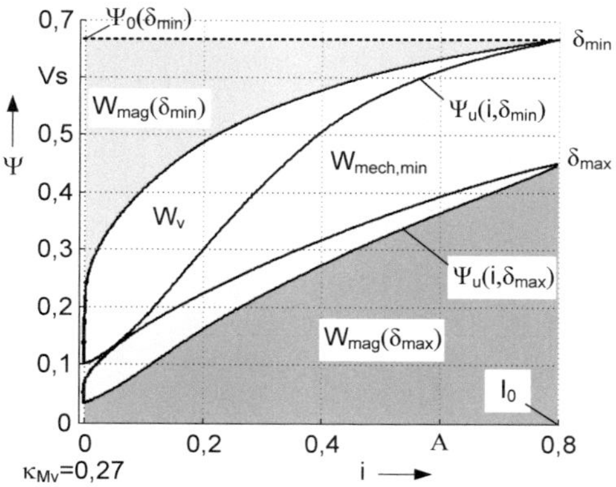

Bild 11.17: Abschätzung der in mechanische Arbeit wandelbaren Energie

Berücksichtigt man die bei einer bestimmten Erregung entstehenden Verluste, kann der verlustbereinigte magnetische Wirkungsgrad berechnet werden:

$$\kappa_{Mv} = \frac{W_{mech,min}}{I_0 \cdot \Psi_0} = \frac{\int\limits_0^{I_0} \Psi_u(i, \delta_{min})\,\mathrm{d}i - \int\limits_0^{I_0} \Psi_u(i, \delta_{max})\,\mathrm{d}i}{I_0 \cdot \Psi_0}. \tag{11.13}$$

Beispielsweise sinkt der magnetische Wirkungsgrad des Magneten PR45 von $\kappa_M = 0,30$ auf $\kappa_{Mv} = 0,27$.

11.9.3 Messungen mit bewegtem Anker

Ist eine Bewegung des Ankers zugelassen, kann man die Energie bestimmen, die zur Ausführung der Bewegungsaufgabe notwendig ist. Die im Abschnitt 3.3.3 eingeführten

Kennziffern dynamischer magnetischer Wirkungsgrad κ_{Md} und dynamischer Ausnutzungsgrad k_{d1} berücksichtigen im Vergleich zum magnetischen Wirkungsgrad zusätzlich die Ansteuerung und die Last. Eine Aufnahme der für die Berechnung dieser Kennwerte benötigten $\Psi(i,\delta)$-Kennlinie mit bewegtem Anker ohne Berücksichtigung von Eisenverlusten in Form einer Kommutierungskurve ist nicht möglich.

Die Überlegungen aus Abschnitt 11.9.2 zur verlustbehafteten Energiewandlung treffen auch auf den Betriebsfall mit bewegten Anker zu. Die $\Psi(i,\delta)$-Kennlinie mit Bewegung ist in Bild 11.18 dargestellt. Die durchgezogene schwarze Kennlinie entsteht bei freiem Anker mit einer Feder als Last. Die abgebildeten gepunkteten Verläufe ergeben sich mit festgehaltenem Anker bei minimalen und maximalen Luftspalt. Allen Kennlinien liegt derselbe Stromverlauf zugrunde.

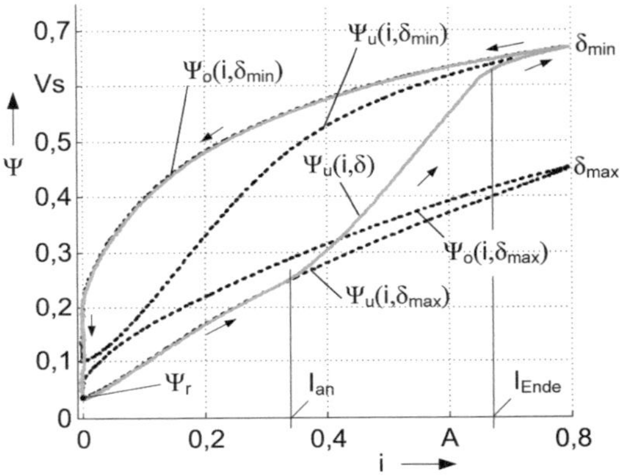

Bild 11.18: Einfluss der Ankerbewegung auf die $\Psi(i,\delta)$-Kennlinie eines PR45

Die Kennlinie des Magneten mit bewegtem Anker beginnt auf der unteren Hysteresekurve für den Luftspalt δ_{max} bei der Remanenz Ψ_r. Mit zunehmendem Strom wird der Aktor auf dieser Kennlinie aufmagnetisiert. Wird der Anzugsstrom I_{an} erreicht, beginnt die Bewegung des Ankers und die Kennlinie für δ_{max} wird verlassen. Bei I_{Ende} erreicht der Anker den Anschlag. Der Verlauf zwischen I_{an} und I_{Ende} hängt hauptsächlich von der Last und dem zeitlichen Verlauf der Erregung ab. Die Kennlinie nähert sich nun der unteren Grenzkurve für δ_{min} an. Nach Umkehr der Stromrichtung folgt diese der oberen Grenzkurve, bis der Strom $i = 0\ A$ erreicht wird. Die Wirbelströme im Eisenkreis sorgen dafür, dass sich der Feldabbau verzögert und der Anker erst nach einer gewissen Zeit bei $i = 0\ A$ abfällt. Umfangreiche Untersuchungen zum Einfluss von Wirbelströmen auf den Abfallverzug findet man in [11.38].

Berücksichtigt man die entstehenden Verluste, berechnen sich der verlustbereinigte dynamische magnetische Wirkungsgrad κ_{Mdv} und der verlustbereinigte magnetische Ausnutzungsgrad k_{d1v} wie folgt:

$$\kappa_{Mdv} = \frac{W_{mechd,min}}{I_0 \cdot \Psi_0(\delta=0)} = \frac{\int\limits_0^{I_0} \Psi_u(i,\delta_{min})\,\mathrm{d}i - \int\limits_0^{I_0} \Psi_u(i,\delta)\,\mathrm{d}i}{I_0 \cdot \Psi_0(\delta=0)}, \tag{11.14}$$

$$k_{d1v} = \frac{W_{mechd,min}}{W_{mech}} = \frac{\int_0^{I_0} \Psi_u(i,\delta_{min})\,\mathrm{d}i - \int_0^{I_0} \Psi_u(i,\delta)\,\mathrm{d}i}{\int_0^{I_0} \Psi_{statisch}(i,\delta_{min})\,\mathrm{d}i - \int_0^{I_0} \Psi_{statisch}(i,\delta_{max})\,\mathrm{d}i}. \qquad (11.15)$$

Die maximal erreichbare mechanische Arbeit ist nicht wie im statischen Fall konstant, sondern von der Aussteuerung abhängig. Aus diesem Grund wird zusätzlich die Kennzahl k_{d1v*} eingeführt. Sie ist das Verhältnis aus dynamischer Magnetarbeit und maximal leistbarer Arbeit unter Berücksichtigung der Ansteuerung:

$$k_{d1v*} = \frac{W_{mechd,min}}{W_{mech,min}} = \frac{\int_0^{I_0} \Psi_u(i,\delta_{min})\,\mathrm{d}i - \int_0^{I_0} \Psi_u(i,\delta)\,\mathrm{d}i}{\int_0^{I_0} \Psi_u(i,\delta_{min})\,\mathrm{d}i - \int_0^{I_0} \Psi_u(i,\delta_{max})\,\mathrm{d}i}. \qquad (11.16)$$

Bild 11.19 zeigt $\Psi(i,\delta)$-Kennlinien des Magneten bei der Arbeit gegen eine Feder mit unterschiedlichen Anregungsfrequenzen. In Tabelle 11.3 werden die hier vorgestellten Kennziffern für die einzelnen Verläufe dargestellt.

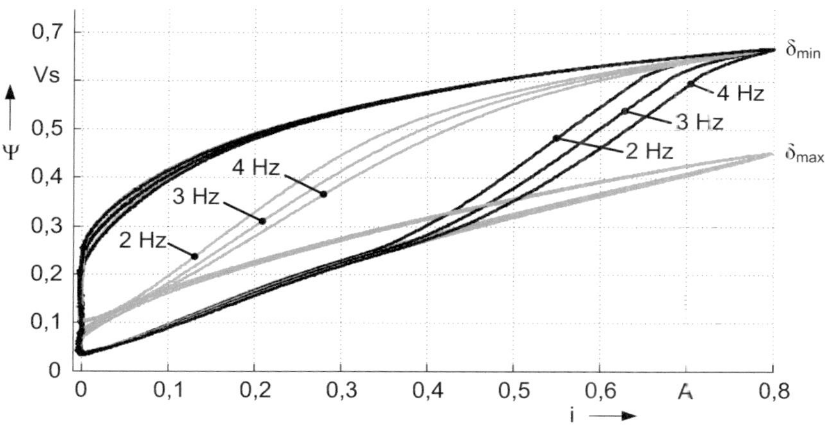

Bild 11.19: $\Psi(i,\delta)$-Kennlinien eines PR45 bei einseitiger Aussteuerung mit Pause und unterschiedlichen Frequenzen; schwarz mit bewegtem Anker, grau mit festgehaltenem Anker

Die maximal leistbare mechanische Arbeit $W_{mech,min}$ wird nach oben durch die untere Kurve der $\Psi(i,\delta_{min})$-Kennlinie begrenzt. Mit zunehmender Frequenz weiten sich die $\Psi(i,\delta)$-Kurven wegen steigender Wirbelstromverluste auf. Die in mechanische Arbeit wandelbare Energie wird geringer. Mit steigender Frequenz nimmt der magnetische Wirkungsgrad κ_{Mv} bei konstanter Gesamtenergie $\Psi_0 I_0$ ab. Den magnetischen Wirkungsgrad kann man durch eine entsprechende Materialwahl beeinflussen. Mit dem

Einsatz von Magnetmaterialien mit höherem elektrischem Widerstand oder durch Blechung des Magnetkreises können Wirbelströme wirksam reduziert werden. Das Arbeitsvermögen bei höheren Frequenzen wird so verbessert.

Gleichzeitig zur Reduzierung der mechanischen Arbeit wandert die rechte Grenze der $\Psi(i, \delta)$-Kennlinie mit Bewegung hin zu höheren Stromwerten. Hierdurch bleibt die geleistete dynamische Magnetarbeit $W_{mechd,min}$ konstant. In allen drei Fällen arbeitet der Magnet gegen dieselbe Feder mit identischer Vorspannung und Hub. Die Auswirkungen von geschwindigkeitsproportionaler Reibung und Dämpfung sind in dem verwendeten Aufbau vernachlässigbar. Es wird stets die gleiche mechanische Arbeit verrichtet. Da neben $W_{mechd,min}$ auch die statische Magnetarbeit W_{mech} und die Gesamtenergie $\Psi_0 I_0$ konstant sind, sind es auch der dynamische Ausnutzungsgrad k_{d1v} und der dynamische magnetische Wirkungsgrad κ_{Mdv}.

Mit steigender Frequenz wird der Prozentsatz der gewandelten Energie von der wandelbaren größer. Mit einem dynamischen Ausnutzungsgrad k_{d1v*} von 1 kann der Aktor die Bewegungsaufgabe gerade noch erfüllen. Geht man davon aus, dass sich das mechanische Teilsystem geschwindigkeitsunabhängig verhält, kann man den Ausnutzungsgrad extrapolieren. Bei der gewählten Erregungsform sind mit dem Aktor und der Last maximal eine Frequenz von 10,9 Hz erreichbar.

Tabelle 11.3: Kennziffernvergleich für die in Bild 11.19 dargestellten Bewegungen

	2Hz	3Hz	4 Hz
κ_{mv}	0,28	0,27	0,25
κ_{mvd}	0,17	0,17	0,17
k_{d1v}	0,59	0,59	0,59
k_{d1v*}	0,63	0,67	0,71
$W_{mech,min}$ $[J]$	0,16	0,15	0,14
$W_{mechd,min}$ $[J]$	0,10	0,10	0,10

Ein weiterer Anwendungsbereich gemessener $\Psi(i, \delta)$-Kennlinien ist die Bestimmung von dynamischen Kenngrößen. Bild 11.20 zeigt die zeitlichen Verläufe des Erregerstroms und der induzierten Spannung während der Messung des Magneten PR45 mit bewegtem Anker. Beginn und Ende der Bewegung rufen aufgrund der Bewegungsinduktion Änderungen in der Steigung der induzierten Spannung hervorrufen. Am deutlichsten sieht man die Anschläge des Ankers beim Anzugs- und Abfallvorgang, da hier die größten Änderungen der Ankergeschwindigkeit auftreten. Bei Anwendungen, in denen weder der Anker noch das angekoppelte mechanische System zugänglich sind, kann auf diese Weise die Anzugszeit t_{12} und Rücklaufzeit t_{22} ermittelt werden.

11.10 Quellen

[11.1] Norm DIN 5483-1 Juni 1983. Zeitabhängige Größen - Benennung der Zeitabhängigkeit

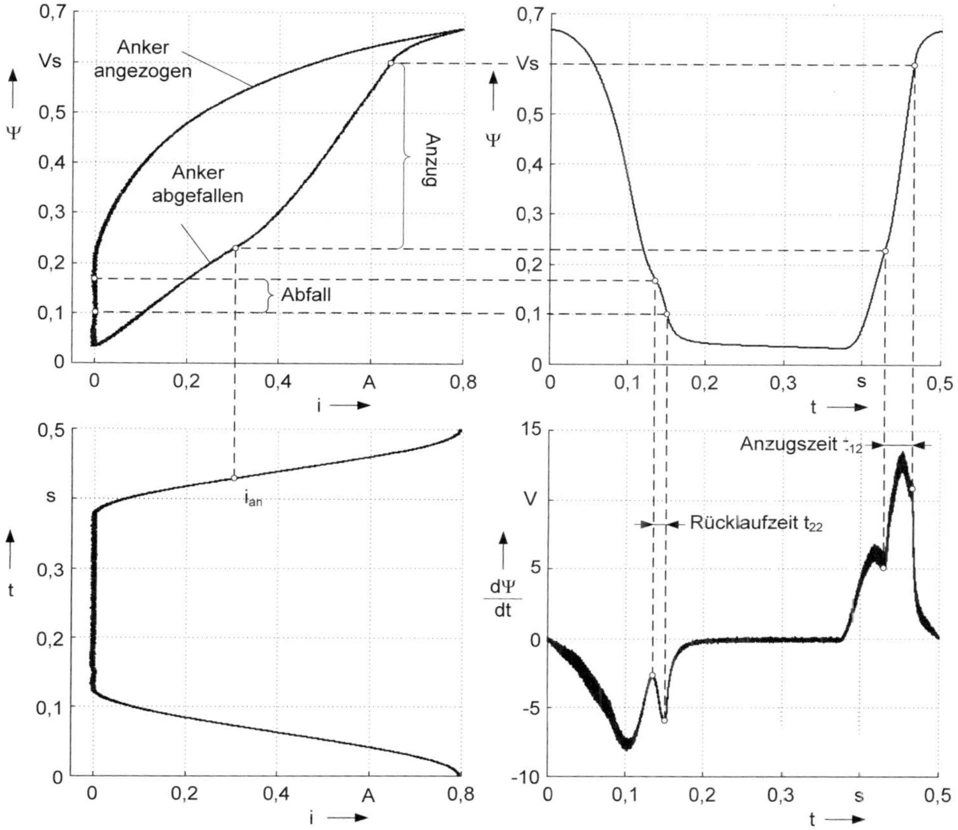

Bild 11.20: Abschätzung dynamischer Kennwerte auf Grundlage des Verlaufs der magnetischen Größen

[11.2] Norm DIN 50460 August 1988. Bestimmung der magnetischen Eigenschaften von weichmagnetischen Werkstoffen

[11.3] Norm DIN 1319-1 Januar 1995. Grundlagen der Messtechnik - Teil 1: Grundbegriffe

[11.4] Norm DIN EN 10265 Januar 1996. Magnetische Werkstoffe - Anforderungen an Blech und Band aus Stahl mit festgelegten mechanischen und magnetischen Eigenschaften

[11.5] Norm DIN EN 10252 Mai 1997. Magnetische Werkstoffe - Verfahren zur Messung der magnetischen Eigenschaften von Elektroblech und -band bei mittleren Frequenzen

[11.6] Norm DIN EN 60404-14 Februar 2003. Magnetische Werkstoffe - Teil 14: Verfahren zur Messung der magnetischen Dipolmomentes einer Probe aus ferromagnetischm Werkstoff mit dem Abzieh- oder dem Drehverfahren

[11.7] Norm DIN EN 10330 September 2003. Magnetische Werkstoffe - Verfahren zur Messung der Koerzivität magnetischer Werkstoffe im offenen Magnetkreis

[11.8] Norm DIN EN 60404-6 Oktober 2004. Magnetische Werkstoffe - Teil 6: Verfahren zur Messung der magnetischen Eigenschaften weichmagnetischer und pulverförmiger Werkstoffe im Bereich 20 Hz bis 200 kHz mit Hilfe von Ringproben

[11.9] Norm DIN EN 10107 Oktober 2005. Kornorientiertes Elektroblech und -band im schlussgeglühten Zustand

[11.10] Norm DIN EN 10106 November 2007. Kaltgewalztes nicht kornorientiertes Elektroblech und -band im schlussgeglühten Zustand

[11.11] Norm DIN EN 10280 April 2007. Magnetische Werkstoffe - Verfahren zur Messung der magnetischen Eigenschaften von Elektroblech und -band mit Hilfe eines Tafelmessgerätes

[11.12] Norm DIN EN 60404-13 Mai 2008. Magnetische Werkstoffe - Teil 13: Prüfverfahren zur Messung der Dichte, des spezifischen Widerstandes und des Stapelfaktors von Elektroblech und -band

[11.13] Norm DIN EN 60404-5 Mai 2008. Magnetische Werkstoffe - Teil 5: Dauermagnetwerkstoffe (hartmagnetische Werkstoffe) - Verfahren zur Messung der magnetischen Eigenschaften

[11.14] Norm DIN EN 60404-2 Januar 2009. Magnetische Werkstoffe - Teil 2: Verfahren zur Bestimmung der magnetischen Eigenschaften von Elektroblech und -band mit Hilfe eines Epsteinrahmens

[11.15] Norm DIN EN 60404-4 August 2009. Magnetische Werkstoffe - Teil 4: Verfahren zur Messung der magnetischen Eigenschaften von weichmagnetischen Werkstoffen im Gleichfeld

[11.16] Norm DIN EN 60404-3 Mai 2010. Magnetische Werkstoffe - Teil 3: Verfahren zur Bestimmung der magnetischen Eigenschaften von Elektroband und -blech mit Hilfe eines Tafelmessgerätes

[11.17] Albach, M.; Durbaum, T.; Brockmeyer, A.: Calculating core losses in transformers for arbitrary magnetizing currents a comparison of different approaches. In: Power Electronics Specialists Conference, 1996. PESC '96 Record., 27th Annual IEEE Bd. 2, 1996. ISSN 0275–9306, S. 1463–1468

[11.18] Baumbach, J.; Zöppig, V.; Kallenbach, E.; Radler, O.; Volkert, R.; Glet, U.; Ströhla, T.: Verbesserung des Regelungsverhaltens von Gleichstrommagneten durch messtechnische Bestimmung des Psi-I-Kennlinienfeldes. In: GMM-Fachbericht 54 - Innovative Klein- und Mikroantriebstechnik. Berlin; Offenbach: VDE-Verlag, 2007, S. 57–62

[11.19] Betts, B.: Die Zukunft der Datenerfassung, August 2010. http://zone.ni.com/devzone/cda/pub/p/id/332

[11.20] Bode, S.: Realisierung einer Hysteresekompensation für Gleichstrommagneten. Diplomarbeit Technische Universität Ilmenau, Fak. Maschinenbau, Ilmenau, 2004.

[11.21] Boll, R.: Weichmagnetische Werkstoffe – Einführung in den Magnetismus, VAC-Werkstoffe und ihre Anwendungen. 4. Aufl. Siemens-Aktiengesellschaft, Berlin, München, 1990

[11.22] Feindt, K.: Untersuchungen zum Entwurf von Elektromagneten unter Berücksichtigung dynamischer Kenngrößen, TU Ilmenau, Fak. für Maschinenbau, Dissertation, 2003

[11.23] Gadyuchko, A.; Bussinger, F.; Kallenbach, E.; Radler, O.: Control Concept for Hysteresis Free Behaviour of Proportional Solenoid. In: Proc. 7th International Fluid Power Conference, Aachen, 2010

[11.24] Glet, U. (Erfinder): Schutzrecht DE 10 2005 011 227 A1 (11.3.2005).

[11.25] Glet, U.; Baumbach, J.: Ein neuartiges Verfahren zur Messung magnetischer Bauteile und Magnetaktoren. In: Tagungsband des 50. IWK der Technischen Universität Ilmenau, 2005

[11.26] Kellerer, T.: Realisierung eines adaptiven Reglers für das Erzeugen von beliebigen Flussdichte- und Feldstärkeverläufen in Magnetkreisstrukturen. Masterarbeit, Fachgebiet Entwurf Mechatronischer Antriebe, TU Ilmenau, 2010

[11.27] Löffler, C.: Verbesserung des Regelungsverhaltens von Gleichstromproportionalmagneten durch messtechnische Bestimmung des $Psi(I)$-Kennlinienfeldes, TU Ilmenau, Fak. für Maschinenbau, Fachgebiet Entwurf Mechatronischer Antriebe, Diplomarbeit, 2007

[11.28] MAGNET-PHYSIK Dr. Steingroever GmbH: PERMAGRAPH® L zur rechnergesteuerten Messung der Hysteresekurven von hartmagnetischen Werkstoffen. Köln, 2008

[11.29] MAGNET-PHYSIK Dr. Steingroever GmbH: Produktdatenblatt: REMAGRAPH® C - 500. Köln, 2008

[11.30] Marinescu, M.: Elektrische und magnetische Felder: eine praxisorientierte Einführung. 2. Aufl. Springer, Berlin, 2009

[11.31] Michalowsky, L.; Schneider, J.: Magnettechnik: Grundlagen, Werkstoffe, Anwendungen. 3. Aufl. Vulkan-Verlag, Essen, 2006

[11.32] Moses, A.; Leicht, J.; Anderson, P.: Characterising electrical steels under complex magnetising conditions. In: JMMM, Vol. 255, (2003), S. 54-56

[11.33] Nakata, T.; Takahashi, N.; Kawase, Y.; Nakano, M.; Miura, M.; Sievert, J.: Numerical analysis and experimental study of the error of magnetic field strength measurements with single sheet testers. In: IEEE Trans. Mag., Vol. 22, (1986), S. 400-2

[11.34] Neuschl, Z.: Rechnergestützte experimentelle Verfahren zur Bestimmung der lastunabhängigen Eisenverluste in permenentmagnetisch erregten elektrischen Maschinen mit additionalem Axialfluss. Dissertation TU Cottbus, 2007

[11.35] Paus, H. J.: Physik in Experimenten und Beispielen. 2. Aufl. Hanser, München, 2002

[11.36] Radler, O.; Rosenbaum, S.; Ströhla, T.; Kallenbach, E.; Gadyuchko, A.; Kucera, U.; Baumbach, J.; Zöppig, V.; Rausch, T.; Wittig, K.-H.: Influence of Magnetic Materials on the Function of Electromagnetic Actuators. In: Proc. ACTUATOR 2008, 11th International Conference on New Actuators, Bremen, 2008

[11.37] Radler, O.; Kellerer, T.; Ströhla, T.; Gadyuchko, A.: Innovatives Qualitätsmanagement für elektro-magneto-mechanische Energiewandler. In: Innovative Klein- und Mikroantriebstechnik: 8. ETG/GMM-Fachtagung, Würzburg, 2010

[11.38] Rosenbaum, S.: Abfallverzug von Magnetresonanzaktoren. Modellbasierte und experimentelle Untersuchungen. Saarbrücken : VDM Verlag Dr. Müller, 2010. zugl. TU Ilmenau, Fak. für Maschinenbau, Diplomarbeit, 2006.

[11.39] Rosenbaum, S.: Entwurf elektromagnetischer Aktoren unter Berücksichtigung von Hysterese. TU Ilmenau, Fak. für Maschinenbau, Dissertation, 2010

[11.40] Schulte, F.-J.: Eine Messeinrichtung zur zweidimensionalen Erfassung der magnetischen Eigenschaften von Elektroblech. Aachener Hochschulschriften Verlag der Augustinus-Buchhandlung, 1989

[11.41] Sensitec GmbH: Firmenhomepage, Stand 10.08.2010. www.sensitec.de

[11.42] Spiller, S.: Untersuchungen zur Realisierung eines durchgängig rechnergestützten Entwurfssystems für magnetische Aktoren unter Einbeziehung von thermischen Netzwerkmodellen, TU Ilmenau, Diss., 2001

[11.43] Steinbeis Transferzentrum Mechatronik Ilmenau: MagHyst – Das Messgerät, Stand: 2.10.2010. http://www.stz-mtr.de/maghyst/messgeraet.html

[11.44] Ströhla, T.: Ein Beitrag zur Simulation und zum Entwurf von elektromagnetischen Systemen mit Hilfe der Netzwerkmethode. Wissenschaftsverlag Ilmenau, 2002

[11.45] Szynowski, J.; Kolanoa, R.; Kolano-Buriana, A.; Varga, L. K.: Dynamic magnetic properties of the Fe-based alloys under non-sinusoidal exitation. In: JMMM, Vol. 320, (2008), S. 841-3

[11.46] Yanase, S.; Kimata, H.; Okazaki, Y.; Hashi, S.: A simple predicting method for magnetic losses of electrical steel sheets under arbitrary induction waveform. In: IEEE Trans. Mag. 41 (2005), Nr. 11, S. 4365-7

[11.47] Zhang, Y.; Guan, R.; Pillay, P.; Cheng, M.-C.: General core loss models on a magnetic lamination. In: Proceedings of IEEE International Electric Machines and Drives Conference, 2009. IEMDC '09., 2009, S. 1529-34

[11.48] Zurek, S.; Marketos, P.; Meydan, T.; Moses, A. J.: Use of Novel Adaptive Digital Feedback for Magnetic Measurements under Controlled Magnetizing Conditions. In: IEEE Trans. Mag., Vol. 41, (2005), S. 4242-9

[11.49] Zurek, S.; Marketos, P.; Anderson, P.; Moses, A. J.: Influence of digital resolution of measuring equipment on the accuracy of power loss measured in Epstein frame. In: Przeglad Elektrotechniczny, Ausgabe 83, (2007), S. 50-53

Verzeichnis verwendeter Formelzeichen

A	Ausfallsatz
A	Fläche
a	Schenkelbreite, Kantenlänge
$\boldsymbol{A}$	Vektorpotenzial
A^*	modifiziertes Vektorpotenzial
A_{Dr}	Kupferdrahtquerschnitt
A_O	Oberfläche
A_W	Wickelfenster, Wickelfläche
$A_\perp$	Fläche senkrecht zu einer Bezugsgröße
b	Breite
$\boldsymbol{B}$	magnetische Flussdichte
b_r	Rotorzahnbreite
B_r	Remanenzflussdichte
b_s	Ständerzahnbreite
B_s	Sättigungsflussdichte
c	spezifische Wärme
c	Steifigkeit
c_{mag}	magnetische Steifigkeit
C_r	resultierender Strahlungsfaktor
C_S	Strahlungskonstante des schwarzen Körpers
d	Durchmesser
$\boldsymbol{D}$	Verschiebungsflussdichte
d_a	Außendurchmesser
d_{Cu}	Kupferdurchmesser
d_{Dr}	Drahtdurchmesser
d_i	Innendurchmesser
$\boldsymbol{E}$	elektrische Feldstärke
E^*	normierte Exzentrizität
e_φ	Soll-Ist-Abweichung (winkelbezogen)
ED	Einschaltdauer
%ED	relative Einschaltdauer
$\boldsymbol{e}_r, \boldsymbol{e}_\varphi, \boldsymbol{e}_z$	Einheitsvektoren des Zylinderkoordinatensystems
$\boldsymbol{e}_x, \boldsymbol{e}_y, \boldsymbol{e}_z$	Einheitsvektoren des kartesischen Koordinatensystems
$\boldsymbol{F}$	Kraft
$\boldsymbol{f}$	Kraftdichte
f_A	Nutzkraft pro Flächeneinheit
F_c	Reibkraft (Coulombsche Reibung)
F_{geg}	Gegenkraft
F_H	Haftreibkraft, Haltekraft
F_m	Magnetkraft
F_n	Normalkraft
F_q	Querkraft
F_R	Reibkraft
f_s	Schrittfrequenz, Steuerfrequenz
F_t	Tangentialkraft
g	Erdbeschleunigung
G	Leitwert
G_m	magnetischer Leitwert
$G_{m\sigma}$	magnetischer Streuleitwert
Gr	Grashofsche Zahl

h	Höhe
$\boldsymbol{H}$	magnetische Feldstärke
h	Plancksches Wirkungsquantum
H_c	Koerzitivfeldstärke
H_{cB}	Koerzitivfeldstärke ($B = 0$)
H_{cJ}	Koerzitivfeldstärke ($J_m = 0$)
h_W	Wandstärke
I, i	elektrische Stromstärke
I_{ab}	Abfallstrom
I_{an}	Anzugsstrom
I_H	Haltestrom
i_r	Läuferstrom
i_s	Ständerstrom
I_{sN}	Ständernennstrom
$\boldsymbol{J}, \boldsymbol{j}$	Stromdichte
J	Trägheitsmoment
J_L	Lastträgheitsmoment
$\boldsymbol{J}_m$	magnetische Polarisation
J_s	Sättigungspolarisation
k_{Cu}	Kupferfüllfaktor
k_F	Fensterfüllfaktor
k_W	Wicklungsfüllfaktor
L	Induktivität
l	Länge
L_d	differenzielle Induktivität
l_m	mittlere Länge
L_{rr}	Läuferinduktivität
L_{sr}	Ständer-Läufer-Gegeninduktivität
L_{ss}	Ständerinduktivität
$\boldsymbol{M}$	Magnetisierung
m	Masse
M	Moment (Drehmoment)
m_A	Ankermasse
M_k	Kippmoment
M_K	Kernmoment
M_{kN}	Kippmoment bei Nennstrom
M_L	Lastmoment
M_m	Motormoment
M_P	Selbsthaltemoment
m_s	Anzahl der Phasen
N	magnetischer Nordpol
N	Formfunktion
p	Druck
P	Leistung
p	Polpaarzahl
p_{Fl}	Fluiddruck
p_w	Wärmeleistungsdichte
Pr	Prandtl-Zahl
P_V	Verlustleistung
Q	Ladung
Q	Wärmemenge
$\dot{q}$	Wärmeflussdichte
R	ohmscher Widerstand
R	Residuum, Rest, Rand
R_D	Dämpfungswiderstand
R_m	magnetischer Widerstand
$R_{m\sigma}$	magnetischer Streuwiderstand
R_V	Vorwiderstand
R_{th}	Wärmewiderstand
R_{warm}	Warmwiderstand (Kupferdraht)
R_W	Wirbelstrom(ersatz)widerstand
s	Stellweg, Schichtdicke, Abstand
S	magnetischer Südpol
S	Fläche
S^*	Steifigkeit
t	Zeit, Lebensdauer
T	Zykluszeit, Periodendauer
$\boldsymbol{T}$	Maxwellscher Spannungstensor
T	(absolute) Temperatur in K
t_1	Anzugszeit
t_{11}	Anzugsverzug
t_{12}	Hubzeit
t_{21}	Abfallverzug
t_{22}	Rücklaufzeit
t_B	Betriebszeit, Bremszeit
T_c	Curie-Temperatur
t_H	Hochlaufzeit
T_H	Zeit High-Level-Spannung
t_K	Konstantlaufzeit
t_M	Ständernuttiefe
T_S	Schaltzeit
U, u	elektrische Spannung

$\ddot{u}$	Übersetzungsverhältnis
U_0	Versorgungsspannung
U_H	Haltespannung
U_s	Abschaltspannungsspitze
v	Geschwindigkeit
V	magnetische Spannung
V	Volumen
w	Windungszahl
W	Arbeit, Energie
W_μ	Verlustenergie im Eisenkreis
W_k	kinetische Energie
W_m	magnetische Energie
W_m^*	magnetische Co-Energie
W_{mv}	magnetische Energiedichte
x	Ankerverschiebeweg
x_0	konstruktiver Schrittwinkel
X_m	maximale x-Verschiebung
$\dot{x}_e$	Ankerendgeschwindigkeit
$\ddot{x}$	Ankerbeschleunigung
x, y	normierte Hauptabmessungen
Y_m	maximale y-Verschiebung
z	Anzahl der Zähne
Z	Schrittzahl

α	Winkel
α	Wärmeübergangszahl
α_G	Gesamtwärmeübergangszahl
α_1	Einschaltphasenwinkel
α_2	Ausschaltphasenwinkel
β	Winkel
β	räumlicher Ausdehnungskoeffizient
γ	spezifisches Gewicht
$\Delta\varphi$	Schrittfehler
$\Delta\vartheta_{31}$	Übertemperatur
$\Delta\vartheta_{32}$	Beharrungsübertemperatur
$\Delta\vartheta_{33}$	Grenzübertemperatur
δ	Luftspalt(länge)
ε	Emmisionsverhältnis
η	Zähigkeit
Θ	magnetische Durchflutung, MMK
$\varkappa$	spezifische elektr. Leitfähigkeit
λ	Wellenlänge
λ	Wärmeleitzahl
λ	Ausfallrate
λ_s	Sättigungsmagnetostriktion
μ	Permeabilität
μ_0	Permeabilität des Vakuums Induktionskonstante
μ_d	differenzielle Permeabilität
μ_r	relative Permeabilität
ϑ	Temperatur in °C
ϑ_{Gr}	Grenztemperatur
ϑ_R	Raumtemperatur
ϑ_{13}	Umgebungstemperatur
ϑ_{23}	Beharrungstemperatur
σ	Stefan-Boltzmann-Konstante,
σ	mechanische Spannung
τ	Zeitkonstante
τ	Teilung (Zahnteilung)
τ_p	Läuferschrittteilung (Polteilung)
τ_z	Ständerzahnteilung
ϱ	Dichte, Raumladungsdichte
ϱ, ϱ_{el}	spezifischer elektr. Widerstand
φ	Phasenwinkel, Winkel
$\dot{\varphi}$	Winkelgeschwindigkeit
$\ddot{\varphi}$	Winkelbeschleunigung
φ	mechanische Istlage
φ^*	mechanische Solllage
φ_e	elektrische Istlage
φ_F	Führungswinkel, Lastwinkel
φ_p	Polradwinkel
φ_s	elektrische Solllage
Φ	magnetischer Fluss
Φ_δ,	Luftspaltfluss
Φ_σ,	Streufluss
χ	magnetische Suszeptibilität
Ψ	verketteter Fluss
ω	Kreisfrequenz
ω_0	Eigenfrequenz

Tabelle 11.4: Maßeinheiten magnetischer Kenngrößen

magnetische Flussdichte	B	Tesla [T]	$1\,\text{T} = 1\,\text{Vs/m}^2$
		Gaus [Gs]	$1\,\text{Gs} = 10^{-4}\,\text{T}$
magnetische Durchflutung	Θ	Ampere [A]	
magnetischer Fluss	Φ	Voltsekunde [Vs]	
		Weber [Wb]	$1\,\text{Wb} = 1\,\text{Vs}$
		Maxwell [M]	$1\,\text{M} = 10^{-8}\,\text{Vs}$
magnetische Feldstärke	H	Ampere/Meter [A/m]	
		Oerstedt [Oe]	$1\,\text{kA/m} = 12{,}56\,\text{Oe}$
magnetische Energiedichte	(BH)	Joule/Meter^3	$1\,\text{kJ/m}^3 = 1{,}256 \cdot 10^5\,\text{Gs Oe}$
magnetische Feldkonstante	μ_0	$4\pi \cdot 10^{-7}\,\text{Vs/Am} = 1{,}256 \cdot 10^{-6}\,\text{Vs/Am}$	

Anhang

Anhang 1: Magnetische Leitfähigkeit idealisierter Luftwege mit einfacher geometrischer Gestalt

Eine näherungsweise Methode zur Berechnung des magnetischen Leitwertes des Luftraumes zwischen zwei magnetisierbaren Körpern bzw. magnetischen Polen ist die Methode der vereinfachten Luftwege. Dabei wird der betrachtete Luftraum in einfache geometrische Grundkörper zerlegt. Die Zerlegung erfolgt so, dass die Seitenflächen der Körper möglichst gut dem Verlauf der magnetischen Induktionslinien bzw. Äquipotentiallinien angepasst sind. Der magnetische Leitwert der Gesamtanordnung lässt sich aus der Summe der Teilleitwerte der Flussröhren errechnen:

$$G_m = \sum_i G_{mi}.$$

Als Beispiel einer derartigen Zerlegung ist in Bild 21 der Luftraum zwischen einem zylindrischen Anker und entsprechendem Ankergegenstück dargestellt, für den Luftraum zwischen dem quadratischen Pol und einer Fläche sind die zur Zerlegung notwendigen Grundkörper gezeigt.

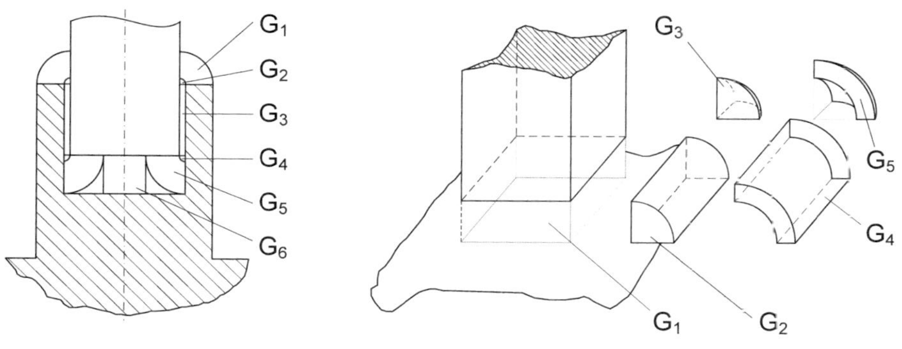

Bild 21: Aufteilung des Luftraumes zwischen zwei magnetischen Polen in Flussröhren

Eine Auswahl geometrischer Grundkörper für idealisierte Luftwege und die entsprechenden Beziehungen für die magnetische Leitfähigkeit sind in folgender Tabelle zusammengestellt.

	Bezeichnung und Gestalt des idealisierten Luftweges	magnetische Leitfähigkeit des idealisierten Luftweges
	I Sphärische Feldtypen	
1	Viertelschnitt einer Kugel 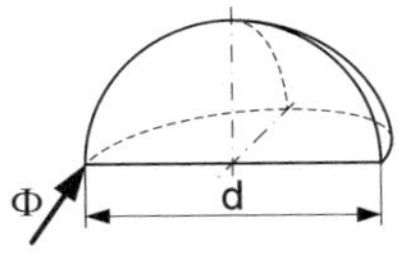	$G_m = \mu_0\, 0{,}077\ d$
	Viertelschnitt einer Hohlkugel 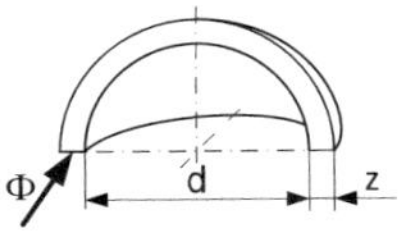	$G_m = \mu_0\, 0{,}25\ z$
	II Prismatische Feldtypen	
2	axial durchflossen allgemein 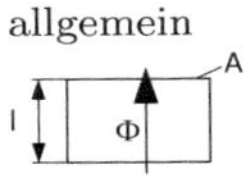	$G_m = \frac{\mu_0 A}{l}$
	allgemein (geneigt) 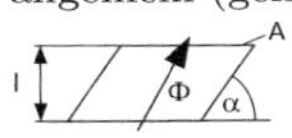	$G_m = \frac{\mu_0 A \cos\alpha}{h}$
	Zylinder 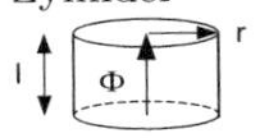	$G_m = \frac{\mu_0 \pi r^2}{l}$
	Quader 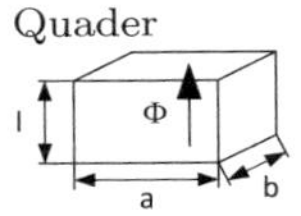	$G_m = \frac{\mu_0 ab}{l}$
3	radial durchflossen (Tiefe t) hohlzylindrischer Sektor 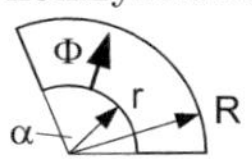	$G_m = \frac{\mu_0\, t\, \alpha}{ln \frac{R}{r}}$
	Hohlzylinder 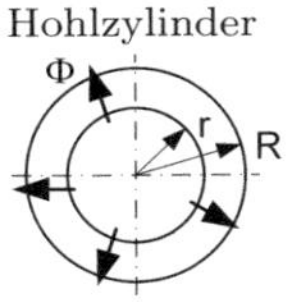	$G_m = \frac{2\,\pi \mu_0\, t}{\ln \frac{R}{r}}$
	zwischen Zylinder und konzentrischen Oberflächen 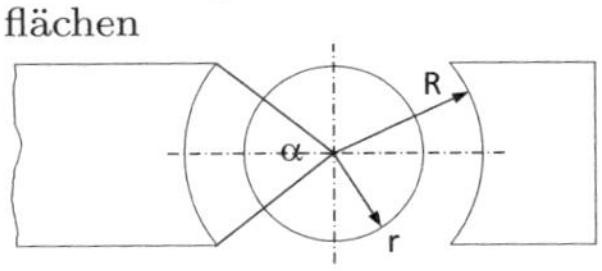	$G_m = \frac{2\,\mu_0\, \alpha\, t}{\ln \frac{R}{r}}$ $G_m = \frac{\mu_0}{2}\, t\, \alpha \left(\frac{1}{2} + \frac{r}{R-r}\right)$ für $r \ll \delta$

noch Prismatische Feldtypen

4 polar durchflossen (Tiefe t)

hohlzylindrischer Sektor

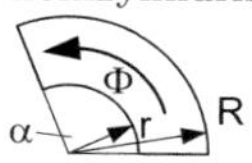

$$G_m = \frac{\mu_0\, t}{\alpha}\, \ln \frac{R}{r}$$

viertel Hohlzylinder

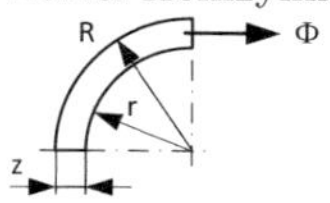

$$G_m = \frac{2\,\mu_0\, t}{\pi}\, \ln \frac{R}{r} = \frac{2\,\mu_0\, t}{\pi}\, \ln\left(1 + \frac{z}{r}\right)$$

halber Hohlzylinder

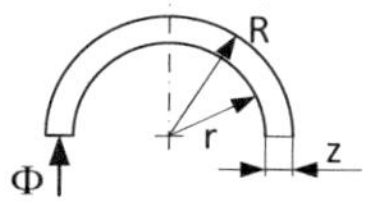

$$G_m = \frac{\mu_0\, t}{\pi}\, \ln \frac{R}{r} = \frac{\mu_0\, t}{\pi}\, \ln\left(1 + \frac{z}{r}\right)$$

$$G_m = \frac{\mu_0\, t\, z}{\pi\, r} \qquad \text{für } r > 2z$$

Viertelzylinder

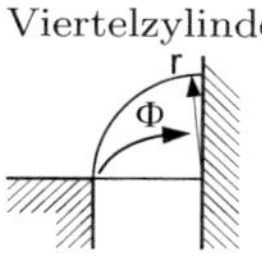

$$G_m = \mu_0\; 0{,}52\, t$$

Halbzylinder

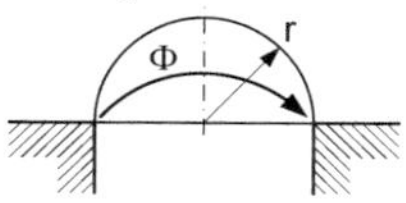

$$G_m = \mu_0\; 0{,}26\, t$$

Streufeld an rechteckigen Polen

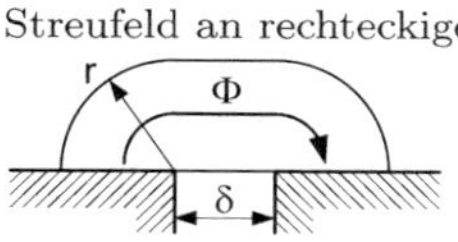

$$G_m = \frac{\mu_0\, t}{\pi}\, \ln\left(1 + \pi \frac{a}{\delta}\right)$$

Streufeld eines rechteckigen Pols vor einer Ebene

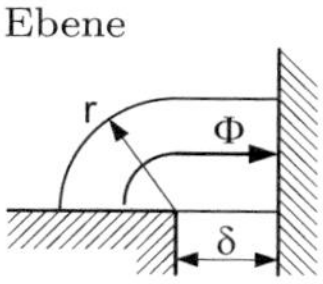

$$G_m = \frac{2\,\mu_0\, t}{\pi}\, \ln\left(1 + \frac{\pi}{2}\,\frac{a}{\delta}\right)$$

5 zwischen den Oberflächen paralleler Zylinder

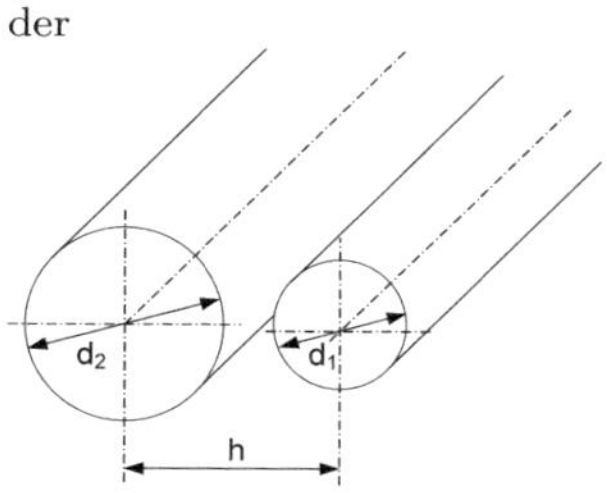

Fall a) $d_1 \neq d_2$, aber endlich

$$G_m = \mu_0\, \frac{2\,\pi\, l}{\ln\left[n + \sqrt{n^2 - 1}\right]}$$

$$\text{mit } n = \frac{4\,h^2 - d_1^2 - d_2^2}{2\, d_1\, d_2}$$

Fall b) $d_1 = d_2$

$$G_m = \mu_0\, \frac{\pi\, l}{\ln\left[\frac{h}{d} + \sqrt{\left(\frac{h}{d}\right)^2 - 1}\right]}$$

$$G_m = \mu_0\, \frac{\pi\, l}{\ln \frac{2\,h}{d}} \qquad \text{wenn } \frac{h}{d} \geq 2{,}5$$

Nr.	Polanordnung	Leitwert
	noch Prismatische Feldtypen	
6	zwischen der Oberfläche eines Zylinders der Länge l und einer parallel zur Zylinderachse liegenden Ebene 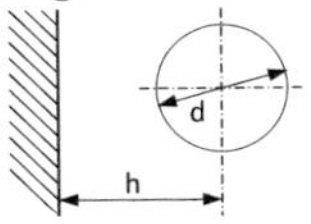	G_m ergibt sich aus Polanordnung 10, wenn $d_2 \to \infty$ $G_m = \mu_0 \dfrac{2\,\pi\,l}{\ln\left[\frac{2h}{d} + \sqrt{\left(\frac{2h}{d}\right)^2 - 1}\right]}$ $G_m = \mu_0 \dfrac{2\,\pi\,l}{\ln \frac{4h}{d}}$ wenn $\dfrac{h}{d} \geq 2{,}5$
7	zwischen einem exzentrisch in einem Hohlzylinder befindlichen Zylinder 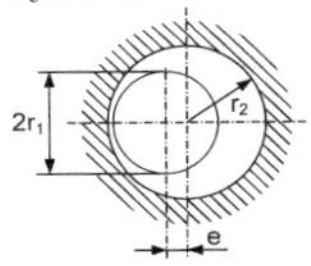	$G_m = \mu_0 \dfrac{2\,\pi\,l}{\ln\left(n + \sqrt{n^2 - 1}\right)}$ mit $n = \dfrac{r_1^2 + r_2^2 - e^2}{2\,r_1\,r_2}$
8	zwischen einem exzentrisch in einer Platte befindlichen Zylinder 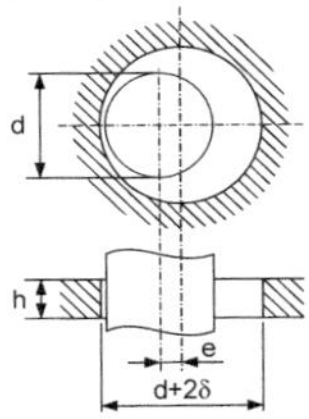	$G_m = \mu_0 \dfrac{2\,\pi\,h}{\ln\left[1 + a\left(1 + \sqrt{\frac{2}{a} + 1}\right)\right]}$ mit $a = 2\,\dfrac{\delta^2 - e^2}{d^2}$ im Fall $a \ll 1$ gilt: $G_m = \mu_0 \dfrac{\pi\,d\,h}{\sqrt{\delta^2 - e^2}}$ (δ ist der Radialspalt bei $e = 0$)
	Zylindrische Feldtypen	
9	zwischen den Kanten zylindrischer Pole 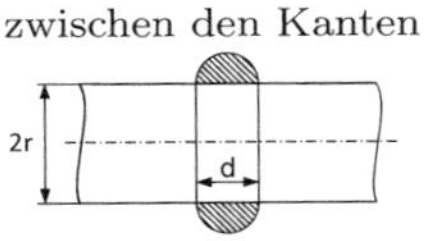	$G_m = \mu_0\, 1{,}63\, r$
10	zwischen den Seitenflächen zyl. Pole 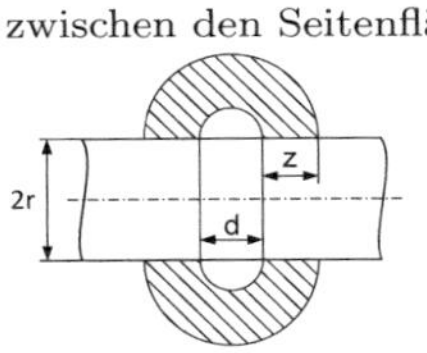	$G_m = \mu_0 \dfrac{4\,r}{\frac{d}{z} + 1}$
11	zw. den Stirnflächen zweier konzentrischer Hohlzylinder 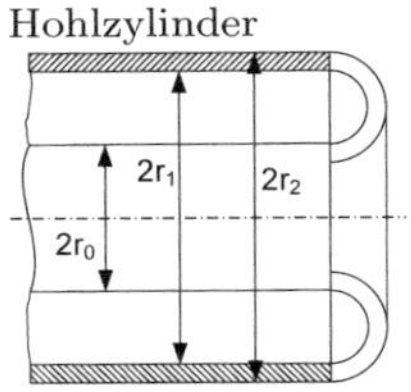	$G_m = 2\mu_0\sqrt{\left(\dfrac{r_1+r_0}{2}\right)^2 \ln^2 \dfrac{r_2}{r_1} - (r_2-r_1)^2}$

Anhang 2: Vergleich der Eigenschaften von Gleichstrom-, Wechselstrom- und polarisierten Magneten

Typ	Vorteile	Nachteile
Gleichstrommagnet $I = U_N/R$ 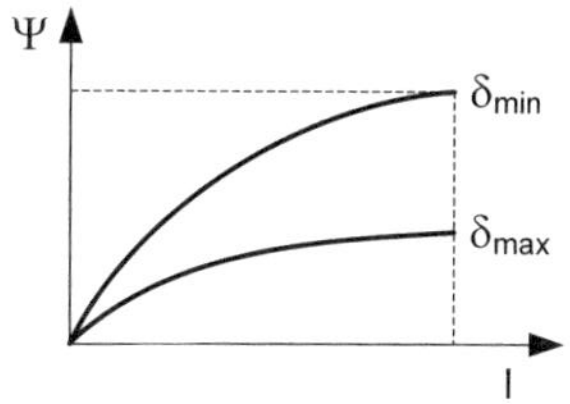	– hohe Lebensdauer ($10 \ldots 500 \cdot 10^6$ Schaltspiele) – hohe Schalthäufigkeit – zeitlich konstante Magnetkraft – massiver Weicheisenkreis – Anpassung des Magnetkraftverlaufs an den der Gegenkraft mit Hilfe geometrischer Kennlinienbeeinflussung	– verlustbehaftete Erzeugung der Haltekraft – Spulenerwärmung wirkt sich infolge $R = R(\vartheta)$ direkt auf den Ansteuerstrom aus – nur relativ kleine Arbeitsluftspalte (Hub) (ca. 2/3 von Wechselstrommagneten) – Anschluss an das WS-Industrienetz nur über Gleichrichter – Rückstellbewegung durch äußere Kräfte
Wechselstrommagnet $\hat{I} = \dfrac{\hat{U}}{\sqrt{R^2 + \omega^2 L(x)^2}}$ 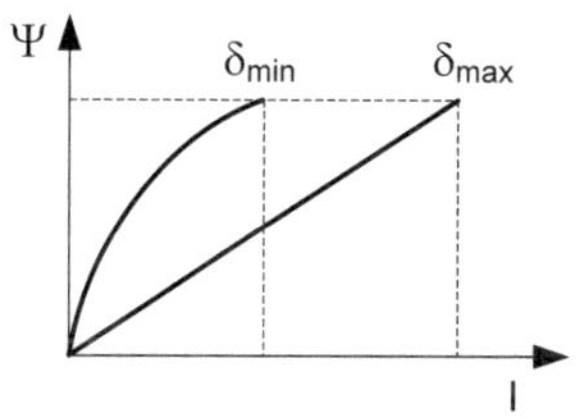	– einfacher konstruktiver Aufbau (geblechter Magnetkreis) – kostengünstige Herstellung – größere Arbeitsluftspalte als bei Gleichstrommagneten möglich – direkter Anschluss an das WS-Industrienetz möglich – Erregerstrom weniger temperaturabhängig als beim Gleichstrommagnet	– relativ kleine Lebensdauer ($\ldots 10^6$ Schaltspiele) – zeitabhängige Magnetkraft – verlustbehaftete Erzeugung der Haltekraft – Verluste: Spulenerwärmung, Wirbelströme, Ummagnetisierung, Kurzschlussring – Abhängigkeit der Schaltzeiten t_1, t_2 vom Einschaltwinkel α_1 und Ausschaltphasenwinkel α_2 – Rückstellbewegung durch äußere Kräfte – therm. Überlastung bei Blockieren des Ankers – Geräuschentwicklung (Brummen)
polarisierter Magnet $i(t) = u_N(t)/R$ 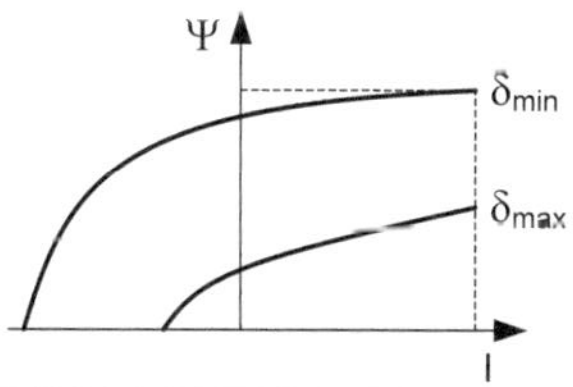	– hohe Lebensdauer – konstante Magnetkraft – verlustlose Erzeugung der Haltekraft – bei bewegtem Dauermagnet Abhängigkeit der Kraftrichtung von der Stromrichtung – kleinere Abmessungen als Gleich- u. WS-Magnete bei gleicher mechanischer Leistung – Rückstellbewegung durch Stromrichtungsumkehr	– komplizierter konstruktiver Aufbau – Herstellungstechnologie infolge des eingesetzten Dauermagnetmaterials kompliziert und insbesondere bei Verwendung von Seltenerdmaterial kostenintensiv – aufwändige Ansteuerung notwendig (bipolare Ansteuerung, Impulsbetrieb) – Verluste (Spulenerwärmung) nur bei Stromfluss, d. h. während des Schaltvorganges

Anhang 3: Zusammenstellung spezieller Kennwerte ausgewählter metallischer, in der Magnettechnik häufig verwendeter Werkstoffe

	Bezeichnung	Werkstoff-nummer	RP 0.2 [N/mm²]	λ [W/mK]	c [Ws/gK]	α [10^{-6}/K]	ϱ g/cm^{-3}	ϱ_{el} Ωmm²/m
Elektroblech	V230-50A	1.0893		65	0,46	12	7,7	0,2...0,5
Stahlblech	X6Cr17	1.4016	300	25	0,46	10	7,7	0,6
unleg. Stahlguss			250	42...63	0,54	10,95	7,85	
Automatenstahl	9SMnPb28k	1.0718	375	25	0,46	10	7,85	0,15
rostfreier Stahl								
ferritisch	X12CrMoS17	1.4104	450	25	0,46	10	7,7	0,7
austenitisch	X10CrNiS18.9	1.4305	195...330	15	0,5	16	7,9	0,73
unlegierter Stahl	RFe 160	1.1011	< 230				7,82	0,15
	RFe 60	1.1015	< 230				7,85	0,12
	RFe 12	1.1018	< 230				7,85	0,1
Si-Stahl	RSi 48	1.3840	200...250			(12)	7,65	0,42...0,6
Ni-Stahl	RNi 24	1.3911	220...240			(2)	8,2	0,75
Aluminium	Al99.5W7		< 55	221 (20 °C)	0,92 (20 °C)	24	2,7	0,0286
Kupfer/Leit-Cu	E-Cu57 F20		< 120	350...394	0,385	17	8,93	0,0172
Messing	CuZn39Pb3		≈ 250	80...100	0,38	19	8,4	0,0667
Gold				314	0,133	19,7	19,28	0,0206
Feinsilber				417	0,335	19,7	10,5	0,015

↗ Wegst, C. W.: Stahlschlüssel, Marbach: Verlag Stahlschlüssel Egst GmbH, 1989
↗ Friedrich - Tabellenbücher: Metall, Leipzig: Fachbuchverlag, 1990

Anhang 4: Magnetische Eigenschaften ausgewählter Werkstoffe

Bezeichnung		magnetische Flussdichte B in T bei Feldstärken H in [A/cm] 12,5	25	50	75	100	200	300	500	Koerzitiv-feldstärke H_C [A/cm]	Remanenz-flussdichte B_R [T]	Sättigungs-flussdichte B_S [T] (500A/cm)
Elektroblech	V230-50A	–	1,54	1,68	–	1,78	–	2,01	–	1...3		
Stahlblech *)	X6Cr17	0,8	–	1,33	–	1,49	1,60	1,64	1,68	4,5	0,71	1,68
Grauguss **)	Ge 1291 D	0,4	0,6	0,8	–	0,95						(1,2)
Sintereisen **)		1,31	1,41	1,5	–	1,61				1,5		(1,8)
Automatenstahl 9SMnPb28 *)	ungehärtet		1,45	1,64	1,73	1,89	1,96			2,5	0,82	2,2
	gehärtet		1.1	1,38	1,5	1,57	1,71			6	0,92	2
rostfr. Stahl *)	X12CrMoS17	0,62	0,92	1,17	1,3	1,39	1,52	1,56	1,62	9,2		

Bezeichnung [DIN 17405]		magnetische Flussdichte B in T (Mindestwerte lt. DIN) bei Feldstärken H in [A/cm] 20	50	100	200	300	500	1000	6000	Koerzitiv-feldstärke H_C [A/cm]	Remanenz-flussdichte B_R [T]	Sättigungs-flussdichte B_S [T] (max.Wert)
unleg.Stahl	RFe 160					1,15	1,3		1,6	1,60	–	2,05
	RFe 60				1,15	1,25	1,35	1,45	1,6	0,60	1,2	2,05
	RFe 12			1,15	1,25	1,3	1,4	1,45	1,6	0,12	1,2	2,05
Si-Stahl	RSi 48			0,6		1,1	1,2		1,4	0,48	0,5	2
Ni-Stahl	RNi 24	0,2	0,45	0,7		0,9	1,0		1,18	0,24	0,45	1,3

*) eigene Messungen; **) Reinboth, H.: Technologie und Anwendung magnetischer Werkstoffe, Berlin: Verlag Technik, 1963

Anhang 5: Auswahl technischer Kennwerte gebräuchlicher Kunststoffe

	zul. Temp. Bereich [°C]	Warmform-beständigkeit [°C]	λ [W/mK]	c [Ws/gK]	α [10^{-6}/K]	Rohdichte [g/cm^3]
Hartgewebe	Grenztemp. [°C]	110...130 *)	0,34	1,5	10...25	1,1...1,4
Hartpapier	Grenztemp. [°C]	90...120 *)	0,24...0,28	1,5	20...40	1,05...1,4
Polystyrol	-70/70	85	0,13...0,155	1,4	70...100	1,05
Polyvinylchlorid - hart	-10...60	60	0,0151	1,5	80	1,38...1,39
Polyvinylchlorid - weich	-20...75	< 50	0,0151...0,174	1,5	200	1,23...1,36
Polyamid 6.6 GF 30 % (Glasfaserverst.)	-70...200	250	0,115	1,5	25	1,6
Polyamid 6.6 CF 40 % (Carbonfaserver.)	-70...240	> 250	1,2	–	15	1,34
Niederdruck - Polyäthylen	-80...90	35	0,35	2,3	180	0,918...0,94
Hochdruck - Polyäthylen	-80...110	55	0,455	2,3	140	0,955
Polytetrafluoräthylen	-200...260	140	0,23...0,47	1,05	160	2,1...2,2
Epoxidharz	120...130	40...120	0,6	–	15...35	1,8...1,9
Glasseidengewebe + Epoxidharz			0,15...0,52	–	12...35	1,35...2,2
Glasseidengewebe + Polyurethanlack	0...80	130	0,4...0,8	0,9	10...40	1,8...2,1
Glasseidengewebe + Silikonharz		180	0,30	–	10...20	1,6...1,7
Baumwolle getränkt und gelackt	–	45...75	0,25...0,27	–	20...40	1,3...1,4
Aminoplast - Formmassen	–	100...140	0,36...0,72	–	50...60	1,5...2
Polyesterharz - Formmassen	–	200	0,6...0,72	–	35...45	1,8...2

*) Grenztemperatur nach VDE 0304

↗ Merkel, M.; Thomas, K.H.: Technische Stoffe, Leipzig: Fachbuchverlag, 1984

↗ Dominghaus, H.: Die Kunststoffe und ihre Eigenschaften, Düsseldorf: VDI-Verlag, 1988

↗ Richtwerttabelle Thermoplastische Kunststoffe, Großmaischeid: Ing. C. Kern GmbH

Anhang 6: Wärmeleitfähigkeit und spezifische Wärme ausgewählter Fluide

	ϑ [°C]	λ [W/mK]	c [Ws/gK]
Luft	0	0,024	1,00
	100	0,0305	1,01
	500	0,052	1,05
Wasser	0	0,55	4,18
	40	0,64	4,15
Hydrauliköl	0	0,482	1,804
HLP 46	20	0,477	1,867
(gemäß DIN 51524)	40	0,472	1,949
(Shell Tellus 46)	60	0,467	2,021
	80	0,461	2,094
	100	0,456	2,166
	120	0,451	2,239

↗ Spiert, H.M.: Technical data on fuel, British National Committee, World Power Conference, 6. Aufl., London 1961, S. 188
↗ Grimm, W.: Vereinfachte Ermittlung dimensionsloser Kenngrößen für den konvektiven Wärmeübergang bei flüssigen Mineralölprodukten, In: Brennstoff-Wärme-Kraft (BWK) 20(1968)1, S.14-17

Anhang 7: Wärmeklassen und zugehörige Grenz- und Grenzübertemperaturen für Wicklungen bei einer Bezugstemperatur von 35 °C und einer Heißpunktdifferenz von 5 K (Auszug aus DIN VDE 0580 Abschnitt 3.3 Anforderungen an Isolierstoffe)

Wärmeklasse	Grenztemperatur [°C]	Grenzübertemperatur [K]
Y	90	50
A	105	65
E	120	80
B	130	90
F	155	115
H	180	140
200	200	160
220	220	180

Anhang 8: Werkstoffpaarungen für Widerstandsschweißen nach [8.4] (Auszug)

Konstruktionswerkstoff	mit (* TB → Thermobimetall)
Leiterwerkstoffe:	
Messing	CuZn37, CuSn6, CuZn15, Ag, Cu, Stahl, TB*
Kupfer	CuSn6, Cu, CuZn37, Stahl, Ag, CuNi
Zinnbronze	CuSn6, TB*, CuZn37, Stahl, Ag
Aluminium	Al, Cu
Neusilber	CuNi18Zn20, Cu, Ag, CuSn6
Kontaktwerkstoffe:	
Ag, Ag-Legierungen	Cu, CuZn37, CuSn6, CuBe, CuNi18Zn20, Pt
W, WAg	Stahl, CuSn6
Gold	CuSn6, Pt, Au
Magnetwerkstoffe:	
Fe	Fe, Stahl, TB*, Cu
Mumetall	Stahl

Anhang 9: Beispiele metallischer Überzüge auf Werkstoffen der Elektronikindustrie und deren Eignung für Widerstandsschweißen nach [8.4] (+ geeignet, – weniger geeignet, 0 schwierig bis unmöglich, * Bei zunehmender Schichtdicke und bei mehrschichtigen Überzügen nimmt die Schweißneigung ab.)

Überzug*		Grundwerkstoff						
Werkstoff	Dicke [μm]	Eisen	Messing	Nickel	Neusilber	Bronze	Tombak	Monel
Ag	1 – 3	+	+	+	+	+	+	+
Au	0,5 – 1,0	+	+	+	+	+	+	+
Cr	1 – 2	–	0		0	0	0	0
Cu	2 – 3	+	–					
Ni	2 – 4	+	–			0	0	–
Sn	10 – 15	+	+	+	+	+	+	+
Zn	2 – 3	-	-					
Cd	2 – 3	–						
Pb	1 – 2	–	–					

Anhang 10

Verzeichnis das Fachgebiet betreffender Normen und Vorschriften

Die im Folgenden aufgeführten Normen und Richtlinien stehen mit dem beschriebenen Stoffgebiet in direktem Zusammenhang oder müssen ob ihres übergreifenden Charakters bei der technischen Auslegung von Elektromagneten Berücksichtigung finden. Es wurde versucht, die Vielzahl der Veröffentlichungen systematisch zu ordnen, um die

Suche ggf. zu erleichtern. Eine solche Zusammenstellung kann nicht den Anspruch auf Vollständigkeit erheben. Da die Normen selbst zahlreiche Querverweise und Bezüge enthalten, ist der grundsätzliche Überblick dennoch gegeben. Die einzelnen Normen unterliegen einer ständigen Bearbeitung und Erweiterung durch entsprechende Gremien (in Deutschland: DIN Deutsches Institut für Normung e.V.) gemäß der technischen Entwicklung und im Rahmen der europäischen Harmonisierung. Dadurch entstehen neue Ausgaben oder der Inhalt älterer Dokumente wird in neuen Normen impliziert. So dient die vorliegende Zusammenstellung, der Bearbeitungsstand ist der 12.02.2016, auch in geraumer Zeit noch als Hilfsmittel für eine durchzuführende Recherche. Die Angaben sind dem monatlich erscheinenden "ti TECHNICAL INDEXES - Deutsche Normen"[12] entnommen und via *PERINORM* aktualisiert.

I. Werkstoffe

a) Eisenkreis

DIN EN 10106 (2016-03)
Kaltgewalztes **nicht kornorientiertes Elektroband und -blech** im schlussgeglühten Zustand

DIN EN 10107 (2014-07)
Kornorientiertes Elektroband und -blech im schlussgeglühten Zustand

DIN EN 10341 (2006-08)
Kaltgewalztes Elektroblech und -band aus unlegierten und legierten Stählen im nicht schlussgeglühten Zustand

DIN EN 10139 (2013-09)
Kaltband ohne Überzug aus weichen Stählen zum Kaltumformen – Technische Lieferbedingungen

DIN EN 60404-8-6 (2009-11)
Magnetische Werkstoffe

DIN EN 60404-1 (2015-01)
Magnetische Werkstoffe; Einteilung

DIN EN 60404-8-1 (2016-02)
Magnetische Werkstoffe – Teil 8-1: Anforderungen an einzelne Werkstoffe – **Hartmagnetische Werkstoffe**

DIN 17405 (1979-09)
Weichmagnetische Werkstoffe für Gleichstromrelais; Technische Lieferbedingungen

b) Wickeldraht

DIN EN 60317-0-1 (2014-09)
Technische Lieferbedingungen für bestimmte Typen von **Wickeldrähten** – Teil 0-1: Allgemeine Anforderungen – **Runddrähte aus Kupfer, lackisoliert**

---

[1][1])DIN-Katalog für technische Regeln, Bde. 1-3, Beuth Verlag, Berlin Köln, 1992

[2][2])ti TECHNICAL INDEXES - Deutsche Normen: Index für Veröffentlichungen des DIN Deutsches Institut für Normung e.V., Ausgabe 94-01 (Januar 1994)

DIN EN 60317-0-2 (2014-10)
Technische Lieferbedingungen für bestimmte Typen von Wickeldrähten – Teil 0-2: Allgemeine Anforderungen – **Lackisolierte Flachdrähte aus Kupfer**

DIN EN 60317–...
Bestimmungen für unterschiedliche Lackisolierungen, Gleichstromwiderstände, Wärmebeständigkeiten (-klassen), ...

c) Isoliermaterial

DIN EN 60085 (2008-08) identisch mit VDE 0301-1
Elektrische Isolierung – Thermische Bewertung und Bezeichnung

DIN EN 60455-3 (2004-02) identisch mit VDE 0355-3
Reaktionsharzmassen für die Elektroisolierung – Teil 3: Anforderungen an einzelne Werkstoffe//(Teile beschreiben unterschiedliche Werkstoffe)

DIN EN 60455-2 (2012-08)
Reaktionsharzmassen für die Elektroisolierung – Teil 2: Prüfverfahren

DIN EN 60641-1 (2008-08)
Bestimmung für **Tafel- und Rollenpressspan** für elektrotechnische Anwendungen – Teil 1: Begriffe und allgemeine Anforderungen

DIN EN 60893-1 (2004-12)
Isolierstoffe – Tafeln aus technischen Schichtpressstoffen auf der Basis **warmhärtender Harze** für elektrotechnische Zwecke – Teil 1: Definitionen, Bezeichnungen und allgemeine Anforderungen

DIN VDE 0311-10 (1988-11)
Isolierpapiere auf Zellulosebasis für elektrotechnische Zwecke; Begriffe und allgemeine Anforderungen

DIN EN 60454 (1997-05)
Bestimmungen für **selbstklebende Isolierbänder** für elektrotechnische Anwendungen

DIN EN 60684 identisch mit VDE 0341 (2004-02)
Isolierschläuche

DIN EN 60674-1 (1999-08)
Bestimmung für **Isolierfolien** für elektrotechnische Zwecke

DIN EN 60455 (1999-06) identisch mit VDE 0355
Reaktionsharzmassen für die Elektroisolierung

DIN EN 60464-1 (2006-10)
Elektroisolierlacke – Teil 1: Begriffe und allgemeine Anforderungen
(2006-01) Teil 2: Prüfverfahren;
(2007-02) Teil 3: Bestimmungen für einzelne Materialien

DIN EN 60112 (2010-05) identisch mit VDE 0303-11
Verfahren zur Bestimmung der **Prüfzahl** und der **Vergleichszahl** der **Kriechwegbildung** von festen, isolierenden Werkstoffen

DIN IEC 60167 (1993-12) identisch mit VDE 0303-31
Prüfverfahren für **Elektroisolierstoffe**; **Isolationswiderstand** von festen, isolierenden Werkstoffen

II. Messverfahren

DIN EN 10251 (2015-11)
Magnetische Werkstoffe – Verfahren zur Bestimmung der **geometrischen Kenngrößen von Elektroblech und -band**

DIN EN 10330 (2015-11)
Magnetische Werkstoffe – Verfahren zur Messung der **Koerzivität magnetischer Werkstoffe** in einem offenen Magnetkreis

DIN 50460 (1988-08)
Bestimmung der magnetischen Eigenschaften von weichmagnetischen Werkstoffen; Allgemeines, Begriffe, Grundlagen der Prüfverfahren

DIN EN 60404-2 (2009-01)
Magnetische Werkstoffe – Teil 2: Verfahren zur Bestimmung der magnetischen Eigenschaften von Elektroband und -blech mit Hilfe eines Epsteinrahmens

DIN EN 60404-5 identisch mit VDE 0354-5
Magnetische Werkstoffe – Teil 5: **Dauermagnetwerkstoffe** (hartmagnetische Werkstoffe) – Verfahren zur Messung der magnetischen Eigenschaften

DIN 50472 (1981-03)
Prüfung von Dauermagneten; Bestimmung der magnetischen Flusswerte im Arbeitsbereich

DIN EN ISO 2178 (2015-01)
Nichtmagnetische Überzüge auf magnetischen Grundmetallen – Messen der Schichtdicke – Magnetverfahren

DIN EN ISO 2360 (2004-04)
Nichtleitende Überzüge auf nichtmagnetischen metallischen Grundwerkstoffen – Messen der Schichtdicke – Wirbelstromverfahren

DIN EN ISO 9934 (2015-12)
Zerstörungsfreie Prüfung – **Magnetpulverprüfung**

DIN 54136-1 (1988-10)
Zerstörungsfreie Prüfung; **Magnetische Streuflussprüfung** mit Sondenabtastung; Grundlagen

DIN 54140-3 (1989-01)
Zerstörungsfreie Prüfung; **induktive Verfahren**; Darstellung und allgemeine Eigenschaften von Spulensystemen

DIN EN ISO 15549 (2011-03)
Zerstörungsfreie Prüfung – **Wirbelstromprüfung** – Allgemeine Grundlagen

DIN EN ISO 12718 (2009-05)
Zerstörungsfreie Prüfung – **Wirbelstromprüfung** – **Terminologie**

DIN 54142-1 (1990-02) → wurde zurückgezogen
Zerstörungsfreie Prüfung; Wirbelstromprüfung mit Tastspulen*; Allgemeines*
Teil 2 (1990-02) Kontrollverfahren zur Bestimmung allgemeiner Eigenschaften von Tastspulen
Teil 3 (1991-01) Kontrollverfahren zur Bestimmung der Eigenschaften von Tastspulen für die Fehlerprüfung

III. Allgemeine Bestimmungen, Geräte, Baueinheiten

DIN VDI 2221 (1993-05)
Methodik zum **Entwickeln und konstruieren technischer Systeme und Produkte**

DIN VDI 2222 (1982-02)
Konstruktionsmethodik; Erstellung und Anwendung von **Konstruktionskatalogen**

DIN EN 60664-1 identisch mit VDE 0110-1 (2008-01)
Isolationskoordination für elektrische Betriebsmittel in Niederspannungsanlagen – Teil 1: Grundsätze, Anforderungen und Prüfungen

DIN EN 60204-1 (2007-06) identisch mit VDE 0113-1
Sicherheit von Maschinen – Elektrische Ausrüstung von Maschinen – Teil 1: Allgemeine Anforderungen

DIN EN 60255 (2010-09)
Messrelais und Schutzeinrichtungen

DIN VDE 0580 (2011-11)
Elektromagnetische Geräte und Komponenten – Allgemeine Bestimmungen

DIN EN 60335 (2010-12) identisch mit VDE 0700-24
Sicherheit **elektrischer Geräte für den Hausgebrauch** und ähnliche Zwecke

DIN EN 60065 (2015-11) identisch mit VDE 0860
Audio-, Video- und ähnliche **elektronische Geräte** – **Sicherheitsanforderungen**

DIN 1324-1 (2014-08)
Elektromagnetisches Feld – Teil 1: Zustandsgrößen
(1988-05) Teil 2: Materialgrößen
(1988-05) Teil 3: Elektromagnetische Wellen

DIN EN 60375 (2004-04)
Vereinbarungen für **Stromkreise und magnetische Kreise**

DIN EN 61811-1 (2015-10) identisch mit VDE 0435-210
Elektromechanische Telekom-**Elementarrelais** mit bewerteter Qualität – Teil 1: Fachgrundspezifikation und Bauartspezifikation

DIN EN 61812-1 (2012-03) identisch mit VDE 0435-2021
Zeitrelais (Relais mit festgelegtem Zeitverhalten) für industrielle Anwendungen und für den Hausgebrauch – Teil 1: **Anforderungen und Prüfungen**

DIN EN 116207 (1995-12)
Vordruck für Bauartspezifikation: Hermetisch dichte Relais

DIN EN 116300 (1994-04)
Rahmenspezifikation; gütebestätigte elektromechanische Schaltrelais hoher Belastbarkeit (für Stromstärken ab 5A)

DIN EN 60255-26 (2014-03) identisch mit VDE 0435-320
Messrelais und Schutzeinrichtungen – Teil 26: Anforderungen an die **elektromagnetische Verträglichkeit**

DIN EN 60812 (2006-11)
Analysetechniken für die Funktionsfähigkeit von Systemen – Verfahren für die

Fehlzustandsart- und -auswirkungsanalyse (FMEA)
DIN EN ISO 11442 (2006-06)
Technische Produktdokumentation – Dokumentenmanagement

IV. Temperatur und Umgebung

DIN EN 60068-1 (2015-09)
Umgebungseinflüsse – Teil 1: Allgemeines und Leitfaden
Teil 2 ff – unterschiedliche Prüfungen
DIN 1341 (1986-10)
Wärmeübertragung; Begriffe, Kenngrößen
DIN 1345 (1993-12)
Thermodynamik; Grundbegriffe
DIN IEC 60721-2- ... (1992-05)
Elektrotechnik; Klassifizierung von Umweltbedingungen; Teil 2: natürliche Einflüsse
DIN 40046-36 [-37] (2006-08)
Umgebungseinflüsse – Teil 36 [37]: **Prüfverfahren** – Prüfung Kx [Ky]: Schwefeldioxid [Schwefelwasserstoff], niedrige Konzentration für Kontakte und Verbindungen Elektrotechnik; Grundlegende Umweltprüfverfahren; Prüfgruppen und Verfahren
DIN EN 60529 (2014-09) identisch mit VDE 0470-1
Schutzarten durch Gehäuse (IP-Code)
DIN 50010-1 (1977-10) → wurde zurückgezogen
Klimate und ihre technische Anwendung; Klimabegriffe; Allgemeine Klimabegriffe
Teil 2 (1981-08) Physikalische Begriffe

V. Verbindungen (z. B. Wickeldraht-Kontaktelement)

DIN 1707-100 (2011-09)
Weichlote; Chemische Zusammensetzung und Lieferformen
DIN ISO 857-2 (2007-03)
Schweißen und verwandte Prozesse – Begriffe – Teil 2: **Weichlöten, Hartlöten und verwandte Begriffe**
DIN EN ISO 17672 (2010-11)
Hartlöten – Lote
DIN EN 1045 (1997-08)
Hartlöten – **Flußmittel** zum Hartlöten – Einteilung und technische Lieferbedingungen
DIN 8514-1 (2006-05)
Lötbarkeit; Begriffe
DIN EN ISO 18279
Hartlöten – **Unregelmäßigkeiten** in hartgelöteten Verbindungen
DIN EN ISO 12224-1 (1998-10)
Massive **Lötdrähte** und flussmittelgefüllte **Röhrenlote**, Festlegungen und Prüfverfahren

DIN 8526 (1977-11)
Prüfung von Weichlötverbindungen; Spaltlötverbindungen, Scherversuch, Zeitstandscherversuch

VDI/VDE 2251 (2016-02)
Schraubverbindungen – Spannverbindungen – **Feinwerkelemente**

DIN EN 60352-2 (2014-04)
Lötfreie Verbindungen – Teil 2: **Crimpverbindungen** – Allgemeine Anforderungen, Prüfverfahren und Anwendungshinweise

DIN EN 60352-5 (2012-10)
Lötfreie Verbindungen – Teil 5: **Einpressverbindungen** – Allgemeine Anforderungen, Prüfverfahren und Anwendungshinweise

DIN EN 175301-803 (2007-03)
Bauartspezifikation: Rechteckige Steckverbinder – Flachkontakte mit 0,8 mm Dicke, unverlierbare Verriegelungsschraube

DIN EN 175201-804 (2000-09)
Bauartspezifikation – Rundsteckverbinder – Runde Kontakte mit 1,6 mm Durchmesser; Schraubkupplung

DIN 46228-1 (1992-08)
Aderendhülsen; Rohrform ohne Kunststoffhülse
Teil 2 (1992-02) **Aderendhülsen**; **Crimpausführung** mit und ohne Isolierungsumfassung
Teil 3 (1992-02) **Aderendhülsen**; **leiterumfassend**, ohne Isolierungsumfassung
Teil 4 (1990-09) **Aderendhülsen**; **Rohrform** mit Kunststoffhülse

DIN 46245-1 (1975-03) → wurde zurückgezogen
***Steckhülsen mit Isolierhülse** für Steckerbreite 2,8*
Teil 2 (1976-04) Steckerbreite 4,8
Teil 3 (1975-03) Steckerbreite 6,3

DIN 46247-1 (1975-03) → wurde zurückgezogen
***Steckhülsen ohne Isolierhülse** für Steckerbreite 2,8*
Teil 2 (1973-05) Steckerbreite 4,8
Teil 3 (1973-05) Steckerbreite 6,3
Teil 4 (1973-05) Steckerbreite 9,5

VI. Spulenkörper

DIN EN 60445 (2011-10) identisch mit VD 0197
Grund- und Sicherheitsregeln für die Mensch-Maschine-Schnittstelle – **Kennzeichnung von Anschlüssen elektrischer Betriebsmittel**, angeschlossenen Leiterenden und Leitern

DIN 4000-70 (1992-01) → wurde zurückgezogen
*Sachmerkmal-Leisten für Kernbleche, Kerne und Spulenkörper für **Kleintransformatoren, Übertrager und Drosseln***

VII. Messungen und ähnliches

DIN 40081-11 (1976-11)
Leitfaden zur Zuverlässigkeit; Bauelemente der Elektronik, Losweise und periodische Prüfungen

DIN IEC 60404-3 (2010-05)
Magnetische Werkstoffe – Teil 3: Verfahren zur Bestimmung der **magnetischen Eigenschaften** von Elektroband und -blech mit Hilfe eines Tafelmessgerätes

DIN IEC 60404-12 (1999-01)
Magnetische Werkstoffe – Teil 12: Leitlinie für Verfahren zur **Bewertung der Temperaturbeständigkeit** von Isolierschichten

DIN 50460 (1988-08)
Bestimmung der magnetischen Eigenschaften von **weichmagnetischen Werkstoffen**; Allgemeines, Begriffe, Grundlagen der Prüfverfahren
(dazu auch: DIN EN 60404-5 identisch mit VDE 0354-5)

DIN 50472 (1981-03)
Prüfung von Dauermagneten; Bestimmung der magnetischen Flusswerte im Arbeitsbereich

DIN EN 60404-1 (2015-01)
Magnetische Werkstoffe; Teil 1 Einteilung Teil 2 (2009-01), Teil 4 (2009-08), Teil 14 (2003-02) Verfahren zur Bestimmung der magnetischen Eigenschaften

VG 95574 (2011-12) VG 95575 (2012-12) VG 95576 (2010-11) VG 95577 (2010-12)
Magnetische Vermessung; magnetische Eigenschaften von Werkstoffen und Geräten, Benennungen, Kennzeichnung der Geräte nach dem Vermessen, Beschreibung durch Kennzeichen, Grundsätze, Verfahren, Bescheinigungen

DIN EN ISO 9934-1 (2015-12)
Zerstörungsfreie Prüfung – Magnetpulverprüfung – Teil 1: Allgemeine Grundlagen
Teil 2 (2015-12) Prüfmittel
Teil 3 (2015-12) Geräte

DIN IEC 68(SEC)92 (1992-02) → wurde zurückgezogen
Bestimmung für ***magnetische Relaiswerkstoffe***

DGZfP-EM 0 (2005-01) → wurde zurückgezogen
Richtlinie über die Durchführung von ***Magnetpulverprüfungen***

VIII. Elektromagnetische Verträglichkeit (EMV)

DIN EN 61000-2-2 (2003-02) identisch mit VDE 0839-2-2
Elektromagnetische Verträglichkeit (EMV) – Teil 2-2: Umgebungsbedingungen; Verträglichkeitspegel für **niederfrequente leitungsgeführte Störgrößen und Signalübertragung** in öffentlichen Niederspannungsnetzen

DIN EN 50413 (2009-08) identisch mit VDE 0848-1
Grundnorm zu Mess- und Berechnungsverfahren der Exposition von Personen in elektrischen, magnetischen und elektromagnetischen **Feldern**

DIN EN 55024 (2011-09) identisch mit VDE 0878-24
Einrichtungen der **Informationstechnik** – **Störfestigkeitseigenschaften** – Grenzwerte und Prüfverfahren

DIN EN 61000-2-... (2003-05) identisch mit VDE 0839-2-...
Elektromagnetische Verträglichkeit (EMV) – Teil 2-... **Umgebungsbedingungen; Verträglichkeitspegel** für niederfrequente leitungsgeführte Störgrößen ...
DIN EN 61000-3-... (2001-12) identisch mit VDE 0838-3
Elektromagnetische Verträglichkeit (EMV) – Teil 3-... **Grenzwerte** ...
DIN EN 61000-4-... (2001-06)
Elektromagnetische Verträglichkeit (EMV) – Teil 4-... **Prüf- und Messverfahren** ...
DIN EN 61000-5-... (1997-02)
Elektromagnetische Verträglichkeit (EMV) – Teil 5-... **Installationsrichtlinien und Abhilfemaßnahmen** ...
DIN EN 61000-6-... (2002-08)
Elektromagnetische Verträglichkeit (EMV) – Teil 6-... **Fachgrundnormen – Störfestigkeit** ...
DIN VDE 0846-1 (1985-08) → wurde zurückgezogen
Messgeräte zur Beurteilung der EMV; Messungen der den Netzspannungen und -strömen überlagerten Anteile mit Frequenzen bis 2500 Hz
DIN VDE 0847-1 (1981-11) bzw. DIN 57847-1 (1981-11) → wurde zurückgezogen
Messverfahren zur Beurteilung der EMV; Messen leitungsgeführter Störgrößen

Stichwortverzeichnis

MIX
Papier aus verantwortungsvollen Quellen
Paper from responsible sources
FSC® C105338

FSC
www.fsc.org

If you have any concerns about our products,
you can contact us on
ProductSafety@springernature.com

In case Publisher is established outside the EU,
the EU authorized representative is:
Springer Nature Customer Service Center GmbH
Europaplatz 3, 69115 Heidelberg, Germany

Printed by Libri Plureos GmbH
in Hamburg, Germany